DIE SÄUGLINGSTUBERKULOSE IN LÜBECK

ZUSAMMENFASSUNG DER ANLÄSSLICH DER LÜBECKER SÄUGLINGSERKRANKUNGEN AUF VERANLASSUNG UND MIT UNTERSTÜTZUNG DES REICHSMINISTERIUMS DES INNEREN DURCHGEFÜHRTEN UNTERSUCHUNGEN

MIT 126 ABBILDUNGEN IM TEXT

ARBEITEN AUS DEM REICHSGESUNDHEITSAMTE BAND 69

BERLIN
VERLAG VON JULIUS SPRINGER
1935

ISBN-13: 978-3-642-90156-0 e-ISBN-13: 978-3-642-92013-4
DOI: 10.1007/978-3-642-92013-4

softcover reprint of the hardcover 1st edition 1935

Vorwort.

Das furchtbare Unglück, das sich im Frühjahr 1930 in Lübeck im Anschluß an Tuberkuloseschutzimpfungen bei Säuglingen ereignete, hat in der ganzen Welt berechtigtes Aufsehen erregt. Zunächst glaubte man vor einem unlösbaren Rätsel zu stehen. An Erklärungsversuchen teilweise absurdester Art hat es im wissenschaftlichen und sonstigen Schrifttum der verschiedensten Länder nicht gefehlt, ebenso wie auch verständlicherweise die mannigfaltigsten Behandlungsvorschläge von sachlich begründeten bis zu ganz phantastischen von überall her in Lübeck zusammenströmten.

Die nachstehende Denkschrift bringt die wissenschaftlichen Untersuchungen, die auf Veranlassung und mit Unterstützung des Reichsministeriums des Innern durchgeführt wurden, zum ersten Male in voller Ausführlichkeit. Das Problem wurde von den verschiedensten Seiten her bearbeitet. Zunächst war das Ziel, die Ursache des furchtbaren Unglücks aufzuklären. Dieser Aufgabe dienten vor allem die im Reichsgesundheitsamt ausgeführten bakteriologischen Untersuchungen. Dank dem glücklichen Umstand, daß für den in Betracht kommenden Tuberkelbazillenstamm ein kennzeichnendes Merkmal festgestellt werden konnte, war eine weitgehende Lösung der Aufgabe möglich. Von Anfang an wurde aber auch selbstverständlich dem klinischen Verhalten und der Behandlung der geimpften Säuglinge die unermüdlichste Sorgfalt zugewandt. Die dabei gemachten Beobachtungen ergaben einen reichen Zuwachs an Erkenntnissen für die Pathologie und Klinik der Säuglingstuberkulose. Die wissenschaftliche Auswirkung dieser Feststellungen beruht besonders darauf, daß es genau bekannt war, wann und wie der tuberkulöse Ansteckungsstoff dem Körper der Säuglinge einverleibt wurde.

Daß die Denkschrift erst 5 Jahre nach dem Unglück erscheint, hat neben äußeren Veranlassungen zum Teil auch darin seinen Grund, daß sich manche Untersuchungen, namentlich diejenigen auf bakteriologischem Gebiet, über Jahre hinzogen. Der lange zeitliche Zwischenraum birgt aber in sich den großen Vorteil, daß inzwischen ein Abstand zu den Dingen und Ereignissen gewonnen werden konnte, der ebenso wie in rein gefühlsmäßigen auch in wissenschaftlichen Fragen nur der Klärung dienen kann. Von besonderem Wert dürfte sein, daß auch über das fernere Ergehen der überlebenden geimpften Säuglinge Mitteilungen gemacht werden können, die sich auf Jahre beziehen.

Auch die Wissenschaft hat die Pflicht, aus jedem Unglück zu lernen. Wie ernst und eingehend dies bei dem Lübecker Unglück versucht wurde, dessen sei diese Denkschrift ein Zeugnis!

Berlin, im November 1935.

Prof. Dr. **H. Reiter,**
Präsident des Reichsgesundheitsamts.

Inhaltsverzeichnis.

(Aus dem Laboratorium für Tuberkuloseforschung der Biologischen Abteilung des Reichsgesundheitsamts in Berlin-Dahlem und der Tuberkulosefürsorgestelle in Lübeck.)

Die „Epidemiologie" der Lübecker Säuglingstuberkulose.

Von

Albert Moegling.

Bad Berka, Sophien-Heilstätte.

Zum Verständnis der in dieser Arbeit vorzulegenden Untersuchungen und Ergebnisse erscheint es mir notwendig, die Bedingungen zu schildern, unter denen das zugrunde liegende statistische Material gewonnen wurde. Ich halte dies auch deshalb für zweckmäßig, weil dadurch Umfang und Art des in Lübeck zur Verfügung stehenden Materials, welches die Grundlage für alle Bearbeitungen bildet, zur Darstellung kommen.

Als man sich in Lübeck darüber klar geworden war, daß sich bei der Durchführung der BCG-Verabreichung ein Unglück ereignet hatte, kamen auf Wunsch des Lübeckischen Staates vom Reichsinnenministerium entsandt Professor Ludwig Lange vom Reichsgesundheitsamt und auf Veranlassung des Preußischen Wohlfahrtsministeriums Professor Bruno Lange vom Institut für Infektionskrankheiten „Robert Koch" am 15. 5. 30 nach Lübeck, um an der Aufklärung des Unglückes mitzuwirken. Bei dieser Gelegenheit wurde dem inzwischen verstorbenen Oberarzt am Allgemeinen Krankenhaus Lübeck und Leiter der Tuberkulosefürsorgestelle Lübeck Dr. Hermann Jannasch der Auftrag erteilt, eine vollständige Liste der schutzbehandelten Kinder zusammenzustellen, regelmäßige Auskünfte über das Befinden aller Kinder einzuholen und diese den zugezogenen Sachverständigen zu übermitteln.

Dr. Jannasch stellte zunächst eine zeitlich nach der Impfstoffausgabe geordnete Liste der behandelten Kinder mit laufenden Nummern von 1—251 auf, die zur Kennzeichnung der Kinder von sämtlichen Bearbeitern des Stoffes, wie auch in der vorliegenden Denkschrift beibehalten wurden. Weiterhin wurden von ihm und den von ihm zugezogenen Mitarbeitern, von einer Zentrale in der Tuberkulosefürsorgestelle aus, wöchentlich Auskünfte von den behandelnden praktischen Ärzten und dem Kinderhospital des Allgemeinen Krankenhauses Lübeck eingezogen, protokolliert und in Durchschlägen den einzelnen Sachverständigen in Berlin und Hamburg zugestellt. Diese kurzen Protokolle waren zunächst die einzige Unterlage für die Gesamtbeurteilung der Erkrankungsfälle. Da bei der — zum mindesten für den praktischen Arzt — ungewöhnlichen Erkrankung begreiflicherweise die Beschreibungen und die Beurteilung der Krankheitserscheinungen durch die etwa 30 behandelnden Ärzte sehr verschieden waren, schien es zur gründlichen Klärung des Geschehens notwendig, eine einheitliche Beurteilung der Fälle durch eine systematische Durchuntersuchung von einer Stelle aus zu ermöglichen.

Zu diesem Zweck stellte ich mich auf Anregung von Professor L. Brauer-Hamburg dem Gesundheitsamt Lübeck, bzw. dem stellvertretenden Physikus, zur Verfügung, da ich als wissenschaftlicher Hilfsarbeiter der Deutschen Forschungsanstalt für Tuberkulose in Hamburg und der Bakteriologischen Abteilung des Reichsgesundheitsamtes in Berlin schon in die Lübecker Vorgänge einen gewissen Einblick gewonnen hatte und für diese Aufgabe durch meine Vorbildung geeignet erschien.

In der Zeit vom 1. 7. bis 31. 9. 30 wurden in enger Zusammenarbeit mit der Tuberkulosefürsorgestelle Lübeck sämtliche damals überlebenden Kinder mehrmals untersucht, zunächst vielfach mit den behandelnden Ärzten zusammen in deren Sprechstunden, späterhin im Einverständnis mit diesen in der häuslichen Umgebung, wodurch eine genauere Kenntnis der Verhältnisse und eine ausführlichere Besprechung der Vorgeschichte und des Krankheitsverlaufes ermöglicht wurde. Die Ergebnisse dieser Ermittlungen und Untersuchungen wurden zunächst fortlaufend für jedes Kind niedergelegt, um so, zusammen mit den Krankenakten über die im Kinderhospital des Allgemeinen Krankenhauses Lübeck untergebrachten Kinder, den Grundstock für die späteren umfassenden Krankengeschichten zu bilden.

Für die Beurteilung der Krankheitsfälle und die richtige Bewertung der auftretenden Krankheitserscheinungen war auch von entscheidender Bedeutung das Ergebnis der Sektionen der verstorbenen Kinder, die von Professor P. Schürmann-Berlin vorgenommen wurden.

Außerdem wurden regelmäßig Röntgenaufnahmen der Lungen bei allen Kindern in der Physikalischen Abteilung des Allgemeinen Krankenhauses Lübeck angefertigt, die jedoch trotz des sich ansammelnden sehr großen Materials (insgesamt etwa 2000 Lungenaufnahmen) auffallenderweise nur in wenigen Fällen bei den überlebenden Kindern Befunde ergaben, die für die Beurteilung des Krankheitsfalles ausschlaggebend waren.

Die bakteriologischen Untersuchungen des klinisch gewonnenen Materials, die von der Deutschen Forschungsanstalt für Tuberkulose Hamburg durch nach Lübeck entsandte Hilfskräfte und in Hamburg selbst, sowie späterhin von dem Institut für Infektionskrankheiten „Robert Koch“ in Berlin vorgenommen wurden, waren diagnostisch vor allem durch den Nachweis der Spezifität von Nebenerkrankungen (z. B. Mittelohrerkrankungen) von Bedeutung. Außerdem wurden hierdurch auch aus dem klinischen Material Kulturen zur Bestimmung der Art und Virulenz der Stämme gewonnen, während das Sektionsmaterial in gleichem Sinne vom Reichsgesundheitsamt bearbeitet wurde.

Um eine noch klarere Übersicht über die Fälle zu erhalten, wurde eine Kartothek angelegt, aus der jederzeit der Verlauf und der gegenwärtige Stand der Erkrankung des einzelnen Kindes abgelesen werden konnte. Zur Veranschaulichung dienen am besten zwei in Tabelle 1 und 2 wiedergegebene Beispiele. Die wichtigsten und regelmäßig wiederkehrenden Befunde wurden wöchentlich eingetragen und die Stärke der Erscheinungen durch Zeichen oder Verdoppelung der entsprechenden Buchstaben angedeutet. In der vorletzten Spalte wurde die Gesamtbeurteilung des Krankheitsbildes nach seiner Schwere durch eine Ziffer dargestellt. Auf das entsprechende Feld am oberen Rand der eingeordneten Karte wurden farbige Reiter aufgesetzt, so daß ein kurzer Blick auf die Kartothek anzeigte, wieviel Kinder den einzelnen Krankheitsgruppen jeweils angehörten bzw. verstorben waren.

Die Aufstellung der Krankheitsgruppen erfolgte auf Grund der klinischen Untersuchung und bezweckte vor allem eine prognostische Gliederung, da die Frage nach

Tabelle 1 und 2.

Zeichenerklärung: Halsdrüsen ? = fraglich ob spezifisch, (+) = linsengroß, + = bis kleinerbsgroß, +(+) = erbsgroß, ++ = kleinbohnengroß, ++(+) = bohnengroß, +++ = walnußgroß, +++(+) = pflaumengroß; I = Inzision; F = Fistel. Abdomen D = Durchfall; E = Erbrechen. Milz ? = fraglich, (+) = eben anstoßend tastbar, + = bis 1 Querfinger über dem Rippenbogen, +(+) = bis $1^1/_2$ Querfinger, ++ = bis 2 Querfinger. Fieber (+) = labil bis 37,5; + = subfebril bis 38,0; ++ = 38—39,0; +++ = über 39,0. Lungen: H = Husten; R = Röntgenbefund.

Tabelle 1.

16. 4. 30.	Woche	Tub. Reakt.	Drüsen	Abdomen	Milz	Fieber	Otitis	Lungen	Meningitis	Ernährung	Gewicht	Beurteilung	Arzt
Nr. 209	1									Br.	4100		K.H.
	2	–								Zw.	3860		,,
	3			D(E)						,,	3930		,,
	4		++	D(E)		(+)				,,	4040		,,
	5	+	++(+)	D		(+)–++				,,	4240		,,
	6		+++	D(E)	+	++		H R–		,,	4390		,,
	7		+++	D		+++		?		,,	4500		,,
	8		+++	D(E)	(+)	+(+)	+	R–		,,	4550		,,
	9		+++	D(E)	–	(+)–++	+			,,	4460		,,
	10		+++	D	+	+++	++	R(+)		,,	4540		,,
	11		+++	D(E)	+	(+)	++	R(+)		,,	4660		,,
T., H.	12		+++	D(E)	+	(+)	++	R(+)		,,	4750		,,
	13		+++	D	+	(+)	++			,,	4740		,,
	14		+++	D	+	(+)	++TB+	R(+)		,,	4800		,,
	15		+++	D	+	(+)	++	R(+)		,,	4900		,,
	16		+++		+	+(+)	++ ,,	R(+)		,,	4970		,,
	17		+++		+	(+)	++ ,,	–R+		,,	5020	II-III	,,
	18		+++		+	(+)	++ ,,	R+		,,	5180	,,	,,
	19		+++		+	(+)	++ ,,	R+		,,	5380	,,	,,
	20		+++	(D)	+	(+)	++ ,,			,,	5550	,,	,,
	21		+++		+	(+)	++ ,,	–R+		,,	5730	,,	,,
	22		+++		+(+)	(+)	++ ,,	R+		Zw. Zuf.	5960	,,	,,
	23		+++		+(+)	(+)	++ ,,			,,	6260	,,	,,
	24		+++		+(+)	(+)	++ ,,	R+		,,	6560	,,	,,
VI	25		+++(+)	(E)	+(+)	+	++ ,,	R+		Fl. Zuf.	6970	,,	,,
	26		+++(+)		++	(+)–++	++ ,,			,,	7150	II	,,
	27		+++(+)		++	(+)	++ ,,	R(+)		,,	7470	,,	,,
	28		+++(+)		++	(+)–+	++			,,	7800	,,	,,
V	29		+++(+) F		++	+	++ ,,	R(+)		,,	7900	,,	,,
	30		+++(+) F		++	(+)	++ ,,	R(+)		,,	8040	,,	,,
	31		+++(+) F			+++	++ ,,	R(+)		,,	8130	,,	,,
	32		+++(+) F	E		++	++ ,,	R(+)	+	,,	8000	I	,,
IV	33		+++(+)			++	++		+	,,	7350	,,	,,
	34		+++(+)			++–+++	++		+	,,	8300	,,	,,
	35		+++(+)			++–+++	++		+	,,	8500	,,	,,
	36		+++(+)			++	++		+	,,	8530	,,	,,
	37								† 14.				
III	38								12.				
	39								30.				
	40												
	41												
II	42												
	43												
	44												
	45												
I	46												
	47												
	48												
	49												
	50												
gest.	51												
	52												

Tabelle 2.

16. 4. 30.	Woche	Tub. Reakt.	Drüsen	Abdomen	Milz	Fieber	Otitis	Lungen	Meningitis	Ernährung	Gewicht	Beurteilung	Arzt
Nr. 211	1									Br.	3500		Dr. U.
	2									„			„
	3									„			„
	4			D		(+)				„	3800		K. H.
	5	–		DDE		(+)				„	4000		„
	6	|		DD		++				„	4070		„
	7			DDE		+++		R –		„	4170		„
	8		+(+)	DDE	(+)	+				„	3860		„
	9		+(+)	DD	+	+(++)		R –		„	4090		„
	10		+(+)	D	+	+(++)		R –		„	4200		„
	11		+(+)	D	+	(+)		R –		„	4200		„
C., E.	12		+(+)	D	+	(+)		R –		„	4230		„
	13		+(+)	(D)	+	(+)		R –		Zw.	4350		„
	14		+(+)		+					„	4520		Dr. St.
	15		+		+					„			„
	16		(+)		+					„	5660	III-IV	„
	17		(+)		+					„		„	„
	18		(+)		+					„	6170	„	„
	19		(+)		+					„		„	„
	20		(+)		+			R –		„	6830	„	„
	21		(+)		+	(+)				„		„	„
	22		(+)		+	(+)				„		„	„
	23		(+)	DDE	(+)	++				„		„	„
	24		(+)	D	(+)	+				„		„	„
VI	25		(+)		(+)					„		„	„
	26		(+)		?					Fl.Zuf.	7680	„	„
	27		(+)		–					„		IV	„
	28		(+)							„		„	„
V	29		(+)							„		„	„
	30		(+)							„		„	„
	31		(+)							„		„	„
	32		(+)							„		„	„
IV	33		(+)		–					„	9250	„	„
	34		–							„		V	„
	35		–					R –		„	9400	„	„
	36		–							„		„	„
	37												
III	38												
	39												
	40												
	41												
II	42												
	43												
	44												
	45												
I	46												
	47												
	48												
	49												
gest.	50												
	51												
	52												

dem mutmaßlichen weiteren Schicksal des Kindes für die Eltern und Ärzte damals ganz im Vordergrund stand. Aus dem gleichen Grunde wurde die Prognose mit äußerster Vorsicht gestellt und möglichst differenziert, woraus sich folgende Einteilung ergab:

Gruppe +: Gestorbene Kinder.

Gruppe I: Schwerstkranke Kinder mit absolut schlechter Prognose.

Gruppe II: Schwerkranke Kinder mit fraglicher, auf die Dauer eher ungünstiger Prognose.

Gruppe III: Mittelschwerkranke Kinder mit noch fraglicher, auf die Dauer wahrscheinlich günstiger Prognose.

Gruppe IV: Leichtkranke Kinder mit klinisch deutlich nachweisbaren Zeichen der tuberkulösen Erkrankung, doch günstiger Prognose.

Gruppe V: Kinder ohne sicher nachweisbare Krankheitserscheinungen, doch positiver Tuberkulinreaktion.

Gruppe VI: Kinder ohne irgendwelche Anzeichen einer stattgehabten Infektion (mit negativer Tuberkulinreaktion).

Außerdem wurde als Unterlage für die weiteren Fürsorgemaßnahmen und für die Frage der Beeinflussung der Erkrankung durch die Umweltsverhältnisse eine eingehende Aufstellung über die Familien-, Versicherungs-, Einkommens- und Wohnungsverhältnisse gemacht. Unter Berücksichtigung aller hierbei gewonnenen Ergebnisse wurden die Umweltsverhältnisse in folgende Bewertungsgruppen eingeteilt:

Gruppe 1: Sehr gut.
Gruppe 2: Gut.
Gruppe 3: Befriedigend.
Gruppe 4: Mangelhaft.
Gruppe 5: Schlecht.

Nach meinem Weggang aus Lübeck, Ende September 1930, wurde die weitere systematische Überwachung und Untersuchung der Kinder von dem damals als beratender Sachverständiger vom Gesundheitsamt Lübeck zugezogenen Professor H. Kleinschmidt-Hamburg und der von ihm hierzu bestellten Assistentin Fräulein M. Böcker bis Ende April 1931 weiter durchgeführt. Im Frühjahr 1931 waren die Erkrankungen bis auf wenige Fälle zum Abschluß gekommen, so daß eine wesentliche Verschiebung im Gesamtbilde (auch späterhin, trotz weiterer Durchuntersuchungen im Herbst 1931 und in den Jahren 1932 und 1933) nicht mehr eintrat. Es wurden deshalb 1931 die seitherigen Ergebnisse in einer tabellarischen Gesamtübersicht zusammengestellt, die mehreren Bearbeitern des Stoffes zugänglich gemacht wurde, und außerdem über sämtliche Kinder Krankenblätter endgültig abgefaßt unter Berücksichtigung auch der Röntgenuntersuchungen und der bakteriologischen Untersuchungsergebnisse.

Eine wesentliche Ergänzung des bis dahin vorliegenden Materials brachten in den folgenden Jahren 1932 und 1933 die röntgenologischen Serienuntersuchungen der Bauchorgane der vorbehandelten Kinder (im ganzen etwa 360 Bauchaufnahmen), die bis heute bei 126 von den 174 überlebenden Kindern einwandfreie Verkalkungen im Bereich der Mesenterialdrüsen zeigten. Dabei wiesen auch viele Fälle von klinisch trotz eingehender Untersuchung anscheinend gesunden oder nur leichtkranken Kindern Verkalkungsherde auf.

Diese röntgenologischen Ergebnisse mußten bei der rückschauenden Gesamtbewertung der Krankheitsbilder berücksichtigt werden und führten zu einer ergänzenden Korrektur der im Frühjahr 1931 aufgestellten Gesamtübersicht. Deshalb wurde im Herbst 1933 unter Berücksichtigung dieser Befunde das gesamte bei der Tuberkulosefürsorgestelle Lübeck vorliegende Material, d. h. die abgeschlossenen Krankengeschichten, die Röntgenfilme, die Kartothek und die oben erwähnten Fragebögen über die Umweltsverhältnisse

Ta-

lf. Nr:	Name:	geb. am	† am	Fütterung am	Fütterung durch	Fütterung Bem.	behand. Arzt	Exposition und Belastung	Konstitution	Dia-thesen	Sozial Milieu 5	4	3	2	1	Brust-Ernährung	Prim. Haftstellen oral.	abd.	pulm.	aur.
43	G.M.	8. III.		10.13.15. III.	Heb.		11. Woche Dr. H.		kräftig							3 Wo.				
44	M.H.	8. III.		11.13.15. III.	Kr.		12. Woche Dr. W.-R.	familiäre Belastung*	kräftig							25 Wo.	F			
45	H.W.	6. III.		12.14.16. III.	Heb.		11. Wo. Dr. W.. 15. „ „ Me.		neurop.							11 Wo.	F			
46	R.G.	7. III	4. XI.	12.14.16. III.	Kl.		9. Wo. Dr. Ma.		mittelkr.							4 Wo.				
47	G.D.	9. III.	9. V.	11.13.15. III.	Heb.		5. Wo. J. 9. „ Ki. Ho.	familiäre Belastung*	dürftig 12. Kind											
48	I.H.	8. III.	31. V.	12.14.16. III.	Heb.		11. Wo. Dr. V. 16. „ „ Me. 30. „ „ G. 47. „ „ Schm. 135. „ „ Du.	familiäre Belastung*	kräftig							4 Wo.				
49	G.F.	9. III.		13.15.17. III.	Kl.		10. Wo. Dr. De. 13. „ „ Me.	familiäre Belastung*	kräftig	lymph. exsud.										
50	E.K.	9. III.	25. VI.	12.14.16. III.	Heb.		10. Wo. Dr. De. 13. „ „ Me.		kräftig							7 Wo.				
51	U.P.	9. III.	9. VI.	12.14.17. III.	Heb.		11. Wo. Dr. W.-R. 13. „ Ki. Ho.		kräftig							3 Wo.				
52	H.K.	11. III.	11. VI.	13.15.17. III.	Heb.		8. Wo. Dr. Fr. 9. „ Ki. Ho.	familiäre Belastung*	dürftig							7 Wo.				
53	E.C.	9. III.	7. VI.	13.15.17. III.	Heb.	1× erbrochen	5. Wo. Dr. De.		dürftig							4 Wo.	?	?		
54	P.A.	11. III.	7. V.	13.15.17. III.	Heb.		3. Wo. Dr. St. 8. „ Ki. Ho.	familiäre Belastung*	dürftig (frühgeb.)							6 Wo.				
55	W.F.	11. III.	26. VI.	13.15.17. III.	Heb.		10. Wo. Dr. Th. 15. „ „ Me.		kräftig							16 Wo.				

* im Original genaue Angaben

in einer zweiten eingehenden tabellarischen Übersicht zusammengestellt, die die endgültige Unterlage für die nachfolgenden statistischen Auswertungen bildet. Eine Drucklegung dieser umfangreichen Tabelle über die 251 Kinder ist nicht möglich und es wird deshalb in Tabelle 3 nur ein Ausschnitt davon gegeben, um Anordnung und Inhalt zu zeigen. Die Bewältigung dieser Arbeit war nur möglich durch die intensive Mitarbeit von Dipl.-Ing. Kurt Jannasch, der in mühevoller Arbeit in all den Jahren das gesamte Material über die sog. „BCG-Verabreichung“ in Lübeck gesammelt, zusammengestellt und bei der Tuberkulosefürsorgestelle Lübeck verwaltet hat.

Wenn ich mich nun den Ergebnissen dieser Erhebungen zuwende, will ich zunächst eine Übersicht über das Gesamtgeschehen geben.

Es wurden in der Zeit vom 10. 12. 29 bis 30. 4. 30 insgesamt 251 Säuglinge innerhalb der ersten 10 Lebenstage nach der von Calmette gegebenen Vorschrift mit den im Laboratorium des Allgemeinen Krankenhauses Lübeck hergestellten Impfstoffen schutzgeimpft, davon 248 nach der offiziellen Einführung der „Schutzfütterung“ am 26. 2. 30. Das bedeutet, daß von den zu dieser Zeit in Lübeck geborenen 412 Kindern über 60% der belle 3.

Besonderheiten des Verlaufs	Krankheitsgruppe 1930							1933				Allgemeinzustand 1933	Impfstoff-Ausgabe	Impfstoff-Gruppe	Krankheits-Beginn (Tag)	Krankheits-Dauer der † Kinder (in Tagen)	Lebens-Dauer der † Kinder (in Tagen)	Besond. Therapie Bemerkungen
	†	I	II	III	IV	V	VI	III	IV	V	VI							
					x					x		Sehr gute Entw. Tbc. klin lat.	10. III.	x	139.			
					x					x		Normale Entw. Tbc. klin. lat.	10. III.	x	63.			
				x						x		Normale Entw. Tbc. klin. lat.	11. III.	x	70.			Ponndorf-Friedmann
Chronische Pneumonie Bronchiektasien Leichte Generalisation	x												11. III.	x	56.	186	242	
Peritonitis tbc.	x												11. III.	x	28.	34	62	
Subakute Generalisation Pneumonie und Pleuritis Streptokokkensepsis	x												11. III.	x	31.	53	84	
					x					x		Sehr gute Entw. Tbc. klin. lat.	11. III.	x	60.			Ponndorf-Antiphthisin
Subakute Generalisation Meningitis tbc.	x												11. III.	x	42.	66	108	Ponndorf
Subakute Generalisation Meningitis tbc.	x												12. III.	x	74.	18	92	
Subakute Generalisation Lungentbc. (sek. Aspir.)	x												12. III.	x	28.	64	92	
Wahrscheinlich Subakute Generalisation	x												12. III.	x	80.	10	90	Sektion verweigert
Subakute Generalisation	x												12. III.	x	20.	31	51	
Subakute Generalisation Peritonitis (Perforation)	x												12. III.	x	65.	42	107	Ponndorf

Schutzbehandlung zugeführt wurden, ein Beweis für das Vertrauen der Bevölkerung zu der vom Gesundheitsamt Lübeck vorgeschlagenen Maßnahme. Es ist hier vielleicht bemerkenswert, daß der Anteil der verschiedenen Bevölkerungsschichten an den beiden Gruppen der „gefütterten" wie der „nicht gefütterten" Kinder keine wesentlichen Unterschiede aufwies. Tabelle 4 gibt einen Überblick über die zeitliche Verteilung der Impfstoffausgaben.

Von den 251 „gefütterten" Säuglingen sind nun im 1. Lebensjahr 76 = 30%, im 2. Lebensjahr 1 und im 3. Lebensjahr 0, im 1.—3. Lebensjahre also 77 = 30,7% gestorben, davon 72 = 93,5% der gestorbenen und 28,7% aller „gefütterten" Säuglinge an oder mit einer ausgedehnten Tuberkulose; von diesen wurde an 68 Fällen durch die Leichenöffnung die Diagnose sichergestellt. Von den gleichzeitig geborenen 164, nicht mit „BCG" behandelten Kindern sind im 1. Lebensjahr 16 = 9,8%, im 2. und 3. Lebensjahr zusammen 3, insgesamt also 19 = 11,5% gestorben, darunter keines an Tuberkulose. In der Tabelle 5 ist die zeitliche Verteilung der Todesfälle der behandelten Kinder über die Jahre 1930 und 1931 dargestellt, wobei die Nummern der nicht an Tuberkulose verstorbenen 5 Säuglinge eingeklammert sind.

Tabelle 4.

Ausgabe-Datum	Anzahl	Laufende Nummern der „gefütterten“ Kinder
9. 12.	1	1
30. 12.	1	246
10. 2.	1	2
24. 2.	2	3/ 4
26. 2.	2	245/ 5
27. 2.	1	6
28. 2.	19	7/ 8/ 9/ 10/ 11/ 12/ 13/ 14/ 15/ 16/ 17/ 18/ 19/ 20/ 21/ 22/ 23/ 24/ 25
1. 3.	2	26/ 27
3. 3.	4	28/ 29/ 30/ 31
4. 3.	4	32/ 33/ 34/ 35
6. 3.	3	36/ 37/ 38
7. 3.	1	39
8. 3.	3	40/ 41/ 42
10. 3.	2	43/ 44
11. 3.	6	45/ 46/ 47/ 48/ 49/ 50
12. 3.	6	51/ 52/ 53/ 54/ 55/ 56
13. 3.	6	57/ 58/ 59/ 60/ 61/ 62
14. 3.	4	63/ 64/ 65/ 66
15. 3.	6	67/ 68/ 69/ 70/ 71/ 72
17. 3.	2	73/ 74
18. 3.	8	75/ 76/ 77/ 78/ 79/ 80/ 81/ 82
19. 3.	7	83/ 84/ 85/ 86/ 87/ 88/ 89
20. 3.	8	90/ 91/ 92/ 93/ 94/ 95/ 96/ 97
21. 3.	5	98/ 99/100/101/102
22. 3.	2	103/104
24. 3.	2	105/106
25. 3.	11	107/108/109/110/111/112/113/114/115/116/244
26. 3.	7	117/118/119/120/121/122/123
27. 3.	6	124/125/126/127/128/129
28. 3.	2	130/131
29. 3.	6	132/133/134/135/136/137
30. 3.	1	138
31. 3.	2	139/140
1. 4.	5	141/142/143/144/145
2. 4.	5	146/147/148/149/150
3. 4.	3	152/153/154
4. 4.	1	155
5. 4.	6	156/157/158/159/160/161
7. 4.	1	162
8. 4.	9	163/164/165/166/167/168/169/170/171
9. 4.	4	172/173/174/175
10. 4.	6	176/177/178/179/180/181
11. 4.	5	182/183/184/185/186
12. 4.	4	187/188/189/190
14. 4.	5	191/192/193/194/195
15. 4.	7	196/197/198/199/200/201/202
16. 4.	10	203/204/205/206/207/208/209/210/211/212
17. 4.	1	213
19. 4.	2	214/215
22. 4.	11	216/217/218/219/220/221/222/223/248/249/250
23. 4.	14	224/225/226/227/228/229/230/231/232/233/234/235/247/251
24. 4.	6	236/237/238/239/240/241
25. 4.	3	242/243/252

Tabelle 5.

Kal. Mon.	Gesamtzahl der am Monatsende †	Tag. / laufende Nummer	Anzahl
III.	1	31. (130)	1
IV.	7	17. 64; 20. 13; 24. 7; 25. 15; 26. 86; 30. 17	6
V.	23	4. 200; 7. 54; 9. 47; 9. 73; 10. 32; 10. 126; 16. 34; 17. 30; 18. 101; 18. (139); 19. 78; 21. 113; 22. 22; 23. 57; 28. 181; 31. 48	16
VI.	47	1. 98; 2. 84; 2. 72; 3. 63; 3. 108; 6. 123; 7. 53; 7. 128; 7. 174; 8. 93; 8. 163; 8. 188; 9. 51; 11. 52; 12. 81; 14. 100; 16. 67; 18. 176; 22. 111; 25. 50; 25. 112; 26. 55; 27. 5; 27. 85	24
VII.	63	1. 125; 2. 105; 4. 31; 5. 62; 6. 121; 6. 134; 10. 129; 10. 244; 12. 118; 13. 78; 15. 117; 16. (201); 18. 60; 18. 119; 23. 26; 30. 10	16
1930			
VIII.	71	6. 192; 8. 120; 13. 9; 18. 116; 22. 65; 25. 71; 26. 214; 31. 12	8
IX.	72	13. 59	1
X.	72		
XI.	73	4. (46)	1
XII.	74	14. 209	1
I.	75	7. 14	1
II.	75		
III.	75		
1931			
IV.	76	8. 179	1
VIII.	77	14. (147)	1

Zeitliche Verteilung der Todesfälle.
Die obere Zahl in jedem Felde bedeutet den Tag des betreffenden Monats, die untere die laufende Nummer des an diesem Tage verstorbenen Kindes.

Einen genaueren Einblick in den Verlauf der Erkrankung der an Tuberkulose gestorbenen 72 Kinder beim Einzelfall ergaben die folgenden Tabellen 6 und 7. In Tabelle 6 ist das Auftreten der ersten Krankheitserscheinungen bei diesen Kindern nach Lebenswochen wiedergegeben; hieraus ist zu ersehen, daß in der überwiegenden Zahl der Fälle der Beginn der klinisch feststellbaren Erkrankung in die 4. bis 8. Lebenswoche nach der Infektion fiel. Eine gleiche Aufstellung über alle Kinder, die an sich von Interesse wäre, ist deshalb nicht möglich, weil bei einem großen Teil der überlebenden Kinder Krankheitserscheinungen überhaupt nicht, oder erst nach der Bekanntmachung der Gesundheitsbehörde über das geschehene Unglück, also zu einem für den Krankheitsverlauf als solchen rein zufälligen Zeitpunkt, durch erhöhte Aufmerksamkeit der Eltern oder daraufhin vorgenommene ärztliche Untersuchung festgestellt wurden. Die nach dem erreichten Lebensalter der verstorbenen Kinder geordnete Tabelle 7 zeigt, daß die Zahl der Todesfälle sich im 3. und 4. Lebensmonat nach der Impfstoffeinverleibung häuft, um dann rasch abzusinken. Der letzte Tuberkulosetodesfall ist im 12. Lebensmonat eingetreten.

Tabelle 6.

Krankheitsbeginn in Lebenswochen	Anzahl der Kinder																
2.	2 = 2,8%	6 181	25 59														
3.	2 = 2,8%	21 9	32 209														
4.	16 = 22,2%	1 64	2 86	5 47	5 54	5 101	5 174	6 20	6 32	6 78	7 34	7 84	8 48	9 111	10 52	11 85	11 121
5.	8 = 11,1%	2 126	3 7	4 188	5 176	6 57	7 93	8 100	47 179								
6.	9 = 12,5%	3 73	4 17	5 98	6 30	8 112	10 50	11 117	13 214	15 120							
7.	13 = 18,0%	2 15	2 113	2 163	4 123	4 128	8 124	8 125	9 244	9 118	9 129	12 60	15 116	17 71			
8.	8 = 11,1%	3 108	4 63	4 72	6 67	7 105	10 31	11 119	16 65								
9.	3 = 4,2%	7 55	10 38	37 14													
10.	5 = 6,9%	1 13	3 22	3 81	8 192	18 12											
11.	3 = 4,2%	2 53	3 51	6 62													
12.																	
13.	2 = 2,8%	5 5	10 10														
14.																	
15.																	
16.																	
17.	1 = 1,4%	4 26															

Die untere Zahl eines jeden Feldes gibt die laufende Nummer, die obere die Krankheitsdauer des betreffenden Kindes in Wochen an.

Die bis zum Mai 1930 sich häufenden Todesfälle ließen, unter der Annahme einer einheitlichen Krankheitsursache bei allen Kindern, die Befürchtung aufkommen, daß das Unglück immer weiter fortschreite, und die übrigen Kinder ebenfalls ein Opfer desselben würden. Zu diesem Zeitpunkt brachte jedoch die einheitliche Untersuchung der Kinder das Ergebnis, daß diese Befürchtung unbegründet sei, da auch damals noch ein erheblicher Teil der Kinder keine oder nur geringe Krankheitserscheinungen zeigte, die Prognose bei diesen also günstig gestellt werden konnte. Daß diese Auffassung zu Recht bestand, ergab der weitere Verlauf, wie die in Tabelle 8 wiedergegebene graphische Darstellung zeigt, die unter Einbeziehung der Todesfälle aus der Zeit von März bis Juni 1930 die jeweils am Monatsende erhobene Gliederung des Krankheitsstandes nach den in der Einleitung geschilderten Krankheitsgruppen, von deren Aufstellung im Juli 1930 an, wiedergibt.

Man ersieht aus dieser Tabelle nach dem raschen Anstieg der Todesfälle bis zum August 1930 eine nur noch geringe Zunahme derselben und ein gleichzeitiges Absinken

Tabelle 7.

Leb.-Mon.	†																										
1.																											
2.	10 = 13,9%	35 64	40 86	45 126	49 181	56 7	57 54	58 13	58 101	58 182	59 73																
3.	26 = 36,1%	60 113	61 147	61 74	62 15	63 163	66 68	67 17	68 32	69 20	70 176	72 108	74 98	74 128	74 34	75 23	75 57	76 84	78 30	80 72	83 63	83 93	84 48	86 100	87 22	87 81	90 53
4.	19 = 26,4%	91 111	92 51	92 52	94 67	94 112	99 125	102 105	102 124	103 85	104 121	106 129	107 55	108 50	108 244	109 118	113 117	115 62	116 119	119 192							
5.	8 = 11,1%	123 5	126 31	130 38	130 60	133 214	146 26	147 120	148 116																		
6.	4 = 5,6%	156 10	164 65	167 71	168 9																						
7.	2 = 2,8%	187 59	190 12																								
8.																											
9.	1 = 1,4%	243 209																									
10.																											
11.	1 = 1,4%	318 14																									
12.	1 = 1,4%	364 179																									

Die obere Zahl in jedem Felde bedeutet die Lebenstage, die untere die laufende Nummer des gestorbenen Säuglings.

der schweren und mittelschweren Erkrankungsfälle, deren Zahl im Sommer 1931 schon auf 3 herabgesunken war. Im Sommer 1932 waren keine Kinder mehr der Gruppe der mittelschwerkranken zugehörig und im Jahre 1933 konnte bei allen 174 überlebenden, mit Ausnahme von 6 Kindern mit Dauerschäden, die Tuberkulose als klinisch latent bezeichnet werden. Allerdings ergaben, wie schon erwähnt, die Röntgenuntersuchungen des Abdomens bei insgesamt 127 Kindern zum Teil ausgedehnte Verkalkungen und damit den sicheren Nachweis der stattgehabten tuberkulösen Erkrankung.

Doch müssen wir uns nach diesem Ausblick auf die Weiterentwicklung der Krankheitsfälle wieder dem damals überraschenden Ergebnis der außerordentlichen Verschiedenartigkeit der Krankheitsbilder bei der systematischen Durchuntersuchung vom Juli 1930 zuwenden. Diese war so groß, daß die Annahme einer gleichartigen Schädigung sämtlicher Kinder nicht mehr aufrecht erhalten werden konnte. Dies um so mehr, da bald in der Verschiedenartigkeit der Krankheitsbilder eine gewisse Gesetzmäßigkeit hervortrat. Es zeigte sich nämlich, daß bestimmte Gruppen von Kindern, die mit gleichzeitig herausgegebenem Impfstoff behandelt waren, auffallend gleichartige Bilder boten. So ergab meine erste Aufstellung am 9. 8. 30 z. B., daß von den mit einem am 28. 2. 30 ausgegebenen Impfstoff behandelten 19 Säuglingen 18 gestorben waren oder schwere Krankheitserscheinungen zeigten, und daß von den mit den vom 25. bis 27. 3. 30 ausgegebenen Impfstoffen behandelten 24 Säuglingen 17 gestorben und 5 erheblich erkrankt waren, während alle mit den vom 1. bis 5. 4. 30 ausgegebenen Impfstoffen behandelten 20 Säuglinge keine oder nur ganz geringe Krankheitserscheinungen aufwiesen. Diese auffallende Verschiedenartigkeit und Gruppierung der Krankheitsfälle weist zwingend

auf eine verschiedene „Schädlichkeit“ der einzelnen Impfstoffbereitungen hin; jede Erklärung, die sich auf die verschiedene Resistenz der Kinder oder sonstige Einflüsse nach der Einverleibung des Impfstoffes stützte, konnte mit Bestimmtheit bei diesem Sachverhalt abgelehnt werden.

Es erhob sich nun die Frage, auf welche Weise die verschiedene „Schädlichkeit“ der Impfstoffbereitungen zustande gekommen sein konnte. Die erste Möglichkeit, daß rein quantitative Unterschiede bezüglich der Dichtigkeit der Aufschwemmung bei den einzelnen Impfstoffbereitungen bestanden hätten, kann nach Art der Technik und auf Grund von einzelnen im Reichsgesundheitsamt gemachten nachprüfenden Stichproben abgelehnt werden. Die zweite Möglichkeit, daß eine in sich einheitliche Bakterienkultur zwar quantitativ richtig bemessen gewesen sei, aber in der Qualität ihrer toxischen Eigenschaften sprunghaft und unberechenbar gewechselt habe, kann ebenfalls abgelehnt werden, da diese Annahme zur Voraussetzung hätte, daß Subkulturen einer bestimmten Ausgangskultur in einem Zeitraum von 10—14 Tagen ihres Wachstums (so alt waren die benutzten Kulturen) ihre biologischen Eigenschaften von hoher Virulenz bis zu praktischer Avirulenz ohne irgendwelchen erkennbaren Einfluß veränderten, was niemals beobachtet und biologisch in höchstem Grade unwahrscheinlich ist. So blieb als dritte Möglichkeit nur die Annahme übrig, daß es sich bei den Impfstoffbereitungen um Mischungen virulenten und avirulenten Materials in verschiedenem Mengenverhältnis handele. Auf Grund dieser Überlegungen kam ich zu der Hypothese, daß in dem für die Impfstoffbereitungen benützten Vorrat an Kulturröhrchen sowohl solche mit virulenten als auch solche mit avirulenten Kulturen vorhanden gewesen sein müssen. Da für die einzelnen Impfstoffbereitungen nach Angabe des Laboratoriums jeweils das Material von 2—4 Kulturröhrchen verwendet wurde, so wäre hieraus eine verschiedene „Schädlichkeit“ in bestimmten ziemlich eng begrenzten Abstufungen durchaus erklärbar gewesen. Man hätte dabei sogar erwarten können, die Menge des virulenten Materials wenigstens annähernd quantitativ zu bestimmen, indem z. B. bei der Verwendung von 3 gleich gut bewachsenen Kulturröhrchen und dem klinischen Befund von mäßigen Krankheitserscheinungen mit Wahrscheinlichkeit hätte geschlossen werden können, daß nur eins der Röhrchen eine virulente Kultur enthielt, der virulente Anteil also etwa ein Drittel des Gesamtmaterials betrug. Die Annahme, daß in dem für die Impfstoffbereitung vorrätigen Material tatsächlich sowohl avirulente als auch virulente Kulturen vorhanden waren, wurde bakteriologisch bestätigt. Doch eine genauere Betrachtung der klinischen Untersuchungs-

Tabelle 8.

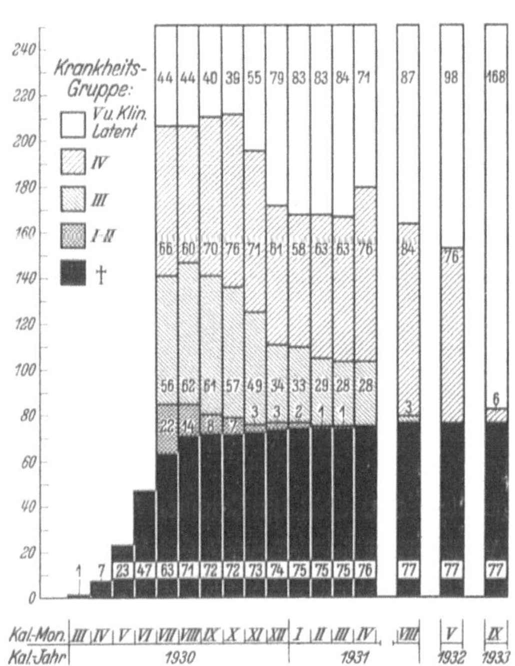

ergebnisse besonders bei den Kindern, die einzeln „gefüttert" worden waren, bei denen also die Impfstoffbereitung nur aus einem Kulturröhrchen angefertigt worden war, zeigte, daß dieser Erklärungsversuch der Mischung avirulenter und vollvirulenter Kulturen nicht völlig ausreichte. Denn auch bei diesen Kindern waren trotz der Abstammung ihres Impfstoffes von je einer Kultur Krankheitsbilder zu beobachten, die keinesfalls mit der Annahme einer Infektion mit 30 mg vollvirulenten Materials oder andererseits einer avirulenten Kultur erklärt werden konnten, abgesehen von einem Kinde, bei dem der Befund und der weitere Verlauf eindeutig für das Vorliegen einer reinen BCG-Verabreichung sprach (lfd. Nr. 246). Es mußte also angenommen werden, daß neben den Röhrchen mit Rein-Kulturen avirulenten Materials auch solche mit Misch-Kulturen vorhanden waren. Auch diese Vermutung hat sich bakteriologisch bestätigt, indem bei den dem vorhandenen Vorrat an „BCG-Kulturen" entnommenen Röhrchen solche mit virulentem Anteil nachgewiesen wurden. Mit dieser Feststellung war auch die nur annähernde quantitative Bestimmung der jeweiligen Infektionsdosen unmöglich geworden. Der Wert der Gesamtbeobachtungen an den Lübecker Kindern für unsere wissenschaftliche Erkenntnis wird hierdurch stark vermindert.

Es ist deshalb nur möglich, eine schätzungsweise Abstufung des virulenten Anteiles der Impfstoffbereitungen vorzunehmen. Die Zugehörigkeit zu diesen Gruppen verschieden starker Beimischung virulenten Materials, die wir im folgenden der Kürze halber als „Virulenzstufen" der Impfstoffbereitungen bezeichnen, entschied das klinische Gesamtbild zeitlich zusammengehöriger, mit Wahrscheinlichkeit mit der gleichen Impfstoffbereitung behandelter Kinder.

So fanden sich Gruppen von Kindern, bei denen klinisch nur geringe Krankheitserscheinungen, zum Teil nur vorübergehende geringe Halsdrüsenschwellungen und an sich nicht völlig eindeutige mäßige, doch in ihrem zeitlichen Zusammenhang mit der „Fütterung" verdächtige, Erscheinungen von seiten des Magen-Darmkanals aufgetreten waren. Bei dieser Gruppe blieb es zunächst zweifelhaft, ob sie nicht vielleicht doch nur reinen BCG erhalten hatten. Immerhin war es aber schon 1930 auffallend, daß fast alle diese Kinder auf Tuberkulin perkutan positiv reagierten, während nach den französischen Statistiken bei reiner BCG-Verabreichung immer nur ein mehr oder minder großer Anteil der behandelten Kinder so stark als tuberkulinempfindlich befunden wurde. Auch kam es bei einzelnen Kindern zu Halsdrüsenschwellungen von solchem Ausmaß, wie sie nach den Angaben in der Literatur bei reiner BCG-Verabreichung zu den größten Seltenheiten gehören. Die Röntgenuntersuchungen des Abdomens im Jahre 1932 und 1933 brachten die Bestätigung des Verdachtes, daß auch bei diesen Kindern kein völlig avirulentes Material zur Verabreichung gelangt war. Es fanden sich nämlich in den Mesenterialdrüsen, wenn auch größtenteils nur wenig umfangreiche Verkalkungen als Zeichen früher vorhandener Verkäsungen, ein Befund, der mit den Untersuchungen über die durch reinen BCG verursachten Drüsenveränderungen nicht in Einklang zu bringen war. Die aus diesen Gruppen verstorbenen Kinder sind an interkurrenten Erkrankungen und nicht an Tuberkulose zugrunde gegangen.

Bei weiteren Gruppen von Kindern kam es fast durchweg zu größeren Halsdrüsenschwellungen und zum Teil zu stärkeren Erscheinungen von seiten des Magen-Darmkanals. Außerdem wurden in diesen Fällen fast regelmäßig in den ersten Krankheits-

Tabelle 9.

Virulenz Stufe 1	2	3	4	Krankheits Gruppe †	II–III	IV	V	VI
			9. XII. 1929 1		1			
30. XII. 1929 1								246
	10. II. 1930 1					2		
	24. II. 2				3	4		
		26. II. 2		5		245		
	27. II. 1					6		
			28. II. 16	7, 9, 10, 12, 13, 14, 15, 17, 20, 22	8, 11, 16, 18, 19, 21			
		28. II. 3			23, 24	25		
		1. III. 2		26	27			
		3. III. 2			28	29		
			3. III. 2	30, 31				
			4. III. 4	32, 34	33, 35			
		6. III. 3		36	37	38		
	7. III. 1					39		
	8. III. 3				41	40, 42		
	10. III. 2					43, 44		
	11. III. 3			46	45	49		
			11. III. 3	47, 48, 50				
			12. III. 6	51, 52, 53, 54, 55	56			
			13. III. 6	57, 59, 60, 62	61	58		
			14. III. 4	63, 64, 65	66			
			15. III. 3	67, 71, 72				
		15. III. 3			69	68, 70		
		17. III. 1			74			
			17. III. 1	73				
		18. III. 8		78, 81	75, 76, 80	77, 79, 82		
		19. III. 7		84, 85, 86	83, 88, 89	87		
		20. III. 8		93	90, 91, 92, 96	94, 95, 97		
			21. III. 5	98, 100, 101	99, 102			
		22. III. 2			103	104		
		24. III. 2		105		106		
		25. III. 1			107			

Tabelle 9 (Fortsetzung).

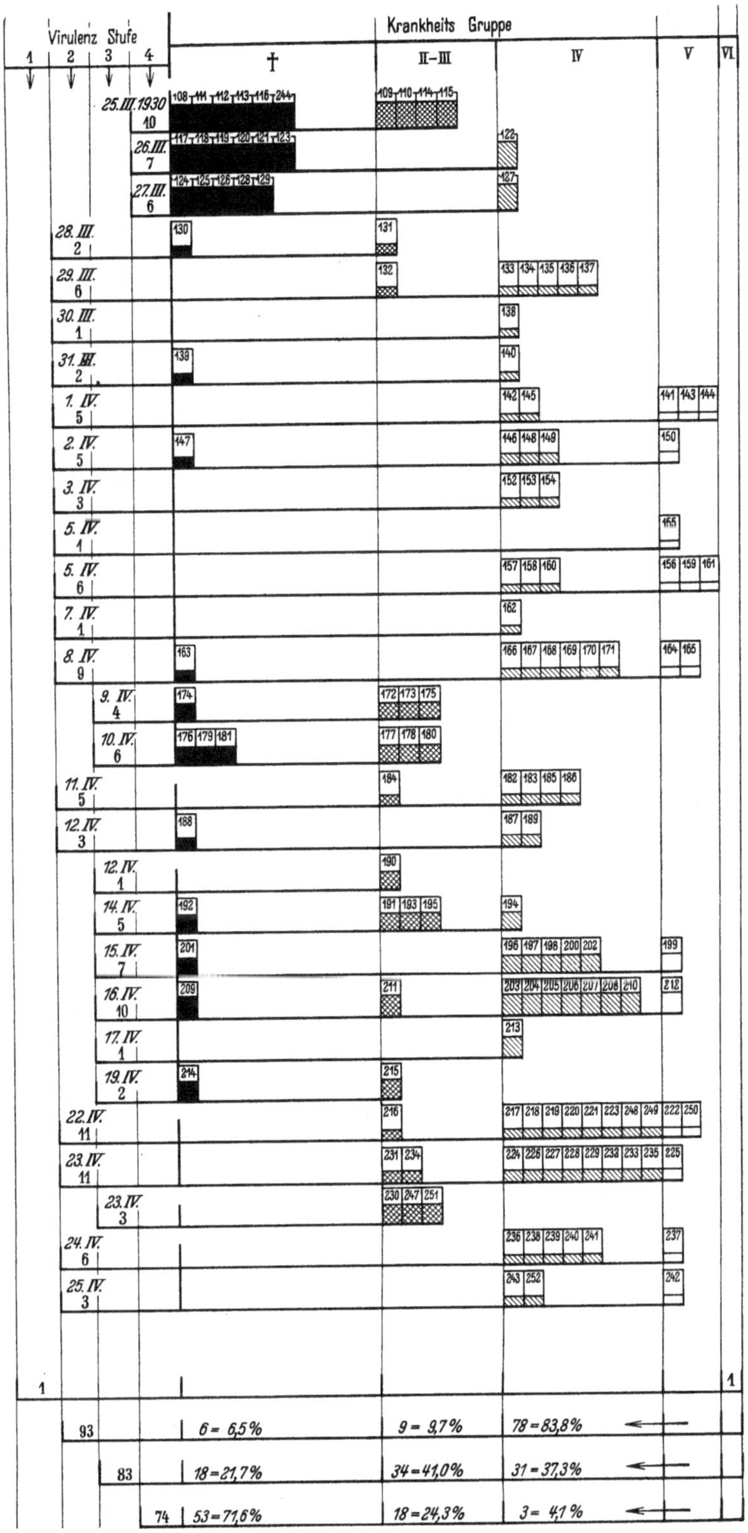

Virulenz Stufe 1	2	3	4	Krankheits Gruppe †	II–III	IV	V	VI
			25. III. 1930 10	108, 111, 112, 113, 116, 244	109, 110, 114, 115			
			26. III. 7	117, 118, 119, 120, 121, 123		122		
			27. III. 6	124, 125, 126, 128, 129		127		
	28. III. 2			130	131			
	29. III. 6				132	133, 134, 135, 136, 137		
	30. III. 1					138		
	31. III. 2			139		140		
	1. IV. 5					142, 145	141, 143, 144	
	2. IV. 5			147		146, 148, 149	150	
	3. IV. 3					152, 153, 154		
	5. IV. 1						155	
	5. IV. 6					157, 158, 160	156, 159, 161	
	7. IV. 1					162		
	8. IV. 9			163		166, 167, 168, 169, 170, 171	164, 165	
		9. IV. 4		174	172, 173, 175			
		10. IV. 6		176, 179, 181	177, 178, 180			
	11. IV. 5				184	182, 183, 185, 186		
	12. IV. 3			188		187, 189		
		12. IV. 1			190			
		14. IV. 5		192	191, 193, 195	194		
		15. IV. 7		201		196, 197, 198, 200, 202	199	
		16. IV. 10		209	211	203, 204, 205, 206, 207, 208, 210	212	
		17. IV. 1				213		
		19. IV. 2		214	215			
	22. IV. 11				216	217, 218, 219, 220, 221, 223, 248, 249	222, 250	
	23. IV. 11				231, 234	224, 226, 227, 228, 229, 232, 233, 235	225	
		23. IV. 3			230, 247, 251			
	24. IV. 6					236, 238, 239, 240, 241	237	
	25. IV. 3					243, 252	242	
1								1
	93			6 = 6,5%	9 = 9,7%	78 = 83,8%	←	
		83		18 = 21,7%	34 = 41,0%	31 = 37,3%	←	
			74	53 = 71,6%	18 = 24,3%	3 = 4,1%	←	

monaten eine einwandfreie zum Teil erhebliche Vergrößerung der Milz festgestellt. Die 1932 und 1933 angestellten Röntgenuntersuchungen des Abdomens zeigten im Gegensatz zu den oben beschriebenen Gruppen von Kindern wesentlich ausgedehntere Verkalkungen der Mesenterialdrüsen. Der Krankheitsverlauf bei diesen Kindern war wechselnd; ein Teil von ihnen ist an Tuberkulose verstorben, doch waren bei den verstorbenen sehr häufig irgendwelche Komplikationen spezifischer oder unspezifischer Natur für den ungünstigen Ausgang verantwortlich zu machen, wie überhaupt bei dieser Gruppe der mittelschwerkranken Kinder am stärksten die Auswirkung sonstiger Einflüsse auf den Krankheitsverlauf und damit eine größere Mannigfaltigkeit der Krankheitsbilder beobachtet werden konnte.

Von diesen Gruppen mittelschwerer Fälle mit wechselndem Verlauf hoben sich ziemlich deutlich einige Reihen besonders schwerkranker Kinder ab, bei denen in hohem Prozentsatz der Tod an einer akuten oder subakuten Generalisation der Tuberkulose unter einem relativ gleichförmigen Bilde eintrat.

Da wir die so gefundene Verschiedenheit der Gesamtkrankheitsbilder von Gruppen auf die verschiedene Größe des virulenten Anteiles des ihnen verabreichten Impfstoffes zurückführen, müssen wir annehmen, daß außer dem oben erwähnten Kind (lfd. Nr. 246), dem reiner BCG verabreicht worden ist (Virulenzstufe 1), die Gruppen der leichtkranken Kinder mit einem Impfstoff mit geringem virulenten Anteil (Virulenzstufe 2), die Gruppen der mittelschwerkranken Kinder mit einem Impfstoff mit stärkerem virulenten Anteil (Virulenzstufe 3) und die Gruppen der schwerkranken und in hohem Prozentsatz verstorbenen Kinder mit einem Impfstoff mit hohem virulenten Anteil (Virulenzstufe 4) „gefüttert" worden sind. Die Tabelle 9 gibt die Zugehörigkeit der Gruppen zusammengehöriger Kinder zu diesen „Virulenzstufen" des Impfstoffes unter gleichzeitiger Trennung der einzelnen Kinder nach der Schwere des Krankheitsgrades wieder, wobei jeweils der höchste Grad der Krankheitserscheinungen (klinisch und röntgenologisch) rückschauend zugrunde gelegt ist. Hierbei ist zu beachten, daß auf an sich mögliche feinere Abstufungen besonders in der Gruppe der 3. Virulenzstufe mit Absicht verzichtet wurde, um eine statistische Auswertbarkeit des Materials überhaupt zu ermöglichen. Außerdem muß erwähnt werden, daß genauere Nachforschungen die Vermutung bestätigt haben, daß mehrfach Impfstoffbereitungen eines bestimmten Tages auch noch am folgenden Tage, bis sie aufgebraucht waren, ausgegeben wurden. Die Ausgabetage fallen also nicht durchweg mit den Tagen der Herstellung zusammen. So kommt es, daß zum Teil die Grenzen der Impfstoffgruppen und Ausgabetage sich überschneiden und in einzelnen Fällen die Zugehörigkeit eines Kindes zu der einen oder anderen Gruppe rein nach dem klinischen Bild entschieden werden mußte. Wenn auch bei diesen vereinzelten Fällen die Möglichkeit einer irrtümlichen Zuordnung zugegeben werden muß, so würde doch durch eine solche am Gesamtbilde nichts Wesentliches geändert.

Eine Zusammenfassung dieser Aufstellung ist in Tabelle 10 wiedergegeben.

Diese Aufstellungen werden ergänzt, wenn wir die Regionen der nachweisbaren primären Haftstellen nach den gleichen Gesichtspunkten darstellen. Wir ersehen hieraus (s. Tabelle 11), daß mit zunehmender Größe des virulenten Anteiles am verabreichten Impfstoff die Zahl der primären Haftstellen bezüglich ihrer regionären Verteilung anwächst.

Außerdem konnte auf Grund der eingangs erwähnten Aufstellung vom Herbst 1933 (s. Tabelle 3) nachgewiesen werden, daß auch die Schwere und Ausdehnung der Erkrankung an den einzelnen Haftstellen in gleichem Sinne zunimmt.

Tabelle 10.

Virul. Stufe	Gesamt-anzahl	Krankheitsgruppen			
		+	II–III	IV–V	VI
1	1	—	—	—	1
2	93	6 = 6,5%	9 = 9,7%	78 = 83,8%	—
3	83	18 = 21,7%	34 = 41,0%	31 = 37,3%	—
4	74	53 = 71,6%	18 = 24,3%	3 = 4,1%	—
Zus.	251	77	61	112	1

Einen allgemeinen Überblick über das prozentuale Anwachsen der mehrfachen primären Haftstellen in den verschiedenen, nach der Virulenzstufe des Impfstoffes eingeteilten Gruppen ergibt das in Tabelle 12 wiedergegebene Bild.

Aus diesen Aufstellungen geht deutlich hervor, daß die verschiedenen Impfstoffbereitungen eine entscheidende Bedeutung für den Krankheitsverlauf hatten. Deshalb muß auch für die weitere statistische Auswertung diese Einteilung nach der „Virulenzstufe" des Impfstoffes als Grundlage beibehalten werden, da selbstverständlich nur zwischen

Tabelle 11.

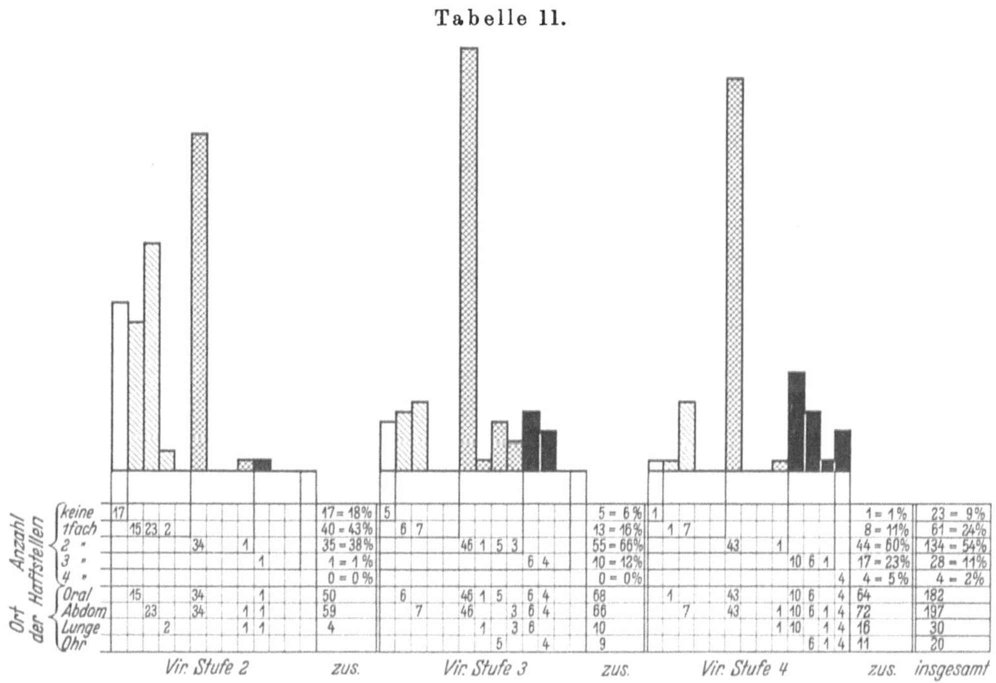

Kindern, die unter ähnlichen Bedingungen bezüglich ihrer Infektion stehen, Vergleiche angestellt werden können.

Nachdem wir so als wichtigsten Faktor die Größe des virulenten Anteiles an den Impfstoffbereitungen für den Krankheitsverlauf nachgewiesen haben, wollen wir noch untersuchen, welche sonstigen Einflüsse auf den weiteren Verlauf wirksam waren. Wir gehen bei dieser Untersuchung von etwaigen Veränderungen des Impfstoffes nach der Herstellung aus, besprechen dann Besonderheiten der Einverleibung und der Reaktion des kindlichen Körpers auf diese. Weiterhin sollte der Einfluß der Konstitution einer

Betrachtung unterzogen werden. Schließlich war zu prüfen, welchen Einfluß die Infektionskrankheiten des Kindesalters bei den schutzbehandelten Säuglingen hatten.

In einem der ersten vorläufigen Berichte über das Lübecker Kindersterben vom Juni 1930, also vor der ersten systematischen Durchuntersuchung, war die Vermutung ausgesprochen worden, daß die Verschiedenartigkeit der Erkrankungen auf das verschiedene Alter des Impfstoffes, d. h. die mehr oder minder große Zeitspanne zwischen Herstellung und Verabreichung desselben von ausschlaggebender Bedeutung im Sinne einer Verminderung der Virulenz war, eine Anschauung, die durch das damals vorliegende Material gestützt zu werden schien. Doch ergab eine erneute Aufstellung an Hand des Gesamtergebnisses, daß das damalige Resultat zufällig war. So sind von den Kindern der Virulenzstufe 3 am Ausgabetag 6 erstmalig „gefüttert" worden, wovon keines gestorben ist, am zweiten Tag 65, wovon 16 = 25% gestorben sind und am dritten Tag 7, wovon 1 = 14% gestorben sind. Von den Kindern der Virulenzstufe 4 wurden am Ausgabetag erstmalig 15 Kinder „gefüttert", wovon 10 = 67% gestorben sind, am zweiten Tag 49, wovon 35 = 71% gestorben sind und am dritten Tag 9, wovon 7 = 78% gestorben sind. Das Alter des Impfstoffes hat also keinen Einfluß im Sinne einer verminderten Virulenz und damit einer günstigen Einwirkung auf den Krankheitsverlauf gehabt.

Tabelle 12.

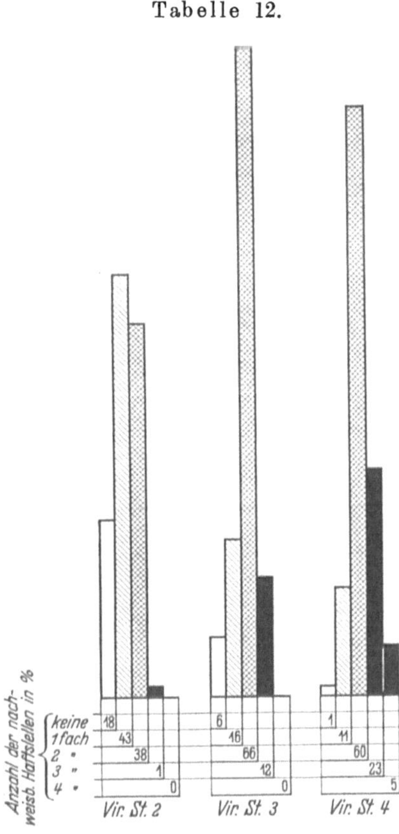

Weiterhin erhob sich die Frage, ob vielleicht die Vorbereitung oder Aufschwemmung des Impfstoffes zum Zwecke der Verabreichung von Einfluß gewesen sein könnte. Es kommt hierbei vor allem eine zu starke Erhitzung der beigegebenen Milch oder sonstigen Flüssigkeit in Betracht. Es ließen sich aber nur 2 Fälle ermitteln, bei denen eine solche von der Verabreichungsvorschrift abweichende Behandlung wahrscheinlich ist. Bei einem dieser Kinder (lfd. Nr. 58) war der Verlauf ein ganz auffallend milder trotz der Zugehörigkeit des verabreichten Impfstoffes zur 4. Virulenzstufe, während der Verlauf bei dem anderen Säugling (lfd. Nr. 240) gegenüber seiner allerdings schon günstigen Gruppe (Virulenzstufe 2) keine Abweichung zeigte.

Ferner ist zu erörtern, inwieweit ein Einfluß nur ein- oder zweimaliger Verabreichung an Stelle der vorgeschriebenen dreimaligen Verabreichung auf den Krankheitsverlauf nachzuweisen war. Die hierbei in Betracht kommenden Fälle sind im ganzen wenig zahlreich (einmalige „Fütterung" insgesamt 8 Fälle, zweimalige „Fütterung" insgesamt 6 Fälle), so daß bei der notwendigen Verteilung auf die einzelnen Virulenzstufen das Material zu einer statistischen Auswertung zu klein erscheint. Immerhin ist auffallend, daß, während in der Virulenzstufe 2 und 3 ein deutlicher Einfluß nicht erkennbar, in der Virulenzstufe 4 dagegen (bei einer Durchschnittsletalität von 71,6%) 3 von den 4 nur zweimal „gefütterten" Säuglingen überleben, besonders auffallend, da bei 2 von diesen die dritte Verabreichung wegen ihrer Schwächlichkeit (Frühgeburt bzw. Körperschwäche) unterblieben war. Es scheint also hier das Weglassen der dritten relativ hochinfektiösen Dosis sich in günstigem Sinne ausgewirkt zu haben.

Wir prüften weiterhin, ob etwa die Verabreichung auf nüchternen Magen Einfluß auf die Haftung der Infektion und ihren Verlauf gehabt habe. Eine Gegenüberstellung der mit Bestimmtheit nach diesem Modus im Krankenhaus vor der 1. Mahlzeit „gefütterten" Kinder und der im Haushalt meist vor der 2. Mahlzeit, also nicht auf nüchternen Magen „gefütterten" Kinder, ergab keinerlei Einfluß, weder bei schwachvirulentem, noch bei hochvirulentem Impfstoffmaterial, obwohl es sich um statistisch wohl verwertbare Zahlengruppen handelt (s. Tabelle 13).

Tabelle 13. Fütterung auf nüchternen Magen.

Virul. Stufe	Fütterungsort	Gesamtanzahl	Krankheitsgruppen		
			+	II—III	IV—V
2	Außerhalb	80 = 86%	6 = 7,5%	8 = 10,0%	66 = 82,5%
	Im Krankenhaus	13 = 14%	—	1 = 8,3%	12 = 91,7%
3	Außerhalb	62 = 75%	14 = 22,6%	24 = 38,7%	24 = 38,7%
	Im Krankenhaus	21 = 25%	4 = 19,0%	10 = 47,6%	7 = 33,4%
4	Außerhalb	51 = 69%	39 = 76,5%	9 = 17,6%	3 = 5,9%
	Im Krankenhaus	23 = 31%	14 = 60,9%	9 = 39,1%	—

Dagegen zeigte die Art der Einverleibung des Impfstoffes einen deutlichen Einfluß auf das Krankheitsbild. Schon bei den Sektionen im Jahre 1930 war aufgefallen, daß von den Kindern mit Lungen- und Mittelohrprimärkomplexen ein auffallend hoher Prozentsatz im Krankenhaus geboren und „gefüttert" worden war. Nähere Nachforschungen ergaben, daß diese Erscheinung zweifellos ihren Grund in der Verabreichungsweise einer der Schwestern des Krankenhauses (Schw. X.) hatte, die angab, daß sie den Kindern, um die Aufnahme des Impfstoffes zu beschleunigen, die Nase zugehalten habe, eine Maßnahme, die leider auch sonst bei Fütterungen von Kindern Anwendung findet. Hierbei kam es offenbar häufiger zu einer Aspiration in die Lunge, bzw. durch Pressen des Kindes zu einem Eindringen des Impfstoffes durch die Tuben in das Mittelohr. Die Bedeutung des Verfahrens geht aus der wiedergegebenen Tabelle 14 hervor. Besonders bemerkenswert ist dabei, daß von den insgesamt 30 Kindern mit Lungenprimärkomplexen 20 gestorben sind, die Prognose bei diesen Kindern sich also besonders ungünstig gestalteet, wobei allerdings andererseits zu bedenken ist, daß es sich bei den gestorbenen zu einem Teil um massige Aspirationen gehandelt hat.

Tabelle 14. Lungen- und Mittelohrprimärkomplexe als Folge des Fütterungsmodus.

Fütterung	Gesamtanzahl	Lungenprimärkomplex	Mittelohrprimärkomplex
Außerhalb Krankenhaus . .	199	19 = 9%	10 = 5%
Im Krankenhaus	52	11 = 21%	10 = 19%
Darunter durch Schwester X.	23	9 = 39%	5 = 22%

Ein weiterer Einfluß auf die Haftung des Impfstoffes wurde auch offensichtlich durch eine rasche teilweise Wiederausscheidung desselben ausgeübt, sei es durch Erbrechen bei der Verabreichung selbst oder durch Durchfall und Erbrechen in der ersten Woche nach der „Fütterung“, wie es bei einer größeren Anzahl von Kindern beobachtet wurde. Dieser Einfluß in günstigem Sinne für den Krankheitsverlauf ist unverkennbar bei den Kindern der Virulenzstufe 3 und 4, wie sich aus der Tabelle 15 ergibt, wobei noch zu bedenken ist, daß das Erbrechen bei einer Anzahl der Kinder Aspiration in die Lunge zur Folge haben konnte. Bei Abzug dieser Kinder mit Lungenprimärkomplexen, und zwar sowohl bei den Kindern ohne wie mit Erbrechen wird der Unterschied noch auffallender, wie die in der Tabelle in Klammern beigefügten Zahlen zeigen:

Tabelle 15. Einfluß von Erbrechen und Durchfall.

Virul. Stufe	Krankheits-gruppen	Gesamt-anzahl	Erbrechen und Durchfall (s. oben) ohne	mit
	+	6	(6) 6 = 8% (8%)	
2	II—III	9	(4) 6 = 8% (6%)	(3) 3 = 18%
	IV—V	78	(63) 64 = 84% (86%)	(14) 14 = 82%
	+	18	(12) 15 = 24% (21%)	(0) 3 = 16% (0%)
3	II—III	34	(26) 29 = 45% (45%)	(4) 5 = 26% (27%)
	IV—V	31	(20) 20 = 31% (34%)	(11) 11 = 58% (73%)
	+	53	(39) 49 = 91% (91%)	(1) 4 = 20% (7%)
4	II—III	18	(4) 5 = 9% (9%)	(11) 13 = 65% (73%)
	IV—V	3	(0) 0 = 0% (0%)	(3) 3 = 15% (20%)

Nach Abklingen dieser Früherscheinungen dürfen wir wohl die Haftung der Infektion als entschieden ansehen. Es erhebt sich nunmehr die Frage, welche Faktoren bei dem Abwehrkampf gegen die stattgehabte Infektion von Bedeutung sein könnten.

Wir untersuchten zuerst, ob ein Einfluß des Geschlechtes auf den Krankheitsverlauf nachzuweisen ist. Dabei ergab sich in allen Gruppen bei den Knaben eine etwas höhere Sterbeziffer als bei den Mädchen. Von 137 Knaben sind insgesamt 50 = 36,5%, von den 114 Mädchen 27 = 23,6% verstorben. Die Tabelle 16 zeigt die Gliederung des Materials nach dem Geschlecht der Kinder. Wenn die Kleinheit der Zahlen auch hier weitgehende Schlußfolgerungen verbietet, so scheint sich doch insgesamt eine größere Resistenz der weiblichen Säuglinge zu ergeben.

Tabelle 16.
Aufteilung nach dem Geschlecht.

Virul. Stufe	Krankheits-gruppen	Männlich	Weiblich
1	VI	1	
	+	4 = 9%	2 = 4%
2	II—III	6 = 14%	3 = 6%
	IV—V	33 = 77%	45 = 90%
	+	12 = 26%	6 = 17%
3	II—III	18 = 38%	16 = 44%
	IV—V	17 = 36%	14 = 39%
	+	34 = 74%	19 = 68%
4	II—III	11 = 24%	7 = 25%
	IV—V	1 = 2%	2 = 7%

Die Untersuchung über den Einfluß konstitutioneller Faktoren, denen heute vielfach wieder große Bedeutung beigemessen wird, stieß auf die Schwierigkeit, im Säuglingsalter klare Konstitutionstypen abzugrenzen. Da auch beim Versuch der Gliederung des Materials in größere Gruppen verschiedener konstitutioneller „Wertigkeit“ eindeutige Ergebnisse nicht gewonnen werden konnten, muß, zumal da auch die Frage nach der Bedeutung der exsudativen Diathese anderweitig in dieser Denkschrift behandelt wird, auf die Erörterung dieses Problems hier verzichtet werden.

Notwendig erschien es, den Einfluß erblicher Belastung mit Tuberkulose zu prüfen, da hier einwandfreie Daten gegeben waren; sie wurde in 42 Fällen nachgewiesen. Doch auch hier war ein statistisch eindeutig erfaßbarer Einfluß an den Lübecker Kindern nicht ersichtlich, auch nicht, wenn man die Belastung mit tödlich verlaufender Tuberkulose in der Familie gesondert betrachtete (12 Fälle). Für irgendwelche Schlußfolgerungen ist jedoch meines Erachtens dieses Material ebenso wie die Zahl der tuberkulöser Ansteckung ausgesetzter Kinder (8), bei denen ebenfalls eine ungünstige Beeinflussung nicht nachweisbar war, zu gering (s. Tabelle 17). Spricht doch die klinische Erfahrung an großem Material und die Zwillingsforschung eindeutig für den Einfluß erbbedingter Faktoren.

Tabelle 17. Erbliche Belastung mit Tuberkulose.

Virul. Stufe	Krankheitsgruppen	Gesamtanzahl	Ohne Belastung	Mit Belastung	
				ingesamt	mit tödlicher Tuberkulose
	+	6	5 = 6%	1 = 9%	
2	II—III	9	9 = 11%		
	IV—V	78	67 = 83%	11 = 91%	1
	+	18	15 = 22%	3 = 19%	
3	II—III	34	28 = 42%	6 = 37%	1 = 25%
	IV—V	31	24 = 36%	7 = 44%	3 = 75%
	+	53	39 = 71%	14 = 74%	6 = 86%
4	II—III	18	13 = 24%	5 = 26%	1 = 14%
	IV—V	3	3 = 6%		

Ein weiterer Faktor, dem für den Ablauf der Tuberkulose ein maßgebender Einfluß zugesprochen wird, sind die Umweltsverhältnisse. Hier ergibt sich nun offenbar an unserem Material, insbesondere in der Gruppe der Virulenzstufe 3, mit der Verschlechterung der Umweltsverhältnisse ein Einfluß im Sinne der Verschlechterung der Prognose. Bei den vielfältigen und weitgehenden Bemühungen des Lübeckischen Staates, die Umweltsverhältnisse der Kinder durch Unterstützung der Familien, durch Ernährungsbeihilfen, Zuweisung von Neubauwohnungen und Gewährung von Erholungsaufenthalten für die Kinder, zum Teil mit ihren Müttern, zu bessern, erscheint dies immerhin auffallend. Das Ergebnis der Untersuchungen ist in Tabelle 18 wiedergegeben, wobei die Einstufung des sozialen Milieus auf Grund der eingangs erwähnten ausführlichen Fragebogen erfolgte.

Es ist vielleicht erwähnenswert, daß bei der Untersuchung der etwaigen Gründe dieses Einflusses auch der prozentuale Anteil der Kinder mit irgendwelchen Zeichen angeborener körperlicher Minderwertigkeit oder Abwegigkeit bestimmt wurde. Es ergab sich hierbei, daß mit sinkendem Niveau der sozialen Verhältnisse ein Ansteigen dieses Anteiles nachzuweisen war. So fanden sich in der Gruppe der guten Umweltsverhältnisse von den oben genannten Kindern 3 = 7%, in der der mittleren 12 = 14% und in der der schlechten 29 = 24%. Die genauere Aufgliederung dieser Fälle ergab aber, daß sie nicht die Verschlechterung der Prognose verursachten.

Tabelle 18. Einfluß der Umweltsverhältnisse.

Virul. Stufe	Krank-heits-gruppen	Gesamt-anzahl	Umweltsverhältnisse		
			gut	mittel	schlecht
2	+	6	1 = 5,3%	2 = 6,6%	3 = 7,3%
	II—III	9	—	4 = 12,1%	5 = 12,2%
	IV—V	78	18 = 94,7%	27 = 81,3%	33 = 80,5%
Zus.		93	19	33	41
3	+	18	1 = 5,3%	4 = 14,3%	13 = 36,1%
	II—III	34	7 = 37,6%	14 = 50,0%	13 = 36,1%
	IV—V	31	11 = 57,1%	10 — 35,7%	10 = 27,8%
Zus.		83	19	28	36
4	+	53	4 = 57,1%	15 = 65,2%	34 = 77,2%
	II—III	18	2 = 28,6%	7 = 30,4%	9 = 20,4%
	IV—V	3	1 = 14,3%	1 = 4,4%	1 = 2,4%
Zus.		74	7	23	44

Wenn wir nun auf den Einfluß anderweitiger Erkrankungen auf den Verlauf der Tuberkulose bei den „Lübecker" Kindern eingehen, so können wir einer statistischen Betrachtung nur diejenigen Krankheiten unterziehen, die größere Gruppen von Kindern befallen haben. Das meiste Interesse beanspruchen hierbei die Masern, denen ja früher ein stark aktivierender Einfluß auf die Tuberkulose zugesprochen wurde, eine Anschauung, die allerdings in neuerer Zeit, wenigstens soweit ein gesetzmäßiger Einfluß angenommen wurde, nicht unwidersprochen geblieben ist. Es ergab sich hierbei, daß im ersten und zweiten Lebensjahr je 3, im dritten Lebensjahr 20 Kinder, insgesamt also 26 Kinder an Masern erkrankten, die sich folgendermaßen auf die Virulenzstufen und Krankheitsgruppen verteilten:

Nur in 2 von den 26 Fällen (lfd. Nr. 173 und 190, die der 3. Virulenzstufe angehören und im 9. bzw. 25. Monat an Masern erkrankten) sind im Anschluß an die Masern stärkere bzw. erneute Halsdrüsenschwellungen aufgetreten, wobei aber eine unspezifische Ursache nicht mit Sicherheit auszuschließen ist. Irgendwelche Neuherdbildungen oder Generalisationen wurden in keinem Falle beobachtet. Vielleicht ist hierbei die Feststellung wichtig, daß von den an Masern erkrankten Kindern keines einen Lungenprimärkomplex oder erhebliche tuberkulöse Lungenveränderungen aufzuweisen hatte, so daß Reaktivierungen von Lungenherden durch Masernbronchitis oder Pneumonie an sich nicht zu befürchten waren (s. Tabelle 19).

Tabelle 19.

Virul. Stufe	Gesamt-Anzahl	Krankheitsgruppen	
		II—III	VI—V
2	14	1	13
3	11	4	7
4	1	1	
Zus.	26	6	20

Von den übrigen Krankheiten war es nur die Pertussis, die eine größere Anzahl von Kindern ergriff; an ihr erkrankten insgesamt 29 Kinder, davon 4 im ersten Lebensjahr, 7 im zweiten und 17 im dritten Lebensjahr. 4 Fälle fielen zeitlich mit der Masernerkrankung zusammen. Die Verteilung auf die Virulenzstufen und Krankheitsgruppen ist in Tabelle 20 zusammengestellt.

Auch hier war in keinem Falle ein ungünstiger Einfluß auf die Tuberkuloseerkrankung der Kinder zu beobachten.

Tabelle 20.

Virul. Stufe	Gesamt-Anzahl	Krankheitsgruppen	
		II—III	IV—V
2	13	2	11
3	14	5	9
4	2	1	1
Zus.	29	8	21

Varizellen traten in 15, Scharlach in 2 und Röteln in 3 Fällen auf, ebenfalls ohne irgendwelchen Einfluß auf den Krankheitsverlauf.

Es wäre nun noch der Einfluß der verschiedenen Behandlungsmethoden auf den Krankheitsverlauf zu erörtern. Doch ist dieses Thema von anderer Seite gesondert bearbeitet (s. S. 396 f.).

Rückschauend können wir feststellen, daß von den 250 in den ersten Lebenstagen mit verschieden großen Dosen einer virulenten Tuberkelbazillenkultur peroral infizierten Kindern mehr als $^2/_3$ diese Infektion, zum Teil nach einer mehr oder minder schweren Krankheitsperiode, überwunden haben und sich danach ungestört weiter entwickelt haben, wie an anderer Stelle dieser Denkschrift nachgewiesen ist. Diese gute Entwicklung der Kinder kann verwunderlich erscheinen, wenn man bedenkt, daß ein großer Teil von ihnen eine ausgedehnte verkäsende und späterhin verkalkende Mesenterialdrüsentuberkulose überstanden hat. Beachtenswert ist auch die geringe Neigung dieser Prozesse zu neuer Herdbildung und Generalisation.

Der überraschend günstige Verlauf steht in Widerspruch zu den früheren Anschauungen über das Schicksal frühtuberkuloseinfizierter Säuglinge. Dieser Widerspruch könnte seine Erklärung darin finden, daß trotz unserer Fortschritte in der Erkennung der Tuberkulose des frühen Kindesalters noch eine weit größere Anzahl von Frühinfizierten, als wir vermuten, der Beobachtung entgeht, weil ihre Erkrankung latent bleibt oder nur geringe und uncharakteristische Erscheinungen macht. Dafür spricht, daß dort, wo eine genaue Beobachtung aller in einem tuberkulösen Milieu lebenden Kinder durchgeführt wurde, also in den großen und gut geleiteten Fürsorgestellen, in den letzten Jahren die Lehre von der ungünstigen Prognose der Säuglingstuberkulose erschüttert wurde. Das Material, das den Statistiken vergangener Jahre zugrunde lag, umfaßte vorwiegend wegen schon manifester tuberkulöser Erkrankung in Kliniken aufgenommene Kinder.

Wenn wir aber nach weiteren Gründen für den relativ günstigen Verlauf der Lübecker Tuberkuloseerkrankungen suchen, so könnte zunächst an die im Tierversuch nachgewiesene relativ schwache Virulenz des zur Verabreichung gelangten Tuberkelbazillenstammes („Stamm Kiel") gedacht werden. Doch zeigen wiederum die Todesfälle in Lübeck mit ihren ausgedehnten Befunden, daß dieser geringe Virulenzgrad nur relativ ist und bei massiger Infektion offenbar bedeutungslos wird (vergl. hierzu S. 287).

Auch eine besondere Resistenz der überlebenden Kinder gegenüber der Tuberkulose als wesentliche Ursache des milden Verlaufes heranzuziehen, erscheint nicht angängig, da, wie wir gesehen haben, unter den überlebenden Kindern eine Anzahl erblich mit ungünstig verlaufender Tuberkulose belastet ist, während andererseits ganze Gruppen von Kindern, aus gleicher Rasse und Umwelt wie die überlebenden stammend, von der Tuberkulose rettungslos hinweggerafft wurden.

Es wäre noch zu erwägen, ob der Ort der primären Haftung eine entscheidende Rolle für den Charakter und die Schwere des Krankheitsverlaufes spielte. Denn wir haben bei den Lübecker Kindern gesehen, daß fast alle Fälle mit ausgedehnten Lungenprimärkomplexen starben, während Erkrankungen mit gleichen oder schwereren oralen oder abdominalen Primärkomplexen von einem großen Teil der Kinder überwunden wurden. Es scheint also bei massiger Infektion die primäre Lungenerkrankung eine ungünstigere Prognose zu haben, als die orale und abdominale. Die Tatsache, daß in dem Lübecker Material 197 abdominalen und 182 oralen Primärkomplexen insgesamt nur 30 Lungenprimärkomplexe gegenüberstehen, von denen wiederum nur $^1/_3$ ausgedehnt und auf eine massige Infektion zurückzuführen waren, dürfte also den Gesamtverlauf in günstigem Sinne mit beeinflußt haben.

Es bliebe noch zu fragen, ob vielleicht die gleichzeitige Einverleibung des BCG mit dem virulenten Infektionsmaterial modifizierend auf den Krankheitsverlauf eingewirkt habe; für die Beantwortung dieser Frage fehlt jedoch bisher noch eine ausgedehntere experimentelle Unterlage, wenn auch im Beitrag von Lange und Pescatore ein Versuch gebracht wird (s. S. 280 f.), dessen Ausfall für eine gewisse „schützende" Wirkung der BCG-Bazillen spricht.

Da aus den in dieser Arbeit niedergelegten Ergebnissen eindeutig die überragende Bedeutung der Infektionsdosis für den Verlauf der Erkrankung hervorgeht, müssen wir auch bei einem Teil der überlebenden Kinder für den günstigen Verlauf vor allem eine relativ geringe Infektionsdosis verantwortlich machen. Da jedoch bei einem anderen Teil der Fälle die Infektionsdosis und die Zeichen ihrer Haftung das Maß der unter natürlichen Verhältnissen vorkommenden Infektionen sicherlich überschreiten, muß hier doch vielleicht unter den den Krankheitsverlauf mitbestimmenden Faktoren auch der experimentell nachgewiesenen stark schwankenden Virulenz des Erregers eine gewisse Bedeutung zugemessen werden.

Doch auch unter Berücksichtigung all dieser Faktoren ergibt die zusammenfassende Betrachtung der Lübecker Tuberkuloseerkrankungen, daß die Widerstandsfähigkeit des Menschen gegenüber der Tuberkulose auch im frühesten Kindesalter eine sehr beträchtliche ist.

Pathologie und Klinik der Lübecker Säuglingstuberkuloseerkrankungen[1].

Von
Prof. **P. Schürmann**-Berlin (pathologisch-anatomischer Teil) und
Prof. **H. Kleinschmidt**-Köln (klinischer Teil).

Mit 60 Abbildungen.

A. Einleitung.

Wenn das Reichsministerium des Innern und das Reichsgesundheitsamt uns seinerzeit veranlaßten, die pathologisch-anatomischen und klinischen Untersuchungen, soweit sie anläßlich des Unglückes notwendig wurden, zu übernehmen, so waren dafür verschiedene Gründe maßgebend. In erster Linie sollte Hilfe gebracht, sodann aber geklärt und für alle weiteren Beurteilungen festgelegt werden, in welcher Weise sich der verabreichte Impfstoff schädigend ausgewirkt hatte. Damit die hierbei gesammelten Erfahrungen anderen Kranken wieder zugute kämen, sollten die Untersuchungen zugleich so geführt werden, daß sich ihre Ergebnisse für die Klinik und Pathologie der Tuberkulose wissenschaftlich auswerten ließen.

Wenn wir 5 Jahre nach dem Unglück der letzten der uns damals gestellten Aufgaben, nämlich der Veröffentlichung unserer Untersuchungsergebnisse, nachkommen, so sei zunächst den Ärzten gedankt, die uns bei der Erhebung der Befunde unterstützt, oder ihre eigenen Beobachtungen bereitwillig zur Verfügung gestellt haben.

Es sind: Herr Ahlenstiel, Arnoldi, Frl. Böcker, Frau Degner, Herr Diederichs, Dillner, Dutte, Ellerbroek, Eschenburg, Erichson, Frank, Freudenberg, Genter, Gosch, Hajen, Harms, Heddinga, H. Jannasch, Joel, Juhl, Klotz, Frl. Küsel, Herr Lüth, Matthias, Melhorn, Fr. Meyer, Moegling, Mommsen, Niemann, Oberwittler, Odefey, v. Praun, Pühmeyer, Reebs, Frl. Remé, Herr Rieken, Rohrmann, Sach, Schammer, Schmidt, Schnoor, Schuhr, Schwarzweller, Schwieker, Seebohm, Stahr, Stelter, Thiele, Thomsen, Frl. Thoroe, Herr W. Uter, C. W. Voß, Frl. Erna Voß, Weiß, Wiener, Frl. Wodrig, Herr Wundt, Zippel. Besonders gedankt sei Herrn Dipl.-Ing. Kurt Jannasch für seine vorbildliche organisatorische Arbeit.

Der Zuwachs an Erfahrungen, den die Beobachtungen von Lübeck für die Klinik und Pathologie der Tuberkulose ergeben haben, beruht vor allem darauf, daß die Bedingungen näher bekannt waren, unter denen die Tuberkelbazillen in den Körper der Kinder gelangten. Während wir im täglichen ärztlichen Leben gewohnt sind, zunächst nur die krankhaften Erscheinungen zu sehen, um von ihnen und einer mehr oder weniger ungenauen Vorgeschichte aus, den ursächlichen Bedingungen nachzugehen, wußten wir hier, zu welchem Zeitpunkt und auf welchem Wege eine bestimmte äußere Krankheitsursache den Organismus zu schädigen begonnen hatte, und brauchten nicht erst

[1] Herrn Prof. Anton Ghon-Prag zu seinem 70. Geburtstag gewidmet.

aus deren Wirkungen auf die ursächlichen Verhältnisse zu schließen. Eine derartige Sachlage verpflichtete in ganz besonderem Maße dazu, alles was wir bisher über die Entstehung und Entwicklung der Tuberkulose, insonderheit des Säuglings- und Kindesalters wußten, daraufhin zu prüfen, ob es mit den in Lübeck gemachten Beobachtungen in Einklang stünde. Denn unser Wissen und unsere Vorstellung über diese Fragen beruht nun einmal in erster Linie auf der rückblickenden Ausdeutung solcher Befunde, die bei Spontanerkrankungen erhoben wurden.

Es kann zwar nicht geleugnet werden, daß das Bild, das wir von der Tuberkulose besonders des Säuglings- und Kindesalters im Schrifttum niedergelegt finden, manche Einzelheiten enthält, die sich durch ähnlich gelegene Beobachtungen schon als unbezweifelbar richtig erwiesen haben. Die Beobachtungen, um die es sich hier handelt, sind jedoch sehr spärlich und uneinheitlich und betreffen überdies zumeist noch Infektionsarten, die mit den Ansteckungen unter natürlichen Verhältnissen nur schwer vergleichbar sind (Infektionen bei Hautverletzungen, Beschneidungsinfektionen jüdischer Neugeborener). Die meisten Bausteine, aus denen das ursächlich verknüpfte Bild der Tuberkulose zusammengefügt wurde, sind somit immer noch Deutungsergebnisse, gewonnen an Beobachtungen spontan erkrankter Menschen. Über ihren Wert braucht nichts gesagt zu werden. Es darf aber nicht geleugnet werden, daß in manchen auch sehr wesentlichen Punkten noch Meinungsverschiedenheiten bestehen, und diese zeigen zur Genüge, daß die Deutung noch so klar scheinender Befunde nicht zu gleichartigen Ergebnissen zu führen braucht.

Wenn bei dieser Sachlage unsere Beobachtungen berufen erscheinen, gleichsam ein Prüfstein dafür zu sein, was an den bisherigen Anschauungen richtig, was ergänzungs- oder änderungsbedürftig war, so erscheint es angebracht, zunächst auf die

Allgemeine Pathologie der Tuberkulose

einzugehen, so wie sie sich auf Grund rückblickender Deutungen darstellt.

Es sei dabei von der Vorstellung ausgegangen, daß der erkrankende menschliche Organismus gleichsam das Aufmarschgebiet einer Seuche ist. Wir finden dann, daß die zahlreichen Teilwege, auf denen sich die Tuberkulose ausbreitet, zwei großen Aufmarschwegen angehören, deren grundsätzliche Bedeutung sich unschwer zeigen läßt.

Die eine Seuchungsform tritt uns bei der entwicklungsgeschichtlichen Auflösung eines jeden Falles als Anfangsform entgegen. In einem sonst von anatomischer Tuberkulose freien Organismus sehen wir von einem lokalen Organinfekt aus den Krankheitsprozeß in den zugehörigen Lymphabfluß vordringen und die Richtung zum Venenwinkel, der Eintrittsstelle des Lymphabflusses in das Blut, einschlagen. Mit Erreichung des Venenwinkels wird der Blutweg beschritten und sämtliche erkrankungsfähigen Organe können anatomisch ergriffen werden. Wieweit diese Entwicklung jeweils verwirklicht wird, sei vorerst außer acht gelassen. Es kommt zunächst auf das Wegartige der Ausbreitung an. Sie zeigt eine in den Organismus weisende Richtung. Die sich so kennzeichnende Seuchungsart sei als Durchseuchung bezeichnet; denn sie strebt, wenn sie fortschreitet, der Durchseuchung des gesamten Organismus zu. Wesentlich für jede weitere Wertung ist die Tatsache, daß die tuberkulöse Infektion diesen Seuchungsweg gesetzmäßig einschlägt, wenn sie einen bis dahin jungfräulichen Organismus befällt.

Die nähere Betrachtung zeigt hier schon eine nicht unbeträchtliche Mannigfaltigkeit der Erscheinungsformen und des Verlaufes.

Zunächst kann der Ort des Beginnes oder, wie es im Tuberkuloseschrifttum heißt, die Lokalisation des Primärinfektes bei den einzelnen Fällen verschieden sein.

Nach den übereinstimmenden Ergebnissen pathologisch-anatomischer Untersuchungen sitzt der Primärinfekt am häufigsten in der Lunge, und zwar in mindestens über 70% der Fälle; ihr folgt der Darm mit seinem Lymphabfluß; weniger häufig sind andere Gebiete primär befallen. Für jedes Gebiet hat der Primärinfekt sein eigenes anatomisches Gepräge. Die Verschiedenheit seiner Lokalisation ist für das Einsetzen oder Ausbleiben einer weiteren Durchseuchung, soweit wir das bis heute übersehen, ohne Bedeutung. Ob auch die Bedingungen des Angehens einer primären Infektion überall die gleichen sind, ist für den Menschen bis jetzt nicht zu sagen. Nach älteren Tierversuchen soll für die Infektion des Darmkanales eine weit größere Virusmenge notwendig sein, als für die Infektion der Lunge. Br. Lange hat in neueren Untersuchungen die Gültigkeit dieses Satzes stark eingeschränkt.

Auf anderem Gebiet liegen die Unterschiede in der Reichweite der Durchseuchung. Alle Arbeiten, die die Frage der primären anatomischen Tuberkulose des Menschen zum Gegenstand haben, betonen hier, daß die regionären Lymphknoten stets miterkranken, und Ranke hat dieses Verhalten mit dem Wort „Primärkomplex" gekennzeichnet.

Für eine Betrachtung der Tuberkulose unter dem Gesichtswinkel einer Seuche kommt diesem Verhalten eine besondere Bedeutung zu; denn die Erkrankung des Lymphabflusses ist das erste Anzeichen für die Richtung des eingeschlagenen Seuchungsweges.

Mit Parrot, Kuß, H. und E. Albrecht, Ghon und Mitarbeitern, Ranke, Beitzke, Puhl, Aschoff, Pagel und anderen läßt sich die Gesetzmäßigkeit dieses Verhaltens voll und ganz bejahen; auch ist das Bild für die primäre Natur der Infektion weitgehend pathognomonisch. Allerdings liegen auch Befunde vor, die dagegen sprechen könnten. Ghon hat 1912 bei einem $5^1/_2$jährigen Kinde zwei Lungenherde ohne Miterkrankung der Lymphknoten und ohne sonstige Tuberkulose beschrieben und erwähnt 1926 mit Kudlich einen entsprechenden Befund bei einem 13jährigen Mädchen. Die Autoren denken daran, daß hier vielleicht eine beschleunigte Reaktion bei möglicherweise geringer Virusvirulenz vorlag, halten es aber nicht für ausgeschlossen, daß sie die Lymphknotenkomponente nicht gefunden haben. Und diese Möglichkeit betonen sie auch für die Befunde von Blumenberg. Mit Beitzke, Pagel u. a. ist auch nach unseren Erfahrungen bei einem Herd ohne Miterkrankung der Lymphknoten nicht zunächst zu fragen: liegt hier eine atypisch ausgeprägte Primärinfektion vor, sondern: wo sitzt der regelrecht beschaffene Primärkomplex? Denn in dem Fehlen der Miterkrankung der Lymphknoten liegt nun einmal das Hauptkennzeichen des nicht-primären Herdes.

Wie viele der Lymphknoten als Etappen des anfänglichen Durchseuchungsweges anatomisch erkranken, ist überaus wechselnd. Im allgemeinen sind die dem Primärinfekt zunächst gelegenen weniger stark als die ihnen nachgeordneten erkrankt, und jenseits von diesen nimmt die Ausdehnung der Erkrankung gewöhnlich wieder ab. Das entspricht der verschiedenen Größe der Lymphknoten schon unter physiologischen Verhältnissen. Für die Lunge sind es die tracheobronchialen, für den Darm die Gekrösewurzel- und für den Hals die oberen tiefen zervikalen Lymphknoten, die gewöhnlich die größte Schwellung und ausgedehnteste Verkäsung aufweisen. Der Anfang aber, wie auch das Ende der erkrankenden Lymphknotenkette steht nicht gesetzmäßig fest. Die Reichweite dieses Teiles der Durchseuchung ist also schwer streckenmäßig abzumessen.

Noch weniger der Blutweg als Durchseuchungsstrecke. Diesem Teil fehlt jedes Streckenmäßige.

Obwohl gewisse Organe bei der Generalisation besonders häufig befallen werden, lassen sich in der Ausbreitung allgemein geltende Gesetzmäßigkeiten nicht finden. Hinzu kommt noch, daß hier jeder Herd, also nicht nur der Primärkomplex, zum weiteren Ausgangspunkt neuer Aussaaten werden kann. Dennoch bleibt die Durchseuchung mehr als ein abstrakter Begriff. Zwischen den Fällen, bei denen die Durchseuchung im Lymphabfluß des Primärinfektes steckenblieb, ohne Blutwegmetastasen zu bilden (isolierter Primärkomplex), und solchen, bei denen die Blutwegtochterherde sehr dicht stehen, sehen wir die verschiedensten Übergänge und Zwischenstufen.

Nicht weniger wechselnd ist das Zeitmaß der Durchseuchung.

Hier stehen im Anfang der Mannigfaltigkeit die akut „perkurrierenden" Fälle mit nach Wochen meßbarer Gesamtverlaufszeit und am Ende jene oft über Jahrzehnte sich hinziehenden Fälle mit dauernden Nachschüben. Menschen mit solchen Krankheitsbildern sterben oft gar nicht einmal an ihrer Tuberkulose, sondern an unspezifischen Folgeerscheinungen. Im allgemeinen neigen die akut durchlaufenden Formen mehr zu kleinherdigen Metastasen mit dichter Durchsetzung zahlreicher Organe, die protrahierten mehr zu spärlicheren, aber oft beachtlich großen Tochterherdbildungen.

Ganz anders ist der zweite Seuchungsweg. Das Wegartige wird hier deutlich, wenn wir uns vor Augen halten, daß die Veränderungen im Ufergewebe solcher Kanalsysteme ihren Sitz haben, die mit der Außenwelt in offener Verbindung stehen. Es sind vor allem die Ufergewebe der Luftwege, des Verdauungsschlauches und der Abführwege der Harn- und Geschlechtsorgane. Ist der Lymph- und Blutweg für das Virus unter den gegebenen Verhältnissen ein zwangsläufiger Aufsaugungsweg, ja ein Weg, von dem Hufeland gerade im Hinblick auf die Tuberkulose einmal sagte, daß über ihn alles gehen müsse, was unserem Körper beigemengt werden soll, so braucht der soeben genannte Weg zunächst einmal nicht notwendig beschritten zu werden. Daß er zum Seuchungsweg wird, verdankt er auch gar nicht seiner spezifischen physiologischen Funktion, sondern nur den mehr oder minder zufälligen räumlich-nachbarlichen Beziehungen zu Herden, die in seine Lichtung einbrechen. Es muß dieser Weg also jeweils erst eröffnet werden. Außerdem aber ist er kein Aufsaugungsweg, sondern — in weiterer Perspektive gesehen — vielmehr ein Weg, über den Virus und Gewebszerfallsstoffe eliminiert werden. Würde der erweichte Ausgangsherd in der äußeren Haut liegen, so würden mit seiner Entleerung die Krankheitsstoffe in der Tat auch erfolgreich beseitigt sein. Bei den Herden, die im Innern des Körpers ihren Sitz haben — und das sind die meisten —, wird diese Beseitigung auch erreicht; sie führt dabei aber überaus häufig zu einer Infektion und Erkrankung derjenigen Kanalsysteme, die das Zerfallsmaterial aus dem Körper abführen. So entsteht aus der Elimination und dem Abtransport von Zerfallsmaterial eine zweite Seuchungsform.

Am häufigsten findet sich diese Ausbreitungsweise verwirklicht, wenn ein wie auch immer entstandener erweichter Lungenherd in die Luftwege einbricht. Der kürzeste Weg, auf dem das erweichte Material nach außen gelangen könnte, wäre der Weg, der über die großen Bronchien, Trachea, Kehlkopf und Mundhöhle zur Außenwelt führt. Für mehr oder minder große Mengen der erweichten Massen wird dieser Weg auch eingehalten. Da das Bronchialsystem jedoch auf Zu- und Ausfuhr gasförmiger Stoffe eingestellt ist, ist es nicht unbegreifbar, daß der Abtransport breiigen oder gar zusammenhängenden Materials nicht so glatt erfolgt, daß es vielmehr wieder zurückgeschleudert wird und irgendwo länger liegen bleibt, zumal bei Erkrankung von Lungengewebe auch Störungen der physiologischen Bewegungsverhältnisse des Lungengewebes einzutreten pflegen. Der Verdauungskanal stellt einen noch größeren, einer Erklärung nicht bedürfenden Umweg für den Abtransport dar. Daß er erkrankt, ist weniger problematisch, als daß dies nicht regelmäßig geschieht.

Zu dieser Seuchungsart gehören außerdem noch die Fistelgänge und kalten Abszesse; mit ihnen entleeren sich die erweichten Massen auf selbstgebahnten Wegen.

Wir möchten diese Seuchungsart als Abseuchung bezeichnen. Daß auch bei ihr die Reichweite, die Größe der Tochterprozesse und das Zeitmaß der Entwicklung sehr wechselnd sein können, bedarf keiner Erläuterung. Immerhin sind der Abseuchung Grenzen für ihre Reichweite gesetzt. Sie kann nicht mehr Organe befallen, als von den Kanalsystemen aus zugängig sind. Diese Einbuße an Extensität der Ausbreitung wird bei der Abseuchung jedoch sehr häufig durch eine verstärkte Intensität wieder ausgeglichen; denn die Tochterherde, die neu entstehen, offenbaren eine immer größer werdende Neigung zum Zerfall. Damit wächst ebensosehr die Zahl der Absiedlungszentren, wie das Ufergewebe der betreffenden Kanalsysteme schwindet. Die Tuberkulose erhält damit die Merkmale der Schwindsucht im engeren und anatomischen Sinne.

Sehen wir davon ab, daß die von der Verseuchung befallenen Organe der Gesamttuberkulose ihre besondere Note geben können, so liegt in der Art wie sich Durchseuchung und Abseuchung zueinander gesellen, die Buntheit der Ablaufsmöglichkeiten begründet.

Durch diese Art der Vergesellschaftung erhalten die verschiedenen Verlaufsformen ihr besonderes Gepräge. Die Durchseuchung kann im Lymphabflußgebiet steckenbleiben und ausheilen, oder in ununterbrochenem oder schubweisem, unter Umständen sehr langsamem Weiterverlauf einzelne oder zahlreiche Blutwegtochterherde setzen, ohne daß eine Abseuchung auftritt. Andererseits kann schon der Primärinfekt, erst recht jeder weitere Herd, zum Ausgangspunkt einer Abseuchung werden, die nun für sich wiederum verschiedene Ausdehnung und Zeitmaße zeigen kann. Bei genügend langer Beobachtung kann man fast alle nur denkbaren Verknüpfungen von Durch- und Abseuchung antreffen. Indessen zeigt eine zahlenmäßige Auswertung der Beobachtungen, daß sich schrankenlose Durchseuchung und ungehemmte Abseuchung nicht eben häufig zusammenfinden (s. das Ausschließungsverhältnis bei akuter allgemeiner Miliartuberkulose und kavernöser Lungenschwindsucht: Weigert, Huebschmann u. a.), und auch die Art der Bilder, die z. B. gewisse protrahierte Generalisationen bieten, lassen daran denken, daß sich Durchseuchung und Abseuchung gegenseitig beeinflussen. Im Lichte dieser Beobachtungen erscheinen Durchseuchung und Abseuchung als eine Art Gegenspieler.

Sofern man den tuberkulösen menschlichen Organismus als Aufmarschgebiet einer Seuche betrachtet, tritt in diesem bipolaren Zusammen- und Gegenspiel von Durchseuchung und Abseuchung der Grundriß eines Planes hervor, der als Aufmarschplan der Seuche Tuberkulose bezeichnet werden kann. Etwas anderes als einen Grundriß will die Aufzeigung der beiden Seuchungswege und ihrer Beziehungen zueinander nicht geben. Insonderheit macht sie die Klassifizierung der Tuberkuloseformen nach praktischen Gesichtspunkten (nach Lebensalter, Organen u. a.) nicht überflüssig. Diese Einteilungen entsprechen anderen Bedürfnissen. Brauchbar erscheint uns unser Grundriß dagegen, wenn wir die ursächlichen Verhältnisse darstellen sollen. Allerdings tritt dabei mehr das Negative als das Positive unserer Kenntnisse zutage.

Immerhin wird eins dabei ersichtlich, in welchem Maße nämlich physiologische Einrichtungen des Organismus an der Gestaltung der Krankheit Tuberkulose Anteil haben. In besonderem Maße gilt das für die Durchseuchung.

Man findet diesen Seuchungsweg bei den verschiedensten Infektionskrankheiten wieder, wenn auch nicht so eindrucksvoll anatomisch gekennzeichnet, wie bei der Tuberkulose. Es ist der Weg der Aufsaugung verdauungsfähiger Stoffe, die hier vor allem deshalb über eine örtliche Entzündung hinausgeht, weil diese Stoffe in der Regel nicht nur nicht vernichtet werden, sondern sich vermehren und mit dem Aufsaugungsstrom immer weiteren Abschnitten des parenteralen Verdauungsapparates angeboten werden. Es sind aber die gleichen zellulären, geweblichen und organischen Apparate, die auch bei andersartigen Aufsaugungsvorgängen in Anspruch genommen werden. Das nosogenetische Prinzip, das diesen Teil des Grundrisses der Tuberkulose gestaltet, ist also ein Prinzip der normalen Organisation. Aber es gibt der Durchseuchung nur die gattungsmäßige Gestalt der Infektionskrankheit; ihr speziesmäßiges und damit spezifisches Aussehen, das die Tuberkulose von anderen Infektionskrankheiten unterscheidet, erhält sie durch die Art der Erreger, die jene physiologischen Einrichtungen des Organismus in besonderer Weise beanspruchen und dabei schädigen.

Verwickelter liegen die Verhältnisse bei der Abseuchung, der Kehrseite der Durchseuchung.

Die Aus- oder Abstoßung nicht verdauungsfähigen Materials, auf die die Abseuchung in ihren Anfängen zurückgeht, hat zwar in der Entwicklungsgeschichte, besonders der Tierreihe, genügend physiologische Vorbilder. Bei einer genaueren Analyse der Vorgänge scheint es jedoch, als ob derartige Aus- oder Abstoßungen nicht auf der Leistung jederzeit und unmittelbar verfügbarer physiologischer Einrichtungen beruhten, sondern als ob die vorhandenen Einrichtungen erst zu gesteigerter Leistungsfähigkeit eingeübt worden seien. Es würde sich dann nicht um abnorme Beanspruchungen physiologischer Einrichtungen, sondern um Beanspruchung von Fähigkeiten handeln, die in der Organisation des Organismus vorgesehen sind, aber erst entwickelt werden müssen (Pathergie Rößles). Bei der Abseuchung oder der sie einleitenden Erweichung käsiger Herde scheint uns grundsätzlich das gleiche vorzuliegen. Wir möchten meinen, daß die Erweichung — von der sog. atheromatösen Form abgesehen — die Übersteigerung eines parenteralen Verdauungsvorganges ist, bei der die Ver- oder Andauung allerdings ohne Rücksicht darauf vor sich geht, ob das anliegende Gewebe die angebotenen Massen auch resorbieren kann. Ja, es scheint sogar, als ob die Resorptionsfähigkeit dieses Gewebes absolut vermindert sei. Zwischen Andauung und Resorptionsfähigkeit besteht offenbar ein Mißverhältnis. Wenn auf dieses Verhältnis der Satz auch nicht ganz zutrifft, daß der Appetit hier größer sei als der Magen, so ist der weitere Vergleich aus diesem Vorstellungsbild doch nicht schlecht, der in der Abseuchung gleichsam das Erbrechen des übersättigten und in seiner Leistungsfähigkeit herabgesetzten parenteralen Verdauungsapparates sieht. Die Tatsache, daß die Abseuchung erst auftritt, wenn die Durchseuchung schon manifest ist, ja, daß sie am stärksten ist, wenn die Durchseuchung ruht (Bild der isolierten Schwindsucht), spricht in dem Sinne, daß hier erworbene Leistungssteigerungen und -minderungen eine Rolle spielen. Sie brauchen dabei nicht notwendig immer spezifischer Art zu sein.

Sehen wir in diesen Prinzipien die Kräfte, die den Seuchungsweg an sich gestalten, so läge es nahe, für die Reichweite und das Zeitmaß der jeweiligen Seuchungsformen vor allem quantitativ abgestufte, rein energetische Einflüsse verantwortlich zu machen. Sie sind auch von großer Bedeutung.

Für die Durchseuchung scheint uns die Menge und Virulenz des infizierenden Virus ebenso wesentlich zu sein, wie die konstitutionelle Widerstandsfähigkeit des Organismus, die sog. Durchseuchungsresistenz. Wie die Untersuchungen von Schmincke und Santo zeigen, steht die Größe des Primärinfektes in direktem Verhältnis zur Menge der infizierenden Keime. Aber schon die Stärke der regionären Lymphknotenerkrankung war in den genannten Untersuchungen von der primär verwandten Virusmenge und der Größe des entstandenen Primärinfektes unabhängig. An den Lymphknoten trat stets eine Maximalreaktion auf. Leider ist nicht mit Keimmengen gearbeitet worden, die an den Lymphknoten unter-maximale Reaktionen veranlaßten (s. Br. Lange), Reaktionen wie sie bei Spontanerkrankungen des Menschen, z. B. an den Lymphknoten der Lunge häufig zu beobachten sind. Immerhin geht aus den Untersuchungen von Schmincke und Santo so viel hervor, daß schon im Lymphabfluß des Primärinfektes die Menge des Virus die Schwere der auftretenden Erkrankung allein nicht mehr bestimmt. Für diese Erkrankung muß schon angenommen werden, daß weitere Faktoren Einfluß gehabt haben.

Noch deutlicher wird die Mitwirkung weiterer Faktoren bei den protrahierten Durchseuchungen.

Bei diesen Formen ist nicht nur zu berücksichtigen, daß sich während der lang hinziehenden Entwicklung die energetischen Verhältnisse geändert haben, es muß hier vielmehr eine tiefergehende Änderung der Ausgangsplattform angenommen werden und zwar schon deshalb, weil generell z. B. eine Metastase der Lunge ein anderes anatomisches Gepräge zu haben pflegt, als ein Primärinfekt. Das ist sowohl beim Kinde wie beim Erwachsenen der Fall. Zwar sind diese beiden Herdtypen für sich allein genommen unter Umständen schwer voneinander zu trennen (s. dagegen Puhl), im Ausbleiben oder Eintreten einer Miterkrankung der zugehörigen Lymphknoten aber unterscheiden sie sich grundsätzlich voneinander. Seit langem wird hierin ein Beweis dafür gesehen, daß die Reaktionsweise qualitativ anders, daß aus dem jungfräulichen oder normergischen Organismus ein allergischer geworden ist.

Daß die Lymphknoten, die zu Spätmetastasen oder zu Metastasen überhaupt regionär sind, nicht oder nicht wesentlich miterkranken, enthüllt überhaupt einen wesentlichen Teil der Problematik der ursächlichen Verhältnisse, und es nimmt nicht wunder, wenn diesem Phänomen eine fast größere Bedeutung beigelegt worden ist als der Tatsache, daß die Lymphknoten des Primärinfektes gesetzmäßig schwer erkranken.

Durch Überimpfung von Lymphknoten, die frischen postprimären oder metastatischen Herden regionär sind, kann man sich leicht davon überzeugen, daß sie, obwohl sie ohne histologische Tuberkulose waren, doch virulente Keime enthielten. Auch für andere Gewebe muß angenommen werden, daß sich in ihnen lange Zeit Keime ungehindert aufhalten können, ja, es gibt Fälle, bei denen das späte Auftreten von Organmetastasen (z. B. bei ruhendem versteinertem Primärkomplex als einziger sonstiger Tuberkulose des Körpers) die Annahme nahe legt, daß die Keime in dem metastatisch erkrankten Organ schon sehr lange verweilt haben, ohne zugrunde zu gehen und ohne zunächst gewebliche Veränderungen veranlaßt zu haben. Für dieses ungehinderte und spurlose lange Verweilen von Keimen im Gewebe, das wir Bazillose nennen, haben, wie verschiedene Beobachtungen gerade beim allergischen Organismus nahelegen, offenbar spezifische wie unspezifische Ursachen eine Bedeutung.

Es sind also bei der konkreten Gestaltung der Durchseuchung nicht 2 Faktoren und auch nicht deren quantitative Abstufungen als einzige Varianten im Spiele, der Grad, die Reichweite und das Zeitmaß der Durchseuchung beruhen auch nicht nur auf einer summativen Wirkung dieser Faktoren, es liegen vielmehr sehr eigenartige Ursachenverflechtungen vor, deren Analyse uns bis jetzt noch keineswegs grundsätzlich gelungen ist. Rein theoretisch läßt sich der Ablauf der Durchseuchung zwar in zahlreiche Einzelphasen zerlegen, und es trifft auch wohl zu, daß jede Phase ebenso das Ergebnis eines besonders gearteten Zusammenspieles der Faktoren ist, wie dieses Ergebnis wiederum als die Ausgangsplattform für die weitere Entwicklung anzusehen ist; in den einzelnen Fällen aber über die Artung des Zusammenspieles etwas auszusagen, sind wir gewöhnlich nicht in der Lage.

Das gilt noch mehr für Entwicklungen, bei denen zur Durchseuchung die Abseuchung hinzutritt.

Bei der Abseuchung kann die Durchseuchung noch weniger außer acht gelassen werden, wie bei der Durchseuchung die Abseuchung, sofern wir über die ursächlichen Faktoren etwas aussagen wollen. Das zeigt besonders deutlich jenes große Unglück, das am Ende des vorigen Jahrhunderts die Welt erschütterte. Robert Koch hatte in seinem Grundversuch gezeigt, daß eine Durchseuchung einen milderen Verlauf nimmt, wenn zu ihr eine zusätzliche Infektion, eine Superinfektion hinzukommt. Auch manche Beobachtungen beim Menschen lassen daran denken, daß die Durchseuchung milder verläuft, wenn eine gleichsam superinfizierende Abseuchung eingesetzt hat. Die Auswertung dieses Kochschen Grundversuchprinzipes führte zur Tuberkulintherapie. Anstatt sie jedoch auf diejenigen Tuberkuloseformen zu beschränken, für die das Prinzip gefunden worden war, nämlich die durchseuchend fortschreitenden Fälle, wurde sie auch bei den abseuchenden Phthisen angewandt, und es zeigte sich, daß die Abseuchung gerade verstärkt wurde. Ohne sagen zu wollen, daß das Tuberkulin nun ein Mittel für die durchseuchende Tuberkulose sei, dürfen wir die Beobachtungen jener Zeit doch als Erfahrungen werten, in denen sich die eigenartige Abhängigkeit von Abseuchung und Durchseuchung zueinander demonstrierte.

Zu diesen spezifischen Faktoren treten auch bei der Abseuchung naturgemäß solche hinzu, die in der Konstitution und hier besonders in der Eigenart der Organe begründet liegen. Bei einer Entwicklung, bei der die Wirkungen der ursächlichen Faktoren so ineinander greifen, ist es schwer möglich, den Grad der Bedeutung eines einzelnen Faktors generell herauszuschälen. Die Fragestellung in der Ätiologie der Tuberkulose darf nicht mehr lauten, ob Virusmenge und -virulenz, ob kräftige oder schwächliche Konstitution, ob spezifische Reaktionsweise eine Bedeutung haben, sondern nur noch, in welcher besonderen Weise diese Faktoren in den verschiedenen Phasen der Entwicklung zusammenwirken. Wenn wir hier noch nicht weiter gekommen sind, so liegt das überwiegend daran, daß es schwer gelingt, bei den verschiedenen Fällen das einmal entwickelte Bild phasenartig nach Faktorenwirkung und Ausgangsplattform zu zerlegen oder gar im Versuch nachzuahmen.

Wer sich in eigenen anatomischen Untersuchungen mit der Entstehung und Entwicklung der menschlichen Tuberkulose beschäftigt hat, wird von den Lübecker Beobachtungen keinen Umsturz der hier gekennzeichneten Vorstellungen erwartet haben. Was die Lübecker Beobachtungen ergeben haben, ist im wesentlichen auch nur ein Ausbau dieser Anschauungen. Er gründet sich, wie das eingangs schon gesagt wurde, vor allem darauf, daß die

Infektionsbedingungen bei den Lübecker Erkrankungen

in einigen wichtigen Punkten konstant und bekannt waren.

Nach Angabe der Laboratoriumsschwester, die den Impfstoff hergestellt hat, wurde von Kulturmaterial etwa 14 Tage alter Eiernährbödenkulturen ausgegangen. Es wurde im Mörser fein zerrieben und durch vorsichtiges Zusetzen von Traubenzucker-Glyzerinlösung emulgiert. Nach Einstellung der Emulsion auf die gehörige Dichte wurden 6 ccm, das waren 3/100 mg, für jedes Kind in zusammen 3 Fläschchen abgefüllt und diese 3 Flaschen in einer Packung zur Ausgabe gebracht. Jedes einzelne Fläschchen enthielt also in 2 ccm Traubenzucker-Glycerinlösung 1/100 mg Kultur. Der Impfstoff ist am Tage der Herstellung oder häufiger am nächsten Tage an die Hebammenschwestern abgegeben worden. Die allgemeine Anweisung von Seiten des Gesundheitsamtes lautete dahin, daß der Inhalt der vorher zu schüttelnden 3 Fläschchen in den ersten 10 Tagen nach der Geburt, am besten vormittags, 1—$1^1/_2$ Stunden vor der Mahlzeit auf einen Löffel körperwarmer Milch gegeben werden sollte, und zwar in der Weise, daß zwischen jeder Verabreichung zweimal 24 Stunden lagen. Um am 10. Tage mit der Verabreichung fertig zu sein, mußte also mindestens am 6. Tage mit der 1. Verfütterung begonnen werden.

Die Vernehmung der Hebammenschwestern wie der Mütter der Kinder während der Gerichtsverhandlung — etwa $1^1/_2$ Jahre später — hat ergeben, daß diese Anweisung keineswegs gleichartig befolgt worden ist. Zur Verdünnung des Impfstoffes, der vor der Entleerung aus den Fläschchen vielfach nicht geschüttelt wurde, ist Muttermilch, Halbmilch, Zuckerwasser oder abgekochtes Wasser verwendet worden. Diese Flüssigkeiten wurden in einem Gefäß oder auch im Löffel über der offenen Flamme erwärmt, der Impfstoff nach Angabe der Hebammenschwestern jedoch immer erst hinzugefügt, wenn die Flüssigkeit körperwarm war oder nach Abkühlung wieder körperwarm geworden war bzw. einen solchen Wärmegrad erreicht hatte, daß das Kind die Flüssigkeit trinken konnte. Die Menge der verdünnenden Flüssigkeit ist von Fall zu Fall verschieden gewesen. Vielfach war sie nicht reichlicher als ein Kinder- bzw. Eßlöffel zu fassen vermag. Mehrfach aber wurde der Impfstoff z. B. mit soviel Flüssigkeit vermengt, daß sie in mehreren Akten aufgelöffelt werden mußte, ja vereinzelt wurde der Impfstoff dem Gesamtinhalt einer Flaschenmahlzeit zugesetzt. Übereinstimmend lauten die Aussagen darüber, daß die Kinder die Flüssigkeit ohne Schwierigkeiten genommen hätten. Um jedoch das Hinunterschlucken zu erleichtern oder um den Vollzug überprüfen zu können, haben allerdings vereinzelte Hebammen und Mütter den Kindern die Nase zugehalten. Nur ganz gelegentlich haben Kinder den Impfstoff gleich, aber nach Schätzung der Hebammen nie ganz wieder herausgebracht. Ein späteres Erbrechen, so bei der folgenden Mahlzeit, wurde öfter beobachtet. Der Zeitpunkt der Verabreichung ist nicht immer der gleiche gewesen. Fest steht, daß die ersten Verabreichungen zwischen dem 2. und 6. Lebenstag gelegen haben. Fest steht weiterhin, daß der Impfstoff zumeist vor einer Mahlzeit verabreicht wurde. Das war seltener die erste Mahlzeit am Tage, häufiger die zweite, seltener die dritte. Wahrscheinlich beträgt die Zeitspanne zwischen Verabreichung des Impfstoffes und der nachfolgenden Mahlzeit weniger als 1—$1^1/_2$ Stunden.

Konstant und bekannt ist also das Lebensalter der Kinder, ihre bisherige Unberührtheit gegenüber der Tuberkulose, der Zeitpunkt ihrer ersten Infektion und der Weg, über den das Virus in den Körper gelangte. Auf diese Bedingungen, die für alle Kinder gleich sind, geht es zurück, daß die aufgetretenen Erkrankungen, um einen Ausdruck des Schrifttums zu gebrauchen, nur primäre Säuglings„fütterungs“tuberkulosen mit davon ausgehender Weiterentwicklung gewesen sind. Als solche vermögen sie naturgemäß nur zu einem beschränkten Kreis von Fragen der Tuberkuloseentwicklung Beiträge zu liefern. Der Begrenzung des Wertes, die die Beobachtungen somit für die allgemeine Pathologie und Ätiologie der Tuberkulose erfahren, steht jedoch eine um so größere Bereicherung für diese beschränkte Zahl von Fragen gegenüber. Sie ergibt sich allein daraus, daß es sich um eine ungewöhnlich große Zahl von Erkrankungen gehandelt hat. Auf Grund dieser großen Reihe von Krankheitsfällen, bei der alle Variationen erschöpft sein dürften, muß es möglich sein, ein abgerundetes Bild der primären Säuglings-„Fütterungstuberkulose“ zu geben. Darin liegt zweifellos die Hauptbedeutung der Beobachtungen. In allgemeinpathologischer Hinsicht kann noch aus dem Bekanntsein des Zeitpunktes der ersten Infektion erwartet werden, daß wir über die zeitlichen Verhältnisse der Entwicklung mehr erfahren als wir bisher wußten.

Inkonstant sind die näheren Umstände, unter denen sich die Verabreichung und Aufnahme des Impfstoffes vollzog. Hier muß zunächst betont werden, daß der Impfstoff an sich nicht gleichmäßig zusammengesetzt war (s. den Abschnitt über die bakteriologischen Untersuchungen), und daß sein pathogener Anteil in seiner Virulenz schwankte (Br. Lange). Des weiteren kann durch das Zurückbleiben von Bodensatz in dem nicht genügend oder überhaupt nicht geschüttelten Fläschchen oder durch nachträgliches Herausbringen des Impfstoffes von seiten der Kinder von Fall zu Fall eine unterschiedlich große Menge und weiterhin durch Zusetzen des Impfstoffes zu einer zu heißen Flüssigkeit auch ein unterschiedlich virulenter Impfstoff zur Verabreichung oder zur Haftung gelangt sein. Sodann dürfte die Verabreichung mit viel oder wenig Flüssigkeit, das Hochbringen von Mageninhalt nach der Verabreichung, das Schlucken bei zugehaltener Nase u. a. für den Ort des Haftens der Keime nicht ohne Belang sein; denn die Keime sind hierbei u. U. mit verschiedenen Abschnitten des Verdauungskanals oder mit denselben Abschnitten verschieden lange Zeit und mit verschiedener Intensität in Berührung gekommen. Unter den Faktoren, die bei der Auswertung der Befunde zu berücksichtigen sind, ist also, das sei noch einmal ausdrücklich betont, der reagierende Organismus nicht die alleinige Unbekannte. Es ist deshalb auch nicht möglich, was fälschlich erwartet wurde, aus der unterschiedlichen Schwere des bei der Sektion erhobenen Befundes Folgerungen für die Konstitutionspathologie des Säuglingsalters abzuleiten. Die Menge und Virulenz der Keime ist eben nicht einheitlich gewesen. Dennoch wird es unser Bemühen sein müssen, herauszufinden, was auf die Besonderheiten der Infektionsbedingungen zurückgeht und welchen besonderen Anteil der Säuglingsorganismus an der Gestaltung des Krankheitsbildes gehabt hat.

Von den besonderen Fragen, die uns gestellt waren, sei zunächst berücksichtigt, welche besondere Note das Krankheitsbild dadurch erhalten hat, daß die Keime peroral verabreicht worden sind.

B. Die Befunde an den Stätten, die vom Impfstoff unmittelbar benetzt wurden.

1. Die Erscheinungen von Seiten des Darmes und seines Lymphabflusses.

a) Die anatomischen Befunde.

α) Die Lymphabflußerkrankungen.

Hier ist zunächst festzustellen, daß in allen 72 obduzierten Fällen eine Erkrankung der mesenterialen Lymphknoten vorlag.

Aus der Reihe der Fälle fällt zunächst einer dadurch heraus, daß hier die Erkrankung der Gekröselymphknoten überaus gering war und in auffälliger Weise von der schweren Erkrankung der Lymphknoten anderer Körpergebiete abstach.

Es handelt sich um ein Kind, bei dem die erste Infektion 120 Tage zurücklag (Tabelle 1, lfd. Nr. 59, List. Nr. 5[1]). Nach Angabe der Hebamme ist das Kind ebenso wie alle anderen dreimal gefüttert worden. Anatomisch fand sich neben den Zeichen einer allgemeinen Generalisation in der rechten Lunge eine zusammenhängende ausgedehnte käsige Pneumonie, im Schlundkopf ein tiefgreifendes Geschwür und zu beiden Gebieten eine völlige Verkäsung der stark vergrößerten und miteinander verbackenen regionären Lymphknoten. Der Darm dagegen ließ nur im unteren Ileum ein oberflächliches Geschwür im Bereich einer Peyerschen Platte erkennen. Die dazugehörenden, kaum vergrößerten mesenterialen Lymphknoten zeigten nur kleinere, einzeln stehende käsige Herdchen, die histologisch allerdings auch schon eine beginnende fibröse Umwandlung der Randzone erkennen ließen.

Für die Deutung dieses Befundes kommen 2 Möglichkeiten in Betracht.

Entweder sind alle drei Infekte primäre Veränderungen oder nur die Schlund- und Lungenerkrankung stellen Primärinfekte dar und die des Darmes ist postprimärer Natur. Nach dem rein anatomischen Bilde würde man dieser letztgenannten Deutung am ehesten zuneigen, d. h. annehmen, daß nur die Schlund- und Lungenveränderung auf den Impfstoff, die Darmveränderung aber auf ein Virus zurückgeht, das vom Schlund beim Zerfall des dort vorhandenen Primärinfektes abseuchend in den Darmkanal abgegeben wurde. Bei solchen postprimären Darmerkrankungen pflegt ja die Miterkrankung der Lymphknoten gering zu sein oder gar auszubleiben. Die ausgedehnte Lungenerkrankung würde als ein Primärinfekt aufzufassen sein, der durch Fehlschlucken des Impfstoffes zustande gekommen wäre. Dabei könnte auch der Schlund mitinfiziert worden sein. Bei dieser Auffassung bleibt aber die Frage unbeantwortet, wo der Impfstoff der anderen beiden Verabreichungen verblieben ist. Da er bei allen drei Verabreichungen schwerlich den gleichen Fehlweg gegangen sein kann, wäre für zwei der Impfstoffdosen eine anatomische Kennzeichnung der Haftstelle nicht nachzuweisen. Man darf deshalb die Möglichkeit nicht außer acht lassen, daß zwei Impfstoffdosen unter Umständen überhaupt nicht verabreicht worden sind.

Die andere Deutungsmöglichkeit besteht darin, daß die Veränderungen in Lunge, Schlund und Darm sehr wohl Primärinfekte darstellen, aber auf jeweils verschiedene, insbesondere verschieden virulente Impfstoffdosen zurückgehen. Es könnte sein, daß bei zwei Fläschchen der Inhalt nicht vollständig verfüttert worden wäre, indem die Keime in den nicht geschüttelten Fläschchen als Bodensatz zurückgeblieben wären; es könnte aber auch sein, daß der Impfstoff durch zu starkes Erwärmen bei diesen beiden Verabreichungen unwirksam gemacht worden wäre oder aber auch von vornherein weniger virulent war. All dies sind nicht nur rein theoretische Möglichkeiten. Die Verhandlungen vor dem Gericht haben Anhaltspunkte dafür ergeben, daß man mit solchen Möglichkeiten tatsächlich rechnen muß.

Wir möchten am ehesten annehmen, daß die Veränderungen im Darm und seinem Lymphabfluß bei dem hier erörterten Fall postprimärer Natur waren.

Geringfügig waren die Veränderungen der Gekröselymphknoten weiterhin bei 3 Fällen.

Bei einem dieser Fälle (Tabelle 1, lfd. Nr. 6, List. Nr. 139, 51 Tage alt) waren die mesenterialen Lymphknoten bis bohnengroß, zum Teil verkäst. Aufzeichnungen über einen histologischen Befund liegen nicht vor. Der andere Fall (Tabelle 1, lfd. Nr. 42, List. Nr. 201, 93 Tage alt) zeigte ebenfalls eine makroskopisch sichtbare Tuberkulose der Gekröselymphknoten, insbesondere derjenigen der Wurzel.

---

[1] Die Listennummer bezieht sich auf die offizielle Liste, in der die geimpften Kinder in der Reihenfolge zusammengestellt sind, in der der Impfstoff abgegeben wurde.

Die Lymphknoten waren nur wenig vergrößert und nur ein peripherer kleinerer war total verkäst. Histologisch bestand eine konfluierte, zentral verkäste, peripher in Fibrose übergehende Herdbildung. Mit Ausnahme der rechten medialen zervikalen Lymphknoten, die vereinzelte miliare Tuberkel enthielten, waren sämtliche übrigen Lymphknoten des Körpers frei von Tuberkulose (Serienschnittunter-

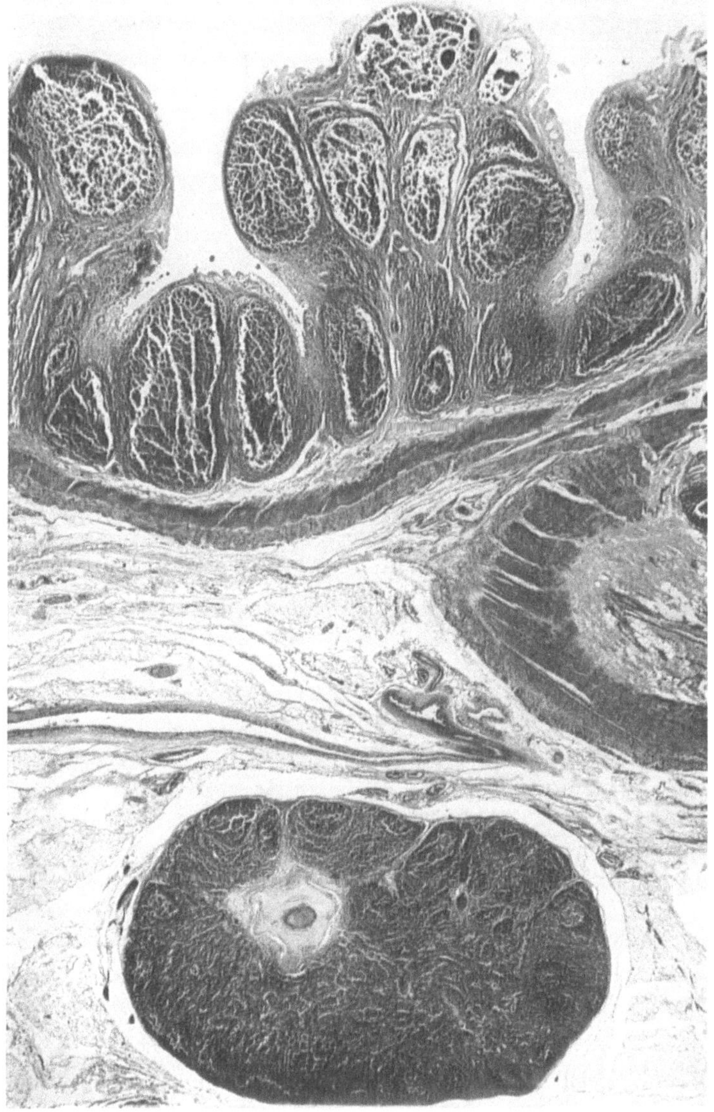

Abb. 1. Kleiner Kalkherd in mesenterischem Lymphknoten als Minimalreaktion auf die Impfstoffverabreichung. Außer ähnlichen Herden in anderen mesenterischen und in zervikalen Lymphknoten waren tuberkulöse Veränderungen nirgendwo, auch nicht im Quellgebiet der Lymphknoten nachweisbar. 498 Tage nach der Erstinfektion.

suchung). Bei dem dritten Fall (Tabelle 1, lfd. Nr. 77, List. Nr. 147, 503 Tage alt) ließen sich makroskopisch nirgendwo sichere tuberkulöse Veränderungen an den Lymphknoten aufdecken. Histologisch zeigten jedoch die mesenterialen Lymphknoten die in Abb. 1 wiedergegebenen sehr kleinen verkalkten Herde mit fibröser Kapsel und vernarbenden Epitheloidzelltuberkeln der Umgebung.

Das Bild dieser drei Fälle weicht von dem vorher geschilderten dadurch ab, daß hier ausgedehntere Lymphknotenveränderungen oder Lymphknotenveränderungen überhaupt außerhalb des Gekröses fehlten. Schon wegen dieser Beschränkung muß man diese drei Fälle als primäre Darminfektionen auffassen. Das Besondere liegt hier darin, daß die Ausdehnung der anatomischen Veränderungen, die unmittelbar auf die Fütterung zurückgehen, sehr gering war. Es muß hier angenommen werden, daß der Impfstoff wenig oder nur schwach virulente Keime enthielt. Bakteriologisch wurden bei dem

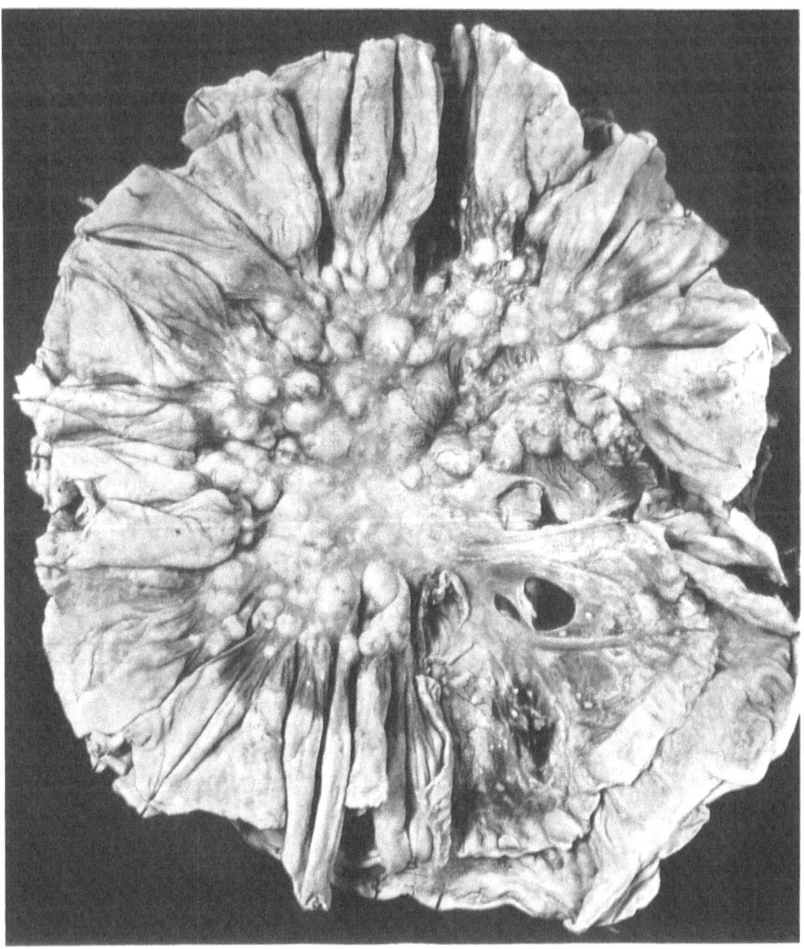

Abb. 2. Gekröseplatte mit Darm. Schwellung und völlige Verkäsung zahlreicher, besonders auch peripherer mesenterischer Lymphknoten ohne nennenswerte Verbackung und Versteifung der Gekröseplatte. Die mesokolischen Lymphknoten (im Bild rechts unten) sehr klein, in deutlichem Gegensatz zu den mesenterischen.

Kind 139 BCG und Kiel-Bazillen, bei dem Kind 201 nur BCG, bei dem Kind 147 nichts gezüchtet. Ob die letztgenannten beiden Kinder jedoch nicht auch einige virulente Keime erhalten haben, ist anatomisch schwer zu sagen; wir möchten es eher annehmen als ablehnen. Die drei Kinder sind nicht an ihrer Tuberkulose gestorben. Von ähnlicher Geringfügigkeit dürften die Veränderungen auch bei jener großen Gruppe von Kindern sein, die klinisch symptomfrei waren.

Bei den übrigen 68 Fällen war eine ausgedehntere, zumeist völlige Verkäsung der oft sehr stark vergrößerten Lymphknoten des Gekröses vorhanden.

Zumeist waren die Lymphknoten mäßig stark vermehrt, knollig vergrößert und oft miteinander zu großen Paketen verbacken. Trotzdem war es nie zu einer sichtbaren Lymphstauung, wie sie bei Karzinose der Gekröselymphknoten zu beobachten sein kann, gekommen. Am größten waren gewöhnlich die Lymphknoten der Gekrösewurzel. Gelegentlich bestand aber auch zwischen den peripheren und denen der Wurzel kein nennenswerter Unterschied. Bei starker Atrophie des Fettgewebes traten dann alle Lymphknoten einzeln stark aus der Gekröseplatte hervor (s. Abb. 2); diese hatte an Beweglichkeit dann kaum eingebüßt. Mitunter bildete das Gekröse aber eine dicke, steife Platte, die die Darmperistaltik zweifellos behinderte (s. Abb. 3). Diese Verdickung und Steifheit war jedoch häufiger durch eine schwere Peritonealtuberkulose als durch eine besonders dichte Lagerung der veränderten Lymphknoten bedingt. Besonders dicht lagen die Lymphknoten stets in jenem Strang, der von der Ileozökalklappe zur Wurzel zieht. Sie bildeten hier manchmal einen daumendicken, sehr steifen Strang (s. Abb. 4).

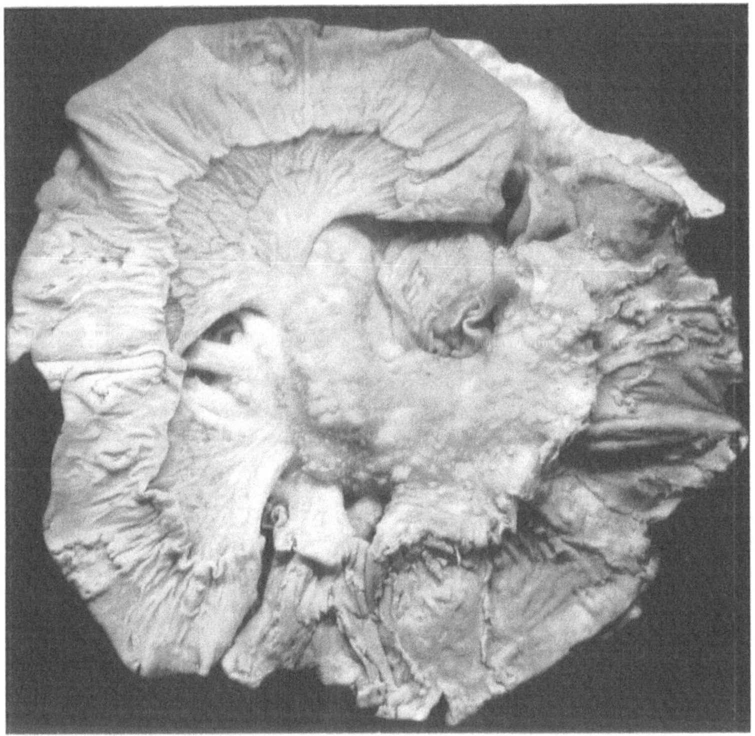

Abb. 3. Zahlreiche Dünndarmgeschwüre. Versteifung der Gekröseplatte durch miteinander verbackene verkäste Lymphknoten und plaquesförmige Bauchfelltuberkulose.

Von 58 selbst oder mitbeobachteten Fällen war dieser Strang 52mal vorhanden, darunter zweimal ohne Schwellung der übrigen Darmlymphknoten. Das besondere Hervortreten der ileozökalen Lymphknotenkette beruht nur auf der besonders häufigen und besonders schweren Erkrankung des Quellgebietes dieser Lymphknoten, nämlich des untersten Ileums. An anderen Stellen des Dünndarmes konnten nur zweimal derartige Strangbildungen beobachtet werden.

Histologisch ließ sich in der Überzahl der Lymphknoten des Mesenteriums kein normales Lymphknotengewebe mehr nachweisen. Das käsig umgewandelte Gewebe grenzte mit schmaler Granulationsgewebs- oder fibröser Zone an das lockere Bindegewebe des Gekröses an. Dieses selbst war häufig ödematös, zeigte kapilläre Hyperämie, herdförmige Zellinfiltrate und auch Tuberkel. Eine derartige kollaterale Entzündung des Gekrösebindegewebes war jedoch nie besonders auffällig. Es ist möglich, daß eine solche kollaterale entzündlich-ödematöse Veränderung es ist, die am Lungenhilus röntgenologisch und klinisch jenes Bild bedingt, das von den Klinikern als periphiläre Infiltration bezeichnet wird. Bei den Halslymphknoten werden wir noch zu erörtern haben, daß die kollaterale Entzündung hier häufig stärker war und oft zu einer Verschwartung des umgebenden Bindegewebes geführt hatte. Am Mesenterium haben wir bei den daraufhin untersuchten Fällen besonders starke derartige Begleitentzündungen nicht auffinden können.

So wie das anatomische Bild der mesenterialen Lymphknoten in keiner Hinsicht neuartig war, von dem einen abgesehen, daß es in seiner Mächtigkeit (s. Abb. 5) immer wieder beeindruckte, so ergab auch die Untersuchung des weiteren Lymphabflußweges, darunter auch der Lymphgefäße selber, nichts Überraschendes.

Die oberhalb der Zisterne gelegenen aortalen Lymphknoten waren regelmäßig erkrankt (in 53 von 58 Fällen), sofern die Gekrösewurzellymphknoten verkäst waren. Nahezu das gleiche (in 51 von 58 Fällen) gilt für die am Kopfe des Pankreas gelegenen Lgll. pancreatico-duodenales. Wenn es auch schwierig war, diese erkrankten Lymphknoten bei der so häufigen Tuberkulose des Bauchfelles, der Leber oder Milz einem bestimmten Quellgebiet zuzuordnen, so sprach für ihre Zugehörigkeit zur Darmerkrankung, daß sie mit den mesenterialen Lymphknoten auch das weitere Schicksal teilten. So bestand in zwei

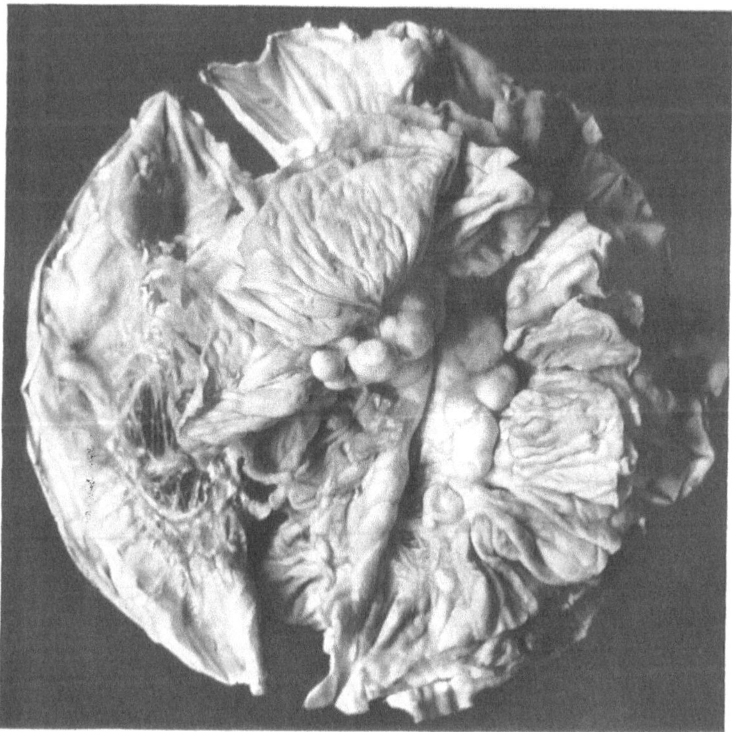

Abb. 4. Knolliges Paket miteinander verbackener verkäster mesenterischer Lymphknoten. Von der Hauptmasse der Lymphknoten ist ein isolierter Strang, der Strang der ileozökalen Lymphknoten, abgesetzt. Mesokolische Lymphknoten (im Bild links) klein.

Fällen (Tabelle 1, lfd. Nr. 65, List. Nr. 120, 147 Tage alt und lfd. Nr. 73, List. Nr. 46, 242 Tage alt) an den aortalen und pankreaticoduodenalen Lymphknoten hinsichtlich der Beschaffenheit des Käses, der Stärke der Kalkablagerung, der Art der Kapsel kein Unterschied gegenüber den mesenterialen Lymphknoten. In dem ersten Fall waren in der Milz zwar multiple, zum Teil konfluierte, in der Leber jedoch nur spärliche submiliare Herde und am Bauchfell eine nur geringfügige Knötchenbildung vorhanden; bei dem zweiten Fall bestand überhaupt keine Tuberkulose in den extraintestinalen Bauchorganen und bei beiden Fällen kamen die Lungen als Quellgebiet für die Tuberkulose der genannten Lymphknoten ebenfalls nicht in Frage. Bei massiger Infektion scheinen somit die aortalen und pankreatico-duodenalen Lymphknoten dem Darm regionär zu sein.

Die Lymphgefäße des Mesenteriums waren sehr häufig erkrankt, ja nicht selten konnte man an allen Lymphgefäßen eines Lupengesichtsfeldes Intimagranulome antreffen. Auch an den Venen des Mesenteriums waren derartige Granulome nicht selten. Im Gegensatz dazu ist der Truncus intestinalis und der Ductus thoracicus selbst (in jedem der Fälle in verschiedenen Höhen bis herauf zum Venenwinkel histologisch untersucht) bis auf einen Fall, in dem sich ein kleiner, nicht verkäster Intimatuberkel fand, frei von Tuberkulose gewesen. Diese Beobachtung steht in Einklang mit der allgemeinen Erfahrung, daß eine zur Virusaussaat führende Ductus thoracicus-Tuberkulose bei akuter Durchseuchung seltener als bei protrahierter Generalisation zu beobachten ist.

Die Abheilungsvorgänge, die an den Lymphknoten der verstorbenen Lübecker Kinder zu beobachten waren, unterscheiden sich nicht von denen, die aus den Beobachtungen bei Spontanerkrankungen bekannt sind. Da wir in jedem Fall den Zeitpunkt der ersten Infektion kannten, lag es nahe, zu untersuchen, innerhalb welcher Zeit sie auftraten und weiterhin, ob man den zum Primärkomplex gehörenden Lymphknoten etwa ansehen konnte, wie alt die Tuberkulose war.

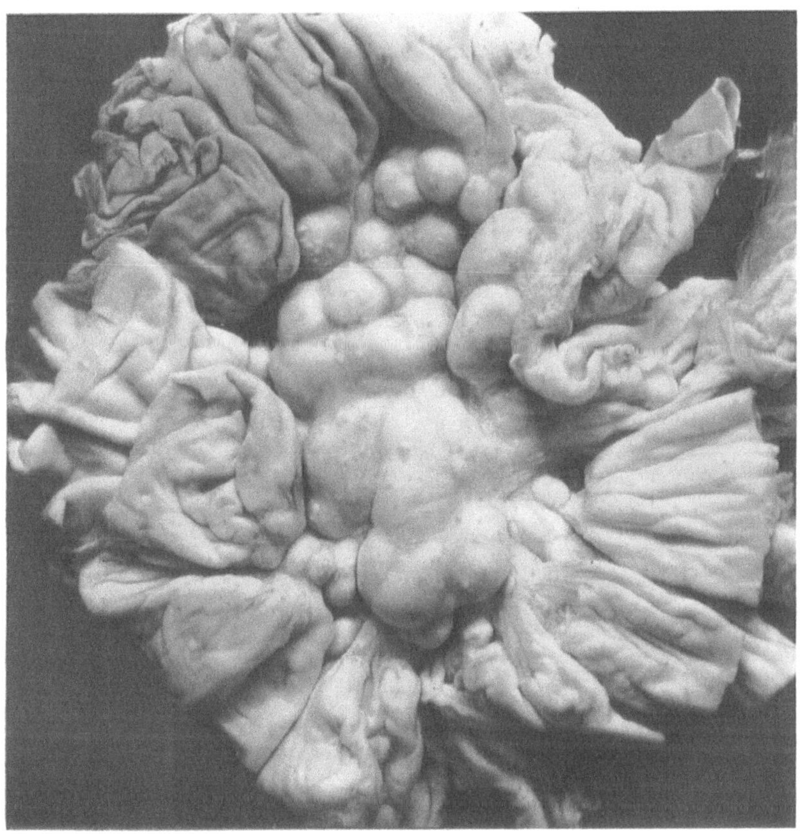

Abb. 5. Höchstgradige Erkrankung der mesenterischen Lymphknoten (vgl. Minimalreaktion in Abb. 1).

Da bei den Kindern, die am 2., 33. und 37. Tage nach der ersten Infektion verstorben waren (s. Tabelle 1), eine Obduktion nicht vorgenommen worden ist, kann zu der Frage, wann die ersten Veränderungen in den Lymphknoten der primären Haftstellen auftreten, wie sie aussehen (s. Ghon und Roman, Ghon und Pototschnig), ob auch sie durch exsudative Vorgänge eingeleitet werden (Huebschmann), kein Beitrag geliefert werden. Bei dem Kinde, das 44 Tage nach der Erstinfektion verstorben war, waren die mesenterialen Lymphknoten diffus verkäst und das Granulationsgewebe der Randzone ging in ein schon relativ zellarmes fibröses Gewebe über. Die Stärke dieser Randfibrose ging bei den älter gewordenen Kindern im allgemeinen deutlicher der Gesamtabheilungstendenz der Erkrankung als dem Alter der Infektion parallel. So war die Fibrose sowohl der Randzone größerer verkäster Bezirke, als auch von Einzeltuberkeln bei einem 91 Infektionstage alten Kinde (Tabelle 1, lfd. Nr. 42, List. Nr. 201) mit nur wenig ausgedehnter Gesamttuberkulose stärker, zellärmer und faserreicher als bei einigen selbst 3 Monate älteren Kindern. Ebenso war die Abheilungsneigung der tuberkulösen Veränderungen bei einem 128 Infektionstage alten Kinde (Tabelle 1, lfd. Nr. 62, List. Nr. 38) sehr auffallend, zumal die Generalisation hier keineswegs beschränkt war.

Die anatomischen Veränderungen an den Lymphknoten waren also weder makro- noch mikroskopisch von der Art, daß man ihnen ihr genaueres Alter angesehen hätte.

All diese Beobachtungen bestätigen, daß jeder Fall auch in Teilveränderungen sein eigenes Entwicklungszeitmaß hat, ein Zeitmaß, das von Virusmenge und Virulenz gewiß mit abhängig ist, das aber auch von anderen Faktoren noch wesentlich beeinflußt wird.

Etwas günstiger liegen die Verhältnisse für die Frage der Verkalkung.

Zwar zeigt sich auch hier, daß für ihr Einsetzen und ihre Stärke von Bedeutung war, wie die Gesamterkrankung verlief. Die ersten Spuren von Verkalkung beobachteten wir bei einem Kinde,

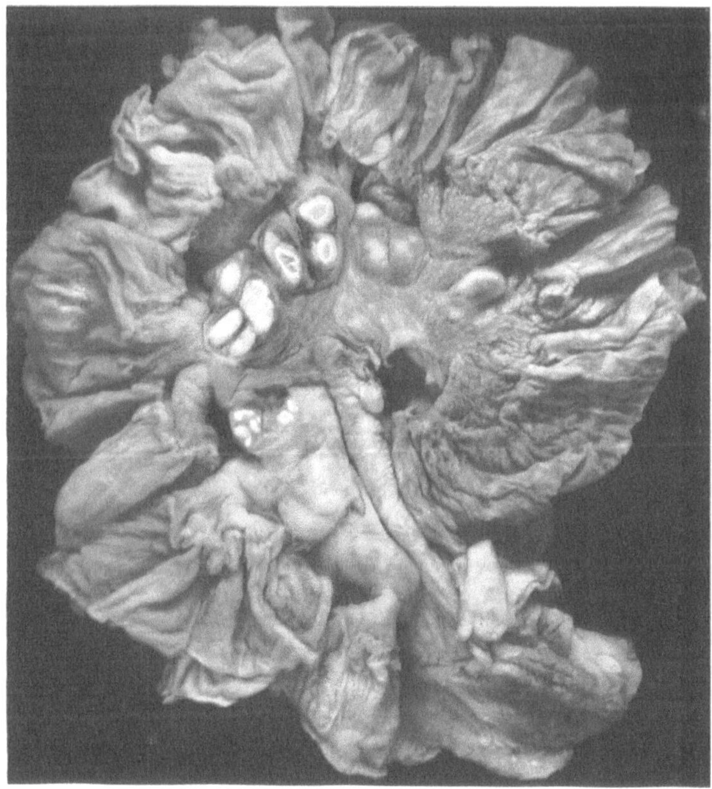

Abb. 6. Verkalkung verkäster mesenterialer Lymphknoten, 113 Tage nach der Erstinfektion.

das nicht an seiner Tuberkulose, sondern an einer lipämischen Stoffwechselerkrankung zugrunde gegangen war. Zwischen erster Fütterung und Tod lagen nur 58 Tage (Tabelle 1, lfd. Nr. 15, List. Nr.174). Gleichartige Verkalkungen zeigten dann zwei Kinder, bei denen zwischen Fütterung und Tod 82 und 113 Tage (s. Abb. 6) lagen. Bei dem ersten dieser beiden Kinder war die Gesamtausbreitung verhältnismäßig stark (Tod an Meningitis), bei dem zweiten gering (Tod an unspezifischer Myelitis bei chronischer Pneumonie). Im Vergleich dazu zeigte ein 165 Tage altes Kind (Tabelle 1, lfd. Nr. 70, List. 9) mit nicht einmal übermäßig ausgedehntem Gesamtbefund keinerlei Verkalkungen an den Lymphknoten. Immerhin dürfte für das Einsetzen der Verkalkung eines verkästen Herdes das Alter nicht ohne Bedeutung sein. Soweit der Bestand des Lebens mit der vorhandenen Ausbreitung der Tuberkulose vereinbar ist, bleibt die Verkalkung auf die Dauer nicht aus. Und der Wendepunkt scheint nach den Lübecker Beobachtungen (s. Tabelle 1) etwa um die 20.—21. Woche nach der ersten Infektion zu liegen. Eine Versteinerung, die eine vorherige Entkalkung der Lymphknoten zur histologischen Bearbeitung notwendig machte, wurde allerdings erstmalig nach Ablauf von 237 Tagen nach der Erstinfektion beobachtet.

Hiernach kann bei allgemeiner Abheilungsneigung der Tuberkulose schon vom 58. Infektionstag ab, bei fortschreitender Fernausbreitung um den 140. Tag eine Verkalkung verkäster Lymphknoten vorkommen. Möglicherweise sind die angegebenen Daten nicht einmal die frühesten Zeitpunkte; denn es muß berücksichtigt werden, daß es sich hier um Säuglinge und um Infektionen mit zum Teil sehr großen Virusmengen gehandelt hat.

Aus Tierversuchen (Veraguth, Pagel) wissen wir, daß eine Verkalkung tuberkulöser Herde schon 4—6 Wochen nach der Infektion eintreten kann. Für die menschliche Tuberkulose war nur bekannt, in welchem Lebensalter man frühestens verkalkte Herde antreffen konnte. Wieviel Zeit bei solchen Fällen zwischen Infektion und Verkalkung lag, blieb unbekannt. Das jüngste Kind, bei dem verkalkte tuberkulöse Herde gefunden wurden, war 6 Monate alt (Geipel). Nach Lubarsch sollte eine vollständige Verkalkung tuberkulöser Herde sogar vor dem 3. Lebensjahr nicht vorkommen. Die Beobachtungen in Lübeck ermöglichen es uns, in dieser Frage genauere Angaben zu machen.

Für die Erweichung haben die Lübecker Beobachtungen keinerlei neue Feststellungen erbracht.

Sie haben nur erneut gezeigt, daß die Menge des Virus für das Eintreten oder Ausbleiben der Erweichung ohne Bedeutung ist; sonst müßte die Überzahl der Fälle Lymphknotenerweichungen aufgewiesen haben. Solche lagen aber nur in 26 von 56 selbst oder mitbeobachteten Fällen vor. Sie bestanden teils nur in zentraler Dissoziation, teils in eitriger Verflüssigung, zum Teil des gesamten käsigen Materials, das dann oft nur von einer balgartigen fibrösen Kapsel gehalten wurde. Aus der Tatsache, daß bei mehrfachen, z. B. in Darm-, Halsgebiet und Lunge vorhandenen Primärinfekten mal nur die eine, mal mehrere oder alle zugehörigen Lymphknotengruppen erweicht waren, geht hervor, daß sowohl allgemeine als auch lokale Faktoren für die Erweichung von Bedeutung sind. Der ulzeröse Zerfall der Quellgebietsveränderungen kann allein nicht ausschlaggebend sein; es hätten dann in kaum einem Falle die mesenterialen Lymphknoten frei von Erweichung sein dürfen.

Gehen wir davon aus, daß alle 72 Kinder bis zur ersten Impfung nicht tuberkulös waren, daß sie den Impfstoff durch den Mund aufgenommen haben und daß — von einer Ausnahme abgesehen — in allen obduzierten Fällen eine Erkrankung des Lymphabflusses des Dünndarmes im Sinne eines Primärkomplexes bestand, so heißt das, daß diese Erkrankung der Gekröselymphknoten zum Bilde der primären Fütterungs- oder (s. später) Ingestionstuberkulose gehört, so wie das schon immer angenommen und seit Edens, Ghon und Pototschnig, Ranke u. a. als gesetzmäßig hingestellt worden ist. Diese Lymphknotenerkrankung kennzeichnet also auch im Bereich des Darmkanals den Ort der primären Virushaftung.

An dieser Auffassung kann auch nichts durch den Befund geändert werden, den wir in einem Falle erhoben haben (s. S. 34); sie wird durch ihn vielmehr noch gestützt. Denn die mächtige Erkrankung der Lymphknoten des Schlundes und der Lunge und die geringfügige Tuberkulose der mesenterialen Lymphknoten kennzeichnet den Fall als primäre Schlund-, Lungen- und postprimäre Darminfektion.

Der gleiche Unterschied, der bei diesem einen Fall zwischen der Erkrankung der mesenterischen Lymphknoten einerseits und der Lymphknoten des Halses und der Lunge andererseits bestand, war durchweg auch zwischen den mesokolischen und den mesenterischen Lymphknoten vorhanden.

Bei histologischer Untersuchung war in den mesokolischen Lymphknoten zwar stets Tuberkulose nachweisbar, sie war aber geringfügig, bestand in kleinen, gelegentlich auch konfluierenden Herden, nie aber in völliger oder diffuser Verkäsung. Verkalkungen haben wir an den mesokolischen Lymphknoten nie beobachtet. Auch makroskopisch stachen die durchweg kleinen mesokolischen Lymphknoten stets auffällig von den stark vergrößerten Lymphknoten des Dünndarms ab (s. Abb. 2 und 4). Besonders eindrucksvoll war dies bei den Fällen, bei denen der ileozökale Lymphknotenstrang mit zum Primärkomplex gehörte. Bei allen Fällen wies der Dickdarm nicht nur häufig, sondern vielfach auch sehr ausgedehnte geschwürige Veränderungen auf. Nach dem Verhalten der Lymphknoten möchten wir aber annehmen, daß diese postprimärer Natur waren.

Tabelle 1. Übersicht über die verstorbenen Fälle. Befunde an den Orten,

Lfd. Nr.	Sektion	Listen Nr.	Tage		A. Darm						B. Mittlerer Verdauungstraktus		
			Alter	seit 1. Fütterung	Jejunum	Ileum	Ileozökalgegend	Appendix	Kolon	Rektum	Duodenum	Magen	Speiseröhre
1	0	130	5	2									
2	0	64	35	33									
3	0	86	40	37									
4	All.+Aut.	126	45	44	n. p.	2 P.	+	—	n. p.		—	n. p.	
5	All.	181	49	44	Lymphknoten: P.								
6	All.	139	51	47	Lymphknoten: +								
7	All.+Aut.	13	58	51	Lymphknoten: P.		—	—	—		—	—	
8	All.+Aut.	7	56	52	53	P.	+	—	n. p.			P.	
9	All.	73	59	52	Lymphknoten: P.								
10	All.	54	57	55	Lymphknoten: P.								
11	All.	101	58	56	Lymphknoten: P.								
12	Sch.	188	58	56	Vereinzelte P.		—	—	n. p.	n. p.	—	—	—
13	All.	15	62	56	Lymphknoten: P.								
14	All.+Aut.	113	60	57	n. p.	n. p.+P.	+	—	n. p.	—	—	P.+n. p.	P.
15	Sch.	174	61	58	42	P.	+	—	n. p.	—	—	—	—
16	All.	47	61	59	Lymphknoten: P.								
17	Sch.	163	63	60	—	4 P.	+	—	—	—	—	—	
18	All.+Aut.	78	66	61	43	P.	+	—	n. p.		—	n. p.	
19	All.	17	67	61	Lymphknoten: P.								
20	All.	20	69	64	Lymphknoten: P.								
21	0	32	68	66									
22	Sch.	176	70	68	n. p.	2 P.	—	—	n. p.	n. p.	—	—	—
23	Sch.	108	72	69	70	P.	+	n. p.	n. p.	—	—	—	—
24	Sch.	128	74	71	49	P.	+	—	n. p.	n. p.	—	n. p.	—
25	Sch.	98	74	71	70	P.	+	n. p.	n. p.	n. p.	—	—	—
26	All.+Aut.	57	75	71	44	P.	+	—	n. p.				
27	All.	123	75	71	Zahlreiche P.		+	—	n. p.	n. p.	—	n. p.	—
28	All.	34	74	72	Lymphknoten: P.						n. p.?	—	—
29	Sch.	84	76	74	45	P.	+	—	n. p.	—	—	n. p.	—
30	All.	30	78	75	Lymphknoten: P.								
31	Sch.	72	80	78	5	36 P.	+	—	n. p.	—	—	n. p. P.	P.
32	Sch.	93	83	79	15	P.	+	—	—	—	—	n. p.	n. p.
33	Sch.	63	83	80	36	P.	+	—	n. p.	—	—	—	—

Anmerkung: 0 = nicht seziert Sch. = vom Verfasser seziert All. = Allopsie All. + Aut. =

die als Stätten primärer Virushaftung in Frage kommen.

C. Halsgebiet						D. Lunge		Primärinfektion			
Gaumenmandel		Epi-pharynx	Sonstige Mundhöhle	Mittelohr		rechts	links	1 fach	2 fach	3 fach	4 fach
rechts	links			rechts	links						
Lymphknoten: P.						—	—				
						P.	P.		A. D.		
						Trachea, Bronchien n. p.					
Lymphknoten: P.						P.					
Lymphknoten: P.						P.	P.				
—	—	—	—	—	—	—	—	A.	—	—	
Lymphknoten: P?											
—	P.		Zunge n. p.			—	—	—	—	A. B. B. C.	—
—	—	—	—	—	—	—	—	A. fleckig-kalkig	—	—	—
—	—	—	—	—	—	—	—	A.	—	—	—
Lymphknoten: P.						P.	P.	—	—	A. C. D.	—
	n. p.		Zunge n. p.								
Lymphknoten: P.						P.					
Lymphknoten: P.						Lymphknoten P.?					
—	—	P.	—	—	—	P.	Trachea n. p.	—	—	A. C. D.	—
P.	P.	P.	—	—	—	—	—	—	A. C.	—	—
—	—	P.	—	—	—	—	—	—	A. C.	—	—
—	—	—	—	—	—	—	—	A.	—	—	—
Lymphknoten: P.						Trachea u. Bronchien n. p.		—	—	A. C. D.	—
	n. p.					P.	P.				
Lymphknoten: P.			—	—	—	—	—	—	A. C.	—	—
—	—	Lymphknoten P.	—	—		—	—	—	A. C.	—	—
—	—	P.	—	—	—	—	—	—	A. C.	—	—
P.	P.	n. p.	Nase n. p.	—	—	—	—	—	—	A. B. B. C.	—
P.	—	n. p.	—	—	—	P.	P.	—	—	A. C. D.	—
n. p.	—	n. p.	—	—	—	—	—	A.	—	—	—

Allopsie, aber Besichtigung P. = Primärinfektion n. p. = nicht primäre Tuberkulose

Tabelle 1

Lfd. Nr.	Sektion	Listen Nr.	Tage: Alter	Tage: seit 1. Fütterung	A. Darm: Jejunum	A. Darm: Ileum	A. Darm: Ileozökalgegend	A. Darm: Appendix	A. Darm: Kolon	A. Darm: Rektum	B. Mittlerer Verdauungstraktus: Duodenum	B. Mittlerer Verdauungstraktus: Magen	B. Mittlerer Verdauungstraktus: Speiseröhre
34	Sch.	48	84	80	60	P.	—	—	—	—	—	—	—
35	All.+Aut.	22	87	82	36	P.	+	—	n. p.	—	—	P.+n. p.	—
36	Sch.	81	87	83	32	P.	+	—	—	n. p.	—	—	—
37	Sch.	100	86	84	n. p.	13 P.	+	—	n. p.	n. p.	—	n. p.	—
38	0	53	90	86									
39	Sch.	111	91	88	35	P.	+	—	n. p.	—	—	—	—
40	Sch.	51	92	89	28	P.	+	—	n. p.	—	—	—	n. p.
41	Sch.	52	92	90	38	P.	+	—	n. p.	n. p.	n. p.	n. p.	—
42	Sch.	201	93	91	—	P.	—	—	—	—	—	—	—
43	Sch.	112	94	91	66	P.	+	—	—	n. p.	—	—	—
44	Sch.	67	94	92	35	P.	+	—	n. p.	n. p.	n. p.	n. p.	n. p.
45	Sch.	125	99	95	n. p.	12 P.	+	n. p.	n. p.	n. p.	—	n. p.	—
46	Sch.	105	102	99	42	P.	+	—	n. p.	—	—	n. p.	—
47	Sch.	124	102	100	37	P.	+	—	n. p.	—	—	n. p.	P.
48	Sch.	121	104	100	20	P.	n. p.	—	n. p.	—	—	—	—
49	Sch.	85	103	101	38	P.	+	—	n. p.	—	—	P.	—
50	Sch.	129	106	104	30	P.	+	—	n. p.	n. p.	—	n. p.+P.	P.
51	Sch.	55	107	105	35	P.	+	—	n. p.	n. p.	—	P.+n. p.	—
52	Sch.	50	108	105	63	P.	+	n. p.	n. p.	n. p.	—	n. p.	—
53	Sch.	244	108	106	10	P.	+	—	n. p.	—	—	—	—
54	Sch.	118	109	106	62	P.	+	—	n. p.	—	—	—	n. p.
55	Sch.	117	113	110	42	P.	+	—	n. p.	—	—	—	—
56	Sch.	119	116	112	41	P.	+	—	n. p.	—	—	n. p.	n. p.
57	Sch.	62	115	113	n. p.	7 P.	+	—	—	—	—	—	—
58	Sch.	192	119	113	n. p.	7 P.	+	—	—	—	—	P.	n. p.
59	Sch.	5	123	120	—	n. p.	—	—	—	—	—	—	—

(Fortsetzung).

C. Halsgebiet						D. Lunge		Primärinfektion			
Gaumenmandel		Epipharynx	Sonstige Mundhöhle	Mittelohr		rechts	links	1 fach	2 fach	3 fach	4 fach
rechts	links			rechts	links						
—	—	P.	—	—	—	Kehlkopf n. p. —	—	—	A. C.	—	—
—	P.									A. B. C. fleckig-kalkig	—
P.	P.	—	Vestibul. n. p.	—	—	—	—	—	A. C.	—	—
—	—	P.	Vestibul. Nase n. p.	—	—	—	—	—	A. C.	—	—
P.	P.	P.	—	—	—	—	—		A. C.	—	—
—	—	n. p.	—	—	—	—	—	A.	—	—	—
P.	P.	P.	—	P.	—	n. p.	n. p.	—	A. C.	—	—
Lymphknoten P.	—	—	—	—	—	—		—	A. C.	—	—
—	—	P.	Vestibul. n. p.	—	—	—	—	—	A. C.	—	—
P.	P.	P.	—	—	—	—	—	—	A. C.	—	—
n. p.	—	P.	Zahnfleisch Hypopharynx n. p.	—	—	—	—	—	A. C.	—	—
—	—	n. p.	—	—	—	—	—	A.	—	—	—
—	P.	n. p.	Zunge, Nase n. p.	—	—	—	—	—	—	A. B. C.	—
—	n. p.	n. p.	—	—	—	—	—	A.	—	—	—
—	n. p.	P.	Nase n. p.	—	—	—	—	—	—	A. B. C.	—
P.	P.	P.	Zahnfleisch P.	—	—	Trachea n. p.		—	—	A. B. C.	—
P.	P.	P.	—	—	—	P.	—	—	—	—	A. B. C. D.
P.	P.	P.	—	—	—	Kehlkopf u. Trachea n. p.		—	A. C.	—	—
—	—	P. + Nase	Zunge n. p.	n. p.	—	—	—	—	A. C.	—	—
P.	P.	n. p.	—	—	—	—	n. p.	—	A. C.	—	—
P.	P.	P.	—	—	—	—	—	—	A. C.	—	—
n. p.	n. p.	n. p.	Vestibul. n. p.	—	—	—	—	A.	—	—	—
—	—	—	—	—	—	—	—	A. fleckig-kalkig	—	—	—
—	P.	n. p.	—	Tube n. p.	—	—	—	—	—	A. B. C.	—
—	—	P.	—	—	—	P.	—	—	C. D.	—	—

Tabelle 1

Lfd. Nr.	Sektion	Listen Nr.	Tage		A. Darm						B. Mittlerer Verdauungstraktus		
			Alter	seit 1. Fütterung	Jejunum	Ileum	Ileozökalgegend	Appendix	Kolon	Rektum	Duodenum	Magen	Speiseröhre
60	Sch.	31	126	122	25	P.	+	—	n. p.	n. p.	P.+n. p.	P.+n. p.	—
61	Sch.	60	130	127	31	P.	+	—	—	—	—	P.	P.
62	Sch.	38	130	128	26	P.	+	—	—	n. p.	—	n. p.	—
63	Sch.	214	133	128	—	n. p.	P.	—	n. p.	—		—	—
64	Sch.	26	146	143	26	P.	+	—	—	—	—	—	—
65	Sch.	120	147	144	23	P.	+	—	—	—	—	—	—
66	Sch.	116	148	145	30	P.	+	—	—	n. p.	—	n. p.	—
67	Sch.	10	156	151	40	P.	+	—	—	—	—	—	—
68	Sch.	65	164	160	—	n. p. + 2 P.	+	—	—	—	—	P.	—
69	Sch.	71	167	162	11 n. p.	12 P.	+	n. p.	n. p.	n. p.	—	—	—
70	Sch.	9	168	165	38	P.	+	—	n. p.	—	—	—	—
71	Sch.	59	187	183	32	P.	+	—	n. p.	—	—	—	
72	Sch.	12	190	184	n. p.	n. p. 3 P.	+	—	—	—	—	—	—
73	Sch.	46	242	237	—	20 P.	+	—	—	—	—	—	—
74	Sch.	209	243	241	— P.	—	—	—	—	—	—	—	—
75	Sch.	14	318	313	—	15 P.	+	—	n. p.	—	—	—	—
76	Sch.	179	364	362	—	n. p.	P.	—	n. p.	—	—	—	—
77	Sch.	147	503	498	—	Lymphknoten P.	—	—	—	—	—	—	—

β) Die Befunde am Darm.

War die Erkrankung des Lymphabflusses des Darmes bei den Lübecker Kindern wohl für niemanden überraschend, so konnte, sofern man vom Schrifttum ausging, von vornherein nicht gesagt werden, ob der Darm selbst ebenso regelmäßig erkrankt zu finden sein würde.

Auf Grund von Tierversuchen hat sich diese Frage nicht entscheiden lassen. Cornet, dessen Lokalisationsgesetz in dieser Frage häufig zitiert wird, gibt ausdrücklich die Möglichkeit zu, daß das Virus „ohne Alteration der Darmwand in die Mesenterialdrüsen gelangen" könne. Im übrigen ist auch sein Lokalisationsgesetz nicht so formuliert, daß daraus eine ausnahmslose Erkrankung der Eintrittspforte gefolgert werden könnte. Bei seiner 1907 gegebenen Fassung ist nur davon die Rede, daß die Tuberkelbazillen sich bei empfänglichen Organismen „in der Regel bereits an der Eintrittspforte oder wenigstens in den nächstgelegenen Lymphknoten (Lokalisationsgesetz)" entwickelten. Man sollte sich deshalb, wenn man bei mesenterialen Lymphknotenerkrankungen Darmveränderungen fordert, nicht mehr auf Cornets Lokalisationsgesetz berufen. Br. Lange verneint, allerdings nur auf Grund

(Fortsetzung).

C. Halsgebiet						D. Lunge		Primärinfektion			
Gaumenmandel		Epi-pharynx	Sonstige Mundhöhle	Mittelohr		rechts	links	1 fach	2 fach	3 fach	4 fach
rechts	links			rechts	links						
—	—	n. p.	—	P.	—	n. p.	n. p.	—	—	A. B. C.	—
P.	n. p.	P.	—	P.	—	—	—	—	—	A. B. C.	—
n. p.	—	P.	Nase n. p.	Tube n. p.	—	—	—	—	A. C.	—	—
—	—	n. p.	—	—	—	P.	—	—	A. D.	—	—
P.	P.	n. p.	—	—	—	—	—	—	A. C.	—	—
n. p.	n. p.	n. p.	Nase n. p.	P.	P.	P.	—	—	—	A. C. D. kalkig	—
—	—	P.	—	—	—	—	—	—	A.C. fleckig-kalkig	—	—
P.	P.	P.	—	—			—	—	A. C.	—	—
—	P.	—	—	—	—	—	—	—	—	A. B. C. fleckig-kalkig	—
P.	P.	P.	—	—	—	n. p.	—	—	A. C. fleckig-kalkig	—	—
P.	P.	P.	—	P.	—	—	—	—	A. C.	—	—
—	—	P.	—	—	—	P	n. p.	—	—	A. C. D. fleckig-kalkig	—
—	—	—	—	—	—	—	—	A.	fleckig-kalkig		
P.	—	—	—	—	—	—	—	—	A.C. verkalkt	—	—
P.	P.	n. p.	—	P.	P.	—	—	—	A.C. verkalkt	—	—
—	—	n. p.	—	n. p.	P.	—	P.	—	—	A. C. D. verkalkt	—
	—	P.	—	—	—	P.	—	—	—	A. C. D. verkalkt	—
Lymphknoten P.	—	—	—	—	—	—	—	—	A.C. verkalkt	—	—

makroskopischer Untersuchungen, die Frage, daß der Darm bei primärer Meerschweinchen-Fütterungsinfektion erkranken müsse.

Für den Menschen wird diese Frage selbst von den Pathologen nicht einheitlich beantwortet. Während Beitzke die Möglichkeit einer spurlosen Durchwanderung zuläßt, vertreten Ghon und Pototschnig, Ghon und Kudlich und neuerdings auch Siegmund den Standpunkt, daß diese Auffassung nur dann zulässig sei, wenn man auch histologisch eine Erkrankung des Darmes auszuschließen imstande sei. Fest steht, daß man in Fällen mit nicht so alten Lymphknotenveränderungen ein oder häufiger mehrere Geschwüre im Darm, also das geschlossene Bild des Primärkomplexes, vorfinden kann. Ghon und Pototschnig[1] haben solche Fälle mitgeteilt. Aber diese Fälle sind seltener gegenüber denen, die den Angaben der übrigen Autoren zugrunde liegen. Sobald die Veränderungen der mesenterischen Lymphknoten Zeichen höheren Alters aufweisen, vermag selbst eine Betrachtung des ausgespannten Darmes mit der Lupe für mehr als die Hälfte der Fälle Veränderungen nicht mehr aufzudecken. Die Annahme makroskopisch spurloser Abheilung liegt zweifellos nahe, aber histologische Untersuchungen dürften, und zwar namentlich in der Submukosa, wahrscheinlich häufiger Spuren

[1] Siehe auch Schürmann: Virchows Arch. **260**, 801.

aufdecken, als makroskopisch zu vermuten ist. Im Falle von Siegmund war eine, wenn auch feine Narbe makroskopisch sichtbar. In den häufigeren Fällen, in denen eine solche fehlt, ist leider aus der Lokalisation der erkrankten Lymphknoten nur selten ein Hinweis zu entnehmen, wo in dem, manchmal 1—1$^1/_2$ m langen Darmabschnitt Spuren der Quellgebietsveränderungen histologisch gesucht werden sollen. Das erschwert auch heute noch die Entscheidung der oben gekennzeichneten Frage.

Von den Lübecker Fällen war insofern eine generelle Klärung kaum zu erwarten, als die verabfolgte Virusmenge im allgemeinen zu groß war. Und nach den Angaben vieler Autoren soll sich im Tierversuch das Auftreten von Darmveränderungen von der Virusmenge als abhängig erwiesen haben. Wenn jedoch selbst bei den in Lübeck verabreichten Virusmengen im Darm keine Veränderungen gefunden worden wären, so hätte dies gegen den von Ghon und Mitarbeitern sowie von Siegmund eingenommenen Standpunkt gesprochen. Das ist nun nicht der Fall. Unter 60 selbst oder mitbeobachteten Fällen, die eine Erkrankung des Darmlymphabflusses aufwiesen, zeigen 59 anatomische Veränderungen im Darm.

Der Fall ohne solche betrifft ein 498 Infektionstage altes Kind. Der Darm, in ausgespanntem Zustand mit der Lupe untersucht, ließ nichts von Narbenbildungen erkennen. Allerdings waren die Peyerschen Plaques sehr stark entwickelt, so daß eine Ausschließung feinerer Veränderungen in ihrem Bereich nicht möglich war. Die Serosa war überall gleichmäßig zart. Von den mesenterialen Lymphknoten, die makroskopisch unversehrt erschienen, waren ileozökale auch histologisch frei von Veränderungen. Einzig die wurzelnahen und einzelne der mittleren zwischen Wurzel und Darm gelegenen Lymphknoten zeigten die weiter oben erwähnten, zentral verkalkten, in Abb. 1 wiedergegebenen kleinsten Herde. Ein Hinweis, wo im Darm eventuelle Quellgebietsveränderungen gesucht werden sollten, war aus der Lokalisation der erkrankten Lymphknoten nicht zu entnehmen, und es blieb nur übrig, wahllos aus einem etwa $^3/_4$ m langen Darmabschnitt verschiedene Stücke histologisch zu untersuchen. Das Ergebnis war negativ. Wir können das Vorhandensein histologischer Veränderungen natürlich nicht ausschließen, denn wir konnten ein $^3/_4$ m langes Darmstück unmöglich in Serienschnitte zerlegen.

Nach dem Befund bei zwei anderen Fällen, die ebenfalls eine makroskopisch unversehrt erscheinende Darminnenfläche zeigten, möchten wir die Wahrscheinlichkeit nicht für gering halten, daß auch in dem eben erwähnten einen Fall doch noch irgendwo histologische Veränderungen vorhanden gewesen sind. Diese beiden Fälle (Tabelle 1, lfd. Nr. 42, List. Nr. 201, 91 Tage alt und lfd. Nr. 74, List. Nr. 209, 241 Tage alt) demonstrieren, wie geringfügig sie sein können. Der Lymphabflußbefund wies hier durch Erkrankung auch peripherer Lymphknoten auf einen mehr begrenzten Quellgebietsbezirk und zwar in einem Fall im unteren Ileum, im anderen im unteren Jejunum. Die eingehende histologische Untersuchung ergab an mehreren Stellen tuberkulöse Veränderungen der Submukosa. Die größte Ausdehnung zeigten kleine, begrenzte, zentral nekrotische, in einem Fall leicht verkalkte Herde mit Epitheloidzellwall, im anderen mit peripherer Fibrose. Aber es fanden sich weiterhin auch in einer sonst nahezu unveränderten Submukosa nur einzeln gelegene Riesenzellen von Langhansschem Typ (s. Abb. 7). Sicherlich ist hier zu einem früheren Zeitpunkt mehr vorhanden gewesen. Wenn die Riesenzellen auch ganz schwinden können, so ist dies für die kleinen käsigen Herdchen wenig wahrscheinlich. Allerdings dürfte die Narbe, die bei weiterer Abheilung an der Darminnenfläche entsteht, höchstens hirsekorngroß sein.

Diese beiden Fälle zeigen deutlicher als die übrigen, daß die Forderungen Ghons und Siegmunds begründet sind.

Bei den übrigen 56 Fällen war die Darmerkrankung makroskopisch nicht zu übersehen.

Sie war allerdings bei den einzelnen Fällen von wechselnder Ausdehnung und Schwere. Von 70 größeren Geschwüren nur im Bereich des Dünndarms bis zu den erwähnten, nur histologisch nachweisbaren Veränderungen fanden sich alle Zwischenstufen (s. Tabelle 1). Im allgemeinen ist wie bei Spontanerkrankungen der untere Teil des Dünndarms stärker, der obere weniger ausgedehnt und weniger häufig erkrankt gewesen. Das zeigte sich auch bei den Fällen, bei denen insgesamt nur wenige (nicht mehr als 8) Darmgeschwüre vorhanden waren. Unter 9 von 12 hierher gehörigen Fällen war der ileozökale Lymphknotenstrang im Sinne des Primärkomplexes erkrankt, und der Darm zeigte kurz oder unmittelbar vor der Klappe ein tiefreichendes Geschwür; die übrigen Geschwüre (in 7 Fällen waren solche noch vorhanden) reichten bei überwiegender Lokalisation im unteren Ileum nicht über das mittlere Ileum magenwärts hinaus. In den 3 Fällen, in denen eine ileozökale Lymphabflußerkrankung fehlte, saß der Prozeß einmal im unteren Ileum (nur histologisch nachweisbar), einmal im mittleren Ileum (2 Geschwüre) und einmal im unteren Jejunum (nur histologisch nachweisbare Veränderungen). Im Dickdarm, der in 40 von 60 untersuchten Fällen makroskopische Veränderungen aufwies, ließ sich irgendeine Bevorzugung bestimmter Gebiete nicht feststellen. Relativ häufig (in 18 von 56 Fällen) war der Mastdarm befallen. Der Wurmfortsatz zeigte nur in 5 von 60 Fällen Geschwürsbildungen, etwas häufiger Follikelverkäsungen.

Unter den vorhandenen Geschwüren zwischen primären und postprimären zu unterscheiden, war an Hand nur des Befundes an der Darminnenfläche im allgemeinen nicht möglich.

Zwar ließen sich die so häufigen verkästen Follikel, follikulären und lentikulären Geschwüre von vornherein als wahrscheinlich postprimäre Prozesse absondern, aber die verbleibenden größeren

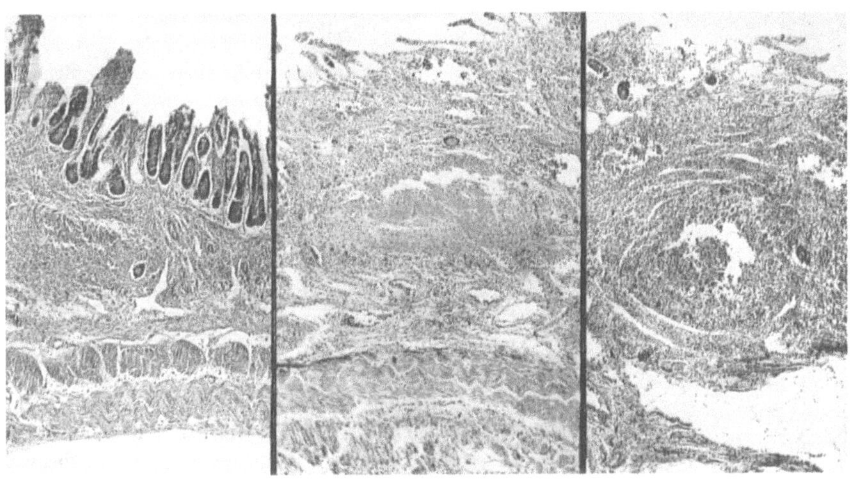

Abb. 7. Histologische Befunde am Dünndarm bei nur geringer käsiger Tuberkulose der mesenterischen Lymphknoten und makroskopisch unversehrt erscheinender Darmschleimhaut.

geschwürigen Veränderungen zeigten keine Besonderheiten, die es gestattet hätten, die primären von den postprimären Geschwüren mit Sicherheit zu trennen. Im Dünndarm handelte es sich (s. Abb. 3 und 8) um rundliche oder quergestellte, sehr häufig auch zirkuläre Defekte mit den üblichen Kennzeichen tuberkulöser Geschwüre. Oft reichten sie tief in die Wand hinein, und man konnte dann auf einem mehr oder weniger gereinigten Grund eine jüngere Nekrose oder auch Defektbildung antreffen, so daß die Ränder terrassenförmig von der gesunden Schleimhaut zur tiefsten Stelle hin abfielen. Gewöhnlich deckte hier nur noch die diffus verdickte Serosa das Geschwür gegen die Bauchhöhle ab, und in 6 Fällen war es zur Perforation mit Peritonitis, in anderen zu ausgedehnten Verklebungen gekommen. Die größte Tiefe erreichten die Geschwüre gewöhnlich vor der Klappe. Hier waren sie gewöhnlich zirkulär, zeigten terrassenförmig abfallende Ränder und ihre tiefste Stelle lag sehr häufig schon jenseits der Muskularis, nämlich im Mesenterialansatz. Ja, nicht selten war ein sequestrierend zerfallener verkäster Lymphknoten des Ileozökalstranges der Grund des Geschwüres, oder es gingen von den Geschwüren Fistelgänge in die anliegenden Lymphknoten hinein. Ein solch tiefes Vordringen des geschwürigen Prozesses war gelegentlich auch an anderen, etwas höher gelegenen Stellen des Ileums zu beobachten, und in einem Fall war ein Geschwür an der Verwachsungsstelle des Darmes mit der Bauchwand durch die Bauchdeckenmuskulatur bis in das Unterhautzellgewebe hinein vorgedrungen. Auch hinsichtlich der flächenhaften Ausdehnung erreichten die Geschwüre im untersten Ileum den stärksten Grad. Oft griffen sie über die Klappe hinaus auf das Zökum über. Die Darmwand war dann häufig stark verdickt, ödematös geschwollen und von käsigen Herden durchsetzt, so daß, zumal hier auch die stärksten Verklebungen bestanden, alsdann das Bild eines tuberkulösen Ileozökaltumors vorlag. Im Gegensatz dazu waren die Geschwüre im Dickdarm immer weniger tief reichend, auch fehlte ihnen durchweg eine Miterkrankung der Serosa.

Die beschriebenen anatomischen Merkmale, die die Geschwüre an verschiedenen Abschnitten des Darmes aufwiesen, kennzeichnen wohl die Schwere der Erkrankung, sie reichen jedoch nicht hin, die Geschwüre nach primärer oder postprimärer Infektion zu trennen. In dieser Hinsicht unterscheidet sich also das Geschwür des Darmes nicht von dem Geschwür der Tonsille oder dem käsig-pneumonischen Herd der Lunge. Entscheidend für diese Trennung ist allein das Verhalten des Lymphabflusses, und nach ihm können wir soviel sagen, daß Primärinfekte nur im Dünndarm vorkamen, daß aber alle Dickdarmgeschwüre als postprimär angesprochen werden mußten.

Diese Feststellungen stehen mit den Befunden in Einklang, die wir von der Spontantuberkulose her kennen. Auch bei ihr ist bis heute noch kein Fall beobachtet worden, der bei peroraler Infektion einen einwandfreien Primärkomplex im Bereich des Dickdarms aufgewiesen hat. Zur Erklärung dieses immerhin auffälligen Verhaltens könnte angeführt werden, daß das Virus bei der peroralen Spontaninfektion gewiß nicht besonders reichlich ist, und deshalb auf dem Wege bis zum Mastdarm schon im Dünndarm haften geblieben ist. Bei den Lübecker Kindern ist das Freisein des Dickdarms von primärer Tuberkulose insofern jedoch schon auffällig, als die hier peroral zugeführte Keimmenge kaum je größer sein könnte. Das Verhalten des Dickdarms erscheint nun noch merkwürdiger, wenn man bedenkt, daß in seinem Bereiche nur der primäre Komplex nicht vorkommt, postprimäre Geschwüre dagegen ein fast alltäglicher Befund sind und auch bei den Lübecker Kindern sehr häufig angetroffen wurden.

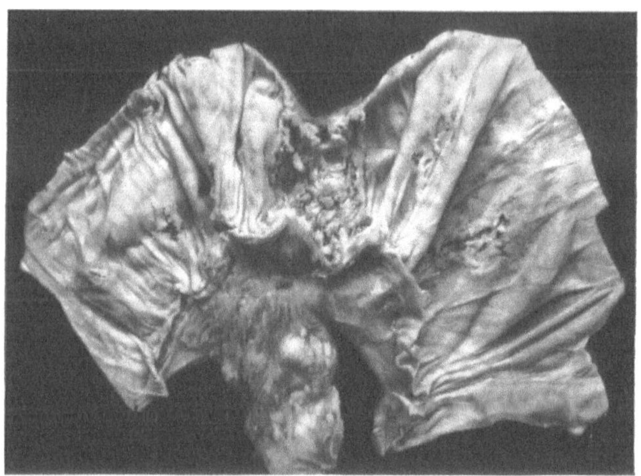

Abb. 8. Zirkuläres Dünndarmgeschwür mit Versteifung der Darmwand durch die tuberkulösen Gewebsveränderungen und dadurch bedingter Einengung der Lichtung.

Wir möchten glauben, daß für das eigenartig verschiedene Verhalten von Dünn- und Dickdarm gegenüber der primären Tuberkulose verschiedene Momente von Bedeutung sind. Die größte Bedeutung dürfte dabei zweifellos der verschiedenartigen physiologischen Funktion beider Darmabschnitte zukommen. Der Dünndarm ist Resorptionsorgan schlechthin, der Dickdarm dagegen resorbiert Fette und höhere Eiweißkörper nicht. Es liegt also in physiologischen Verhältnissen begründet, wenn die Tuberkelbazillen jenseits der Klappe ebenso schwer haften oder resorbiert werden, wie sie Schwierigkeiten haben, diesseits der Klappe der Aufsaugung zu entgehen. Diesseits der Klappe sind abnorme Zustände erforderlich, um die Haftung zu verhüten, jenseits der Klappe, um sie zu veranlassen. Wahrscheinlich erfolgt nun die primäre Infektion des Magendarmkanals bei einem Zustand des Darmes, der als normal oder physiologisch zu bezeichnen ist; deshalb haftet die Infektion nur im Dünndarm. Bei allen postprimären Infektionen des Dickdarmes dürfte indessen anzunehmen sein, daß zu ihrer Zeit Zustände im Darmkanal bestehen, die die resorptionsfördernde Funktion des Dünndarms oder die resorptionsfeindliche Funktion des Dickdarmes hemmen. Hierher gehören einmal Verdauungsstörungen, wie sie als toxische Erscheinungen bei der Lungentuberkulose mit sekundärer Darmerkrankung ungemein häufig sind. Hierher gehört weiterhin auch der umschriebene Defekt der Dünndarmschleimhaut im Bereiche tuberkulöser Geschwüre, denn in ihrem Bereiche wird nicht nur kein Sputumvirus resorbiert, sondern noch dazu Virus an den Darminhalt abgegeben. Damit entgeht zunächst einmal mehr oder weniger reichliches Virus der Resorption im Dünndarm. Ob außer dem somit vermehrten Angebot von Virus noch besondere krankhafte Zustände im Dickdarm für die Haftung der Tuberkelbazillen notwendig sind, ist schwer zu sagen. Indessen darf für den Dickdarm auch eine hämatogene Erkrankung nicht abgelehnt werden; die Ausscheidung bestimmter Stoffe in den Dickdarm zeigt jedenfalls, daß zu ihm vom Blute her ein besonderes Gefälle besteht.

Den Veränderungen im Darm ließ sich ihr genaueres Alter ebensowenig ansehen, wie dies bei den Veränderungen im Darmlymphabfluß der Fall war.

Jedenfalls waren schon 44 Tage nach der Erstinfektion tiefreichende Geschwüre vorhanden. Sofern sie den ganzen Umfang des Darmrohres einnahmen, konnte man schon an ihnen eine Lichtungseinengung finden; doch war sie weniger die Folge einer bindegewebigen Schrumpfung, als vielmehr durch die Versteifung der Darmwand infolge der tuberkulösen Gewebsveränderungen bedingt (s. Abb. 8). Bei den älteren Kindern waren Abheilungserscheinungen vorhanden. Bei offenbar nur oberflächlich gewesenen Geschwüren konnte man atrophische Felder im Dünndarm antreffen mit noch verstärkter Vaskularisation. Das Epithel war dünn, die ganze Stelle rauchgrau pigmentiert. Derartige Abheilungsbilder lagen z. B. bei Kindern vor, die 242 und 313 Tage nach der Erstinfektion gestorben waren. Bei manchen dieser atrophischen Stellen konnte man zweifeln, ob sie Narbenstadien ehemaliger Geschwüre seien; doch fanden sich an anderen schon makroskopische Teilbefunde, die die frühere geschwürige Natur sicherstellten. Am Rande einzelner derartiger Stellen waren nämlich polypöse Schleimhauthyperplasien nachweisbar, wie wir sie nach der Abheilung auch andersartiger geschwüriger Darmveränderungen kennen.

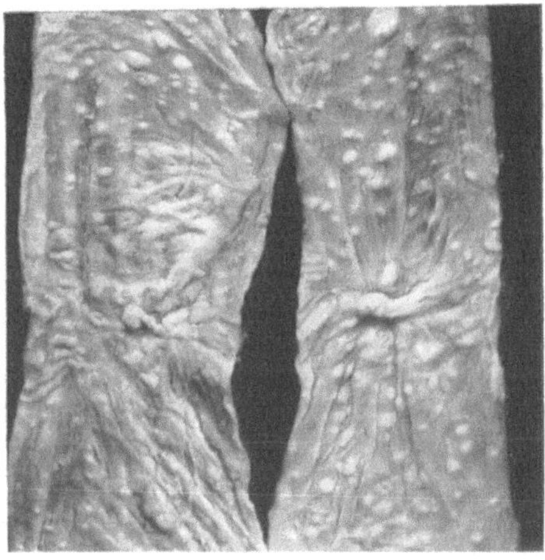

Abb. 9. Vorgeschrittene Abheilung von Geschwüren des Ileums mit Raffung der Darmwand im ehemaligen Geschwürsbereich; 313 Tage nach der Erstinfektion.

Reichte die geschwürige Zerstörung tiefer, so konnte man nach längerer Zeit eine Raffung der ehemaligen Geschwürsbezirke antreffen (s. Abb. 9). Derartige Abheilungsbilder waren jenseits des 104. Tages nach der Erstinfektion nicht selten vorhanden. Randständige polypöse Schleimhauthyperplasien waren dabei häufig. Bei tieferen und größeren, insbesondere bei zirkulären Geschwüren führten die Abheilungsvorgänge nicht selten zu stärkerer Schrumpfung der Wand; es traten nach innen gerichtete Falten oder auch Lichtungseinengungen über größere Strecken auf. Am stärksten waren derartige Folgezustände bei einem Kind, das 362 Tage vor dem Tode zum erstenmal den Impfstoff verabreicht erhalten hatte (lfd. Nr. 76, List. Nr. 179). Klinisch hatte das Kind in den letzten 7 Monaten seines Lebens das Bild eines chronischen intermittierenden Ileus geboten (s. S. 36). Bei der Leichenöffnung fanden sich lockere Verwachsungen zwischen einzelnen Darmschlingen, stärkere solche in der Ileozökalgegend. Nach Freipräparieren zeigt das unterste Ileum über eine Strecke von 2 cm eine plötzlich beginnende hochgradige Verengerung (s. Abb. 10); der Darm war hier nur bleistiftdick. Gleich oberhalb davon war das Ileum mannsarmstark erweitert, seine Wand um etwa das Fünffache verdickt. Das Colon ascendens verjüngt sich mit Annäherung an das Ileum trichterförmig. Von einem Blindsack ist nichts mehr vorhanden. Kolon im weiteren Verlauf kindsarmstark, seine Wand im unteren Teil um das Dreifache verdickt. Im Dünn- und Dickdarm dünnflüssiger bräunlicher Inhalt. Unteres Ileum zeigt vier nicht ganz zirkuläre stark geraffte Schleimhautnarben, die faltenartig in die Lichtung

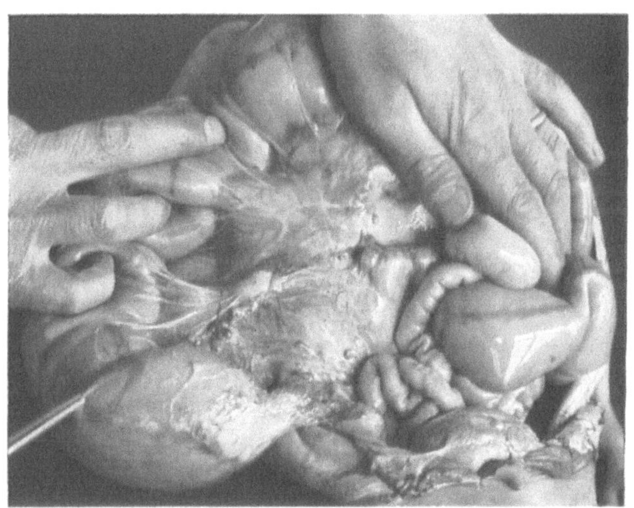

Abb. 10. Hochgradige Stenose des untersten Ileum durch vernarbtes tuberkulöses Geschwür. Starker mechanischer chronischer Ileus des vorgeschalteten Darmabschnittes (im Bild mit Pinzette gefaßt). Abgeheilte Tuberkulose des Bauchfells. 362 Tage nach der Erstinfektion.

vorspringen. Im Sigmoid eine faltenförmige, auch nicht zirkuläre narbige Erhebung. Direkt oberhalb davon Muskularishypertrophie am stärksten. Bis zur Milzknickung noch einmal zwei derartige Falten. Unterstes Ileum und Klappengegend stellen einen sondendünnen Gang mit derber, narbig umgewandelter Wandung dar. Hier fehlt jede Schleimhaut. Ileum und Kolonmündung dieses Ganges von zahlreichen Schleimhautpolypen kranzartig umrahmt (s. Abb. 11).

Dieser Fall zeigt, daß die Geschwürsabheilung im Dickdarm nicht anders als im Dünndarm vor sich geht. Nur können im Dickdarm auch die nicht zirkulären Geschwüre zu faltenartigen narbigen Erhebungen führen. Im vorliegenden Fall sind sie als Ursache für den vorhanden gewesenen Dickdarmileus anzuschuldigen. Nach dem gesamten Befund ist dieser Ileus allerdings nicht zu allen Zeiten gleichmäßig stark ausgeprägt gewesen, sondern anfallsweise aufgetreten. Die Verhältnisse liegen ähnlich wie bei der Hirschsprungschen Krankheit.

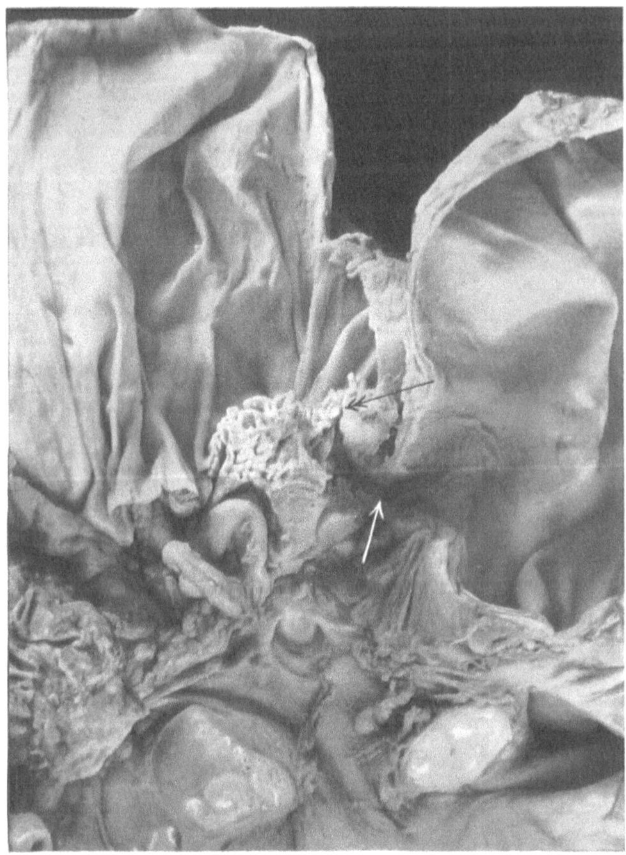

Abb. 11. Darm von Abb. 10 in geöffnetem Zustande. Rechts Ileum mit starker Wandhypertrophie; links Colon ascendens. Bei ↑ narbige Stenose, bei ⇑ polyröse Schleimhauthyperplasie als kranzartiger Abschluß des ehemaligen zirkulären Geschwürs.

Mit diesem Fall haben wir zugleich die wesentlichste Komplikation erwähnt, die sich aus der fortschreitenden Abheilung tiefreichender Darmgeschwüre ergeben kann: den Stenoseileus. Im ganzen lag das Bild des Ileus häufig vor. Es handelte sich aber zumeist um weniger chronisch verlaufene Formen, die zudem auch weniger auf eine Einmengung der Lichtung von innen, als vielmehr auf Verwachsungen, Verklebungen oder Entleerungsbehinderungen durch peritonitische Darmlähmungen zurückgingen.

Zusammenfassung.

Bei 71 von 72 verstorbenen Kindern lag eine Erkrankung des Darmlymphabflusses im Sinne des Primärkomplexes vor; allerdings beschränkte sich diese Lymphknotenerkrankung auf den Lymphabfluß des Dünndarmes. In seinem Bereich waren die Lymphknoten der Gekrösewurzel stets am stärksten, die der Gekröseperipherie durchweg weniger stark erkrankt; eine Ausnahme bildeten die ileozökalen Lymphknoten, die in 90% besonders befallen waren und einen von der übrigen mesenterischen Gruppe abgrenzbaren Strang bildeten. Die mesokolischen, d. h. alle Lymphknoten, die dem Darm jenseits der Bauhinischen Klappe regionär sind, waren, wenn überhaupt, dann nur in dem Sinne erkrankt, wie wir es bei postprimärer Quellgebietsinfektion sehen. Sie zeigten nur einzeln liegende oder auch konfluierende Tuberkel und käsige Herdchen, nie aber eine völlige diffuse Verkäsung und nie eine nennenswerte Vergrößerung.

Bei einem Kind bestand das Bild der postprimären Erkrankung auch im Dünndarm; es hatte, wie die anderen, den Impfstoff angeblich ebenfalls 3mal erhalten; ein Primärkomplex fand sich jedoch nur in der Lunge (hier an 3 Stellen) und im Schlund.

Die aortalen und pankreatiko-duodenalen Lymphknoten zeigten, sofern die Gekröselymphknoten total verkäst waren, regelmäßig auch ausgedehntere Verkäsungen. Sie scheinen, wofür auch zwei besonders gelegene Fälle mit Verkalkung sprechen, bei massiver Ingestionsinfektion dem Darm regionär zu sein. Der Truncus intestinalis und der Ductus thoracicus waren bis auf einen Fall, in dem sich kleine Intimatuberkel fanden, frei von Veränderungen; dagegen zeigten die Lymphgefäße des Mesenteriums sehr häufig, nicht selten auch seine Venen, Intimagranulome.

Abheilungserscheinungen waren in wechselndem Grade bei allen verstorbenen Kindern, d. h. also schon 44 Tage nach der Erstinfektion vorhanden. Am stärksten und frühesten fanden sie sich bei den Fällen, die eine geringe Gesamtausbreitung der Tuberkulose aufwiesen. Eine Verkalkung fand sich in Spuren schon 58 Tage nach der Erstinfektion, und zwar ebenfalls bei geringer allgemeiner Ausbreitung und einer allgemein vorhandenen Abheilungsneigung; unabhängig von der Gesamtausbreitung konnte Verkalkung von der 20. bis 21. Woche nach der Erstinfektion beobachtet werden. Eine Versteinerung verkäster Mesenterialdrüsen (wie auch anderer verkäster Lymphknoten) war erstmalig nach 237 Tagen zu finden.

Im Darm selbst waren bis auf einen Fall stets anatomische Veränderungen nachweisbar, in 2 Fällen jedoch nur histologisch, in den übrigen Fällen in Form von Geschwüren. Die Zahl der größeren Geschwüre im Dünndarm wechselte von Fall zu Fall und zwar zwischen 70 und 1. Der Dickdarm war in 40, der Mastdarm in 18, der Wurmfortsatz in 5 Fällen geschwürig erkrankt. Zu einer sicheren Unterscheidung zwischen primären und postprimären Geschwüren boten die Befunde im Dünndarm selbst keine genügende Handhabe. Abheilungserscheinungen in Form von narbiger Verziehung fanden sich frühestens 104 Tage nach der Erstinfektion. Die Möglichkeit einer spurlosen Abheilung tuberkulöser Darmveränderungen ist nicht abzulehnen. Bei offenbar tiefergreifenden Geschwüren blieben Schleimhautpolypen als Kennzeichen einer vorhanden gewesenen Geschwürsbildung zurück. Bei zirkulären Geschwüren wurde Lichtungseinengung, einmal höchstgradige Stenose mit chronischem Ileus beobachtet.

b) Klinische Erscheinungen von seiten des Darmes und seines Lymphabflußgebietes.

Es ist hinlänglich bekannt, daß zwischen den anatomischen Veränderungen und den klinischen Erscheinungen bei der Tuberkulose des Darmes vielfach ein klaffender Gegensatz besteht, ja ich mußte die Schilderung der Darmtuberkulose im Handbuch der Kinderheilkunde von Pfaundler und Schloßmann (III. Aufl., 1923) mit dem Bekenntnis beginnen: „Die Symptomatologie der Darmtuberkulose ist in zahlreichen Fällen so unscheinbar, daß die Erkrankung der Beobachtung völlig entgeht.“ Das gilt insbesondere von solchen Krankheitsfällen, bei denen außer dem Darm und den zugehörigen Drüsen noch andere Organe — gewöhnlich also die Lungen — von der Tuberkulose befallen sind, die bestehenden allgemeinen Krankheitserscheinungen also scheinbar bereits eine hinreichende Erklärung finden. „Immer wieder kommt es insbesondere bei Sektionsfällen von Lungentuberkulose vor, daß man durch das Vorhandensein einer zuweilen einmal gar nicht geringen Zahl von Darmgeschwüren überrascht wird. Genaueste klinische Beobachtung schützt nicht vor falscher Beurteilung. Denn es braucht keine Anomalie der Darmfunktion, keine Veränderung an den Fäzes vorzuliegen." Nicht viel besser liegen die Verhältnisse bei der primären Darmtuberkulose. Denn Allgemeinerscheinungen sind nur bei ausgedehnterer Erkrankung zu erwarten, und lokale Symptome können in gleicher Weise fehlen. Wir sehen nicht so selten Kinder, die an tuberkulöser Meningitis zugrunde gehen, ohne jemals auf den Darm oder das Abdomen hinweisende Erscheinungen gehabt zu haben, und finden bei der Sektion einen enteralen Primärkomplex (Beispiele bei af Klercker und Kleinschmidt). Und wir weisen durch das Röntgenbild verkalkte Mesenterialdrüsen bei Kindern nach, die ebenfalls nie über den Leib geklagt oder Störungen der Verdauungsvorgänge gehabt haben. Vor solchen Vorkommnissen kann uns auch eine Verfeinerung der Diagnostik, wie sie die Röntgenaufnahme nach Anlegung eines Pneumoperitoneums bringt, nicht bewahren. Wir wollen diese aber hier erwähnen, um zu zeigen, wie sich die Kliniker mit allen Mitteln um die Verbesserung der Diagnostik auf diesem Gebiete bemüht haben. Die Häufung der primären Darmtuberkulose durch den Weltkrieg und seine Folgen gab Anlaß zu besonders intensivem Studium der Erkrankung. Ich verweise auf die Monographie von Armando Frank mit einem Literaturverzeichnis von über 700 Nummern. Wir besaßen also eine weitgehende Kenntnis dessen, was wir nach einer Fütterungsinfektion im Bereich des Darmes und seiner Lymphabflußwege zu erwarten haben. Unter natürlichen Bedingungen kommt die primäre Darmtuberkulose jedoch nicht in so frühem Lebensalter vor, wie wir sie in Lübeck erleben mußten. Frank z. B. sah bei seinem Material von 112 Krankheitsfällen die 5 frühesten Erkrankungen mit 4, $4^1/_2$, 8, $8^1/_2$ und 9 Monaten, vereinzelt sind auch noch frühere Erkrankungen beobachtet worden (Zusammenstellung bei af Klercker), in Lübeck aber handelte es sich meist schon um Erkrankungen des ersten Vierteljahres. Außerdem zeigten die ersten Krankheitsfälle mit ihrem teilweise ganz ungewöhnlich schnellen Verlauf bis zum tödlichen Ende, daß sie einer Infektionsdosis erlegen waren, wie wir sie unter natürlichen Verhältnissen überhaupt nicht kennen. Später haben wir freilich aus den pathologisch-anatomischen Feststellungen entnehmen können, daß die Auswirkungen der Infektion in ihrer Schwere starkem Wechsel unterlegen waren, daß die Zahl der Darmgeschwüre von 1—70 schwankte und unter Umständen sogar nur histologisch nachweisbare Veränderungen vorlagen. Die Infektionsdosis war also offensichtlich starken Schwankungen unterworfen. Immerhin befinden sich unter den verstorbenen Kindern manche, bei denen die Schwere der Erkrankung das unter natürlichen Infektionsbedingungen Erlebte übertrifft.

In diesem Sinne spricht z. B. das relativ häufige Vorkommen der sonst seltenen starken Darmblutung (s. H. Koch). In 2 Fällen (Nr. 84, 105) mußte sogar vom Kliniker und Pathologen der Tod unmittelbar auf die Blutung zurückgeführt werden. Beide Male bestand eine ausgedehnte Dünndarmtuberkulose, es kam zu Gefäßarrosion und profuser unstillbarer Blutung, die bei schon bestehendem schweren Krankheitszustand innerhalb etwa 24 Stunden den Tod herbeiführte. Bei einem dritten schwerkranken Kinde (Nr. 60) erfolgte in moribundem Zustand eine Darmblutung, zwei weitere (Nr. 112, 117) hatten im Abstand von 2—3 Wochen mehrfach schwere Darmblutungen, die zu Kollaps und beträchtlicher Anämie führten und zweifellos das Ende beschleunigten. Das eine Mal wurde auch ein Hervorsickern von Blut aus einer Gaumenmandel beobachtet. Während in allen diesen Fällen das Blut durch die Verdauungssäfte unbeeinflußt mit hellroter Farbe, zum Teil in Klumpen entleert wurde, bot ein Kind (Nr. 108) das Symptom des Teerstuhls. Hier bestand eine allgemeine Blutungsneigung mit Nasenbluten, Blutspucken und Hautblutungen, die ebenfalls eine schwere Anämie zur Folge hatte. Einige Male sind auch geringfügige Blutungen notiert worden. Mehrere Kinder (Nr. 67, 93, 124, 128), die schon länger an Darmerscheinungen litten, bekamen in den letzten Lebenstagen blutigen Stuhl oder zeigten makroskopisch sichtbare Beimengung von Blut zum Stuhl, eins (Nr. 98) scheinbar im Zusammenhang mit der Perforation eines Dünndarmgeschwüres (Perforationsperitonitis mit starker Auftreibung und Schmerzempfindlichkeit des Bauches). Ein paarmal (Nr. 19, 99, 204) sind kleine Blutentleerungen bzw. Beimengungen auch bei überlebenden Kindern im Alter von 3—4 Monaten vorgekommen. Von differentialdiagnostischem Interesse ist ein letzter Fall (Nr. 163). Hier waren die blutigen Stühle und das Blutbrechen Folge einer zur Tuberkulose hinzutretenden Gastroenterokolitis, die bei dem jungen, 10 Wochen alten Kinde schnellen Verfall und Exitus bedingte.

Daß der Nachweis von okkultem Blut im Stuhl bei der Darmtuberkulose ziemlich oft gelingt, ist uns auch bei der unter natürlichen Infektionsbedingungen entstandenen Erkrankung eine geläufige Erscheinung und wurde in Lübeck nur bestätigt. Gelegentlich wurde okkultes Blut bei wiederholter Untersuchung mittels der Guajak- und Benzidinprobe vermißt, wo die Sektion bald darauf zahlreiche tuberkulöse Darmgeschwüre aufdeckte (Nr. 174, 72, 51, 63, 100, 112, 123, 128, 188). Es ist auch vorgekommen, daß die Proben 2 Tage vor einer makroskopisch sichtbaren Beimengung von Blut zum Stuhl negativ ausgefallen sind (Nr. 67). Die Läsionen des Darmes erfolgen also vielfach in so schonender Weise, daß Blutungen auch geringen Umfangs nicht eintreten, andererseits unter Umständen mit einer solchen Plötzlichkeit und Heftigkeit, daß sogar mit dem bloßen Auge Blutungen erkennbar werden. Diagnostischer Wert könnte darnach nur dem positiven Ausfall der Blutproben zugesprochen werden. Aber auch dieser erfährt starke Einschränkungen. Ist doch der Nachweis von okkultem Blut in den Fäzes gelegentlich geführt worden in Fällen, wo wie bei dem Kinde W. R. (Nr. 201) nur durch mühevolle Serienschnitte im Bereich der Hals- und Darmlymphknoten Tuberkulose festgestellt werden konnte oder wie bei dem Kinde T. P. (Nr. 249), wo kein Anhaltspunkt für eine Darmtuberkulose vorlag und auch späterhin keine verkalkten Mesenterialdrüsen im Röntgenbild gefunden wurden. Außerdem ist zu bedenken, daß das im Stuhl nachgewiesene Blut aus einem tuberkulösen Geschwür der Mandeln oder des Rachens stammen kann (z. B. Nr. 132, 209). Der Blutnachweis mit beiden oben erwähnten Proben, insbesondere aber mit der gewiß sehr scharfen Benzidinprobe ist im übrigen sogar bei einfachen Dyspepsien im Säuglingsalter öfters geführt worden. Fürstenau berichtet über 15 Säuglinge — meist jünger als ein halbes Jahr — teils Brust-, teils Flaschenkinder, die bei ganz leichten Darmstörungen ohne irgend bedrohliche Erscheinungen in ihren dyspeptischen Stühlen positive Blutreaktion zeigten. Ich habe neuerdings entsprechende Untersuchungen an meiner Klinik noch einmal systematisch vornehmen lassen und kann darnach nur zustimmend erklären, daß gar nicht selten bei schwereren und leichteren Darmstörungen jüngerer Säuglinge insbesondere die Benzidinreaktion positiv ausfällt. Eine differentialdiagnostische Bedeutung kommt also diesem Befunde gerade in dem Lebensalter, in das die Lübecker Erkrankungen fallen, nicht zu.

Die Vermutung, daß es bei den schweren Erkrankungen, die hier vorlagen, zur Ausscheidung des Krankheitserregers mit den Fäzes in erheblichen Mengen kommen müßte, hat sich durch die bakterioskopische Untersuchung nicht bestätigt. Hierüber haben bereits Tiedemann und Hübener berichtet. Sie untersuchten Stühle von 145 Lübecker Säuglingen mittels des allgemein üblichen Antiforminverfahrens und hatten nur bei 21 Säuglingen positive Ergebnisse im Ausstrichpräparat. Wählen wir nur einwandfrei zu beurteilende Krankheitsfälle aus, also solche, die nach einiger Zeit zur Sektion kamen, so entnehme ich den Krankengeschichten, daß von 33 Fällen mit Darmtuberkulose nur 13, also etwas mehr als $^1/_3$, Tuberkelbazillen in den Fäzes erkennen ließen. Tiedemann und Hübener sehen den Grund für die geringe Ausbeute an Tuberkelbazillen in der Verwendung zu kleiner Stuhlmengen. Wenn jedoch tatsächlich Tuberkelbazillen in großer Zahl ausgeschieden worden wären, so hätte das verwandte Untersuchungsmaterial wohl genügen müssen. Vereinzelte Tuberkelbazillen in einem Ausstrichpräparat zu finden, bereitet aber, wie wir wissen, die größten Schwierigkeiten. Auch bei den unter natürlichen Verhältnissen zur Beobachtung gelangenden Darmtuberkulosen kennen wir das häufige negative Ergebnis des mikroskopischen Präparates. So berichtet Frank, daß ihm in der Mehrzahl der Fälle trotz eifrigen Suchens der Nachweis von Tuberkelbazillen im Ausstrich mißlang, während der allerdings nur vereinzelt angestellte Tierversuch doch noch das Vorhandensein von Tuberkelbazillen bewies. Vergleichsuntersuchungen größeren Umfanges veröffentlichte kürzlich Baumann. Wenngleich es sich hier um Tuberkelbazillenausscheidung mit dem Fäzes bei Kindern mit Lungentuberkulose handelt, sind diese doch als willkommene Bestätigung der Frankschen Befunde aufzufassen.

Wir entnehmen aus den in Lübeck angestellten Untersuchungen, daß die wiederholte Antiforminbehandlung der Fäzes und langes Suchen nach dem Krankheitserreger selbst in schweren Fällen von Darmtuberkulose vergeblich sein kann, daß andererseits jedoch der positive Befund auch beim jungen Säugling noch nicht zu einer schlechten Prognose berechtigt. 7 Kinder mit positivem oder wenigstens sehr verdächtigem Untersuchungsergebnis (Nr. 1, 61, 80, 89, 102, 109, 134) hatten teils schwere, teils aber auch leichtere und leichte Erkrankungen, die gut überstanden wurden. Bei ihnen allen waren Anhaltspunkte für einen enteralen Primärkomplex gegeben, ein Teil hatte gleichzeitig einen oralen oder Mittelohrprimärkomplex. Selbstverständlich können aber auch Tuberkelbazillen in den Fäzes gefunden werden in Fällen, wo gar keine Darmbeteiligung vorliegt. Es ist an verschlucktes Material aus dem Munde oder Rachen, auch an nicht expektoriertes Sputum aus der Lunge zu denken.

Zu ihrem Nachweis bedient man sich in neuerer Zeit mit besonderem Vorteil der Magenspülwasseruntersuchung. Fälle mit frischer schwerer Darmtuberkulose sind dieser Untersuchungsmethode nicht unterworfen worden. Es wäre das für die Beurteilung der enterogenen Entstehung postprimärer Ulzerationen im Magen von Bedeutung gewesen. Wir können nur von einem positiven Ergebnis bei einem scheinbar leichten Fall von Darmtuberkulose (kenntlich an später verkalkten Mesenterialdrüsen) (Nr. 232) berichten. Der Stamm war aber avirulent (Tiedemann und Hübener) und nach den Untersuchungen von Lange und Pescatore ein BCG.-Stamm. Alle anderen positiven Fälle hatten einen sicheren oralen Primärkomplex. Die intrakanalikuläre Mageninfektion mit Tuberkelbazillen vom Darme aus muß gleichwohl in Analogie zur Koliinfektion des Magens beim Säugling als durchaus möglich angesprochen werden.

Wenngleich es für den Kenner der Darmtuberkulose selbstverständlich war — ich verweise nochmals auf meine Ausführungen im Handbuch der Kinderheilkunde (3. Auflage) —, daß Durchfälle fehlen konnten, so hat doch die Tatsache überrascht, daß bei diesen schweren Erkrankungen im frühen Säuglingsalter, in dem wir mit einer besonderen Darmlabilität zu rechnen haben, das Symptom des Durchfalls nicht häufiger und schwerer aufgetreten ist. Entsprechende Angaben liegen aber auch aus dem Säuglingsalter bereits vor (Feilendorf, H. Koch). Profuse Durchfälle, wässerige Stühle sind gewiß vorgekommen, aber gewöhnlich nur beim Zusammenbruch des ganzen Organismus in den letzten Tagen vor dem Ende (z. B. Nr. 34, 30, 48, 78, 111, 128, 188), wie wir es auch bei anderen Krankheiten kennen (z. B. Nr. 201). Demgemäß spielte auch unter den Fehldiagnosen, die anfänglich vor Aufdeckung des Unglücks gestellt wurden, keineswegs etwa die Verwechslung mit den gewöhnlichen Durchfallerkrankungen der Säuglinge eine besondere Rolle. Das am frühesten gestorbene Kind (Nr. 64) ist offenbar zufällig an einem akuten Brechdurchfall nach dreitägigem Kranksein zugrunde gegangen. Es starb schon mit 35 Tagen und wurde nicht seziert. Die in der Folge zur Beobachtung gelangenden Kinder litten viel mehr an Appetitlosigkeit und Erbrechen als gerade an Durchfall, und zwar war es dabei ganz gleichgültig, ob die Kinder gestillt wurden oder künstliche Nahrung erhielten. Nachträglich ist allerdings sehr viel von Durchfällen gesprochen worden, insbesondere wurden die uns bei vielen Brustkindern unter physiologischen Verhältnissen, besonders aber bei exsudativen und neuropathischen Kindern geläufigen grünen, zerhackten, dünnen und gehäuften Stühle in den ersten Lebenswochen als Durchfall bezeichnet. Und auch im übrigen wurde, was verständlich ist, nach Bekanntgabe des Vorkommnisses jede Stuhlentleerung mit sorgenvollen, kritischen Augen betrachtet. Wo wirklich Durchfälle bestanden, die wir mit der Tuberkuloseinfektion in Zusammenhang zu bringen Anlaß haben, entsprachen diese etwa denjenigen, wie wir sie so häufig bei parenteralen Infekten sehen. Es gab eine ganze Reihe von Kindern, die mit 5 oder 8 oder 11 Wochen gehäufte, zum Teil zerfahrene oder dünne Stühle bekamen, oft mit Meteorismus, Blässe, auch wohl mit Druckempfindlichkeit des Bauches und Erbrechen verbunden. Zu gleicher Zeit erhob sich die Kurve zu subfebrilen oder febrilen Werten und das Gedeihen blieb mehr oder weniger beeinträchtigt. Nach einigen Wochen klangen die Krankheitserscheinungen dann wieder ab (21, 69, 132, 80, 195, 185, 181, 207, 200, 180, 211, 204, 216, 226, 115). Bemerkenswerterweise stellten sich des öfteren entsprechende Krankheitserscheinungen auch bei Kindern ein, bei denen kein Anhaltspunkt für einen enteralen Primärinfekt bestand. Das Fehlen desselben ist allerdings nur vereinzelt durch die Sektion erwiesen. Das Kind W. Sch. (Nr. 5) hatte bei primärer Schlundkopf- und Lungentuberkulose nur ein postprimäres Geschwür im unteren Ileum mit partieller Verkäsung eines mesenterialen Lymphknotens. Das Kind H. D. (Nr. 147) hatte nach ausgedehnten histologischen Untersuchungen überhaupt nur höchst unbedeutende tuberkulöse Veränderungen, nämlich miliare zentral verkalkte, fibrös umkapselte käsige Herde der Lymphknoten der Gekrösewurzel, sowie einen solitären miliaren Herd in einer Halslymphdrüse. Im ersten Falle gab es bei Muttermilchernährung von der 9. Woche an gehäufte grüne Stühle (Tod an Meningitis mit 18 Wochen), im zweiten Falle bei künstlicher

Ernährung in der 9.—10. Lebenswoche, in der 16. und 36. Lebenswoche Durchfälle zum Teil mit Meteorismus und Fieber. Ein drittes Kind W. R. (Nr. 201), das eine überaus geringfügige, von Schürmann (s. S. 34/35 u. 80) näher beschriebene bakteriologisch nur B. C. G. zeigende Tuberkulose von Gekröselymphdrüsen und eine lediglich histologisch nachweisbare Erkrankung einzelner Halslymphdrüsen aufwies, litt ebenfalls an Durchfällen bei Muttermilchernährung, war sehr unruhig, hatte mit 6 Wochen einen stark aufgetriebenen Leib, Milzschwellung, mit 9 Wochen stellte sich Erbrechen, Husten, Fieber ein, kurz die Analogie zu anderen Tuberkulosefällen erschien so eindeutig, daß nicht nur Darmtuberkulose diagnostiziert, sondern auch eine zweifelhafte Prognose gestellt wurde. Es handelte sich um ein Kind mit Gesichts- und Kopfekzem, das später an Kopfphlegmone starb. Bei vielen Fällen ähnlicher Art können wir uns nur darauf berufen, daß in späterer Zeit keine Mesenterialdrüsenverkalkungen durch das Röntgenbild nachweisbar wurden (z. B. Nr. 114, 36, 160, 203), eine tuberkulöse Darmerkrankung irgend größeren Umfanges also wenig Wahrscheinlichkeit für sich hat. Unsere Beobachtungen decken sich mit denjenigen Viethens, der bei Säuglingen mit pulmonalem Primärinfekt des öfteren Durchfälle, auch periodisch mit längeren Zwischenpausen sah, und zwar unabhängig von der Schwere der Erkrankung. Es ist offenbar nicht so sehr die Lokalisation der Tuberkulose im Darm von maßgebender Bedeutung, sondern die Infektion als solche. Wir sehen hierin erneut die Berechtigung, den Einfluß der Tuberkulose auf die Darmfunktion demjenigen anderer Infekte im Säuglingsalter an die Seite zu stellen.

Epstein fand in etwa der Hälfte der Fälle, in denen er die Entwicklung der Tuberkulinempfindlichkeit nach stattgehabter Tuberkuloseinfektion verfolgen konnte, zur Zeit des Auftretens der nachweisbaren Reaktionsfähigkeit Zeichen einer Ernährungsstörung in Form von durchfälligen Erscheinungen. Handelte es sich hier um Fälle mit pulmonalem Primärinfekt, so durfte man dergleichen erst recht bei enteralem Primärinfekt erwarten. In Lübeck konnten aus naheliegenden Gründen nicht gerade zahlreiche Kinder in dieser Hinsicht genau beobachtet werden. Wo das aber möglich war (Nr. 1, 22, 35, 78, 87, 191, 209, 226, 244, 247), geben die Krankengeschichten keinen Anhaltspunkt für solche Begleiterscheinungen der allergischen Umstimmung. Ein paarmal (Nr. 84, 131, 211) waren allerdings um die Zeit der ersten positiven Tuberkulinprobe gehäufte und schleimige Stühle vorhanden, doch bestanden hier gleichzeitig bereits deutliche Krankheitserscheinungen und Fieber, so daß diese Fälle sich eigentlich nicht grundsätzlich von denjenigen unterscheiden, die wir bereits oben erwähnt haben.

Wenn Durchfälle vorhanden waren, so begleiteten sie nur selten die allgemeinen Krankheitserscheinungen während ihrer ganzen Dauer (z. B. Nr. 181), gewöhnlich waren sie vielmehr nur zeitweise vorhanden, auch Wechsel zwischen grünem schleimigem, zerfahrenem Stuhl und hartem Stuhl bzw. Verstopfung kam vor (z. B. 174, 67, 214, 251). Prognostische Schlüsse aus der Beschaffenheit des Stuhles zu ziehen, mußte nach Lage der Dinge abgelehnt werden. Auch Kinder, bei denen der Stuhl längere Zeit zu wünschen übrig ließ (z. B. Nr. 131), sind genesen, umgekehrt sind nicht wenige mit normalen Stühlen zugrunde gegangen. Daß Durchfälle bei der Darmtuberkulose auch einmal die Folge einer akzidentellen Enterokolitis sein können, sei nur der Vollständigkeit halber hervorgehoben. Diesbezügliche Sektionsbefunde (Nr. 26, 163) zeigen, daß mit einer solchen

Möglichkeit mehr zu rechnen ist, als es verständlicherweise geschieht, wenn man ganz auf die Tuberkuloseerkrankung eingestellt ist.

Als charakteristische Komplikation der Darmtuberkulose ist die Perforationsperitonitis bekannt. Die Perforationen durch ein tuberkulöses Ulcus machen erfahrungsgemäß kaum je so bedrohliche Erscheinungen wie andere Perforationen, es kommt daher öfters vor, daß sie erst auf dem Sektionstisch entdeckt werden (Beispiele bei Frank). Das ist auch in Lübeck geschehen. Man beobachtet im allgemeinen eben nur eine mehr oder weniger plötzliche Verschlechterung eines ohnehin schweren Krankheitszustandes: stärkere, ja hochgradige Auftreibung des Leibes, diffuse Spannung, starke Schmerzempfindlichkeit, explosionsartiges, vielfach galliges Erbrechen. Die eintretende Dyspnöe läßt auch wohl den Verdacht einer Bronchopneumonie aufkommen, die sich allerdings noch hinzugesellen kann. Ganz analog sind die Erscheinungen der eitrig-fibrinösen Durchwanderungsperitonitis. Unter extremer Auftreibung des Leibes tritt schneller Verfall, zuweilen mit Untertemperatur ein. Ist eine ausgedehnte Verklebung der Darmschlingen durch peritonitische Prozesse spezifischer Art eingetreten, so ist nur mehr die Gelegenheit zu umschriebenen Abszessen gegeben. Die Situation ist dann wesentlich günstiger. Das typische sich in solchen Fällen entwickelnde Bild der Inflammation periombilicale (Vallin) mit Durchbruch des Eiters durch den Nabel und günstigem Ausgang ist in Lübeck nur bei einem Kinde (Nr. 131) beobachtet worden. Da weder vorher noch nachher Tumoren im Leibe zu tasten waren, darf man annehmen, daß der Abszeß nur sehr klein war.

Eine tuberkulöse Peritonitis in der exsudativen Form gehört im Säuglingsalter zu den größten Seltenheiten (s. af Klercker). Sie ist auch in Lübeck nur vereinzelt vorgekommen. Bei der Fülle der Krankheitsfälle, die hier zur Beobachtung gelangten, erscheint das immerhin bemerkenswert. Offenbar gibt es in dieser Hinsicht ein Altersdisposition, die auch für die Pleuritis exsudativa tuberculosa Geltung besitzt. Bei dem Kinde I. Sch. (Nr. 117) wurde einige Tage vor dem Tode, nachdem der Leib schon längere Zeit aufgetrieben war, Aszites festgestellt, der sich bei der Sektion als aus Durchwanderung infiziert erwies. Ähnlich lag ein zweiter Fall (Nr. 118). Im ersten Fall bestanden Hautödeme, im zweiten geringfügiger Hydrothorax und Hydroperikard.

Die adhäsive Form der tuberkulösen Peritonitis wurde im Gegensatz zur exsudativen Form sehr häufig angetroffen. Wiederholt riefen Fibrinauflagerungen das Symptom des Schneeballknirschens hervor (Nr. 1, 61, 80 131, 234), gewöhnlich aber bestand als einziger Hinweis ein mehr oder weniger starker Meteorismus (Nr. 85, 111). In mehreren Fällen nahm der Bauch ganz exzessiven Umfang an, 45 oder 47 cm bei einem Brustumfang von 35 cm (Nr. 7, 129). Es ist verständlich, daß bei frühzeitiger Entwicklung dieses Bildes vor Kenntnis des Zusammenhanges mit dem Schutzfütterungsversuch alle möglichen Erwägungen angestellt wurden, z. B. daß ein Megacolon congenitum vorliegen könne oder ein Ileus auf Grund eines angeborenen Tumors oder sonstiger Mißbildung. Tatsächlich handelte es sich in diesen und ähnlichen Fällen um einen subakuten oder subchronischen Adhäsionsileus, seltener Kompressionsileus. Alles was wir sonst noch bei diesem Krankheitsbild kennen, wurde bald hier, bald dort beobachtet, Spannung und Empfindlichkeit des Abdomens, starke Venenzeichnung, vor allem Erbrechen, eventuell schließlich galliger Massen, Koliken, Unruhe. Das klassische Symptom des Ileus, die sichtbare Darmsteifung blieb dagegen, wie es scheint, beschränkt auf Fälle von Kompressions- und

Obturationsileus. So fanden sich bei dem Kinde S. P. (Nr. 73), das vielfach anfallsweise aufschrie und neben starkem Meteorismus Darmsteifung zeigte, die Dünndarmschlingen an einem Drüsentumor von Faustgröße an der Radix mesenterii verbacken. Bei dem Kinde T. (Nr. 179) waren ebenfalls nicht die lockeren Verwachsungen zwischen den Darmschlingen, besonders in der Ileozökalgegend das Wesentliche, sondern die von Schürmann näher (s. S. 51/52) beschriebenen ringförmigen Strikturen, die zu einer hochgradigen Verengerung des Darmlumens geführt hatten. Dieses Kind erreichte ein Alter von 364 Tagen, war also lange in klinischer Beobachtung. Es zeigte außer einer linksseitig geschwollenen Kieferwinkeldrüse keinerlei sonstige Tuberkulosemanifestationen und bot lediglich das Bild eines intermittierenden chronischen Ileus. Zeitweise war der Leib wenig aufgetrieben, weich und gut durchtastbar ohne irgendwelche Resistenzen, auch ohne tastbare Milz, immer wieder aber kam es zu starkem Meteorismus, Erbrechen, Schmerzanfällen mit sichtbarer Darmsteifung und Gurren, dabei bestand stets normale Stuhlentleerung. Ähnliche, wenn auch nicht so schwere Ileussymptome sind auch als vorübergehende Erscheinungen bei überlebenden Kindern vorgekommen. Wenn nur von Koliken mit langdauernder Unruhe und Erbrechen berichtet wird (Nr. 107, 169), muß man allerdings in seinem Urteil zurückhaltend sein, bei dem Kinde A. (Nr. 75) aber fand sich lange Zeit ein aufgetriebener Leib, zeitweise Aufschreien mit Kollern im Leib, und das Symptom der Darmsteifung wurde wiederholt ärztlich beobachtet. Diese Erscheinungen verschwanden dann aber merkwürdigerweise bald wieder. Das Kind hatte in der Folge niemals Stuhlanomalien, der Leib nahm wieder normalen Umfang an, die Entwicklung des Kindes wurde nicht beeinträchtigt, und nur die spätere Röntgenuntersuchung deckte Kalkschatten von Gekröselymphdrüsen auf.

Fühlbare Tumoren bei Darmtuberkulose sind gewöhnlich nicht etwa vergrößerte Mesenterialdrüsen. Wir fühlten diese bisher nur bei hochgradig abgemagerten, benommenen Kindern (mit Meningitis tuberculosa), in der Narkose oder nach eingetretener Verkalkung (Röntgenbild). Gewöhnlich handelt es sich vielmehr um Konglomerattumoren, wie sie sich bei adhäsiver Peritonitis in mehr oder weniger großem Umfange entwickeln können. Trotz der bei den Sektionen so häufig festgestellten adhäsiven Peritonitis waren jedoch fühlbare Resistenzen und Tumoren bei den Lübecker Säuglingen selten. Wenn ich zunächst von den autoptisch kontrollierten Fällen berichten soll, so wurde z. B. bei dem Kinde H. W. (Nr. 214) einen Monat vor dem Tode in der rechten Unterbauchgegend bei tiefer Palpation eine kleinkirschgroße knollige Resistenz getastet, bei der Sektion eine starke Vergrößerung der miteinander verbackenen Lymphknoten des Ileozökalstranges sowie strangförmige Verwachsungen zwischen Zökum und vorderer Bauchwand gefunden. Analoge Verhältnisse lagen bei den Kindern Nr. 71, 116 und 117 vor. Daß diese Tumoren nicht zu jeder Zeit tastbar sind, entspricht der allgemeinen Erfahrung und ist vor allem durch die wechselnde Gasfüllung des Darmes leicht zu verstehen. Ähnliche Befunde sind nun auch bei einer Reihe von überlebenden Kindern erhoben worden, z. B. bei dem Kinde Nr. 25, 33 und 193 von der 11., 12. bzw. 13. bis 29. bzw. 38. Woche. Bei diesen Kindern wurden nach Rückbildung des Palpationsbefundes röntgenologisch verkalkte Mesenterialdrüsen nachgewiesen. Die Lokalisation des Tumors war entsprechend dem oben geschilderten Palpationsbefund immer in der Ileozökalgegend oder etwas höher neben dem Nabel. Nur in einem Falle war der Tumor wechselnd bald rechts bald links vom Nabel tastbar (Nr. 193). Bei dem Kinde Nr. 109 wurde nur einmal ein entsprechender Tumor rechts vom Nabel gefühlt, bei dem Kinde Nr. 103 eine Resistenz in der rechten Unterbauchgegend.

Die Beteiligung der duodenalen und portalen Lymphdrüsen kann bei starker Vergrößerung, zumal wenn sie miteinander verbacken sind, durch Kompression des Ductus choledochus zu *Ikterus* führen. Die Erkrankung dieser Drüsen kann sowohl eine Folge der Primärinfektion im mittleren wie im unteren Verdauungstraktus sein, ist aber auch bei primärer Lungentuberkulose im Säuglingsalter beschrieben (*Haßmann*). Dreimal wurde bei Lübecker Säuglingen Ikterus beobachtet (Nr. 7, 73, 125), doch wurde nur bei einem Kinde der pathogenetische Zusammenhang im oben genannten Sinne durch die Sektion klargestellt (Nr. 125, s. auch S. 172, 177).

Die eingangs erwähnte Erfahrung, daß tuberkulöse Darminfektionen nicht selten *völlig unbemerkt* bleiben, hat auch in Lübeck ihre Bestätigung gefunden. Es gab eine ganze Reihe von Kindern, bei denen während der ganzen ersten Lebenszeit *nichts* auf das Abdomen hinwies, nachträglich aber mehr oder weniger ausgedehnte Verkalkungen der Mesenterialdrüsen durch das Röntgenbild aufgedeckt wurden (z. B. Nr. 2, 44, 45, 49, 69, 70, 74, 79, 106, 127, 162, 170, 173, 177, 208, 171, 102, 24, 135), und in vielen anderen Fällen waren die Darmsymptome sehr unbedeutend und uncharakteristisch. Sie wären ohne Kenntnis der Infektionsgelegenheit und ohne systematische Anwendung der Tuberkulinprüfung sicherlich nicht auf Darmtuberkulose bezogen worden.

Nachdem man in Lübeck über den Tag der Infektion genau Auskunft geben konnte, waren ähnlich wie für den Pathologen auch für den Kliniker Studien über den *frühesten Zeitpunkt nachweisbarer Drüsenverkalkung möglich*. Die ersten verdächtigen Schatten fanden sich bei dem älteren Bruder eines als Neugeborenen gefütterten Säuglings (Nr. 181) der — bereits 2 Jahre alt — etwas von dem Schutzmittel abbekam. $1^{1}/_{4}$ Jahr nach der Infektion waren die diesbezüglichen Veränderungen im Röntgenbild noch zweifelhaft, 4 Monate später waren sie deutlich und einwandfrei. 1 Jahr 8 Monate nach der Infektion war ein positiver Röntgenbefund bei 2 Kindern vorhanden (Nr. 109, 131). Die meisten Kinder wurden jedoch erst später geröntgt, so daß keineswegs behauptet werden kann, daß etwa um diese Zeit mit einiger Regelmäßigkeit bereits Kalkflecke auf dem Film erwartet werden dürfen. In einem Falle (Nr. 21) kann mit Sicherheit gesagt werden, daß 1 Jahr 4 Monate nach der Infektion der Befund noch negativ war. Positive Ergebnisse zeitigte die Röntgenuntersuchung in großem Umfange, als die Kinder $2^{1}/_{4}$ bis $2^{1}/_{2}$ Jahre alt waren. Mit Rücksicht auf das auf diesem Gebiete bisher vorgebrachte Material muß man den genannten Zeitpunkt als *früh* ansprechen. *Langer* erklärt, daß man nach *pulmonalen* Säuglingsinfektionen im allgemeinen die frühesten darstellbaren Verkalkungen im 4. Lebensjahre findet. Immerhin bringt er einige Beispiele von Verkalkungen bei Kindern mit $2^{1}/_{2}$ Jahren, und es ist zu bedenken, daß die große Mehrzahl der von ihm vorgenommenen Röntgenuntersuchungen erst in einem längeren Abstand von der Infektion erfolgte. Auch kann ich aus eigenem Beobachtungsmaterial eine Reihe von Verkalkungsbildern bei Kindern zwischen $2^{1}/_{2}$ und $3^{1}/_{2}$ Jahren beibringen, und hier war die Infektion sicherlich nicht immer gerade in den allerersten Lebenswochen erfolgt. Partielle Verkalkungen von Bronchialdrüsen habe ich röntgenologisch und anatomisch zweimal bereits mit 1 Jahr 7 Monaten gesehen, einmal röntgenologisch mit 1 Jahr

4 Monaten, und unter den Lübecker Kindern befindet sich sogar eins (Nr. 11), das schon mit 1 Jahr 2 Monaten die ersten Verkalkungserscheinungen auf dem Film erkennen ließ. Mehrere andere (Nr. 2, 18, 177, 183, 195) habe ich in dem Kapitel über die klinischen Erscheinungen der primären Lungentuberkulose erwähnt, die mit $1^3/_4$—$2^1/_4$ Jahren den Primärinfekt bzw. die zugehörigen Drüsen als Kalkschatten im Röntgenbild erkennen ließen. Es bestehen also in dieser Hinsicht offensichtlich keine Unterschiede zwischen dem pulmonalen und enteralen Primärkomplex, und man kann insgesamt wohl sagen, daß Verkalkungen im Röntgenbild im allgemeinen frühestens $1^1/_2$—$1^3/_4$ Jahre nach der Infektion genügend sicher darstellbar werden, $2^1/_2$ Jahre nach der Infektion aber bereits mit großer Regelmäßigkeit zu erwarten sind.

Allgemein bekannt ist aber, daß Verkalkungen bei einer großen Zahl sicher tuberkuloseinfizierter Kinder dauernd im Röntgenbild vermißt werden. Es ist das ohne weiteres verständlich, wenn man bedenkt, wie viele Kinder höchst unscheinbare Primärkomplexe davontragen, und wie häufig auch größere Kalkherde infolge ihrer Lokalisation durch anderweitige Schattengebilde verdeckt werden. Das gilt allerdings viel mehr für Thoraxbilder mit dem großen Herzgefäßschatten als für Abdominalaufnahmen. Bei den Röntgenbildern des Bauches bildet die Schwierigkeit der Aufnahmetechnik eine weit größere Fehlerquelle. Insbesondere bei sehr unruhigen Kindern erhält man nicht selten unscharfe Bilder. Demgemäß ist es in einer größeren Zahl von Fällen vorgekommen, daß erst bei einer mehrere Monate später wiederholten Aufnahme die Verkalkungen der mesenterialen Lymphdrüsen zutage traten, als die Aufnahme in einwandfreier Weise gelang. Manchesmal war dann nachträglich festzustellen, daß auch auf der ersten, verwaschenen Aufnahme an entsprechender Stelle Veränderungen vorhanden waren, andere Male waren diese Veränderungen bereits als verdächtig auf Verkalkungen angesprochen worden. Immerhin sind einige Ausnahmen von der obengenannten Regel beobachtet worden (Nr. 122, 142, 162, 202, 221, 235), wo das technisch scheinbar einwandfreie Röntgenbild des Bauches mit $2^1/_4$—$2^1/_2$ Jahren völlig negativ oder zum mindesten höchst zweifelhaft ausfiel, mit 3 Jahren aber ein sicherer Befund erhoben wurde. Das gleiche gilt von einem Kinde (Nr. 251), das erst mit $3^1/_2$ Jahren erneut geröntgt wurde. Regelmäßig allerdings handelte es sich hier um Verkalkungen von überaus geringfügiger Ausdehnung. Besondere Aufmerksamkeit habe ich der Frage zugewandt, wieweit eine Zunahme der Verkalkung im Laufe des Zeitraumes von rund $^3/_4$ Jahren (Alter der Kinder $2^1/_4$—3 Jahre) zu beobachten war. Auch hier stehen natürlich wieder Unterschiede in der Qualität der Aufnahme hindernd im Wege. Schwer vergleichbar sind in dieser Hinsicht auch Dorsoventral- und Frontalaufnahmen. Bei späterer frontaler Aufnahme hatte man des öfteren den Eindruck vermehrter Kalkschatten. Sehen wir hiervon ab, so bleiben nur ganz wenige Beobachtungen, die für eine Zunahme der Verkalkung sprechen (Nr. 1, 88, 185, 233), und diese waren sicherlich nur gering. Die große Mehrzahl der mit 3—$3^1/_4$ Jahren erneut geröntgten Kinder zeigte in eindeutiger Weise das gleiche Verkalkungsbild wie $^3/_4$ Jahre vorher.

Zusammenfassend ist also zu sagen, daß rund 3 Jahre nach der Infektion nicht nur ein definitives Urteil über das Auftreten von Verkalkungen durch das Röntgenbild ermöglicht wird, sondern daß um diese Zeit bereits der Verkalkungsprozeß zu einem weitgehenden Abschluß gelangt ist.

Außer der Verkalkung der Gekröselymphdrüsen mußte auch mit Folgeerscheinungen am Darm selbst gerechnet werden. Wie Schürmann näher (s. S. 51) beschrieben hat, wurde bei der Vernarbung größerer Geschwüre eine Lichtungseinengung und durch Raffung des Defektbezirkes eine nach innen gerichtete Faltenbildung der Darmschleimhaut beobachtet (s. Abb. 9). Auch war gelegentlich am Rande des Defektbezirkes eine vermehrte Schleimhautwucherung (Polypenbildung) festzustellen. Dazu kommen noch die Restzustände peritonitischer Veränderungen. Wir wurden vor die schwierige Frage gestellt, wieweit Darmstörungen, die sich in späterer Zeit, d. h. mit 1—3 Jahren, bei einer Reihe von Kindern zeigten, mit solchen Veränderungen in Zusammenhang gebracht werden können oder müssen. Symptome eines chronischen Ileus, die wir auch unter natürlichen Infektionsbedingungen im Anschluß an eine Darmtuberkulose auftreten sehen und die ihre Erklärung ja ohne weiteres in den oben geschilderten anatomischen Veränderungen finden, wurden bei keinem einzigen der überlebenden Kinder in dieser Zeit beobachtet. Es handelte sich vielmehr um Leibschmerzen und Stuhlanomalien der verschiedensten Art, wie wir sie auch sonst in diesem Lebensalter vielfach zu sehen gewohnt sind. Bei der Häufigkeit solcher Störungen auf nicht tuberkulöser Basis erwies sich eine kritische Einstellung als sehr notwendig. Sie wurde gefordert durch die Tatsache, daß ein Parallelismus zwischen dem objektiven Merkmal der Gekröselymphdrüsenverkalkung im Röntgenbild und den subjektiven und objektiven Darmstörungen nicht festzustellen war. Eine ganze Reihe von Kindern (Nr. 114, 137, 164, 186, 198, 225, 242), die mit $2^1/_2$ und 3 Jahren ein völlig negatives Röntgenbild darboten, hatte durchaus ähnliche Darmstörungen wie solche mit womöglich erheblichen Kalkschatten. Der Einwand, daß die Ausheilung in diesen Fällen aus irgendwelchen Gründen eine besondere Verzögerung erfahren hat, so daß eben um diese Zeit die Verkalkung als objektives Merkmal der Erkrankung noch nicht im Röntgenbilde sichtbar sein konnte, ist nach einer größeren Zahl von Kontrollaufnahmen mit 4 Jahren nicht gut möglich. Etwas Derartiges ist auch, wenn man das Gesamtmaterial betrachtet, bei den sich gut entwickelnden Kindern, die des öfteren durch Überstehen von Infektionskrankheiten wie Masern und Keuchhusten bereits eine gute Abwehrkraft an den Tag gelegt hatten, von vorneherein unwahrscheinlich. Sind aber die tuberkulösen Veränderungen so gering gewesen, daß sie nicht zur sichtbaren Verkalkung führten, so dürfte auch kaum mit klinischen Folgeerscheinungen zu rechnen sein. Wissen wir doch, daß sogar in Fällen, bei denen schwerste Veränderungen durch das Röntgenbild kenntlich werden, jedes klinische Symptom völlig ausbleiben kann (s. oben und Nr. 4, 8, 28, 61, 94, 195). Sollte sich hier der Prozeß ausschließlich auf die Drüsen beschränkt haben, Darm und Peritoneum aber sozusagen unbeteiligt sein? Nein, es muß angenommen werden, daß in diesen Fällen auch Darm und Peritoneum keine Folgeerscheinungen zurückgelassen haben, die für das Kind von Bedeutung sind.

Wenn ich nun im einzelnen auf die beobachteten Störungen eingehe, so erwiesen sich die ausschließlich über Leibweh klagenden Kinder fast sämtlich als Neuropathen (Nr. 24, 25, 80, 90, 103, 107, 110, 133, 137, 149, 169, 235, 240, 242, 243). Diese Feststellung ist unter den obwaltenden Umständen nicht einfach und erscheint sicherlich manchem von vorneherein nicht gerade naheliegend und verständlich. Werden doch in weiten Kreisen der Ärzteschaft gerade die Bauchdrüsen mit Vorliebe für Leibschmerzen verantwortlich gemacht, und sie finden immer einmal wieder eine Stütze für diese

Auffassung in dem wissenschaftlichen Schrifttum. Wohlgemerkt handelt es sich hier nicht um akute Drüsenschwellungen, die bekanntlich gelegentlich das Krankheitsbild der Appendicitis nachahmen können, sondern um Restzustände alter tuberkulöser Veränderungen, um verkalkte Drüsen. Erst in jüngster Zeit hat Voss aus der Kieler Kinderklinik die Auffassung vertreten, daß verkalkte Mesenterialdrüsen noch sehr erhebliche Beschwerden und allgemeine Schädigung des Körpers zur Folge haben können. Er berichtet über 70 Kinder, die innerhalb eines halben Jahres wegen scharf lokalisierter, plötzlich auftretender, kurzdauernder ziehender Leibschmerzen, Appetitlosigkeit, Unlust, Müdigkeit und Abmagerung gebracht wurden. Von diesen gaben 37 eindeutig positive Röntgenbefunde, 3 weitere nicht ganz sichere kleinste Verschattungen. Diese Angaben, weniger die beigefügten Bilder, erscheinen auf den ersten Blick sehr eindrucksvoll. Wir müssen die Frage aufwerfen, wie bei den restlichen 30 Kindern die gleichen Symptome erklärt werden sollen. Wir hören nichts über Tuberkulinempfindlichkeit, Infektionsgelegenheit, sonstige Untersuchungsbefunde, Merkmale von Konstitutionsanomalien usw. In einigen Fällen wurde ein Tumor im rechten Unterbauch festgestellt, wo Kalkschatten im Röntgenbild fehlten, und demgemäß von einer frischen Erkrankung gesprochen. Sehen wir hiervon ab, so bleibt gleichwohl eine große Zahl ungeklärter, aber symptomatologisch ganz ähnlicher Krankheitsfälle. Das gibt zu erheblichen Bedenken Anlaß, die durch die eigene Erfahrung verstärkt werden. Ich habe an anderer Stelle bereits darüber berichtet, daß wir bei eigens auf diese Frage gerichteter Aufmerksamkeit entsprechende Beobachtungen nicht machen konnten. Wenn bei Kindern verkalkte Mesenterialdrüsen bestanden, fanden etwaige Klagen über Leibschmerzen fast stets eine plausible anderweitige Erklärung. Erst in letzter Zeit begegnete uns ein besonders instruktiver Fall, ein Kind mit ausgesprochenen rechtsseitigen Leibkoliken, das verkalkte Mesenterialdrüsen aufwies. Die weitere Untersuchung ergab jedoch eine doppelseitige Erweiterung der Ureteren und Nierenbecken, sowie Verengerung der Urethra, bemerkenswerterweise ohne Veränderungen im Harn.

Um die Verhältnisse bei den Lübecker Kindern näher zu erläutern, bringe ich einige Beispiele, verweise überdies auf die Erläuterung der Röntgenbilder in der Mitteilung von H. Jannasch und G. Remé.

1. Nr. 103. Großmutter nervenleidend, Mutter und eine ältere Schwester nervös. Als Säugling schreckhaft und vielfach unruhig. Anfallsweise auftretende Auftreibung des Leibes mit Verstopfung und fahlem Aussehen. In der 24. Lebenswoche Resistenz in der rechten Unterbauchgegend. Der Schlaf ist seit jeher unruhig, der Appetit mäßig. Das Kind ist empfindlich bei kleinen Verletzungen Seit letztem Jahr klagt es über den Leib beim Stuhlgang und Wasserlassen, auch über die Beine beim Laufen. Körperliche Entwicklung rückständig. Verkalkte Mesenterialdrüsen (Abb. 3 bei Jannasch und Remé).

2. Nr. 25. Mutter nervös. Als Säugling schreckhaft und zeitweise sehr unruhig. Von der 8. bis 11. Lebenswoche Temperatursteigerungen, Durchfall und Erbrechen. Mit 12 Wochen Resistenz im Bauche fühlbar, Leib bei tiefem Eindrücken etwas empfindlich, mäßiger Appetit, Hemmung des Gewichtswachstums. Der Übergang zu Gemüse stieß auf Schwierigkeiten, auch jetzt ißt das Kind noch kaum Gemüse. Das Kind fordert niemals etwas, nur bei der Großmutter ißt es gut. Abends schläft das Kind schlecht ein, bei Fremden weint es. Das Kind hat mehrfach Krämpfe gehabt, einmal bei einer Röntgenaufnahme „schlapp gemacht". Oft klagt das Kind über Leibschmerzen, hauptsächlich nach Brotessen, aber auch bei Berührung des Leibes z. B. beim Baden. Die Stimmung wechselt. Der Stuhlgang ist nicht regelmäßig, es muß manchmal etwas eingegeben werden. Masern, Keuchhusten, Röteln und Windpocken wurden gut überstanden. Das bei der Untersuchung ängstliche Kind ist etwas untergewichtig. Fazialisphänomen positiv. Verkalkte Mesenterialdrüsen (Abb. 16 bei Jannasch und Remé).

3. Nr. 169. Vater nervös. Litt von der ersten Lebenswoche an an Erbrechen und Durchfällen bei Ernährung an der Brust und nahm nicht recht zu. Wenige Monate nach Bekanntwerden der Tuberkuloseinfektion einmal so stark geschrien, daß auf einen Kolikanfall geschlossen wurde, war auch sonst vielfach unruhig, besonders des Nachts. Die Mutter klagt jetzt ebenfalls noch über Unruhe und Mißstimmung sowie Blässe und verschleierte Augen. Das Kind soll sich öfters über den Leib beschweren. Das an Körperlänge und Gewicht seine Altersgenossen überragende Kind ist blaß und hat halonierte Augen. Zirkuläre Karies, Lingua geographica, große Gaumenmandeln. Keine verkalkten Mesenterialdrüsen, überhaupt keine Haftstelle der Tuberkuloseinfektion nachweisbar.

4. Nr. 242. Als junger Säugling in den ersten 4 Wochen bei Muttermilchnährung dünne Stühle. Das Kind ißt schlecht, aber trinkt viel. Es muß häufig Urin lassen und macht (mit $3^1/_4$ Jahren) noch öfters das Bett naß. Der Leib ist öfters aufgetrieben, das Kind klagt dann über den Leib, der Stuhlgang ist in Ordnung. Das Kind ist leicht müde und will dann getragen werden. Mehrfach Strophulus, Neigung zu Katarrhen und Temperatursteigerungen. In den letzten Wochen soll dem Kind öfters schlecht werden, es wird dann für einige Minuten starr und steif, verdreht die Augen und ist danach ganz matt, so daß es hingelegt werden muß. Die Eltern sprechen von Ohnmachten, der behandelnde Arzt von Krampfanfällen, doch hat er die Zustände selbst nicht gesehen. Das gut entwickelte Kind zeigt außer zirkulärer Karies und einem kleinen Nabelbruch keine objektiv nachweisbaren Veränderungen, keine verkalkten Mesenterialdrüsen (auch nicht nach nochmaliger Kontrolle mit 4 Jahren). Haftstelle der Tuberkuloseinfektion nicht nachweisbar.

Diese Beispiele mögen genügen. Sie zeigen, daß beim Vorhandensein und Nichtvorhandensein von verkalkten Mesenterialdrüsen ganz ähnliche Klagen vorgebracht werden können, daß daher in ihrer Bewertung große Vorsicht geübt werden muß. Gewiß ist mit der Möglichkeit zu rechnen, daß durch Adhäsionsbildung eine Behinderung in der Darmpassage und damit auch Leibschmerzen entstehen können, aber sie fehlten, wo im Säuglingsalter durch fühlbares Knirschen die Beteiligung des Peritoneums klar erwiesen worden war, und können, wenn objektive Merkmale einer auch geringfügigen Passagestörung fehlen, nicht ohne weiteres für wahrscheinlich erklärt werden. Die Beobachtung des ganzen Kindes mit allen seinen Eigentümlichkeiten führt zu anderweitiger Auffassung. Es ist jedoch richtig, daß es sich hier immer nur um Wahrscheinlichkeitsschlüsse handelt, und so ist es auch verständlich, daß leicht ärztliche Meinungsdifferenzen aufkommen können, zumal immer der Einwand möglich ist, daß — die nervöse Konstitution des Kindes zugegeben — gerade bei einem solchen Kinde schon sehr geringfügige Veränderungen spezifischer Natur Beschwerden auslösen können. Ein solcher Fall sei in folgendem geschildert:

Nr. 107. Als kleiner Säugling Blässe, Auftreibung und Druckempfindlichkeit des Leibes, vorübergehend dünne Stühle und Fieber. Wiederholt stundenlang anhaltende Schreianfälle, die als Koliken bezeichnet wurden. Diese kamen auch noch gelegentlich mit $1^1/_2$—$2^1/_2$ Jahren vor. Unruhe von der ersten Lebenswoche (!) an, auch späterhin noch plötzliches Aufschreien im Schlaf. Das Kind ist ängstlich und leicht aufgeregt, bekommt dann Schweißausbruch, es kann keine Musik hören, nicht in ein Kaufhaus gehen, bleibt mit $3^1/_4$ Jahren nur bei der Mutter, nicht einmal bei der Großmutter. Der Appetit ist im allgemeinen gut, der Stuhlgang in Ordnung. Im Röntgenbild des Bauches mit $2^1/_4$ und 3 Jahren verkalkte Mesenterialdrüsen mäßigen Umfanges. Sonst kein objektiver Befund.

Schließlich erwähne ich ein Kind (Nr. 3), das als Säugling keinerlei Hinweissymptome auf Abdominalbeteiligung aufwies, im Alter von $3^3/_4$ Jahren aber anfallsweise Leibschmerzen von einigen Minuten Dauer mit Blaßwerden, aber ohne objektive Erscheinungen am Abdomen in wechselnd langen Zwischenräumen bekam. Hier waren verkalkte Mesenterialdrüsen nur in recht geringem Umfang vorhanden, anderweitige Ursachen für das Auftreten der Beschwerden jedoch nicht zu erkennen. Auch fehlten die üblichen Zeichen neuropathischer Konstitution. So war der Zusammenhang mit der Tuberkuloseerkrankung nicht als unwahrscheinlich abzulehnen.

Vielleicht noch schwieriger ist die Beurteilung von Stuhlanomalien. Manche Kinder litten in Abstand von mehreren Monaten an Durchfall, der schnell wieder behoben werden konnte (z. B. Nr. 33, 114, 173), ein Kind (Nr. 216) an einer einmaligen längerdauernden und schwer beeinflußbaren Durchfallerkrankung, beides Vorkommnisse, die nicht gerade für einen Zusammenhang mit Darmtuberkulose sprechen. Eine größere Reihe von Kindern erkrankte gelegentlich von Infekten an Durchfällen. Besonders beim Vorliegen von exsudativer Diathese mit erhöhter Anfälligkeit für Katarrhe der oberen Luftwege kam es zu einer unangenehmen Häufung solcher Störungen. Auch hier zeigte sich wiederum der fehlende Parallelismus zu dem röntgenologischen Befund der Gekröselymphdrüsenverkalkung. Wechsel zwischen festem und dünnem Stuhl, manchmal am selben Tage, manchmal in längerem Zwischenraum sahen wir bei Neuropathen (Nr. 211, 228, 172), desgleichen 2—3mal tägliche Entleerung von auffällig weichem Stuhl (Nr. 207, 226). Auch hier seien wieder einige Beispiele gebracht.

1. Nr. 228. Im Säuglingsalter Halsdrüsenschwellung, unruhiger Schlaf. Von $^{1}/_{2}$ Jahr an vielfach von tiefem Schlaf gefolgte Krämpfe. Mutter nervenschwach. Das Kind neigt zu Erkältungen, ist sehr unruhig und lebhaft. Vielfach treten für etwa 8 Tage Durchfälle ein, die von Verstopfung gefolgt sind. Minimale Verkalkungen von Mesenterialdrüsen nachweisbar. Sonst kein objektiver Befund.

Epikrise: Epileptisches Kind von nervenschwacher Mutter. Keine Abdominalerscheinungen im Säuglingsalter, auch sehr geringfügige röntgenologische Veränderungen. Durchfälle mutmaßlich ohne Zusammenhang mit der Tuberkulose.

2. Nr. 221. In den ersten Lebenswochen bei Brusternährung dünne Stühle und Unruhe. Von der 5.—12. Woche keinerlei Erscheinungen. Dann Schnupfen mit Durchfällen und verringerte Gewichtszunahme. Anschließend wurden die Lgl. cervic. lat. fühlbar. Der Leib war etwas gebläht, später stärker aufgetrieben. Mit 21 Wochen Wundsein am Hals und in der Schenkelfalte. In späterer Zeit vielfach Katarrhe, bei den „Erkältungen" vielfach Durchfall, aber auch ohne ein derartig auslösendes Moment, gelegentlich Blutstreifen beim Stuhl. Bei den Durchfällen klagt das Kind über Leibschmerzen. Im übrigen wechselt das Kind sehr in der Stimmung, ißt mitunter nicht, klagt gelegentlich über Kopfschmerzen und die Augen, leidet mit $3^{1}/_{4}$ Jahren noch an Enuresis nocturna et diurna. Sehr geringfügige Mesenterialdrüsenverkalkungen.

Epikrise: Exsudatives, darmlabiles Kind. Durchfälle wahrscheinlich nicht im Zusammenhang mit der Fütterungstuberkulose.

3. Nr. 156. In den ersten Lebenswochen bei natürlicher und künstlicher Ernährung Durchfälle und Unruhe. In der 3. Lebenswoche Gneis, Mittelohrentzündung, später ausgesprochenes Kopfekzem, Wundsein hinter den Ohren, vielfach Schnupfen und Husten, Blepharitis. Wochenlang anhaltender Durchfall (angeblich nach Erdbeeren), aber auch sonst noch mehrfach Durchfall. Haftstelle der Tuberkelbazillen niemals nachgewiesen, insbesondere keine verkalkten Mesenterialdrüsen.

Epikrise: Exsudatives, darmlabiles Kind. Kein Zusammenhang der Darmerscheinungen mit Tuberkulose.

4. Nr. 69. Mit 11 Wochen Erbrechen und Durchfall, verzögerte Gewichtszunahme, Milz- und Lebervergrößerung. In der 17. Lebenswoche Besserung. Im übrigen Halsdrüsentuberkulose mit Erweichung mehrerer Drüsen. In späterer Zeit litt das Kind wiederholt an Katarrhen der oberen Luftwege, auch Mittelohrentzündung. Im 2. Lebensjahr kam es zu Fieber mit schleimigen Durchfällen, einmal wurde dabei Halsentzündung und erneute Halsdrüsenschwellung festgestellt. Im 3. Lebensjahr einmal blutig-schleimige Stühle. Sonst bestand vielfach Verstopfung — am Stuhl waren manchmal Blutstreifen sichtbar — und Leibschmerzen. Im Röntgenbild des Bauches zahlreiche verkalkte Drüsen sichtbar.

Epikrise: Auslösung der Durchfälle zum mindesten teilweise durch Infektion der oberen Luftwege bei einem nicht besonders anfälligen Kinde. Der behandelnde Pädiater bezieht die Leibbeschwerden auf die Tuberkuloseerkrankung.

Die letzte Beobachtung zeigt wiederum deutlich die Unzulänglichkeit unserer Diagnostik. Entsprechende Fälle, bei denen die Genese der rezidivierenden Durchfälle und Leibbeschwerden nicht genügend klarzustellen war, sind des öfteren vorgekommen

(Nr. 21, 180, 231, 251), und es muß daher die Frage aufgeworfen werden, ob nicht bei Abheilung der Darmtuberkulose zurückbleibende Schleimhautveränderungen das Auftreten von Durchfällen zu fördern vermag. Diese Frage haben wir uns auch insbesondere bei 3 Fällen von Colitis pseudomembranacea vorgelegt (Nr. 99, 122, 239). Schließlich könnte ja auch eine Sekretionsneurose durch anatomische Restzustände der Darmtuberkulose gefördert werden. Für wahrscheinlich können solche Zusammenhänge allerdings nicht erklärt werden. Im übrigen ist zu bemerken, daß die Klagen über Darmstörungen und Leibschmerzen im 4. und 5. Lebensjahr der Kinder wesentlich seltener geworden sind.

2. Die Erscheinungen im Bereich des mittleren Verdauungstraktus (Speiseröhre, Magen, Duodenum).

a) Die anatomischen Befunde.

Ob bei den Lübecker Kindern an Speiseröhre, Magen oder Zwölffingerdarm anatomische Veränderungen zu finden sein würden, konnte niemand vorhersagen. Zwar sind tuberkulöse Prozesse hier keineswegs unbekannt, aber sie sind selten und in ihren Entstehungsbedingungen recht unklar. Man bezeichnet diese Organe sogar als immun oder als fast immun gegen Tuberkulose. Immerhin gibt Konjetzny die Zahl der bis 1928 in der Literatur niedergelegten Beobachtungen von Magentuberkulose auf nicht ganz 200 an. Für Speiseröhre (s. W. Fischer) und Duodenum (s. Pagel) fehlen neuere erschöpfende Zusammenstellungen.

Seitdem man die Bezeichnung primäre Tuberkulose nur noch für solche Veränderungen anzuwenden pflegt, die als erste in einem bis dahin jungfräulichen Organismus aufgetreten sind und das Bild des Primärkomplexes bieten, werden auch die älteren als primäre Speiseröhren- oder Magentuberkulose aufgefaßten Fälle nicht mehr als solche anerkannt. Nach Konjetzny gibt es in der menschlichen Pathologie bis 1928 keinen Fall, bei dem es als sichergestellt gelten könne, daß sich die Tuberkulose primär im Magen entwickelt habe, und Ghon und Kudlich geben 1930 das gleiche für die Speiseröhre, den Magen und das Duodenum an.

Unter 60 selbst oder mitbeobachteten Fällen zeigte das Duodenum 4mal tuberkulöse Veränderungen. Während sie in 3 Fällen nur in kleinen lentikulären Geschwüren ohne stärkere Lymphabflußerkrankung (darunter 2mal in Vergesellschaftung mit gleichartigen Schleimhautprozessen des Magens) bestand, war die Geschwürsbildung in einem Falle ausgedehnter und tiefergreifend.

Es handelt sich um ein Kind, das 122 Tage nach der ersten Infektion starb (lfd. Nr. 60, List. Nr. 31). Wie Abb. 12 erkennen läßt, zeigt das Duodenum an der medialen Seite seines Anfangsteiles einen kraterförmigen, rundlichen, tiefreichenden Defekt von etwa 1,2 cm Durchmesser. Die Ränder treten zum Teil stark hervor; der käsige Grund mündet in einen Fistelgang, der sich zwischen sequestrierend erweichten Käsemassen in der Tiefe verliert. Diese gehören, wie die Präparation der Umgebung ergibt, einem außen anliegenden, mit der Wand verlöteten total verkästen Lymphknoten an. Der ganze Geschwürsbezirk ragt etwas plateauartig in die Darmlichtung hinein. In der Umgebung noch einzelne kleinere und mehr oberflächliche Geschwüre. Die regionären Lymphknoten bilden bis kinderfaustgroße Pakete; sie sind miteinander verbacken, zeigen eine grauweißliche Kapsel und sind auf dem Schnitt total verkäst. Nur der schon erwähnte Lymphknoten, der mit dem Geschwür in Zusammenhang steht, ist erweicht. Es sind die Lgl. pancreaticae super., pancreatico-duodenales, unter ihnen auch retropylorische und pancreaticae inf.; letztere hängen unmittelbar mit den gleichsinnig erkrankten aortalen Lymphknoten zusammen, während zwischen den weniger stark geschwollenen oberen gastrischen (denen der kleinen Kurvatur) und den ersteren die Lymphknotenkette unterbrochen war, dafür aber subseröse lymphangitische Stränge vorhanden waren (s. Abb. 12).

Die Entstehung dieses tiefen Geschwüres durch Infektion von der Darmlichtung aus ist keineswegs über jeden Zweifel erhaben. Nach der kraterförmigen Beschaffenheit muß vielmehr in erster Linie an ein Eruptionsgeschwür, einen Durch- und Ausbruch verkäster erweichter Massen aus jenem Lymphknoten gedacht werden, in den die Geschwürsgrundfistel mündet. Dann muß für die Lymphabflußerkrankung allerdings eine

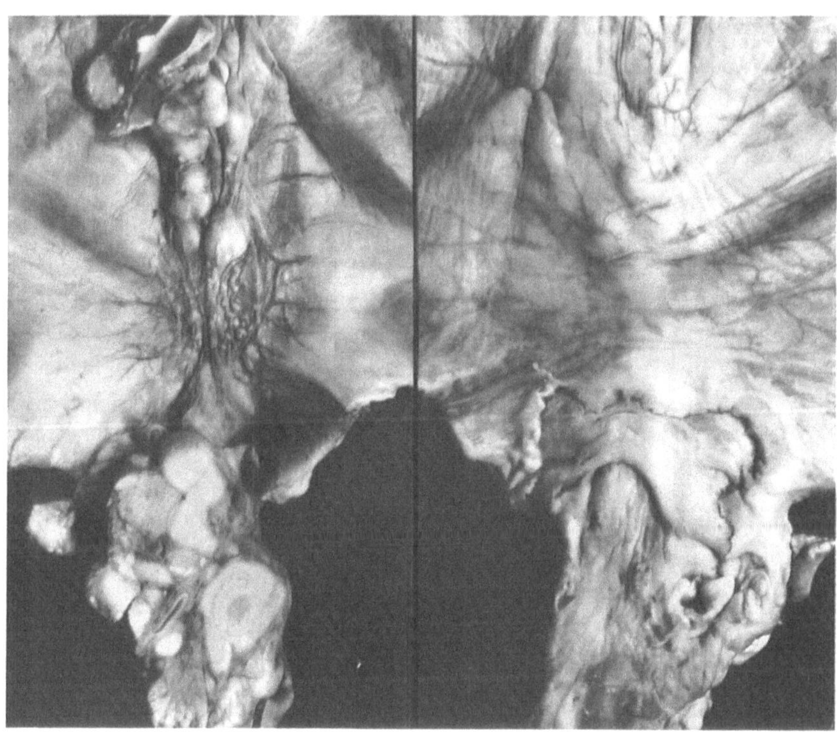

Abb. 12. Magen und Duodenum, rechts von innen, links von außen gesehen. Im Pylorusmagen gereinigtes, vernarbendes Geschwür mit Hyperplasie des oberen Geschwürsrandes (im Bild links). An der Rückseite eine von dieser Stelle ausgehende käsige Lymphangitis mit Verkäsung der oberhalb und unterhalb davon gelegenen Lymphknoten. Im Duodenum (im rechten Bild rechts) ein kraterförmiges Geschwür mit in die Tiefe gehendem Fistelgang, der in eine der anliegenden verkästen Lymphknoten mündet. 122 Tage nach der Erstinfektion.

andere Quellgebietsaffektion namhaft gemacht werden. Eine solche lag vor. Der Pylorusteil des Magens zeigte, wie Abb. 12 erkennen läßt, einen fast zirkulären geschwürigen Defekt. Der Rand ist abgeflacht, nur an der Hinterwand erhaben und zottig, zum Teil polypöshyperplastisch. Der gereinigte Grund läßt Muskularis und Narbenzüge erkennen. Das Geschwür ist also zweifellos älteren Datums. Immerhin läßt sich die Frage, ob hier das Impfstoffvirus primär zum Haften gelangte, das Duodenumgeschwür also auf Durchbruch eines erweichten Lymphknotens des Lymphabflusses zurückgeht, oder ob Magen und Duodenum gleichzeitig primär erkrankten, oder gar ob das Duodenum primär infiziert wurde und der Pylorusmagen nur in Mitleidenschaft gezogen wurde, nicht mit Sicherheit entscheiden. Die Lymphabflußerkrankung glich auch histologisch derjenigen des Darmes und des rechten Mittelohres, ließ also nur die Entscheidung primäre Infektion dieser Gegend, nicht aber eine genauere Bestimmung der ersten Haftstelle zu.

Damit bleibt die Frage des Vorkommens einer primären Duodenaltuberkulose weiterhin offen. Die Seltenheit auch postprimärer Erkrankung des Duodenums (3 Fälle außer dem vorstehenden) bei den Lübecker Säuglingen zeigt, daß jugendliches Lebensalter und eine große Virusmenge für das Angehen der tuberkulösen Infektion im Duodenum noch nicht ausreichen.

Nicht so beim Magen. Von 61 Fällen zeigte er 27mal anatomische Veränderungen. Nach der Schwere des lokalen Befundes und dem Verhalten des Lymphabflusses lassen sich auch hier zwei Formen unterscheiden: kleinere und mehr oberflächliche Veränderungen

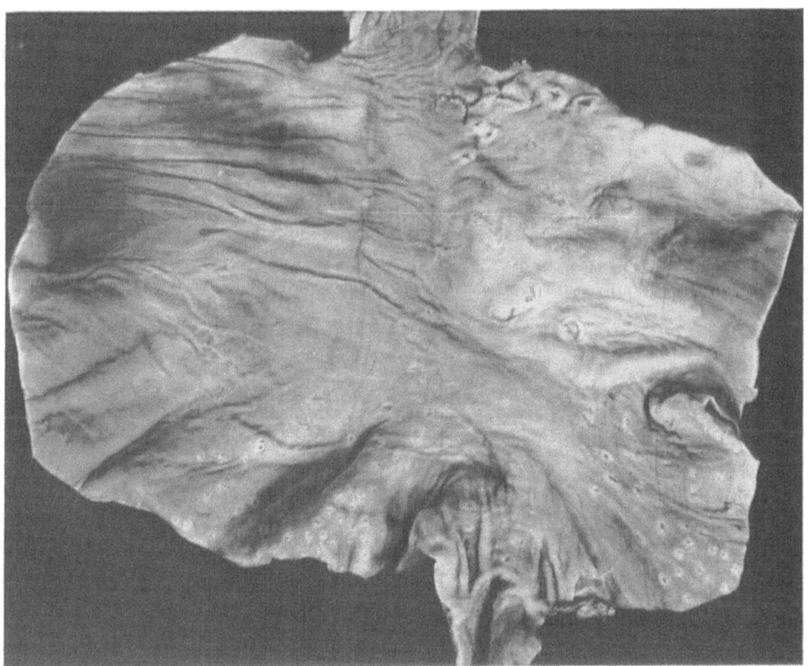

Abb. 13. Postprimäre Tuberkulose des Magens. Zahlreiche zentral zerfallene kleine Herde der Schleimhaut des pylorusnahen Teiles. Größere zentral zerfallene Herde im kardianahen Teil.

mit nur geringfügiger Lymphabflußerkrankung und größere und tief reichende Geschwüre mit einer Lymphabflußerkrankung im Sinne des Primärkomplexes. Natürlich war der Grad der Lymphabflußerkrankung nur für solche Fälle ein Unterscheidungsmerkmal, bei denen nur die eine (kleinere, oberflächliche Prozesse) oder die andere Form (größere und tiefer reichende Geschwüre) vorhanden war.

Für 16 Fälle war die postprimäre Natur der vorhandenen tuberkulösen Magenveränderungen offensichtlich.

Es handelt sich, wie Abb. 13 erkennen läßt, einmal um kleine, etwa hirsekorngroße Erhebungen in der Schleimhaut mit zentraler Delle. Sie sind vielfach die einzige Form der Magenerkrankung überhaupt gewesen, und waren gelegentlich sogar nur in Einzahl vorhanden, zumeist aber in größeren Haufen, gelegentlich (s. Abb. 13) in dichtester Lagerung. Histologisch handelt es sich um subepitheliale, im Bereich der Areolae gelegene nekrotische Herdchen, die zentral zerfallen und zur Oberfläche durchbrechen (s. Abb. 13). Epitheloide und Riesenzellen fehlen. Zu Lymphfollikeln stehen sie in keiner Beziehung. Wir müssen danach annehmen, daß die Bazillen durch das intakte Epithel hindurchgelangen und im Bereich des subepithelialen mesenchymalen Gewebes die erste Reaktion hervorrufen. Aus diesen kleinen Herden scheinen durch Zunahme des örtlichen Prozesses die nächstgrößeren hervorzugehen. Jedenfalls behalten die Veränderungen lange Zeit hindurch die gleiche Form: überwiegend subepitheliale Lage mit nur zentralem Epitheldefekt und nur zentralem geschwürigen Zerfall. Der Rand ist noch immer sehr wulstig, ringartig, der zentrale Defekt verhältnismäßig klein (s. Abb. 13). Es sind dies die als lentikulär bezeichneten Geschwürsbildungen. Bei weiterer Ausdehnung wird der Geschwürsgrund größer, die Ränder hängen über, werden zerfetzt (s. Abb. 13 im Bilde rechts) und durch Konfluenz der dann oft sehr dicht liegenden (s. Abb. 14 oben) ursprünglich kleinsten Herde, wie auch durch einfache Zunahme des Geschwürsbezirkes dürften dann die größeren Prozesse zustande kommen. In unseren Fällen waren jedoch die als postprimär anzusprechenden Geschwüre nie über 8 mm im Durchmesser groß. Der Lokalisation nach ist die Zone der kleinen Kurvatur, auch die Aschoffsche Magenstraße, und zwar in ganzer Länge das Hauptlokalisationsgebiet; doch finden sich auch weiter ab von diesem Gebiet, so besonders im Fundus, reichlichere Herdbildungen, und zwar, wenn auch nur vereinzelt, auch ohne daß die kleine Kurvatur Veränderungen aufwies.

Eine etwas andere Gestalt zeigen die Magengeschwüre, die sich in kontinuierlicher Fortsetzung eines Speiseröhrenprozesses entwickelt haben (2 Fälle). Sie zeigen mehr längliche und serpiginöse Formen und sind etwas flacher. Derartige Geschwürsbildungen waren in einem Falle sehr ausgedehnt (s. Abb. 18).

Die Lymphabflußerkrankung zu diesen 16 Fällen war, sofern nicht bei vorhandener ausgedehnterer Speiseröhrenerkrankung eine entsprechend starke Miterkrankung des Magenlymphabflusses vorlag, im Vergleich zu derjenigen des Darmes gering. Es fehlte vor allem die Vergrößerung. In einem Falle (lfd. Nr. 56, List. Nr. 119, 112 Infektionstage alt), in dem nach der Ausdehnung der Magenprozesse an eine primäre Erkrankung gedacht werden konnte, zeigten die regionären Lymphknoten histologische Veränderungen, die deutlich jünger waren als die in den mesenterischen Lymphknoten.

In der Frage der Entstehung dieser Magenveränderungen liegt es am nächsten, eine Infektion von der Magenlichtung aus anzunehmen. In 11 von den 16 Fällen war im Quellgebiet der Halslymphknoten (Gaumenmandeln, Schlundkopf, Mittelohr) eine als primär anzusprechende geschwürige Tuberkulose vorhanden, dazu in 2 Fällen noch eine solche der Speiseröhre und in einem eine solche der Lunge. Damit war die Möglichkeit einer Virusabgabe an den Verdauungskanal gegeben. Bei weiteren 3 Fällen, die von anderer Seite seziert wurden, waren die Halslymphknoten ebenfalls im Sinne des Primärkomplexes erkrankt. Von den Quellgebietsprozessen jedoch wissen wir nichts. Nach unseren, später zu erörternden Erfahrungen dürften solche jedoch mit größter Wahrscheinlichkeit vorhanden gewesen sein. Für die restlichen 2 Fälle (lfd. Nr. 46, List. Nr. 105 und lfd. Nr. 56, List. Nr. 119) fehlten ältere bzw. als primär anzusprechende Prozesse der Mundhöhle oder Lunge. Zwar liegt die Möglichkeit einer Virusabgabe von den vorhandenen hämatogenen Lungenherden über die oberen Luftwege an den Verdauungskanal durchaus vor und histologisch zeigen die Lungenprozesse auch vielfach Erkrankungen der Bronchien. Aber die Möglichkeit enterogener intrakanalikulärer Mageninfektion liegt fast näher. Beide Fälle hatten ausgedehnte Verklebungen bzw. Verwachsungen im Bauchraum. Vom einen Kind berichtet die Krankengeschichte, daß es von der 2. Lebenswoche an erbrochen hat; der Leib sei aufgetrieben gewesen. Ähnlich lauten die Angaben beim anderen Kind. Natürlich muß auch für die übrigen 14 Fälle an diese Entstehungsmöglichkeit gedacht werden. Aber mit Sicherheit läßt sie sich für keinen Fall beweisen.

Das gleiche gilt von der hämatogenen Entstehung. Daß sie nicht nur eine theoretische Möglichkeit ist, beweisen die Befunde bei allgemeiner Miliartuberkulose, und es gibt Autoren (z. B. Arloing), die überhaupt nur eine hämatogene Genese für die Magentuberkulose anerkennen wollen. Bei der in unseren Fällen oft sehr starken hämatogenen Ausbreitung im übrigen Körper läßt sich dieser Entstehungsweg für manche der tuberkulösen Magenprozesse nicht ablehnen. In 2 Fällen mit makroskopisch intakt erscheinender Schleimhaut war histologisch jeweils ein Tuberkel in der Muskularis zu finden. Wir wiesen schon darauf hin, daß sich von den kleinen miliaren Schleimhautherden bis zu größeren Geschwüren alle Übergänge finden ließen. Wenn man auch nicht der Meinung sein darf, daß bei einer Fütterungsinfektion alle Prozesse des Verdauungskanales durch Infektion von der Lichtung aus entstanden sind, so dürfte diese Infektionsart im Zweifelsfall doch die größere Wahrscheinlichkeit für sich haben.

Mit größerer Sicherheit lassen sich die ausgedehnteren und tiefer reichenden Geschwüre in den restlichen 11 Fällen auf eine Infektion von der Lichtung aus zurückführen. Ja, nach dem Lymphabflußbild müssen sie als primär angesprochen werden. Dem makroskopischen und dem mikroskopischen Befund nach entsprach diese Lymphabflußerkrankung in jeder Hinsicht der des Darmes.

Je nach dem Sitz des geschwürigen Prozesses war die obere oder die untere Gruppe der gastrischen Lymphknoten vergrößert und bildete Pakete und Ketten. Nach oben zu griff die Erkrankung unter Einbeziehung der kardiakalen Lymphknoten auf die hinteren unteren mediastinalen, nach unten zu stets auf die pankreatiko-lienalen, insbesondere die duodenalen und ferner auf die aortalen sowie nicht selten auf die portalen Lymphknoten über. Diejenigen der großen Kurvatur waren gewöhnlich weniger stark vergrößert.

Die Magenerkrankung selbst betraf 5mal die Gegend der Kardia, 6mal die des Pylorus. Das Bild sei für die einzelnen Fälle ausführlicher beschrieben.

1. U. B. Lfd. Nr. 60, List. Nr. 31, 122 Infektionstage alt. Beschreibung siehe die Erörterungen über die Erkrankungen des Duodenums, S. 67/68 und Abb. 12.

2. H. W. B. Lfd. Nr. 50, List. Nr. 129, 104 Infektionstage alt. Auf dem Pylorus, sowohl in den Magen wie in das Duodenum hineinreichend, ein $1^1/_2 \times 1$ cm großer, tiefreichender Schleimhautdefekt mit zackigen, leicht polypös-hyperplastischen Rändern und schmierig belegtem Grund. Die Lymphknoten der Duodenalschleife bis zu 1,6 cm im Durchmesser geschwollen, auf dem Schnitt total verkäst, mit feiner grauer Kapsel. Desgleichen die dem Pankreaskopf anliegenden Lymphknoten und einzelne des Ligamentum hepato-duodenale. Ihr Bild entspricht dem der mesenterialen und zervikalen Lymphknoten. Im Magenfundus follikuläre Geschwüre. Duodenum im übrigen o. B.

3. W. F. Lfd. Nr. 51, List. Nr. 55, 105 Infektionstage alt. Magen mittelweit, Schleimhaut der oberen Hälfte stark angedaut. Im präpylorischen Teil ein $1{,}5 \times 0{,}9$ cm großer, tiefreichender Defekt mit zackigem, leicht überhängendem Rand mit einzelnen polypenartigen Schleimhautresten. In der Umgebung kleinere lentikuläre Geschwüre. Lymphabflußbild wie im vorigen Fall.

4. E. L. Lfd. Nr. 68, List. Nr. 65, 160 Infektionstage alt. Magen mäßig gebläht. Zwischen Gallenblasenhals und Duodenum strangförmige Adhäsionen. Auf der Serosa des Pylorus einzelne Knötchen, zum Teil kettenartig hintereinander gereiht. Dem Pylorus unmittelbar anliegend und mit ihm verbacken eine 7 mm im Durchmesser messende, derbe, total verkäste Lymphdrüse. Gleichartige etwas kleinere in der Duodenalschleife um den Pankreaskopf. Lymphknotenkette am oberen Pankreasrand klein, ohne größere Herde, ebenso die portalen. An den wenig vergrößerten Lymphknoten der kleinen Kurvatur einzelne scharf begrenzte käsige Herdchen. Sämtliche erkrankte Lymphknoten zeigen eine scharfe Begrenzung des Käses mit mehr weißlicher als gelblicher Farbe. Sie knirschen leicht beim Durchschneiden. Auch histologisch zeigt sich eine Verkalkung stärkeren Grades. Die gleiche Beschaffenheit weisen die dem Darm und der linken Gaumenmandel regionären Lymphknoten auf. Im Magen selbst direkt vor dem Pylorus ein unregelmäßig gestalteter, 1,3 cm im größten Durchmesser messender Defekt, der tief in die Muskularis hineinragt. Der Rand stark polypös. Pylorusmuskulatur verdickt, übriger Magen und Duodenum o. B.

5. E. B. Lfd. Nr. 14, List. Nr. 113, 57 Infektionstage alt. Kurz vor dem Pylorus ein rundlicher, etwa 1,8 cm im Durchmesser messender, etwas unregelmäßig gestalteter Schleimhautdefekt. Der tiefliegende gereinigte Grund zeigt Reste von Muskularis. Rand duodenalwärts polypös-hyperplastisch. In der Umgebung miliare Herdchen. Histologisch auch in der Muskularis vereinzelte Tuberkel. Übriger Magen o. B. Lymphknoten des unteren Teiles der kleinen Kurvatur, auf dem Pylorus und in der Duodenalschleife mäßig stark vergrößert, total verkäst, zentral fleckig verkalkt.

6. E. K. Lfd. Nr. 31, List. Nr. 72, 78 Infektionstage alt. Siehe Abb. 14.

Magen stark vergrößert, gebläht. Dicht oberhalb des Pylorus ein $1^1/_2 \times 1{,}3$ cm großer Defekt der inneren Wandschichten mit tief liegendem gereinigtem Grund. Rand von zottigpolypösen Schleimhautgebilden bestanden. In der Umgebung einzelne Tuberkel.

Von der Grenze vom unteren und mittleren Drittel der kleinen Kurvatur an aufwärts zahlreiche miliare und lentikuläre Geschwüre. Unter ihnen ein größeres, mit nur stellenweise gereinigtem Grund und nur wenig erhabenen, zumeist käsig zerfallenen Rändern. Nach dem Aussehen ist es wahrscheinlich aus der Konfluenz kleinerer Geschwüre hervorgegangen. Die Defekte setzen sich bis in den unteren Speiseröhrenabschnitt fort und nehmen insgesamt einen kindhandtellergroßen Bezirk ein.

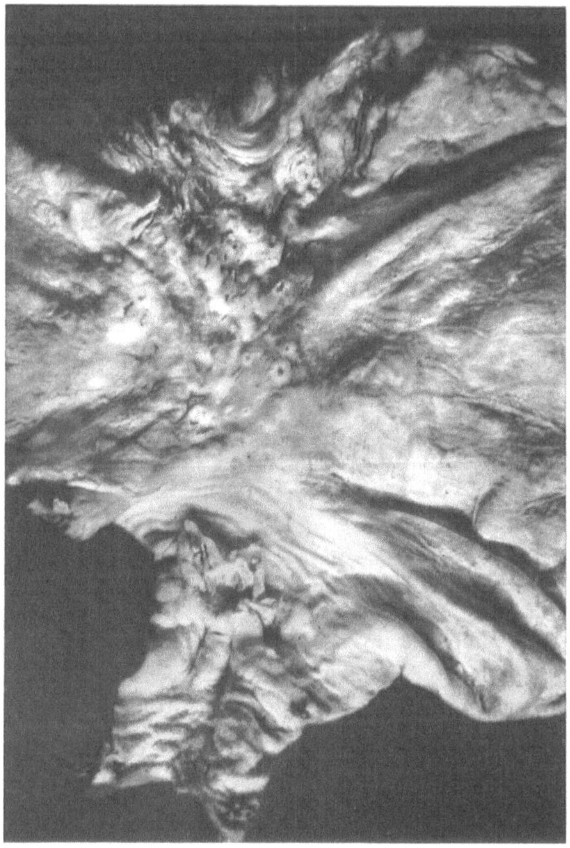

Abb. 14. Geschwürige primäre Tuberkulose des Pylorusmagens mit polypöser Schleimhauthyperplasie des Randes. An der kleinen Magenkrümmung, hineinreichend bis in die Speiseröhre, zahlreiche miliare und lentikuläre zum Teil konfluierende postprimäre Geschwüre und submuköse Herde. 78 Tage nach der Erstinfektion.

Der lokale Befund an Kardiafundus und am Pylorus ist also verschieden. Im oberen Teil des Magens sind die Veränderungen in geschwürigem Zerfall begriffen, nicht sehr tiefreichend, wenn auch ziemlich ausgedehnt; das Pylorusgeschwür ist gereinigt und zeigt die auch für ältere tuberkulöse Geschwüre des Darmes charakteristischen polypösen Schleimhauthyperplasien des Randes. Dieses Geschwür ist somit zweifellos älter und auch nach der stärkeren Erkrankung der dem unteren Magen regionären Lymphknoten als Primärinfekt anzusprechen.

7. G. R. Lfd. Nr. 8, List. Nr. 7, 52 Infektionstage alt. Magen stark gebläht, dünner flüssiger Inhalt. Im Bereich der Kardia kleinfingernagelgroßer Defekt mit unebenen, zentral ziemlich tiefliegendem Grund. In der Umgebung multiple kleinere Geschwüre, übriger Magen o. B. Obere gastrische, hintere untere mediastinale, pankreatico-duodenale Lymphknoten stark vergrößert, total verkäst, partiell erweicht.

8. J. B. Lfd. Nr. 35, List. Nr. 22, 82 Infektionstage alt. Siehe Abb. 15.

Unterhalb der Kardia ein etwa daumennagelgroßer bis nahe zur Serosa vorgedrungener Defekt mit zum Teil stark überhängenden Rändern und vielfach noch in Zerfall begriffenem Grund. In der Umgebung, besonders pyloruswärts, multiple kleinere Geschwüre. Lymphknoten des oberen Teiles der kleinen Kurvatur, hintere untere mediastinale und pankreatiko-duodenale ziemlich stark vergrößert, total verkäst und fleckig verkalkt.

9. Ch. B. Lfd. Nr. 49, List. Nr. 85, 101 Infektionstage alt (s. Abb. 16). Magen nicht nennenswert vergrößert, Hinterfläche mit dem Pankreas strangförmig verwachsen, einzelne Serosaknötchen. Pylorusgegend mit der Leberunterfläche verwachsen. An der Vorderfläche, dicht unterhalb der Kardia ein $1{,}5 \times 1{,}1$ cm großer und an entsprechender Stelle der Hinterfläche ein $1 \times 1{,}4$ cm großer, jeweils tief reichender Defekt mit wallartig erhabenem, überhängendem zackigem Rand und gelblichen Knötchen auf dem gereinigten Grund. Grund des Geschwürs der Vorderfläche nur noch von Serosa gedeckt. In der Umgebung noch mehrere bis 3 mm im Durchmesser messende Vorbuckelungen, vielfach mit zentraler Delle. Übriger Magen intakt. Ösophagus o. B. Totale Verkäsung der stark vergrößerten und miteinander verbackenen oberen und unteren gastrischen, pankreatiko-lienalen, duodenalen, portalen, aortalen, partielle der unteren mediastinalen Lymphknoten.

10. H. H. R. Lfd. Nr. 58, List. Nr. 192, 113 Infektionstage alt. Vom untersten Teil der Speiseröhre bis etwa 3 cm über die Kardia, auf die kleine Kurvatur übergreifend, ein etwa $3^1/_2 \times 1$ cm großer

Defekt mit teils abgeflachten, teils leicht überhängenden Rändern. Grund ziemlich gereinigt mit Resten von Muskularis. Unmittelbar daneben, am Übergang zur Vorderfläche ein kleineres Geschwür. Übriger Magen intakt. Lymphknoten der kleinen Kurvatur, des unteren hinteren Mediastinums, am oberen Rand des Pankreas und in der Duodenalschleife sowie vor der Aorta ziemlich stark vergrößert, total verkäst, partiell erweicht, mit derber verdickter Kapsel.

11. K. H. M. Lfd. Nr. 61, List. Nr. 60, 127 Infektionstage alt. Hier handelt es sich um eine Lokalisation im untersten Abschnitt der Speiseröhre und im Bereich des Kardiamagens. Unterhalb der Bifurkation beginnend, erweitert sich die Speiseröhre magenwärts immer mehr und zeigt zunächst einzeln liegende, nach unten zu allmählich konfluierende und tiefer werdende längs gestellte Schleimhautdefekte. Direkt oberhalb der Kardia ist der Defekt zirkulär und reicht als solcher etwa $1^1/_2$ cm weit

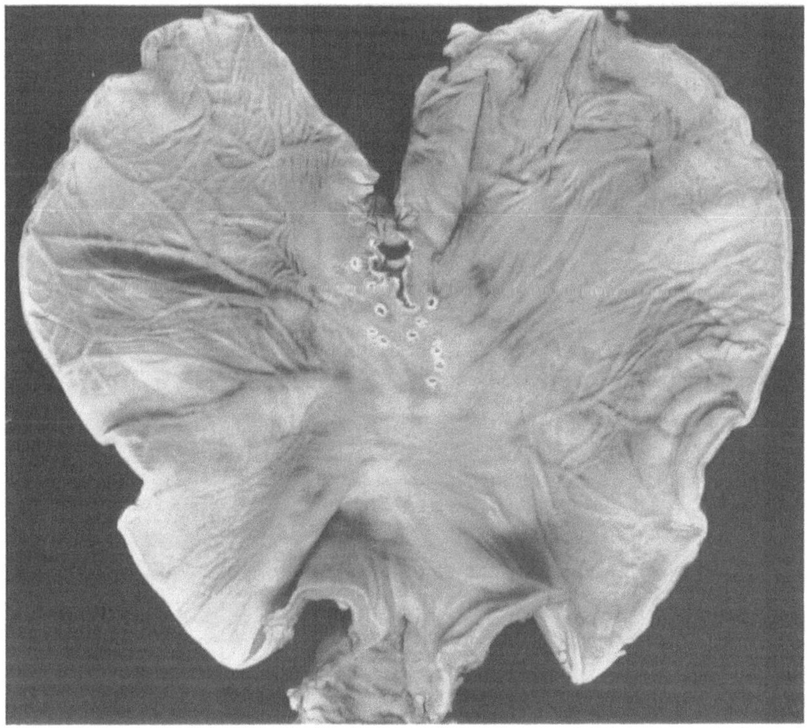

Abb. 15. Daumennagelgroßes penetrierendes, bis zur Serosa vorgedrungenes primäres tuberkulöses Geschwür des Magens mit mehreren geschwürigen Trabantherden der Umgebung. 82 Tage nach der Erstinfektion.

in den Magen hinein. Die Muskularis liegt frei zutage und ist unregelmäßig zerstört. Übriger Magen und übrige Speiseröhre o. B. Totale, partiell erweichte Verkäsung und schwielige Periadenitis der stark vergrößerten unteren mediastinalen, unteren und oberen tracheobronchialen, oberen und unteren gastrischen, pankreatico-lienalen und duodenalen Lymphknoten.

Von dem ersten und letzten Fall abgesehen, sind die erörterten Primärinfekte des Magens ziemlich umschriebene, tiefgreifende Geschwüre gewesen, mit den histologischen Charakteristika tuberkulöser Geschwüre überhaupt. Sie saßen nur an zwei Stellen: am Pylorus (6mal) und an der Kardia (5mal). Ihre Primärinfektnatur erhellt aus der Größe und Tiefe der Geschwüre, die sich bei Sitz am Pylorus noch durch die zottig-polypösen Schleimhauthyperplasien des Geschwürsrandes als Prozesse höheren Alters erwiesen, weiterhin aus der Miterkrankung der regionären Lymphknoten im Sinne des Primärkomplexes, aus der in jeder Hinsicht vorhandenen Übereinstimmung des Lymphabflußerkrankungsbildes mit demjenigen des Darmlymphabflusses und schließlich aus dem Unterschied, den diese Fälle gegenüber den 16 zuerst erörterten zeigen, deren Gesamtbild nur als solches einer postprimären Infektion aufgefaßt werden konnte.

Wichtig an diesen Befunden ist einmal, daß die Magenschleimhaut beachtlich häufig tuberkulös erkrankt war und weiterhin, daß auch im Magen das Bild des Primärkomplexes beobachtet werden konnte. Da wir die Veränderungen in erster Linie auf eine Infektion von der Magenlichtung aus zurückführen müssen, eine Magentuberkulose bei Spontaninfektionen aber selten ist, muß angenommen werden, daß bei den Lübecker Kindern

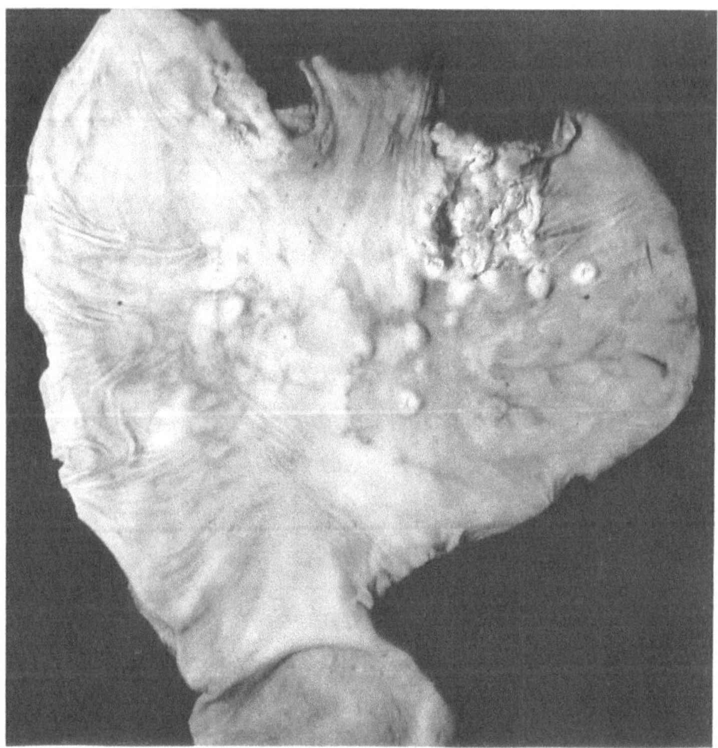

Abb. 16. Primäre geschwürige Tuberkulose des kardianahen Teiles des Magenfundus mit größeren, zum Teil zentral zerfallenen submukösen Trabantherden der Umgebung. 101 Tage nach der Erstinfektion.

die Verhältnisse anders gelegen haben, als sie bei spontanen Ingestionsinfektionen zu sein pflegen. In der Menge des Virus dürfte das Besondere der Infektion bei den Lübecker Kindern kaum zu suchen sein; sie würde höchstens erklären können, warum die primäre Infektion so häufig, nicht aber, warum auch die postprimäre Erkrankung noch häufiger war. Bei dieser ist gewiß nicht mehr Virus im Spiel gewesen, als z. B. bei einer gewöhnlichen Lungenschwindsucht den Magen mit dem verschluckten Sputum passiert. Daß der Magen sowohl bei primärer, als auch bei postprimärer Infektion erkrankte, zeigt, daß auch in spezifischen, mit der Immunitätslage zusammenhängenden Zuständen das Besondere nicht zu suchen ist. Es müssen schon dem Säuglingsalter eigentümliche Besonderheiten sein, die hier anzuschuldigen sind. Ob die Azidität des Magensaftes dabei sehr wesentlich ist, läßt sich höchstens aus der Berücksichtigung der jeweils angewandten Ernährungsweise wahrscheinlich machen; bei künstlicher Ernährung soll der Säuregehalt des Mageninhaltes höher sein als bei Brusternährung. Vielleicht spielt auch eine Rolle, daß die Resorptionsfähigkeit des Magens bei den jüngeren Kindern größer ist als bei den älteren. Die Hauptrolle bei der Erkrankung der Magenschleimhaut glauben wir aber den mechanischen Reizungen zuschreiben zu müssen, die die Schleimhaut beim Brechen und Würgen erfahren hat.

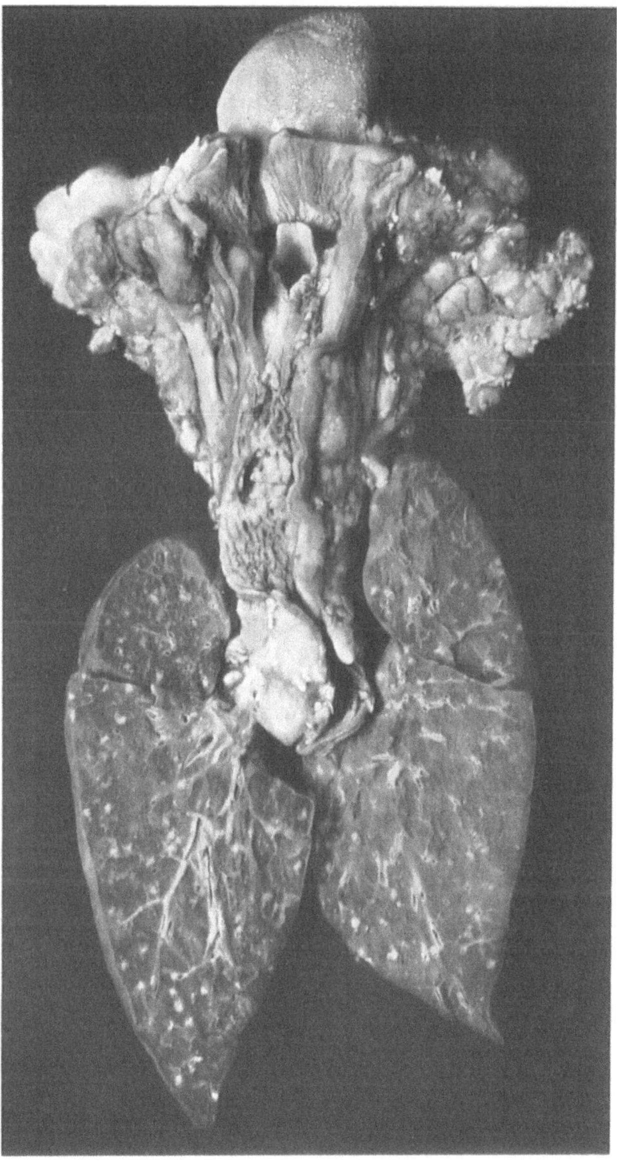

Abb. 17. Zentral sehr tief greifende primäre geschwürige Tuberkulose der oberen und mittleren Speiseröhre mit käsiger Lymphadenitis des Lymphabflusses. 78 Tage nach der Erstinfektion.

Vielleicht geht hierauf auch zurück, daß die Speiseröhre bei den Lübecker Kindern so häufig erkrankt war. Bei der Spontantuberkulose sind tuberkulöse Veränderungen an ihr noch seltener zu beobachten als am Magen. Und man erklärt das damit, daß der Speisebrei zu kurz in der Speiseröhre verweilt, und das Plattenepithel einen größeren Schutz bedingt als das resorbierende Epithel des Magens. Sofern in der Speiseröhre eine tuberkulöse Infektion zustande kommt, so könne man, wie W. Fischer anführt, häufig nachweisen, daß der Speisebrei entweder längere Zeit in der Speiseröhre verweilen mußte oder daß die schützende Epitheldecke irgendwo zugrunde gegangen war.

Von 57 selbst- oder mitbeobachteten Fällen lag elfmal eine Tuberkulose der Speiseröhre vor.

Bei drei von ihnen war die Hauptveränderung im Bereiche der Kardia lokalisiert und erstreckte sich sowohl in den Magen als auch in die Speiseröhre. Bei den restlichen 8 Fällen lag 5mal eine nur oberflächliche längliche Geschwürsbildung vor; der Lymphabfluß war nie im Sinne des Primärkomplexes erkrankt. Nur in einem Falle (lfd. Nr. 32, List. Nr. 93) bestand eine schwere Erkrankung des Lymphabflusses; doch ging diese auf einen käsig-pneumonischen Primärinfekt der Lunge und nicht auf die oberflächlichen Geschwüre der Speiseröhre zurück.

In 3 Fällen war die Speiseröhrentuberkulose nach dem Gesamtbild eine primäre.

E. K. Lfd. Nr. 31, List. Nr. 72, 78 Tage nach Erstinfektion gestorben (s. Abb. 17). Gleich unterhalb des rechten Recessus piriformis ein völliger Defekt der Speiseröhrenschleimhaut. Nach unten zu geht er in ein zirkuläres, noch tiefer greifendes Geschwür über, das bis in die Bifurkationsgegend hinabreicht. Oberer und unterer Rand stark zerfetzt und unterminiert. Grund stellenweise käsig belegt, stellenweise ziehen verdickte graue Stränge über ihn hinweg. In der Mitte zwischen Bifurkation und Ringknorpel reicht der Defekt durch alle Schichten der Speiseröhrenwand hindurch. Die hier gebildete etwa haselnußgroße Höhle läßt sich bis neben die Trachea verfolgen. Sie ist von käsigen Massen erfüllt. Speiseröhrenmuskulatur oberhalb dieser Stelle stark hypertrophisch. Die beiderseitigen unteren und oberen tracheobronchialen, paratrachealen, unteren tiefen zervikalen, vorderen und hinteren oberen und unteren mediastinalen Lymphknoten sind beträchtlich vergrößert, miteinander verbacken und auf dem Schnitt total verkäst. Ihr Bild entspricht voll und ganz dem der Darmlymphabflußerkrankung.

Ähnlich liegt der Fall lfd. Nr. 14, Sekt. Nr. 113, gestorben 57 Tage nach der Erstinfektion.

Nach der kraterförmigen Beschaffenheit der tiefsten Stelle des großen Speiseröhrengeschwürs beider Fälle muß daran gedacht werden, daß hier ein Einbruch eines anliegenden erweichten verkästen Lymphknotens in die Speiseröhre die Geschwürsbildung verursacht hat. Bei dieser Annahme müßte allerdings eine andere Quellgebietsinfektion für die Lymphabflußerkrankung namhaft gemacht werden. Nach ihrer Lokalisation könnte höchstens ein Prozeß in der Lunge in Frage kommen. Ein solcher aber ließ sich in eingehender Untersuchung ad hoc nicht nachweisen. Was in dem einen Fall an Lungenveränderungen vorhanden war, zeigt Abb. 17; im anderen Fall waren sie ähnlicher Art; es sind nur ungleichmäßig über die ganze Lunge verstreute kleine Herde, die, wie auch die übrigen Fälle zeigen, keine derart starke Lymphabflußerkrankung bedingen. Auch fehlt eine nennenswerte Erkrankung und Schwellung der pulmonalen, also dem Lungengewebe zunächst gelegenen Lymphknoten. Es bleibt somit die Annahme, daß die Speiseröhre von der Lichtung aus primär infiziert wurde, schon die nächstgelegene; dennoch kann ein in Abhängigkeit von der Speiseröhreninfektion erkrankter Lymphknoten an der tiefsten Stelle des Geschwüres in den Geschwürsgrund durchbrochen sein.

G. P. Lfd. Nr. 47, List. Nr. 124. Tod 100 Tage nach der Erstinfektion (s. Abb. 18). Etwa in Höhe des Ringknorpels beginnen streifige Schleimhautdefekte, die nach unten zu immer breiter werden und etwa 2 Querfinger oberhalb der Bifurkation zu einem zirkulären Geschwür konfluiert sind. Noch weiter abwärts ist die Speiseröhre höchstgradig erweitert. Die Schicht der queren Muskelfasern liegt frei, aber auch sie ist stellenweise schon zerstört. Ja, der geschwürige Prozeß ist an einzelnen Stellen nur noch durch eine äußere dünne Bindegewebslage gegen die Pleurahöhle abgedeckt. Magenwärts nimmt die Geschwürsbildung an Tiefe wieder ab, erstreckt sich aber zungenförmig bis fast zur Hälfte der kleinen Krümmung in den Magen hinein. Die hinteren und vorderen unteren und oberen mediastinalen, die tracheobronchialen, paratrachealen, gastrischen, pankreatiko-duodenalen und portalen Lymphknoten sind groß, miteinander verbacken und völlig verkäst. Ihr Bild entspricht in jeder Hinsicht dem der mesenterialen Lymphknoten. Die äußere Wand der unteren Speiseröhre und der kleinen Magenkrümmung zeigt eine plattenartige käsige Schicht mit lymphangitischen Ausläufern.

Die Primärinfektnatur der Speiseröhrenerkrankung dieses Falles ist nach dem Gesamtbild offensichtlich. Die Ausdehnung und Tiefe des geschwürigen Prozesses, die Stärke der Lymphabflußerkrankung und ihre Übereinstimmung mit der des Darmes lassen eine andere Deutung kaum zu. Nur daran wäre vielleicht zu denken, daß aus einem Gaumenmandelgeschwür oder gelegentlich stärkeren Erbrechens auch aus dem Darm subprimär Virus in die Speiseröhre gelangt wäre und hier gehaftet hätte. Diese Möglichkeit gilt für alle im Bereiche des mittleren Verdauungstraktus beschriebenen, als primär angesprochenen Veränderungen; sie kann nicht abgelehnt, aber auch nicht bewiesen werden. Sieht man von dieser Möglichkeit ab, so stellen die zuletzt erörterten 3 Fälle die einzigen bisher bekannten Fälle von primärer Speiseröhrentuberkulose dar.

Eine Erklärung für das Haften der Infektion in der Speiseröhre ließ sich in der Krankengeschichte der beiden Kinder nicht finden. Auch anatomisch fand sich kein Anhalt dafür, daß der Speisebrei in der Speiseröhre länger als gewöhnlich verweilt habe. Am nächsten

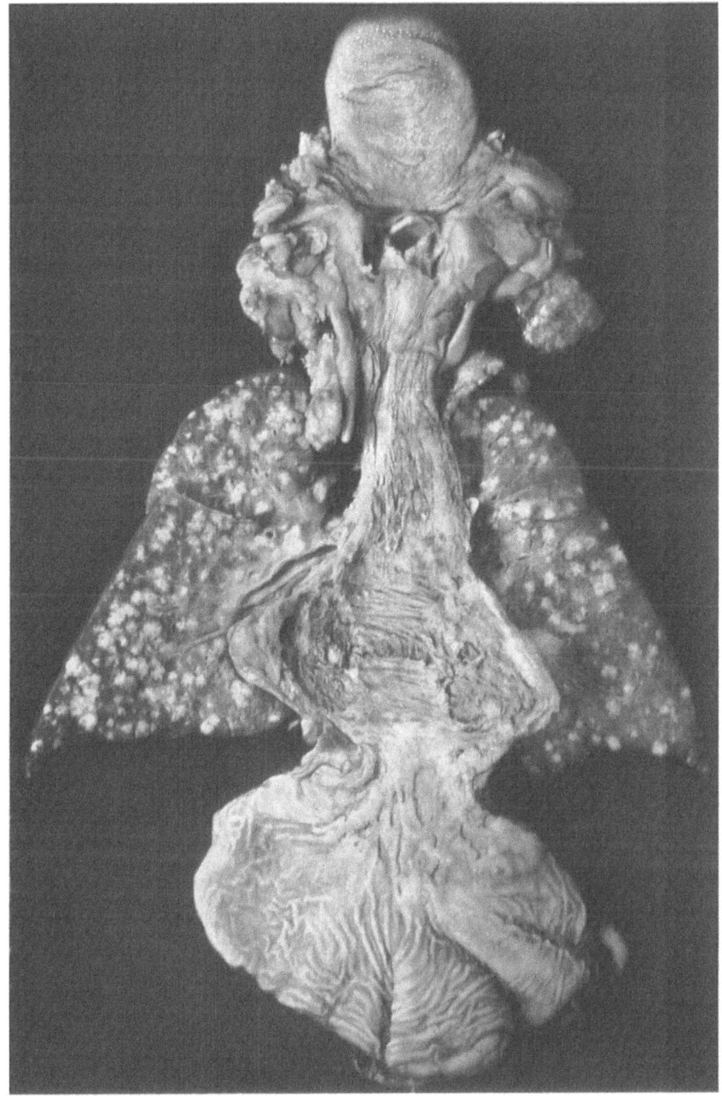

Abb. 18. Tiefgreifende primäre geschwürige Tuberkulose der unteren Speiseröhre mit starker Erweiterung. Übergreifen der mehr oberflächlichen geschwürigen Veränderungen auf den Kardiamagen. 100 Tage nach der Erstinfektion.

liegt die Annahme, daß die Schleimhaut bei der Impfstoffverabreichung durch Würgen und Erbrechen geschädigt worden ist; doch auch hierfür läßt sich in der Krankengeschichte ein Beleg nicht beibringen.

Zusammenfassung.

Im Bereich des mittleren Verdauungstraktus fanden sich: im Duodenum in 4 von 60, im Magen in 27 von 61, in der Speiseröhre in 11 von 57 Fällen tuberkulöse Veränderungen. Diese bestanden für das Duodenum in 3 Fällen, für den Magen in 16, für die Speiseröhre in 6 Fällen in Prozessen, die nach dem Gesamtbefund als postprimär aufgefaßt werden müssen.

Das Duodenum wies in einem Falle ein tiefergreifendes Geschwür und in seinem Lymphabfluß eine Erkrankung auf, die der eines Primärkomplexes entsprach. Die Entstehung dieses Duodenalgeschwüres dürfte jedoch eher auf einen Durchbruch eines einem Magengeschwür regionären verkästen Lymphknotens, als auf eine primäre Infektion der Duodenalschleimhaut zurückgeführt werden. Der Magen zeigte 11mal, und zwar 5mal in der Gegend der Kardia, 6mal am Pylorus, ein Bild, das nach dem lokalen und Lymphabflußbefund den Anforderungen entsprach, die wir an eine primäre Tuberkulose stellen müssen. In der Speiseröhre war dies in 2 Fällen der Fall. In weiteren 3 Fällen war die untere Speiseröhre dadurch erkrankt, daß eine primäre Kardiatuberkulose auf sie übergegriffen hatte. Mit diesen Beobachtungen darf das Vorkommen einer primären Magen- und Speiseröhrentuberkulose als sichergestellt betrachtet werden.

Die Häufigkeit vor allem der postprimären Erkrankungen legt die Annahme nahe, daß weniger die Virusmenge, als vielmehr die besonderen Verhältnisse des Säuglingsalters für das Angehen der Infektion im Magen und in der Speiseröhre von Bedeutung sind. Die Hauptrolle dürfte hierbei die mechanische Schädigung der Schleimhaut beim Würgen und Erbrechen spielen.

b) Klinische Erscheinungen von seiten des mittleren Verdauungstraktus (Speiseröhre, Magen, Duodenum).

Noch weniger als der pathologische Anatom konnte der Kliniker mit irgend bedeutungsvollen Veränderungen im Bereich der Speiseröhre, des Magens und Zwölffingerdarms rechnen. Immerhin ist einiges aufgefallen, was auf eine Mitbeteiligung des mittleren Verdauungstraktus hinwies. So bestanden in 2 Fällen (Nr. 72, 124) von primärer Speiseröhrentuberkulose besondere Schwierigkeiten bei der Nahrungsaufnahme. Die Kinder waren appetitlos, ja verweigerten des öfteren die Nahrung, sei es, daß Brust oder Flasche gereicht wurde. Bei dem Kinde (Nr. 124, s. Abb. 18) löste das Trinken deutliche Schmerzerscheinungen aus, die Brust wurde vielfach losgelassen, zwischendurch erbrochen, so daß sich die einzelne Mahlzeit übermäßig lange hinzog. Beide Kinder hatten allerdings auch eine primäre geschwürige Gaumenmandeltuberkulose, mit der man diese Erscheinungen in Verbindung bringen könnte. Doch sind sie in gleicher Weise bei Kindern mit Gaumenmandel- und Rachenprozessen kaum beobachtet worden. Als charakteristisch kann weiter die Beimengung von hellrotem Blut zum Erbrochenen bezeichnet werden, die außer bei dem Kinde G. P. (Nr. 124) bei einem dritten (nicht von Schürmann sezierten) Fall von primärer Speiseröhrentuberkulose (Nr. 113) und bei einem Kinde (Nr. 119) mit zahlreichen postprimären, nicht tiefer greifenden Geschwüren der Speiseröhre und des Magens beobachtet wurde — beide Male allerdings nur am letzten Lebenstage. Die Lymphabflußerkrankung bei der Tuberkulose des Ösophagus betrifft die vorderen und hinteren, oberen und unteren mediastinalen, die tracheobronchialen, paratrachealen und bronchopulmonalen Lymphdrüsen, also die gleiche Lymphdrüsengruppe, die wir bei pulmonalem Primärinfekt erkranken sehen. Bei beträchtlicher Vergrößerung der Drüsen, wie sie bei Primärerkrankung des Ösophagus zu erwarten ist und tatsächlich angetroffen wurde, liegt ihre Darstellung im Röntgenbilde genau so im Bereiche der Möglichkeit wie bei einer von dem pulmonalen Quellgebiet ausgehenden Erkrankung. Die bei dem Kinde E. B. (Nr. 113) vorgenommene Röntgendurchleuchtung ergab dementsprechend eine taubeneigroße Verschattung am rechten Hilus und Trübung im linken Oberfeld. Wir müssen sie nach dem Sektionsbefund auf die geschwürige Primärtuberkulose des oberen Ösophagus beziehen, die zu einer totalen Verkäsung der Lymphknoten des oberen vorderen Mediastinums, der rechten paratrachealen und Hiluslymphknoten geführt hatte. Im Bereich der Lunge wurde kein Primärinfekt festgestellt, sondern der allgemeinen subakuten Generalisierung entsprechend eine ungleichmäßige Aussaat im ganzen nur spärlicher Herde. Im Falle G. L. (Nr. 119) dagegen, wo im Anschluß an postprimäre Speiseröhrengeschwüre die Drüsen des Lymphabflußgebietes nur wenig vergrößert, nur partiell verkäst oder vereinzelte Tuberkel enthaltend gefunden wurden, ließ das Röntgenbild irgendwelche Drüsenschatten nicht erkennen.

Nach diesen Erfahrungen wird man in Zukunft nicht jede einer Drüsenvergrößerung entsprechende Verschattung im Röntgenbild ohne weiteres auf eine pulmonale Haftung des Tuberkelbazillus beziehen dürfen, so wie das bisher geschah. Vorläufig allerdings liegt über primäre Speiseröhrentuberkulose unter natürlichen Infektionsbedingungen noch kein Material vor.

Die Primärerkrankungen des Magens — an Zahl häufiger als diejenigen des Ösophagus — waren zu ungefähr gleichen Teilen an Kardia und Pylorus lokalisiert. Einmal (Nr. 31) bestand zugleich eine Duodenalerkrankung (s. Abb. 12). Klinische Erscheinungen auf die Magenaffektion zu beziehen, stößt deshalb auf nicht geringe Schwierigkeiten, weil stets gleichzeitig anderweitige schwere Veränderungen speziell im Bereiche des Darmes, der zugehörigen Drüsen und des Peritoneums vorlagen. Immerhin läßt sich soviel sagen, daß Neigung zu Erbrechen eigentlich nur das Pylorusulkus charakterisiert (Nr. 31, 55, 65, 129), während die Lokalisation an der Kardia nur dann zu Erbrechen führt, wenn der untere Abschnitt des Ösophagus mitbeteiligt ist (Nr. 60). Man wird an einen reflektorisch ausgelösten Muskelkrampf des Pylorus denken müssen. Besondere Verhältnisse lagen bei dem Kinde Ch. B. (Nr. 85) vor, insofern zwar ein sogar perforiertes, wenn auch durch Verödung der Bursa omentalis gedecktes Geschwür vorlag (s. Abb. 16), das häufige Erbrechen aber eine völlig ausreichende Erklärung in einer schweren Bauchfelltuberkulose fand, die das Bild des subchronischen Ileus mit hochgradigem Meteorismus hervorrief.

3. Die Erkrankung der Halslymphknoten und ihrer Quellgebiete.

a) Die anatomischen Befunde.

α) Die Veränderungen der Halslymphknoten.

Sofern bei den Lübecker Kindern überhaupt Halslymphknoten erkrankt waren, waren es die tiefen zervikalen und zwar besonders deren obere Gruppe.

Mit einer medialen Gruppe, die bei der Erkrankung des Quellgebietes gewöhnlich am stärksten anschwillt, liegen sie medial vom M. sternocleidomastoideus, im Trigonum caroticum, hängen aber mit der lateralen und hinter dem genannten Muskel gelegenen Gruppe gewöhnlich zu einer nicht weiter auflösbaren Paketplatte zusammen. Die unteren gleichnamigen Lymphknoten sind gewöhnlich weniger stark erkrankt. Von ihnen sind häufig Verbindungen zu den axillaren Lymphknoten nachweisbar. Nach Bartels erhalten die oberen tiefen zervikalen Lymphknoten vom Kopf und fast sämtlichen Teilen des oberen Halsgebietes mittelbar oder unmittelbar ihre Lymphzuflüsse.

Unter 58 selbst oder mitbeobachteten Fällen waren die tiefen zervikalen Lymphknoten 52mal tuberkulös erkrankt; in 6 Fällen fehlte jegliche Tuberkulose im Bereiche der Halslymphknoten; in weiteren 6 Fällen mußte sie als nichtprimär, in 46 Fällen also als einem Primärkomplex zugehörig angesprochen werden. Darunter sind 2 Fälle, bei denen von sämtlichen Halslymphknoten (Stufenserie) nur die oberen tiefen zervikalen Lymphknoten eine Tuberkulose aufwiesen, und zwar jeweils nur in einem Lymphknoten der rechten Gruppe.

Beide Kinder starben an einer akzidentellen Erkrankung und die Gesamttuberkulose war nur sehr wenig ausgedehnt. Der eine Fall (lfd. Nr. 42, List. Nr. 201, Tod 91 Tage nach der Erstinfektion) zeigte im Dünndarm eine nur histologisch erkennbare Veränderung (s. Abb. 7) und in den mesenterialen Lymphknoten schon makroskopisch sichtbare konfluierende fibrös-umkapselte käsige Herdchen. Außerdem fanden sich sehr vereinzelte, ebenfalls ältere Tuberkel der Milz. Mit den Veränderungen in einem rechten oberen tiefen zervikalen Lymphknoten waren dies die einzigen tuberkulösen Veränderungen im Körper. Innerhalb des zervikalen Lymphknotens bestanden sie in 3 submiliaren Tuberkeln aus spindeligen Epitheloidzellen und einzelnen Riesenzellen. Im Quellgebiet war von Tuberkulose oder von Spuren einer solchen nichts nachweisbar. — Im 2. Fall (lfd. Nr. 77, List. Nr. 147, Tod 498 Tage nach der Erstinfektion) war im Darm histologisch ebenfalls nichts zu finden. Die mesenterialen Lymphknoten zeigten die in Abb. 1 wiedergegebenen kleinen, zentral verkalkten Käseherdchen. Ein einziges solches fand sich auch in einem rechten oberen, tiefen zervikalen Lymphknoten. Dieser Herd entsprach also nach Alter und Art des Befundes völlig dem des Darmlymphabflusses. Das Quellgebiet, ebenfalls in Stufenserien untersucht, zeigte nichts von Tuberkulose, wie auch im übrigen Körper eine weitere Tuberkulose nicht nachweisbar war.

Die Frage, ob im Quellgebiet tuberkulös erkrankter Halslymphknoten stets anatomische Veränderungen zu finden sein müssen, sei hier zunächst außer acht gelassen. Für zwei andere Fragen scheinen uns diese beiden Fälle aber von Bedeutung zu sein. Makroskopisch war bei beiden an den Halslymphknoten nichts von Tuberkulose zu entdecken gewesen und auch eine gewöhnliche histologische Untersuchung mit nur wenigen Schnitten hätte die Veränderungen möglicherweise unaufgedeckt gelassen. Sehen wir davon ab, daß in diesen Fällen gleichzeitig eine Mesenterialdrüsentuberkulose, also ein 2. Primärkomplex bestand, so lehren die Befunde, daß eine primäre Infektion sehr geringfügige, leicht übersehbare Veränderungen setzen kann. Vermutlich ändert eine solche, wenn auch geringfügige Infektion dennoch die Reaktionsweise des Organismus gegenüber den Tuberkelbazillen, sowie dies nach allen Erfahrungen die anatomisch gewöhnlich etwas stärker ausgeprägte spontane Primärinfektion, z. B. der Lunge tut. Bei einer neuen Infektion an irgendeiner anderen Körperstelle, z. B. in der Lunge, würde dann in solchen Fällen nicht mehr das Bild des Primärkomplexes mit der stärkeren Lymphabflußerkrankung, sondern nur ein isolierter Herd mit nur geringer oder gar keiner Erkrankung der regionären Lymphknoten auftreten. Solche Fälle könnten dann fälschlich in dem Sinne gedeutet werden, daß eine primäre Infektion nicht notwendig unter dem Bilde des Primärkomplexes zu verlaufen braucht. — Darüber hinaus zeigen die beiden Fälle, daß anscheinend auch bei nur geringer Virusmenge oder wenig virulentem Virus das Quellgebiet der Halslymphknoten als Eintrittspforte in Frage kommt.

In den übrigen 44 Fällen war die Erkrankung der oberen tiefen zervikalen Lymphknoten ausgedehnter. Die Befunde entsprachen in jeder Hinsicht denen des Darmlymphabflusses, wenn auch gelegentlich Unterschiede in der Stärke der Lymphknotenvergrößerung vorhanden waren. Nur eine Begleitveränderung war an den Halslymphknoten häufiger zu finden: die Erweichung. Sie hatte vielfach zu Fistelbildungen geführt. Vielleicht sind für die größere Häufigkeit dieser Besonderheit an den Halslymphknoten Mischinfektionen verantwortlich zu machen, die von der Mundrachenhöhle aus in die Halslymphknoten vorgedrungen sind. Jedenfalls konnten wir in dem verflüssigten käsigen Material mehrfach hämolytische Streptokokken nachweisen. Aber die Erweichung bedarf einer derartigen Mischinfektion natürlich nicht; sie kommt auch ohne ihre Mithilfe vor, ebenso wie die schwielige Periadenitis, die im Bereiche der Halslymphknoten vielfach stärker war als an den mesenterialen Lymphknoten. In einem Fall (lfd. Nr. 37, List. Nr. 100) war diese so hochgradig, daß der untere Teil des M. sternocleidomastoideus mit einbezogen war. Es lag ein Bild vor, wie man es beim Schiefhals beobachtet.

Wie stark im einzelnen die Vergrößerung, Verkäsung, Verbackung und Paketbildung an den tiefen zervikalen Lymphknoten gewesen ist, erhellt zur Genüge aus den verschiedenen Abbildungen. Nur in 6 Fällen war die Tuberkulose der Halslymphknoten gering, und auf Grund des Vergleiches mit der Lymphabflußerkrankung z. B. des Darmes mußte für diese Fälle angenommen werden, daß sie ihre Entstehung einer postprimären Quellgebietsinfektion verdankte.

Weniger groß als das Quellgebiet der tiefen zervikalen Lymphknoten ist das der mandibularen Lymphknoten.

Nach Bartels, der hier mit anderen Autoren 3 verschiedene Gruppen unterscheidet, beziehen sie ihre Lymphe aus der Gesichtshaut, von den Zähnen, dem Zahnfleisch, dem Mundboden und der Wangenschleimhaut.

Bei den verstorbenen Kindern waren die mandibularen Lymphknoten zwar sehr häufig, aber in wechselnder Stärke erkrankt.

Nur in einem Falle waren sie besonders groß und völlig verkäst. Hier bestand eine ausgedehnte Tuberkulose des Zahnfleisches mit Sequestration des Zahnkeimes (s. Abb. 25). Warum sonst die mandibularen Lymphknoten einmal stark, einmal weniger stark ergriffen waren, war nicht immer klar ersichtlich. Jedenfalls lag bei starker Miterkrankung dieser Lymphknoten keineswegs immer eine Erkrankung des Zahnfleisches oder der Wangenschleimhaut vor. Vielfach bestand in solchen Fällen bei nur umschriebenem Primärinfekt überhaupt eine maximale Erkrankung der Lymphknoten (s. z. B. Abb. 19, 37, 42, 43, 45). Es scheint sich hier die Tuberkulose mehr nach dem Verzweigungs-, als nach dem Leitungsgesetz ausgebreitet zu haben.

Das gleiche gilt von den paramandibularen, submentalen, lingualen und vorderen zervikalen Lymphknoten.

Demgegenüber zeigten die retropharyngealen Lymphknoten (s. Abb. 37 b) deutlichere Beziehungen zu bestimmten Quellgebieten.

Bartels läßt sie aus dem hinteren und oberen Rachen, insbesondere aus der seitlichen Rachenwand bis zur Tubenöffnung, aus dem Naseninnern und von der Tuben- und Paukenhöhlenschleimhaut ihre Lymphe beziehen. Unsere Beobachtungen bestätigen dies vollauf. Wenngleich die beiderseitigen lateralen retropharyngealen Lymphknoten fast stets irgendwelche tuberkulösen Veränderungen aufwiesen, so waren sie doch dann regelmäßig stärker vergrößert und völlig verkäst, wenn eine tiefgreifende Epipharynx- oder eine primäre Mittelohrtuberkulose vorlag. Dieses Verhalten war besonders deutlich, wenn die Mittelohrerkrankung nur einseitig war; alsdann war auch der entsprechende retropharyngeale Lymphknoten am stärksten vergrößert und verkäst.

Ähnlich steht es mit den aurikulären Lymphknoten.

Nach Bartels werden hintere, vordere und untere unterschieden. Die hinteren sollen von der Hinterfläche der Ohrmuschel und benachbarten Bezirken der Kopfhaut, die vorderen vom vorderen Teil, die unteren vom unteren Teil der Ohrmuschel und alle 3 Gruppen vom äußeren Gehörgang, nach Most die unteren auch vom Mittelohr Zuflüsse erhalten. Die vorderen und unteren stehen mit den Lymphoglandulae parotideae in Verbindung.

Bei 53 selbst untersuchten Kindern waren die präaurikulären Lymphknoten 7mal makroskopisch sichtbar erkrankt. In 5 von diesen 7 Fällen lag eine primäre Tuberkulose des Mittelohrs mit Sitz in der Paukenhöhle und Zerstörung des Trommelfells vor; in 1 Fall mit doppelseitiger Erkrankung der präaurikulären Lymphknoten bestand nur auf einer Seite eine Tuberkulose des Mittelohres, und zwar nach dem ganzen Befund eine subprimäre (lfd. Nr. 53, List. Nr. 244). Die Tuberkulose der Halslymphknoten war insgesamt sehr schwer und ausgedehnt. In einem weiteren Falle waren an den Ohren keinerlei tuberkulöse Veränderungen nachweisbar, und andererseits waren in 2 Fällen von primärer Mittelohrtuberkulose die präaurikularen Lymphknoten nur mikroskopisch erkrankt (lfd. Nr. 41, List. Nr. 52 und lfd. Nr. 61, List. Nr. 60).

Etwas Ähnliches gilt von den unteren aurikulären, bzw. parotidealen Lymphknoten, während die hinteren aurikulären auch bei primärer Mittelohrtuberkulose nicht selten eine stärkere Schwellung vermissen lassen. Ohne Erkrankung des Ohrs haben wir sie nur in einem Falle stärker vergrößert gefunden; in diesem Falle waren allerdings alle überhaupt vorhandenen Halslymphknoten in schwerster Weise erkrankt. Wahrscheinlich ist es für die Erkrankung der hinteren aurikulären Lymphknoten nicht unwesentlich, wo innerhalb des Ohres die Hauptveränderung lokalisiert ist, insbesondere auch wieweit das Antrum und die pneumatischen Zellen des Warzenfortsatzes ergriffen sind. Die präaurikularen Lymphknoten dagegen scheinen regelmäßig im Sinne des Primärkomplexes zu erkranken, sofern überhaupt die Paukenhöhle infiziert wird. Für die klinische Diagnose dürfte diesem Verhalten eine besondere Bedeutung zukommen.

Die retropharyngealen und aurikularen Lymphknoten verraten somit am ehesten, wo im Quellgebiet tuberkulös erkrankter Halslymphknoten ein Primärinfekt zu suchen ist. In der Erkrankung der übrigen Halslymphknoten liegt jedoch kein derartiger Hinweis. Dafür liegen die in Frage kommenden Gegenden zu nahe beieinander, und die zugehörigen Lymphabflußwege sind infolge sehr reichlicher Verzweigungen nicht genügend voneinander geschieden. Ja, anscheinend sind nicht nur innerhalb ein und der gleichen Seite derartige Verzweigungen reichlich ausgeprägt, es bestehen offenbar auch ausgesprochene Rechts-Linksverbindungen; denn wenn bei einem Primärinfekt, z. B. der rechten Gaumenmandel, zwar der Lymphabfluß der rechten Seite auch besonders stark erkrankt war, so fehlte doch nie eine Erkrankung auch der anderen Seite.

Eine um so größere Bedeutung kommt deswegen dem Nachweis der

β) Quellgebietsveränderungen der Halslymphknoten

zu. Vor dem Lübecker Unglück lagen größere Erfahrungen darüber, ob bei einer Halslymphknotentuberkulose überhaupt anatomische Veränderungen im Quellgebiet vorhanden sein würden, nicht vor. Nach den Befunden, die wir bei den Lübecker Kindern erheben konnten, läßt sich die Frage jetzt grundsätzlich bejahen. Die Quellgebietsveränderungen können dabei an sehr verschiedenen Stellen sitzen, am häufig-sten in Rachen-, Gaumentonsillen oder Mittelohren.

Nur in 2 Fällen waren im Quellgebiet erkrankter Halslymphknoten tuberkulöse Veränderungen nicht nachweisbar.

Jedenfalls konnten bei einer Stufenserienuntersuchung großer Teile der Mundschleimhaut, der Zungen-, Rachen- und Gaumentonsillen, sowie der Mittelohren keinerlei tuberkulöse Veränderungen nachgewiesen werden. Allerdings waren die Veränderungen an den Lymphknoten auch so gering, daß sie makroskopisch übersehen worden waren (s. S. 80).

In 45 Fällen dagegen war ein Quellgebietsbefund vorhanden, darunter 29mal an den Gaumenmandeln.

Hier zwischen primären und nichtprimären Veränderungen zu unterscheiden, war nicht weniger schwer, als z. B. im Dünndarm. Die für den Primärkomplex charakteristische Lymphabflußerkrankung half natürlich nicht weiter, wenn neben den Gaumenmandeln auch die Rachenmandeln oder gar die Mittelohren gleichartig erkrankt waren, ein, wie Tabelle 1 zeigt, keineswegs so seltenes Ereignis. In derartigen Fällen konnte man die verschiedenen Veränderungen nur abwägend miteinander vergleichen und nach Schwere und Alter als primär oder nichtprimär ansprechen. Das war einfach, wenn z. B. in der einen Gaumenmandel nur eine Follikelverkäsung oder ein follikuläres Geschwür vorhanden war, während die andere Tonsille oder die Rachenmandel fast ganz geschwürig abgeweidet war. In anderen Fällen aber war es weniger leicht.

Insgesamt glauben wir in 8 von 53 Fällen eine post-, oder was davon auch hier nicht sicher zu trennen ist, eine subprimäre, und in 22 Fällen eine primäre Gaumenmandeltuberkulose annehmen zu müssen. Bei einem der erstgenannten 8 Fälle bestand auf der einen Seite eine postprimäre, auf der anderen Seite eine primäre Erkrankung.

Die postprimären Gaumenmandelveränderungen bestanden in 3 Fällen nur in Tuberkeln, die im lymphadenoiden Gewebe gelegen waren. Das Epithel war unversehrt. Es scheint uns noch nicht einmal sicher, ob bei diesen Fällen das Virus von der Mundhöhle aus eingedrungen ist; eine hämatogene Aussaat dürfte nicht auszuschließen sein (s. Krauspe). Bei weiteren 3 Fällen lagen follikuläre Geschwüre

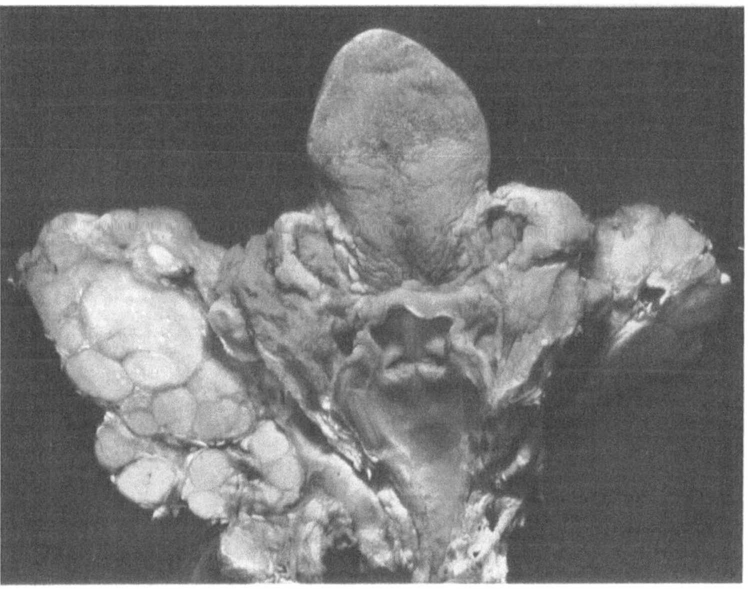

Abb. 19. Primäre geschwürige Tuberkulose beider Gaumenmandeln mit völliger Zerstörung des lymphadenoiden Gewebes. 110 Tage nach der Erstinfektion.

der Gaumenmandelkrypten neben Tuberkeln des lymphadenoiden Gewebes vor, und bei noch 2 weiteren Fällen waren die geschwürigen Kryptenveränderungen etwas größer. In 4 dieser Fälle bestand auf der Seite der Erkrankung oder überhaupt im Halsgebiet nur ein Lymphknotenbefund, wie wir ihn bei postprimären Infektionen kennen.

Die primäre Gaumenmandeltuberkulose war stets durch eine ausgedehntere geschwürige Zerstörung des Tonsillengewebes gekennzeichnet.

An Stelle einer sich vorbuckelnden Tonsille war ein flacher zerklüfteter Defekt (s. Abb. 19, 37, 45) vorhanden, der etwa dem Bett der Gaumenmandel entsprach, seltener darüber hinausreichte, mehrfach aber auch kleiner war. Histologisch bietet die primäre Tuberkulose keinen anderen Befund als tuberkulöse Veränderungen an lymphadenoidem Gewebe überhaupt bieten (s. Abb. 20). Bei weniger ausgedehntem Zerfall konnten noch Kryptenreste oder auch mehr oder weniger reichliches lymphadenoides Gewebe vorhanden sein. Die Erkrankung war 16mal doppelseitig und 6mal einseitig; in 10 Fällen bestand im Quellgebiet der Halslymphknoten kein anderweitiger, ähnlich schwerer Prozeß, die Tonsillentuberkulose war in diesen Fällen die alleinige primäre Tuberkulose der Halsregion; in 8 Fällen lag jedoch ein gleichartiger Prozeß im Bereich der Rachentonsille und in weiteren 4 Fällen außerdem noch eine Tuberkulose der Mittelohren vor.

Wegen dieser Vergesellschaftung der Gaumenmandeltuberkulose mit ähnlich schweren Veränderungen, z. B. des Epipharynx, konnte man Zweifel daran haben, ob die Gaumenmandelgeschwüre wirklich Primärinfekte darstellten. Diese Zweifel wurden jedoch behoben durch einen Teilbefund, wie er nur Primärinfekten zukommt.

Zerlegte man die Gaumenmandeln mit ihrem Lymphabflußgebiet in Serienschnitte, so ließ sich schon von der Gaumenmandelkapsel ab ein manchmal kontinuierlicher lymphangitischer Strang zu den oberen tiefen Halslymphknoten verfolgen. In Abb. 21 ist ein solcher Strang in Begleitung der Venen

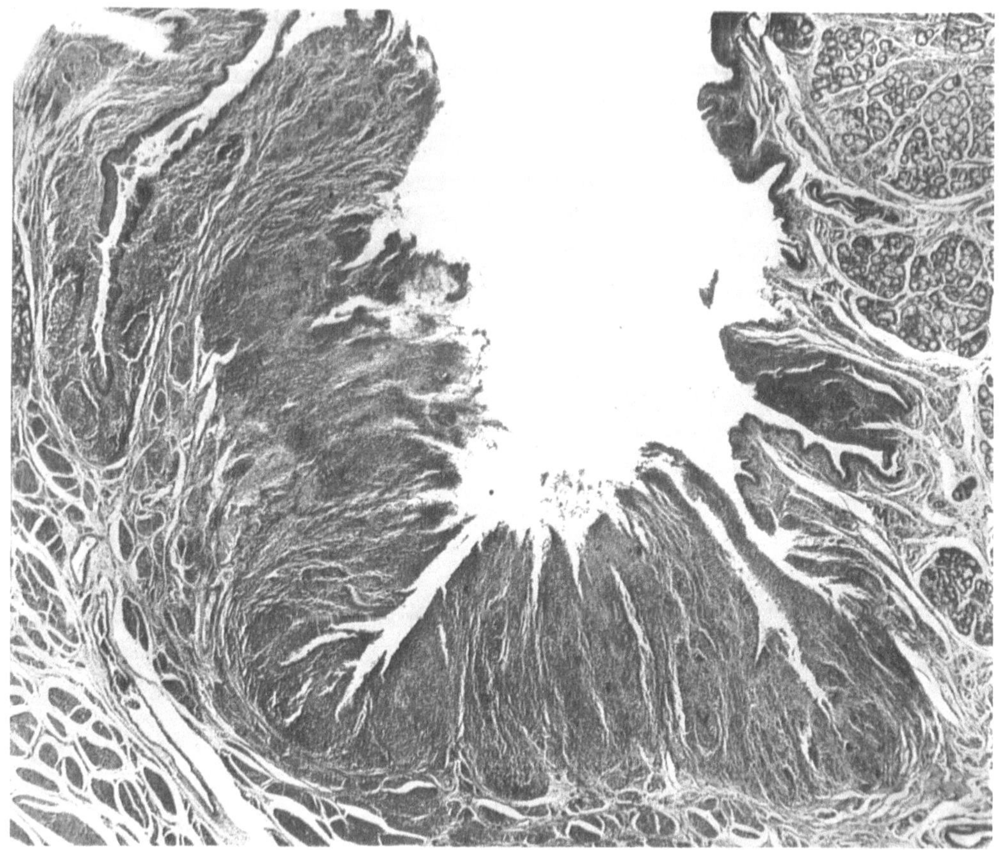

Abb. 20. Histologisches Bild zu einer primären geschwürigen Gaumenmandeltuberkulose. 69 Tage nach der Erstinfektion.

zu sehen. Die Gaumenmandelprimärinfekte zeigen hier ein ganz ähnliches Verhalten wie die Lungenprimärinfekte.

Abgeheilte Primärinfekte der Gaumenmandeln haben wir bei den verstorbenen Kindern in Lübeck nicht gesehen. Nach den Befunden, wie sie in Abb. 19 und 21 vorliegen, dürfte die Abheilung wahrscheinlich in der Weise vor sich gehen, daß sich der Geschwürsgrund nach vorheriger Reinigung von der Nachbarschaft aus epithelialisiert. Sofern überhaupt noch etwas lymphadenoides oder auch nur lockeres Bindegewebe übrig blieb, dürfte auch das zerstörte lymphadenoide Gewebe ersetzt werden können, und es ist denkbar, daß von der geschwürigen tuberkulösen Zerstörung keine gröberen Spuren zurückbleiben.

Einwandfreie Fälle von primärer Gaumenmandeltuberkulose sind überaus selten.

Ghon und Kudlich lassen von den bis 1931 im Schrifttum mitgeteilten Fällen nur den von Ruf (1925) gelten. Er betraf einen $3^1/_2$ Monate alten Knaben. Als einwandfrei werden nur solche Fälle angesehen, bei denen ein 2. Primärinfekt nicht in Frage kommt. Danach müssen die hier beschriebenen Fälle ausscheiden, weil bei allen Fällen niemals nur ein einziger Primärinfekt vorgelegen hat. Wir möchten uns diesem sehr kritischen Vorgehen von Ghon und Kudlich nicht anschließen, vielmehr in der starken Neigung der kontinuierlichen lymphangitischen Weiterausbreitung, wie sie aus Abb. 21 ersichtlich ist, ein beweisendes Kennzeichen des Primärinfektes erblicken. Ebenso wie der Fall von Ruf genügt der von Drösler (1929, 1½jähriges Kind) und der von Hamperl und Wallis (1933, 3 Monate altes Kind) den Anforderungen, die an eine primäre Gaumenmandeltuberkulose gestellt

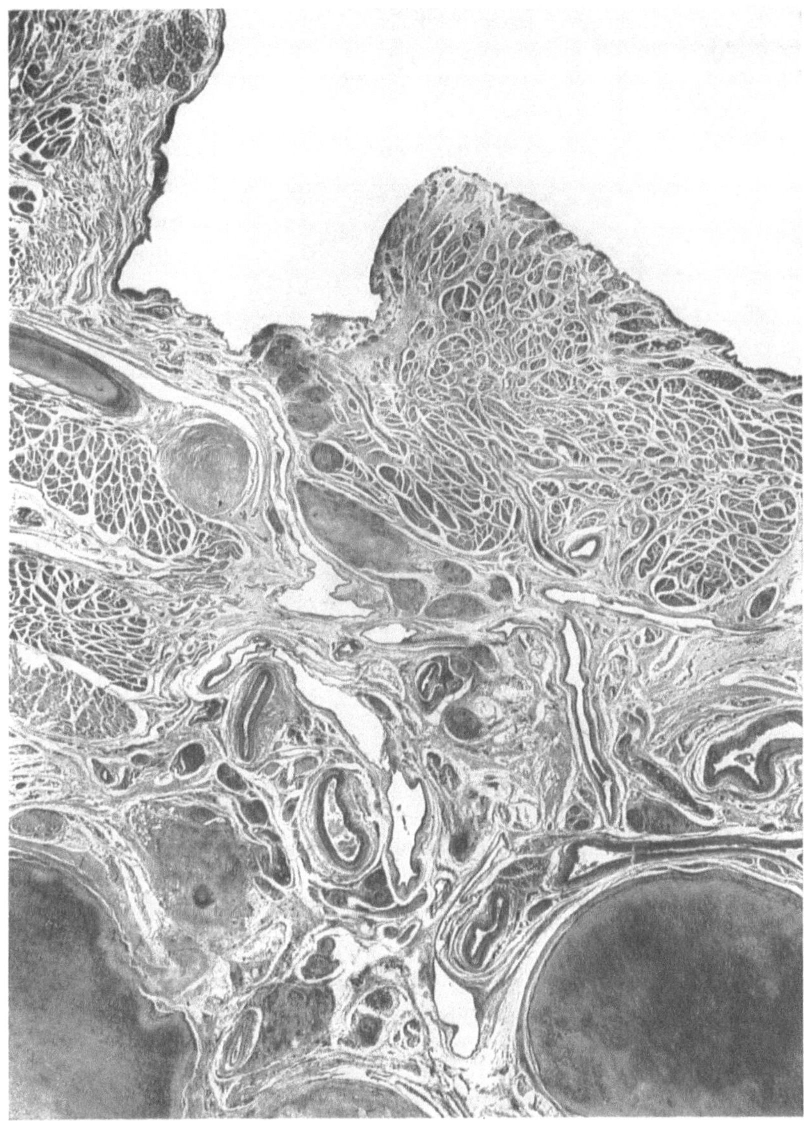

Abb. 21. Primäres tuberkulöses Geschwür einer Gaumenmandel. Das lymphadenoide Gewebe ist völlig geschwunden, der Geschwürsgrund gereinigt. Vom Gaumenmandelbett zieht ein kontinuierlicher lymphangitischer Strang entlang den Venen zu den regionären Lymphknoten.

worden sind. Immerhin wäre auch bei diesen Fällen die Ausschließung einer Rachentonsillentuberkulose nicht überflüssig gewesen. Hamperl und Wallis lassen im übrigen auch die Fälle von Albrecht, Ghon und von Hamburger gelten.

Häufiger noch als die Gaumenmandeln zeigte die Rachentonsille tuberkulöse Veränderungen.

Unter den 53 selbst untersuchten Fällen waren solche 42mal, d. i. in 79,2% vorhanden, und zwar 26mal (= 49%) unter einem Bilde, das dem eines Primärkomplexes entsprach, und 16mal im Sinne einer postprimären Infektion.

Die postprimären Veränderungen der Rachentonsille bestanden überwiegend in submiliaren und miliaren Tuberkeln, weniger häufig in Geschwüren.

13mal bestand noch außerhalb der Rachenmandeln, nämlich in Gaumenmandeln oder Mittelohren, eine geschwürige Veränderung und zwar 10mal ein Primärinfekt, 3mal andere postprimäre Prozesse. In 3 Fällen aber fehlten jegliche sonstigen tuberkulösen Veränderungen im Quellgebiet der Halslymphknoten. Es muß hier deshalb angenommen werden, daß die Rachenmandelinfektion entweder durch bazillenhaltiges Sputum oder durch erbrochenen Mageninhalt zustande gekommen ist.

Bei der primären Tuberkulose der Rachentonsille handelt es sich ähnlich wie bei der der Gaumenmandeln immer um geschwürige Veränderungen; sie waren am herausgenommenen Präparat makroskopisch ohne weiteres sichtbar.

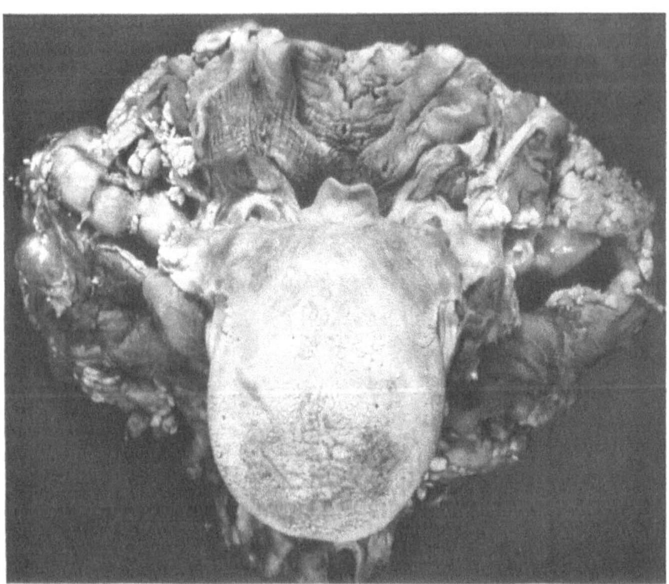

Abb. 22. Primäre geschwürige Tuberkulose des Epipharynx, in den Mesopharynx hineinreichend.

Gewöhnlich waren sie stark mit Schleim bedeckt, im übrigen flach und nur in der Mitte häufig fissurenartig vertieft. In dieser Weise kann die ganze Rachenmandel abgeweidet sein. Nach unten zu reicht der geschwürige Prozeß gelegentlich bis in den Mesopharynx (s. Abb. 22), selten auch noch über ihn hinaus. Jenseits der Geschwürsränder finden sich häufig kleine Trabantgeschwüre. Histologisch ist von lymphatischem Gewebe häufig nichts mehr nachzuweisen, und die geschwürige Zerstörung kann sogar über das Periost hinaus bis in die Markräume des Knochens oder die Synchondrosis sphenooccipitalis hineinreichen (s. Abb. 23, 24). Median gelegene tiefer reichende Fissuren folgen manchmal dem ehemaligen Hypophysengang oder dem Bett der Rachendachhypophyse. Bei längerem Bestand reinigt sich das Geschwür weitgehend, und es liegt nicht selten das submuköse oder periostale Bindegewebe mit einer dünnen oberflächlichen Nekroseschicht frei zutage. Es liegt durchaus im Bereich der Möglichkeit, daß sich bei narbiger Ausheilung aus der Narbe wieder lymphatisches Gewebe entwickelt, so daß die Spuren des ehemaligen tuberkulösen Prozesses makroskopisch nicht mehr zu sehen sind.

Auch bei der primären Schlundkopftuberkulose lassen sich mehr oder weniger kontinuierliche lymphangitische Stränge zu den lateralen retropharyngealen Lymphknoten nachweisen.

Von den 26 Fällen mit primärer Epipharynxtuberkulose war in 14 Fällen außerhalb des Epipharynx kein anderer Primärinfekt im Bereich der Halsregion vorhanden; in 9 Fällen bestand jedoch noch ein solcher in den Gaumenmandeln und in 3 außerdem noch an den Mittelohren.

Über primäre Rachenmandeltuberkulose ist im Schrifttum verschiedentlich berichtet worden. Die Fälle, die unter Zugrundelegung neuzeitlicher Kriterien als sichergestellt gelten dürfen, haben Ghon und Kudlich (1931) zusammengestellt.

Außer an Gaumen- und Rachenmandeln wurden im Bereich der Zungentonsille, des Vestibulum oris, zwischen Alveolarfortsatz und Wange und einmal auch im Hypopharynx tuberkulöse Veränderungen gefunden. Aber sie waren, von einer Ausnahme abgesehen, nie tiefer greifend; ihre postprimäre Natur war nicht zweifelhaft.

Die erwähnte Ausnahme betrifft ein Kind, bei dem die Zahnfleischtuberkulose so tief ging, daß der Alveolarfortsatz zerstört und der Milchzahn freigelegt worden war. Das Bild, das damit entstanden war, entspricht der sog. sequestrierenden Zahnkeimentzündung. An anderer Stelle (I. Bahr) wurde der Fall eingehender beschrieben.

H. W. D. Lfd. Nr. 50, List. Nr. 129. Die ersten klinischen Erscheinungen wurden erst 6 Wochen nach der ersten Verabreichung des Impfstoffes bemerkt. Sie bestanden in einer Schwellung der beiderseitigen submentalen Lymphknoten. In der 11. Woche wurde an der linken unteren Zahnleiste ein schmieriges Geschwür bemerkt. Der Befund wurde allmählich ausgedehnter; an der Zahnleiste war in der 15. Woche der 1. Milchmolar von Gewebe entblößt; in der 16. Woche starb das Kind (s. S. 104).

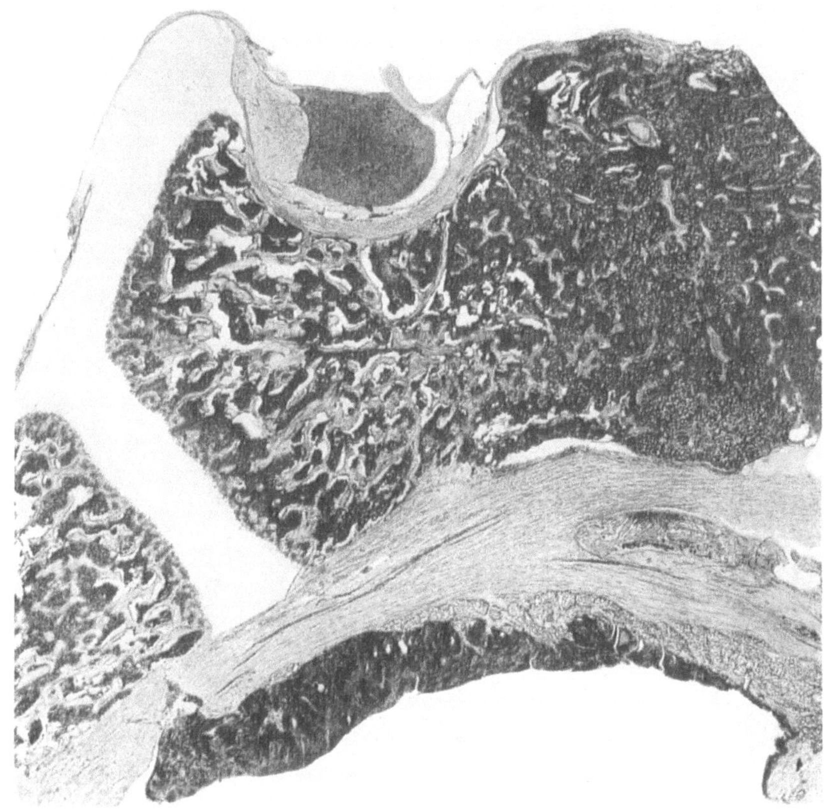

Abb. 23. Histologischer Schnitt eines normalen Schlundkopfes mit kräftig entwickelter Rachenmandel.

Bei der Leichenöffnung fand sich im Dünndarm, im Pylorusmagen und in den Rachen- und Gaumenmandeln mit dem jeweilig zugehörigen Lymphabfluß das Bild des Primärinfektes. Am linken Unterkiefer ist der 1. Milchmolar durchgebrochen und locker beweglich. Die Krone des 2. Milchmolaren ist eben sichtbar, doch liegt sie tiefer als die des ersten. Beide liegen in einem Geschwürsbett, das nach hinten zu in eine wulstige Verdickung des Zahnfleisches übergeht (s. Abb. 25). Der geschwürige Defekt setzt sich auf die Wangentasche fort. Die Schleimhaut des Gaumens ist unversehrt, ebenso die der Zunge, des Zungengrundes, sowie des Hypopharynx. Histologisch (s. Abb. 25) fand sich über dem hinteren Molaren eine Verdickung des Zahnfleisches. Die oberen Schichten sind verkäst und stellenweise geschwürig zerfallen. Auch in der Tiefe zum Teil konfluierende käsige Herde mit Vordringen in den Knochen des Alveolarfortsatzes, an dem einige Knochenbälkchen nekrotisch sind. Weiter nach vorn zu geschwürige Entblößung des Albeolarfortsatzes. Die oberflächliche Knochenlage hier durch tuberkulöses Granulationsgewebe vom übrigen Knochen abgehoben und nekrotisch. Die knöcherne Alveolarwand des 1. Milchmolaren fast überall durch tuberkulöses Granulationsgewebe zerstört. Der Grund der Alveole zeigt bukkal die gleichen Veränderungen mit besonders reichlichen käsigen Herdchen. Ja, stellenweise zwischen Periost und Zahnkeim kein unversehrter Knochen mehr. Kontinuierliche Stränge käsiger Herdchen in Richtung zum Periost und in diesem selbst. Der Zahnkeim bukkal durch tuberkulöses Granulationsgewebe ganz umgriffen, teilweise auch basal. Er ist dadurch mundhöhlenwärts gehoben und liegt mit seiner Krone über dem Niveau der übrigen Molaren. Durch die geschwürige Zerstörung der Zahnfleischdecke ist er freigelegt. Das Zahnsäckchen dieses Molaren stellenweise, und zwar besonders lingual, noch unversehrt. Das erklärt, warum die Zahnpulpa noch lebt. Im ganzen ist sie bis auf geringe Zeichen von Entzündung bemerkenswert wenig geschädigt.

Nach dem klinischen Verlauf würde man vielleicht geneigt sein, eine subprimäre Infektion anzunehmen. Denn die ersten Erscheinungen traten erst 6 Wochen nach der 1. Impfstoffverabreichung auf. Nach dem histologischen Bild dagegen dürfte es sich um

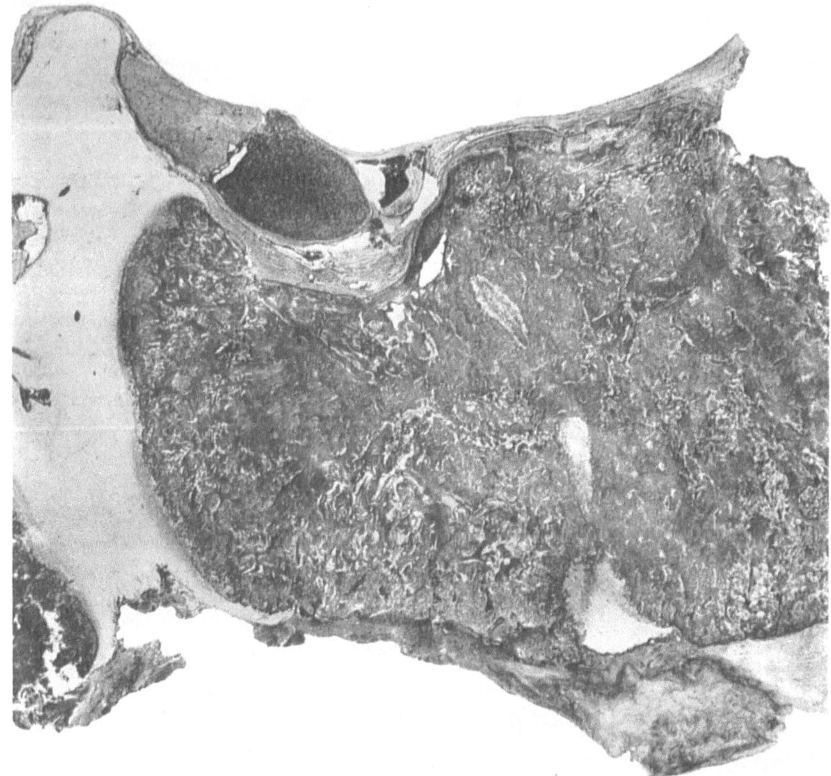

Abb. 24. Histologisches Bild einer primären geschwürigen Tuberkulose des Epipharynx. Das lymphadenoide Gewebe ist teils verkäst, teils geschwürig zerfallen und abgestoßen; der geschwürige Prozeß dringt bis in das Periost des Keilbeinkörpers und in die Synchondrosis spheno-occipitalis vor. Oben Hypophyse.

eine primäre Zahnfleischtuberkulose gehandelt haben, die derjenigen der Gaumen- und Rachenmandel gleich und nicht nachgeordnet war. Denn die vom Zahnfleisch und Knochen ausgehenden lymphangitischen Knötchenstränge, die vor allem sehr reichlich im Periost des Unterkieferknochens vorhanden waren, lassen erkennen, wie sehr der Prozeß die Neigung hatte, wie ein Primärinfekt zur Durchseuchung zu führen und nicht wie ein postprimärer Herd sich abzuriegeln. Möglicherweise geht die Erkrankung darauf zurück, daß das Zahnfleisch bei der Verabreichung des Impfstoffes mit dem Löffel verletzt wurde.

Die 3. Hauptlokalisationsstätte, die die Primärinfekte im Quellgebiet der Halslymphknoten zeigten, waren die Mittelohren.

Nachdem Cemach 1926 in seiner zusammenfassenden Abhandlung noch die Ansicht vertreten hatte, daß der anatomische Nachweis der Primärinfektion des Mittelohres nicht möglich sei, ja, daß die Mittelohrtuberkulose in jedem Falle als ein sekundärer Prozeß angesprochen werden müsse, konnte schon durch die Beobachtungen von Finkelstein (1912), Zarfl (1924 und 1927), Ghon und Winternitz (1924), Ghon und Kudlich (1926), Kleinschmidt und Schürmann (1928) das Vorkommen einer tubaren primären Mittelohrtuberkulose als erwiesen gelten.

In den 53 selbst obduzierten Fällen lag 8mal, das ist in 15%, eine tuberkulöse Mittelohrerkrankung vor; nach dem anatomischen Gesamtbild mußte sie in einem Falle als sicher, in einem weiteren als möglicherweise subprimär aufgefaßt werden. Bei den restlichen 6 Fällen lag eine primäre Ohrtuberkulose vor.

1. A. B. Lfd. Nr. 53, List. 244. Tod 106 Tage nach der Erstinfektion. 2fache Primärinfektion: im Dünndarm und im Nasenrachenraum, hier mit tiefgreifendem Geschwür, das vielfach fistelgangartig

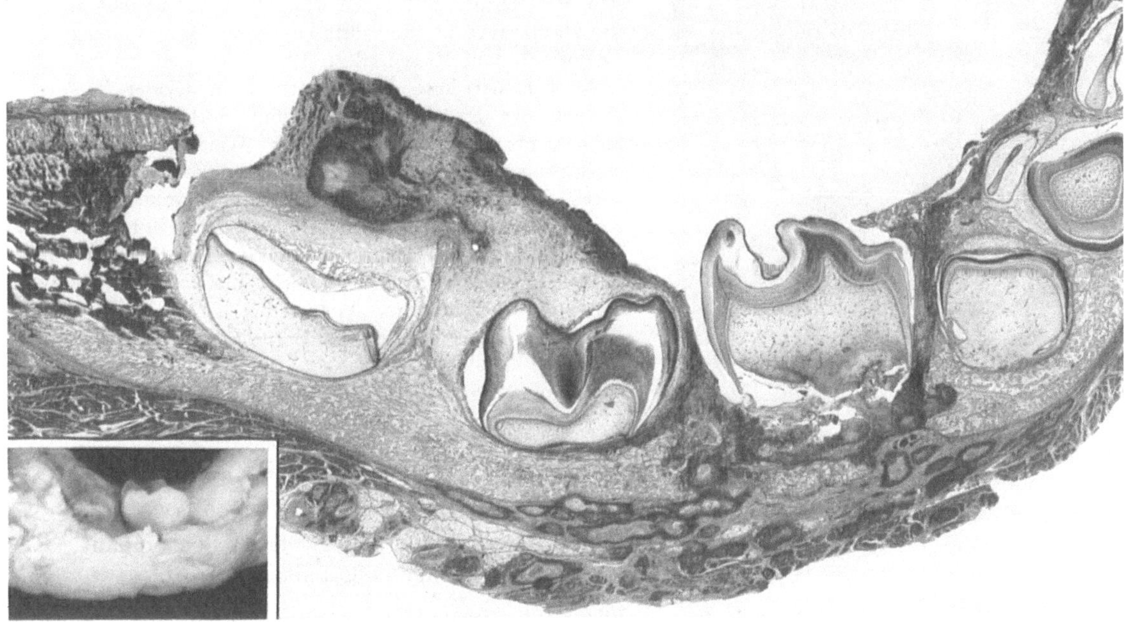

Abb. 25. Wahrscheinlich primäre geschwürige Tuberkulose des Zahnfleisches mit Freilegung des 1. Milchmolaren. Die tuberkulösen Veränderungen haben das Zahnsäckchen arrodiert, den Zahnkeim freigelegt, umgriffen und emporgehoben. Drohende Abstoßung des Zahnkeimes. Tuberkulöse Lymphangitis im Periost und im anliegenden Gewebe. Links unten makroskopisches Bild. 104 Tage nach der Erstinfektion.

in die Tiefe dringt. Die beiderseitigen retropharyngealen, prä- und postaurikulären, parotidealen, einzelne okzipitale und die gesamten übrigen zervikalen Lymphknoten völlig verkäst, zum Teil erweicht. Histologisch fand sich am linken Felsenbein nur eine eitrige unspezifische Otitis media, am rechten eine Tuberkulose, die aber deutlich von dem Befund der nachher zu beschreibenden Fälle abstach. In der Paukenhöhle ein größtenteils verkästes, stellenweise jedoch rein eitriges Exsudat, das im medialen Teil gering, im lateral-hinteren reichlicher ist. In der Tube wenig Schleim und desquamiertes Epithel, nichts von Tuberkulose. Im medialen Teil der Paukenhöhle kernschuttreiche konfluierende Käseherdchen unter dem Epithel; Epitheloid- und Riesenzellen fehlen. Epithel teils noch erhalten, teils geschwunden; Konturen der Schleimhaut gegen die Lichtung jedoch scharf, von der gleichen Verlaufsrichtung wie die der übrigen Schleimhaut. An den nicht verkästen Stellen eine unspezifische Entzündung und starke Hyperämie. Hier besonders reichliche Kokkenhaufen. Im lateralen Teil oberflächlicher geschwüriger Zerfall des stärker verkästen subepithelialen Gewebes. Gehörknöchelchen unversehrt. Knöcherne Begrenzung der Paukenhöhle nirgends angenagt. Umschriebene Perforation des Trommelfells mit käsigem Exsudat im äußeren Gehörgang und vereinzelten kleinen käsigen Herdchen unter dem Epithel.

2. K. H. M. Lfd. Nr. 61, List. Nr. 60. Tod 127 Tage nach der Erstinfektion. Primärinfekt in 3 Gegenden: im Dünndarm, an der Kardia des Magens und im Quellgebiet der Halslymphknoten. In letzterem tiefgreifendes primäres Geschwür der rechten Gaumenmandel, ebensolches im Schlundkopf, käsig-geschwürige Tuberkulose des rechten Mittelohres. Die vorderen hinteren und unteren

aurikulären Lymphknoten sind klein und lassen nur histologisch einzelne Tuberkel erkennen. Rechter retropharyngealer Lymphknoten groß, sequestrierend erweicht, in das retropharyngeale Gewebe eingebrochen. Hier kleiner Abszeß mit Streptokokken und Tuberkelbazillen im Eiter. Völlige, vielfach erweichte Verkäsung und schwielige Periadenitis der stark geschwollenen rechten mandibularen und gesamten oberen und unteren zervikalen, weniger starke der gleichnamigen linksseitigen Lymphknoten. Diffuses älteres entzündliches Ödem des Halsbindegewebes und des Gewebes hinter dem Epipharynx.

Rechtes Felsenbein: Im knorpeligen Tubenteil seröses Exsudat und desquamierte Epithelien; subepitheliale lymphozytäre Infiltrate. In der Paukenhöhle von Leukozyten durchsetzte käsige Massen und reichlich Kokkenhaufen. Der tuberkulöse Prozeß reicht weit über die Schleimhaut hinaus (s. Abb. 27). An der knöchernen Begrenzung der Paukenhöhle sind die inneren Knochenbälkchen teils geschwunden, teils kernlos, teils arrodiert. Der Prozeß besteht in der Hauptsache in einer diffusen Verkäsung mit wenig Epitheloid- und Riesenzellen. Er breitet sich bis ins nicht pneumatisierte Antrum aus unter lokaler Zerstörung der Knochenbälkchen, und reicht bis zum äußeren Periost und bis zur Dura. Wand zum Labyrinth von außen arrodiert. In der nicht pneumatisierten Nische zum ovalen Fenster verkäsende Tuberkel. Von den Gehörknöchelchen nur noch Sequesterreste unter den verkästen Massen. Fazialiskanal mehrfach eröffnet; die Verkäsung oder Entzündung reicht bis zwischen die einzelnen Nervenfasern. Trommelfell völlig zerstört, unter dem Epithel des äußeren Gehörganges verkäsende Tuberkel.

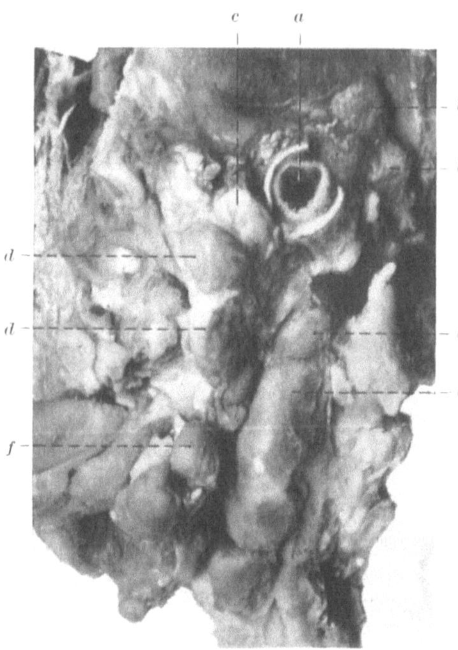

Abb. 26. Makroskopisches Bild der erkrankten Lymphknoten bei primärer Mittelohrtuberkulose. *a* äußerer Gehörgang, *b* postaurikuläre, *c* präaurikuläre, *d* parotideale, *e* obere tiefe mediale zervikale, *f* mandibulare Lymphknoten.

Linkes Ohr ohne krankhaften Befund.

Es handelt sich bei beiden Fällen um eine mischinfizierte Otitis media. Im ersten Fall überwiegt die unspezifische, im zweiten die spezifische Entzündung. Über eine Schleimhauterkrankung ist die Tuberkulose im ersten Falle nicht hinausgegangen; aus diesem Grunde und weil die tuberkulösen Veränderungen selbst offensichtlich jünger sind, möchten wir glauben, daß es sich um eine subprimäre Infektion des Mittelohres handelt, obwohl die dem Ohr im engeren Sinne regionären Lymphknoten nach der Art eines Primärkomplexes erkrankt sind. Beim zweiten Fall ist die Tuberkulose des Ohres wesentlich schwerer. Hier ist auch die knöcherne Begrenzung der Paukenhöhle zerstört. Nur nach dem Ohrbefund würde man eine primäre Infektion annehmen müssen. Da jedoch die dem Ohr regionären Lymphknoten (von den tiefen zervikalen, die schwer erkrankt waren, abgesehen) nicht nennenswert verändert waren, kann eine subprimäre Entstehung der Ohrtuberkulose nicht abgelehnt werden. Zweifellos aber handelt es sich in beiden Fällen um eine tubare Infektion, obwohl die Tuben selbst keine Tuberkulose aufwiesen. Die Keime dürften aus dem geschwürig zerfallenen Primärinfekt des Schlundkopfes herrühren und wahrscheinlich schon bald nach dem geschwürigen Zerfall der Schlundkopftuberkulose in die Ohren gelangt sein.

In den übrigen 6 Fällen muß die tuberkulöse Ohrerkrankung als primär angesprochen werden.

Bezogen auf die 41 Fälle, bei denen im Halsgebiet das Bild des Primärkomplexes bestand, macht das etwa 15% aus. Die Erkrankung war 5mal einseitig, darunter 4mal rechts und 1mal links, und 2mal doppelseitig. 3mal war ein weiterer Primärinfekt im Quellgebiet der Halslymphknoten nicht vorhanden (lfd. Nr. 60, List. Nr. 30; lfd. Nr. 65, List. Nr. 120; lfd. Nr. 75, List. Nr. 14), wohl dagegen postprimäre Veränderungen, und zwar im Bereich der Rachen- und einmal auch der Gaumenmandeln. In den restlichen 3 Fällen bestand neben der primären Mittelohrerkrankung einmal eine primäre Tuberkulose beider Gaumenmandeln (lfd. Nr. 74, List. Nr. 209) und 2mal eine solche der Gaumen- und der Rachenmandeln (lfd. Nr. 41, List. Nr. 52; lfd. Nr. 70, List. Nr. 9).

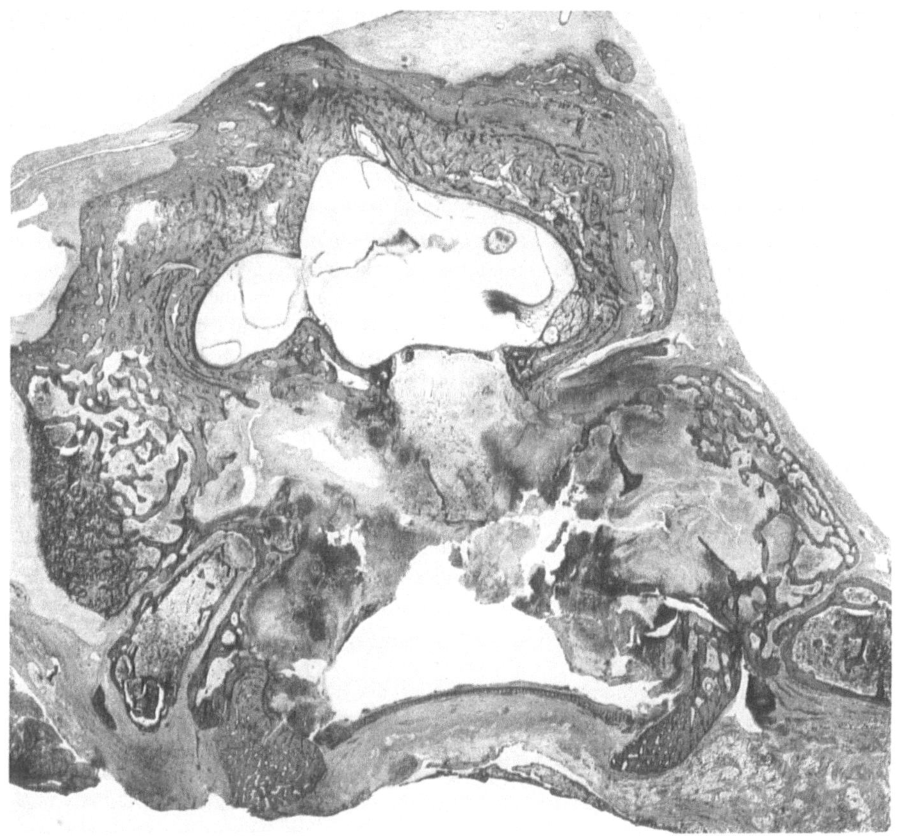

Abb. 27. Schwere geschwürige Tuberkulose des Mittelohrs. Völlige käsig-geschwürige Zerstörung der Schleimhaut und weitgehende Zerstörung der knöchernen Begrenzung der Paukenhöhle. 127 Tage nach der Erstinfektion.

Der Seltenheit der Erkrankung wegen seien die Befunde für jeden Fall ausführlicher beschrieben.

1. H. K. Lfd. Nr. 41, List. Nr. 52. Tod 90 Tage nach der Erstinfektion. 2fache Primärinfektion: im Dünndarm und im Quellgebiet der Halslymphknoten, hier mit tiefgreifender geschwüriger Tuberkulose beider Gaumenmandeln, im Schlundkopf und im rechten Mittelohr.

Die rechten unteren aurikulären oder parotidealen, die beiderseitigen retropharyngealen, mandibularen, sublingualen, prälaryngealen und die ganze Gruppe der oberen und unteren zervikalen Lymphknoten stark geschwollen, völlig verkäst, paketartig miteinander verbacken.

Histologisch links eine unspezifische Otitis media, nichts von Tuberkulose. Rechts: Am pharyngealen Tubenostium Schleimhauttuberkel; Tubenschleimhaut im knorpeligen Teil unversehrt, in der Gegend des Ostium tympanicum subepitheliale käsige Herdchen mit geringem Epitheloidzellsaum und vereinzelten Riesenzellen. Paukenhöhle völlig mit käsigen, stellenweise von Eiterkörperchen durchsetzten Massen angefüllt. Diese Massen reichen bis zwischen die Knochenbälkchen der knöchernen Begrenzung. Knochenbälkchen selbst vielfach zerstört oder nekrotisch oder arrodiert. Nische des ovalen Fensters nicht pneumatisiert; in dem zarten mesenchymalen Gewebe verkäsende Herdchen. Promontorium von außen angenagt. Von den Gehörknöchelchen nur noch nekrotische Reste inmitten der käsigen Massen. Eingang zum Antrum ebenfalls von käsigen Massen erfüllt. Auch im Antrum selbst konfluierende verkäsende Herde. Knochenbälkchen hier teils geschwunden, teils nekrotisch. Vom Trommelfell nur noch Insertionsreste. Im äußeren Gehörgang subepitheliale käsige Herdchen. Knöchernes Labyrinth nur an der Paukenwand arrodiert, häutiges Labyrinth unversehrt. N. facialis grenzt mit seinen Fasern stellenweise unmittelbar an verkästes Gewebe, zwischen den Nervenfasern vereinzelte Infiltrate. Knochenmark des Felsenbeins zeigt erst wieder in weiterer Entfernung von der Paukenhöhle den gewöhnlichen Zellreichtum. Auch hier vereinzelte Tuberkel.

2. U. B. Lfd. Nr. 60, List. Nr. 31. Tod 122 Tage nach der Erstinfektion. 3fache Primärinfektion: in Dünndarm, Pylorusmagen und rechtem Mittelohr. Linkes Mittelohr ohne Tuberkulose.

Am Schlundkopf verkäste Follikel und ein kleines oberflächliches Geschwür mit Epitheloidzellsaum und vereinzelten Riesenzellen. Schlundmündung der Tube ohne Tuberkulose. Die rechten vorderen und hinteren aurikulären, die rechten parotidealen, retropharyngealen und die ganze übrige Gruppe der zervikalen Lymphknoten stark vergrößert, zum Teil völlig verkäst, zum Teil erweicht und miteinander verbacken. Die linken retropharyngealen, oberen und unteren zervikalen Lymphknoten wenig geschwollen, mit konfluierenden käsigen Herden.

Über der rechten Paukenhöhle eine käsige Pachymeningitis. Die Sonde stößt hier auf keinerlei knöchernen Widerstand. Der rechte Schläfenlappen zeigt an entsprechender Stelle eine umschriebene Tuberkulose der weichen Hirnhäute. Histologisch ist die Paukenhöhle und der knöcherne Anteil der Tube mit käsigen Massen angefüllt. Von Schleimhaut nichts mehr zu finden. Knöcherne Begrenzung des Ostium tympanicum weitgehend durch verkäsende Tuberkulose zerstört. Als Basis der Paukenhöhle nur noch ein fibröser Streifen. Labyrinthwand von außen unregelmäßig angenagt, Steigbügelplatte in das Labyrinth vorgebuckelt. Dach der Paukenhöhle völlig zerstört, der käsige Prozeß reicht bis in die Dura. Antrum von käsigen Massen ausgefüllt; an den noch vorhandenen Knochenresten keine Kernfärbung. Der Prozeß reicht hier ebenfalls bis in die Dura und außen bis an das äußere Periost. Trommelfell völlig zerstört. Wand des Anfangsteiles des Gehörganges geschwürig zerfallen. N. facialis grenzt an verschiedenen Stellen an verkästes Gewebe.

3. L. K. Lfd. Nr. 70, List. Nr. 9. Tod an tuberkulöser Meningitis 165 Tage nach der Erstinfektion. 2fache Primärinfektion: im Dünndarm und Quellgebiet der Halslymphknoten, und zwar an den beiderseitigen Gaumenmandeln, im Schlundkopf und im rechten Mittelohr.

Die rechten präaurikulären, parotidealen, retropharyngealen, mandibularen, sublingualen und die gesamten übrigen zervikalen Lymphknoten völlig verkäst, zum Teil erweicht, schwielig umkapselt. Die linken gleichnamigen Lymphknoten mit Ausnahme der aurikularen, weniger stark, aber gleichartig verändert. Im linken Mittelohr ein serös-zelliges Exsudat.

Die rechte Tube zeigt histologisch im Bereich der Schlundmündung Tuberkel unter dem Epithel, im knorpeligen Teil eine teilweise geschwürige Zerstörung der Schleimhaut mit reichlichen Epitheloid- und Riesenzellen, im knöchernen Teil eine völlige Verkäsung der inneren Wandschichten mit Vordringen des verkäsenden Prozesses zwischen die Knochenbälkchen. In der Gegend des Ostium tympanicum stärkere Arrosion des Knochens; knöcherne Labyrinthkapsel bis nahe an die Spitze der Schnecke arrodiert. Etwas weiter lateral noch mehrfache umschriebene Unterbrechungen der knöchernen Labyrinthkapsel durch verkäsendes Granulationsgewebe. Unspezifische Entzündung im häutigen Labyrinth. Hinten und an der Basis Einbruch der Tuberkulose in das Foramen jugulare. In der Paukenhöhle starke Zerstörung der knöchernen Begrenzung. Antrumgegend ausgedehnt verkäst, bis nahe an das äußere Periost. Von den Gehörknöchelchen nur noch kleine Sequester vorhanden. Trommelfell völlig zerstört. Am äußeren Gehörgang geschwürige Tuberkulose.

Im ganzen ist die Ohrerkrankung durch eine in Fibrose übergehende, riesenzellreiche Epitheloidzellzone vom gesunden Gewebe abgesetzt. Außerhalb dieser Zone ein breiterer Mantel mit Ödem und Zellarmut des Knochenmarks.

4. E. D. Lfd. Nr. 65, List. Nr. 120. Tod an Meningitis 144 Tage nach der Erstinfektion. 3fache Primärinfektion: in Dünndarm, rechtem Lungenoberlappen und beiden Mittelohren.

Im Schlundkopf verkäste Tuberkel und ein kleines fissurales Geschwür. Die beiderseitigen präaurikularen, parotidealen, retropharyngealen, mandibularen, oberen und unteren zervikalen Lymphknoten mäßig vergrößert, links etwas stärker als rechts, teils völlig, teils partiell verkäst, unregelmäßig verkalkt. Hinter dem rechten Ohr eine kleine längliche Fistelöffnung (Wunde nach Inzision eines subperiostalen Abszesses), aus der auf Druck ein käsiger Brei herausquillt. Mit der Sonde gelangt man etwa $^1/_2$ cm tief und nach vorn bis nahe an die Hinterwand des äußeren Gehörganges.

Rechtes Ohr: knorpeliger Tubenteil unversehrt, im knöchernen Teil völlige Zerstörung der Schleimhaut und der angrenzenden Knochenschicht. In der Lichtung unter den käsigen Massen zahlreiche kleine nekrotische Knochenbälkchen. Nach hinten unten greift der Prozeß auf das Bindegewebe des Karotiskanals und weiter lateral auf das Foramen jugulare über. Hier Tuberkel innerhalb von Nervenästen. Neben ihnen basiswärts ziehende lymphangitische Stränge. Paukenhöhle von käsigen Massen erfüllt (s. Abb. 28), in denen nekrotische Reste der Gehörknöchelchen liegen. Tegmen tympani bis auf eine schmale, aber schon vielfach unterbrochene Knochenschicht zerstört. Tympanale Seite der Labyrinthwand stark angenagt, ebenso die basale Wand der Paukenhöhle. Das nicht pneumatisierte Antrum von zerfallenen Käsemassen eingenommen. Unter ihnen reichlich nekrotische Knochenbälkchen und Eiterkörperchen. Der Prozeß reicht bis in die äußeren Schichten des Periostes. Markräume des

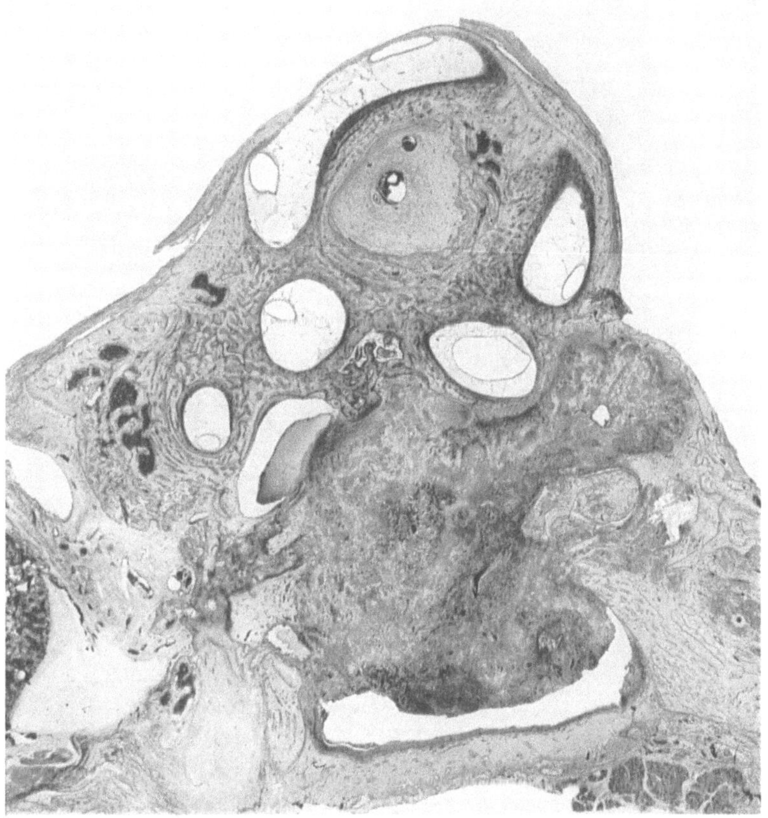

Abb. 28. Primäre käsige Tuberkulose des Mittelohrs. Weitgehende Zerstörung der knöchernen Begrenzung der Paukenhöhle, stellenweise auch derjenigen des inneren Ohres. An einem Bogengang Einbruch tuberkulösen Granulationsgewebes in die Lichtung mit seröser Exsudation. 144 Tage nach der Erstinfektion.

Knochens auch in der weiteren Umgebung völlig zellfrei. Im äußeren Periost lymphangitische Käseherdchen, die nach abwärts ziehen. Kanal des Nervus facialis vielfach durch Arrosion eröffnet, seine Fasern durch entzündliche Infiltrate auseinandergesprengt; an der Peripherie auch mehrfache Unterbrechungen des Nerven durch käsige Herde. Trommelfell zerstört. Am Insertionsrand und im Anfangsteil des äußeren Gehörganges polypös in die Lichtung hineinragende gefäßreiche, tuberkelhaltige Granulome. Am inneren Ohr eine mehrfache Unterbrechung der knöchernen Kapsel. An einem Bogengang Einbruch des tuberkulösen Granulationsgewebes mit serös-zelligem Exsudat in der Lichtung (s. Abb. 28). Im Vorhof Tuberkel im perilymphatischen Raum.

Linkes Ohr: grundsätzlich wie rechtes erkrankt.

Im ganzen ist der Prozeß durch eine ausgedehnte Verkäsung ausgezeichnet, die aber durch eine ziemlich breite riesenzellhaltige Epitheloidzellzone umgrenzt wird.

5. H. W. T. Lfd. Nr. 74, List. Nr. 209. Tod an Meningitis 241 Tage nach der Erstinfektion. 2fache Primärinfektion: im Dünndarm und Quellgebiet der Halslymphknoten, und zwar hier an beiden Gaumenmandeln und an beiden Mittelohren.

Im Schlundkopf ältere Tuberkel. Weitgehend verkalkte und schwielig begrenzte Verkäsung, sowie hyalin-fibrös umgewandelte Tuberkel in den beiderseitigen, wenig vergrößerten präaurikularen, mäßig vergrößerten parotidealen, retropharyngealen, mandibularen und unteren zervikalen, sowie in den stark vergrößerten oberen zervikalen Lymphknoten.

Rechtes Ohr (s. Abb. 29): Schlundmündung der Tube ohne Tuberkulose, ebenso knorpeliger Teil. Im knöchernen Teil subepitheliale Tuberkel und Exsudat in der Lichtung. Medialer Teil der Paukenhöhle noch weitgehend durch embryonales mesenchymales Füllgewebe ausgefüllt; in ihm jedoch stärkere Vaskularisation, Wucherung und Mobilisierung mesenchymaler Zellen und multiple riesenzellreiche submiliare Tuberkel. Im unteren Teil von mehrschichtigem Plattenepithel ausgekleidete und von

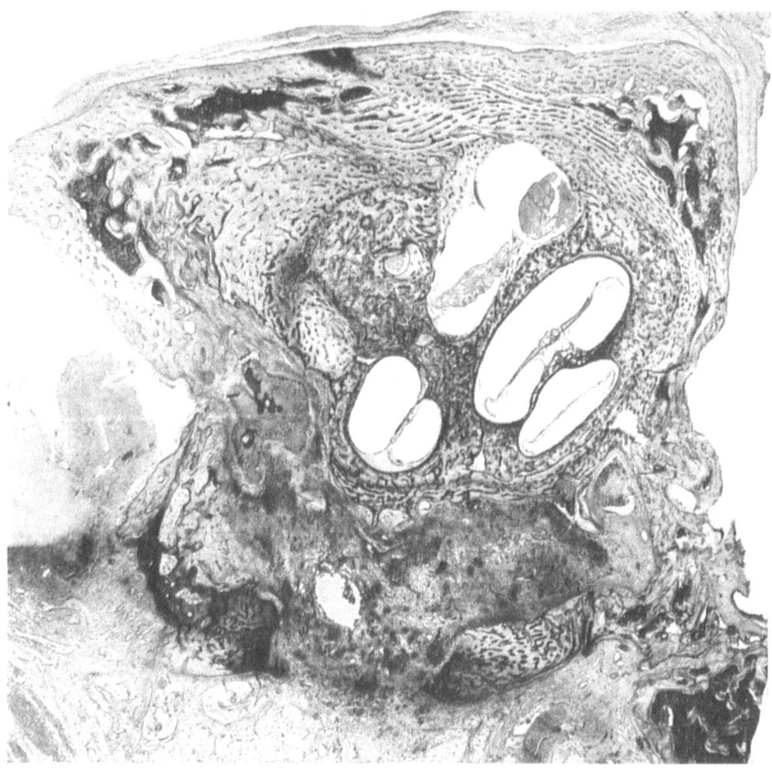

Abb. 29. Älteres Stadium einer leichteren Form primärer Mittelohrtuberkulose. Paukenhöhle noch weitgehend mit persistierendem mesenchymalem Füllgewebe ausgefüllt. Umwandlung des Füllgewebes in Granulationsgewebe mit reichlichen, zum Teil verkalkten käsigen Herdchen und Epitheloidzelltuberkeln. 241 Tage nach der Erstinfektion.

serösem Exsudat erfüllte Räume mit mehreren rezessusartigen Seitengängen. In einzelnen dieser Gänge verkalkte Käsemassen, die um kleine, von außen arrodierte Knochensequester liegen. Zwischen den Knochenbälkchen der knöchernen Paukenhöhlenwand riesenzellhaltige Tuberkel. Weiter lateral zeigt sich deutlich, daß die fleckförmig verkalkten Käsemassen nicht frei in der Lichtung liegen, sondern von Granulationsgewebe umgeben sind. Knöcherne Labyrinthwand vielfach angenagt. Paukenhöhlendach weitgehend zerstört. Ebenso Gehörknöchelchen. Im Fazialiskanal Tuberkel. Im lateralen Teil der Paukenhöhle Epithel besser erhalten, trotz einzelner subepithelialer verkalkter käsiger Herde und reichlicher Tuberkel. Trommelfell an umschriebener Stelle perforiert. Im Antrum und noch weiter lateral eine große Sequestrationshöhle mit fibröser Randzone. Umschriebene Zerstörung des äußeren Periosts. Äußerer Gehörgang unversehrt. Am inneren Ohr nur einzelne Tuberkel im Bereich des N. cochlearis. Entzündliche Zellvermehrung im perilymphatischen Raum des Vorhofs, nahe der Mitte des ovalen Fensters.

Links grundsätzlich das gleiche Bild.

Der Gesamtprozeß an beiden Ohren ist durch einen relativ geringfügigen geschwürigen Zerfall und weiterhin dadurch ausgezeichnet, daß an den Ohrveränderungen ebenso wie im Lymphabfluß die käsigen Massen verkalkt sind.

6. D. N. Lfd. Nr. 75, List. Nr. 14. Tod an Meningitis, 313 Tage nach der Erstinfektion. 3fache Primärinfektion: in Dünndarm, linkem Lungenunterlappen und linkem Mittelohr. Die linken prä- und postaurikulären, parotidealen, unteren zervikalen Lymphknoten groß, teils völlig, teils teilweise verkäst, verkalkt; die rechten oberen und unteren zervikalen Lymphknoten weniger stark, im übrigen aber gleichartig erkrankt. In der Rachentonsille ältere Epitheloidzelltuberkel, ebenso im Mesopharynx und in der Schleimhaut des rechten Mittelohrs.

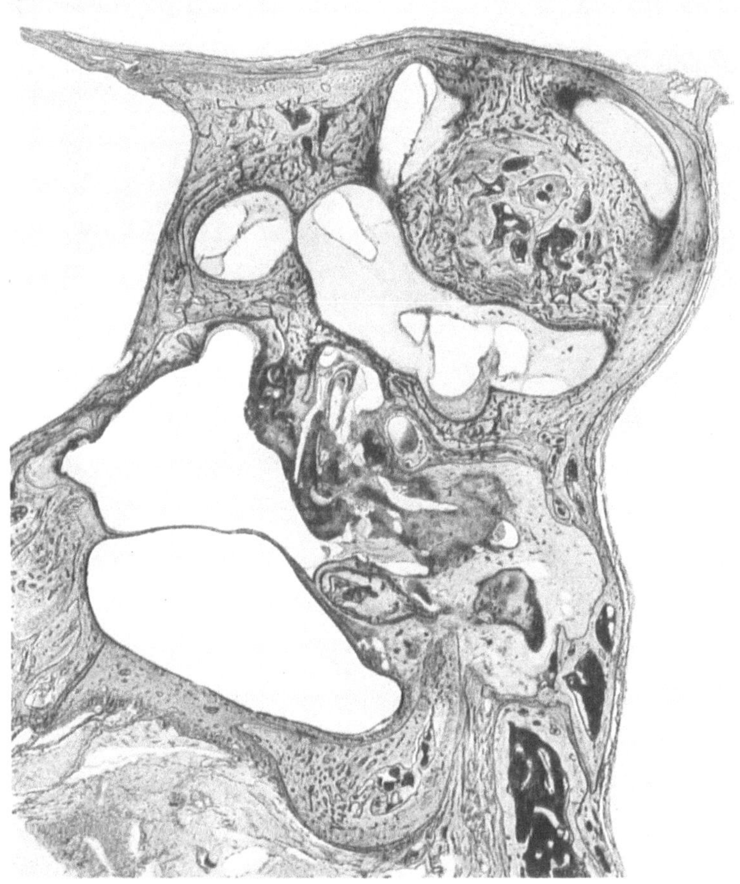

Abb. 30. Ausheilende primäre Mittelohrtuberkulose, 313 Tage nach der Erstinfektion. Paukenhöhle weitgehend pneumatisiert, nur stellenweise noch mesenchymales Füllgewebe mit tuberkulösen, zum Teil verkalkten Herden (im Bilde rechts).

Linkes Ohr (s. Abb. 30 und 31): Schlundmündung, knorpeliger und knöcherner Teil der Tube bis auf geringe subepitheliale Infiltrate unversehrt. Kurz vor der Paukenhöhle stärkere Exsudatansammlung. Im unteren medialen Teile des Paukenhöhlengebietes kleine Lichtungen mit verhorntem Epithel. Das umgebende, hier noch reichliche mesenchymale Füllgewebe zellreich, mit einzelnen Tuberkeln. Weiter lateral in der nicht pneumatisierten Nische, die sich zum ovalen Fenster einsenkt, ein kleiner, zentral verkalkter käsiger Herd. Steigbügelplatte vorhofwärts vorgedrängt. Noch weiter lateral immer noch mesenchymales Füllgewebe; an den vorhandenen Lichtungen Epithel endothelartig flach. Im subepithelialen Gewebe zum Teil verkäste Herde mit Epitheloid- und Riesenzellen. Stärkere lymphozytäre Infiltration. Auf der Paukenhöhlenseite des Trommelfells an einer Stelle (s. Abb. 31) ein zentral verkalkter käsiger Herd. Weiter lateral Trommelfell häutchenartig dünn, zart. Man hat den Eindruck, als ob die am Trommelfell vorhandene Tuberkulose die Rückbildung des mesenchymalen Füllgewebes und das Weiterschreiten der Pneumatisation aufgehalten hätte. Das gleiche gilt offenbar auch für die Veränderung im Anfang des Antrums. Hier ein unregelmäßiges Gangsystem, das anscheinend nur deshalb nicht zu einer einheitlichen Höhle geworden ist, weil zwischen den Gängen statt eines rückbildungsfähigen zarten Füllgewebes fibrös umgewandelte, zum Teil verkalkte Tuberkel liegen.

Im nicht pneumatisierten Antrum und Mastoid eine ausgedehnte bis nahe an das Periost reichende, zentral zerfallene, verkalkende Verkäsung mit umschriebenem Durchbruch in den äußeren Gehörgang.

Im rechten Ohr Pneumatisation weiter vorgeschritten als links. Antrum noch mit embryonalem Bindegewebe ausgefüllt. An der Paukenhöhlenschleimhaut eine geringe lymphocytäre Infiltration und an einer Stelle ein nicht verkäster Tuberkel unter dem Epithel. Sonst keine Tuberkulose.

Insgesamt ergibt sich aus den 6 Beobachtungen primärer Mittelohrtuberkulose folgendes Bild: Sehr geringfügig ist die Schlundmündung der Tube erkrankt (zweimal in

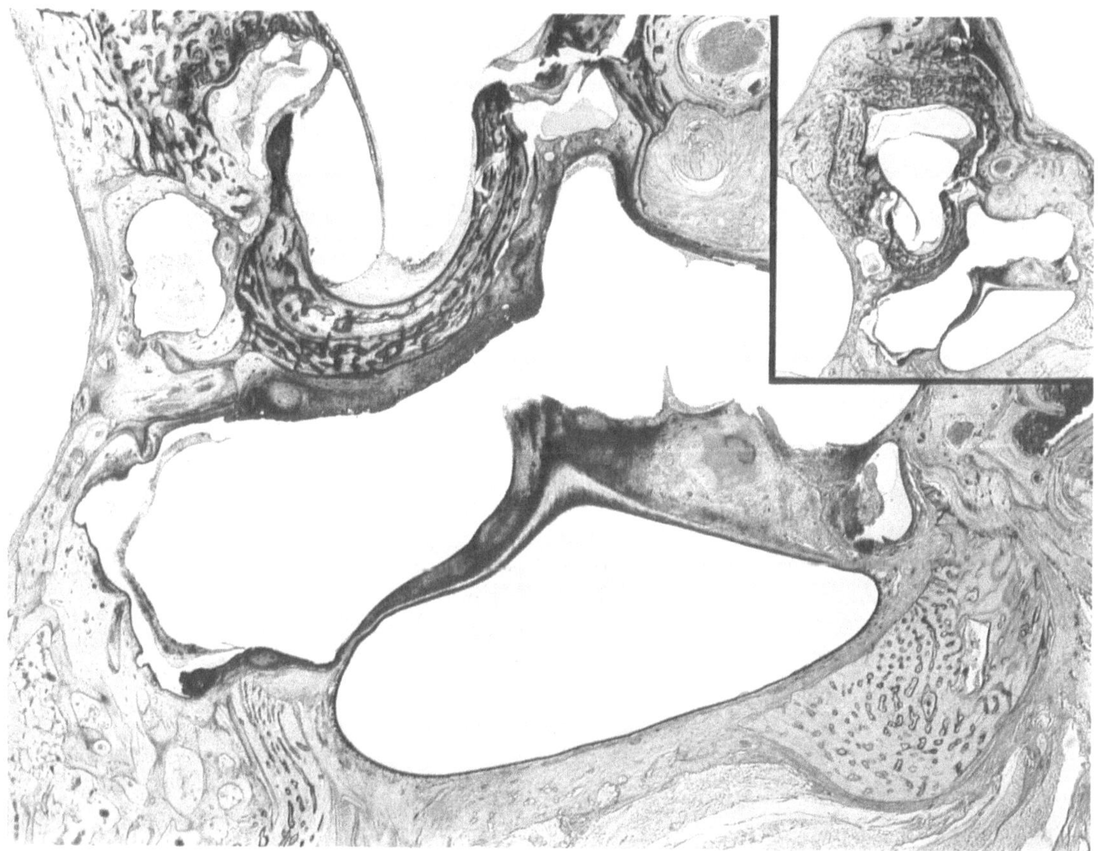

Abb. 31. Weiterer Schnitt des Falles von Abb. 30. Nur noch an der Wand der Paukenhöhle, so besonders am Trommelfell Reste von Füllgewebe mit zum Teil verkalkenden tuberkulösen Herden.

Form subepithelialer Tuberkel), obwohl der Schlundkopf selbst 2mal primäre und 4mal postprimäre Veränderungen aufwies. Im knorpeligen Tubenteil ist höchstens eine leichte unspezifische Entzündung, nichts aber von Tuberkulose vorhanden. Demgegenüber ist der knöcherne Teil schon schwer erkrankt, am schwersten aber die Paukenhöhle. Ihre Schleimhaut und die knöcherne Begrenzung sind verkäst, geschwürig zerstört und Knochenreste von ihr und den Gehörknöchelchen liegen als Sequester in den käsigen Massen. Bei schwererer Erkrankung ist der Fazialiskanal arrodiert, der Nerv in die Entzündung mit einbezogen. Die zum klinischen Bild gehörende Fazialislähmung findet damit ihre anatomische Erklärung. Besonders ausgedehnt und schwer ist die Zerstörung im Eingang zum Antrum, im Antrum selbst und im Mastoid. Sie kann hier selbst dann, wenn der sonstige Befund wenig ausgedehnt ist (s. Fall 6), das äußere Periost erreichen, Fluktuation hinter dem Ohr (s. Fall 4), Perforationen nach außen oder in den äußeren

Gehörgang (s. Fall 6) veranlassen. In 5 von den 6 Fällen bestand jedoch ein Durchbruch durch das Trommelfell und somit eine unmittelbare Verbindung zwischen Paukenhöhle und Gehörgang. Am inneren Ohr ist bei den schweren Erkrankungen die knöcherne Labyrinthkapsel angenagt, und zwar am häufigsten in der Gegend des ovalen Fensters. Die Steigbügelplatte ist vorhofwärts gewöhnlich leicht vorgebuckelt und im perilymphatischen Raum können riesenzellhaltige Tuberkel vorhanden sein. Einmal war auch die knöcherne Kapsel zu einem der Bogengänge unterbrochen; das verkäste Granulationsgewebe ragte in den perilymphatischen Raum hinein (s. Abb. 28).

Der Abheilung der primären Mittelohrtuberkulose dürften insofern größere Schwierigkeiten als z. B. bei den Primärinfekten der Tonsillen oder des Darmes entgegenstehen, als es sich um eine geschwürige Tuberkulose eines schlecht drainierten Hohlorganes handelt. Immerhin liegen die Verhältnisse günstiger, als z. B. beim kavernösen Primärinfekt der Lunge. Denn die Mittelohrtuberkulose vermag durch Durchbruch in den Gehörgang oder durch die Haut die käsigen Massen unmittelbar nach außen zu entleeren. Damit wird sowohl die Neuansteckung bis dahin gesunder Wege umgangen, als auch eine Reinigung des Geschwürsgrundes im Mittelohr erreicht. Die Heilung, die auf diese Weise zustande kommen kann, ist natürlich eine Heilung mit Defekt. Bei den weniger schweren Fällen, bei denen nur die Schleimhaut und das mesenchymale Füllgewebe, nicht aber die knöcherne Begrenzung der Paukenhöhle zerstört war, scheinen sogar Abheilungen möglich zu sein, ohne daß eine Funktionseinschränkung zurückbleibt. Die käsigen Herdchen verkalken (s. Fall 6) und können wahrscheinlich nach ihrer Verknöcherung ebenso abgebaut werden, wie man dies bei Lungenherden beobachtet. Die einzige Bedeutung, die die tuberkulösen Herde für die Wiedererlangung der vollen Funktion des Ohres haben, liegt dann darin, daß sie den Schwund des mesenchymalen Füllgewebes, also die fortschreitende Pneumatisation des Ohres hemmen.

Die primäre Natur der tuberkulösen Ohrveränderungen der letzten 6 Fälle ist weniger aus dem Ohrbefund, als aus der Übereinstimmung zu beweisen, die die Lymphabflußerkrankung des Ohres mit derjenigen z. B. des Darmes aufweist. Makroskopisch und histologisch zeigten die aurikulären Lymphknoten stets die gleiche Art von Erkrankung insonderheit auch den gleichen Grad von Abheilungserscheinungen, wie er auch an den mesenterischen Lymphknoten vorhanden war, und daß diese zu Primärinfekten regionär waren, war nicht zweifelhaft.

Der Weg, auf dem die primäre Mittelohrtuberkulose entsteht, kann nur der Weg über die Tuben sein. Dennoch ist der Mechanismus der Infektion alles andere als klar. Von Bedeutung sind hier sicherlich 2 Umstände, nämlich, daß nach den bisherigen Beobachtungen die primäre Infektion des Mittelohres nur bei Säuglingen vorkommt und weiterhin, daß — und das zeigen die Lübecker Beobachtungen — die Ohrinfektion mit dem Ingestionsakt, d. h. mit dem Schluck- und vielleicht auch dem Brechakt, nicht aber mit der Atmung etwas zu tun hat. Da der Weg in den Nasenrachenraum ebenso wie in den Kehlkopf beim Schlucken verlegt ist, ist es schwer vorstellbar, daß ein Virus, das sich in der Mundhöhle befindet, unmittelbar von dort in die Tuben gelangt. Anders dagegen sind die Verhältnisse, wenn in den Magen gelangtes Virus mit der Ingesta wieder hochkommt, wie wir es beim Erbrechen oder beim rückläufigen Hochsteigen des Mageninhaltes vor uns haben. Hierbei sind die Öffnungen zu den Nebenwegen offenbar nicht mit der

Gesetzmäßigkeit verschlossen, wie das beim Hinabschlucken der Ingesta der Fall ist. Das beweist auch die tägliche Erfahrung am Sektionstisch, nach der man bei Menschen, die erbrochen haben, ebenso häufig in den Mittelohren, wie in den Luftwegen Erbrochenes antreffen kann. Hierbei dürfte von Bedeutung sein, daß sich die Ohrtrompete mit der Hebung des Gaumensegels automatisch öffnet. Da im Mittelohr bei geschlossener Tube im allgemeinen ein negativer Druck herrscht, dürfte flüssiges Material, das mit der Hebung des Gaumensegels in den Nasenrachenraum gelangt, durch die gleichzeitig damit geöffneten Tuben unschwer in die Mittelohren eingesogen werden. Wir möchten glauben, daß das Virus, das die primäre Mittelohrtuberkulose hervorgerufen hat, nicht unmittelbar von der Mundhöhle in den Nasenrachenraum, in Tube und Paukenhöhle gelangt ist, sondern zunächst in den Magen verschluckt wurde, von dort durch Erbrechen oder Hochbringen in den Nasenrachenraum gekommen und dann in die Paukenhöhle eingesogen worden ist.

Zusammenfassung.

Die Halslymphknoten waren bei den verstorbenen Kindern in etwa 89% der Fälle tuberkulös erkrankt, darunter in 11% im Sinne einer postprimären und in etwa 78% im Sinne einer primären Infektion. Wie bei der Lunge und beim Darm gilt auch hier als Regel, daß im Quellgebiet der erkrankten Halslymphknoten anatomische Veränderungen auftreten. Sie sitzen am häufigsten in der Rachenmandel, nächstdem am häufigsten in den Gaumenmandeln, seltener im Mittelohr; einmal wurde eine wahrscheinlich primäre Tuberkulose am Zahnfleisch beobachtet; sie führte zu einer Sequestration des Zahnkeimes des nächstgelegenen Milchmolaren. Alle Primärinfekte der Mundrachenhöhle, wie auch des Ohres, stellen geschwürige Veränderungen dar. Es ist anzunehmen, daß sie ausheilen können, in der Rachenmandel und an den Gaumenmandeln vermutlich sogar, ohne makroskopische Spuren zu hinterlassen.

b) Klinische Erscheinungen im Bereiche des Lymphabflusses des Halses und seiner Quellgebiete.

Die große Mehrzahl der Lübecker Kinder, die überhaupt Tuberkulosemanifestationen zeigte, wies Halsdrüsenschwellungen auf. Wie Schürmann auseinandergesetzt hat, war in den Sektionsfällen sehr häufig der ganze Halslymphabfluß mit allen nur vorhandenen Lymphknoten verkäst. Auch beim Nachweis eines primären Quellgebietinfektes nur einer Seite, fehlte nie eine Tuberkulose der Drüsen auch der anderen Seite. Schürmann sieht sich infolgedessen veranlaßt, im Bereich des Halses besonders ausgeprägte Rechts-Linksverbindungen des Lymphabflusses anzunehmen, und erklärt, in keinem Falle aus der Erkrankung der Halslymphknoten mit Sicherheit erschließen zu können, daß der Quellgebietsprozeß an bestimmter Stelle des Anfangsteils des Verdauungskanals oder des Nasenrachenraums lokalisiert sein muß. Unter den überlebenden Kindern fanden sich jedoch nicht wenige mit scharf abgegrenzter Halsdrüsenerkrankung, so wie man es auch unter natürlichen Verhältnissen zu sehen gewohnt ist. Es fanden sich eben unter den Sektionsfällen vielfach Kinder mit so massiven oralen Infektionen, wie wir sie unter natürlichen Bedingungen nicht gerade häufig zu sehen bekommen.

Von isolierten Halsdrüsenschwellungen sind submentale nicht beobachtet worden, was verständlich ist, da ihr Quellgebiet lediglich von der Unterlippe und der Gesichtshaut der Kinngegend gebildet wird. Mandibulare Lymphknotentuberkulose ist dagegen als isolierte Erkrankung vorgekommen. Schürmann kann aus dem Sektionsmaterial nur über einen Fall mit besonders starker Beteiligung der mandibularen Drüsengruppe berichten, bei dem sich eine sequestrierende Zahnkeimentzündung des linksseitigen ersten Molaren entwickelt hatte. Doch bestanden hier beiderseits, wenngleich links mehr als rechts, große Halsdrüsenpakete, auch mit Einschluß der Submentaldrüse. In einem sehr gutartigen Falle dagegen (Nr. 202) war als einzige Tuberkulosemanifestation eine bohnengroße Mandibulardrüsenschwellung vorhanden, die sich im Verlaufe von einigen Monaten wieder zurückbildete. Entsprechend den obenerwähnten Schlußfolgerungen Schürmanns über starke Ausprägung der Rechts-Linksverbindungen war diese Mandibulardrüsenerkrankung bezeichnenderweise doppelseitig und zwar ganz gleichmäßig stark ausgeprägt. Ein anderes Mal waren allerdings nur rechts am Unterkieferrand zwei haselnußgroße Drüsen zu fühlen (Nr. 41).

Die im Trigonum caroticum, d. h. im Kieferwinkel gelegenen Lymphoglandulae cervicales mediales, kurz Kieferwinkeldrüsen genannt, erkranken unter natürlichen Infektionsbedingungen am häufigsten und wurden in Lübeck ebenfalls am häufigsten isoliert erkrankt gefunden, auch kam des öfteren einseitige Schwellung vor. So bestand bei den Kindern K. H. V. (Nr. 83), F. H. (Nr. 235) und W. H. (Nr. 80) über ein Jahr lang rechtsseitig eine bohnengroße Kieferwinkeldrüse, die sich allmählich wieder zurückbildete, bei dem Kinde H. W. (Nr. 66) und J. F. (Nr. 82) eine bohnengroße Kieferwinkeldrüse, die sich lange unverändert hielt, aber nach etwa 1 bzw. $1^1/_2$ Jahren erweichte. Eine letzte wichtige Drüsengruppe sind die Lymphoglandulae cervicales laterales im oberen Winkel zwischen M. omohyoideus, trapezius und sternocleidomastoideus, welche im pädiatrischen Sprachgebrauch gewöhnlich als Nackendrüsen bezeichnet werden. Es ist bekannt, daß diese Drüsen bei unzähligen Kindern vergrößert gefunden werden. Selbst im Säuglingsalter ist das bereits der Fall. Dabei stellt sich heraus, daß es sich fast immer um unspezifische Drüsenschwellungen handelt (Czerny). Allerdings kommt es nicht so ganz selten vor, daß diese Drüsengruppe fortgeleitet von den Kieferwinkeldrüsen her an Tuberkulose erkrankt. Primär ist jedenfalls eine Nackendrüsentuberkulose unter natürlichen Infektionsbedingungen nicht häufig. Wir müssen daraus schließen, daß die primäre Tuberkuloseinfektion im Quellgebiet dieser Drüsen, d. h. im Nasenrachenraum oder Schlundkopf unter gewöhnlichen Verhältnissen eine Rarität darstellt (Czerny). Nun kennen wir aber Fütterungsinfektionen unter natürlichen Infektionsbedingungen mit einiger Häufigkeit erst jenseits des Säuglingsalters; es muß angenommen werden, daß in diesem Lebensalter in der Tat ein Haften der Tuberkelbazillen im Nasenrachenraum kaum mehr vorkommt. Die Erfahrungen in Lübeck betreffen das frühe Säuglingsalter und hier liegen offenbar gänzlich andere Verhältnisse vor. Isolierte Erkrankung der Lymphoglandulae cervicales laterales konnte man wiederum speziell bei den überlebenden Kindern des öfteren antreffen. Einseitige Erkrankung war allerdings eine Ausnahme (Nr. 154); doppelseitige mehr oder weniger gleichmäßige Schwellung auf Bohnengröße wurde z. B. bei den Kindern Nr. 94, 95, 61, 162, 132 beobachtet. Ihr frühes Auftreten, ohne anderweitige erkennbare Ursache (Kopfekzem, Nasenrachenkatarrh, Otitis) sprach im Rahmen der Endemie zweifellos für tuberkulöse Genese, in anderen Fällen (Nr. 44, 171) ließ diese sich mit Sicherheit aus der später eintretenden Erweichung erschließen.

Im übrigen war besonders bei geringfügiger Schwellung und spätem Auftreten der Drüsenvergrößerung die Entscheidung, ob es sich um eine spezifische oder unspezifische Schwellung handelte, recht schwierig (z. B. Nr. 243, 180, 70, 160, 249, 171); ja sie konnte manchmal nicht getroffen werden (Nr. 159, 242, 185, 58). Andere Male wurde sie noch in später Zeit erwiesen. So wurden bei dem Kinde H. H. (Nr. 173) in der 14. Lebenswoche beiderseits noch nicht erbsgroße Cervicales laterales gefühlt, sie vergrößerten sich nach einigen Monaten ein wenig, aber erst im Anschluß an die Masern mit $^{3}/_{4}$ Jahr trat eine merkliche Anschwellung auf. Mit 1 Jahr kam es zu Erweichung, die mehrfache Stichinzision nötig machte. Dies Vorkommnis, das sich in ähnlicher Weise noch öfter wiederholte (z. B. Nr. 68, 171), ist offenbar auch unter natürlichen Infektionsbedingungen ein recht häufiges. Denn wie oft kommt es vor, daß eine Halsdrüsentuberkulose sich an eine akute unspezifische Lymphadenitis anschließt. Eine geringfügiger Tuberkuloseprozeß muß sich in diesen Fällen schon vorher unbemerkt in der Drüse abgespielt haben.

Wesentlich mehr noch als die isolierte Erkrankung der Glandulae cervicales laterales wurde die kombinierte Anschwellung der Glandulae cervicales laterales und mediales angetroffen. Auch hier interessiert wieder die einseitige Lokalisation. Sie wurde z. B. bei den Kindern Nr. 160, 185, 6, 228 angetroffen und zwar in Erbs- bis Bohnengröße.

Waren wir in den oben geschilderten Fällen auf die rein klinische Beobachtung angewiesen, so verfügen wir bei dieser Kombination von Drüsenschwellungen auch über Sektionsbefunde. Die Frage, welche Veränderungen unter solchen Umständen im Quellgebiet der Drüsen vorliegen, kann also beantwortet werden. Es fand sich ein primäres Kryptengeschwür der gleichseitigen Gaumenmandel (Nr. 16, 65) oder ein postprimäres Geschwür an der hinteren Rachenwand und Gaumenmandel (Nr. 121).

Von weiteren Kombinationen erwähne ich die einseitige Anschwellung der Lymphoglandulae cervicales mediales mit doppelseitiger Vergrößerung der Glandulae cervicales laterales. Es liegt auf der Hand, daß gerade die Nackendrüsen bei ihren engen Verbindungen sehr gewöhnlich doppelseitig anschwellen. Wir finden das auch bei unspezifischen Erkrankungen in der Regel, wenngleich die Drüsen der einen Seite stärker affiziert sein können. Als Beispiel führe ich die Kinder Nr. 132, 102 an. Zuweilen ist erst eine spätere Mitbeteiligung der beiderseitigen Nackendrüsen zu beobachten (Nr. 110).

Gehen wir nunmehr zu der Besprechung der allgemeinen Halsdrüsenschwellungen über, so bestanden diese aus einem Konglomerat kleinerer und größerer Tumoren gewöhnlich vor, unter und hinter dem M. sternocleidomastoideus. Doch kam auch eine Beteiligung der okzipitalen (auf dem Okziput gelegenen), der mandibularen, submentalen und tiefen unteren Zervikaldrüsen (Supraklavikulardrüsen) vor. Über die Aurikulardrüsen wird noch später zu sprechen sein. Die vom pathologischen Anatomen häufig affiziert gefundenen retropharyngealen Lymphdrüsen machten klinisch keine aufdringlichen Erscheinungen, obwohl einmal sogar (durch Mischinfektion mit Streptokokken) ein kleiner Abszeß vorkam (Nr. 60). Bei einem Kinde (Nr. 21) kam es allerdings im Alter von fast 2 Jahren zu einer retropharyngealen Schwellung mit entsprechenden erheblichen Beschwerden. Doch ließ sich nicht erweisen, daß diese tuberkulöser Natur war. Sie bildete sich nach einer Punctio sicca innerhalb kurzer Zeit wieder zurück, während allerdings die gleichzeitig angeschwollenen rechtsseitigen Halsdrüsen erweichten und tuberkelbazillenhaltigen Eiter entleerten. Häufig war eine Halsseite stärker beteiligt, und die Sektion zeigte dann auch im gleichseitigen Quellgebiet der Lymphdrüsen die primären Schleimhautveränderungen (Nr. 60, 93, 117, 9). Die Größe der Drüsen schwankte von Erbs- bis Taubeneigröße. Vielfach konnte man nur von großen Drüsenpaketen an beiden Halsseiten sprechen.

Die Entwicklung der Halsdrüsenschwellungen ging manchesmal recht schnell vor sich, z. B. vergrößerten sich die Drüsen innerhalb von 8 Tagen von Erbs- auf Haselnußgröße. Im weiteren Verlauf gab es vielfach starke Schwankungen in der Größe (Nr. 114, 92). Sehr deutlich war in dieser Hinsicht der Einfluß unspezifischer Katarrhe, Hals- und Ohrenentzündungen, auch der Masern. Im Laufe eines Tages sollen sich da manchmal die Drüsen stark vergrößert haben. Druckschmerzhaftigkeit war nur selten — dann zumal im Anfang vorhanden; später sehr ausgesprochen bei Streptokokkenmischinfektion, die zu Abszedierung führte (Nr. 102, 35, 232, 234). Das sind alles Dinge, die uns an sich bei Halsdrüsentuberkulose wohl bekannt sind. Wenn jedoch die Schwellungen akut einsetzen oder schmerzempfindlich sind, wird manchmal die Tuberkulosediagnose abgelehnt. Deshalb sei hierauf ganz besonders aufmerksam gemacht. Ich verweise auf die Mitteilung von Fernbach über das akute Auftreten tuberkulöser Halsdrüsentumoren.

Bei den zur Sektion gelangten Fällen wurde vielfach Verkäsung ganzer Drüsengruppen gefunden. Erweichung, also Verflüssigung des Käses mit livider Verfärbung der Haut und damit die Notwendigkeit, künstlich für Entleerung zu sorgen, wenn nicht Spontandurchbruch erfolgen sollte, stellte sich jedoch in den rapide verlaufenden Krankheitsfällen nicht ein. Unter Umständen kam es sogar mit zunehmender Progredienz der Erkrankung zu Verkleinerung der Drüsen (Nr. 38, 52), was mit dem allgemeinen Wasserverlust des Organismus — klinisch kenntlich an dem finalen Gewichtssturz — zusammenhängen mag. In einem sich länger hinziehenden Krankheitsfalle, der erst nach vielen Monaten an Meningitis zugrunde ging (Nr. 209), vor allem aber bei zahlreichen überlebenden Kindern kam es dagegen zur Erweichung einer oder mehrerer, zuweilen multipler Drüsen. Eine Bevorzugung von Drüsen bestimmter Lokalisation war nicht zu bemerken. Oft setzte die Erweichung im Anschluß an interkurrente Katarrhe (s. o.) ein, manchmal war ein solcher Zusammenhang jedoch nicht ersichtlich. Frühester Termin war die 14. Lebenswoche (Nr. 90). Bemerkenswerter ist, daß die Erweichung der Drüsen vielfach noch nach recht langem Bestehen der Erkrankung eintrat. Wiederholt ist dies 1, $1^1/_2$, gelegentlich sogar 2—3 Jahre nach der Infektion vorgekommen (Nr. 16, 90, 18, 21, 24, 33, 44, 45, 66, 68, 74, 92, 96, 132, 173, 190).

Für die Ausheilung des Krankheitsprozesses ist die Erweichung der Drüse bekanntlich nicht ungünstig. Sie geht auf diese Weise oftmals schneller vor sich, als wenn die Verflüssigung ausbleibt. Allerdings kommt es hierbei auch auf die Art der Behandlung an. Anfangs wurde vielfach versucht, in der üblichen Weise durch Punktion mit Einstich im Gebiet gesunder Haut weiterzukommen. Dies Verfahren erwies sich jedoch so oft als unzureichend, zeitraubend wegen der notwendig werdenden Wiederholung und noch dazu als so unangenehm für die Kranken, daß fast allgemein davon abgegangen wurde. Man hat wegen der Gefahr der Mischinfektion und des Zurückbleibens entstellender Hautnarben die Inzision fast allgemein bei reiner Drüsentuberkulose abgelehnt (s. z. B. Fernbach), tatsächlich hat sich jedoch in Lübeck die einfache Stichinzision ausgezeichnet bewährt. Die Abheilung erfolgte außerordentlich schnell — länger dauernde Fistelbildung durch Monate war selten (Nr. 33, 69) — und die Narbenbildung war kaum störender, als man sie oft genug nach wiederholten Punktionen sieht. Größere Inzisionen sind gewiß nur bei schweren Mischinfektionen (s. o. durch Streptokokken) erforderlich. Bei einzelnen Kindern wurde ärztlicherseits der spontane Aufbruch erweichter Drüsen abgewartet (Nr. 74, 45, 178, 68), bei einigen anderen erfolgte der Durchbruch unerwartet schnell (Nr. 114, 19, 96, 115), die eintretende Fistel schloß sich auch hier manchmal schnell wieder (Nr. 115), überwiegend aber war die Dauer der Fistelung sehr lange (Nr. 74, 114, 19, 178, 68).

Im übrigen war der Rückgang der Halsdrüsentuberkulose in Fällen ohne Erweichung, wie üblich, trotz aller möglichen therapeutischen Maßnahmen ein recht langsamer. Viele Kinder hatten noch mit 2 Jahren, einzelne noch mit $2^1/_2$ und 3 Jahren erbs- bis bohnen-, ja vereinzelt sogar kirschgroße Drüsen. Die zunehmende Härte hängt mit der eintretenden Verkalkung zusammen. Schließlich kann man unter Umständen steinharte Drüsen fühlen, die im Röntgenbild Kalkschatten zeigen (21, 33, 66, 76, 91, 184, 230, 1, 3).

Duken hat kürzlich darauf aufmerksam gemacht, daß auch verkalkte Drüsen noch wiederholt anschwellen können, wobei es zu leichten und auch stärkeren Temperaturerhöhungen sowie deutlicher Beeinträchtigung des Allgemeinzustandes kommt. Derartiges haben wir nicht beobachtet. Dagegen stellte sich einmal (Nr. 234) mit $2^2/_3$ Jahren eine hochfieberhafte Streptokokkenerkrankung einer alten tuberkulösen Halsdrüse ein. Bei der Inzision entleerten sich neben Eiter auch Kalkbröckel und es blieb längere Zeit Fistelung bestehen. Über einen analogen Vorgang wird bei einem zweiten Kinde (Nr. 190) im Alter von fast 4 Jahren berichtet. Die Entzündungserscheinungen waren jedoch nicht so heftig, die Drüse brach spontan durch, eine Untersuchung des Drüseneiters auf Eitererreger fand nicht statt.

Über den Nachweis von Tuberkelbazillen im Drüseneiter haben bereits Tiedemann und Hübener berichtet. Es wurden Ausstrichpräparate nach Ziehl gefärbt und Kulturen angelegt. Dabei bestätigte sich die Erfahrung, daß die Kultur dem einfachen Ausstrich weit überlegen ist. Immerhin gab es auch Fälle, in denen bei positivem Ausstrich die Kultur versagte, ohne daß etwa anderweitige Säurefeste angenommen werden konnten. Schließlich mißlang in einzelnen Fällen der Nachweis überhaupt, woraus sich die Forderung einer Ergänzung durch den Tierversuch ergibt; aber auch dieser bringt nicht in jedem Falle Sicherheit (Nr. 191, 45, 171).

Größeres wissenschaftliches Interesse als die Halsdrüsenerkrankung haben die im Quellgebiet angetroffenen Veränderungen. Wenn wir unter natürlichen Infektionsbedingungen Halsdrüsentuberkulose finden, bemüht man sich im allgemeinen nicht um eine peinlich genaue Inspektion der Quellgebietsschleimhäute. Denn man weiß auf Grund ausgedehnter Erfahrungen, daß das Suchen nach tuberkulösen Veränderungen der Mundschleimhaut und Tonsillen fast stets vergeblich ist. Bei den Lübecker Kindern war jedoch hierzu in ganz anderem Maße als sonst Veranlassung gegeben, weil die Drüsenerkrankung nicht, wie es gewöhnlich geschieht, als hämatogen-metastatische gedeutet werden konnte. Es war bekannt — wenigstens nach der Sektion der erstgestorbenen Kinder —, daß eine Fütterungsinfektion vorlag, es mußte also mit einer Primärinfektion im Quellgebiet der Drüsen gerechnet werden. Gewöhnlich stellt man sich allerdings vor, daß das ganz auf Resorption eingerichtete Verdauungsrohr eine spurlose Durchwanderung der Tuberkelbazillen durch die Schleimhaut gestattet. Primärinfekte an der Mundschleimhaut und Gaumentonsille sind als Raritäten beschrieben worden (Chancellor, Finkelstein, Ruf, Drösler). Bei den in Lübeck vorgenommenen Sektionen ergab sich jedoch bald, daß diese hier mit großer Regelmäßigkeit anzutreffen waren. Allerdings überwogen, wie Schürmann auseinandergesetzt hat, die Erkrankungen der Rachentonsille zahlenmäßig noch diejenige der Gaumentonsille, und der Epipharynx war natürlich bei den kleinen Säuglingen nicht zu besichtigen. Auf die Erkrankung des Epipharynx wiesen nur die Symptome hin, die wir sonst bei unspezifischer Nasopharyngitis kennen, nämlich belegte Zunge, nasaler und pharyngealer Stridor, Rötung und Schleim an der hinteren Rachenwand, seltener — aber dann auch auffälliger — blutig-schleimige oder blutig-eitrige Nasensekretion. In leichteren Krankheitsfällen fiel gewöhnlich nur eine gewisse Verlegung der Nasenatmung, also die sog. schniefende Atmung auf. Die Gegend der Gaumentonsillen ist auch beim Säugling zu übersehen. Doch kann man meist nur eine sehr kurz dauernde flüchtige Inspektion vornehmen. Mehrfach wurde nur eine mehr oder weniger starke Rötung der Gaumentonsillen beobachtet, wo die Sektion eine schwere ulzerative Tuberkulose an dieser Stelle ergab, ja oftmals ist klinisch überhaupt kein Befund in solchen Fällen erhoben worden. Deutliche Veränderungen im Sinne der primären Gaumentonsillentuberkulose sind nur in 6 Fällen festgestellt worden. Einmal fand sich ein Ulkus der linken Tonsille mit Beteiligung des vorderen Gaumenbogens (Nr. 67), wo die Sektion eine beiderseitige Erkrankung aufdeckte, ähnlich ein Defekt am vorderen Gaumenbogen links in einem weiteren Falle (Nr. 111), wo ebenfalls die Autopsie eine tiefgreifende geschwürige Tuberkulose der beiderseitigen Gaumenmandeln erkennen ließ. Ein anderes Mal wurde links ein Tonsillenulkus vermutet, wo der Hauptprozeß auf der rechten Seite vorlag (Nr. 9). Klar waren dagegen die Verhältnisse bei dem Kinde J. Sch. (Nr. 117), wo zunächst ein schmieriger Belag auf der linken Tonsille zu sehen war, dann ein tiefgehendes Ulkus, aus dem Blut sickerte (s. Abb. 19). In einem letzten Falle schließlich (Nr. 71) wurde als erste Krankheitserscheinung im Alter von 8 Wochen eine Blutung aus dem Munde angegeben. Auch hier fand sich später ein schmierig belegtes, leicht blutendes Ulkus der rechten Tonsille mit Übergreifen des Belages auf den Gaumenbogen, autoptisch allerdings wieder eine doppelseitige Erkrankung. Unter den Überlebenden gab es ein Kind (Nr. 211) mit einem verdächtigen schmierigen Belag auf der rechten Tonsille, sowie ein Kind, bei dem ein Tonsillenulkus festgestellt wurde, offenbar nachdem es sich bereits weitgehend gereinigt hatte (Nr. 247). Es liegt auf der Hand, daß in diesem Zustand die Erkennungsmöglichkeit noch geringer ist. Die von Schürmann berichtete auffallende Reinigungsneigung bei den Geschwüren ist sicherlich mit ein Grund für die geringe Zahl der klinischen Beobachtungen.

Die subjektiven Beschwerden, die von den Ulzerationen der Gaumentonsillen ausgingen, müssen geringfügig gewesen sein. Gewiß hören wir von Appetitlosigkeit und Nahrungsverweigerung. Doch hing dies wohl mehr mit der schweren Allgemeinerkrankung zusammen. Andere Kinder tranken jedenfalls gut und es wird gelegentlich ausdrücklich angegeben, daß das Trinken offensichtlich ohne Schmerzen erfolgte.

Wesentlich geläufiger sind uns unter natürlichen Infektionsbedingungen sekundäre Ulzerationen im Bereich des Rachens und der Mundhöhle. So teilt z. B. H. Koch in seinem Sammelbericht über 133 Fälle von Säuglingstuberkulose mit, daß in 9 Fällen sekundäre Tuberkulose der Pharynx- oder Gaumentonsille in Form von mehr oder minder ausgedehnten, älteren oder jüngeren Geschwüren nachzuweisen war. Dabei hat er nicht einen einzigen Fall von primär stomatogener Tuberkulose gesehen. Die Schwierigkeit der Diagnose auch dieser Veränderungen erhellt aus der Tatsache, daß nur bei einem von den erwähnten 9 Kindern klinisch gelblich belegte, längliche Geschwüre an der hinteren Rachenwand festgestellt wurden. Dies Kind war auch das einzige, das beim Schlucken Beschwerden aufwies. Bei den Lübecker Säuglingen wurden ebenfalls intra vitam nur vereinzelt postprimäre Ulzerationen beobachtet. So fanden sich bei dem Kind G. L. (Nr. 119), das anatomisch besonders zahlreiche postprimäre Ulzerationen an der rechten Gaumenmandel, an der Schleimhaut des Vestibulum oris, insbesondere des Unterkiefers, ferner der Speiseröhre und des Magens aufwies, schon einige Tage vor dem Tode kleine Geschwüre am Unterkieferrand. Ferner bei dem Kinde H. H. (Nr. 34) ein Ulkus am harten Gaumen, bei dem Kinde E. Sch. (Nr. 10) Schleimhauterosionen an der oberen Zahnleiste, bei dem Kinde I. G. (Nr. 71) schließlich linsengroße Erosionen mit gelb-grauem Grund auf der vorderen Zungenhälfte und am linken Unterkieferrand. Schürmann hat bereits hervorgehoben, daß in diesen Fällen nicht immer primäre Veränderungen im Bereich der Mundhöhle oder Lunge vorhanden waren. Bei der unter natürlichen Infektionsbedingungen weitaus am häufigsten vorkommenden primären Lungentuberkulose erklärt man sich die Entstehung derartiger postprimärer Ulzerationen dadurch, daß die in den Lungen zur Entwicklung kommenden Tuberkelbazillen durch Hustenstöße in die oberen Atmungswege getragen werden und sich hier ansiedeln. Bei dem oben erwähnten Kinde G. L. (Nr. 119) aber waren lediglich primäre Veränderungen im Dünndarm vorhanden. Das Kind spie zwar öfter, litt aber nicht an so starkem Erbrechen wie manches andere Kind, eine Magenspülwasseruntersuchung wurde nicht vorgenommen. Für die Annahme einer intrakanalikulären retrograden Infektion des Magens, der Speiseröhre und der Mundhöhle liegt also kein Beweismaterial vor. Gleichwohl können wir uns nicht recht eine andere Vorstellung von der Entstehung dieser Veränderungen machen, und es wurde ja früher über einen positiven Magenspülwasserbefund sogar in einem recht leichten Fall von primärer Darmtuberkulose berichtet. Hinzuzufügen ist ein weiterer Fall, der bei reiner Dünndarmtuberkulose wenige Tage ante exitum Tuberkelbazillen im Rachenabstrich aufwies (Nr. 188).

Ein Sonderfall ist die von Schürmann erwähnte sequestrierende Zahnkeimentzündung (s. S. 87/88). Vielleicht durch Verletzung des Zahnfleisches bei der Verabreichung des Impfstoffes mit dem Löffel war eine oberflächliche und tiefer greifende geschwürige Tuberkulose der linken Wangenschleimhaut und des Zahnfleisches der linken Unterkieferhälfte mit sequestrierender Zahnkeimentzündung des ersten Molaren, tuberkulöser Ostitis und Periostitis entstanden. In der 7. Lebenswoche wurde bei dem Kinde eine Halsdrüsenschwellung bemerkt, später trat Fieber und Unruhe auf, in der 11. Lebenswoche wurde an der unteren Zahnleiste links ein schmierig belegtes Ulkus beobachtet. Allmählich reinigte sich das recht tiefgreifende Ulkus, aber es zeigten sich in der 15. Woche an dieser Stelle des Unterkiefers zwei lockere Zähne, auch griff die entzündliche Rötung noch auf den harten Gaumen über (s. Abb. 25). Das Kind, das außerdem noch eine schwere Dünndarmtuberkulose hatte, ging bald unter den Erscheinungen allgemeiner Generalisierung zugrunde. So bekannt uns die sequestrierende Zahnkeimentzündung beim jungen Säugling als Folge einer Infektion mit Eitererregern ist, wenngleich auch sie nur selten gesehen wird, so ist dieses Vorkommnis wohl einzig dastehend.

Daß sich an die postprimären Veränderungen Drüsenschwellungen anschließen können, bedarf keiner Erörterung. In denjenigen Fällen, in denen gleichzeitig primäre Veränderungen in der Mund- bzw. Rachenhöhle vorhanden waren, war das natürlich nicht zu erkennen. Aber auch in dem oben erwähnten Falle (Nr. 119) mit ausschließlich postprimären Ulzerationen im Bereich der Mundhöhle bestanden bereits frühzeitig Halsdrüsenschwellungen, die allerdings Erbsgröße nicht überschritten. Immerhin ergaben sich hieraus Schwierigkeiten in der klinischen Beurteilung. Daher muß in diesem Zusammenhange noch einmal besonders betont werden, daß die postprimären Ulzerationen eigentlich stets recht oberflächlichen Charakter tragen. Handelt es sich um eine Vergrößerung ausschließlich der Lymphoglandulae cervicales laterales, so ist bei der Unübersichtlichkeit des Nasenrachenraums eine Differenzierung zwischen primärer und postprimärer Halsdrüsentuberkulose ganz unmöglich, wie wir erst kürzlich in einem Falle mit primärem Lungenherd feststellen mußten.

Bei den Schwierigkeiten, einen guten Überblick über Mund, Rachen und Nase zu erhalten, ist der Tuberkelbazillennachweis im Rachenabstrich von Interesse. Entsprechende Untersuchungen sind in Lübeck sehr zahlreich vorgenommen worden. Tiedemann und Hübener haben bereits berichtet, daß von 65 Kindern über 600 Ausstriche nach Ziehl gefärbt wurden. Die Ausbeute war jedoch auch bei denjenigen Kindern, bei denen nachträglich die Autopsie schwere Primärgeschwüre im Schlundkopf oder an den Gaumentonsillen aufdeckte, relativ gering. Ich zähle nur 11 positive Fälle dieser Art (Nr. 9, 38, 65, 71, 60, 101, 113, 128, 129, 176, 244), wobei noch hinzuzufügen ist, daß zweimal lediglich die Kultur, nicht der Ausstrich positiv war. Vielfach wurden eine Reihe von Ausstrichen ergebnislos gemacht und erst wenige Tage vor dem Tode gelang der Nachweis. Immerhin ist die Zahl der Fälle, bei denen man auf Grund des Tuberkelbazillenbefundes einen Prozeß in der Mund-Rachenhöhle annehmen konnte, höher als allein aus der Inspektion erschlossen werden konnte. Selbstverständlich wird aber auf diese Weise eine Differentialdiagnose zwischen primären und postprimären Veränderungen nicht möglich, ja es ist zu bedenken, daß bei Lungentuberkulose ebenfalls Tuberkelbazillen im Rachenabstrich erwartet werden können, was denn auch bei Kind Nr. 32 und 214 mit käsiger Pneumonie und 34 mit generalisierter Lungentuberkulose ohne Racheninfekt der Fall war. Es ist sogar, wie früher bereits erwähnt wurde, einmal bei reiner Dünndarmerkrankung mit Peritonitis kurz ante exitum der Tuberkelbazillennachweis im Rachenabstrich gelungen (Nr. 188). Das Kind litt an starkem Erbrechen.

Es war von vorneherein wahrscheinlich, daß die heute so beliebte Untersuchung des Magenspülwassers auf Tuberkelbazillen in diesen Krankheitsfällen weitere Förderung bringen würde. Sie konnte leider nur in geringem Umfange und außerdem nur bei leichteren Krankheitsfällen ausgeführt werden. Immerhin bieten gerade diese leichteren Krankheitsfälle besonderes Interesse. 5 Kinder, bei denen nach dem Halsdrüsenbefund ein oraler Primärkomplex angenommen werden mußte, im Rachenabstrich aber trotz wiederholter Untersuchung keine Tuberkelbazillen gefunden wurden, zeigten ein positives Ergebnis der von Tiedemann und Hübener ausgeführten Magenspülwasseruntersuchung (Nr. 1, 21, 35, 92, 193). Vermißt wurden bei dieser Untersuchungsmethode Tuberkelbazillen von Tiedemann und Hübener in 3 Fällen mit entsprechendem Halsdrüsenbefund (Nr. 90, 209, 234) und, was weniger zu verwundern ist, in 4 Fällen von primärer Mittelohrtuberkulose (Nr. 18, 91, 102, 120). Im übrigen gilt hier natürlich das gleiche, was wir oben von dem positiven Befund bei Lungen- und Darmtuberkulose gesagt haben. Dementsprechend wurde auch ein positiver Befund bei einem Kinde erhoben, das an schwerer Darm- und Bronchialdrüsentuberkulose litt (Nr. 61).

Auffallend häufig wurde bei den Lübecker Kindern eine Tuberkulose des Mittelohres festgestellt. Es handelt sich um 21 Fälle. 9 Kinder starben. Aus den 8 vorliegenden und von Schürmann ausführlich (s. S. 89—98) mitgeteilten Sektionsprotokollen geht hervor, daß 6mal die Paukenhöhle als primäre Ansiedlungsstätte der verfütterten Tuberkelbazillen anzusprechen war, während die Mittelohrtuberkulose nach dem anatomischen Gesamtbilde in einem Falle (Nr. 244) als sicher, in einem weiteren (Nr. 60) als möglicherweise subprimär aufgefaßt werden mußte. Das will besagen, daß die Ersthaftung der Tuberkelbazillen im Nasenrachenraum erfolgt ist, aber sehr bald von dieser primären Ansiedlungsstätte Keime durch die Tube in das Mittelohr gelangt sind. Die Unterscheidung kann, wie aus den Ausführungen von Schürmann hervorgeht, für den Anatomen recht schwierig sein. Denn es handelt sich hier nicht, wie etwa in dem von Grimmer beschriebenen Fall, um ein Fortleiten des tuberkulösen Prozesses von der Rachenmandel auf die Tube und schließlich das Mittelohr, vielmehr wiesen die Tuben keine Tuberkulose auf, sie stellten genau wie bei der Ersthaftung im Mittelohr lediglich den Weg dar, auf dem die Tuberkelbazillen ins Mittelohr gelangten, mit dem einen Unterschied, daß dies erst etwas später als in den übrigen Fällen geschah. Der, wenn auch kurze, zeitliche Unterschied bewirkt infolge der inzwischen bereits eingetretenen mehr oder weniger weitgehenden Umstimmung des Organismus, daß die uns bekannten gesetzmäßig eintretenden anatomischen Veränderungen bei der Ersthaftung nicht mehr in gleich typischer Weise gefunden werden. Zwar waren die regionären Lymphdrüsen im ersten Fall noch durchaus nach der Art eines Primärkomplexes, aber in ähnlicher Weise auch auf der anderen Seite erkrankt (s. später), und im zweiten Falle waren lediglich mikroskopische Veränderungen in den zugehörigen Drüsen nachweisbar.

Für den Kliniker kann die Unterscheidung primärer und subprimärer Mittelohrtuberkulose natürlich noch schwieriger sein als für den Anatomen. Dies wurde kürzlich von Duken an der Hand eines Falles dargetan, wo bei dem 7jährigen Knaben zunächst eine kleine Läsion an der rechten Tonsille mit entsprechender Kieferwinkeldrüsenschwellung auftrat, sich aber fast gleichzeitig unter erneutem Fieberanstieg eine linksseitige Mittelohrentzündung tuberkulöser Natur, gefolgt von Fazialislähmung einstellte. Duken meint, daß die Ohrinfektion wahrscheinlich von der Tonsille ausging, weil die Drüsen links später zu schwellen begannen als die der rechten Seite. Immerhin läßt er die Möglichkeit eines doppelten Primärinfektes offen. Tatsächlich kann der Kliniker solche zeitlichen Differenzen in der Entwicklung der einzelnen Krankheitserscheinungen nur als Wahrscheinlichkeitsbeweis für die subprimäre Natur der Erkrankung anführen. Die beiden oben erwähnten Fälle zeichneten sich dadurch vor allen anderen aus, daß das Ohrlaufen sich erst verhältnismäßig spät, nämlich in der 13. bzw. 15. Lebenswoche einstellte, während Drüsenschwellungen am Halse schon mit 6 bzw. 8 Wochen aufgefallen waren. Die klinische Beobachtung steht also mit dem anatomischen Befunde im Einklang. In anderen nur klinisch beobachteten Fällen könnten aber gelegentlich in dieser Hinsicht Meinungsdifferenzen aufkommen, da manchmal immerhin auch 4—5 Wochen verstreichen, bis bei schon vorhandenen Drüsenschwellungen Ohrlaufen auftrat, oder umgekehrt längere Zeit verging, bis sich die typische regionäre Drüsenschwellung an das Ohrlaufen anschloß. Demgegenüber möchte ich die Meinung vertreten, daß die Unterscheidung zwischen primärer und subprimärer Mittelohrtuberkulose nicht von einschneidender Bedeutung ist. Viel wesentlicher ist es, ob die Erkrankung des Mittelohres sich alsbald in Form des Primärkomplexes an die perorale Aufnahme des Tuberkulosevirus anschließt oder aber, wie wir es bei älteren Säuglingen und Kindern als die Regel kennen, bei pulmonalem Primärkomplex als sekundäre Erkrankung, also postprimär auftritt.

Über primäre Mittelohrtuberkulose lagen bis zum Eintritt des Unglücks in Lübeck nur wenig einwandfreie Berichte vor, ja noch im Jahre 1926 erklärte, wie bereits Schürmann erwähnt, der Otiater Cemach, die Mittelohrtuberkulose sei in jedem Falle ein sekundärer Prozeß. Einwandfreie Beobachtungen stammten lediglich von Pädiatern und Pathologen, aber ihre Zahl war sehr bescheiden. Schürmann und ich konnten 1928 neben 3 eigenen Fällen nur 7 aus dem Schrifttum sammeln. Immerhin hatte das Krankheitsbild bereits 1912 Aufnahme in ein Lehrbuch gefunden, nämlich das in kinderärztlichen Kreisen allgemein bekannte Lehrbuch der Säuglingskrankheiten von Finkelstein, der selbst 2 Krankheitsfälle beobachtet hatte und das Gesamtbild der Erkrankung bei reiner Ausbildung als sehr charakteristisch bezeichnete, es auch in den neuen Auflagen seines Lehrbuches 1921 und 1924 in gleicher Weise schilderte. Inzwischen sind noch 3 weitere Fälle bekanntgegeben worden (Ghon und Winternitz, Simon und Redeker, Grosser).

Regelmäßig handelt es sich danach um eine Erkrankung junger Säuglinge, regelmäßig ist den Erfahrungen mit anderweitigen tuberkulösen Primärinfekten entsprechend eine regionäre Drüsenschwellung vorhanden. Diese betrifft nicht nur die verschiedenen Gruppen von Halsdrüsen in mehr oder weniger großer Ausdehnung, sondern vor allem die präaurikularen, weniger die retroaurikularen Drüsen. Sie bedürfen also besonderer Beachtung für die Diagnose. Das gleichzeitig mit der Drüsenschwellung, vorher oder nachher auftretende Ohrlaufen stellt sich offenbar schmerzlos ein, Fieber ist in sehr wechselnder Weise vorhanden, es können nur subfebrile Temperaturen vorhanden sein, ja das Fieber kann fehlen. Nach den bis dahin vorliegenden Erfahrungen ist zu sagen, daß bei diesem Symptomenkomplex beim jungen Säugling an Mittelohrtuberkulose gedacht und entsprechende Prüfungen (Tuberkulinreaktion, Tuberkelbazillennachweis im Ohreiter) ausgeführt werden sollten. Finkelstein erklärte bereits in seinem Lehrbuch die frühen regionären Drüsenschwellungen als sehr wohl brauchbar für die Diagnose. In Lübeck entstand jedoch eine Schwierigkeit daraus, daß die positive Tuberkulinreaktion auf die vermeintliche B. C. G.-Fütterung bezogen werden konnte. Infolgedessen war erst von einem wirklich charakteristischen Symptomenkomplex zu sprechen, nachdem der Prozeß weiter vorgeschritten und eine Fazialisparese eingetreten war. Auch hierzu hat schon Finkelstein in seinem Lehrbuch Stellung genommen, indem er sagte: „Sehr häufig und in diesem Alter diagnostisch viel eindeutiger als sonst auf Tuberkulose hinweisend ist die Fazialisparese.“ Dies entspricht auch meiner eigenen Erfahrung. Demgemäß mußte ich als Sachverständiger vor Gericht die Möglichkeit zugeben, den ersten mit diesen vollständigen Symptomenkomplex in klinische Beobachtung gelangenden Lübecker Krankheitsfall (Nr. 20) als solchen zu erkennen bzw. durch ihn auf die richtige

Fährte zu kommen. Es wurde jedoch nicht nach Tuberkelbazillen gesucht, vielmehr kam eine Irreführung dadurch zustande, daß Diphtheriebazillen im Ohreiter nachgewiesen wurden. Infolgedessen wurde eine Ohrdiphtherie angenommen und das Kind von Prof. Klotz nicht einer genauen Analyse unterzogen. Beim Nachweis von Diphtheriebazillen im Ohreiter ist bekanntlich zu bedenken, daß wir den Diphtheriebazillus bei eitriger Otitis nicht selten als sekundär infizierenden Keim finden. Im vorliegenden Falle bestand die Ohreiterung bereits 16 Tage, und je länger der Ohrausfluß besteht, um so mehr ist mit einer solchen Sekundärinfektion zu rechnen. Ich verweise auf einen Bericht aus dem Waisenhaus und Kinderasyl der Stadt Berlin, wonach Davidsohn und Heck 1921 in dieser Anstalt bei einer Untersuchung von 100 Säuglingen, darunter 91 mit eitriger Mittelohrentzündung 28mal echte, teils virulente, teils avirulente Diphtheriebazillen gefunden haben. Ähnliche Ergebnisse hatte Preidt, als sie ältere Kinder mit Ohrausfluß in einer Kinderheilstätte auf Norderney untersuchte. 28% der Fälle hatten neben Kokken oder gramnegativen Stäbchen Diphtheriebazillen im Ohreiter, während bei den oben erwähnten Säuglingen keine Kokken zusammen mit den Diphtheriebazillen festgestellt wurden. Wenn auch solche sekundären Infektionen in der Anstalt häufiger vorkommen als im Privathaus, wo sich weniger Diphtheriebazillenträger finden, so sehen wir jedenfalls, daß der Diphtheriebazillenbefund im Ohreiter für die Diagnose nicht zu hoch bewertet werden darf. Klotz hat sich demgegenüber auch nach Aufdeckung des Unglücks auf den Standpunkt gestellt, daß im vorliegenden Falle tatsächlich eine Ohrdiphtherie, wenn auch neben der Mittelohrtuberkulose bestanden hat; im übrigen aber würde er auch ohne den Diphtheriebazillenbefund nicht sofort eine Mittelohrtuberkulose beargwöhnt haben, einmal weil keine Infektionsgelegenheit bekannt war, dann aber weil er die Symptomentrias Otorrhoe, Halslymphdrüsentumor und Fazialisbeteiligung auch bei einem Kinde nach Grippe beobachtet habe. Leider sagt Klotz nichts über das Alter des betreffenden Kindes und die Beteiligung der Präaurikulardrüsen bei der Erkrankung, zwei Momente, die von großer Bedeutung sind und von Finkelstein und mir in gleicher Weise hervorgehoben wurden. Das Fehlen einer leicht nachweisbaren Infektionsgelegenheit aber darf nach vielseitigen Erfahrungen selbst im Säuglingsalter und auch auf dem Gebiete der primären Ohrtuberkulose nicht gegen die Diagnose Tuberkulose geltend gemacht werden. Bemerkenswerterweise hat denn auch der Assistent von Prof. Klotz, wie ich erst jetzt erfahre, im vorliegenden Falle trotz des fehlenden Hinweises auf eine Infektionsgelegenheit an die Möglichkeit einer Tuberkulose, wenn auch nicht des Ohres, so doch der Bronchialdrüsen gedacht und eine Röntgenaufnahme veranlaßt, die freilich ergebnislos ausfiel.

Die Zahl der Beobachtungen von primärer Mittelohrtuberkulose in Lübeck ist so groß, daß es gelingen muß, über die diagnostischen Schwierigkeiten und Zweifel definitiv hinwegzukommen, oder aber es ist mit J. Bauer zuzugeben, daß nicht nur, wie allgemein bekannt, die postprimäre, sondern auch die primäre Mittelohrtuberkulose klinisch schwer von einer Otitis anderer Ätiologie zu scheiden ist. Wobei freilich von vornherein zu bemerken ist, daß es in keiner Weise ersichtlich ist, worauf J. Bauer dieses Urteil gründet. Denn er berichtet selbst nicht etwa von einem Fall primärer, sondern postprimärer Mittelohrtuberkulose bei pulmonalem Primärkomplex. Klotz, der auf die Beschreibung des Krankheitsbildes durch Finkelstein nicht zurückgreift, sondern nur gegen die meinige, in der Ausdrucksweise fast genau übereinstimmende Stellung nimmt, greift die Äußerung

J. Bauers zwar auf. Auch weist er auf von der obigen Beschreibung abweichende Fälle hin. Tatsächlich kann er Grossers Mitteilung aus dem Jahre 1932 anführen, der bei einem frühgeborenem Kinde mit primärer Mittelohrtuberkulose ein auffallend spätes Auftreten der regionären Drüsenschwellung beobachtete, ja, er glaubt mich selbst zitieren zu können, da ich gelegentlich bei einem Ohrprimärkomplex nur eine bohnengroße Drüse gefunden hätte, wie sie bei exsudativ veranlagten und grippal erkrankten Säuglingen gar nicht so selten sei. Doch handelte es sich hier in Wirklichkeit um die primäre Gaumentonsillentuberkulose eines 6jährigen Kindes, bei der wir diesem geringfügigen Befund entsprechend die Diagnose verfehlen mußten. Es wird aber auch keiner unter solchen Verhältnissen die Möglichkeit einer richtigen Diagnose intra vitam behaupten. Schließlich wird durch die Ausführungen von Klotz der Anschein erweckt, als ob Prof. Langstein und ich als Sachverständige vor Gericht zwar im allgemeinen die gleiche Meinung, bezüglich des erwähnten Falles von Mittelohrtuberkulose aber verschiedene Auffassung vertreten hätten. Hierzu ist zu bemerken, daß Prof. Langstein, bevor er überhaupt Gelegenheit hatte, sein Gutachten über die einzelnen Krankheitsfälle abzugeben, vom Gericht als Sachverständiger abgelehnt wurde. Das Gericht ist lediglich auf Grund meines Gutachtens, in dem ich mich meinem Eide entsprechend um vollste Unparteilichkeit bemühte, zum Freispruch von Prof. Klotz gekommen. Die vorgekommenen Fehldiagnosen konnten einschließlich des soeben näher besprochenen Falles von primärer Mittelohrtuberkulose mit guten Gründen entschuldigt werden.

Unter den 21 in Tabelle 2 aufgeführten Fällen, in denen von mir eine Mittelohrtuberkulose angenommen wird, lag 4mal eine doppelseitige, ebensooft eine linksseitige, dagegen 13mal eine rechtsseitige Erkrankung vor. Einen Grund für diese unterschiedliche Beteiligung der Ohren vermag ich nicht anzugeben. Die Erkrankung machte sich ganz entsprechend den im Schrifttum niedergelegten Erfahrungen sehr frühzeitig nach der Infektion geltend. Manche (Nr. 9, 91, 209) zeigten die ersten Symptome mit 3 oder 4 Wochen, andere erst mit 6—10 Wochen. Bald trat zuerst Drüsenschwellung, bald Ohrlaufen ein, bald wurde beides gleichzeitig bemerkt. Fazialisparese folgte in 5 Fällen, und zwar 2—5 Wochen nach Beginn der Ohreiterung. Sie war auch bei doppelseitiger Mittelohrerkrankung stets nur einseitig. Die Allgemeinerscheinungen waren wechselnd, vielfach durch anderweitige Primärkomplexe gleichzeitig beeinflußt, im weiteren Verlauf insbesondere von der zugehörigen Drüsenerkrankung abhängig, da es vielfach zu Erweichung mehrerer Drüsen kam. Der Nachweis der Tuberkelbazillen im Ohreiter wurde im wesentlichen bakterioskopisch durch Färbung von Ausstrichen nach Ziehl geführt. Er gelingt nach Grosser bei Kindern der ersten $1^1/_2$ Jahre leicht. Tatsächlich wurde unter 19 bakterioskopisch untersuchten Fällen 18mal ein positiver Befund erzielt, jedoch waren hierzu wiederholt mehrfache Untersuchungen notwendig, in dem negativen Fall (Nr. 31) fand nur eine einmalige Untersuchung statt. Bemerkenswerterweise wurden 2mal scheinbar Tuberkelbazillen im Ausstrich des Ohreiters nachgewiesen (Nr. 67, 100) wo die Sektion keinerlei tuberkulöse Erkrankung am Ohr aufdeckte, und in 2 nicht zur Sektion gekommenen Fällen (Nr. 175 und 185) wurden ebenfalls je einmal im Ausstrich säurefeste Stäbchen gefunden, während der weitere Verlauf für eine banale Otitis media sprach. Bereits Finkelstein macht darauf aufmerksam, daß bei der Diagnose Ohrtuberkulose eine

Täuschung durch Smegmabazillen möglich ist, und wir müssen nach den geschilderten Untersuchungsergebnissen daran festhalten, daß der Nachweis einiger säurefester Stäbchen im Ohreiter noch nicht ohne weiteres Ohrtuberkulose beweist. Es wäre unter diesen Umständen sehr wünschenswert, wenn der bakterioskopische Befund durch die Kultur erhärtet werden könnte. Tiedemann und Hübener, die sich hierum an dem Lübecker Material bemühten, hatten jedoch gerade bei der Untersuchung des Ohreiters auffällig viele Mißerfolge. Von 9 der hier aufgezählten Fälle von Mittelohrtuberkulose war die Kultur nur 2mal positiv. Die Tuberkelbazillen wurden offenbar meist von Verunreinigungskeimen überwuchert. Wir sind also doch in erster Linie auf die bakterioskopische Untersuchung angewiesen, wozu dann noch weiter der Tierversuch kommt. J. Bauer hat bei den bestehenden Schwierigkeiten vorgeschlagen, den Ohreiter beim Kinde intrakutan einzuspritzen, da er bei Ohrtuberkulose auf diese Weise eine ausgesprochene Hautreaktion und auch ein Aufflammen alter Tuberkulinprüfungsstellen erzielen konnte. Hierüber besitzen wir keine eigenen Erfahrungen. Unter natürlichen Infektionsbedingungen gibt ja bei der primären Ohrtuberkulose des jungen Säuglings schon allein die Tuberkulinreaktion neben dem klinischen Befund einen genügenden Hinweis. Das Verfahren kommt also in erster Linie für die Diagnose postprimärer Ohrtuberkulose in Betracht, wofür es auch J. Bauer verwandte.

Wie bereits oben auseinandergesetzt, ist im klinischen Befunde die regionäre Drüsenschwellung für die Diagnose von besonderer Bedeutung. Hierbei ist es nicht zulässig, ein mehr oder weniger großes Drüsenpaket an der einen oder beiden Halsseiten als der Ohrerkrankung zugehörig zu erklären, es ist vielmehr eine möglichst genaue Lokalisationsdiagnose jeder einzelnen Drüsenschwellung erforderlich. Charakteristisch für die primäre Ohrtuberkulose (nebenbei auch für die primäre Ohrläppchentuberkulose, durch Infektion beim Ohrlochstechen) ist die Anschwellung der dicht vor dem Tragus subkutan zwischen Parotis und Ohr gelegenen Lgl. auricularis anterior (präauricularis), der vor dem Ohrläppchen auf der Parotis gelegenen Lgl. auricularis inferior, der Lgl. parotidea superficialis und profunda sowie der Lgl. auricularis posterior, die auf dem Processus mastoideus zu tasten ist (s. Abb. 26). Dazu kommen dann die Lgl. cervicales superficiales und profundae superiores, auch wohl die mandibulares. Diese letzteren Drüsen sind jedoch bei anderweitiger Lokalisation des Primärinfektes so häufig geschwollen, daß ihr Befallensein differentialdiagnostisch nicht ins Gewicht fällt.

In Lübeck bestätigte sich, daß diagnostisch die größte Bedeutung den vor dem Ohre (Tragus und Ohrläppchen) gelegenen Drüsen beizumessen ist. Bei den ersten nicht von mir untersuchten Fällen (Nr. 9, 20, 52, 244) warde hierauf nicht entsprechend geachtet, es wurden aber verkäste präaurikulare Drüsen bei der von Schürmann vorgenommenen Sektion der Kinder Nr. 9, 52 und 244 gefunden, und nur bei Kind Nr. 60, bei dem bereits oben die Möglichkeit subprimärer Erkrankung erörtert wurde, waren die tuberkulösen Veränderungen lediglich histologisch nachweisbar, eine Verkäsung war nicht eingetreten. Alle anderen Kinder hatten bereits klinisch tastbare Präaurikulardrüsen. Wie die Stärke der Drüsenschwellungen am Halse starken Schwankungen unterliegt, wenn sie auch meist erheblich war — es fanden sich pflaumen-, kastanien-, taubeneigroße Pakete, einmal aber auch nur mehrere bohnengroße Drüsen —, so gilt das auch von der Drüsenschwellung vor dem Ohre. Es fanden sich Drüsen von Linsen- bis Mandelgröße. Kleinere

Schwellungen ließen sich nur bei besonders darauf gerichteter Aufmerksamkeit und genauem Abtasten feststellen. Sehr wichtig erscheint es, die Drüsenschwellungen bereits beim jungen Säugling im Anfangsstadium der Ohrerkrankung zu suchen, wenn sie auch noch nicht regelmäßig um diese Zeit zu finden sind (Nr. 109). Denn es stellt sich heraus, daß die Präaurikulardrüsen auch sekundär bei einer schweren Halsdrüsentuberkulose miterkranken können, was bei den ausgedehnten Lymphwegverzweigungen am Halse nicht wundernehmen kann. Wir haben hierfür unter natürlichen Infektionsbedingungen und auch hier mehrfach Beispiele erlebt. In Fall Nr. 14 waren bei linksseitiger primärer Ohrtuberkulose auch rechtsseitig, allerdings nach dem Sektionsbefund nicht verkäste, Präaurikulardrüsen vorhanden, und in Fall Nr. 191 erweichte sogar bei rechtsseitiger Mittelohrtuberkulose nicht nur die Präaurikulardrüse der rechten, sondern auch der linken Seite. Differentialdiagnostische Schwierigkeiten traten in diesen Fällen nach Lage der Dinge nicht ein. Wohl aber entstehen diese, wenn es bei unspezifischer eitriger Otitis und gleichzeitigem oralen Primärkomplex von den erkrankten Halsdrüsen aus zur Mitbeteiligung der Präaurikulardrüsen kommt. Haben wir doch gehört, daß der bakterioskopische Nachweis von Tuberkelbazillen bei der Ohrtuberkulose nicht immer sogleich gelingt, andererseits durch das Vorhandensein säurefester Saprophyten im Ohreiter eine Ohrtuberkulose vorgetäuscht werden kann. So bekam das Kind Nr. 234 mit etwa 3 Monaten rechtsseitiges Ohrlaufen. Tuberkelbazillen wurden nicht gefunden, aber neben einem größeren Halsdrüsenpaket rechts, geringeren Schwellungen hinter dem M. sternocleidomastoideus fand sich rechts eine kleine Präaurikulardrüse, die späterhin größer wurde und neben anderen Drüsen sogar erweichte. Das Ohrlaufen nahm nie stärkere Formen an, versiegte bald, um jedoch nach längerer Zeit erneut aufzutreten. Offenbar handelte es sich hier um eine primäre Schlundkopftuberkulose mit Fortschreiten der schon länger bestehenden Halsdrüsenerkrankung auf die rechtsseitige Präaurikulardrüse. Schon das späte Auftreten des Ohrlaufens konnte den Gedanken an primäre Mittelohrtuberkulose nicht recht aufkommen lassen. Da dieses Kind die Krankheit überstand, ist es von Interesse, daß bei einem anderen intra vitam nicht in dieser Hinsicht aufgefallenen Kind (Nr. 116) durch die Sektion eine beiderseitige unspezifische eitrige Otitis media, eine partiell verkäste präaurikulare Drüse links, eine ebenso veränderte postaurikulare Drüse rechts bei tiefgreifender geschwüriger Schlundkopftuberkulose und zugehöriger Halsdrüsentuberkulose festgestellt wurde. Man muß also zweifellos mit solchen Vorkommnissen rechnen. Ja, die Verhältnisse werden noch komplizierter, insofern gelegentlich auch bei postprimärer Ohrtuberkulose eine Anschwellung der Präaurikulardrüse vorkommt.

Grosser sowohl wie ich haben vor kurzem entsprechende Beobachtungen unter natürlichen Infektionsbedingungen mitgeteilt. Und auch unter den Lübecker Kindern befindet sich ein Fall, der hierher gerechnet werden kann (Nr. 244). Bei rechtsseitiger subprimärer Ohrtuberkulose und linksseitiger eitriger Otitis waren beiderseits Lgl. praeund postauriculares sowie parotideae vorhanden. Wie in den früheren Fällen, so war vermutlich hier ebenfalls die Erkrankung der Ohrdrüsen von den tiefer liegenden Halsdrüsen weitergeleitet worden. Doch kommt die Präaurikulardrüsenschwellung auch isoliert bei postprimärer Ohrtuberkulose vor. Grosser schreibt hierzu: „Warum bei primärer Ohrtuberkulose ständig die Drüsengruppe, bei sekundärer nur zuweilen erkrankt, ist nicht klar, da ja bei beiden Fällen die Beteiligung der Lymphdrüsen den gleichen topographisch-

Ta-

Nr.	Ort der Erkrankung	Beginn		Bakteriologischer Nachweis	Präaurikulardrüse	Fazialisparese
		der Drüsen-schwellung	des Ohrlaufens			
9	rechts	mit 3 Wochen	ein paar Tage später	+ Kultur negativ	nur bei der Sektion festgestellt	8. Woche
14	links	10. Woche	gleichzeitig	+	vorhanden, aber auch rechts	vorgetäuscht durch halbseitigen Gigantismus
18	rechts	11. Woche	11. Woche	+ Kultur negativ	vorhanden	
20	beiderseits	6. Woche	6. Woche	nicht auf Tuberkulose untersucht Di +	nicht bekannt, beiderseits starke Halsdrüsenschwellungen	linksseitig 8. Woche
23	links	6. Woche	8. Woche	+	vorhanden	
31	rechts	8. Woche	9. Woche	14. Woche ø	vorhanden	
52	rechts	9. Woche	9. Woche beiderseits	+	nicht beachtet, bei der Sektion vorhanden	12. Woche
60	rechts	8. Woche	13. Woche	+	bei der Sektion histologische Veränderungen	
91	beiderseits	9. Woche	4. Woche	+ Kultur negativ	beiderseits	10. Woche links
96	rechts	6. Woche	6. Woche	10. Woche ø 18. Woche +	vorhanden	
102	rechts	7. Woche	11. Woche	+ Kultur negativ	vorhanden	
109	rechts	7. Woche	11. Woche	+ Kultur negativ	vorhanden (aber erst spät)	
115	rechts	6. Woche	6. Woche	+	vorhanden	
120	beiderseits	7. Woche	7. Woche	+ Kultur positiv	beiderseits vorhanden, rechts kleiner	9. Woche links

belle 2.

Vereiterung von Drüsen	Komplikationen	Sonstige Primärkomplexe	Ausgang
	linksseitig: katarrh. Otitis	Gaumenmandeln, Schlundkopf, Darm	Tod 168 Tage alt an Meningitis
		Lunge, Darm	Tod 318 Tage alt an Meningitis, Ohrbefund s. Abb. 30 und 31
beiderseits hinter dem M. sternocleidomastoideus mit etwa 11 Monaten		Schlundkopf, Darm	Aufhören des Ohrlaufens mit 11 Monaten. Vielleicht ist gewisse Schwerhörigkeit geblieben
		Darm	Tod 69 Tage alt an generalisierter Tuberkulose
28. Woche vor dem linken Ohr			Aufhören des Ohrlaufens mit $7^1/_2$ Monaten. Wahrscheinlich Schwerhörigkeit
		Magen, Darm	Tod 126 Tage alt an generalisierter Tuberkulose
	linksseitige eitrige Otitis media	Gaumenmandeln, Schlundkopf, Darm	Tod 92 Tage alt an generalisierter Tuberkulose
		Gaumenmandel, Schlundkopf, Darm	Tod 130 Tage alt an generalisierter Tuberkulose.
multipel, auch präaurikular		Schlundkopf	Nachlassen des Ohrlaufens mit $1^1/_2$ Jahren, gering noch mit 3 Jahren. Schwerhörigkeit erheblichen Grades
beiderseits gegen Ende des 1. Lebensjahres		Darm, Schlundkopf?	Aufhören des Ohrlaufens mit $1^1/_2$ Jahren, aber noch kleine Präaurikulardrüse
25. Woche links 16. Woche rechts	Otitis media links, 15. Lebenswoche	Schlundkopf, Darm	Verminderung der Hörfähigkeit rechts. Nachlassen des Ohrlaufens Ende des 2. Lebensjahres, aber Eintrocknung des Sekrets zu Borken
21. Woche links 31. Woche rechts 32. Woche links		Darm, Schlundkopf	geringe Ohreiterung noch mit $3^1/_2$ Jahren (großer Trommelfelldefekt, Schwerhörigkeit)
multipel, 42. Woche rechts, später auch links	Otitis media links	Darm	Aufhören des Ohrlaufens mit $2^1/_4$ Jahren
	19. Woche subperiostaler Abszeß hinter dem rechten Ohr	Darm, Lunge	Tod 147 Tage alt an Meningitis, Ohrbefund s. Abb. 28

Tabelle 2

Nr.	Ort der Erkrankung	Beginn		Bakteriologischer Nachweis	Präaurikulardrüse	Fazialisparese
		der Drüsenschwellung	des Ohrlaufens			
172	links	6. Woche	6. Woche	nicht versucht	vorhanden	
178	rechts	6. Woche	8. Woche	18. Woche ø 34. Woche ø 55. Woche + (Ausstrich, Kultur und Tierversuch)	vorhanden	
191	rechts	5. Woche	10. Woche	10. Woche ø 16. Woche +	beiderseits vorhanden	
209	beiderseits	4. Woche	spätestens 7. Woche	10. Woche ø 15. Woche + Kultur negativ	beiderseits vorhanden	
230	rechts	10. Woche	9. Woche	9. Woche ø 18. Woche + Kultur negativ	vorhanden	
247	links	7. Woche	8. Woche	+	vorhanden	
244	rechts	6. Woche	15. Woche	+	nur bei der Sektion festgestellt	

anatomischen Bedingungen unterworfen erscheint." Die unterschiedliche Beteiligung der Lymphdrüsen bei primärer und postprimärer Haftung der Tuberkelbazillen ist jedoch ein geradezu allgemeingültiges Gesetz.

Zusammenfassend ist danach über die Präaurikulardrüsenschwellung zu sagen, daß sie zwar mit großer Regelmäßigkeit bei der primären Ohrtuberkulose vorkommt, aber sich auch unter anderen Bedingungen, d. h. bei postprimärer Ohrtuberkulose oder fortgeleitet von einer Halsdrüsentuberkulose einstellen kann. Demgemäß ist sie nur im Zusammenhang mit allen anderen Krankheitserscheinungen diagnostisch zu verwerten, auch ist möglichst der Zeitpunkt ihres Auftretens nach der stattgehabten Infektion zu berücksichtigen.

Das letzte wichtige Symptom der Mittelohrtuberkulose ist die Erkrankung des Felsenbeins (s. Abb. 28), die sich klinisch in dem Auftreten einer Fazialisparese offenbart. Klotz meint irrtümlicherweise, sie sei als obligates Symptom hingestellt worden. Das ist von keiner Seite geschehen. Auch in Lübeck wurde die Fazialisparese nur in $^1/_4$ der Krankheitsfälle beobachtet. Wenn sie aber vorhanden ist, bedeutet sie eine wichtige Unterstützung für die Diagnose (s. o.). Sie stellte sich bei 5 Lübecker Kindern 2 bis 5 Wochen nach Beginn des Ohrlaufens ein und war durch die Entstellung, die sie mit

(Fortsetzung).

Vereiterung von Drüsen	Komplikationen	Sonstige Primärkomplexe	Ausgang
	Otitis media rechts mit einem Jahr	Darm	Aufhören des Ohrlaufens mit $1^1/_4$ Jahren, aber noch geringe Drüsenschwellung mit $2^1/_2$ Jahren
rechts vor dem Ohr und hinter dem Sternokleidomastoideus	linksseitige Ohreiterung mit etwa 1 Jahr, noch mit $3^1/_2$ Jahren bestehend (sekundäre Ohrtuberkulose)	Darm? (XI. 32 auf verkalkte Mesenterialdrüsen verdächtige Schatten)	Profuses Ohrlaufen noch mit $3^1/_2$ Jahren. Hochgradige Schwerhörigkeit
beiderseits vor dem Ohr und multipel unterhalb	Otitis media links	Schlundkopf, Lunge	mit $1^1/_2$ Jahren noch gelegentliche Absonderung, vorübergehend auch später noch. Gehör gut
rechtsseitige Kieferwinkeldrüse (28. Woche)		beide Gaumenmandeln, Mesenterialdrüsen	Tod 243 Tage alt an Meningitis, Ohrbefund s. Abb. 29
19. Woche vor dem rechten Ohr, später multipel unterhalb			Aufhören des Ohrlaufens mit $1^3/_4$ Jahren
mit $1^1/_2$ Jahren links, Kieferwinkeldrüse	Otitis media rechts mit Mastoiditis (41. Woche)	ø	Aufhören des Ohrlaufens gegen Ende des 1. Jahres, kleine Drüsen auch mit 3 Jahren noch vorhanden
	Mischinfektion mit Streptokokken, linksseitige eitrige Otitis media	Darm, Schlundkopf	Tod 108 Tage alt an subakut generalisierter Tuberkulose

sich brachte, eine besonders unangenehme Folgeerscheinung. Nur eins von diesen Kindern überstand die Erkrankung. Es blieb eine vollständige Lähmung zurück.

Als weiteren Hinweis nenne ich Blutaustritt aus dem Ohre und otoskopisch feststellbare Granulationsbildung. Zweimal (Nr. 191, 247) wurden Granulationen vom Otiater entfernt, einmal (Nr. 91) ein Sequester. Die histologische Untersuchung der Granulationen kann nötigenfalls die Diagnose sicherstellen (Nr. 191). Eine entsprechende Gelegenheit zur Untersuchung auf den Erreger ergibt sich bei Ausbildung eines subperiostalen Abscesses, wie er sich gelegentlich — übrigens völlig schmerzlos — auf dem Processus mastoideus entwickelt (Nr. 120).

Von dem weiteren Verlauf der Erkrankung ist zu berichten, daß die Ohreiterung außerordentlich lange anhielt, das Sekret vielfach hochgradig fötide wurde. Vielfach trat nach längerer Zeit Vereiterung von Halsdrüsen auf, mehrfach auch der Präaurikulardrüsen. Des öfteren kam es zu unspezifischer eitriger Otitis media auf der anderen Seite, einmal mit anschließender Mastoiditis, die nach Antrotomie gut ablief (Nr. 247). Von einem Aufhören der Ohrsekretion hören wir bei einzelnen Kindern (Nr. 18, 23, 247) im Alter von $7^1/_2$—11 Monaten, andere verloren das Ohrlaufen mit $1^1/_4$—$1^1/_2$ Jahr (Nr. 172, 91, 96, 191), unbedeutend und wechselnd wurde die Sekretion bei den meisten etwa um die Jahreswende, hielt aber bei einer letzten Gruppe bis 2 und $2^1/_2$ Jahre an, ja blieb noch über diese Zeit hinaus bestehen (Nr. 109, 178). Auch bei einem früher von Schürmann und mir beschriebenen Kinde mit unter natürlichen Infektionsverhältnissen im Neugeborenenalter erworbener Ohrtuberkulose hielt die Eiterung $2^1/_2$ Jahre an.

Von den 21 Kindern mit Ohrtuberkulose sind 9 gestorben, davon 5 an generalisierter Tuberkulose, 4 an Meningitis tuberculosa. Der Tod ist jedoch nicht ohne weiteres als Folge der Ohrerkrankung zu betrachten, da alle 9 Kinder noch einen oder mehrere Primärkomplexe an anderer Stelle aufwiesen (s. Tabelle). Nur in einem Fall (Nr. 31) war eine Verdickung und Durchsetzung der Dura mit käsigen Herdchen und beginnende lokale tuberkulöse Leptomeningitis des Schläfenlappens vorhanden. Ein Übergreifen auf die Dura wurde auch in den beiden früheren Sektionsfällen von Schürmann und mir beobachtet; doch war auch hier das lokale Fortschreiten des Prozesses nicht die Todesursache. Bleibt die hämatogene Disseminierung aus, so ist also die Ohrerkrankung prognostisch nicht als ungünstig zu betrachten. Die Gelegenheit zu hämatogener Aussaat wächst, wenn mehrere Primärkomplexe vorhanden sind. Ein isolierter Ohrprimärkomplex wird also auch in dieser Hinsicht nicht zu pessimistisch beurteilt werden dürfen, selbst wenn die beteiligten Lymphdrüsen in ausgedehntem Umfange zur Verkäsung kommen.

Fall Nr. 91 wurde aus diesem Grunde und auch wegen des Bestehens einer Facialisparese lange Zeit als prognostisch ungünstig angesprochen. Es fehlten aber, wie sich erst später mit Sicherheit herausstellte, anderweitige Primärkomplexe im Darm und Lunge. Eine hämatogene Aussaat blieb aus. So überstand das Kind die schwere Erkrankung. Allerdings blieb eine sehr beträchtliche Schwerhörigkeit zurück, die auch die Entwicklung der Sprache aufs schwerste beeinträchtigte. Es handelte sich hier um das einzige Kind, das beim Bestehen doppelseitiger primärer Ohrerkrankung am Leben blieb. Die Folgeerscheinungen bezüglich der Hörfunktion waren hier entsprechend schwere. Ähnliches ist nur noch bei einem weiteren Kinde vorgekommen (Nr. 178), bei dem der rechtsseitige primäre Ohrprozeß später auf die andere Seite übergriff. Sonst konnte zwar einige Male einseitige mehr oder weniger erhebliche Beeinträchtigung der Hörfähigkeit festgestellt werden, sie war den Eltern aber bei den 3—$3^1/_2$jährigen Kindern noch nicht aufgefallen.

Überlegen wir rückschauend, was uns die ungewöhnlich zahlreichen Beobachtungen von primärer Mittelohrtuberkulose in Lübeck für die Klinik dieser Erkrankungsform Neues gebracht haben, so müssen wir sagen, daß prinzipiell Neues nicht beobachtet wurde. Es ließ sich vielmehr bestätigen, daß das Krankheitsbild bei voller Ausbildung des Symptomenkomplexes ein überaus charakteristisches ist. Ein so spätes Auftreten der regionären Drüsenschwellung, wie es Grosser beschrieben hat, wurde in keinem Fall efunden. Die Tabelle lehrt, in welchem Zeitmaß Ohrlaufen und Drüsenschwellung zueinanderstanden. Nur die Präaurikulardrüsenschwellung ließ in einem Fall (Nr. 109) längere Zeit auf sich warten. Da hier nach der Lokalisation der Halsdrüsenerkrankung auch ein Primärinfekt im Epipharynx angenommen werden mußte, die Halsdrüsenschwellung mit 7 Wochen, das Ohrlaufen aber erst mit 11 Wochen bemerkt wurde, ist hier eine subprimäre Erkrankung wie in Fall Nr. 244 und 60 möglich. Im übrigen wird die Bedeutung gerade der präaurikularen Drüsenschwellung für die Erkennung des Mittelohrprimärkomplexes erneut unterstrichen.

4. Die primäre Lungentuberkulose bei den Lübecker Kindern.

a) Die anatomischen Befunde.

Die Tatsache, daß bei den Lübecker Kindern in einer nicht einmal geringen Zahl von Fällen das Bild des Primärkomplexes in der Lunge beobachtet werden konnte, wird

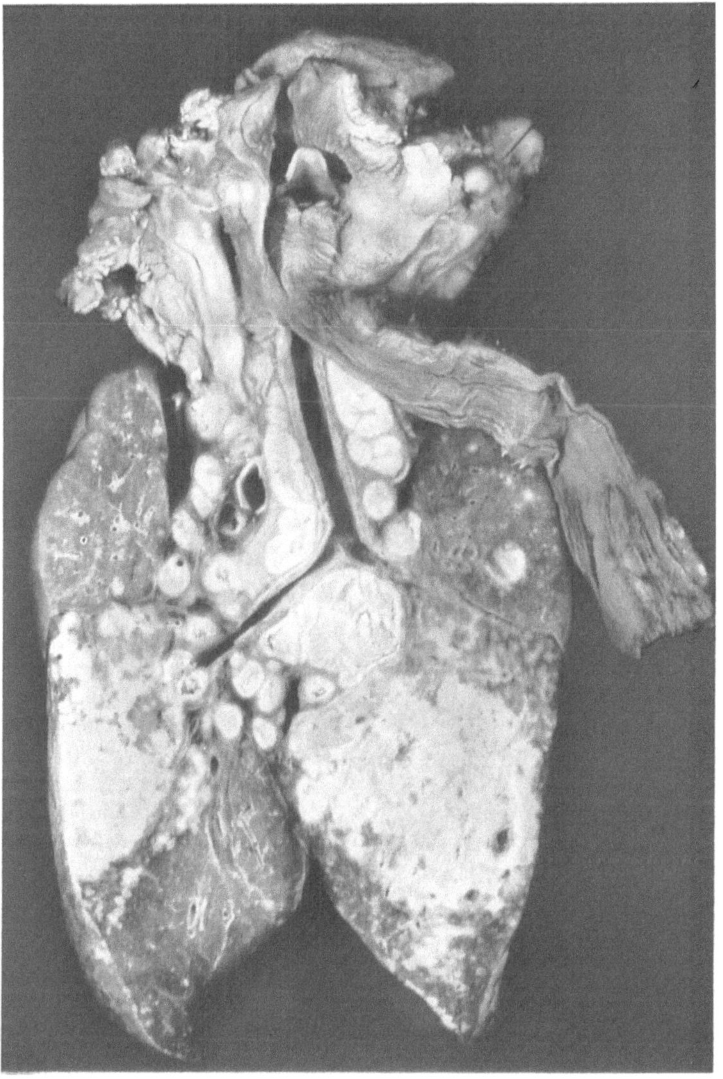

Abb. 32. Primäre Tuberkulose der Lunge, durch Fehlschlucken des Impfstoffes entstanden. Großer käsig-pneumonischer Primärinfekt in jedem Unterlappen, in der Verlängerung der Hauptbronchusrichtung gelegen. Völlige Verkäsung der Lymphknoten des Lymphabflusses. 79 Tage nach der Erstinfektion.

eine besondere Bewertung erfahren müssen. Dieses Bild wurde 15mal unter den 72 Fällen angetroffen.

Die Lymphknoten des zugehörigen Lymphabflusses waren in allen diesen Fällen völlig verkäst und gewöhnlich auch stark vergrößert; gelegentlich wurden die Hauptbronchien und einmal auch die Trachea von den sie ummauernden Lymphknotenpaketen beträchtlich zusammengedrückt (s. Abb. 32). Nicht selten sah man schon bei der Abhebung des Sternums auch verkäste vordere obere oder untere mediastinale Lymphknoten und in solchen Fällen waren außer den pulmonalen, bronchopulmonalen, tracheobronchialen, paratrachealen auch die hinteren oberen und unteren mediastinalen Lymphknoten gleichsinnig, wenn auch verschieden stark erkrankt. Im übrigen entsprach die Lymphabflußerkrankung um so mehr den bekannten Leitungsgesetzen, je weniger ausgedehnt die zugehörige Lungenerkrankung war. Da bei diesen 15 Fällen nie nur die Lunge, vielmehr in jedem Falle auch andere Gegenden (Darm oder Mundrachenhöhle) das Bild des Primärkomplexes beherbergten, ließen sich die Lymphabflußerkrankungen der verschiedenen Gegenden auf Grad und Art der Veränderungen miteinander vergleichen. Ein wesentlicher Unterschied wurde nicht gefunden. Bestand an den Lymphknoten, z. B. des Darmgekröses eine stärkere Kapselbildung oder gar eine Verkalkung, so war sie auch an den Lymphknoten der Lunge ausgeprägt. Diese Übereinstimmung spricht dafür, daß die Lungenveränderungen, soweit sie zum Bilde des Primärkomplexes gehörten, gleichzeitig mit den Primärkomplexveränderungen der anderen Gegenden entstanden waren.

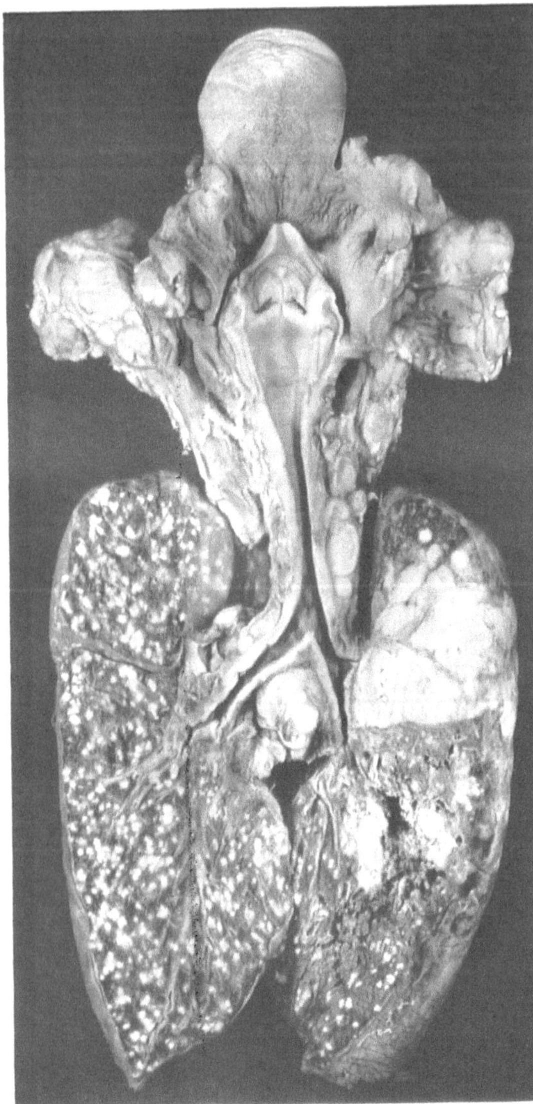

Abb. 33.
Zentral erweichter käsig-pneumonischer Fehlschluck-Primärinfekt des rechten Oberlappens. Im rechten Unterlappen eine frisch verkäsende sauer erweichte, auf postprimäre Magensaftaspiration zurückgehende Pneumonie. Dichte mittelgroßknotige hämatogene Streuung der übrigen Lunge. 68 Tage nach der Erstinfektion.

Was die einzelnen Fälle voneinander unterscheidet, ist die Zahl der als Primärinfekte anzusprechenden Lungenherde, ihre Ausdehnung, ihr Sitz.

Mehr als 3 Herde fanden sich nur in einem Falle (Tabelle 1, Nr. 11/101, 58 Tage alt). Nach dem sehr kurz gehaltenen Leichenöffnungsbefundbericht waren der rechte Oberlappen und die linke Lunge von multiplen, zum Teil bis taubeneigroßen festen, käsigen, pneumonischen Herden durchsetzt, die Pleura verwachsen, die Lymphknoten groß, verkäst, paketartig verbacken.

In 2 Fällen (Liste 1, Nr.7/13, 58 Tage alt und Nr. 26/57, 75 Tage alt) lagen 3 einzeln gelegene größere konglomerierte käsige Pneumonien vor, und zwar jeweils im rechten Ober- und in beiden Unterlappen. Sie nahmen den ganzen Querschnitt der Lappen ein und waren zentral an umschriebener Stelle sequestrierend erweicht.

Eine Lokalisation an 2 verschiedenen Stellen der Lunge ist 2mal zu verzeichnen (Liste 1, Nr. 18/78, 66 Tage alt und Nr. 32/93, 83 Tage alt). Die ebenfalls konglomerierten käsigen Pneumonien saßen in beiden Fällen im rechten und linken Unterlappen, wobei der rechte stärker als der linke befallen war. Die ausgedehnten keilförmigen, verkästen Bezirke reichten vom Hilus bis zur Pleura; ihre Hauptachse bildete die Verlängerungslinie der Hauptbronchien (s. Abb. 32).

Die restlichen 10 Fälle wiesen nur einen einzigen Primärinfekt in der Lunge auf. Allerdings war auch bei diesen Fällen die käsige Pneumonie aus um so mehr Einzelherden zusammengesetzt, je größer sie war und in dieser Hinsicht fanden sich von Primärinfekten, die $^2/_3$ eines Lappens einnahmen bis zu solchen von nur Erbsgröße (3mal beobachtet: Liste 1, Nr. 51/55, 107 Tage alt, Nr. 65/120, 147 Tage alt, Nr. 76/179, 1 Jahr alt) alle Übergänge (s. Abb. 33—36). Je größer die Herde waren, um so mehr bestand eine Zerfallsneigung, doch handelte es sich hierbei immer nur um zentral sequestrierende

Erweichungen; nie war das käsig-pneumonisch veränderte Gewebe ganz geschwunden. Von einer kavernösen Umwandlung kann man hierbei also nicht sprechen. Diese 10 Herde saßen 8mal im rechten Oberlappen, einmal im rechten Mittellappen und einmal im oberen Teil des linken Unterlappens. Auch bei den Herden im Oberlappen waren die mittleren und unteren Abschnitte bevorzugt. In der Lungenspitze wurde ein Primärinfekt nie beobachtet. Sofern die Herde nicht den ganzen Lappenquerschnitt einnahmen, saßen sie gewöhnlich mehr hiluswärts und weniger nahe der Pleura.

Im einzelnen boten die Lungenprimärinfekte ein Bild, das sich nicht von demjenigen unterschied, das man bei Spontanerkrankungen beobachtet, sofern man Fälle mit entsprechend großen Primärinfekten zum Vergleich heranzieht.

Bei den größeren Herden war zumeist schon makroskopisch eine Beziehung zu dem hinführenden Bronchus nachweisbar. Er wies eine käsige, manchmal obturierende Bronchitis auf. Einmal (Liste 1, Nr. 71/59, 187 Tage alt) hatte sich auch hinter dem hilusnah gelegenen, käsig-pneumonischen Primärinfekt eine obturierende käsige Bronchialtuberkulose an mehreren Ästen entwickelt (s. Abb. 35). Das zugehörige Lungengewebe war überdies von lymphangitischen Tuberkeln durchsetzt, die auch von der Pleura her sichtbar waren. Es bestand eine periphere keilförmige Atelektase mit vereinzelten geblähten Alveolengruppen. Ähnliche Atelektasen hat Rössle beschrieben, allerdings ging in diesen Fällen die Atelektase nicht auf eine käsige Bronchitis, sondern auf eine Kompression der Bronchien in der Gegend des Hilus durch umgreifende verkäste Lymphknotenpakete zurück.

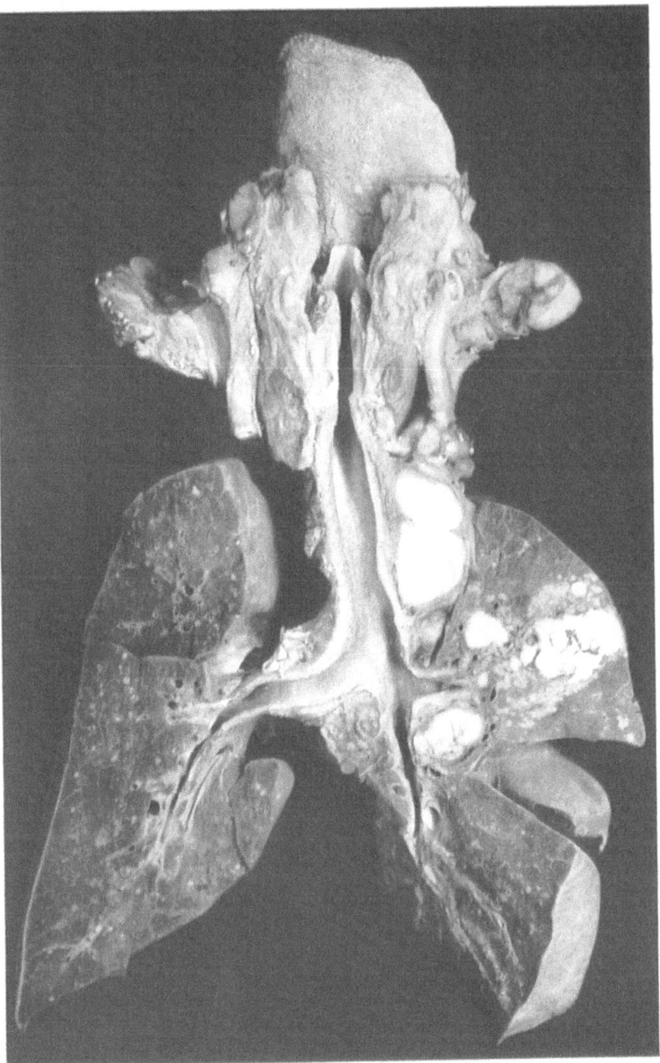

Abb. 34. Zentral erweichter, in Verlängerung des Oberlappenhauptbronchus gelegener keilförmiger käsig-pneumonischer Primärinfekt, mit Resorptionsherden der Umgebung und Verkäsung der zugehörigen Lymphknoten. Spärliche hämatogene Aussaat kleiner Herde in der übrigen Lunge. 128 Tage nach der Erstinfektion.

In der Umgebung der Primärinfekte waren häufig die bekannten lymphangitischen Trabantherde zu finden, 2mal auch ein breiterer hämorrhagischer Saum. Wie bei postprimären Herden fand sich histologisch im Bereiche dieses Saumes eine Prästase der Kapillaren mit Blutungen. Arterienveränderungen ließen sich für diese Blutungen nicht anschuldigen. Insbesondere wurde auch nie eine Pfropfbildung nach Art einer Embolie beobachtet.

Die Abheilungserscheinungen an den Lungenprimärinfekten entsprachen weitgehend denen der Lungenlymphabflußveränderungen. Schon bei dem Falle, bei dem seit der ersten Impfstoffverabreichung nur 51 Tage vergangen waren, lag eine fibröse Abkapselung vor. Dort, wo die verkästen Bezirke an die

Pleura heranreichten, bestand eine fibrös organisierte Pleuritis. Ein ähnlicher Befund fand sich bei den Fällen, bei denen zwischen erster Fütterung und Tod 68, 79 und mehr Tage lagen. Natürlich gab es bei den größeren käsigen Pneumonien jenseits dieser abkapselnden Randzone immer jüngere Veränderungen. Eine breitere schwielige Umkapselung bestand bei einem 105 Infektionstage alten Lungenprimärinfekt. Von Verkalkung war jedoch an ihm noch nichts nachzuweisen. Diese ist erstmalig bei einem Fall zu finden gewesen, bei dem zwischen Fütterung und Tod 144 Tage lagen. Der Herd war 7 : 4 mm groß. Stärker verkalkt waren die Herde bei den Fällen mit einem Alter von 183, 313 und 362 Infektionstagen. In den ersten beiden Fällen lag ein je daumengliedgroßer, in letztem ein erbsgroßer Herd vor.

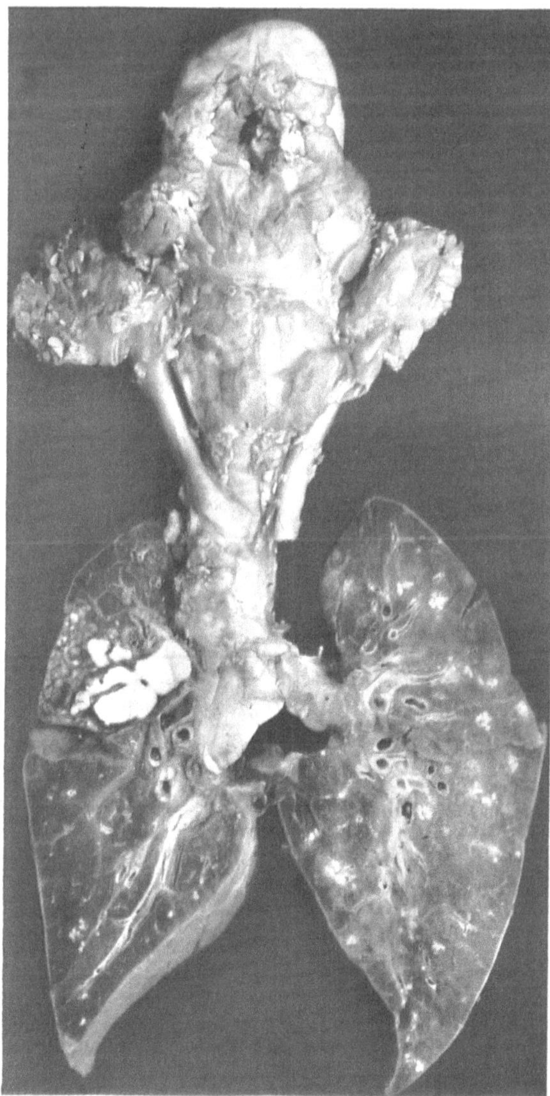

Abb. 35. Käsig-pneumonischer, hämorrhagisch umsäumter Primärinfekt im hilusnahen Teil des rechten Oberlappens mit obturierender käsiger Bronchitis hinter dem Hauptherd gelegener Äste. Atelektase und lymphangitische Herde in dem peripher davon gelegenen keilförmigen Lungenabschnitt. 183 Tage nach der Erstinfektion.

Die hier beschriebenen Lungenbefunde sind dem Bilde fremd, das im Schrifttum als Fütterungstuberkulose des Menschen beschrieben ist. Sie bedeuteten für uns ebenso eine Überraschung, wie sie für andere Beobachter vielleicht eine Bestätigung ihrer Auffassungen sein könnten, für diejenigen Beobachter nämlich, die im Lungenprimärkomplex nicht eine Kennzeichnung der Eintrittspforte, sondern einer Bazillenembolie aus einer enterogenen, unter Umständen stumm gebliebenen Infektion sehen. Sind Anhaltspunkte dafür vorhanden, daß die beschriebenen Lungenveränderungen hämatogen oder aber bronchogen entstanden sind?

Hierzu läßt sich, teilweise unter Vorwegnahme später zu schildernder Befunde, zunächst sagen, daß nur in denjenigen Organen derartig ausgedehnte örtliche käsigtuberkulöse Veränderungen angetroffen worden sind, die vom Munde erreichbar sind, nie aber in den sog. Metastaseorganen (Milz, Niere, Leber, Gehirn, Knochen usw.). Zur hämatogen metastatischen Entstehung würde bei den größeren Herden, die z. B. den Querschnitt eines ganzen Lungenlappens einnahmen, zweifellos eine Embolie größerer fester Teilchen oder Pfröpfe, nie aber nur eine Verschleppung von Bazillen oder Bazillenhäufchen zu fordern sein. Es fand sich aber weder eine solche arterielle Pfropfembolie der Lunge, noch irgendwo eine Absiedelungsstelle, an der sich Pfröpfe gebildet und losgelöst haben könnten; denn die allein in Frage kommenden Gegenden, rechtes Herz, periphere Venen und Ductus thoracicus waren frei von Absiedlungsstellen. Demgegenüber waren die Bronchien bei den größeren Herden immer nachweislich im Sinne einer geschwürigen käsigen Bronchitis erkrankt, und zwar hiluswärts von den verkästen Herden.

Diese Verhältnisse sprechen zuungunsten einer hämatogenen und zugunsten einer bronchogenen Entstehung der genannten Lungenveränderungen. Es blieb dann weiterhin die Frage zu entscheiden, ob die Lungenveränderungen unmittelbar auf das Impfstoffvirus zurückgingen, also exogene primäre Infekte waren oder etwa durch ein Virus veranlaßt wurden, das aus zerfallenden Primärinfekten der Mundrachenhöhle an die Luftwege abgegeben worden war. Im letzteren Falle würde es sich um postprimäre bronchogene Lungenveränderungen handeln.

Die Beobachtungen allein bei den Lübecker Kindern haben gezeigt, daß die Erkrankungsformen, die auf diese beiden Infektionsarten zurückgehen, in der Lunge anatomisch gut voneinander zu trennen sind.

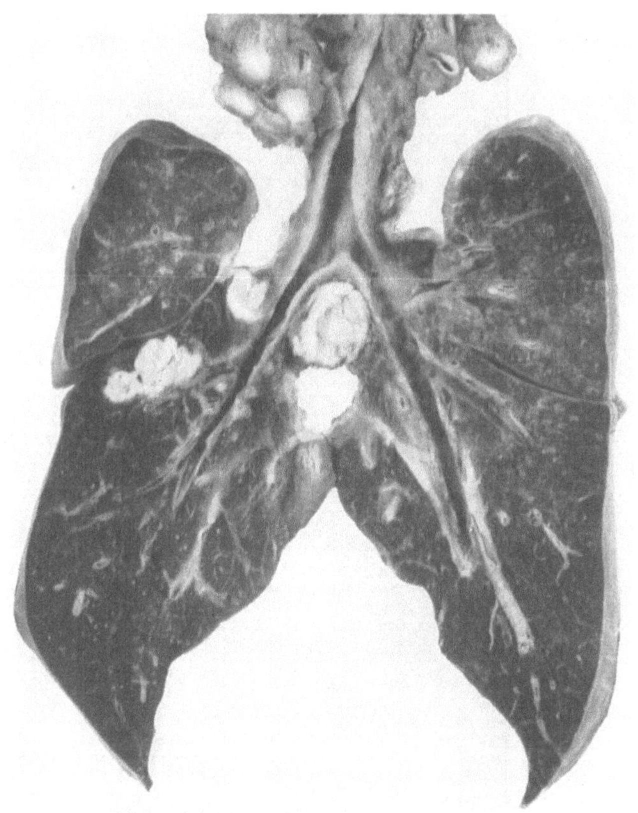

Abb. 36. Primärer daumengliedgroßer, abgekapselter, histologisch verkalkter, käsig-pneumonischer Konglomeratherd des oberen Teils des linken Unterlappens mit Verkäsung der zugehörigen Lymphknoten. Spärliche hämatogene Aussaat submiliarer Herde im übrigen Lungengewebe. 313 Tage nach der Erstinfektion.

Insbesondere bei 2 Kindern lagen ausgedehntere tuberkulöse Lungenveränderungen vor, die auf den ersten Blick als nichtprimäre Infektionen beeindruckten. Es handelte sich um erbs- bis taubeneigroße rundliche oder eiförmige, glattwandige oder buchtige Kavernen. In einem Fall (s. Abb. 37, List. 1, Nr. 69/71, 162 Infektionstage alt) befanden sich in der linken Lunge 9 derartige Hohlgeschwüre. Wie der andere Fall (s. Abb. 38, List. 1, Nr. 41/52, 90 Infektionstage alt) zeigte, waren diese Kavernen offenbar aus frühzeitig eingeschmolzenen käsigen Pneumonien hervorgegangen. Man konnte nämlich neben völlig glattwandigen gereinigten Hohlgeschwüren solche antreffen, an denen noch zusammenhängendes käsig-pneumonisches Gewebe den Hohlraum begrenzte und weiterhin käsige Herde, die nur teilweise eingeschmolzen und entleert waren. Nun ist der kavernöse Zerfall keineswegs ein Unterscheidungsmerkmal für die postprimäre oder primäre Natur von tuberkulösen Herden (s. hierzu auch Ghon). Es sei auch davon abgesehen, das histologische Bild der Kavernenwandung, an der Zeichen eines höheren Alters immer vermißt wurden, als Beweis gegen die primäre Natur der Kavernen anzuführen. Wesentlicher ist schon, daß bei beiden Fällen der Inhalt mancher Hohlräume säuerlich roch und schmutzig-bräunlich verfärbt war, ebenso das angrenzende Gewebe, also auf verschluckten Mageninhalt hinwies. Indessen könnte dieser Befund immer noch dahin gedeutet werden, daß der Impfstoff zunächst in den Magen und beim Erbrechen mit Mageninhalt zusammen in die Luftwege gelangt sei. Entscheidend für die postprimäre Natur aber ist allein, wie sich der Lymphabfluß bei diesen kavernösen Lungenerkrankungen verhielt. Trotz der ausgedehnten, ganz oder teilweise kavernös umgewandelten Herde im Lungengewebe zeigten die Lymphknoten nichts von Verkäsung, sondern nur kleine vereinzelt liegende, nicht konfluierte Tuberkel. Im Gegensatz dazu aber bestand bei den 15 Fällen, deren Lungenherde wir als Primärinfekte auffaßten, nicht nur hinsichtlich der Stärke der Lymphknotenerkrankung das gleiche Bild wie z. B. im Darmlymphabfluß, sondern auch hinsichtlich derjenigen sekundären Veränderungen, die einen Rückschluß auf das Alter zuließen.

Bei den bronchogenen Lungenveränderungen ließen sich also primäre und postprimäre Herde gut voneinander trennen. Die ersteren zeigten nach dem Verhalten des Lymph-

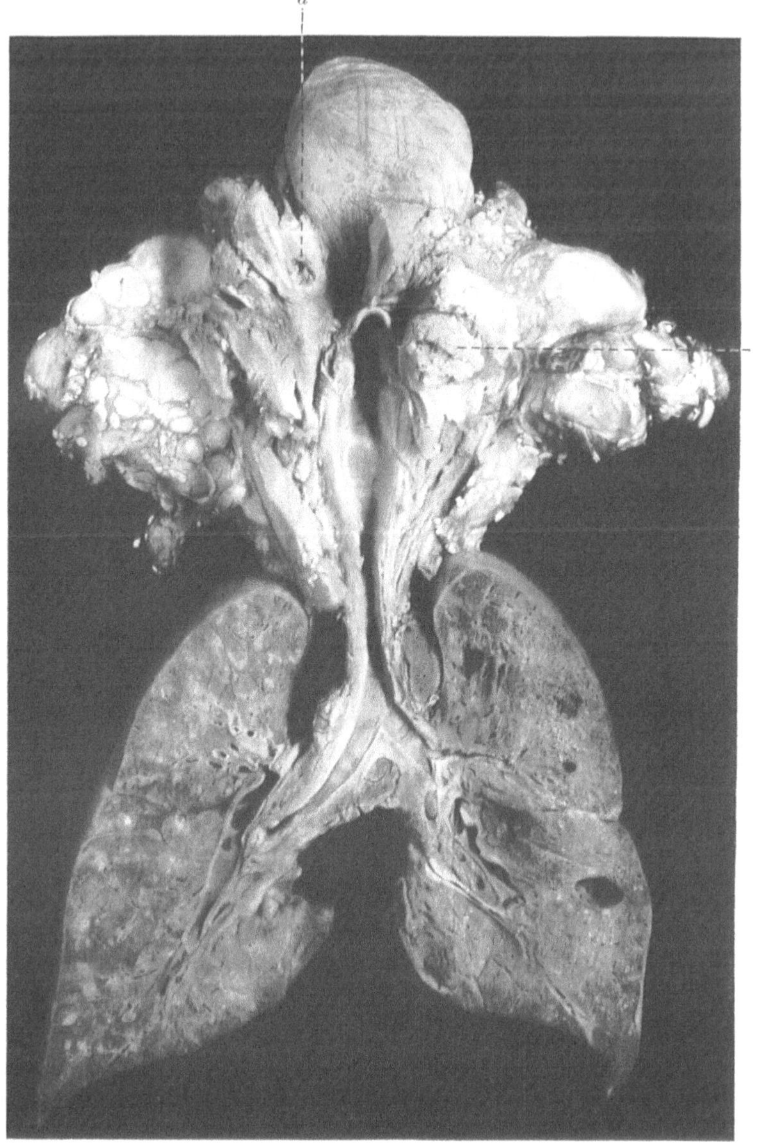

Abb. 37. Postprimäre kavernöse Aspirationstuberkulose der rechten Lunge mit saurer Erweichung bei primärer geschwüriger Tuberkulose beider Gaumenmandeln und des Epipharynx. Multiple größere postprimäre Herde der linken Lunge. Geringe Miterkrankung der Lymphknoten des Lungenlymphabflusses, starke solche der beiderseitigen zervikalen und retropharyngealen Lymphknoten. a) linke Gaumenmandel, b) rechter retropharyngealer verkäster und erweichter Lymphknoten. 162 Tage nach der Erstinfektion.

abflusses grundsätzlich das gleiche Bild wie die primäre Darm-, Magen- und Mund-Rachenhöhlentuberkulose. Sie sind ihnen also koordiniert. Die letzteren lassen eine nennenswerte Miterkrankung der Lymphknoten vermissen. Nach dem sauren Inhalt und der sauren Erweichung der Kavernenwandung gehen sie auf ein Virus zurück, das mit Mageninhalt zusammen in die Luftwege gelangt war.

Diese unterschiedlichen Befunde bekräftigen nur noch einmal, was schon allgemein bekannt war (s. besonders Ghon). Wir sehen in dem Ausbleiben einer stärkeren Erkrankung der regionären Lymphknoten zu bronchogenen Lungenherden den Ausdruck dafür, daß die Reaktionsweise des Organismus sich gegenüber dem Virus geändert hat. Für den Menschen war bisher jedoch nicht bekannt, innerhalb welcher Zeit sich diese Änderung vollziehen kann. Eine genaue Auskunft darüber geben uns auch die vorstehend geschilderten Beobachtungen nicht. Immerhin aber läßt sich auf Grund des einen Falles soviel sagen, daß sie 90 Tage nach der Erstinfektion vorgelegen hat; denn soviel Zeit lag zwischen der ersten Impfstoffverabreichung und dem Tode des Kindes. Wir möchten annehmen — siehe hierzu auch die Superinfektionsversuche von Rob. Koch u. a. —, daß diese andersartige Reaktionsweise schon nach kürzerer Zeit vorhanden ist.

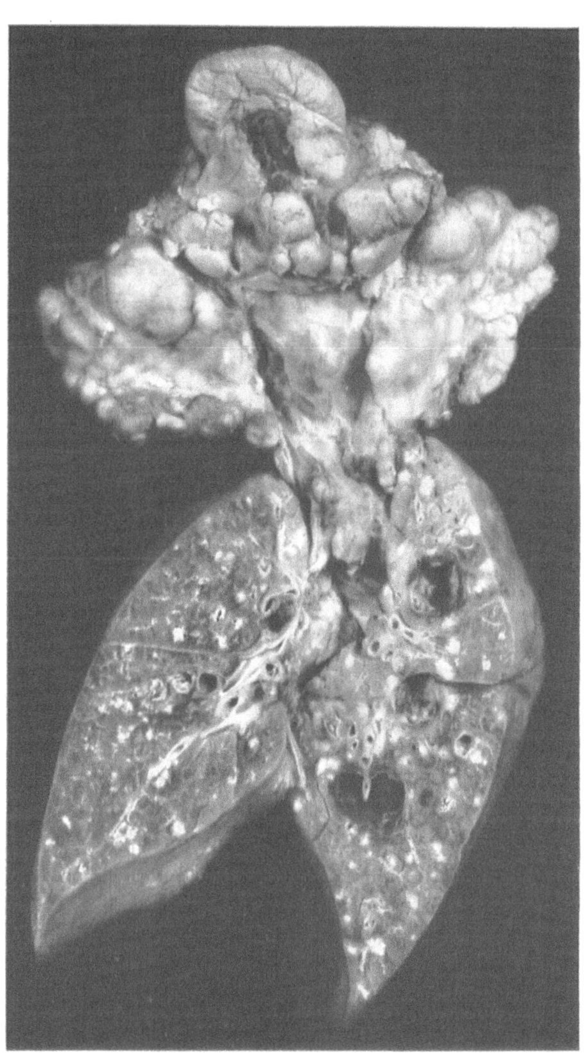

Abb. 38. Postprimäre zum Teil kavernöse Aspirationstuberkulose bei primärer geschwüriger Tuberkulose beider Gaumenmandeln und des Epipharynx. Die Miterkrankung der Lymphknoten des Lungenlymphabflusses war nicht stärker als in dem in Abb. 37 wiedergegebenen Falle. Im Gegensatz dazu starke verkäsende Tuberkulose der Halslymphknoten. 90 Tage nach der Erstinfektion.

Die Lungenprimärinfekte, die wir in 15 Fällen gefunden haben und die sich rein anatomisch nicht sonderlich von den Lungenprimärinfekten unterscheiden, die bei spontanen Erkrankungen vorkommen, sind entstehungsgeschichtlich noch in mehrfacher Hinsicht bemerkenswert.

Einmal deshalb, weil sie hier bestimmt nicht auf ein feinverstäubtes, vom Luftstrom getragenes Virus, sondern auf die Aspiration von virushaltiger Flüssigkeit zurückgehen.

Bruno Lange konnte zeigen, daß der Tröpfcheninfektion im Sinne Flügges nicht mehr die überragende Bedeutung für die Entstehung der primären Lungentuberkulose zukommt, daß vielmehr die Staubinfektion, bei der ein schwebefähiges und leicht respirierbares Virus eingeatmet wird, in erster Linie für die Primärinfekte verantwortlich zu machen sei. Nach Bruno Lange sind es Einzelbazillen, und zwar der Zahl nach ungemein wenige, die den Primärinfekt bedingen; beträchtliche Unterschiede in der Zahl der Bazillen, die in die tieferen Lungenabschnitte eindrängen, kämen nicht vor. In Anbetracht dieser Ergebnisse und Schlußforderungen Bruno Langes ist es wichtig, Lungenprimärinfekte kennen zu lernen, die mit Sicherheit auf eine Aspiration von in Flüssigkeit aufgeschwemmtem Virus zurückgehen. Von Bedeutung scheint uns hierbei, daß sowohl sehr große, wie auch kleinere Herde entstanden sind. Die größten (s. Abb. 32), die schon im Hauptbronchus mit einer käsigen Bronchitis begannen, erwecken beinahe den Eindruck. als sei hier die virushaltige Flüssigkeit in die Luftwege hineingelaufen; die kleinsten sind allerdings von den Primärinfekten, die wir am Sektionstisch gewöhnlich beobachten, nicht zu unterscheiden. Da aber auch sie auf die Aspiration virushaltiger Flüssigkeit zurückgehen, zeigen gerade diese Fälle, daß auch Flüssigkeitspartikel in die tieferen Lungenabschnitte einzudringen vermögen.

Schwieriger ist es, aus unseren Beobachtungen über die Bedeutung der Menge und Virulenz des Virus etwas abzuleiten.

Der Wert der Untersuchungen von Bruno Lange und seinen Schülern liegt unseres Erachtens vor allem darin, daß gezeigt wurde, wie wenige Keime zur Erzeugung einer Primärinfektion genügen. Diese Feststellungen berechtigen aber noch nicht zu der Schlußforderung, daß eine größere Menge und stärkere Virulenz von geringer Bedeutung sei. Wir vermögen uns die Unterschiede, die wir in der Ausdehnung der Primärinfekte der Lunge bei den verschiedenen Kindern gefunden haben — und die im übrigen auch hinsichtlich der Primärkomplexbilder im Darm bestehen — nicht damit zu erklären, daß die individuelle Widerstandsfähigkeit der einzelnen Kinder verschieden gewesen sei; wir möchten vielmehr annehmen, daß hier gerade Menge und Virulenz des aspirierten Impfstoffvirus von entscheidender Bedeutung gewesen ist. Nach persönlichen Bemerkungen und seinen gutachtlichen Äußerungen in der Gerichtsverhandlung nimmt Prof. Br. Lange für die Lübecker Kinder auch diesen Standpunkt ein. Wir möchten aber meinen, daß die Lübecker Beobachtungen gerade in diesem Punkte Beispiele allgemein gültiger Regeln sind.

Mit der flüssigen Beschaffenheit des Impfstoffes hängt es schließlich noch zusammen, daß bei den Lübecker Erkrankungen eine so große Zahl primärer Lungeninfekte zu beobachten gewesen ist. Gleich hoch zu bewerten ist dabei die Tatsache, daß es sich um höchstens 10 Tage alte Säuglinge gehandelt hat und daß ihnen der Impfstoff auf künstlichem Wege verabreicht wurde.

Wir haben uns bei der Vernehmung der Mütter und Hebammen, die den Impfstoff verabreicht haben, genauer zu unterrichten versucht, wie gerade bei diesen 15 Kindern verfahren worden ist. In allen Fällen ist der Impfstoff mit Muttermilch, Zuckerwasser oder in einem Gemisch von beidem mit dem Löffel gegeben worden. 4 Kinder haben nach einer oder nach allen 3 Fütterungen erbrochen, eins nach Angabe der Mutter jedesmal in hohem Bogen. 6 Kindern wurde die Nase zugehalten, d. h. sie wurden unter Lufthunger gesetzt, damit der Impfstoff leichter in die Speiseröhre hinabgleite. Wir möchten glauben, daß diese Maßnahme das Hineingleiten des Impfstoffes vor allem in die Luftwege gefördert hat. Von den übrigen 5 Kindern mit Lungenprimärinfekten waren 2 Frühgeburten; bei keinem von ihnen konnten sich die Mütter noch erinnern, ob die Kinder erbrochen hatten, oder auch, ob ihnen die Nase zugehalten worden sei.

Zusammenfassung. Die Lungenprimärinfekte, die wir in 15 von 72 verstorbenen Kindern gefunden haben, sind somit als Fehlschluckpneumonien anzusprechen. Sie sind aufgetreten bei Säuglingen, die nicht etwa durch Saugen, sondern mit dem Löffel einen virulenten Impfstoff erhalten haben, und die außerdem vielfach durch künstlich erzeugten Lufthunger zum Aspirieren gezwungen wurden. Dabei ist noch zu berücksichtigen, daß Säuglinge an sich schon häufig aspirieren. Unter Würdigung dieser Verhältnisse verlieren die 20%, in denen eine primäre Lungeninfektion vorkam, ihre überraschende Besonderheit.

b) Die klinischen Erscheinungen der primären Lungentuberkulose.

Nachdem in Lübeck eine Fütterungsinfektion vorlag, war man verständlicherweise auf das Vorkommen von Primärinfekten in der Lunge nicht gefaßt. Der Zufall wollte es, daß das erste zur Sektion gelangende Kind (Nr. 13) eine primäre Lungentuberkulose aufwies, und so kam es, daß die Entdeckung des Unglücks verzögert wurde. Schürmann hat die Erklärung dafür gegeben, wie es zum Auftreten von Primärinfekten in der Lunge gekommen ist. 15mal, d. h. in etwa 20% der tödlich endenden Krankheitsfälle wurde von ihm eine primäre Lungentuberkulose neben einem oder mehreren Primärinfekten im Bereich der Mund-Rachenhöhle oder des Darmes gefunden. Unter den überlebenden Kindern war der Lungenprimärinfekt wesentlich seltener. Er ließ sich nur 11mal, d. h. in etwa 6% der Fälle nachweisen. Der Gegensatz bleibt bestehen, selbst wenn wir annehmen, daß unserer Diagnostik einige Lungenprimärinfekte bei den überlebenden Kindern entgangen sind. Die Erklärung für diesen Unterschied finden wir teilweise in der Art des Lungenprimärinfektes bei den verstorbenen Kindern, teilweise in der Auswirkung an anderen Haftstellen der verfütterten Tuberkelbazillen. Der Lungenprimärinfekt der verstorbenen Kinder fiel gewöhnlich, d. h. in $^2/_3$ der Fälle, schon klinisch durch seine Ausdehnung auf, und bei der Sektion wurden entsprechend große, mehrfach multiple käsig-pneumonische Herde gefunden. Wo der Lungenprimärinfekt aber wie meist unter natürlichen Infektionsbedingungen nur Erbsgröße oder auch einmal Daumengliedgröße aufwies, waren anderweitige schwere Komplikationen vom Primärinfekt des Darmes entstanden, so einmal Ileus (179), zweimal Peritonitis (Nr. 47, 55), oder aber der Tod erfolgte an Meningitis (Nr. 14, 120), wobei der Ausgangspunkt wahrscheinlich wiederum der Primärkomplex des Darmes war. Umgekehrt hatte die primäre Lungentuberkulose bei den überlebenden Kindern nur 3mal (Nr. 11, 47, 177), d. h. in $^1/_3$—$^1/_4$ der Fälle größere Ausdehnung, in allen anderen Fällen war der Primärinfekt in der Lunge unscheinbar oder sogar nur vermutungsweise festzustellen. Es liegt also nahe, für den tödlichen Ausgang im wesentlichen auch bei diesen Lungenfällen die Infektionsdosis verantwortlich zu machen. Damit bestätige ich nur die Auffassung des Pathologen, der zur Erklärung der Unterschiede in der Ausdehnung des Lungenprimärinfektes in erster Linie Menge und Virulenz des aspirierten Impfstoffvirus für bedeutungsvoll hält.

Fragen wir uns, wieweit in dieser Hinsicht eine Parallele unter natürlichen Infektionsbedingungen gegeben ist, so ist zu sagen, daß uns ähnliche Auswirkung des Primärinfektes im Bereich der Lunge als eines großen, womöglich lappenfüllenden käsig-pneumonischen Prozesses nicht unbekannt ist. Derartiges wird von Simon und Redeker als Primärphthise, von Dietl als proliferierende Primärtuberkulose beschrieben. Beide Ausdrücke scheinen mir wenig zweckmäßig, da sie bezüglich der anatomischen Verhältnisse zu falschen Vorstellungen führen können. Ich spreche daher lieber von fortschreitender Primärtuberkulose. Wir kennen diese Entwicklung des Primärinfektes — und damit ist schon eine Parallele zu den Befunden in Lübeck gegeben — als ein im Säuglingsalter besonders häufiges Vorkommnis. Doch spielt unter natürlichen Infektionsbedingungen nicht allein die Altersdisposition die maßgebende Rolle. Wir finden sie in erster Linie bei solchen Säuglingen, die lange einer Infektionsquelle ausgesetzt waren, also Gelegenheit zu Superinfektion in kurzen Zwischenräumen hatten. In Lübeck kommt bei dreimaliger Verfütterung der Tuberkelbazillen zwar auch eine wiederholte Infektion in Betracht, maßgeblicher dürfte jedoch die Gelegenheit zur Aspiration größerer Tuberkelbazillenmengen gewesen sein, als sie unter natürlichen Infektionsverhältnissen die Regel ist.

Aufmerksam auf die Lunge wurde man zuerst durch Husten, der manchmal schon in der 4. oder 5. Lebenswoche auftrat, andere Male erst in der 7. oder 8. Woche bemerkt wurde. Dazu gesellte sich mehr oder weniger schnell Beschleunigung der Atmung, in fortgeschrittenen Stadien zuweilen keuchende Atmung und Zyanose. Bei der physikalischen Untersuchung erwies sich am häufigsten der rechte Oberlappen erkrankt, doch kam mehrfach doppelseitige Erkrankung zur Beobachtung (s. Schürmann). Schallverkürzung, auch Dämpfung, bronchialer Hauch oder ausgesprochenes Bronchialatmen, andererseits abgeschwächtes Atmungsgeräusch, daneben einzelne fein-mittelblasige Rasselgeräusche, seltener reichliche feinblasige Geräusche waren die Symptome dieser ausgedehnten käsig-pneumonischen Herde. Daß vor Kenntnis der Tuberkuloseinfektionsgelegenheit bei solchen Krankheitserscheinungen an Pneumonie gedacht wurde, ist verständlich. Es geschieht das auch unter natürlichen Infektionsbedingungen, wenn die Infektion aus unbekannter Quelle erfolgt ist, außerordentlich häufig. Bei Anstellen der Tuberkulinreaktion ist überdies zu bedenken, daß die Tuberkulinempfindlichkeit bereits eine Senkung erfahren haben kann. Die Röntgenuntersuchung bringt in denjenigen Fällen schnelle Klärung, wo im käsig-pneumonischen Herde Zerfall eingetreten ist (Nr. 32) oder eine allgemeine Generalisierung der Tuberkulose besteht (Nr. 5, 176, 93).

Sind in dieser Hinsicht diagnostische Möglichkeiten gegeben, so muß die Feststellung, daß der Lungenprimärinfekt Folge einer Fütterungsinfektion ist, dem Kliniker größte Schwierigkeiten bereiten. Denn etwaige Erscheinungen, die auf den Darm, die zugehörigen Drüsen und das Peritoneum hinweisen, wird man beim Vorliegen eines Lungenprimärinfektes im allgemeinen mit Recht als sekundärer Natur auffassen. Auch sehen wir nicht so selten, besonders im frühen Kindesalter, eine sekundäre Affektion im Bereich der Mund-Rachenhöhle oder des Mittelohres mit nicht unbeträchtlichen Drüsenschwellungen. Ein Hinweis auf Fütterungsinfektion ist nur dann gegeben, wenn die Symptome von seiten der Mund-Rachenhöhle den Lungenerscheinungen vorangehen, die Drüsenschwellungen frühzeitig einen ungewöhnlichen Umfang erreichen und womöglich zur Erweichung führen. Doch ist das auch bei primärer Infektion im Bereich der Mund-Rachenhöhle keineswegs regelmäßig zu erwarten, umgekehrt wird die Erstmanifestation der Tuberkulose an dieser Stelle nicht selten dadurch vorgetäuscht, daß sie äußerlich aufdringliche Erscheinungen macht, während die Lungenveränderungen bei unruhigen kleinen Säuglingen leicht zu übersehen sind.

Bemerkenswerterweise sind in Lübeck aber nun auch eine Reihe von kleinen Primärinfekten der Lunge vorgekommen.

Wenn ich zunächst von denjenigen Kindern spreche, bei denen eine Kontrolle durch die Sektion möglich war, so hatten diese höchstens vorübergehend Husten. Die physikalische Untersuchung der Lungen war ergebnislos, was bei der Lokalisation des Primärinfektes in der Lingula des rechten Lungenoberlappens (Nr. 120), im obersten Teil des linken Unterlappens (Nr. 14, s. Abb. 36) in der paravertebralen Partie des rechten Oberlappens (Nr. 179) immerhin verständlich ist; ja auch bei erbsgroßem Primärinfekt im rechten Mittellappen fehlen Angaben über einen klinischen Befund (Nr. 55). Nun hat allerdings Epstein neuerdings mit Hilfe der Tast- und Schwellenwertperkussion den Primärinfekt bei Säuglingen in einer auffällig großen Zahl autoptisch kontrollierter Fälle nachweisen können, auch wenn er von nur geringer Größe war. Er führt die physikalischen Veränderungen, Dämpfung bzw. verstärktes Resistenzgefühl und abgeschwächtes Atemgeräusch, auf die so häufig in der Umgebung des Primärherdes vorhandenen pleuralen Veränderungen, insbesondere adhäsive Pleuritis, zurück. Diese fehlten aber in den oben erwähnten 4 Fällen bis auf lokale Verwachsungen zwischen linkem Ober- und Unterlappen in Fall 14, während sie bei den großen käsig-pneumonischen Herden in der Tat vielfach angetroffen wurden, und zwar waren, wie ich bestätigen kann, schon in sehr frühem Alter, z. B. mit 70 Tagen (Nr. 176), 83 Tagen (Nr. 93), ja sogar schon mit 58 Tagen (Nr. 107) adhäsive Veränderungen vorhanden. Wenn ich auch nicht daran zweifle, daß ein Arzt, der besondere Übung in der Schwellenwertperkussion besitzt, hiermit Feststellungen zu machen in der Lage ist, die einem anderen versagt bleiben, möchte ich doch gleich Dietl das Röntgenbild in diesen Fällen höher einschätzen, als es offenbar Epstein will, der ihm „immerhin eine gewisse Bedeutung zuspricht". Daß auch dieses bei geringem Umfang des Primärherdes oder ungünstiger Lage versagen oder zweifelhaft sein kann, ist zwar allgemein bekannt. Doch ist dann noch — wenigstens häufig — der zugehörige Drüsenschatten erkennbar. Bei günstig gelagertem Primärherd von etwas mehr als durchschnittlicher Größe mit den üblichen lymphangitischen Tuberkeln, unter Umständen auch Atelektase der Umgebung (s. Abb. 34 u. 35) aber entsteht ein charakteristisches Bild in Gestalt eines weichen, unscharf begrenzten Schattens, das nur ausnahmsweise in ähnlicher Form bei pneumonischen Prozessen vorkommt. Auch dieses wurde in Lübeck wiederholt (Nr. 59, 214, 47) gesehen, und wir kennen es unter natürlichen Infektionsbedingungen mit besonderer Häufigkeit bei Kindern, die an tuberkulöser Meningitis zugrunde gehen (Kleinschmidt, Maraun).

Unter den überlebenden Kindern befinden sich drei (Nr. 11, 41, 177), die einen deutlich in Erscheinung tretenden Lungenprimärinfekt darboten. Zwei hatten gleichzeitig noch einen weiteren Primärinfekt, nämlich den auch sonst am häufigsten angetroffenen im Darm, doch machte dieser keine oder nur unbedeutende Symptome und wurde erst später durch den röntgenologischen Nachweis verkalkter Mesenterialdrüsen sichergestellt. Hätte man von der Gelegenheit zur Tuberkuloseinfektion nichts gewußt, hätte der wenigstens bei 2 Kindern frühzeitig vorhandene Milztumor (s. S. 168) den richtigen Weg zeigen können. Das Kind Nr. 177 behielt dauernd gute Farbe und Turgor, gedieh einwandfrei, hustete nicht, und ein Lungenbefund in Form einer Schallverkürzung und abgeschwächten Atmens wurde erst nach Vorliegen des Röntgenbildes erhoben. Der Röntgenbefund war sehr charakteristisch: ein 2 Zwischenrippenräume umfassendes homogenes, weiches, ziemlich scharf begrenztes Schattenband zog sich vom Hilus durch das rechte Mittelfeld. Bemerkenswerterweise wurde dieser Befund bereits in der siebenten Lebenswoche erhoben. Nach 2 Monaten trat in der direkten Umgebung des Hilus eine Aufhellung ein, die immer mehr zunahm, während sich nach 5 Monaten der Gefäßschatten nach rechts ein wenig ausbuchtete. Mit 10 Monaten hatte sich der Röntgenschatten bereits bis auf 1 Pfennigstückgröße zurückgebildet, war aber noch weich und unscharf begrenzt, mit 14 Monaten war er nur noch erbsgroß, die Konturen wurden schärfer, auch im Mittelschatten rechts war ein intensiverer Schattenfleck sichtbar, ausgesprochene Verkalkung ließ sich jedoch erst bei der mit 20 Monaten angefertigten Aufnahme feststellen, und zwar im Bereich des Primärinfektschattens, der bronchopulmonalen Drüsen und der Paratrachealdrüsen. Krankheitsverlauf und Röntgenbild entsprechen in diesem Falle vollständig dem, was wir vielfach unter natürlichen Infektionsverhältnissen erleben, wo solche Krankheitsfälle oft rein zufällig erfaßt werden. Nach der starken Rückbildung des Krankheitsherdes muß man sagen, daß es sich um das typische Bild des Primärinfiltrats mäßigen Umfanges handelt. Bei dem Kinde Nr. 41 waren immerhin auffälligere Symptome vorhanden. Zwar konnte man auch hier keine Beeinträchtigung des Allgemeinzustandes bemerken, die Gewichtszunahme, der Appetit waren gut, die Temperatur höchstens subfebril. Aber es machte doch wenigstens Husten auf eine Beteiligung der Respirationsorgane in der 11. Lebenswoche aufmerksam, und dieser Husten hielt, wenngleich nicht in erheblicher Stärke, wochenlang an, auch fiel zeitweise Kurzluftigkeit auf. Es fand sich neben einer kompakten Hilusschwellung ein Schattenband im rechten Mittelfeld, das seiner Begrenzung nach auf ein Infiltrat mit interlobärem Exsudat bezogen werden mußte (s. Jannasch und Remé Abb. 17). Im Laufe von 2 Monaten trat eine erhebliche Rückbildung ein, jedoch unter Hervortreten eines Interlobärstranges, der als zarte Linie noch mit $2^1/_2$ Jahren nachweisbar war.

Prognostisch zweifelhaft erschien uns nur der 3. Fall (Nr. 11). Dieses Kind hustete in ähnlicher Weise von der 15. Lebenswoche an, hatte, soweit wir unterrichtet wurden, auch keine stärkeren Temperaturerhebungen, war aber im Allgemeinbefinden sichtlich beeinträchtigt. Physikalisch fand sich Schallverkürzung und abgeschwächtes Atemgeräusch links hinten, röntgenologisch ein großer homogener Schatten in weitem Umkreis um den linken Hilus, daneben aber viele kleine weiche Fleckschatten im Bereich des ganzen Mittel- und Unterfeldes, die offenbar auf einer bronchogenen Aussaat beruhten. Die Rückbildung war aber auch hier, was nicht ohne weiteres vorauszusehen war, eine gute. Mit 14 Monaten bereits waren die ersten Verkalkungen im Röntgenbild sichtbar, mit 17 Monaten wurden sie ausgesprochener, mit 2 Jahren so vollständig, daß ein $^1/_2$ Jahr später aufgenommenes Röntgenbild keine nennenswerte Verstärkung der Kalkschatten mehr brachte, und zwar erwiesen sich als beteiligt die linksseitigen bronchopulmonalen und die beiderseitigen tracheobronchialen Drüsen. Im Bereich des Unterfeldes (s. o.) wurden zahlreiche Kalkspritzer sichtbar (s. Jannasch und Remé Abb. 13—16).

Außer diesen 3 Kindern mit deutlich erkennbarer Primärinfektion der Lunge fielen mehrere Kinder durch klingenden Husten auf, den wir im frühen Kindesalter als wertvolles Hinweissymptom auf eine Primärtuberkulose der Lunge kennen und auf die zugehörige Bronchialdrüsenschwellung beziehen. Ich erwähne zunächst ein Kind (Nr. 61), das schon mit 13 Wochen hustete. Doch handelte es sich wahrscheinlich hier zunächst nur um die Folgen einer Pharyngitis; denn es bestand auch Schnupfen, der Hals war leicht gerötet, überdies verschwand der in keiner Weise auffällige Husten wieder nach 2 Wochen. Mit 18 Wochen kehrte er wieder, es fanden sich grobe bronchitische Geräusche, einige Wochen später aber wurde der Husten deutlich klingend, die Atmung war zeitweise röchelnd, und diese Erscheinungen hielten mehrere Monate bis in den Dezember 1930 an. Die infolgedessen klinisch vermutete Bronchialdrüsentuberkulose wurde durch das Röntgenbild bestätigt (s. Jannasch und Remé Abb. 18—22). Ein zweites Kind (Nr. 92) litt ebenfalls mit 13 Wochen, als es im Kinderhospital Aufnahme fand, an Husten, der metallischen Beiklang aufwies. Der Rachen war zwar hier ebenfalls gerötet, aber es bestand eine ausgesprochene Halsdrüsentuberkulose, so daß man mit Resten des oralen Primärinfektes zu rechnen hatte. Infolgedessen wurde hier ebenfalls die Ursache des Hustens in intrathorakaler Drüsentuberkulose gesucht. Doch ging der Husten bald wieder vorüber, und das Röntgenbild zeigte nur eine vermehrte Zeichnung des rechten unteren Hiluspoles. Immerhin kam es später zu etwas stärkerer Verschattung bis zum rechten

Herzzwerchfellwinkel und es blieben schließlich kleine Kalkflecke im rechten Hilus zurück.

Während also hier der Zusammenhang mit der Tuberkulose wahrscheinlich zu machen war, gelang das in zwei weiteren Fällen (Nr. 21, 132) nicht. Bedenkt man allerdings, daß es zum Zustandekommen des klingenden Hustens wahrscheinlich in erster Linie auf Schwellungen der unteren tracheobronchialen Drüsen (Bifurkationsdrüse) ankommt, so ist ein negativer Röntgenbefund nicht zu hoch zu bewerten. Aufgefallen ist mir, daß sämtliche 4 Kinder sich durch eine starke Katarrhneigung auszeichneten. Es müssen also auch wohl unspezifische Drüsenschwellungen in Betracht gezogen werden. Können wir uns doch des öfteren davon überzeugen, daß auch ohne Tuberkuloseinfektion bei jungen Säuglingen mit Katarrhneigung mehr oder weniger ausgeprägter klingender Husten vorkommt. Das Symptom ist sogar, was für seine Entstehung von Interesse ist, bei Kompression der Trachea durch eine in der Speiseröhre steckende Münze beobachtet worden (Duken). Auch das Lübecker Sektionsmaterial bietet in dieser Hinsicht einen beachtenswerten Beitrag. Ein Kind (Nr. 46), das von der 17. Lebenswoche an durch Husten auffiel und ausgesprochene klinische und röntgenologische Lungenerscheinungen darbot, hatte in den letzten Wochen vor dem am 242. Tage erfolgenden Tode stärksten klingenden Reizhusten. Die Sektion ergab neben einer tuberkulösen Primärinfektion der rechten Gaumenmandel und des Darmes aus schwerer Bronchitis und Peribronchitis entstandene Bronchiektasen mit starker unspezifischer Lymphadenitis der rechtsseitigen pulmonalen, unteren und oberen tracheobronchialen und der paratrachealen Lymphknoten.

Damit ist eigentlich das, was über die Klinik der primären Lungentuberkulose bei den Lübecker Kindern zu berichten ist, gesagt. Immerhin sind noch mehrere Fälle zur Beobachtung gelangt, bei denen weder das Allgemeinbefinden noch irgendwelche Hinweissymptome, auch kein Perkussions- und Auskultationsbefund vorlagen, aber das Röntgenbild gleichwohl einen sicheren Lungenprimärkomplex aufdeckte (Nr. 2, 18, 183, 195). Unter natürlichen Infektionsbedingungen erleben wir es ja nicht selten, daß bei irgendeiner Gelegenheit ein verkalkter Primärkomplex entdeckt wird, ohne daß irgend etwas auf den Primärkomplex im frischen Stadium hingewiesen hätte. Da, wie erwähnt, unter den Lübecker Kindern einige waren mit einem Primärkomplex keineswegs größeren Umfangs, als wir ihn unter natürlichen Infektionsbedingungen meistens zu sehen gewohnt sind, sind diese Beobachtungen verständlich. Indem ich hier wiederum auf die Mitteilung von Jannasch und Remé verweise, will ich nur in Ergänzung zu den oben mitgeteilten Erfahrungen über den Zeitpunkt der sichtbar werdenden Verkalkung folgendes erwähnen: Bei Kind Nr. 2 zeigte sich erstmals mit 15 Monaten ein etwa hanfkorngroßer, ziemlich dichter Schattenfleck im rechten Mittelfeld, und in der schon lange vermehrten rechtsseitigen Hiluszeichnung traten mit etwa 2 Jahren deutliche, bronchopulmonalen Drüsen entsprechende Kalkschatten hervor. Bei Kind Nr. 18 erschien der erste Kalkfleck im rechten Hilus mit 22 Monaten, ein kleines kalkhartes Fleckchen im 4. Interkostalraum rechts sah man zuerst mit $2^1/_4$ Jahren. Eine ausschließliche Drüsenverkalkung (rechts paratracheal) wurde bei Kind 183 mit $1^3/_4$ Jahren im Röntgenbilde sichtbar (s. Jannasch und Remé Abb. 12). Multiple Kalkschatten im linken Unterfeld schließlich waren bei Kind 195 mit 2 Jahren 1 Monat deutlich (s. Jannasch und Remé Abb. 33). Wir sehen somit eine weitgehende Übereinstimmung in der zeitlichen Entwicklung der Verkalkungen.

Ich habe diese klinischen Beobachtungen etwas ausführlicher geschildert, weil sie uns mancherlei eindringliche Lehren geben. Wir sehen, daß durch Fütterungsinfektion Primärinfekte in der Lunge entstehen können, die in jeder Weise Übereinstimmung mit denjenigen zeigen, die wir bisher mit großer Sicherheit auf Inhalationsinfektion bezogen haben. Schon bei Betrachtung des Sektionsmaterials mußte man in dieser Hinsicht stutzig werden. Denn wenn auch hier überwiegend auffällig große Herde gefunden wurden, so fehlten doch die üblichen kleinen Primärinfekte nicht. Die Klinik der überlebenden Kinder aber zeigte, daß es von den uns bei ärogener Infektion so bekannten Bildern des ausgedehnten Primärinfiltrates bis zu dem in frischem Zustand völlig unsichtbaren Primärinfekt alle Übergänge gab, ja daß dieser unter Umständen erst aus einer später ausgedehnt verkalkten und daher röntgenologisch gut darstellbaren Drüse erschlossen werden mußte. Im Sinne der Fütterungsinfektion spricht der gleichzeitig vorhandene orale Primärkomplex, öfter nur die mehr oder weniger ausgedehnte Verkalkung der Mesenterialdrüsen, die nachträglich gefunden wurde, aber sogar bei Kind Nr. 41 fehlte. In zweiter Linie bemerkenswert ist die zeitliche Entwicklung der Verkalkung im Bereich der Thoraxorgane. Mit 14—15 Monaten waren die röntgenologischen Zeichen der Verkalkung erstmals wiederholt sichtbar, während sie mit $1^3/_4$—$2^1/_2$ Jahren in ausgesprochener Weise zu erkennen waren. Schließlich haben wir gelernt, daß das Symptom des klingenden Hustens selbst bei nachgewiesener Tuberkuloseinfektion nicht zu hoch eingeschätzt werden darf.

5. Zusammenfassung und Auswertung der Befunde an den primären Haftstellen des Impfstoffes. Das Gesamtbild der Ingestionstuberkulose.

Der Gesichtspunkt, unter dem die bisher erörterten Befunde in erster Linie zu würdigen sind, ist durch die Frage gegeben, welche Besonderheiten das Krankheitsbild durch die besondere Infektionsart erhalten hat. Es war zu erwarten, daß bei der Infektion auf dem Ingestionsweg die primären Veränderungen anders lokalisiert sein würden als bei einer ärogenen Infektion. Wo bei den Lübecker Kindern das Bild des Primärkomplexes

Tabelle 3. a) Übersicht über das Vorkommen des Primärkomplexes in nur 1, in 2, 3 oder 4 Gegenden bei 60 Fällen.

1fach	2fach	3fach	4fach
Darm	Darm + Halsgebiet = 45,0 Darm + Lunge = 3,3 Halsgebiet + Lunge = 1,7	Darm + Halsgebiet + Lunge = 13,3 „ + „ + Magen-Speiseröhre = 16,6	
18,3%	50%	30%	1,7%

b) Anteil der einzelnen Gegenden an der Lokalisation des Primärkomplexes.

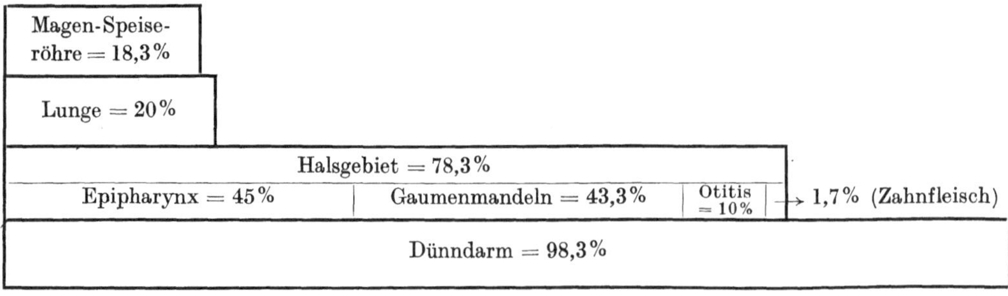

gefunden wurde, zeigt die vorstehende Zusammenstellung (s. Tabelle 3a, b). In ihr sind nur die Fälle verwertet, bei denen auf Grund eigener Inaugenscheinnahme sowohl über das Positive als über das Negative etwas ausgesagt werden konnte; es sind das 60 Fälle.

Teilen wir das Gebiet, das von der Mundhöhle aus durch den Impfstoff unmittelbar benetzt werden konnte, in 4 Gegenden ein: Mundrachenhöhle, mittleren Verdauungsweg (Magen und Speiseröhre), Dünndarm und Lunge, so liegt das Bild des Primärkomplexes am häufigsten, nämlich in 50% der Fälle, in 2 Gebieten vor, in 30% in 3, in 18,3% in nur einem und in 1,7% in allen 4 Gebieten. Der Anteil, den das einzelne Gebiet für sich an der Beherbergung des Primärkomplexes hat, ist am größten beim Dünndarm. Ja, mit 98,3% ist er nahezu konstant befallen; ihm folgt die Mundrachenhöhle mit 78,3%, die Lunge mit 20% und der mittlere Verdauungsweg mit 18,3%. Innerhalb dieser Gebiete waren nun die Primärinfekte keineswegs nur in einer Einzahl vorhanden. Im Dünndarm fanden sich in etwa $^2/_3$ der Fälle mehr als 30, gelegentlich sogar 70 Geschwüre. War es auch unmöglich, alle diese Geschwüre mit Sicherheit als Primärinfekte anzusprechen, so sprach die starke Miterkrankung auch der dem Jejunum regionären Lymphknoten (Abb. 2, 5) bei solchen Fällen doch dafür, daß das Impfstoffvirus vom Jejunum bis zur Ileozökalklappe eingedrungen war. Im mittleren Verdauungsweg dehnte sich in 4 von 11 Fällen der geschwürige Primärinfekt von der Speiseröhre bis in den Magen hinein aus. Innerhalb der Mundrachenhöhle konnten bei 44 Fällen 78, oder sofern die paarigen Organe (Gaumenmandeln und Mittelohren) nur als eine Lokalisationsstätte gerechnet werden, 60 Einzelprimärinfekte unterschieden werden. Davon entfallen auf die Rachenmandeln 45, die Gaumenmandeln 43,3, die Mittelohren 10 und das Zahnfleisch 1,7%. Ebenso waren in der Lunge 3, 2 oder 1 Primärinfekt zu finden.

Diese Übersicht zeigt zunächst, daß die innere Körperoberfläche, die von der Mundhöhle aus mit dem Impfstoff benetzbar war, in zahlreichen Fällen auch tatsächlich ausgiebig mit den Veränderungen des Primärkomplexes besetzt gewesen ist. Diese Vielfältigkeit und Ausbreitung des Primärkomplexes ist eine Besonderheit, die das Gesamtbild der Lübecker Erkrankung auszeichnet.

Die Übersicht zeigt aber weiterhin, daß einzelne Gegenden regelmäßig, andere weniger häufig beteiligt waren. Es wurde — auch außerhalb der hier verwerteten 60 Fälle — kein Fall beobachtet, bei dem der Verdauungskanal nicht das Bild des Primärkomplexes aufgewiesen hat. In dem einen Fall, in dem im Dünndarm ein solcher vermißt wurde, war er im Bereich der Mund-Rachenhöhle vorhanden. Es darf also als ein Gesetz von 100% Gültigkeit angesehen werden, daß bei einer Ingestionsinfektion ein Primärkomplex im Bereich des Verdauungskanals auftritt. Der Grundstock des Lokalisationsbildes ist dabei die primäre Tuberkulose des Dünndarms. Ihr gesellt sich bei einer großen Zahl von Fällen die gleichzeitig entstandene primäre Erkrankung der Mund-Rachenhöhle hinzu. Die übrigen Lokalisationen des Primärkomplexes müssen als fakultativ angesehen werden. Innerhalb der Mund-Rachenhöhle gilt das auch für die primäre Tuberkulose des Mittelohres.

Was ist an diesen Lokalisationen Besonderes? Eingehende Untersuchungen, an denen sich Kliniker und pathologische Anatomen verschiedener Länder beteiligt haben, hatten schon seit langem ergeben, daß der Primärkomplex nicht nur die Erscheinungsweise der primären Infektion ist, sondern auch den Ort kennzeichnet, an dem das tuberkulöse Virus in die Gewebe des Körpers eingedrungen ist. Über die verschiedenen Lokalisationsmöglichkeiten dieser Eintrittspforte waren nicht nur eine Reihe sorgfältig bearbeiteter Einzelbeobachtungen erschienen (s. insbesondere die Arbeiten von Ghon und seinen Schülern), es waren auch große Reihenuntersuchungen darüber angestellt worden, welchen Häufigkeitsanteil die einzelnen Gegenden des Körpers an der Beherbergung des Primärkomplexes haben. Für den, der diese Untersuchungen kannte, mußte bei den Lübecker Säuglingen mit dem Auftreten eines Primärkomplexes an all den Orten gerechnet werden, an die der flüssige, mit dem Löffel verabreichte Impfstoff gelangen konnte. Was ohne weiteres erwartet werden konnte, war eine Lokalisierung des Primärkomplexes im Bereiche des Dünndarms; ist doch dieser Befund zu allen Zeiten mit der Fütterungstuberkulose geradezu identifiziert worden. Man kann deshalb nicht sagen, daß erst das Lübecker Unglück auf die Bedeutung der intestinalen Infektion hingewiesen habe.

Eine derartige Auffassung vertritt M. Klotz. Was er in der Neuen Deutschen Klinik (1934) über die primäre intestinale Tuberkulose ausführt, kann nicht unwidersprochen bleiben. Nach Klotz ist die extrapulmonale, darunter auch die intestinale Tuberkulose von seiten der Wissenschaft vernachlässigt worden. Der extrapulmonale Primärherd hat, wie er meint, eigentlich nur noch in der Tradition und in den Lehrbüchern fortgelebt. 1905 sei die letzte größere Broschüre über die perorale Tuberkulose (von L. Fuerst) erschienen; danach hätte erst 1930 wieder St. Engel über 9 Fälle berichtet. Der primitivste Beweis für die Dignität eines Problemes aber sei sein Niederschlag in der Literatur. Tatsache ist, daß die primäre extrapulmonale, insonderheit die intestinale Tuberkulose in der Tradition, wie in den Lehrbüchern beheimatet war, nicht aber wie Klotz zu meinen scheint, als ein vergessenes, nie wieder überprüftes Überbleibsel aus einer länger zurückliegenden Zeit, sondern als ein Beobachtungsgut, das in dauernder laufender Bestätigung seinen Platz sehr vital behauptet hat. Das gilt sowohl für das pathologisch-anatomische als auch, wie die Kliniker, die zu den Obduktionen ihrer verstorbenen Kranken zu kommen pflegen, berichten, für das klinische Bild der primären Darmtuberkulose. Im übrigen aber hat die Beschäftigung mit der primären Darmtuberkulose auch im Schrifttum ihren genügenden Niederschlag gefunden. Es darf von seiten der pathologischen Anatomie auf die Arbeiten von Ghon und Pototschnig, M. Lange, Schürmann (mit einem Bericht über nicht weniger als 102 Fälle primärer Darmtuberkulose), Siegmund und schließlich auf die Pathologische Anatomie der Tuberkulose von Huebschmann verwiesen werden. Wenn darüber hinaus nicht mehr veröffentlicht worden ist, so liegt das — und das gilt besonders für Mittel- und Norddeutschland im Gegensatz z. B. zu Wien und Prag — nicht daran, daß die primäre Darmtuberkulose zu selten ist oder daß ihr keine Bedeutung beigelegt wurde, sondern, daß man die Problematik dieses Gebietes mit den vorliegenden Arbeiten für erschöpft hielt.

Was die Beobachtungen bei den verstorbenen Säuglingen indessen wirklich gelehrt haben, ist, daß die perorale Infektion auch außerhalb des Darmes in ausgedehntem Maße haften kann. Und dadurch unterscheidet sich das Gesamtkrankheitsbild von Lübeck von demjenigen, das im Schrifttum als Fütterungstuberkulose bekannt ist. Lubarsch (s. auch Cornet, Friedmann, Ito, Beckmann, Weichselbaum u. a.) hat allerdings schon früher ausdrücklich darauf hingewiesen, daß auch die primäre Gaumenmandeltuberkulose zur Fütterungstuberkulose gehöre, und auch in pathologisch-anatomischen Lehrbüchern ist diese Ansicht zu finden. Wie weiter oben erwähnt wurde, ist aber bis auf einzelne Fälle der neuesten Zeit kein Fall veröffentlicht worden, der den heutigen Anforderungen an eine primäre Tuberkulose gerecht wurde. Die Erweiterung, die der historische Begriff der Fütterungstuberkulose durch die Lübecker Beobachtungen somit erfährt, rechtfertigt, ja erfordert eine neue Benennung. Kleinschmidt hat vorgeschlagen, das Krankheitsbild, das in Lübeck beobachtet wurde, als Ingestionstuberkulose zu bezeichnen, eine Bezeichnung, die Cornet schon einmal in Vorschlag gebracht hatte. Begrifflich wäre darunter jede primäre tuberkulöse Erkrankung zu verstehen, bei der das Virus in ähnlicher Weise wie die Nahrung in den Körper eingeführt wurde; befundmäßig gehören zu ihr alle Tuberkulosen, bei denen das Bild des Primärkomplexes im Bereiche derjenigen Gebiete vorliegt, die bei den Lübecker Kindern in dem oben wiedergegebenen Verteilungsbild befallen waren.

Nun fragt es sich allerdings, ob mit dieser neuen Benennung nicht ein Krankheitsbild gekennzeichnet wird, das gleichsam künstlich erzeugt wurde — man denke an die Injektionskrankheiten — und das spontan nicht vorkommt, weil die Bedingungen außernatürlich und einmalig waren. Wir kommen hiermit zugleich zu der weiteren Frage, ob die Lübecker Beobachtungen für die Frage der primären Infektionsarten überhaupt einen allgemeineren Wert haben.

Von manchen Autoren wird diese Frage offenbar verneint. Denn anders ist es nicht zu verstehen, wenn in neueren Übersichtsreferaten, in denen auch über die Lokalisation des Primärkomplexes berichtet wird, die Lübecker Beobachtungen nicht berücksichtigt werden. Wir würden dieser Bewertung durchaus zustimmen, wenn der Impfstoff etwa intramuskulär verabreicht worden wäre. Bei der Verabreichungsart aber, wie sie in Lübeck vorgelegen hat, scheint uns der Wert der Beobachtungen doch zu gering eingeschätzt zu werden.

Es darf hierbei zunächst nicht übersehen werden, daß die Frage, ob es eine primäre Tuberkulose der Gaumenmandeln, Rachentonsille, Mittelohren, Speiseröhre oder des Magens gibt, nicht erst durch die Lübecker Beobachtungen aufgeworfen worden ist. Es gibt darüber nicht nur ein ansehnliches Schrifttum, sondern von den Klinikern wird auch heute noch, z. B. für das Quellgebiet der Halslymphknoten, lebhaft darüber diskutiert, wo und wie hier die primäre Infektion zustande gekommen ist. Im Vergleich zu den häufigen Anlässen, die diese Diskussionen immer wieder in Gang bringen, sind eindeutige anatomische Befunde eine Seltenheit. Ein abgerundetes Bild von der primären Tuberkulose der Mundrachenhöhle konnte bisher jedenfalls keineswegs gegeben werden. Hier haben die Lübecker Beobachtungen geradezu vorbildliche Befunde erbracht.

Sie haben uns zunächst kennen gelehrt, welche Gegenden der Mundrachenhöhle primär erkranken können; es sind Rachenmandeln, Gaumenmandeln, Mittelohren und (sehr selten) Zahnfleisch. Bei der großen Zahl der Fälle war es auch möglich, über die Häufigkeit etwas auszusagen, mit der diese verschiedenen Gegenden an der Primärinfektion innerhalb des Quellgebietes der Halslymphknoten Anteil haben; und schließlich konnte gezeigt werden, wie das klassische Bild der primären Tuberkulose dieser Gegenden aussieht. Wie bei der Lunge oder beim Darm ließ sich ein Primärinfekt und eine starke verkäsende, sich später abkapselnde und verkalkende Tuberkulose der zugehörigen Lymphknoten nachweisen und als Beweis der Zusammengehörigkeit beider konnte noch der verbindende kontinuierliche lymphangitische Strang (s. z. B. Abb. 21) aufgedeckt werden. Bei den Gaumenmandeln war, was für den Kliniker wissenswert sein kann, der Primärinfekt in etwa 50% der Fälle makroskopisch sichtbar und zwar in Gestalt eines Geschwüres, das gleiche gilt für die Rachenmandeln.

Wir glauben wohl, daß die Verhältnisse bei Spontaninfektionen weniger deutlich sein können. Die Lübecker Befunde sind darum aber nicht ohne allgemeineren Wert. Sie lehren uns vielmehr die Kriterien kennen, die erfüllt sein müssen, wenn man mit Sicherheit von einer primären Tuberkulose des Quellgebietes der Halslymphknoten sprechen will und solche Kriterien sind um so notwendiger, als systematische Untersuchungen beim Vorliegen verkäster oder verkalkter Halslymphknoten noch nicht vorliegen, obwohl dem praktischen Arzt derartige Erkrankungen keineswegs selten begegnen.

Davon abgesehen, daß die Lübecker Beobachtungen eindeutige Vorbilder für die primäre Tuberkulose der oberen Ingestionswege erbracht haben, scheint uns der Begriff der Ingestionstuberkulose auch in allgemeinerer Hinsicht keineswegs nur auf ein künstlich erzeugtes Krankheitsbild zugeschnitten zu sein. Es ist nicht richtig, wenn gesagt wird (s. z. B. Massini), daß die Lübecker Befunde mit Tuberkulosen aus geringerer Keimmenge nicht vergleichbar wären. Ein solcher Vergleich ist vielmehr überaus lohnend.

Wir stellten fest, daß sich das Gesamtbild der Lübecker Erkrankungen dadurch von der Fütterungstuberkulose des Schrifttums unterschied, daß außer im Darm auch noch an anderen Orten das Bild des Primärkomplexes vorhanden war. Diese zusätzlichen Lokalisationen lassen sich nicht nur mit der größeren Menge des Virus erklären — in 18,3% bestand ja überhaupt nur ein Darmprimärkomplex —; wir möchten vielmehr glauben, daß hierfür außerdem noch von Bedeutung waren: daß es sich um Säuglinge von 6—10 Tagen Lebensalter handelte, daß ihnen das Virus mit einem Löffel, also in einer diesem Lebensalter unphysiologischen Weise und dazu in wenig Flüssigkeit aufgeschwemmt, verabreicht wurde, daß die Kinder, die in diesem Alter an sich schon häufig würgen, aufgenommene Nahrung hochbringen, erbrechen und selbst aspirieren, den Impfstoff nicht immer glatt heruntergeschluckt haben, ja, daß sie schließlich durch künstliche Erzeugung von Lufthunger zum Schlucken gezwungen wurden. Bei einer an sich schon größeren Vulnerabilität sind die inneren Körperoberflächen, die vom Mund aus erreichbar sind, in ganz anderer Weise, nämlich stärker, länger und in anderen Gegenden mit dem Virus benetzt worden, als dies beim Kind jenseits des Säuglingsalters oder beim Erwachsenen der Fall ist. Die zusätzlichen Lokalisationen des Primärkomplexes scheinen uns gerade den Unterschied widerzuspiegeln, der zwischen dem Ingestionsakt des mit dem Löffel ernährten Säuglings und des älteren Kindes oder gar Erwachsenen vorhanden ist. Und nur insofern die Luftwege und auch das Mittelohr beim Säugling zu den Ingestionswegen gehören, gehört auch die primäre Lungen- und Mittelohrtuberkulose zur Ingestionstuberkulose. Diese Besonderheiten sind aber beim Säugling auch dann vorhanden, wenn er nicht mit einem Impfstoff, sondern in anderer Weise, z. B. mit der Nahrung, mit Sputumtröpfchen, mit verschmutzten Gegenständen und anderen Dingen Tuberkelbazillen aufnimmt. Der Begriff der Ingestionstuberkulose hat also nicht nur für die Lübecker Beobachtungen seine Berechtigung.

Die wesentlichste und allgemeinste Bedeutung der erörterten Befunde liegt darin, daß sie die Lehre vom Primärkomplex bestätigt haben. Daran, daß das Bild des Primärkomplexes überaus häufig ist, daß es beim frisch Infizierten gesetzmäßig vorhanden ist, daß, wenn überhaupt tuberkulöse Gewebsveränderungen im Körper bestehen, sich immer ein Primärkomplex darunter befindet und dabei die Zeichen des vergleichsweise höchsten Alters aufweist, daß er, wenn der Gesamtbefund nur das Minimum an Ausbreitung erreicht hat, die einzige Erscheinungsweise der Tuberkulose überhaupt ist, daß zusätzliche jüngere Infekte nicht mehr das Bild des Infektkomplexes zeigen, an all dem konnte nach den zahlreichen systematischen Untersuchungen, besonders der Pathologen, nicht gezweifelt werden. Wie schon mehrfach erwähnt, haben die Pathologen und die Mehrzahl der Kliniker daraus den Schluß gezogen, daß der Primärkomplex die gesetzmäßige Erscheinungsweise der primären Infektion ist und die Stelle kennzeichnet, an der das Virus in das Gewebe eingedrungen ist. Es ist aber gerade diese Schlußforderung, die einige Autoren nicht anzuerkennen vermocht haben oder vermögen. Sie sind vielmehr der Ansicht, daß der Primärkomplex die Eintrittsstelle kennzeichnen könne, aber nicht müsse. Insbesondere müsse für den Lungenprimärkomplex, der ja in über 80% der Spontanerkrankungen, und zwar ohne Vergesellschaftung mit einem gleichartigen Darmbefund, gefunden wird, bezweifelt werden, daß er auf Keime zurückgehe, die von außen her unmittelbar in die Luftwege gelangt seien. Die Primärinfektion sei vielmehr stets, grundsätzlich, gewöhnlich oder meistens eine Nahrungsinfektion. Im Bereiche des Verdauungsschlauches, insbesondere im Dünndarm, drängen die Keime in das Gewebe des Körpers ein, aber nur sofern es sich um sehr reichliche Keime handele, entstünden an der Eintrittsstelle oder in den zugehörigen Lymphknoten anatomische Veränderungen. Bei der gewöhnlichen Infektion, bei der nur wenig Keime im Spiele seien, bleibe die intestinale Infektion dagegen spurlos oder stumm. Auftretende Lungeninfekte gingen auf Keime zurück, die vom Darm her lymphohämatogen in die Lunge verschleppt seien. Für das Angehen der Infektion gerade in der Lunge seien verschiedene Momente, darunter besonders die Organdisposition der Lungen, verantwortlich zu machen.

Diese Auffassung, die im wesentlichen auf von Behring (1903) zurückgeht, die außerdem in Deutschland besonders von Schloßmann, Czerny, Joseph Koch u. a. vertreten, in weniger bestimmter Form von Liebermeister, Much u. a. bis in die neueste Zeit hinein geäußert worden ist, ist schon verschiedentlich von pathologisch-anatomischer Seite widerlegt worden (s. besonders die Arbeiten von Beitzke). Dennoch taucht sie immer wieder auf [s. z. B. Nüssel (1931)]. Am weitesten ausgebaut wurde sie von Calmette und entsprechend dieser seiner Auffassung hat er auch vorgeschrieben, daß sein Impfstoff peroral zu verabreichen sei.

Wenn wir das traurige Ereignis von Lübeck rückblickend übersehen, so ist dadurch, daß die Kinder statt avirulenter BCG. einen Impfstoff mit virulenten Keimen erhalten haben, genau der Infektionsmechanismus eingehalten worden, den Calmette u. a. als den gewöhnlichen bezeichnen, nämlich als den, der bei der Spontaninfektion des Menschen die Regel sei. Träfe nun die Ansicht von Calmette zu, dann müßte das in Lübeck beobachtete anatomische Bild dem entsprochen haben, das man bei den Spontanerkrankungen antrifft. Insbesondere durften keine Fälle angetroffen werden, bei denen in der Lunge das Bild des Primärkomplexes vermißt wurde, wohl dagegen solche, bei denen der Darmkanal frei von derartigen Veränderungen war. Von Calmettes Standpunkt aus, wäre überhaupt der Begriff der Ingestionstuberkulose (insbesondere in Gegenüberstellung zur aerogenen Lungentuberkulose) überflüssig, weil nach ihm ja alle Primärkomplexe des Pathologen letzthin nur auf eine Ingestionsinfektion zurückgehen. Wir haben weiter oben in Form einer Tabelle gezeigt, in welchen Gegenden das Bild des Primärkomplexes aufgetreten war und mit welcher Häufigkeit die einzelnen Gegenden daran Anteil hatten. Wer auch nur gelegentlich den Sektionssaal eines Pathologischen Institutes betritt, wird zugeben müssen, daß dieses Bild grundverschieden von dem ist, das die spontanen Erkrankungen aufweisen. Legen wir zum Vergleiche das Bild zugrunde, das Ghon in Wien und Prag bei der Spontaninfektion der Kinder gefunden hat, so ist hier die Lunge in etwa dem gleichen Prozentsatz als Sitz des Primärkomplexes vertreten gewesen, wie bei den Fällen von Lübeck der Darm. Der Darm aber ist bei den Fällen von Ghon in weniger als 5% der Fälle im Sinne des Primärkomplexes erkrankt gewesen. Man kann nun nicht einwenden, daß die Erkrankungen von Lübeck eben auf einer Infektion mit einer sehr großen Keimzahl und von starker Virulenz beruhten, während die Fälle von Ghon schwache Infektionen gewesen wären. Es müßte dann im Sinne von Calmette um so häufiger ein metastatischer Primärkomplex in der Lunge zu finden gewesen sein. In der Tat sind metastatische Lungenerkrankungen ungemein häufig gewesen (s. später); sie boten aber ein ganz anderes anatomisches Bild, als der Primärkomplex es zeigt. Die 20% der Fälle dagegen, in denen in der Lunge das Bild des Primärkomplexes vorhanden war, können schon des niedrigen Häufigkeitssatzes wegen nicht zur Grundlage der Calmetteschen

Anschauung gemacht werden. Davon abgesehen aber glauben wir gezeigt zu haben, daß für ihre Entstehung allein eine Aspiration von Virus in Frage kommt. Im übrigen aber beobachteten wir in Lübeck keineswegs nur stark ausgeprägte Darm- und Darmlymphabflußveränderungen. Wie weiter oben erörtert wurde, mußten sie bei einigen Fällen sogar mühevoll gesucht werden. Wir möchten glauben, daß diese Fälle am meisten den Verhältnissen entsprechen, die nach Calmette bei spontaner Infektion vorliegen. Gerade bei diesen Fällen aber fehlte nicht nur ein Primärkomplex in der Lunge, sondern überhaupt jegliche tuberkulöse Lungenerkrankung.

So ist die Ingestionstuberkulose von Lübeck ein erneuter Beweis dafür, daß der Primärkomplex nicht nur die Erscheinungsweise der primären Infektion ist, sondern auch die Stelle kennzeichnet, an der die Keime in den Körper eingedrungen sind. Wir dürfen auch weiterhin von dieser Lehre ausgehen, wenn wir Fälle von menschlicher Tuberkulose entwicklungsgeschichtlich analysieren und rekonstruieren wollen.

C. Die tuberkulösen Veränderungen außerhalb der Eintrittspforten.

I. Die anatomischen Befunde.

Im vorangehenden Abschnitt wurde gezeigt, daß der Ingestionsinfektion ein besonderes anatomisches Bild entspricht: die Ingestionstuberkulose. Für die Veränderungen, die im Gefolge, sekundär oder postprimär von ihr aus entstehen, blieb ebenfalls zu prüfen, inwieweit sich in ihnen die besondere Art der primären Infektion ausgewirkt hat. Unter diesem Gesichtswinkel seien zunächst

a) Die Erscheinungsformen der weiteren Durchseuchung

erörtert.

Wir rechnen eine tuberkulöse Veränderung dann zur Durchseuchung, wenn sie auf dem Lymph- oder Blutweg entstanden ist. Das ist für eine Reihe von Veränderungen ohne weiteres anzugeben, nämlich für die lymphoglanduläre Komponente des Primärkomplexes wie für Lymphknotenveränderungen überhaupt, sodann für die Veränderungen in Milz, Leber, Knochenmark, Gehirn mit seinen Häuten, Nieren, Nebennieren, Schilddrüse, Pankreas, Hypophyse, Herz u. a., also Organen, die auch bei andersartigen Infektionen, z. B. der gewöhnlichen Sepsis, nicht selten metastatisch erkranken. Schwierigkeiten ergeben sich jedoch bei den Veränderungen solcher Organe, die außerdem noch häufig intrakanalikulär, also durch Abseuchung krank zu werden pflegen. Das ist insbesondere bei der Lunge der Fall.

Die Tatsache, daß bei den Lübecker Kindern in den Ingestionswegen das Bild des Primärkomplexes gefunden wurde, zeigt, daß die Miterkrankung der Lymphknoten für die primäre Erkrankung auch dieser Körpergebiete etwas Gesetzmäßiges ist. Damit ist aber auch schon gezeigt, daß die tuberkulöse Durchseuchung von Primärinfekten dieser Gebiete ebenso regelmäßig ihren Ausgang nimmt, wie von solchen der Lunge; denn die Miterkrankung der Lymphknoten beim Primärkomplex ist ja nichts anderes als der Ausdruck dafür, daß der Prozeß im Lymphabfluß, also blutwärts, also durchseuchend weitergegangen ist. Verhält sich der Ingestionsweg für die Anbahnung der Durchseuchung also nicht anders als die Lunge, so wäre nur zu prüfen, ob die weitere Durchseuchung bei der Ingestionstuberkulose irgendwelche Besonderheiten zeigt, insbesondere für

1. Die hämatogene Generalisation.

Was hier zunächst zu prüfen ist, ist die Frage, ob die Generalisation stärker oder geringer war, ob das Zeitmaß ein anderes gewesen ist, ob von der Generalisation bestimmte Organe bevorzugt oder gemieden wurden.

Diese Fragen sind zu den Zeiten, als die Infektionswege der Tuberkulose im Vordergrund des Interesses standen, zum Teil recht lebhaft erörtert worden. Allein zur Klärung der Frage, ob vom Darm aus über die Mesenterialdrüsen, also über Lymphe und Blut überhaupt Keime in die Lunge gelangten, innerhalb welcher Zeit dies erfolge, ob Hunger oder Ermüdung diesen Infektionsgang beeinflußten, u. a., sind zahlreiche Tierversuche angestellt worden. Auf Grund pathologisch-anatomischer Beobachtungen (s. Lubarsch) wurde angenommen, daß die Lunge bei einer Fütterungstuberkulose nicht eben häufig erkranke. Die Auffassung, daß die hämatogenen Metastasen bei einer primären Tuberkulose des Verdauungskanales unter Umständen anders verteilt seien als bei einer primären Lungentuberkulose, könnte sich darauf berufen, daß z. B. bei der primären Darmtuberkulose mit dem Pfortaderblut reichlicher Keime in die Leber gelangten und somit mehr Leberherde entstünden als bei primärer Lungentuberkulose; andererseits könnte daran gedacht werden, daß bei der primären Lungentuberkulose die Organe des großen Kreislaufes häufiger und stärker befallen würden. Vom primären Bronchialkrebs wissen wir, daß bei ihm häufiger als bei anderen Krebsen Metastasen im Gehirn auftreten; ebenso kann man bei Bronchiektasien isolierte metastatische Hirnabszesse beobachten. Bei der Tuberkulose könnte also daran gedacht werden, daß ein Primärinfekt der Lunge häufiger eine metastatische Hirn- oder Hirnhauterkrankung nach sich ziehe als ein solcher des Verdauungskanals. Und in der Tat hat Engel auf Grund eigener Erfahrungen und der Durchsicht des Schrifttums den Satz aufgestellt, daß eine Meningitis oder Miliartuberkulose aus einer primären Bauchtuberkulose zu den größten Seltenheiten gehöre, daß überhaupt der enterogene Primärkomplex weniger zur Metastasierung neige als der aerogene. Auch nach M. Lange (1923) kommt bei primärer Darmtuberkulose eine Meningitis seltener vor als bei primärer Lungentuberkulose. Demgegenüber ist es nach Huebschmann, der für die Arbeit von Lange verantwortlich zeichnet, für den weiteren Verlauf des Einzelfalles gleichgültig, wo der Primärherd gesessen hat. Schließlich darf noch auf Simmonds verwiesen werden, der zwischen Meningitis und der allerdings nie primären Genitaltuberkulose Beziehungen angenommen hat.

Tabelle 4.

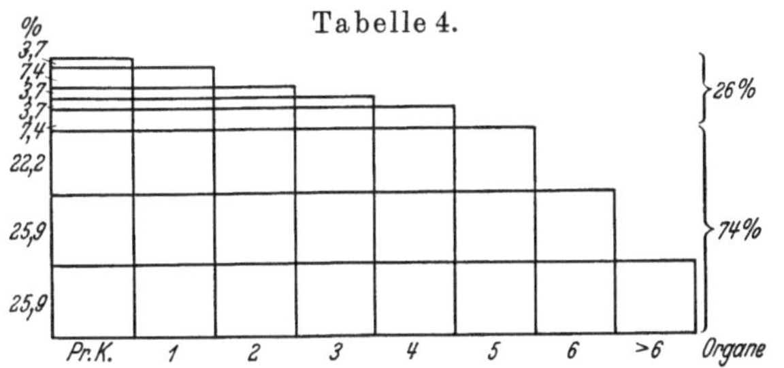

a) Übersicht über die Häufigkeit der Fälle mit einer hämatogenen Aussaat in mehr als 6 (unterste Zeile), in 6, 5, 4 oder weniger Organen.

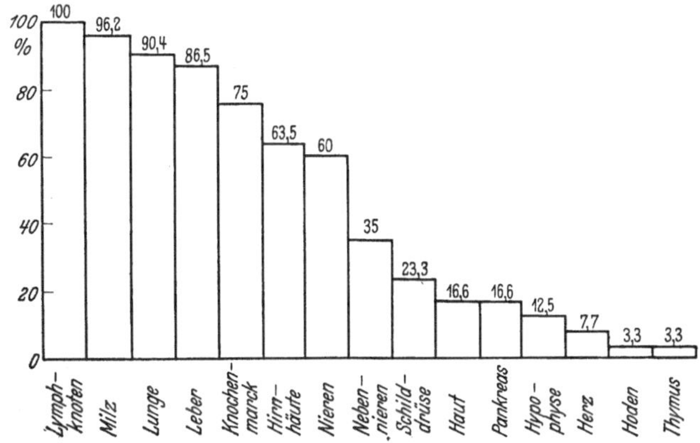

b) Anteil der verschiedenen Organe an der Durchseuchung; Lymphknoten, Milz, Lunge, Leber, Knochenmark usw. sind in abfallendem Häufigkeitssatz von der Durchseuchung befallen.

Auf Grund der genauen histologischen Untersuchung der Organe von 54 Fällen sei zunächst ein allgemeiner Überblick darüber gegeben, wie es sich bei den Lübecker Kindern mit der hämatogenen Ausbreitung überhaupt verhielt. Zur besseren Veranschaulichung seien die Ergebnisse, zum Teil wenigstens, in Tabellenform wiedergegeben (s. Tabelle 4).

Aus Tabelle 4a ist ersichtlich, wie häufig die Durchseuchung im Lymphabfluß des Primärkomplexes steckenblieb, wie häufig sich in nur einem oder in 2, 3, 4, 5, 6 oder mehr Organen hämatogene Aussaaten fanden.

Die Fälle mit nur wenig weitreichender Durchseuchung sind in der Minderzahl. Nur in 3,7% oder 2 Fällen lag keinerlei hämatogene Ausbreitung vor, in weiteren 7,4% oder in 4 Fällen eine solche in nur einem Organ. Dieses war in 3 Fällen die Milz, in einem Fall die Lunge. Bei etwa $^1/_4$ der Fälle (26%) waren in weniger als 5, in $^3/_4$ (74%) dagegen in 5 oder mehr Organen hämatogene Aussaaten nachzuweisen.

Für den Grad der Durchseuchung besagt die Zahl der hämatogen erkrankten Organe nur etwas, wenn die Dichte und Herdgröße der Aussaaten dabei berücksichtigt wird.

Im allgemeinen ist bei den Fällen, bei denen viele, z. B. mehr als 5 Organe besiedelt waren, auch die Zahl der hämatogenen Metastasen insgesamt am größten gewesen, und bei den Fällen mit Metastasen in nur einem Organ bestanden diese in nur histologisch aufgedeckten vereinzelten submiliaren Tuberkeln. Immerhin fanden sich Ausnahmen davon. So befindet sich schon unter den Fällen mit Metastasen in nur 2 Organen einer, der von dem Durchschnitt abweicht. Es handelt sich um ein Kind (Nr. 74/209), bei dem die Durchseuchung langsam verlaufen war. Ein Primärkomplex fand sich in beiden Gaumenmandeln und Mittelohren und im Jejunum, seine Teilveränderungen zeigten vorgeschrittene Abheilungserscheinungen. Hämatogen-metastatisch war die Lunge und das Gehirn mit seinen Häuten erkrankt; die Lungenherde waren spärlich und weitgehend fibrös umgewandelt, am Gehirn aber bestand neben einem älteren käsigen Herd im linken Linsenkern eine sehr ausgedehnte, ebenfalls ältere tuberkulöse Meningitis mit frischerem Nachschub.

Die Herdgröße der hämatogenen Aussaaten war von Fall zu Fall verschieden, nicht selten auch innerhalb eines Falles von Organ zu Organ und schließlich noch innerhalb der Organe von Herd zu Herd.

Wenn wir von der Meningitis als einer Metastase besonderen Gepräges absehen, so ließen sich zwar die Fälle nach der Größe des überwiegenden Streuungskornes ordnen (s. hierzu die Abb. 17, 41, 42, 43, 18). Aber manche Organe zeigten dabei ein abweichendes Streuungskorn; so konnte z. B. die Leber zahlenmäßig zwar nicht weniger Herde aufweisen als die Lunge, aber die Herde waren zumeist kleiner, in selteneren Fällen jedoch auch größer. Ähnliches konnte an Milz und Nieren beobachtet werden.

Schon durch diese Verschiedenheit der ausgesäten Herde unterscheidet sich das Bild bei den Lübecker Kindern von dem der allgemeinen akuten Miliartuberkulose. Bei dieser ist der miliare Tuberkel der Träger des Krankheitsbildes. Hier dagegen können wir nur von disseminierter oder von Generalisationstuberkulose schlechthin sprechen. Der Unterschied zwischen beiden wird auch noch besonders dadurch unterstrichen, daß die Herde innerhalb ein und desselben Organes verschieden groß waren.

Hier fanden sich neben submiliaren nur mikroskopisch nachweisbaren Herden alle Übergänge bis zu pfefferkorngroßen käsigen Herden. Zum Teil handelt es sich bei den größeren Herden um Konglomerationstuberkel; zum anderen Teil sind die kleineren in Abhängigkeit von den größeren entstanden (lymphogen oder intrakanalikulär); bei den meisten aber dürfte es sich um Herde handeln, die unabhängig voneinander hämatogen entstanden sind und dabei eine verschiedene Größe erreicht haben. Aus dem verschiedenen Alter, das diese Herde histologisch nicht selten erkennen ließen, war abzulesen, daß sie zu jeweils verschiedenen Zeiten ausgesät worden sind, d. h. daß die Generalisation schubweise erfolgte. Gelegentlich konnte aus dem Bilde der Herde nur eines mikroskopischen Gesichtsfeldes geschlossen werden, daß ein mindestens 4facher Schub stattgefunden haben mußte. Gegenüber der akuten allgemeinen Miliartuberkulose ist diese schubweise Entwicklung der Aussaat ein weiterer Unterschied.

Wir kommen damit zu den zeitlichen Verhältnissen der Durchseuchung.

Zu der Frage, wie bald nach einer Primärinfektion hämatogene Metastasen entstehen können, haben die anatomischen Untersuchungen bei den Lübecker Kindern keine Beiträge liefern können; ebensowenig dafür, wie die ersten Stadien solcher Veränderungen aussehen, ob sie stets exsudativer Natur sind (Huebschmann) oder auch von vornherein granulomartigen Charakter tragen können.

Wir können nur sagen, daß in einem Falle 44 Tage nach der ersten Verabreichung des Impfstoffes die hämatogenen Metastasen schon so ausgeprägt waren, daß sie ausreichten, den Tod zu erklären. Aus Tierversuchen wissen wir, daß nach Verfütterung von tuberkelbazillenhaltigem Material die Keime schon nach Stunden in Milz, Leber, Lunge und Blut zu finden sind (Kovacs, Plate, Reichenbach und Bock, Calmette, Guérin und Bréton, Oberwarth und Rabinowitsch, Orth und Rabinowitsch, Bisanti und Panisset, Br. Lange u. a.).

An Hand der histologischen Bilder war es jedoch möglich, ältere und jüngere Herde zu unterscheiden und damit sichere Belege nicht nur für die schubweise erfolgte Durchseuchung, sondern auch dafür beizubringen, daß auch bei den älter gewordenen Kindern eine Frühgeneralisation vorgelegen hat.

Am deutlichsten war dieser Altersunterschied bei den Fällen, bei denen zwischen erster Fütterung und Tod ein längerer Zeitraum lag. Betrug dieser mehr als 6 Monate, so konnte man Herde antreffen, die nur aus einem unter Umständen hyalinen Faserknäuel bestanden, in dem höchstens noch eine verlorene Riesenzelle als Kennzeichen der tuberkulösen Ätiologie vorhanden war. Solche Herde fanden sich in Milz, Lunge und Leber. Hiernach muß also angenommen werden, daß auch bei den älter gewordenen verstorbenen Kindern die Generalisation schon frühzeitig eingesetzt hat. Zu diesen frühen Schüben sind dann spätere hinzugekommen. Die Stärke der einzelnen Streuungsschübe ist für das Zeitmaß, in dem die Gesamtentwicklung verlaufen ist, natürlich von wesentlicher Bedeutung gewesen. Dennoch müssen wir uns hüten, den Tod wie auch die Zeitspanne zwischen ihm und erster Impfstoffverabreichung nur auf die Stärke der Durchseuchung zu beziehen. Wie wir später noch zu zeigen haben werden, ist der Zeitpunkt des Todes wie auch der Tod selbst vielmehr häufig durch Komplikationen bestimmt worden. Nur bei 23 von 72 obduzierten Fällen, also in etwa 33% war der Tod die Folge der allgemeinen Generalisation. Die hämatogene Aussaat war hier bis zu einem Grade entwickelt, daß sie als unmittelbare Todesursache ausreichte. Besser noch ist es, zu sagen, daß die Gesamttuberkulose und nicht die eines einzelnen Organes als Todesursache angesehen werden mußte; denn auch bei diesen Fällen darf der Anteil nicht vernachlässigt werden, den die z. B. beträchtliche Abseuchung und die Gewebszerstörung im Bereiche der Primärinfekte an dem Eintritt des Todes gehabt haben. Bei diesen 23 Fällen lag zwischen erster Impfstoffverabreichung und Tod eine Zeitspanne von 44—127 Tagen oder $1^1/_2$ bis 4 Monaten. Wir können sie als akut verlaufene Frühgeneralisationsfälle bezeichnen. Von den restlichen 66% der Fälle ist nur für 6 Fälle mit Sicherheit zu sagen, daß die Durchseuchung zur Zeit des Todes für dessen Eintritt ohne Bedeutung war. Es handelt sich um Kinder, die 58, 91, 113, 237, 362 und 498 Tage nach der ersten Impfstoffverabreichung an Komplikationen gestorben sind. In 2 von diesen Fällen lagen hämatogene Metastasen überhaupt nicht vor, in den übrigen 4 Fällen waren es nur mikroskopisch nachweisbare vereinzelte Tuberkel. Von den restlichen Fällen haben 19 oder 26% (von 72) eine tuberkulöse Hirnhautentzündung aufgewiesen. Der Tod trat 72—313 Tage nach der ersten Infektion ein, 2 Fällen davon hätte man auf Grund des übrigen Befundes bis zum Auftreten der Meningitis eine gute Prognose gegeben; denn die übrigen Generalisationserscheinungen waren geringfügig und zeigten eine ausgesprochene Abheilungsneigung. Zwischen 1. Impfung und Tod lag ein Zeitraum von 241 und 313 Tagen. Die noch verbleibenden Fälle, bei denen der Tod an Ileus, Perforations- oder Durchwanderungsperitonitis, Verblutung oder Ernährungsstörung eingetreten war, zeigten durchschnittlich eine ziemlich ausgebreitete Generalisation. Zwischen 1. Impfstoffverabreichung und Tod lag ein Zeitraum von 44—162 Tagen.

Insgesamt ist also die Durchseuchung bei den verstorbenen Kindern sowohl nach der Ex- und Intensität als auch nach dem Zeitmaß verschieden verlaufen. Es überwiegen die schweren und akut bis subakut verlaufenen Fälle. Daß die primäre enterogene Tuberkulose weniger zur Metastasierung neige, kann man hiernach nicht sagen (s. auch Kleinschmidt, af Klercker). Nur auf Grund der Obduktionsbefunde könnte man eher das Gegenteil annehmen. Dennoch liegt es uns fern, auf Grund dieser einseitigen Beobachtungsreihe etwas Derartiges zu behaupten. Nimmt man die klinischen Befunde derjenigen Kinder hinzu, die ihre Infektion überstanden haben, so scheint uns das eine aber immerhin festzustehen, daß es sich mit der Generalisation bei einer enterogenen Primärinfektion nicht anders verhält, als bei primärer Lungeninfektion, d. h. daß die Lokalisation des Primärinfektes für die Stärke und das Zeitmaß der Durchseuchung ohne Belang ist.

Auf die Frage, ob bei der primären Ingestionstuberkulose die hämatogene Aussaat andere Organe bevorzugt, als etwa bei der primären Lungentuberkulose, gibt Tabelle 4b übersichtliche Auskunft.

Sie zeigt, daß in Milz, Lunge, Leber, Knochenmark, Hirn mit Häuten, Nebennieren usw. in abfallender Häufigkeit hämatogene Metastasen gefunden wurden. Berücksichtigen wir dabei, daß die Dichte der Aussaat dem Häufigkeitsgrad der Besiedelung im allgemenen parallel ging, so entspricht die Aussaat bei der primären Ingestionstuberkulose ivollständig derjenigen, die wir von der Frühgeneralisation bei primärer Lungentuberkulose kennen. Besondere Bevorzugungen irgendwelcher Organe sind nicht ersichtlich. Wir haben hier also das Streuungsbild der Frühgeneralisation überhaupt vor uns. In Ergänzung der eben getroffenen Feststellungen dürfen wir somit allgemein sagen, daß die hämatogene Durchseuchung in keinerlei Hinsicht durch den Sitz des Primärinfektes beeinflußt wird, weder hinsichtlich ihres Auftretens, noch ihrer Reichweite, noch ihres Zeitmaßes, noch der organmäßigen Verteilung, die die Metastasen zeigen.

Ja, es scheint überhaupt, als ob die hämatogene Durchseuchung bei der Frühgeneralisation am wenigsten durch „Zufälligkeiten" gestört wird, als ob sich bei ihr vielmehr in vergleichsweise reinster Form die Kräfte auswirken, die das Bild der Durchseuchung bestimmen.

Das tritt besonders deutlich hervor, wenn wir die Reihe der erkrankenden Organe weiter unterteilen. Wir können dann scheiden zwischen solchen, die bei einer etwas stärkeren Durchseuchung konstant befallen sind; es sind Milz, Lunge, Leber und Knochenmark und weiterhin solchen, die mehr fakultativ erkranken: Gehirn mit Häuten, Nieren, Nebennieren usw. Geht man von der Gesamtheit der Fälle aus, rechnet also auch diejenigen hinzu, die keine oder nur spärliche hämatogene Aussaaten aufweisen, so ist die 1. Gruppe in 75—96,2, die zweite in 3,3—63,5% von der Aussaat betroffen. Dabei sind auch die Herde in der 1. Gruppe gewöhnlich am dichtesten, in der 2. weniger dicht und auch in ihrer Art weniger gleichförmig.

Weshalb die genannten Organe nicht gleichartig zu einer hämatogenen Erkrankung neigen, ist sicherlich nicht nur durch eine verschiedene Exposition bedingt.

Nimmt man an, daß bei der primären Tuberkulose die Hauptmenge der Keime über die Lymphgefäße dem Blute zugeführt wird, so würde die Lunge bei allen wo auch immer lokalisierten Primärinfekten die größte Menge von Keimen erhalten, die Organe des großen Kreislaufes dagegen weniger, darunter auch die Milz und Leber. Zweifellos gelangen aus den Primärinfekten und ihren Lymphabflußveränderungen aber auch Keime unmittelbar in die Blutbahn. Diese zusätzlichen Keimmengen werden bei primärer Lungentuberkulose zunächst den Organen des großen Kreislaufes, bei primärer Mundrachentuberkulose der Lunge, bei primärer Darmtuberkulose der Leber zugeführt. Würde die Menge der den Organen zugeführten Keime das Entscheidende sein, so müßte sich also für jede Art der 3 genannten Primärinfektionen eine andere Organbevorzugung ergeben; das ist aber nicht der Fall. Unabhängig vom Sitz der Primärinfektion findet sich vielmehr immer wieder, daß Milz, Lunge, Leber und Knochenmark in über 75% (darunter die Milz stärker als die Lunge und diese stärker als Leber und Knochenmark) befallen werden, die übrigen Organe des großen Kreislaufes aber seltener. Die Unterschiede, die zwischen den beiden Gruppen von Organen bestehen und auch innerhalb der 1. Gruppe zwischen den einzelnen Organen vorhanden sind, müssen vielmehr aus der Besonderheit der Organe selbst erklärt werden. Bei den Organen der 1. Gruppe scheint die Neigung, aus dem strömenden Blute Tuberkelbazillen abzufangen und zu speichern wesentlich stärker als bei den übrigen Organen zu sein. Wenn wir bedenken, daß dieselben Organe auch andersartige Blutbeimengungen ebenfalls in besonders starkem Maße abfangen, so scheint hier also weder eine besondere spezifische Disposition zur Tuberkulose, noch eine krankhafte Disposition überhaupt vorzuliegen. Es handelt sich vielmehr um eine physiologische Disposition, die darauf beruht, daß diese Organe schon physiologischerweise parenterale Verdauungsorgane sind. Dabei sei natürlich nur an die Keimresorption und nicht an die Art der Herde gedacht, die daraus entstehen und sich auf Grund sehr verschiedenartiger Bedingungen verschiedenartig entwickeln können. Bei der 2. Gruppe der Organe tritt diese Speicherungsbereitschaft der Kapillarendothelien immer mehr zurück; die entstehenden Herde haben mehr die Bedeutung embolischer Herde oder von Tochterherden oder Metastasen.

Daß sich auch bei der Frühgeneralisation krankhafte Dispositionen auswirken können, werden wir bei der Besprechung der einzelnen Organveränderungen noch zu würdigen haben. Im allgemeinen wirken sie sich stärker bei der Spätgeneralisation aus. Es treten dann die als zufällig oder merkwürdig erscheinenden Lokalisationen auf.

Diehl und von Verschuer konnten an eineiigen Zwillingen zeigen, daß derartige Dispositionen schon ab ovo angelegt sein können. Am meisten beweisend ist ihre Beobachtung E 465 mit hämatogener Tuberkulose beim einen Paarling des linken, beim andern des rechten Calcaneus. Zwar gehen die Autoren unseres Erachtens zu weit (s. auch v. Pfaundler, Roeder), wenn sie folgern, daß die Anlage dazu vererbt sei; denn das, was allein die Vererbung bewiese, wäre, daß auch in der Aszendenz die gleiche Anlage vorhanden gewesen wäre. Die Beobachtung beweist nur, daß die Anlage offenbar schon im noch nicht zweigeteilten Ei vorhanden war und sich wahrscheinlich auch realisiert hätte, wenn keine Zweiteilung des Eies erfolgt, also keine Zwillinge entstanden wären; nicht aber, daß diese Anlage bis zu den Vorfahren zurückreichte.

Gehen wir zu den Befunden an den einzelnen Organen über, so ist bei der

Milz

zunächst auf ihre Vergrößerung einzugehen.

Nach dem Schrifttum sowohl der Kliniker wie der pathologischen Anatomen ist sie bei generalisierter Tuberkulose kein konstanter Befund; insbesondere ist auch der Grad der Vergrößerung sehr wechselnd. So erwähnt Lubarsch 2 Fälle (14 und 15 Monate alte Knaben) mit allgemeiner Miliartuberkulose, von denen der eine eine 30, der andere eine 70 g schwere Milz aufwies. Anatomisch können an der Milzvergrößerung bei der akuten und subakuten allgemeinen Tuberkulose nach Lubarsch folgende Teilveränderungen Anteil haben: Pulpaschwellung, Lymphknötchenschwellung, Blutstauung, Hämosiderinablagerung, Lipoidablagerung und tuberkulöse Veränderungen.

Den Grad einer krankhaften Vergrößerung anzugeben, ist, wie auch Rößle und Roulet anführen, vielleicht bei keinem Organ so schwierig wie bei der Milz, weil hier die Normbestimmung schon auf die vergleichsweise größten Schwierigkeiten stößt.

Das liegt vor allem daran, daß die Milz Blutbehälter ist und daß das Blut nicht selten das Parenchym an Gewicht übertrifft. Schwanken deshalb die Normalgewichte überhaupt schon beträchtlich, so ist das besonders bei Säuglingen der Fall; bei der Kleinheit des Organes ist der mittlere Fehler hier relativ

Tabelle 5. Milzgewichte in Gramm bei 50 Kindern im Alter von 46—168 Tagen.

			26,5											
			26											
			26											
		21	26											
		21	25,5	31,7										
	15	19,5	25,3	31,5	36									
	15	19	23	31	34,5									
	14,5	18	23	29,3	34	42,6								
	13,5	18	23	29	34	42				60,5				
	13	18	22,5	28	33	40				60				
8	13	17,5	22	28	32,5	39,5		50	56,5	60	66		87	
1	6	8	11	7	6	4		1	1	3	1		1	Zahl der Fälle

am größten. Als Mittelgewicht haben Rößle und Roulet bei Kindern im Alter bis zu $^1/_2$ Jahr 13,86 g (M) gefunden; der mittlere Fehler (m) betrug $\pm$ 2,9; M + m = 16,76, M — m = 10,96.

Von den in Lübeck verstorbenen Kindern, deren Milzgewichte wir kennen, sind 50 vor Erreichung des 7. Lebensmonats (45 bis 168 Tage alt) gestorben. Die Milzgewichte sind aus Tabelle 5 ersichtlich.

Hiernach ist ein unter dem Mittel liegendes Gewicht, und zwar von 8 g einmal oder in 2% beobachtet worden. 6 Fälle oder 12% liegen zwischen M + m und M — m. Die restlichen 43 Fälle oder

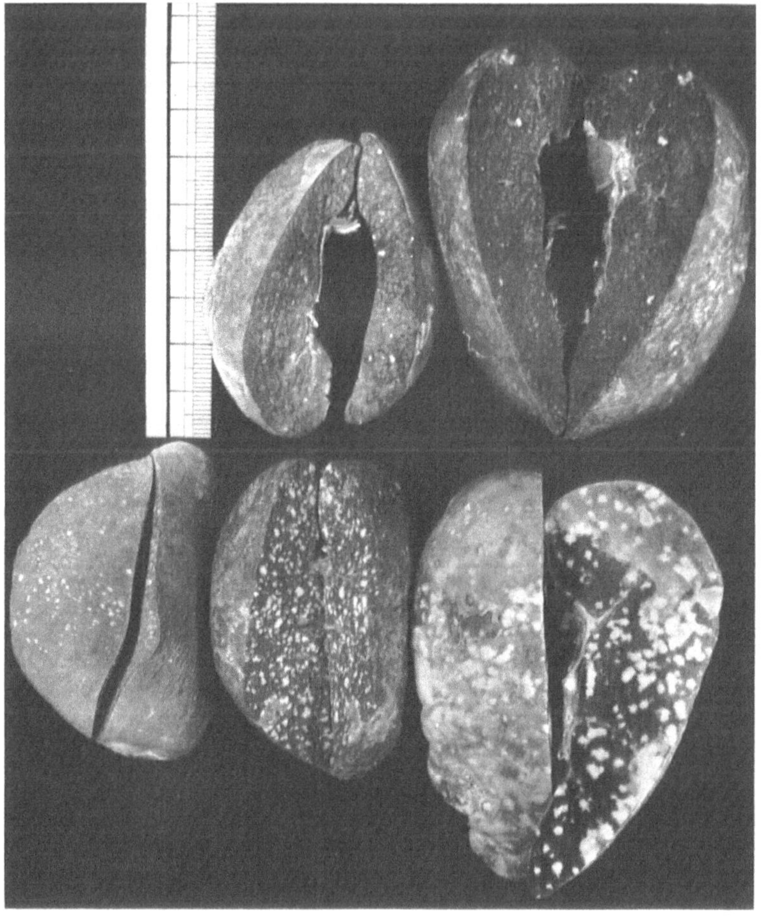

Abb. 39. Makroskopisches Bild von Milzen mit verschiedenartiger Herdaussaat. Rechts unten die stärkste der beobachteten Milzvergrößerungen (87 g); am oberen Pol dieser Milz eine frischere Infarzierung eines schon vorher mit Herden besiedelten Milzgewebes.

86% zeigen eine Milzvergrößerung von 26—527% über dem Mittelwert. Teilt man diese Fälle in Gruppen ein, die sich durch je 5 g vom Mittelwert unterscheiden, so ist die Gruppe, deren Gewicht um 58—92% über dem Mittelwert liegt, am stärksten, nämlich 11mal oder in 22% vertreten. Die übrigen Gruppen weisen weniger Fälle auf, doch sind die Fälle mit höherem Gewicht insgesamt zahlreicher (48%), als die mit niedrigerem Gewicht (12%).

Wir können also sowohl die Inkonstanz der Milzvergrößerung überhaupt, als auch des Grades der Schwellung bestätigen.

Die Faktoren, die für die verschiedenen Vergrößerungswerte anzuschuldigen sind, sind ihrem Anteil nach schwerlich genauer anzugeben.

Das eine läßt sich zunächst mit ziemlicher Bestimmtheit sagen, daß das verschiedene Lebensalter der Kinder, ob sie nämlich am Anfang, in der Mitte oder am Ende des ersten halben Lebensjahres gestorben sind, die gefundenen Unterschiede nicht erklärt. Der Einfluß, den die tuberkulösen Veränderungen der Milz an ihrer Vergrößerung haben, ist zwar bei einer Gesamtübersicht unverkennbar. Setzt man zu den einzelnen Gewichtswerten der Tabelle 5 Zeichen hinzu, die die Dichte und Herdgröße der Aussaat kennzeichnen, so ist bei den Milzen bis zu 26,5 g mit steigendem Gewicht durchschnittlich auch eine vermehrte Aussaat vorhanden. Bei den höheren Gewichten geht die Milzvergrößerung mit der Dichte der Herdaussaat nicht mehr in dem Maße parallel. Nur in dem Fall mit 87 g (s. Abb. 39 und 40) war die Aussaat sehr dicht und großknotig. Sonst müssen für die höheren Gewichte andere Faktoren verantwortlich gemacht werden. In einzelnen Fällen war dies möglich. So gehören 3 Milzen mit 42, 56,5 und 60 g Gewicht Kindern an, bei denen häufigere und reichliche Blutungen aus dem Darm stattgefunden hatten oder (Fall 108) eine hämorrhagische Diathese bestand. Zur Tuberkulose ist hier also die posthämorrhagische Pulpaschwellung als Ursache der Milzvergrößerung hinzugetreten. Bei den restlichen Fällen muß die Blutfülle, eine Pulpaschwellung infolge vermehrten Blutabbaues (histologisch Hämosiderose) oder infolge von Resorption von Zerfallsstoffen aus den geschwürig zerfallenen tuberkulösen Veränderungen oder aus sekundären banalen Infektionen der Haut mit angeschuldigt werden. Nur darf dabei nicht vergessen werden, daß die gleichen zusätzlichen Bedingungen auch bei solchen Fällen vorhanden waren, die nur niedere Milzgewichte aufwiesen. Wir sind also nicht imstande, die einzelnen Faktoren, die die Milzschwellung verursacht haben, genau anzugeben.

Die tuberkulösen Veränderungen in der Milz boten grundsätzlich nichts Neues.

Die zu findenden Herde waren klein oder größer (s. Abb. 39), manchmal auch konfluiert; auch histologisch fanden sich sehr verschiedenartige Bilder. Bei den älteren Fällen waren hyalinfibröse Herdnarben nicht selten. Dreimal wurden anämische Infarkte gefunden (s. Abbildung 40). Es handelt sich dabei um jüngere Infarzierungen von Milzgewebe, das vorher schon mit tuberkulösen Herden durchsetzt war. In allen Fällen bestanden tuberkulöse Erkrankungen der Milzvenen und -arterien. Lubarsch sagt von den Milzinfarkten, daß sie ganz überwiegend bei chronischer Allgemeintuberkulose vorkämen, während Adolphs sie gerade als charakteristisch für die Frühgeneralisationsfälle bezeichnet, und zwar darunter für solche, bei denen eine mehr grobknotige Aussaat besteht.

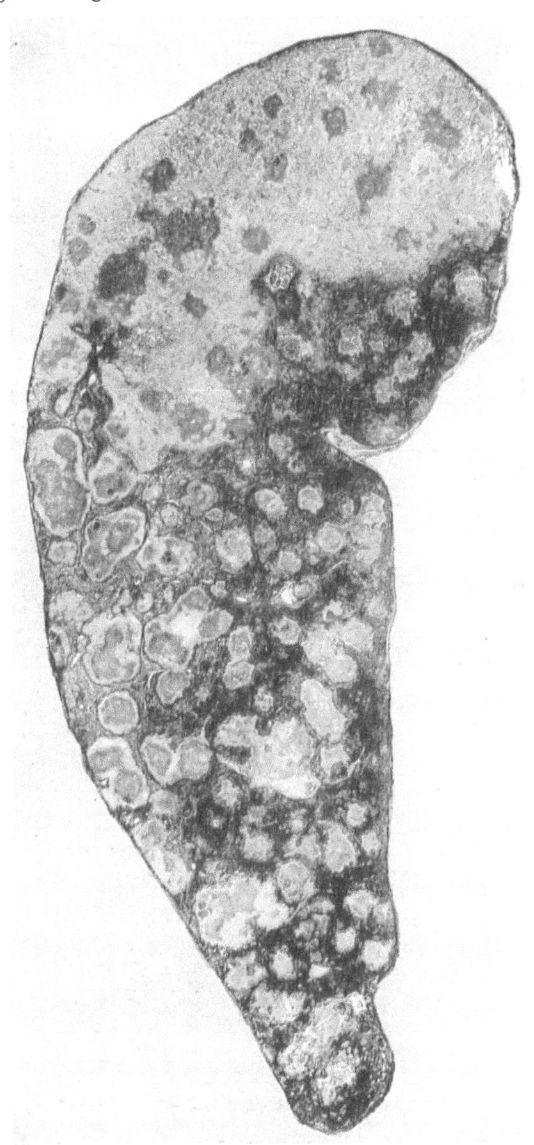

Abb. 40. Histologisches Übersichtsbild von der in Abb. 39 rechts unten abgebildeten Milz mit großknotiger Aussaat und anämischer Infarzierung des oberen Poles. Vergl. Abb. 18. 100 Tage nach der Erstinfektion.

Im Rahmen der Durchseuchung können

die hämatogenen Lungenveränderungen

grundsätzlich keine andere Bewertung beanspruchen, als z. B. die Veränderungen der Milz. Wenn sie dennoch allgemein stärker beachtet werden, so hat das seinen Grund nicht zuletzt darin, daß hinsichtlich der Entstehungsweise tuberkulöser Lungenveränderungen überhaupt sehr verschiedene Meinungen bestehen. Obwohl die Klinik und Pathologie der Tuberkulose auch existieren kann, wenn für manche tuberkulösen Lungenveränderungen nicht entschieden wird, ob sie hämatogen oder bronchogen zustande kommen, so darf die praktische Bedeutung dieser Frage nicht unterschätzt werden. Denn wenn eine exogene Superinfektion selten und eine hämatogene Metastasierung der Lunge die Regel sein soll, müssen die ärztlichen Vorbeugungs- und Bekämpfungsmaßnahmen naturgemäß an anderen Punkten einsetzen, als wenn die Verhältnisse umgekehrt liegen. Je nach der Auffassung, die in dieser Frage vertreten wird, sind die Kriterien für die Diagnose einer hämatogenen Tuberkulose eng oder weit gefaßt.

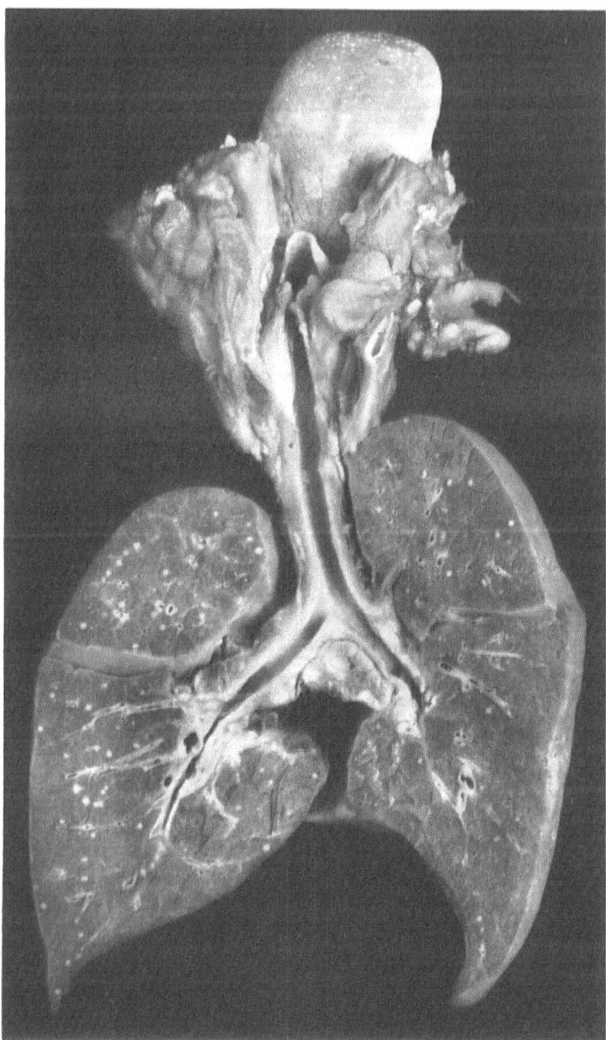

Abb. 41. Lockere hämatogene Streuung miliarer Herde in der Lunge. Kleinherdige Tuberkulose der Lymphknoten des Lungenlymphabflusses. Keine Tuberkulose der Mundrachenhöhle. 184 Tage nach der Erstinfektion.

Sehen wir von dem Bilde der akuten allgemeinen Miliartuberkulose, das den Beweis der hämatogenen Entstehung in sich trägt, ab, so wird die hämatogene Entstehung weniger aus den Lungenveränderungen selbst als aus anderen Momenten abgeleitet. Denn darüber sind sich nahezu alle Untersucher einig, daß aus der Form und histologischen Beschaffenheit der Herde kein bindender Schluß auf die Entstehungsart gezogen werden kann. Was für die hämatogene Entstehung angeführt wird, ist der Sitz, die Art der Verteilung der Herde über das Lungengewebe, die Vergesellschaftung mit gleichartigen oder mit hämatogenen Metastasen im großen Kreislauf überhaupt, das Vorhandensein von Herden, die in die Blutbahn Keime abzugeben befähigt sind (nicht abgeheilter Primärkomplex, größere käsige Metastasen des großen Kreislaufes) und die Abwesenheit von erweichten Herden, die auf dem Bronchialweg Virus an das Lungengewebe abzugeben geeignet sind. Von diesen Punkten kann der Sitz einer Veränderung z. B. in der Spitze der Lunge, niemals als Hinweis für eine hämatogene Entstehung angesehen werden. Selbst wenn sich zeigen sollte, daß bei bewiesener hämatogener Aussaat bestimmte Lungenabschnitte offensichtlich bevorzugt würden, so wäre damit noch nicht gesagt, daß die hierfür maßgebenden Faktoren in der Art der Viruszufuhr begründet liegen; sie könnten ebensogut in mechanischen Momenten der Lunge selbst liegen, die bei einer bronchogenen Zufuhr ebenso wirksam sind wie bei einer hämatogenen Aussaat. Dafür aber, daß bei einer sicher hämatogenen Viruszufuhr tatsächlich bestimmte Lungenabschnitte bevorzugt isoliert besiedelt werden, ist bis heute noch kein Beweis erbracht.

Bei diesem Stand der Diagnostik haben naturgemäß solche Fälle einen besonderen Wert, bei denen die hämatogene Entstehung der Lungenherde von vornherein sichergestellt ist. Sie könnten berufen sein, darüber etwas auszusagen, ob bei hämatogener Aussaat irgendwelche Gegenden der Lunge bevorzugt werden und welche dies sind.

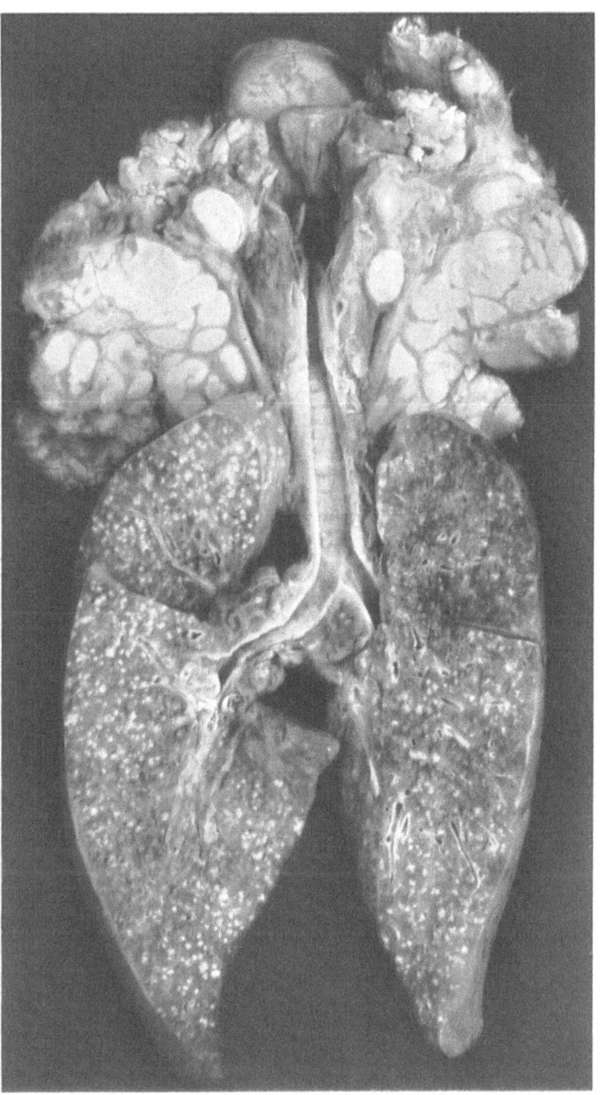

Abb. 42. Dichteste hämatogene Aussaat verschieden großer Herdchen in der Lunge mit nur geringer knötchenförmiger Tuberkulose der Lymphknoten des Lungenlymphabflusses. In starkem Gegensatz dazu steht die mächtige Schwellung und Verkäsung der Lymphknoten des Halses bei nur fingernagelgroßer geschwüriger primärer Tuberkulose des Epipharynx. 84 Tage nach der Erstinfektion.

Bei den Lübecker Erkrankungen lagen die Verhältnisse so, daß der oder die Primärkomplexe zu 80% extrapulmonal lokalisiert waren und deshalb als intrapulmonale Quellen für eine bronchiale Streuung ausschieden. Indessen saßen zahlreiche dieser geschwürig zerfallenen Primärinfekte in der Mundrachenhöhle, und daß sie als Quelle einer bronchogenen Besiedlung des Lungengewebes beachtet werden müssen, konnten wir an zwei besonders eindrucksvollen Fällen weiter oben (s. S. 121 und Abb. 37, 38) schon zeigen. Liegt hierin schon etwas, das den Wert der Lübecker Beobachtungen für die angeschnittene Frage zu schmälern geeignet ist, so muß weiterhin darauf hingewiesen werden, daß es sich bei unseren Fällen überwiegend um Frühgeneralisationen gehandelt hat, bei denen, wie wir weiter oben schon sagten, auch hinsichtlich der allgemeinen Aussaat besondere Lokalisationsneigungen nicht hervortraten.

Im ganzen sind unter den 57 hier verwertbaren Fällen mit Generalisation in die Lungen nur 11 Fälle vorhanden, bei denen an der hämatogenen Entstehung der vorgefundenen Lungenherde kaum gezweifelt werden kann. Jedenfalls fehlte bei diesen Fällen für eine bronchiale Streuung jede pulmonale und oropharyngeale Quelle. Theoretisch nicht auszuschließen ist allerdings eine Aspiration von Tuberkelbazillen, die aus dem Darm in den Magen und von hier durch Erbrechen in die Mundhöhle gelangten.

Bei diesen 11 Fällen war 10mal nur der Darm, 1mal der Darm und der mittlere Verdauungskanal primär erkrankt. Die Dichte der Aussaat in der Lunge entsprach der Stellung, die die Lunge in der

Reihe der hämatogen besiedelten Organe einnimmt (s. Tabelle 4b); d. h. sie war nicht durchweg am stärksten besiedelt, die Milz rangierte durchschnittlich vor ihr. Aber eine strenge Gesetzmäßigkeit herrscht hier nicht vor, ganz abgesehen davon, daß ein Vergleich nur mikroskopisch und dabei auch nur schätzungsweise möglich ist. Es fanden sich: in einem Falle vereinzelte, in dreien spärliche, in fünf mäßig reichliche, in einem zahlreiche und in einem sehr dichtstehende Herde. Lokalisatorisch war durch-

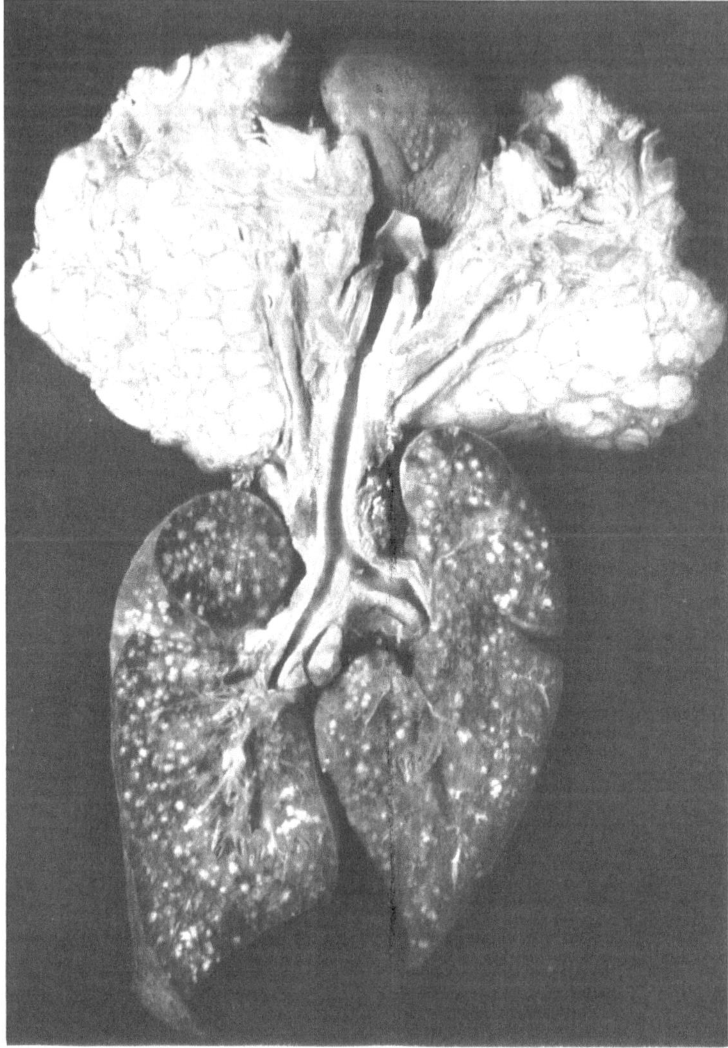

Abb. 43. Mäßig dichte hämatogene Aussaat mittelgroßer Herde der Lunge mit herdförmiger käsiger Tuberkulose der wenig vergrößerten Lymphknoten des Lungenlymphabflusses. Völlige Verkäsung und paketartige Verbackung der Halslymphknoten bei kleinfingergliedgroßer primärer geschwüriger Tuberkulose des Epipharynx. 106 Tage nach der Erstinfektion.

schnittlich keine Gegend der Lunge besonders bevorzugt, insbesondere nicht die Lungenspitze. Die Herde waren vielmehr locker (s. Abb. 34, 17, 41) oder dichter (s. Abb. 33, 42, 48) über das ganze Gebiet der Lunge ausgestreut. Auch bei dem Fall, der nur vereinzelte Herde aufwies, enthielten die oberen Geschosse nicht mehr Herde, als die mittleren und unteren. Nur ein Fall machte hiervon eine Ausnahme (Nr. 119). Hier enthielt der rechte Unterlappen mehr Herde als die übrigen Lungenabschnitte. Die Größe der Herde hielt sich bei den hier zur Erörterung stehenden 11 Fällen in ungefähr den gleichen Grenzen. Es handelte sich durchweg um Herde, die einen Durchmesser von $^1/_2$—2 mm aufwiesen. Bemerkenswert ist dabei nur, daß sich in ein und dem gleichen Falle die verschieden großen Herde ungleichmäßig durchmengten. Das gab dem Bilde gewöhnlich schon makroskopisch sein besonderes Gepräge und unterschied es von der allgemeinen akuten Miliartuberkulose. Nur an einer Stelle der Lunge konnten mehrfach größere Herde beobachtet werden, nämlich im unteren Teil der vorderen Oberlappenränder, besonders an der Basis der Lingula und in dieser selbst. Die Herde erreichten hier einen Durchmesser von 3 mm, waren weniger rundlich, zeigten einen ausgesprochen exsudativen Charakter mit Neigung zur Verkäsung und Einschmelzung. Dabei entstanden die bekannten Bilder azinösnodöser Herde mit Vordringen der Veränderung in benachbarte Alveolargänge. Die Abheilungsneigung war hier deutlich geringer. Im übrigen war das histologische Bild der Lungenherde sehr verschiedenartig, es fanden sich frische submiliare und miliare Pneumonien, epitheloid- und riesenzellreiche Granulome, Herde mit ausgedehnterer und nur sehr geringer zentraler Verkäsung, mit breiten oder schmalen, frischeren oder älteren zirkumfokalen alveolären Pneumonien, mit zirkumfokalen Blutungen, fibrösen Abkapselungen, mit reichlichen oder seltenen Einbrüchen in kleinste Bronchien und Gefäße, wie auch mit seltenen oder reichlichen Gefäßherden ohne Beziehung zu Herden des Lungengewebes selbst. Derartige Unterschiede bestanden einmal von Fall zu Fall und weiterhin von Herd zu Herd. Im allgemeinen

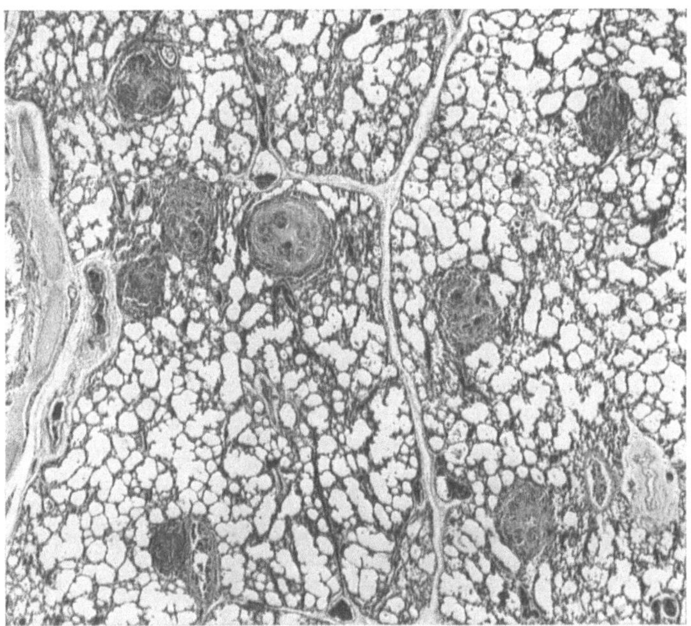

Abb. 44. Histologisches Bild der Lunge bei mäßig dichter Gesamtaussaat. Nach dem verschiedenen Alter der Herde ist ein mindestens dreifacher Generalisationsschub anzunehmen. 165 Tage nach der Erstinfektion.

waren die Herde innerhalb einer Lunge um so ähnlicher, je weniger Zeit zwischen der 1. Virusverabreichung und dem Tode lag (kürzeste Zeitspanne 52 Tage) und umgekehrt wurde das Bild um so bunter, je größer diese Zeitspanne war (bis 184 Tage). Bei all diesen langsamer verlaufenen Fällen konnte man Herde mit Abheilungserscheinungen neben jüngsten Herden antreffen; gelegentlich ließen sich sogar in einem mikroskopischen Gesichtsfeld 3 oder 4 verschieden alte Herde einstellen. Die Angabe von Huebschmann, daß bei der Frühgeneralisation eine Abkapselung von Herden nicht vorkäme, können wir also nicht bestätigen (s. Abb. 44).

Aus der Tatsache, daß diese 11 Fälle mit nur im Darm (und einmal außerdem im Magen) vorhandener Primärtuberkulose zu einer hämatogenen Erkrankung der Lunge geführt haben, darf geschlossen werden, daß auch bei den übrigen Fällen eine hämatogene Aussaat in die Lungen stattgefunden hat. Da bei ihnen jedoch pulmonale oder extrapulmonale Quellen für eine bronchogene Besiedlung des Lungengewebes vorhanden waren, ist mit der Möglichkeit zu rechnen, daß manche der vorgefundenen Lungenveränderungen eben bronchogen entstanden sind. In welchem Ausmaß dies der Fall ist, kann jedoch im konkreten Fall nicht leicht zu entscheiden sein.

Wenn wir das eben geschilderte Bild zugrunde legen, dann finden wir bei den übrigen Fällen nur drei grundsätzlich neuartige Lungenbefunde: einmal die weiter oben schon

(s. S. 121 und Abb. 37, 38) erörterten postprimären, kavernös umgewandelten, erweichten, in Erweichung begriffenen oder noch kompakten, konfluierten lobulären käsigen Pneumonien; weiterhin das Bild des sog. tuberkulösen Emphysems (Orth) oder der emphysematösen Form der Miliartuberkulose (Huebschmann) und schließlich eine akute allgemeine Miliartuberkulose.

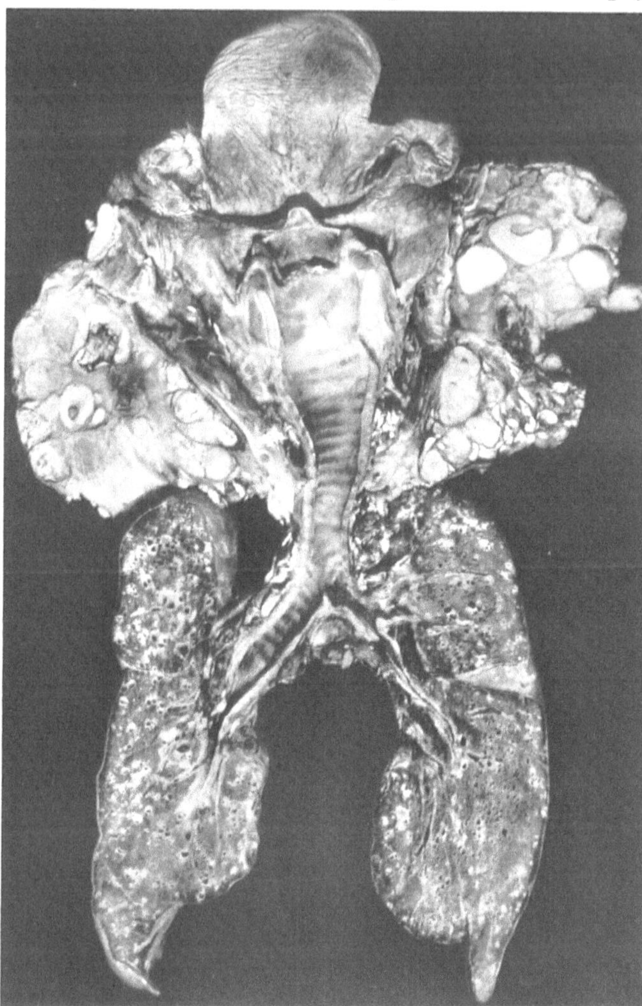

Abb. 45. Sog. tuberkulöses Emphysem der Lunge (Orth); mäßig dichte hämatogene Aussaat tuberkulöser Herde, von denen zahlreiche mit zum Teil bullösen Ektasien von Bronchiolen und Alveolen vergesellschaftet sind. An den Halsorganen: beiderseitige geschwürige Gaumenmandeltuberkulose mit völliger Verkäsung der zugehörigen Lymphknoten. Am Kehlkopf ein größeres tuberkulöses Geschwür der Hinterwand (im Bild an der linken Kehlkopfseite sichtbar) und knötchenförmige Auswüchse an den Stimmbändern. 105 Tage nach der Erstinfektion.

Für die lobulären käsigen Pneumonien ohne Erweichung, mit beginnender oder vorgeschrittener Erweichung oder gar mit kavernöser Umwandlung haben wir weiter oben schon die Aspirationsgenese wahrscheinlich gemacht. Als Absiedlungsstelle kamen in 2 Fällen geschwürige Veränderungen der Mundrachenhöhle in Frage, aus denen beim Brechakt keimhaltiges Zerfallsmaterial losgelöst und mit dem Mageninhalt in die Luftwege aspiriert worden war. Gleichartige Veränderungen fanden sich noch einmal im rechten Unterlappen einer Lunge, die im Oberlappen einen großen, fast lappenfüllenden kompakten Primärinfekt aufwies. Im Unterlappen bestand eine saure Erweichung einer frisch verkästen Pneumonie (s. Abb. 33). Nicht erweichte lobuläre käsige Pneumonien fanden sich weiterhin bei den Fällen, die größere, zentral eingeschmolzene, käsig-pneumonische Lungenprimärinfekte aufwiesen. Es bestand bei all diesen Fällen eine käsige Bronchitis des dem Primärinfekt zugehörigen Bronchus. Die käsigen Bronchopneumonien saßen zumeist nicht weit entfernt vom Primärinfekt, seltener im anderen Lappen. Was alle diese Herde, für die wir eine bronchogene Entstehung annehmen, auszeichnet, ist einmal ihre Größe an sich und weiterhin, daß sie durch ihre Größe von dem Gros der übrigen Lungenherde abstachen.

Das sog. tuberkulöse Emphysem, das besonders bei der Frühgeneralisation der Säuglinge vorzukommen scheint, wurde dreimal gefunden.

Im einen Fall (Nr. 31) bestanden die schon eben erwähnten lobulären käsigen Pneumonien mit kavernöser Umwandlung. Von den vorhandenen tuberkulösen Lungenherden waren nur einige mit einer stärkeren Blasenbildung vergesellschaftet. Die Wand der Blasen bestand zum Teil aus kompaktem käsigem Material mit glatter Begrenzungslinie, zum Teil aus unverändertem, flachem oder leicht kubischem Epithel. Da in diesem Fall eine Aspirationsaussaat nachweislich vorhanden war, kann auch die Entstehung dieser mit Blasenbildung vergesellschafteten Herde durch Aspiration nicht abgelehnt werden.

Bei den beiden anderen Fällen (Nr. 50 und 100) war die ganze Lunge von derartigen Herden übersät, in einem Fall allerdings nur mit recht kleinen, im anderen mit auch größeren Blasen (s. Abb. 45, 46). Ein Unterschied zwischen den mehr basalen und mehr apikalen Bläschen bestand nicht. Histologisch handelt es sich (s. auch Orth) weniger um Erweiterungen von Alveolen, als um solche von präterminalen und terminalen Bronchiolen. Außerdem finden sich auch völlig verödete oder stark eingeengte Bronchiolen. Es liegt also eine ektasierende und obliterierende Bronchiolitis vor, die hier jedoch tuberkulöser Natur ist. Die ungemein chronischen, fast rein proliferativen tuberkulösen Veränderungen sitzen oft nur unter dem Epithel, oder sie durchsetzen die ganze Breite der Wand, unter Umständen auch noch das anliegende Gewebe; dabei können sie den ganzen Umfang des Bronchiolus einnehmen oder auch nur knopfförmig in die Lichtung hineinragen. Eine tuberkulöse Geschwürsbildung ist nirgendwo zu beobachten. Es dürfte sich also bei den Erweiterungen sowohl um Ektasien hinter einer Bronchusstenose, als auch um solche bei einer Schwächung der Wand durch die Tuberkulose handeln. Über das zeitliche Auftreten der Ektasien wissen wir in unseren Fällen nichts. Eine Röntgenuntersuchung wurde nicht vorgenommen. Huebschmann denkt daran, daß sie terminal, vielleicht auch agonal entstehen. Nach dem histologischen Befund bei den von uns beobachteten Fällen muß die Blasenbildung hier schon lange bestanden haben. Wir möchten annehmen, daß die tuberkulösen Veränderungen in den beiden letzten Fällen hämatogen entstanden sind.

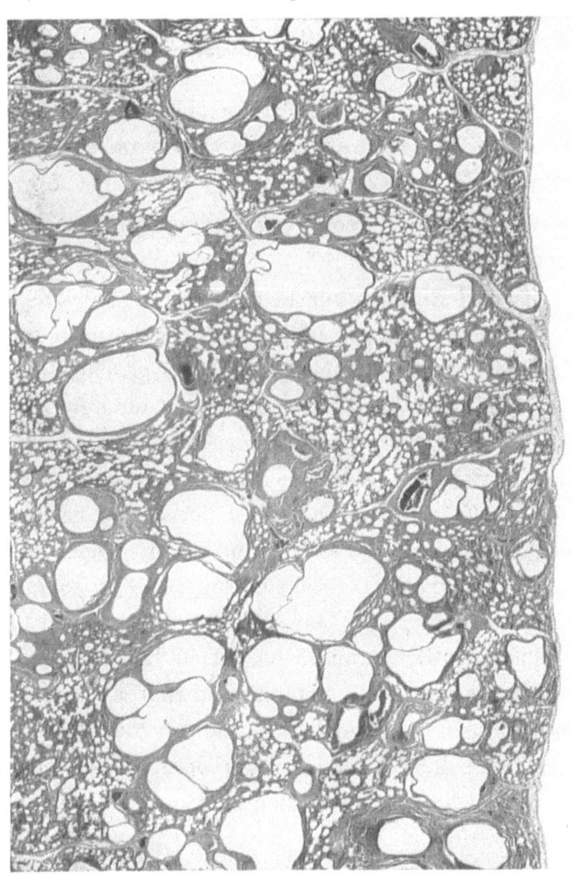

Abb. 46. Histologisches Bild der Lunge von Abb. 45.

Die akute allgemeine Miliartuberkulose ist bei den verstorbenen Lübecker Kindern nur einmal beobachtet worden.

Sie bot das gewöhnliche Bild der dichten Aussaat. Nach Angabe des Obduzenten hat sich ein Einbruch erweichter verkäster mediastinaler Lymphknoten, die einer ausgedehnten käsigen Pneumonie regionär zugehörten, in den Hauptstamm der A. pulmonalis gefunden. Das Kind starb 51 Tage nach der 1. Verabreichung des Impfstoffes (Nr. 13).

Die übrigen Befunde unterscheiden sich nur graduell von denen, die bei den oben erörterten 11 Fällen mit zweifellos hämatogener Entstehung der Lungenherde vorgelegen haben. Da es sich um etwa viermal so viele Fälle handelt, sind auch die Abweichungen vom Durchschnitt etwas häufiger.

Das gilt sowohl für die Dichte der Aussaat, die Größe der Herde, das histologische Bild als auch für die lokalisatorischen Verhältnisse.

In der großen Masse der Fälle (etwa 60%) liegen lockere bis mäßig reichliche Herdaussaaten vor. Die dichteren Streuungen sind mit 25, vereinzelte Herdaussaaten mit 15% vertreten. Hinsichtlich der Herdgröße überwiegen die Herde mit 1—2 mm Durchmesser (etwa 62%); gleichartige Streuungen mit auch noch größeren Herdchen sind in 23%, überwiegend submiliare Streuungen mit 10% vertreten. Als neu kommen grobknotige Streuungen hinzu (s. Abb. 18). Histologisch sind die Befunde grundsätzlich nicht anders als bei den erörterten 11 Fällen. Lokalisatorisch überwiegt bei weitem die Aussaat ohne Bevorzugung bestimmter Abschnitte. Immerhin sind Unregelmäßigkeiten bei diesen Fällen häufiger als bei den vorher erörterten 11 Fällen vorhanden gewesen. Zunächst ist wiederum die Vergröberung des Streuungskornes in den vorderen Rändern der Oberlappen zu nennen. Weiterhin fand sich: die rechte Lunge stärker befallen als die linke in 6 Fällen, die linke stärker als die rechte in 2, die Oberlappen stärker als die Unterlappen in 3, besonders reichliche Herde im rechten Unterlappen in 3 Fällen, im rechten Mittellappen in einem Fall, im linken Unterlappen in einem Fall, auffallend weniger Herde im linken Unterlappen in einem Fall, stärkere Anhäufungen unter der Pleura in 3 Fällen, besonders dichte Lagerung von Herden in einem keilförmigen Bezirk des rechten Oberlappens (s. S. 162) in einem Fall und schließlich noch eine Neigung zu Gruppenbildungen in 2 Fällen.

Auf die Ursachen dieser Unregelmäßigkeiten sei nachher noch eingegangen; hier sei nur betont, daß wir keinen Anlaß dafür haben, sie mit einer bronchialen Aussaat in Verbindung zu bringen.

Was lehren die Beobachtungen bei den Lübecker Kindern für die hämatogene Lungentuberkulose?

Es sind Beiträge zur Frühgeneralisation. Die Herdaussaat kann einmal explosionsartig entstehen und das Bild der gewöhnlichen dichtstehenden, akuten, allgemeinen Miliartuberkulose bieten (einmal, Tod 51 Tage nach der Erstinfektion); zumeist aber erfolgt sie in mehreren Schüben. Allerdings entsteht die Hauptaussaat offenbar schon sehr frühzeitig und die Lunge kann schon sehr bald aufs Dichteste übersät sein (44—84 Tage nach der Erstinfektion); die Aussaat kann aber auch von vornherein geringfügig sein und abheilen oder durch neue Schübe eine größere Dichte oder durch Anwachsen der Einzelherde ein gröberes Korn erreichen. Die Zeitspanne, die zwischen erster Impfstoffverabreichung und Tod lag, betrug 44—313 Tage. Das Gesamtbild ist das der disseminierten hämatogenen Lungentuberkulose. Hinsichtlich der Herdgröße überwiegen die kleinherdigen Disseminationen. Nach Huebschmann ist für die Frühgeneralisation die großherdige Tuberkulose am meisten charakteristisch. Das an sich seltene Bild (s. Abb. 18) kommt zwar fast ausschließlich bei der Frühgeneralisation vor; sie wird aber nicht durch dieses Bild beherrscht. Isolierte größere Herde, von denen man mit Sicherheit sagen könnte, daß sie hämatogen entstanden sind, wurden nicht beobachtet. Auch reine Infarkte, wie sie in der Milz (s. Abb. 40) als Folge tuberkulöser Gefäßveränderungen gefunden wurden, kamen in der Lunge nicht vor.

Dennoch ist das Bild der Lungenveränderungen bei der Frühgeneralisation nicht so eintönig, wie es den Anschein hat. Zunächst lassen sich Unterschiede von Fall zu Fall finden. Die Lungenherde können groß, überwiegend pneumonisch oder klein, rein granulomatös sein. Derartig starke oder auch weniger stark ausgeprägte Unterschiede können vorhanden sein, obwohl die Zeitspanne zwischen Primärinfektion und Tod ungefähr die gleiche ist. Auch nach den Berichten der Kliniker, die den Obduktionen beiwohnten, ist mehrfach beobachtet worden, daß die ersten punktförmigen Schattenbildungen vielfach zur gleichen Zeit röntgenologisch nachweisbar waren, daß aber bei den einen Kindern die Schatten größer wurden, bei den anderen nicht. Es ist zwar nicht auszuschließen, daß für dieses unterschiedliche Verhalten der Aussaaten verschiedene Eigenschaften des Virus verantwortlich sind. Näher aber liegt die Annahme, daß bei den Kindern mit durchweg größeren Herden eine größere Empfindlichkeit bestanden hat. Jedenfalls ist diese Besonderheit individuell gewesen, denn ebenso wie in der Lunge waren bei diesen Fällen auch in der Milz, Leber und in den Nieren die Herde durchweg größer. Ob diese erhöhte Empfindlichkeit als unspezifisch und konstitutionell oder als spezifisch und erworben anzusehen ist, ist nicht zu sagen. Wir können nur angeben, daß Kinder, die in gleicher Weise infiziert worden sind und in etwa der gleichen Zeit die ersten Generalisationserscheinungen in der Lunge zeigten, auf die Virusaussaat verschieden reagiert haben. Weitere Unterschiede, die von Fall zu Fall bestehen, liegen darin, daß bei einzelnen Kindern auffällig viele zirkumfokale Blutungen an den Lungenherdchen zu finden waren oder auch auffällig viele Intimagranulome an den Lungenvenen (s. Siegmund, Pagel, Schwartz und Bieling). Gerade auf Grund der experimentellen Untersuchungen von Schwartz und Bieling möchten wir glauben, daß hier eine erworbene Überempfindlichkeit mit im Spiele gewesen ist. Bei wiederum anderen Kindern lagen besonders häufige Miterkrankungen der kleinen Bronchien vor (s. auch Huebschmann). Insbesondere war dies bei den mehr grobknotigen Aussaaten der Fall. Histologisch waren derartige Herde von bronchogenen Herden nicht zu unterscheiden; nur die gleichmäßige Dissemination sprach für die hämatogene Entstehung. Ebenfalls fallmäßig bedingt scheint die Vergesellschaftung von Lungenherden mit unter Umständen bullösen Erweiterungen der Bronchiolen zu sein (sog. tuberkulöses Emphysem von Orth). Wir vermögen indessen nicht anzugeben, warum diese Veränderungen bei einigen wenigen Kindern aufgetreten sind, bei der Überzahl der Kinder dagegen nicht.

Die genauere histologische Untersuchung der Lungenherde ein und desselben Falles läßt weiterhin den Schluß zu, daß das Lungengewebe auf die zeitlich verschiedenen Schübe nicht gleichartig reagiert hat. Es bestehen hier nicht nur Unterschiede in der Größe der Herde, sondern auch in der Stärke der Verkäsung und der Art der histologischen Grundveränderung. Manche, auch ältere Herde lassen noch deutlich den ehemals miliaren pneumonischen Charakter erkennen, andere bieten bei gleicher Größe das Bild des riesenzellreichen Epitheloidzellengranuloms. Will man hier nicht annehmen, daß verschieden große Virusmengen oder verschieden lebensfähige (unter Umständen gar abgestorbene) Keime den Unterschied bedingt haben, so bleibt nur übrig anzunehmen, daß im Verlaufe der Entwicklung die Reaktionsweise des Lungengewebes oder des Organismus gewechselt hat.

Schließlich sind Unterschiede zwischen den Aussaaten verschiedener Gegenden der Lunge vorhanden. Am deutlichsten zeigen die unteren Abschnitte der vorderen Oberlappenränder eine Begünstigung der Erkrankung. Die Herde waren hier recht häufig am reichlichsten und größten; oft zeigten sie hier eine größere Neigung zur Einschmelzung und örtlichen Weiterausbreitung. Für die Lungenspitzen dagegen ließ sich eine derartige Begünstigung bei den Lübecker Kindern nicht nachweisen. Hierbei darf jedoch nicht außer acht gelassen werden, daß es sich um Säuglinge und um Frühgeneralisationen gehandelt hat. Immerhin zeigen aber die Befunde an den vorderen Oberlappenrändern, daß sich auch bei Säuglingen mit Frühgeneralisation lokale Organbesonderheiten auszuwirken vermögen. Die übrigen Bevorzugungen einzelner Gegenden oder auch deren geringere Besiedlung sind weder allgemein, noch für den Einzelfall einer befriedigenden Erklärung zugängig. Gewisse Hinweise geben uns jedoch folgende Beobachtungen.

Nissen konnte bei Verstopfungsatelektase einer Lunge, über der der Pleuradruck hohe negative Werte erreichte, feststellen, daß künstliche Emboli, die in die Gliedmaßenvenen eingeführt waren, ausnahmslos in die atelektatische Seite verschleppt wurden. Nissen glaubt, daß der Embolus zu dieser Seite direkt hingesogen wird. Andererseits kann z. B. ein Unterlappen, der durch eine lange bestehende exsudative Pleuritis kompressionsatelektatisch war, von einer später einsetzenden allgemeinen Miliartuberkulose verschont bleiben.

Die Versuche, besondere Lokalisationen auch tuberkulöser Veränderungen in der Lunge zu erklären, haben nur einen Sinn in Verbindung mit der normalen und pathologischen Physiologie des atmenden Thorax und des Bewegungsablaufes der einzelnen Lungenteile. Schon heute glauben wir sagen zu können, daß für das häufigere oder stärkere Angehen von Herden an bestimmten Stellen weniger der Zufuhrweg des Virus, als eben die Bewegungsmechanik dieser Teile das Wesentliche ist.

Die Frage nun, was von einer röntgenologisch gesehenen, zuletzt aber nicht mehr nachweisbar gewesenen feinfleckigen Schattenbildung anatomisch zu finden sein möchte, wurde bei den verstorbenen Kindern nur einmal ausdrücklich gestellt.

Es handelt sich um ein Kind, das 241 Tage nach der ersten Impfstoffverabreichung an einer Meningitis starb (Nr. 209). Nach klinischer Angabe hat dieses Kind 6 Monate vor dem Tode oder 2 Monate nach der Erstinfektion bei verschiedenen Röntgenaufnahmen, die in einem Abstand von 8 Tagen gemacht wurden, in beiden Lungen eine lockere miliare Aussaat aufgewiesen. Anatomisch war makroskopisch von einer solchen nichts zu sehen, histologisch aber ließen sich entsprechend dem Röntgenbild zum Teil völlig fibrös geschrumpfte submiliare Tuberkel nachweisen. Die Herde lagen in einem gut lufthaltigen Lungengewebe, die angrenzenden Alveolen waren leicht erweitert.

Hier dürfte in der absoluten Verkleinerung, die die Herde bei der Vernarbung erfuhren und in einer leichten kompensatorischen Blähung der angrenzenden Alveolen der Grund für den Schwund der fleckigen Röntgenschatten zu suchen sein.

Im übrigen gilt für das Kleinerwerden oder Verschwinden von Schatten der Lungenröntgenbilder das gleiche, was pathologisch-anatomisch auf Grund der Beobachtungen bei Spontanerkrankungen schon mehrfach angegeben worden ist. Die zirkumfokalen Blutungen vermögen durch Resorption und Abbau der Blutkörperchen und des Serums ganz zu schwinden; nur ein Hämosiderinsaum um die älteren Herde verrät dann noch, daß hier einmal Blutungen vorhanden waren. Auch dem nicht verkästen peripheren pneumonischen Saum muß die Möglichkeit zugestanden werden, daß er durch Aufsaugung schmäler wird, zumeist allerdings dürfte er organisiert werden; er bildet dann den peripheren unspezifischen (Puhl-Aschoff) Teil der späteren Kapsel. Dabei schrumpfen die Herde naturgemäß, werden kleiner, und in entsprechendem Maße erweitern sich die angrenzenden Alveolen (s. Abb. 54).

Bei der

Leber

ist vor allem zu fragen, ob die so häufige Erkrankung des Pfortaderquellgebietes (primäre Darm- und postprimäre Peritonealtuberkulose) nicht doch eine besondere Note in das Bild der Lebererkrankung gebracht hat.

Wir haben weiter oben schon ausgeführt, daß dies nicht der Fall ist; wir müssen hier jedoch hinzufügen, daß dies nur für die spezifisch tuberkulösen Veränderungen gilt. Da es uns notwendig erscheint, die einzigartigen Beobachtungen von Lübeck nach jeder Richtung auszuwerten, sei auch hier mit Zahlen gearbeitet.

Unter 54 histologisch an mehreren Stücken untersuchten Lebern fand sich (s. Tabelle 6) eine überaus dichte Aussaat einmal (1,8%), eine dichte 6mal (11%), eine mäßig dichte 9mal (16,7%), eine spärliche 20mal (37%), vereinzelte Herde 9mal (16,7%) und keinerlei Herde 9mal (16,7%). Diese Aussaat war 23mal (42%) weniger dicht als in der Lunge, 19mal (35%) ebenso dicht wie in der Lunge und 12mal (23%) dichter als in der Lunge. Histologisch waren die Herde diffus über die Leber verteilt, unter sich häufig verschieden, nämlich submiliar bis über hirsekorngroß, seltener gleichartig (s. Abb. 47); Gallengangsherde waren häufig; von den akuten käsigen Nekrosen bis zur hyalinen submiliaren Narbe gab es verschiedene Zwischenstufen.

Daß die Pfortaderquellveränderungen keinen besonderen Einfluß auf die Dichte der Herde gehabt haben, ist auch aus Tabelle 6 ersichtlich; sie gibt an, wie schwer die Darm- und Peritonealtuberkulose bei den Fällen mit sehr dichten, mäßig dichten, vereinzelten usw. Herden in der Leber gewesen ist.

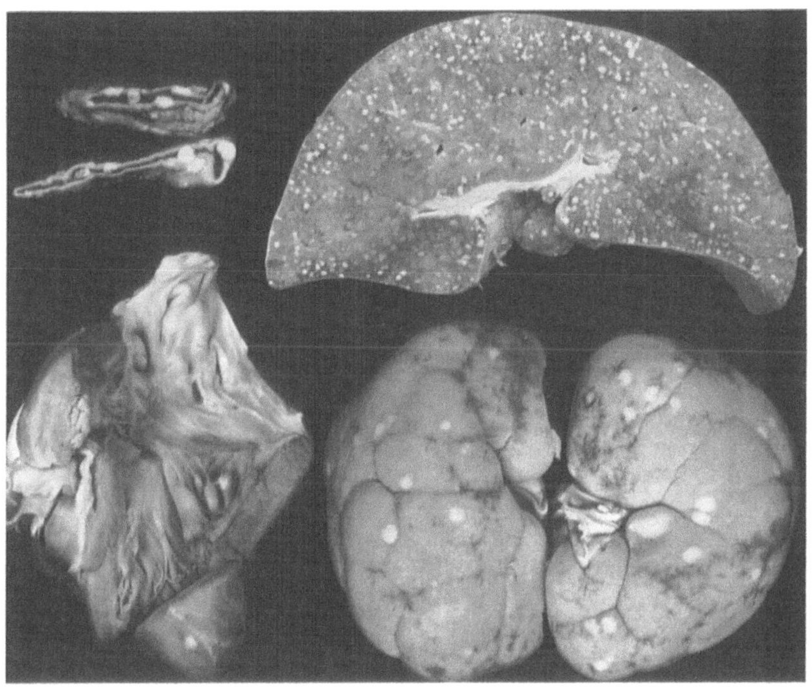

Abb. 47. Hämatogene Aussaaten in Nebenniere, Leber, Herz und Niere. Am Herzen ein größerer Herd an einem hinteren linken Papillarmuskel.

Aus der nachstehenden Tabelle ist ablesbar, daß die Dichte der Herde in der Leber in keinerlei gesetzmäßigem Verhalten zu der durchschnittlichen Schwere der Darm- und Bauchfelltuberkulose steht. Dieses negative Ergebnis ist um so mehr zu beachten, als der Leber sicherlich mehr Keime zugeführt wurden, als dies bei primärer Lungen- oder Mundrachenhöhlentuberkulose der Fall sein dürfte. Die Folgerungen, die sich daraus für die Krankheitsbereitschaft der Organe ergeben, haben wir weiter oben schon gezogen (s. S. 140).

Außer diesen spezifischen tuberkulösen Veränderungen der Leber haben wir nun bei den Lübecker Kindern Befunde erheben können, die auffällig sind. Sie gehören zum Formenkreis der diffusen Leberentzündung und können in Leberzirrhose übergehen.

Die Meinungen über die tuberkulöse Ätiologie zirrhotischer Lebererkrankungen gehen, wenn wir dem zusammenfassenden Urteil Rößles folgen, weit auseinander. Die Angabe, daß die Tuberkulose häufig zur Leberzirrhose führe, ist mit Vorsicht zu bewerten, denn vielfach ist bei den Beobachtungen, die diesen Angaben zugrunde liegen, nicht scharf genug zwischen Leberzirrhose bei Tuberkulose und zirrhotischen Leberveränderungen durch Tuberkulose geschieden worden. Wir sind nicht berechtigt, einer Syntropie von Leberzirrhose und Tuberkulose z. B. der Lunge ohne weiteres eine ursächliche Beziehung beizulegen. Andererseits dürfen herdförmige granulierende tuberkulöse Entzündungen in der Leber nicht grundsätzlich als Zirrhosen bezeichnet werden. Legt man strengste Kriterien an, so

Tabelle 6.

a	Sehr dichte		Dichte		Mäßig dichte		Spärliche		Vereinzelte		Keine	
b	Darm	Bauchfell	Darm	Bauchfell	Darm	Bauchfell	Darm	Bauchfell	Darm	Bauchfell	Darm	Bauchfell
	13	(-)	63	+++	41	(+)	70	+++	70	++	60	(—)
			35	+++	38	++(+)	62	+++	66	(—)	42	(—)
			32	++++	37	+++	60	(+)	40	++++	20	(—)
			30	++(+)	31	++(+)	49	++(+)	35	++(+)	12	+++
			26	(—)	28	++(+)	45	+++	32	+++	7	++(+)
			12	++	25	++(+)	42	++++	26	+	4	+(+)
					23	+(—)	42	+++	20	+++	1	(—)
					3	(—)	41	(—)	2	(—)	1	—
					2	+	38	++++	1	+++	1	—
							38	++(+)				
							36	++++				
							35	++(+)				
							30	++++				
							15	(—)				
							15	+				
							10	(—)				
							7	++++				
							4	(—)				
							1	+				
							0	—				
c	1		6		9		20		9		9	
d	13	(—)	33	++(+)	25	++	32	++(—)	32	++	16	+

Dichte der Herdaussaat in der Leber (Querspalte a) und Schwere der Darm- und Bauchfelltuberkulose (Querspalte b) bei 54 Fällen. Die Ziffern in den Rubriken Darm bedeuten die Zahl der größeren Geschwüre im Dünndarm, die Kreuze in den Rubriken Bauchfell die Stärke der Peritonealtuberkulose, die Ziffern in der Querspalte c die Zahl der Fälle und in Querspalte d die durchschnittliche Schwere der Darm- und Bauchfelltuberkulose. Bei den unterstrichenen Fällen bestand eine zum Formenkreis der diffusen Hepatitis gehörende Lebererkrankung.

bleiben allerdings nur die Formen als bewiesen übrig, bei denen die diffuse interstitielle Entzündung die histologischen Merkmale der Tuberkulose trägt. Derartige Fälle sind beschrieben worden (Schrifttum s. bei Rößle); es handelt sich dabei um Formen vom Typ der atrophischen, hypertrophischen und der Fettzirrhose. Nicht erfaßt werden hierbei allerdings diejenigen Zirrhosen, deren Narben es nicht mehr anzusehen ist, daß sie aus einer spezifischen Entzündung hervorgegangen sind, und weiterhin Formen, die ihre tuberkulöse Ätiologie rein histologisch zu keiner Zeit ihrer Entwicklung verraten, weil sie offenbar nicht bazillärer, sondern tuberkulotoxischer Natur sind. Wenngleich, wie Rößle sagt, der Beweis für eine tuberkulotoxische Entstehung nicht erbracht ist, kann die Möglichkeit einer solchen Beziehung nicht außer acht gelassen werden.

Das Schrifttum über die tuberkulösen Leberzirrhosen enthält keine Hinweise dafür, daß die generalisierte Säuglingstuberkulose etwa besonders häufig zu zirrhotischen Lebererkrankungen führe. Auch, daß eine primäre Ingestionstuberkulose, selbst wenn sie mit einer Bauchfelltuberkulose vergesellschaftet ist, im besonderen Maße die Leber gefährde, hob sich nicht klar aus den bisherigen Bearbeitungen ab. Zwar zeigt die Kasuistik der als sicher anerkannten Fälle, daß darunter ein beträchtlicher Teil eine Mesenterial-Darm- und Bauchfelltuberkulose aufgewiesen hat, aber auch Rößle gab 1930 zusammenfassend noch an, daß tuberkulöse Zirrhosen „in allen Altern und sowohl neben anderen Organtuberkulosen, wie als ausschließliche oder Hauptlokalisation in der Leber vorkommen, daß ihre Quelle ebensogut eine Lungen- als Mesenterialdrüsentuberkulose und unspezifisch erscheinende Darmgeschwüre sein können".

Die Leberbefunde, die wir bei den Lübecker Kindern erheben konnten und die eine diffuse Hepatitis darstellen, waren unter 54 Fällen 19mal, das ist in 35%, zu erheben.

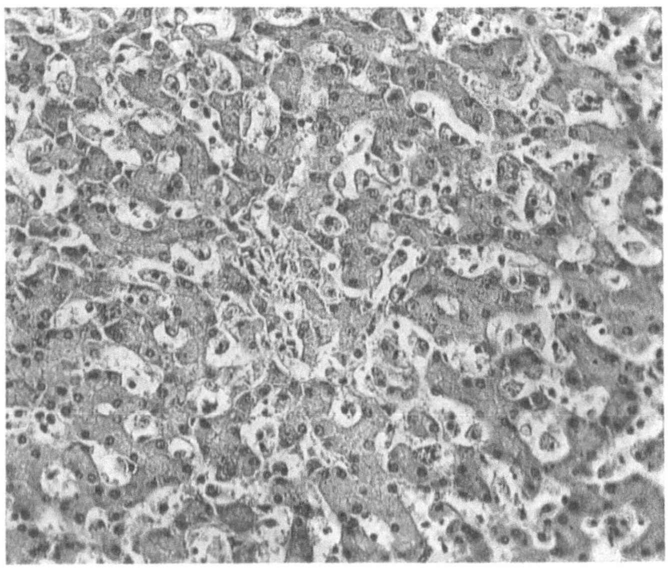

Abb. 48. Diffuse Schwellung und Ablösung der Endothelien der Leberkapillaren. 56 Tage nach der Erstinfektion.

Bei all diesen Fällen handelt es sich um Veränderungen grundsätzlich der gleichen Art. Verschieden sind sie nur nach der Intensität und dem Alter. Der Sitz der Veränderung sind die Kapillaren. In den leichtesten Graden sind die Endothelien vermehrt, geschwollen, abgehoben und abgelöst (s. Abbildung 48); den abgelösten Zellen können auch einige Leukozyten beigemengt sein. Die Leberzellbälkchen sind noch von gehöriger Form und Breite. Die Veränderung ist diffus, aber fleckförmig verstärkt, über die ganze Leber verbreitet, ohne daß bestimmte Teile des Leberläppchens, etwa die Zentren, bevorzugt wären. Bei schwereren Graden ist die Lichtung der Kapillaren mit Endothelzellen ausgefüllt (s. Abb. 49). Die Kapillargrundhäutchen sind von den Leberzellbalken abgehoben und in dem so erweiterten Spaltraum liegt ein fädig-körniges, geronnenes Material. Hand in Hand damit geht eine Verschmälerung, manchmal auch eine Dissoziation der Leberzellbälkchen. Die Glissonsche Kapsel bleibt von dem Prozeß völlig unberührt; auch an den Lebervenen ist nichts Krankhaftes festzustellen. In späteren Stadien (s. Abb. 50) nehmen die Endothelzellen mehr spindelige Formen an, und gewöhnlich findet man dann schon zarte kollagene Fasern diesseits wie jenseits des Kapillargrundhäutchens, das dabei selbst zumeist aufgelockert ist. In den ältesten Stadien liegt eine ausgesprochene feinzügige, intralobuläre Zirrhose vor (s. Abb. 51), in der die Leberzellen ihren bälkchenartigen Zusammenhang vielfach verloren haben und zum Teil auch ganz geschwunden sind. Dabei kann man häufig auch schon kleine Inseln leicht hypertrophischer Leberzellen antreffen. Umwandlungen in Pseudotubuli sind

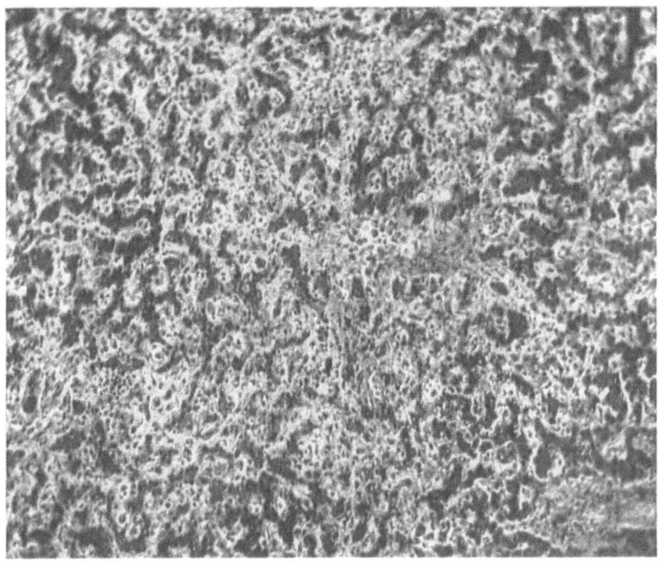

Abb. 49. Subakute tuberkulotoxische diffuse Hepatitis mit Schwellung und Ablösung der Kapillarendothelien und Bildung eines feinfaserigen kollagenen Gewebes in den Leberkapillaren und im perikapillären Raum. Verschmälerung der Leberzellbälkchen. 120 Tage nach der Erstinfektion.

nicht zu beobachten. Dieses älteste Stadium wurde nur einmal, ein subchronisches Stadium 5mal, das akute bis subakute Stadium 13mal vorgefunden. Die Zeit zwischen 1. Impfstoffverabreichung und Tod betrug 56—162, in dem einen Fall von ausgesprochener Zirrhose 101 Tage. Zu den tuberkulösen Herden der Leber hat die beschriebene Veränderung keinerlei Beziehungen, auch ging die Hepatitis der Stärke der Herdaussaat nicht parallel. Wie vielmehr Tabelle 6 erkennen läßt, fand sich eine Hepatitis sowohl in Lebern mit sehr dichter Aussaat, als auch in solchen, in denen tuberkulöse Herde überhaupt nicht nachweisbar waren. Auch Tuberkelbazillen ließen sich in den geschwollenen Endothelzellen nicht zur Darstellung bringen. Die Milz verhielt sich bei all diesen Fällen nicht anders, als bei den Fällen ohne Hepatitis; d. h. es kamen Fälle mit niedrigem (z. B. 13,5 g betragenden) und sehr hohem Milzgewicht (z. B. von 60,5 g) vor.

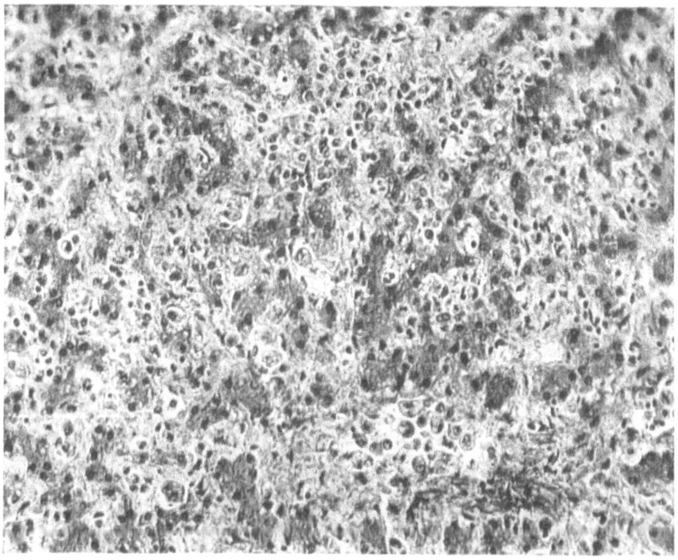

Abb. 50. Stärkere Vergrößerung bei diffuser subakuter Hepatitis. Vorgeschrittene Auflösung der Leberzellbälkchen. 162 Tage nach der Erstinfektion.

Was wir hier vor uns haben, sind verschiedene Stadien einer histologisch unspezifischen „endotheliotoxischen" (Rößle) intralobulären Hepatitis, die in Zirrhose enden kann. Sie entspricht dem Bilde der sog. hypertrophischen Zirrhose. Da hier immer nur diese Form der Lebererkrankung, nicht aber Entwicklungsformen des knotigen atrophischen Typus von Laennec aufgetreten sind, da die Erkrankung in 35% der untersuchten Fälle vorhanden war, da weiterhin die gewöhnliche, spontane akute bis subakute Generalisationstuberkulose der Säuglinge derartige Leberveränderungen zum mindesten nicht in dieser Häufigkeit und Schwere aufweist, liegt es nahe, die Ursache dafür in den Besonderheiten zu suchen, die das Lübecker Krankheitsbild von dem der gewöhnlichen Spontantuberkulose unterscheidet.

Dennoch lassen sich zwischen der Stärke der Pfortaderquellveränderungen, nämlich der Darm- und Peritonealtuberkulose, einerseits und der Hepatitis andererseits ganz eindeutige ursächliche Beziehungen nicht nachweisen.

Das geht auch aus Tabelle 6 hervor, in der die Fälle mit Hepatitis unterstrichen sind. In anderer Weise geordnet läßt sich über die Beziehungen von Pfortaderquellveränderungen und Hepatitis folgendes angeben:

Von 26 Fällen mit einer ausgedehnteren Darmtuberkulose (31—70 größere Dünndarmgeschwüre) hatten 12 (46%), von 21 Fällen mit wenig ausgedehnter tuberkulöser Darmerkrankung (0—20 größere Geschwüre) hatten 7 oder 33% eine Hepatitis. Von 31 Fällen mit mäßig schwerer oder sehr schwerer Peritonealtuberkulose hatten 13 oder 42%, von 23 Fällen mit geringer oder keiner Peritonealtuberkulose hatten 6 oder 26% eine Hepatitis oder die Hepatitis war in 12 von 19 Fällen oder 63% mit schwerer Darmtuberkulose bzw. in 13 von 19 Fällen oder 68% mit mäßig ausgedehnter bis schwerer Peritonealtuberkulose vergesellschaftet. In 7 von 19 Fällen oder 37% bestand eine weniger schwere oder nur geringfügige Darmtuberkulose; in 6 von 19 Fällen oder 32% eine nur geringfügige oder keine Bauchfelltuberkulose.

Hiernach ist zwar die Hepatitis bei einer ausgedehnteren tuberkulösen Erkrankung des Pfortaderquellgebietes häufiger als bei weniger ausgedehnter Erkrankung desselben und auch innerhalb der Reihe der Fälle mit Hepatitis sind $^2/_3$ mit schwerer, $^1/_3$ mit leichterer Erkrankung des Quellgebietes der Pfortader vergesellschaftet. Die Aufsaugung blutfremder Stoffe aus dem Pfortaderquellgebiet dürfte also für die Entstehung der Hepatitis eine wesentliche Bedeutung haben und wir möchten glauben, daß es vor allem die bazillären und Gewebszerfallstoffe, also tuberkulotoxische Stoffe sind, die für die Leberveränderungen verantwortlich gemacht werden müssen. Aber es führen weder alle Fälle von Pfortaderquellerkrankungen zur Hepatitis, noch geht das Auftreten dieser Lebererkrankung an sich oder ihre Schwere mit der Schwere der Pfortaderveränderungen genau parallel; es sind deshalb sicherlich auch noch andere Faktoren mit im Spiele. Welcher Art sie sind, muß offen bleiben.

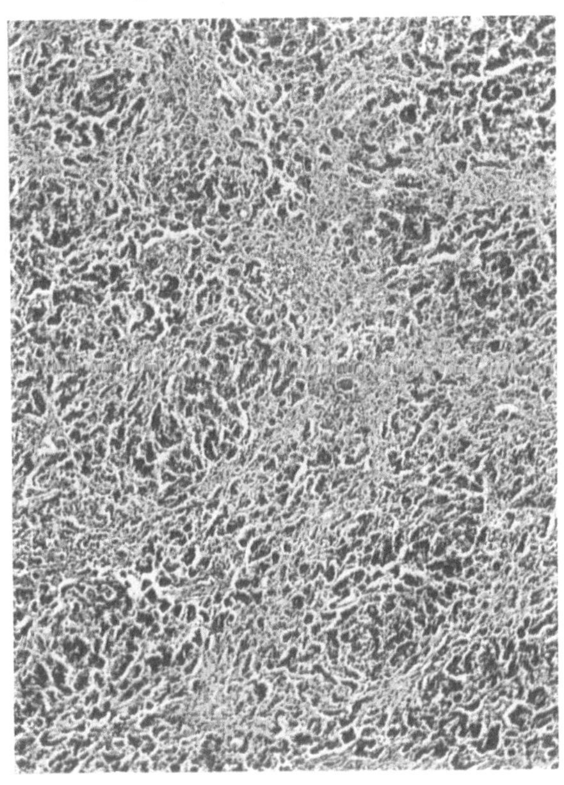

Abb. 51. Spätstadium einer diffusen tuberkulotoxischen Hepatitis: feinzügige intralobuläre endotheliotoxische Zirrhose. 101 Tage nach der Erstinfektion.

Für die Aussaat im

Knochenmark

sind zweierlei Feststellungen bemerkenswert: einmal der hohe Häufigkeitssatz und weiterhin die Tatsache, daß es nie zu größeren Herdbildungen gekommen ist.

Wir möchten glauben, daß der Häufigkeitssatz noch höher liegen würde, wenn wir noch mehr Teile des Skelettes untersucht hätten. Im allgemeinen haben wir uns mit der histologischen Untersuchung des Femurmarkes, einer Wirbelscheibe und des Keilbeins als Anhängsel der Rachenmandeln begnügt. Am seltensten waren die Herde im Keilbeinkörper, am häufigsten in den Wirbelkörpern, doch kam es auch einmal vor, daß wir nur im Keilbeinkörper einen Herd antrafen. Mit der Ingestionstuberkulose als solcher haben diese Befunde naturgemäß nichts zu tun. Sie zeigen nur an, daß das Knochenmark bei der Frühgeneralisation relativ häufig mit Keimen besiedelt wird. Andererseits hat man den Eindruck, als ob sich die Knochenmarksretikulumzellen besonders leicht der eingeschwemmten Tuberkelbazillen erwehren würden; denn es ist nicht nur nie zu einer knochenzerstörenden hämatogenen Herdbildung gekommen, die Herde standen auch nie so dicht, wie in Milz, Lunge und Leber und waren, von einer Ausnahme abgesehen, nur mikroskopisch nachweisbare submiliare Epitheloidzelltuberkel von schwer abzuschätzendem Alter. In dem Ausnahmefall lagen miliare käsige Nekrosen vor.

Der hohe Häufigkeitssatz, mit dem

das Gehirn und seine Häute

an der hämatogenen Aussaat Anteil hatten, beruht darauf, daß außer der Meningitis (in 19 Fällen) noch andere tuberkulöse Erkrankungen des Gehirns und seiner Häute (in weiteren 15 Fällen) zu beobachten gewesen sind.

Es waren dies einmal isolierte käsige Herde (Solitärtuberkel) der Gehirnsubstanz oder des Plexus, weiterhin Solitärtuberkel der Gehirnsubstanz gleichzeitig mit vereinzelten Tuberkeln der Meningen und schließlich nur vereinzelte meningeale Tuberkel ohne Erkrankung der Gehirnsubstanz. Wenn auch alle diese Befunde einschließlich der Meningitis mit der Ingestionstuberkulose als solcher nichts zu tun haben, so sei auf sie schon deshalb näher eingegangen, weil von der primären Bauchtuberkulose behauptet worden ist, daß sie nur in äußerst seltenen Fällen zu einer Erkrankung des Gehirns und seiner Häute führe.

Nach den Angaben der Klinik (s. Kleinschmidt) hat bei den Lübecker Kindern besonders häufig ein Meningismus bestanden. Der immer wieder an uns gestellten Frage, ob sich dafür nicht doch ein anatomischer Befund erheben lassen würde, sind wir nicht gerade gern nachgegangen.

Denn einmal dürfte dem Meningismus nur eine toxisch bedingte Hirnschwellung zugrunde liegen, die Wochen später natürlich nicht mehr nachweisbar zu sein braucht. An den weichen Häuten unter Umständen nur sehr geringfügige entzündliche Veränderungen als anatomisches Korrelat des Meningismus zu suchen, war, sofern man die Häute in histologischen Schnittpräparaten untersuchen wollte, mühselig und wenig erfolgversprechend. Wenn man jedoch die weichen Hirnhäute nicht schneidet, sondern als abgelöste Haut über den Objektträger spannt, fixiert und färbt, dann erhält man — jedenfalls trifft dies für die Lübecker Fälle zu — überraschend viel positive Befunde. So fanden wir zunächst in 4 Fällen kleinste herdförmige Infiltrate aus Lymphozyten und Makrophagen ohne die histologischen Zeichen der Tuberkulose; sie lagen eng angelehnt an die feinsten Gefäßäste, ganz ähnlich wie dies im großen Netz (s. Abb. 55) zu finden ist. In weiteren 10 Fällen waren vereinzelte bis spärliche submiliare Herde mit allen Eigenschaften der Tuberkel nachweisbar. In 3 dieser Fälle waren die Veränderungen allerdings schon makroskopisch sichtbar gewesen, darunter in einem Fall mit einer fleckigstreifigen Verkäsung. Außer den Tuberkeln waren in einigen Fällen auch die herdförmigen Infiltrate oder auch einfache Wucherungen nicht geschwollener spindeliger Bindegewebszellen vorhanden. Wenngleich sich auch nicht zu allen Fällen von Meningismus ein anatomischer Befund nachweisen ließ und wenngleich weiterhin die Fälle mit anatomischem Hirnhautbefund nicht sämtlich das Symptom des Meningismus geboten hatten, so ist nach den von uns erhobenen Befunden eine systematische anatomische Untersuchung nicht aussichtslos.

Von dieser klinischen Bedeutung abgesehen, erfordern die Hirnhauttuberkel und weiterhin auch die Solitärtuberkel des Gehirns selbst für die Frage der Entstehung der tuberkulösen Meningitis besondere Beachtung.

Die Tatsache, daß bei voll entwickelter Meningitis die Basis die Hauptlokalisationsstelle ist, könnte daran denken lassen, daß der Entstehungsweg immer der gleiche wäre. Verschiedenartige Erfahrungen legen jedoch die Auffassung nahe, daß diese Lokalisation offenbar nur in den besonderen Zirkulationsverhältnissen des Liquors begründet liegt. Und immer mehr wird die Frage erörtert, wo dann zum ersten Male die Tuberkelbazillen aus dem Blute in den Liquor gelangen oder, wie man zu sagen pflegt, die Blutliquorschranke durchbrechen. Bei den Fällen mit einer voll entwickelten Meningitis ist das nicht mehr problematisch. Hier sind gewöhnlich derart viele Gefäße, Arterien und Venen, erkrankt, daß der Ort, an dem die Keime durchtreten, nicht fraglich ist, ganz abgesehen davon, daß sie, wenn sie einmal in die Maschen der weichen Hirnhäute gelangt sind, sich hier reichlich vermehren dürften. Mit anderen Untersuchern möchten wir annehmen, daß eine spurlose Durchwanderung von Keimen aus dem Blute in den Liquor kaum erfolgen dürfte, daß vielmehr anatomische Veränderungen in der Wand z. B. kleiner Gefäße oder Kapillaren den Übertritt vermitteln. Als besonders häufiger Sitz derartiger Vermittlungsherde werden die Aderhautgeflechte angesehen. Huebschmann neigt sogar zu der Auffassung, daß sämtliche tuberkulösen Meningitiden plexogen seien, während die unmittelbaren meningealen Aussaaten zu den mehr lokalisierten Formen führten. Demgegenüber meint Takahashi, daß es keinen Beweis dafür gebe, daß die Meningitis eine Folgeerscheinung der Plexustuberkulose sei, während Kment schon früher eine plexogene, meningeale und plexomeningeale Form unterschieden hatte.

Ebensowenig wie die bisherigen Untersucher können wir mit unseren Befunden beweisen, daß sie für die Entstehung der Meningitis tatsächlich von Bedeutung gewesen sind. Die sonstige Beobachtung zeigt auch, daß sowohl an der Hirnhaut (z. B. über dem

Scheitelhirn), als in der Hirnsubstanz selbst und auch am Plexus alte fibrös abgekapselte unter Umständen verkalkte Tuberkel vorkommen, ohne daß von ihnen eine Meningitis ausgegangen wäre. Dennoch scheint es uns nicht zulässig, nur den Herden der Aderhautgeflechte eine Bedeutung für die Entstehung der Liquorbazillose zuzuerkennen. Wir möchten vielmehr meinen, daß die makroskopisch unauffälligen Herdchen der weichen Hirnhäute ebensowenig wie die Solitärtuberkel der Hirnsubstanz in ihrer Bedeutung für die Meningitisentstehung unterschätzt werden dürfen, wie ja auch die tuberkulöse Mittelohrentzündung den Ausgangspunkt einer basalen tuberkulösen Meningitis abgeben kann.

Eine solche war 4mal (darunter 2mal doppelseitig) unter den Fällen mit voll entwickelter basaler Meningitis vorhanden und einmal auch unter den Fällen mit nur spärlichen Hirnhauttuberkeln, die in diesem Fall über dem Schläfenlappen der erkrankten Seite mikroskopisch nachweisbar waren. Ob bei den erstgenannten 3 Fällen die Meningitis tatsächlich von der Ohrtuberkulose ausgegangen ist, ließ sich nach den Lokalisationsverhältnissen nicht entscheiden.

Solitärtuberkel bei voll ausgeprägter Meningitis sind unter den 19 Fällen 7mal (37%) zu finden gewesen; ohne Meningitis waren sie 5mal vorhanden, darunter 3mal in Syntropie mit meningealen Tuberkeln. Die insgesamt 18 nie über pfefferkorngroßen Herde saßen an sehr verschiedenen Stellen: in Stirnhirn, Schläfenlappen, Marklager, zentralem Grau, am Boden der 3. Kammer, in Balken, Hirnschenkel, Kleinhirn, Brücke, verlängertem Mark, Plexus chorioideus.

Das makroskopische Bild der Hirnhautentzündung war im allgemeinen bei den Lübecker Kindern nicht anders als bei Spontaninfektionen. Auch der Hydrozephalus und die Lockerung oder Erweichung der Hirnschichten, die die Kammern begrenzen, sowie die Begleitveränderungen an der Hirnsubstanz waren häufig zu finden. Histologisch lagen verschiedenartige Bilder vor.

Bei der Mehrzahl der Fälle bestand die gewöhnliche akut bis subakut verlaufene Entzündung mit reichlich geronnenem verkäsendem Exsudat und schweren akuten Gefäßveränderungen. Bei 7 Fällen (List. Nr. 5, 9, 12, 14, 59, 65, 209) wiesen die entzündlichen Veränderungen schon Organisationsvorgänge auf. Es bestanden herdförmige Granulome aus zusammenhängenden Histiozyten und abgerundeten Makrophagen oder riesenzellreiche Epitheloidzelltuberkel oder käsige Herde mit Epitheloidzellsaum und in 3 Fällen eine in Verschwartung übergehende diffuse Bindegewebsentwicklung. Am stärksten ausgesprochen war diese bei einem Kind (Nr. 12), das 184 Tage nach der 1. Impfstoffverabreichung und 52 Tage nach den ersten klinischen Zeichen einer Hirnhautentzündung gestorben war. Die Zeitspanne, die zwischen 1. Impfstoffverabreichung und Tod bei den Meningitiskindern überhaupt bestanden hat, betrug 72—313 Tage.

Im Rahmen der Durchseuchung ist bei den

übrigen hämatogen erkrankten Organen

in erster Linie die Häufigkeit von Interesse, mit der sie befallen waren. Darüber gibt Tabelle 4b genügend Auskunft.

Daß in Nieren, Nebennieren, Schilddrüse, Haut, Pankreas, Hypophyse, Herz usw. bei der allgemeinen generalisierenden Tuberkulose häufig tuberkulöse Herde vorkommen, war aus verschiedenen Untersuchungen bekannt. Die Zahlenangaben schwankten jedoch schon deshalb, weil die Fälle, aus denen die Erkrankungshäufigkeit der genannten Organe errechnet wurde, zu wenig einheitlich waren. Auch unserer Statistik, die nur einen Beitrag zur Frühgeneralisation darstellt, liegen nicht ganz einheitliche Fälle zugrunde, da das Verlaufszeitmaß verschieden war. Schon deshalb sind die gefundenen Zahlen eher zu niedrig, als zu hoch anzusehen. Hinzu kommt, daß sich die Angaben bei größeren Organen nur auf die Befunde an einzelnen Stückchen beziehen. Am wenigsten anzufangen ist deshalb mit den Häufigkeitsziffern der Haut, nächstdem auch mit denen des Herzens. Makroskopisch war an der Haut der verstorbenen Kinder nur äußerst selten ein Befund zu vermuten; histologisch wurde er in Gegenden, auf die uns der Kliniker hingewiesen hatte, aber häufiger gefunden. Am Herzen waren tuberkulöse Veränderungen 2mal mit bloßem Auge zu sehen, darunter einmal am linken hinteren Papillarmuskel (s. Abb. 47) bei einer großknotig generalisierten Form.

Von all diesen Aussaaten ist allgemein zu sagen, daß es sich in der Überzahl der Fälle um spärliche bis vereinzelte Herde gehandelt hat.

Vergleichsweise am reichlichsten waren sie in der Niere und Schilddrüse, während sie z. B. in der Hypophyse immer nur als Einzelherdchen vorhanden waren. Im Gegensatz zum Schrifttum, nach dem der Hinterlappen der Hypophyse häufiger betroffen ist als der Vorderlappen, saßen diese Herdchen immer nur im Vorderlappen.

Hinsichtlich der Größe der Herde stachen die Aussaaten in den genannten Organen nicht von dem Korn ab, das auch die übrige Streuung aufwies.

Durchschnittlich waren sie sogar kleiner, vergleichsweise am größten waren sie in Nebenniere, Schilddrüse und Pankreas. Histologisch boten die Herde in all den genannten Organen nichts, was nicht auch schon bei den Milz-, Lunge-, Leber- und Knochenmarksherden erörtert wurde. Immerhin konnte das Besondere, das bei dem Lübecker Krankheitsbild vorlag, geeignet sein, zur Klärung von Fragen aus der speziellen Pathologie der Tuberkulose einzelner Organe beizutragen. So haben wir Herrn Prof. Heynemann (Universitäts-Frauenklinik Hamburg) die Geschlechtsorgane von 11 weiblichen Kindern und Herrn Prof. Mylius (Augenabteilung des Allgemeinen Krankenhauses Hamburg-Barmbeck) die Bulbi von 5 Kindern zur genaueren Untersuchung überlassen. Auf die Ergebnisse dieser Untersuchungen darf hier verwiesen werden.

2. Die lymphogene Weiterausbreitung.

Es kann keinem Zweifel unterliegen, daß bei den Kindern, die an einer ausgedehnten Generalisation gestorben sind, schon kurze Zeit nach der Impfstoffverabreichung eine Überschwemmung der Säfte und Gewebe mit Tuberkelbazillen vorhanden gewesen ist, also das bestanden hat, was wir eine Lympho-, Hämo- oder Histobazillose nennen. Wenn bei dieser, jenseits jeder „Grenzdosis“ liegenden allgemeinen Bazillose überhaupt noch Unterschiede in der anatomischen Erkrankung der Organe und Gewebe vorhanden gewesen sind, so vermittelt das beinahe einen noch stärkeren Eindruck, als die mächtige Erkrankung der Eintrittspforten. Denn es zeigt in der eindringlichsten Weise, wie stark selbst bei höchster Überdosierung einer äußeren Krankheitsursache die Integritätsregulierungen des Organismus sind und wie schwer sie überrannt werden. Wir möchten meinen, daß z. B. in den Lymphabfluß einer Lunge, die nach 8—12—20 Wochen auf das Dichteste mit tuberkulösen Herden übersät war, nicht weniger Tuberkelbazillen gelangt sind, als in den Lymphabfluß des Darmes oder der Halsorgane kurze Zeit nach der Primärinfektion. Und doch ist die anatomische Ausprägung dieser Lymphobazillosen sehr verschieden.

Diese Verschiedenheit ist am deutlichsten zu zeigen an Fällen, bei denen z. B. die Mundrachenhöhle primär, die Lunge aber nur metastatisch erkrankt war (s. Abb. 42, 43, 45).

Nur linsengroße Primärinfekte der ersteren haben hier eine regionäre Lymphknotenerkrankung mit mächtiger Schwellung, völliger Verkäsung und verbackender Periadenitis nach sich gezogen, während die sehr dichte hämatogene oder auch bronchogene Aussaat in der Lunge eine nur geringfügige Schwellung und nur einzeln stehende, manchmal sogar nur mikroskopisch nachweisbare Lymphknotenherde im Gefolge hatte. Zu einer diffusen käsigen Lymphadenitis und einer Periadenitis war es nie gekommen. Das gleiche ließ sich auch an solchen Lungen zeigen, bei denen die eine Seite einen Primärinfekt, die andere eine gleichmäßig verteilte hämatogene Aussaat aufwies. Obwohl im weiteren Lymphabfluß der Lunge zwischen beiden Seiten Verzweigungen bestehen und z. B. bei einseitigem Primärinfekt nicht selten auch die oberen tracheobronchialen oder paratrachealen Lymphknoten der anderen Seite befallen werden, wies die metastatisch erkrankte Lungenseite grundsätzlich nur eine geringe, die primär erkrankte die übliche starke Lymphabflußerkrankung auf.

Wenn wir deshalb umgekehrt aus einer geringfügigen Erkrankung von Lymphknoten (z. B. der mesokolischen, s. Abb. 2 u. 4) den Schluß gezogen haben, daß das Quellgebiet postprimär und nicht primär erkrankt gewesen sei, so gaben uns die übrigen Befunde bei den Lübecker Kindern selbst, insbesondere die soeben genannten Befunde am Lymphabfluß der Lunge, dazu ein Anrecht.

Indessen konnten im Bereich des Thorax gar nicht so selten Lymphknotenverkäsungen angetroffen werden, ohne daß eine primäre Lungeninfektion oder eine stärkere Generalisation in der Lunge bestand. Gleichartige Verkäsungen fanden sich weiterhin nicht selten in den axillaren, iliakalen und inguinalen Lymphknoten.

Alle diese Lymphknoten wiesen jedoch nie jenen Grad von Vergrößerung auf, wie er bei den mesenterischen oder zervikalen Lymphknoten sehr häufig angetroffen wurde. Größer als etwa 0,8 cm im Durchmesser sind diese Lymphknoten nie gewesen. Dabei nahm die tuberkulöse Gewebsveränderung in ihnen oft nur einen kleinen Teil des lymphadenoiden Gewebes ein, manchmal war sie überhaupt nur histologisch nachweisbar, gelegentlich jedoch waren die Lymphknoten auch völlig verkäst, ohne allerdings auch dann stärker vergrößert zu sein.

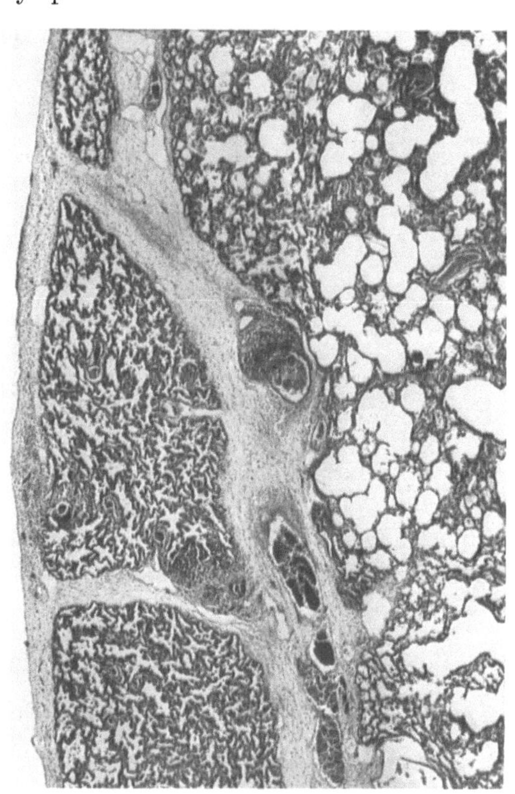

Abb. 52. Ödem, Lymphgefäßerweiterung und lymphangitische Herde in Lobulisepten und in der Pleura der Lunge.

Für die Entstehung dieser Lymphknotenveränderungen spielen die örtlichen Verhältnisse eine besondere Rolle.

Es kann zwar nicht geleugnet werden, daß bei der manchmal zweifellos sehr schweren Hämobazillose auch die Lymphknoten direkt vom Blut aus und nicht nur von den zuführenden Lymphgefäßen aus infiziert worden sind (s. von Baumgarten); dennoch liegt die Annahme, daß die Lymphknoten lymphogen erkrankten, wesentlich näher. Bei den thorakalen Lymphknoten, die in der genannten Weise erkrankt zu finden waren, handelte es sich vor allem um Lymphknoten des Mediastinums: um solche auf der Innenseite des Sternums, und zwar sowohl weit oben, als auch unten an der vorderen Ansatzstelle des Zwerchfells; weiterhin um solche zu beiden Seiten und vor der Wirbelsäule, auf dem Herzbeutel, auf dem Zwerchfell und in den Zwischenrippenräumen. Würde in solchen Fällen, in denen diese Lymphknoten erkrankt gefunden wurden, eine primäre Lungentuberkulose bestanden haben, so würde man geneigt sein, diese als die Quellveränderung zu den Lymphknotenerkrankungen zu betrachten. Indessen konnten die gleichen Lymphknoten, wie schon erwähnt, in nicht geringerer Stärke auch dann erkrankt angetroffen werden, wenn in der Lunge kaum eine Tuberkulose vorhanden war; die Lymphknoten des engeren Lymphabflußgebietes der Lunge waren in einigen solchen Fällen sogar vollkommen frei von Tuberkulose. Gerade solche Fälle rechtfertigen die Auffassung, daß die beschriebenen erkrankten Lymphknoten nicht vom Thoraxraum aus, sondern vom Bauchraum aus infiziert worden sind. Dabei dürfte die Ausdehnung der primären Tuberkulose im Darm und im Lymphabfluß des Darmes, insbesondere die mächtige Vergrößerung und Verbackung der Lymphknoten des Gekröses, der pankreatiko-duodenalen Gruppe und derjenigen längs der Aorta für die Infektion der genannten Lymphknoten von Bedeutung sein; denn höchstwahrscheinlich stellen die Verkäsungen in den unteren hinteren und vorderen mediastinalen Lymphknoten retrograd-lymphogene Erkrankungen dar, dadurch bedingt, daß der physiologische Abflußweg der Lymphe aus dem Darm behindert war.

Für die gleichartige Erkrankung der axillaren Lymphknoten, die in 40% der Fälle gefunden wurde, muß ebenfalls in erster Linie an eine retrograde Infektion gedacht werden. Jedenfalls reichten die stark vergrößerten und verkästen Lymphknoten des Halses gewöhnlich bis in die obere Schlüsselbeingrube hinab (s. Abb. 37, 38, 42, 43, 45).

Die gleiche Annahme liegt für die iliakalen und inguinalen Lymphknoten nahe. Es würden somit alle diese Lymphknoten zum Bereiche eines Primärkomplexes gehören und mit dessen vorgeschalteten Lymphknoten auch das weitere Schicksal des Primärkomplexes teilen können, d. h. bei fortschreitender Abheilung auch verkalken. Daß die genannten Lymphknoten nur geringfügig erkrankt waren, würde nicht dagegen sprechen, daß sie Primärinfekten regionär sind. Denn auch bei einem ungestörten weiteren Lymphabfluß eines Primärkomplexes sind diejenigen Lymphknoten, die vom Organinfekt am weitesten entfernt liegen, gewöhnlich am geringsten erkrankt. Für die iliakalen und inguinalen Lymphknoten kann indessen auch eine Infektion von der postprimären Bauchfelltuberkulose nicht ausgeschlossen werden; hier liegt also die Annahme nahe, daß mehrere Quellveränderungen für die Tuberkulose dieser Lymphknotengruppen verantwortlich sind.

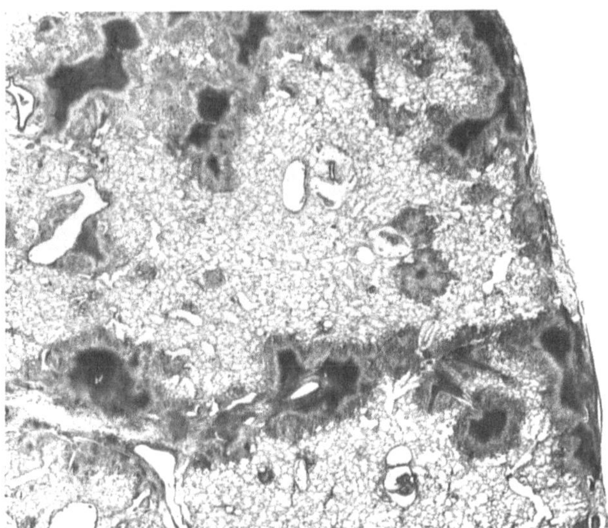

Abb. 53. Käsige Lymphangitis der Lunge.

Ebenso deutlich wie in den Lymphknoten haben sich in einigen Fällen in den Lymphgefäßen metastatisch erkrankter Organe anatomische Zeichen einer Lymphobazillose nachweisen lassen.

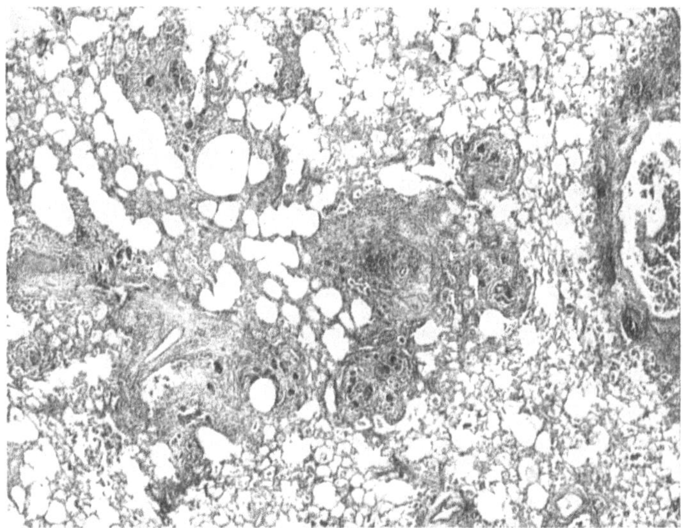

Abb. 54. Lymphangitische Resorptiontuberkel um hämatogene Herde der Lunge. 165 Tage nach der Erstinfektion.

Am häufigsten war dies in der Lunge der Fall. Die Lobulisepten wie auch das Lungenfell waren dann breit, ödematös und enthielten lymphangitische Herde (s. Abb. 52). Sie haben stellenweise die Lymphgefäße verlegt; denn weiter pleurawärts waren diese häufig erweitert. In einem Fall bestand eine ausgesprochene käsige Lymphangitis. Makroskopisch war hier eine Anhäufung von Herden in einem keilförmigen Bezirk des rechten Oberlappens aufgefallen. Histologisch bot sich das in Abb. 53 wiedergegebene Bild.

Schwerer ist die lymphangitische Natur von Herden zu beweisen, die als Trabantherdchen in der Umgebung hämatogener Metastasen liegen. Immerhin sprechen Bilder, wie sie in Abb. 54 wiedergegeben sind, doch am meisten dafür, daß es sich um Resorptionstuberkel handelt, zumal die Alveolarsepten auch in der weiteren Umgebung noch entzündlich verdickt sind.

Im allgemeinen läßt sich auch aus den Lübecker Beobachtungen herleiten, daß die Ausbreitung der tuberkulösen Veränderungen auf dem Lymphwege nach der Ausprägung des Primärkomplexes zunehmend nachläßt. Wir möchten glauben, daß sich hierin eine Umstimmung der Reaktionsweise des Organismus widerspiegelt.

Zu den lymphogen entstandenen Veränderungen gehört auch die bei den Lübecker Kindern überaus häufig angetroffene

Tuberkulose der serösen Häute.

Sie fand sich am Bauchfell in 94,4% (in 51 von 54 Fällen), an der Pleura in 48,1% und am Perikard in 13% der Fälle und war am schwersten am Bauchfell, am geringsten am Perikard.

Am Perikard bestanden die Veränderungen immer nur in vereinzelten kleinen Tuberkeln. Auch in den 26 Fällen, in denen an der Pleura tuberkulöse Veränderungen vorhanden waren, lagen überwiegend vereinzelte kleine Tuberkel, seltener reichlichere und größere Herde vor. Das Bild, das als tuberkulöse Pleuritis bezeichnet wird und mit einer diffusen fibrinösen Exsudation einhergeht, wurde nie beobachtet. Die Mehrzahl der vorgefundenen Herde saß an der parietalen Pleura und zwar in 9 Fällen überhaupt nur an ihr. Bevorzugt waren dabei der Pleuraüberzug des Zwerchfells und der Zwischenrippenräume, und zwar besonders der unteren Hälfte der Brustwand.

Wir möchten annehmen, daß die tuberkulösen Veränderungen des Perikards und der Pleura auf dem Lymphwege, und zwar fortgeleitet vom Bauchraum oder bei Fällen mit primärer Tuberkulose der Thoraxorgane von den Primärinfekten dieser Organe oder den ihnen regionären Lymphknoten aus entstanden sind.

Bei der Tuberkulose des Bauchfells lagen in 94,4% der Fälle tuberkulöse Veränderungen der Darmserosa, darunter in 7,4% nur hier vor. In 77,7% bestand außerdem eine Tuberkulose des Gekröses, darunter in einigen Fällen nur über den verkästen Lymphknoten. In 74% fand sich eine Tuberkulose der seitlichen Bauchwand und in 59% eine solche der Zwerchfellunterfläche und des kleinen Beckens, d. h. in dieser Häufigkeit mußte die Bauchfelltuberkulose als allgemein bezeichnet werden. In 4 von 54 Fällen waren auch an der Hodenscheidenhaut Tuberkel nachweisbar gewesen.

Die Stärke der Aussaat wechselte von Fall zu Fall, ebenso die Größe der einzelnen Herde. Zum Teil handelte es sich nur um feinste submiliare Knötchen, die unter Umständen sehr dicht standen, zum Teil waren es größere, vielfach konfluierende käsige Plaques (s. Abb. 3). Bei etwa $^2/_3$ der Kinder, die tuberkulöse Veränderungen des Bauchfells aufwiesen, bestanden Verklebungen oder Verwachsungen im Bauchraum; neben den spezifischen Veränderungen lag eine fibrinöse Entzündung mit verschieden weit vorgeschrittener Organisation vor. Dabei war es verschiedentlich auch zu diffusen zuckergußartigen Verdickungen der Serosa gekommen und zu manchmal leicht varikösen Vaskularisationen. Besonders reichlich fanden sich diese Gefäßerweiterungen und Neubildungen über den tuberkulösen Darmgeschwüren und den verkästen mesenterialen Lymphknoten. Größere seröse Ergüsse wurden nicht beobachtet. In einem Fall, der 362 Tage nach der ersten Impfstoffverabreichung gestorben war (Nr. 179), waren die käsigen Plaques verkalkt und hingen als kolbige polypenartig gestielte Gebilde dem Bauchfell an (s. Abb. 10). Ob die häufig vorhandene und manchmal sehr starke fibrinöse Komponente bei den Lübecker Kindern nur auf die Wirkung der Tuberkelbazillen zu beziehen ist, ist schwer zu sagen. Daß diese allein eine sogar von spezifischen Veränderungen freie fibrinöse Entzündung zu veranlassen vermögen, ist bekannt. Bei den Lübecker Kindern fanden sich jedoch im Ausstrich, wie in Schnittpräparaten sehr verschiedenartige Keime, darunter besonders häufig Kolibazillen. Allerdings ist nicht zu sagen, wie oft diese erst terminal in die Bauchhöhle gelangt sind. Die nicht selten vorhanden gewesenen eitrig-fibrinösen Durchwanderungs- und Perforationsperitonitiden zeigen jedoch, daß die Bedeutung dieser Keime nicht gering veranschlagt werden darf.

Die Tuberkelbazillen, die die Bauchfelltuberkulose veranlaßt haben, dürften in erster Linie aus den Darmgeschwüren und den mesenterialen Lymphknoten stammen. Dafür spricht, daß, wenn überhaupt Bauchfellveränderungen vorhanden waren, diese an ebendiesen Stellen zu finden waren. Auch histologische Befunde (subseröse lymphangitische Herde) an der Gekröseplatte und am Darm legen diese Auffassung nahe.

Wenn wir für die hämatogene Durchseuchung feststellen mußten, daß die Lokalisation der Primärinfekte ohne nachweisbaren Einfluß auf Grad und Ausdehnung der Generalisation gewesen war, so muß für die lymphogene Erkrankung das Gegenteil gesagt werden. Bei keiner anderen Lokalisation sind derartig häufige und starke Serosaveränderungen

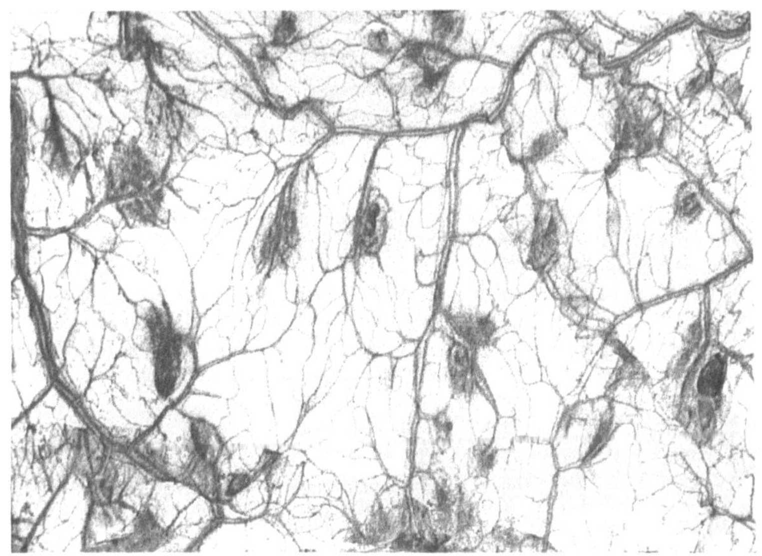

Abb. 55. Resorptionsgranulome und Tuberkel in der Umgebung der Kapillaren des großen Netzes.

zu finden, wie bei der primären Darmtuberkulose. Die Gründe dafür sind leicht ersichtlich; denn bei keiner anderen Lokalisation liegen die dem Primärinfekt regionären Lymphknoten so nahe der Serosa an, wie die mesenterischen.

Von der eigentlichen Bauchfelltuberkulose, bei der die Herde in der Überzahl auf dem Bauchfell entstehen, sind diejenigen tuberkulösen Veränderungen zu trennen, die durch Resorption der Keime jenseits des Bauchfells zustande kommen.

Die Unterscheidung zwischen diesen beiden Veränderungen kann schwierig sein. Am leichtesten gelingt sie am großen Netz. In der Mehrzahl der Fälle war dieses dünn, durchsichtig und von glänzender, glatter Oberfläche. Auf einen Objektträger gespannt, fixiert und gefärbt (s. Abb. 55) ließ es zahlreiche kleine Herde erkennen, die eine deutliche Beziehung zu den kapillären Gefäßverzweigungen erkennen ließen. Sie lagen durchweg um die Kapillaren. Eine ausgesprochene Verkäsung war an diesen Herden ziemlich selten. Es fanden sich herdförmige Wucherungen von Fibrozyten mit Übergang in Histiozyten ohne Riesenzellen. Diese Zellwucherungen konnten auch als lange Streifen die Kapillaren umscheiden. An anderen Herdchen sind den Zellen spärliche Lymphozyten beigemengt. Kommt eine Verkäsung in solchen Herden zustande, so ist es eine typische sekundäre Verkäsung, in der man sehr häufig alle Stadien des Unterganges der Bindegewebszellen verfolgen kann. Bei den meisten Herden hat man den Eindruck, als ob es sich hier um eine primäre Wucherung der Bindegewebszellen infolge der Resorption aufgesaugter Stoffe, darunter auch von Keimen handele, nicht aber um eine organisierende Wucherung nach primärer Gewebsschädigung und Exsudation. Dieser Eindruck wird auch noch dadurch verstärkt, daß sich in den geschwollenen Zellen häufig Tuberkelbazillen nachweisen lassen.

Weiter herzwärts verstärken sich die zelligen Begleitstreifen um die Gefäße. In diesen Veränderungen dürfte sich die Hauptfunktion wiederspiegeln, die das Netz für die Bauchhöhle hat. Im übrigen scheint eine Keimresorption auch an anderen Stellen der Bauchhöhle nicht selten zu sein; am deutlichsten zeigten dies die Geschlechtsorgane der weiblichen Kinder (s. Heynemann).

b) Die Erscheinungsformen der Abseuchung.

Zur Abseuchung gehören diejenigen anatomischen Veränderungen, die durch intrakanalikuläre Abschleppung infektiöser Massen aus erweichten Herden zustande kommen. Ein Einbruch solcher Massen an innere Oberflächen ist dabei Voraussetzung, doch ist unter intrakanalikulärer Abschleppung ein Transport nur in solchen Gangsystemen oder Hohlräumen zu verstehen, die aus dem Körper heraus nach außen führen; denn nur dann kann man von einer Abseuchung als dem Gegenspieler der Durchseuchung reden. Es gehören also nicht zur Abseuchung die Veränderungen, die etwa in den Liquorräumen des Zentralnervensystems oder in den serösen Höhlen auftreten, dagegen muß man, auch wenn vorgebildete Gangsysteme nicht benutzt werden, die Elimination erweichter käsiger Massen in selbstgebahnten Wegen, z. B. in kalten Abszessen oder Fistelgängen, dazurechnen. Als Ausgangspunkt kommen alle zerfallenden und an innere Oberflächen durchbrechenden tuberkulösen Veränderungen in Frage, darunter also auch alle Schleimhautgeschwüre.

Das Hauptgebiet, in dem sich bei der spontanen Tuberkulose die Abseuchung unter Umständen bis zur Todesursache entwickelt, sind die Luftwege; die Verdauungswege werden dabei zwar auch überaus häufig befallen, aber überwiegend als Endstrecken, weniger als Anfangsstrecken und Ausgangspunkt. Das gilt auch für die spontane Säuglingstuberkulose.

Bei den Lübecker Erkrankungen liegen die Verhältnisse gerade umgekehrt. In nahezu allen Fällen ist eine Abseuchung im Verdauungskanal vorhanden und in den meisten Fällen auch recht schwer und ausgedehnt, im Bereich der Lungen aber fehlt sie zumeist. Dennoch hat dies seinen Grund nicht ausschließlich darin, daß eben eine schwere Ingestionsinfektion vorgelegen hat; der Hauptgrund dafür ist vielmehr darin zu sehen, daß jede, wie auch immer zustande gekommene größere tuberkulöse Veränderung an den Schleimhäuten des Verdauungskanals geschwürig zerfällt. Im Gegensatz zu der Erweichung, z. B. tuberkulöser Lungenherde, hat die geschwürige Umwandlung von Schleimhautveränderungen des Verdauungskanals weniger etwas mit parenteralen als mit enteralen Verdauungsvorgängen zu tun; d. h. es sind die Verdauungsfermente des Verdauungskanals und weniger immun-biologische Einflüsse, die den geschwürigen Zerfall bestimmen. Damit soll nicht gesagt sein, daß auf die Art und das weitere Schicksal des Geschwüres nicht auch immun-biologische Vorgänge Einfluß hätten.

Wie lange Zeit nach der Infektion der geschwürige Zerfall an den Primärinfekten des Verdauungskanales eingesetzt hat, ob in seiner Schleimhaut überhaupt tuberkulöse Gewebsveränderungen bestehen können ohne zu zerfallen, ist auf Grund der anatomischen Befunde nicht zu sagen. Nach allen Beobachtungen ist es wenig wahrscheinlich, daß sich käsige Herde über Linsengröße entwickeln, ohne Zeichen des Zerfalles aufzuweisen.

Die Mehrzahl der Veränderungen, die auf eine Abseuchung zurückgehen, haben wir bei der Beschreibung der Primärinfekte und der hämatogenen Aussaaten der Lunge schon erwähnt.

Im Dünn-, Dick- und Mastdarm waren sie reichlich und oft sehr ausgedehnt vorhanden (s. S. 49/50), weniger häufig in Wurmfortsatz (s. S. 49), Magen (s. S. 69/70 und Abb. 13—16), Speiseröhre (s. S. 75) Gaumenmandeln (s. S. 82/83), Mundschleimhaut (s. S. 86), Rachentonsille (s. S. 86), Nase, Lunge (s. S. 121/122 und Abb. 37 und 38).

Einen besonderen Befund stellt eine durch Abseuchung, also postprimär entstandene schwerere tuberkulöse Erkrankung des Kehlkopfes dar. Das Besondere daran ist einmal, daß es sich um eine Kehlkopftuberkulose bei einem Säugling handelt.

Nach Haslinger gehört eine Kehlkopftuberkulose bei Kindern unter 2 Jahren zu den ausgesprochen seltenen Befunden. Das jüngste Kind, bei dem ein tuberkulöser Prozeß des Kehlkopfes festgestellt worden sei, schiene der von Heinze beobachtete Fall zu sein, der ein 11 Monate altes Kind betraf. Ebenfalls 11 Monate alt war das Kind, von dem Leiser berichtet. Die Kehlkopferkrankung war geschwürig und ziemlich ausgedehnt. Ein flaches lentikuläres Geschwür an der Innenseite des Kehldeckels beobachtete Leiser bei einem 7 Monate alten Knaben. Bei dem von uns beobachteten Fall handelt es sich um ein 108 Tage alt gewordenes, 105 Tage nach der 1. Impfstoffverabreichung an Meningitis verstorbenes Kind (Nr. 50).

Eine weitere Besonderheit ist darin zu sehen, daß die Kehlkopferkrankung wahrscheinlich durch Aspiration von der Mundrachenhöhle aus entstanden ist.

In der Lunge bestand das Bild des sog. tuberkulösen Emphysems (Orth). Bei der Beschreibung des histologischen Bildes der Lungenveränderungen haben wir schon erwähnt, daß geschwürige Bronchialveränderungen nicht nachweisbar waren. Dagegen bestand an beiden Gaumenmandeln ein kraterförmiges primäres Geschwür und eine weniger tiefgreifende Tuberkulose am Schlundkopf. Die Kehlkopferkrankung selbst zeigte eine größere Geschwürsbildung an der hinteren Kommissur und knötchenförmige Auswüchse an beiden Stimmbändern (s. Abb. 45).

Bei weiteren 2 Fällen wurden bei der histologischen Untersuchung subepitheliale Tuberkel an den Stimmbändern gefunden.

An sonstigen zur Abseuchung gehörigen Befunden sind zu nennen:

Im Bereiche der Harnabflußwege: einmal ein inkrustierter, pfefferkorngroßer Herd im Nierenbecken und in einem weiteren Fall multiple miliare Herde der Nierenbeckenschleimhaut; 3mal Tuberkel der Harnblase, und zwar 1mal vergesellschaftet mit einem kleinen lentikulären Geschwür.

Im Bereiche der Gallenwege: 1mal zwei geschwürig zerfallene käsige Herde der Gallenblasenschleimhaut bei großknotiger Gesamtaussaat.

Insgesamt sind die tuberkulösen Veränderungen, die auf eine Abseuchung zurückgehen, ausgedehnter gewesen, als dies gewöhnlich bei der spontanen Tuberkulose der Säuglinge der Fall ist. Das hängt damit zusammen, daß die Primärinfekte überwiegend im Bereiche des Verdauungskanales, d. h. in Schleimhäuten gesessen haben, in denen jede größere tuberkulöse Veränderung zu zerfallen pflegt. Diese große Zerfallsneigung beruht, wie erwähnt, darauf, daß das nekrotische tuberkulöse Gewebe außer durch parenterale Erweichungseinflüsse, wie sie z. B. in die Lunge in erster Linie wirksam sind, durch die eigentlichen Verdauungsfermente des Verdauungskanales angegriffen wird. Eine Abhängigkeit zwischen Durchseuchung und Abseuchung darf hier natürlich nicht angenommen werden.

II. Die Klinik der tuberkulösen Veränderungen außerhalb der Eintrittspforten.

Die Tuberkulose des frühen Kindesalters, zumal des Säuglingsalters ist charakterisiert durch ihre große Neigung zur Generalisierung. Diese Ausbreitungstendenz gilt bekanntlich auch für Infektionen anderer Art. Demgemäß hängt sie mit den Besonderheiten der Abwehrfunktion in diesem Alter zusammen und ist bei der Tuberkulose unabhängig von der Eintrittspforte des Erregers. Wir sehen bei primärer Lungen- und Ingestionstuberkulose unter natürlichen Infektionsbedingungen in gleicher Häufigkeit Meningitis auftreten. Lediglich der große Unterschied in der Beteiligung der beiden Eintrittspforten für den Tuberkuloseerreger hat Engel dazu geführt, die Ingestionstuberkulose in dieser Hinsicht zu unterschätzen. Wir müssen uns im Säuglingsalter unter allen Umständen auf die

Generalisierung der Erkrankung gefaßt machen. Das geschah denn auch in Lübeck alsbald, nachdem man von dem Unglücksfall Kenntnis bekommen hatte. Erfreulicherweise blieb jedoch bei einem unerwartet großen Teil der Kinder die Generalisierung aus, soweit sie wenigstens mit den klinischen Hilfsmethoden wahrnehmbar ist. Vor allem hielt sich die Sterbeziffer infolge Generalisierung wesentlich niedriger, als man auf Grund unserer bisherigen Kenntnisse von der Neugeboreneninfektion vermuten mußte.

Immer handelte es sich, wenn überhaupt Generalisierung eintrat, um Frühgeneralisierung, d. h. die hämatogenen Metastasen entwickelten sich verhältnismäßig schnell nach der Entwicklung des Primärkomplexes. Kein Kind ist mehr nach Beendigung des 1. Lebensjahres an Tuberkulose zugrunde gegangen. In der Tat wissen wir, daß die tuberkulöse Meningitis, die unter natürlichen Infektionsverhältnissen in erster Linie als Ausdruck der Generalisierung gefürchtet wird, sich in der großen Mehrzahl der Fälle an den frischen Primärkomplex anschließt. Orosz hat kürzlich an großem Material Berechnungen über das Intervall zwischen Infektion und Auftreten der tuberkulösen Meningitis angestellt und kommt zu dem Ergebnis, daß die klinische Inkubation für tuberkulöse Meningitis in den meisten Fällen ungefähr 2—3 Monate beträgt. Als untere Grenze bezeichnet er 6—8 Wochen, als obere 4—5 Monate. In Lübeck war 17mal die Erkrankung der Meningen letzte Todesursache. 6 Kinder erkrankten im 1. Lebensvierteljahr an tuberkulösen Meningitis und starben 74—94 Tage alt, 9 im 2. Lebensvierteljahr 102—168 alt, 4 im 2. Lebenshalbjahr 187 bis 318 Tage alt. Wie Schürmann auseinandergesetzt hat, waren anatomisch auch bei den älter gewordenen Kindern die Zeichen der Frühgeneralisation nachweisbar. Die Meningitis war in diesen Fällen die Folge schubweise eintretender Durchseuchung. Mit der Meningitis muß also immerhin etwas länger gerechnet werden, als es Orosz tut. Die von ihm angegebene obere Grenze erscheint als zu niedrig angegeben, nachdem doch immerhin noch mehrere Todesfälle an tuberkulöser Meningitis im 2. Lebenshalbjahr erfolgt sind. Man könnte vielleicht hierfür interkurrente Erkrankungen verantwortlich machen, von denen wir wissen, daß sie auch noch in späterer Zeit eine tuberkulöse Meningitis heraufbeschwören können, aber diese lagen hier nicht vor. Im übrigen besitzen wir in den Beobachtungen von Reich eine Parallele, die um so mehr herangezogen zu werden verdient, als es sich ebenfalls um Neugeboreneninfektionen handelte. Reich hat nämlich eine Tuberkuloseendemie in der Klientel einer an kavernöser Phthise leidenden Hebamme beschrieben, die die Gewohnheit hatte, bei neugeborenen Kindern den Schleim aus den ersten Wegen durch Aspiration mit ihrem Munde zu entfernen, auch bei leichten Graden von Asphyxie Luft einzublasen. 10 Kinder starben an tuberkulöser Meningitis, und zwar 4 im 1. Lebensvierteljahr 73—90 Tage alt, 4 im 2. Lebensvierteljahr 98—117 Tage alt, 2 im 2. Lebenshalbjahr 185 bzw. 287 Tage alt. Nach diesen übereinstimmenden Beobachtungen muß also im Gegensatz zu Orosz, der prophylaktische Maßnahmen nur im 1. Halbjahr nach der Infektion für besonders wichtig hält, gesagt werden, daß diese, soweit überhaupt möglich, im ganzen ersten Jahr erforderlich sind.

Bei längerer Dauer der Tuberkuloseerkrankung bis zum tödlich endenden Durchseuchungsschub ist selbstverständlich bereits mit Rückbildungserscheinungen im Bereich des Primärkomplexes und früherer hämatogener Metastasen zu rechnen. Im 2. Lebensvierteljahr waren diese allerdings erst vereinzelt vorhanden (Nr. 65, 120), bei den vier älteren Kindern aber in ausgesprochenem Maße. Nach unter natürlichen Bedingungen erfolgter Infektion haben wir sogar die Erfahrung gemacht, daß weitgehende Rückbildung des gesamten Primärkomplexes die Ausbildung einer Meningitis keineswegs unmöglich macht. Langer sah unter 80 Fällen von Meningitis kein einziges Mal eine im Röntgenbild darstellbare Verkalkung und glaubt infolgedessen von einem Ausschließungsverhältnis zwischen verkalkender Bronchialdrüsentuberkulose und Meningitis sprechen zu dürfen. Dieser Auffassung vermag ich auf Grund meines Materials nicht beizutreten. Ich verfüge über eine ganze Reihe von Bildern mit ausgeprägten Verkalkungen, auch entsprechenden anatomischen Befunden, wo es gleichwohl zur Meningitis kam, und zwar nicht einmal immer im Anschluß an irgendwelche aktivierenden Zwischenerkrankungen oder Einwirkungen. Die Bilder, von denen Maraun 11 unter 86 Fällen meiner Klinik zusammenstellte, waren so, daß sich jeder Arzt bedingungslos optimistisch geäußert hätte. Ähnlich fand Viethen unter 51 Fällen 3 mit typischen Kalkherden. Unter diesen Umständen muß man es freudig begrüßen, daß keins von den Lübecker Tuberkulosekindern mehr nach Beendigung des 1. Lebensjahres an Tuberkulose und speziell an tuberkulöser Meningitis gestorben ist.

Nach den Feststellungen Schürmanns entsprach die hämatogene Metastasierung in den einzelnen Organen bei der primären Ingestionstuberkulose der Lübecker Kinder vollkommen derjenigen, wie wir sie von der Frühgeneralisation bei primärer Lungentuberkulose her kennen. Sie wurde in abfallender Häufigkeit in Milz, Lunge, Leber, Knochenmark, Hirn mit Häuten usw. gefunden. Den Beobachtungen des pathologischen Anatomen ganz entsprechend steht seit jeher gerade im Säuglingsalter die

Milz

im Mittelpunkt des Interesses, wenn es sich um die Frage der etwa eingetretenen Generalisierung handelt. Finkelstein vermißte die Milzschwellung im Säuglingsalter nur ausnahmsweise bei der generalisierenden Krankheit und Bernard und Lamy haben erst kürzlich wieder berichtet, ein wie ungünstiges Zeichen die Milzschwellung nach ihrer Erfahrung bei einem Säugling mit tuberkulösen Erscheinungen darstellt. Ich selbst bin für die diagnostische Bedeutung des Milztumors eingetreten, und zwar weil ich mehrfach Säuglinge mit unklaren oder falsch gedeuteten pulmonalen Krankheitserscheinungen gesehen habe, bei denen die vergrößerte Milz sehr schnell den richtigen Hinweis auf die tatsächlich vorliegende Tuberkulose gab. Auf der anderen Seite muß bedacht werden, daß gerade im Säuglingsalter Milzschwellungen anderer, und zwar sehr verschiedener Genese außerordentlich häufig sind. Die diagnostische Bedeutung erfährt also starke Einschränkungen. Kein Wunder, daß man z. B. bei einem der ersten in Lübeck zur Beobachtung gelangenden Fälle an Lues congenita gedacht hat, zumal Ikterus bestand (Nr. 7).

Die Tatsache, daß der klinisch erhobene Befund in einer leider beträchtlichen Anzahl von Fällen durch die Sektion kontrolliert werden konnte, ist geeignet, in der Frage des Milztumors bei der Säuglingstuberkulose weitere Aufklärung zu bringen.

Unter den verstorbenen Kindern hatte ein großer Teil einen fühlbaren Milztumor. Die meist erhöhten Milzgewichte, über die Schürmann berichtet, stehen hiermit in Einklang. Allerdings bestand ein Parallelismus zwischen dem intra vitam erhobenen

Tastbefund und der zahlenmäßig durch das Gewicht bei der Sektion festgestellten Größe des Organs nicht regelmäßig. Das ist ohne weiteres verständlich; denn die Tastbarkeit der Milz hängt nicht nur von ihrer Größe ab, sondern von ihrer Form und Lage, weiterhin von dem Füllungszustande des Abdomens — bekanntlich ist Meteorismus sehr hinderlich für die Palpation — und schließlich erschwert vielfach Unruhe des Kindes und dadurch bedingte Anspannung der Bauchdecken die Erhebung des Befundes. Anfänglich mag auch nicht immer genügend auf die Milz geachtet worden sein. Im allgemeinen wurde die Milz bei einem Gewicht von etwa 20 g an getastet (Norm s. Schürmann 11—17 g), bei etwa 35 g fühlte man sie 1 querfingerbreit, bei 50—60 g 2—3 querfingerbreit unter dem Rippenbogen. Das Höchstgewicht betrug nach Schürmanns Tabelle 87 g. Ein paarmal ist es vorgekommen, daß die Milz intra vitam als vergrößert angesprochen wurde, sich aber bei der Sektion als normal groß erwies. Derartiges trifft man in erster Linie bei abnormer Lage der Milz; im übrigen kommt es nach den Beobachtungen Barcrofts stets zu einer Verkleinerung der Milz nach dem Tode.

Die Vergrößerung der Milz ist durch die in ihr enthaltenen tuberkulösen Veränderungen nur teilweise erklärt. Daß in der Milz mit höchstem Gewicht (Nr. 124) eine besonders dichte und großknotige Aussaat (s. Abb. 39 und 40) gefunden wurde, hat Schürmann erwähnt, aber in zwei anderen Fällen mit ebenfalls recht hohem Milzgewicht von 56,5 g (Nr. 117) und 66 g (Nr. 113) waren nur spärliche miliare Herde vorhanden, in einem (Nr. 209) waren bei einem Gewicht von 36 g auch mikroskopisch überhaupt keine tuberkulösen Veränderungen sichtbar. Umgekehrt gab es Kinder mit normaler Milzgröße, aber gleichwohl submiliaren oder miliaren Herden verschiedener Dichte.

Wir kommen also zu dem bemerkenswerten Ergebnis, daß zwar bei vorhandener Generalisierung häufig eine Milzschwellung vorhanden war, ihr Fehlen aber die Generalisierung nicht ausschließt. Und stellen weiterhin fest, daß das Vorhandensein eines Milztumors auch bei ausgesprochener Tuberkulose anderer Organe noch nicht ohne weiteres Generalisierung bedeutet. Die Erklärung für die manchmal in diesen Fällen nicht unbeträchtliche Schwellung dürfte nicht einheitlich sein. Manchesmal mögen toxische Einwirkungen von den geschwürig zerfallenden tuberkulösen Herden mitspielen, andere Male sekundäre Infekte, wie sie infolge der starken Resistenzminderung der Kinder so vielfach vorkamen. Nicht zu vergessen ist aber auch die lymphatische Konstitution, die gerade im Säuglingsalter so oft zu Milzhyperplasie Veranlassung gibt. Sehr lehrreich ist in dieser Hinsicht das Kind Nr. 201, das nur eine überaus geringfügige Tuberkuloseerkrankung davongetragen hatte (s. S. 58 u. 80). Dieses Kind wies bereits mit 9 Wochen eine deutliche Milzschwellung auf, die bis zu dem 5 Wochen später an einer Streptokokkensepsis erfolgenden Tod bestehen blieb und auch autoptisch bestätigt wurde. Der Milzschwellung voraus ging von der 5. Lebenswoche an eine Dermatitis seborrhoides. Es bestand Neigung zu Erbrechen und dünnen Stühlen sowie Bronchitis. Nachdem die Tuberkuloseinfektion bekannt war, wurde die Milzschwellung verständlicherweise auf Tuberkuloseerkrankung bezogen, wozu jedoch nach dem Sektionsbefund sicher keine Berechtigung vorlag. Es handelt sich hier zweifellos um ein exsudativ-lymphatisches Kind, und der Milztumor muß mit dieser Konstitionsanomalie in Verbindung gebracht werden. Entsprechende Fehldeutungen sind sicherlich noch öfter vorgekommen, sind aber nicht in gleicher Weise zu beweisen, weil die Kinder überlebten.

Wenn wir nach dieser Gegenüberstellung von klinischer Beobachtung und Sektionsbefund an die Beurteilung der am Leben gebliebenen Kinder in bezug auf den Milztumor herangehen, so ist es in erster Linie die Häufigkeit der Milzschwellung, die auffiel. Diese Häufigkeit steht in einem gewissen Gegensatz zu den Befunden, die wir bei der unter natürlichen Bedingungen entstandenen Säuglingstuberkulose erheben. Wir kennen den Milztumor hier eben doch in erster Linie nur bei den schweren generalisierenden Krankheitsformen, in Lübeck fühlten wir ihn aber sehr häufig auch bei durchaus leicht und gutartig imponierenden Krankheitsfällen. Freilich ist bekannt, daß auch eine nicht unerhebliche hämatogene Milztuberkulose ausheilen kann. Ich verweise auf die schönen Röntgenbilder verkalkter Milztuberkel, die Courtin und Duken sowie Hellgren von 4- bis 8jährigen Kindern veröffentlicht haben. Aber in vielen dieser gutartigen Krankheitsfälle kommt hinzu, daß keinerlei sonstige hämatogene Metastasen wie doch z. B. gerade auch in den erwähnten Fällen des Schrifttums zur Beobachtung gelangten. Es fällt daher schwer, als Ursache der so häufigen Milzschwellung bei den leicht erkrankten Lübecker Säuglingen — natürlich von gewissen Einzelfällen abgesehen — eine Generalisierung der Tuberkulose anzunehmen. Es könnte die Frage diskutiert werden, ob nicht vielleicht lymphogen von den ja meist erkrankten Mesenterialdrüsen oder wenigstens von dem wenn auch seltener ergriffenen Bauchfell aus eine Aussaat in die Milz erfolgen kann. Doch stellt sich heraus, daß auch in Fällen mit ausschließlich oralem Primärkomplex ganz entsprechende Milzschwellungen vorgekommen sind (z. B. Nr. 160, 114, 198). Wir stützen uns bei dieser Behauptung auf den fehlenden Nachweis verkalkter Mesenterialdrüsen in dem nach $2^1/_2$—4 Jahren angefertigten Röntgenbild. Bevor diese Ergebnisse der Röntgenuntersuchung vorlagen, neigten wir in der Tat dazu, einen Zusammenhang zwischen abdominaler Erkrankung und Milzschwellung anzunehmen. Jetzt aber möchten wir die Auffassung vertreten, daß die Milzschwellung in der Mehrzahl der leichteren Krankheitsfälle eine Folge allgemeiner Intoxikation, nicht aber direkter Fortleitung der Tuberkuloseerkrankung oder hämatogener Aussaat darstellt. In diesem Sinne spricht auch die Tatsache, daß nur zweimal Verkalkungen in der Milz bzw. Milzgegend röntgenologisch darstellbar geworden sind (Nr. 2, 44).

Die Milzschwellungen erreichten übrigens in solchen Fällen nur selten stärkere Grade. Sie wurden zwischen der 8.—15. Woche erstmalig bemerkt und bildeten sich nach einigen Wochen, manchmal auch erst mehreren Monaten zurück. Um die Wende des 1. Lebensjahres war der Milztumor spätestens wieder verschwunden. Einige schwerkranke Kinder mit größerem Milztumor, die die Krankheit überwanden, hatten dagegen noch mit $2^1/_2$ Jahren eine wenigstens eben unter dem Rippenbogen tastbare Milz (z. B. Nr. 66, 83, 175). Hier mögen besondere Verhältnisse vorgelegen haben.

Die Frage, warum gerade bei der Lübecker Säuglingstuberkulose im Vergleich zu der unter natürlichen Bedingungen erworbenen Säuglingstuberkulose der Milztumor eine so häufige Begleiterscheinung war, möchten wir danach so erklären, daß mit dieser Tuberkuloseinfektion besonders ausgeprägte Intoxikationserscheinungen verbunden waren. Wir verweisen in diesem Zusammenhang auf den so häufig beobachteten Meningismus, den wir in gleicher Weise ebenfalls sonst nicht kennen, und die eigenartige graue Farbe, die nicht nur die dem Tode verfallenen Kinder aufwiesen, sondern auch manches andere Kind, das die Krankheit überstand.

Betrachten wir rückschauend noch einmal die klinischen Beobachtungen in Verbindung mit den vorliegenden Sektionsergebnissen und die rein klinischen, bei den überlebenden Säuglingen erhobenen Befunde, so müssen wir gestehen, daß unser Urteil vielfach revidiert werden mußte. So wertvollen Hinweis die Milzschwellung in manchen Fällen auch zu geben vermag, so ist in ihrer Bewertung doch große Zurückhaltung erforderlich. Insbesondere möchten wir davor warnen, aus der Milzschwellung beim tuberkulösen Säugling eine ungünstige Prognose abzuleiten.

Nach den pathologisch-anatomischen Untersuchungen steht bei der Generalisierung an zweiter Stelle die

Lunge.

Bekanntlich ist die Generalisierung im Bereich der Lunge am besten und vielfach schon in einem recht frühen Stadium durch das Röntgenbild zu erkennen. Demgemäß sind die Lübecker Säuglinge, soweit möglich fortlaufend röntgenologisch untersucht worden. Ich verweise auf die Mitteilung von Jannasch und Remé. Perkussorische und auskultatorische Phänomene fehlten häufig vollkommen oder waren sehr wenig ausgesprochen. Feinblasige Rasselgeräusche, besonders bei tiefem Inspirium, leichte Schallverkürzungen, Abschwächung oder Verschärfung des Atemgeräusches bald an dieser, bald an jener Stelle wurden gelegentlich bei ausgedehnter Generalisierung notiert. In den letzten Stadien entstand durch Dyspnöe und Zyanose, besonders beim Schreien ein ähnliches Bild wie bei einer Bronchiolitis oder Bronchopneumonie. Auch bei durch Aspiration von der Mundhöhle her entstandener käsiger Bronchitis mit multiplen kleinen, zum Teil zerfallenen käsig-pneumonischen Herden (s. Abb. 37 u. 38) ist der klinische Befund der gleiche. Husten ist selbst in solchen Fällen nicht mit Regelmäßigkeit vorhanden. Bei hämatogener Disseminierung wurde er sogar häufig vermißt, war andererseits in einigen Fällen heftig. So bleibt das wesentlichste diagnostische Hilfsmittel die Röntgenuntersuchung. Das gilt in noch vermehrtem Maße für das Ausheilungsstadium hämatogener Schübe (Verkalkungen).

Ob die

Leber

an der Generalisierung teilgenommen hat, ist klinisch besonders schwer zu beurteilen. Ähnlich wie bei der Milz können wir für unser Urteil nur die Vergrößerung des Organes heranziehen. Schon unter physiologischen Verhältnissen gibt es hier aber offensichtlich bereits stärkere Schwankungen und die wechselnde Füllung des Abdomens behindert noch mehr den Tastbefund. Immerhin kann eine deutliche Vergrößerung bei generalisierter Tuberkulose des Säuglingsalters vielfach festgestellt werden und wurde bei den zahlreichen Fällen dieser Art in Lübeck ebenfalls gefunden. Wieweit allerdings hierfür die spezifisch tuberkulösen Veränderungen verantwortlich zu machen sind, steht dahin. War doch die Aussaat geringer als in der Milz und meist submiliar bis miliar. Selten waren etwas größere Herde mit Einbruch in die Gallengänge (Gallengangstuberkel). Aber es bestand daneben, wie Schürmann festgestellt hat, in 35% der Fälle eine diffuse Hepatitis, ja es ist in einzelnen Fällen sogar zu dem Bilde der sog. hypertrophischen Zirrhose gekommen (s. Abb. 51). In einem solchen Fall (Nr. 117) fiel 10 Tage vor dem am 113. Lebenstage erfolgenden Tod die steinharte Konsistenz der Leber auf. Im übrigen wurde die untere Lebergrenze gewöhnlich in der Mamillarlinie 2—3 Querfinger unter dem Rippenbogen angetroffen, war aber in späteren Stadien mit zunehmendem Meteorismus und Spannung der Bauchdecken nicht mehr abgrenzbar. Natürlich kann klinisch nicht entschieden werden, ob der Grund der Vergrößerung in einer dichten Tuberkelaussaat, in Verfettung der Leber oder aber der erwähnten Hepatitis zu suchen ist. Schürmann fand die Hepatitis bei einer ausgedehnten tuberkulösen Erkrankung des Pfortaderquellgebietes häufiger als bei weniger ausgedehnter Erkrankung. Man wird also diese Erkrankungsform bei intestinaler Primärtuberkulose wohl eher finden als bei pulmonaler. Vielleicht gilt das gleiche von der Fettleber. Wir haben früher erwähnt, daß 3mal bei den kranken Säuglingen Ikterus beobachtet wurde. Er ließ sich durch Verkäsung der portalen Lymphdrüsen mit Kompression des Ductus choledochus und konsekutiver Gallenstauung erklären. Es ist möglich, daß auch diese Komplikation bei primärer Ingestionsinfektion häufiger angetroffen wird als bei pulmonaler Primärinfektion.

Bezüglich des

Knochenmarks

stellte der pathologische Anatom zwar die Häufigkeit der Beteiligung an der Frühgeneralisation fest, er vermißte aber stets größere Herdbildungen. Diese Beobachtung stimmt mit der allgemeinen Erfahrung überein, wonach Knochentuberkulose im Säuglingsalter selten ist. H. Koch fand z. B. unter 133 Fällen von Säuglingstuberkulose nur 6mal eine Beteiligung des Knochens, das ist in 4,5% und nur einmal fiel der Beginn der Knochenerkrankung auf das erste Lebenshalbjahr, nämlich den 5. Lebensmonat.

Eher hätte man eine Knochenerkrankung bei späteren Schüben erwarten können. Tatsächlich wurden ein paarmal Knochenprozesse am Unterkiefer bzw. Oberschenkel vermutet und durch das Röntgenbild wahrscheinlich gemacht, bildeten sich aber nach nicht langer Zeit wieder spontan zurück. Mommsen hat sich mit diesem Problem auf Grund eigener Beobachtungen in Lübeck auseinandergesetzt und die Ansicht vertreten, daß das Fehlen dieser sog. Sekundärtuberkulose auf der ausgezeichneten Abwehrkraft der überlebenden Kinder beruhe. Die Überlebenden stellen seiner Meinung nach eine Elite von guten Immunkörperbildnern dar, während die Gestorbenen infolge ihrer mangelhaften angeborenen Abwehrkraft gestorben sind. Mommsen hat zweifellos Recht, wenn er die natürlichen Abwehrkräfte hoch bewertet und von der Quantität und Qualität der Infektion nicht alles abhängig gemacht wissen will. Aber gerade bei der hier eingetretenen Tuberkulose übte die Art der Infektion einen größeren Einfluß auf den Ablauf der Erkrankung aus, als wir es sonst zu sehen gewohnt sind. Ich habe das bereits an anderer Stelle ausgeführt, indem ich auf den ungewöhnlichen schnellen Eintritt des Todes in sehr vielen Fällen hinwies, wie wir ihn unter natürlichen Verhältnissen wenigstens bei postnataler Infektion überhaupt nicht kennen. Außerdem aber ist auf die so ungleichmäßige Wirkung der Tuberkelbazillenfütterung zu verschiedenen Zeitperioden aufmerksam zu machen. So sind in dem Zeitabschnitt vom 26. 2. bis 27. 3. 30 von 127 Kindern 60, also rund 50% gestorben, in dem fast gleichlangen nachfolgenden Zeitabschnitt dagegen nur 6 von 120, also 5%, d. h. nur $^1/_{10}$ der vorangegangenen Periode. Man wird aber, wie B. Lange sagt, doch nicht ernstlich behaupten wollen, daß etwa die nach dem 27. 3. geborenen Kinder eine höhere Resistenz gegen die Tuberkulose gehabt haben als die vor diesem Termin geborenen. Es muß also in erster Linie die ungleiche Beschaffenheit der einzelnen Impfstoffzubereitungen verantwortlich gemacht werden. Anzuerkennen bleibt nur, daß diejenigen Kinder, welche einen meist tödlich wirkenden Impfstoff erhielten, aber überlebten, zum mindesten in der Mehrzahl dies ihrer guten Abwehrkraft zu verdanken haben. Bei diesen mag auch das Ausbleiben von Sekundärtuberkulose beachtlich erscheinen. Bei sehr vielen Kindern mit leichten Infektionen wird man sich hierüber nicht wundern dürfen.

Die Beteiligung der

Meningen

an der hämatogenen Aussaat wurde bereits eingangs in ihrem zeitlichen Auftreten besprochen. Vom Obduzenten wurde in 19 Fällen tuberkulöse Meningitis gefunden. Zweimal handelte es sich jedoch um entsprechende Veränderungen erst im Beginn, der Tod war durch Perforationsperitonitis bzw. Verblutung aus einem Darmgeschwür eingetreten. 17mal war die Erkrankung der Meningen letzte Todesursache.

Der Krankheitsverlauf war recht wechselnd. Bei den Kindern des ersten Lebensvierteljahres dauerten die auf Meningitis zu beziehenden Krankheitserscheinungen nur 4—8 Tage. Doch ist hierbei zu bedenken, daß es sich um bereits schwerkranke Säuglinge handelte, bei denen sich die meningealen Erscheinungen aus dem gesamten Krankheitsbild nicht entsprechend herausheben konnten. Die Krankheitsdauer bleibt freilich im Vergleich zu den gewöhnlich angegebenen 3 Wochen auch dann noch eine kurze, wenn wir aus dieser Erwägung heraus einige Tage hinzurechnen. Im übrigen aber wissen wir, daß je jünger die Kinder sind, um so eher mit einem kürzeren Verlauf als der genannten Durchschnittszeit gerechnet werden muß. Engel z. B. berichtet über 10 Fälle mit einer Dauer von 2 Wochen, von denen nur einer die Altersgruppe von 5.—14. Lebensjahr betraf. Wir finden in dieser Hinsicht bereits einen deutlichen Unterschied zwischen der Erkrankung im ersten und zweiten Lebensvierteljahr. Hier betrug die Dauer nämlich, soweit genügende Angaben vorliegen, 13—30 Tage, ja meist die üblichen 18—23 Tage. Dabei handelte es sich doch auch hier zum Teil um Kinder mit sonstigen schweren Veränderungen. Bei einem der älteren Kinder zog sich die Erkrankung 52 Tage hin. Die Größe des meist angetroffenen Hydrozephalus steht nicht in direktem Abhängigkeitsverhältnis von der Krankheitsdauer, sein Umfang war bei den kurzdauernden Fällen mäßig. In einem Falle mit einer Krankheitsdauer von 29 Tagen vergrößerte sich der Kopfumfang auf 52 cm.

Der Beginn der meningealen Krankheitserscheinungen war, wie gesagt, nicht immer präzise festzulegen. Andere Male fiel als erstes Symptom Unruhe, Erbrechen — auch wohl mit vorübergehendem Auftreten dünner Stühle — und Appetitlosigkeit auf. Oft folgten dann sehr schnell Krämpfe, ja dreimal (5, 22, 105) leitete sich die Erkrankung überhaupt akut mit Krämpfen ein, einmal begann die Meningitis mit einer Hemiparese. Auch sonst stand das Krankheitsbild, wie wir das im ersten Lebensjahr so häufig sehen, außerordentlich stark unter dem Zeichen der Krämpfe. Zwei der oben erwähnten Kinder, bei denen die Erkrankung mit Krämpfen einsetzte, behielten sie bis ins letzte Stadium, drei weitere bekamen sie etwas später, aber auch bei ihnen blieb das Krankheitsbild bis zuletzt beherrscht von den Krämpfen. In 7 Fällen (9, 12, 14, 65, 121, 209, 214) fehlten sie lediglich im terminalen Stadium. Auch nach der Aufstellung Engels treten die Krämpfe bei der tuberkulösen Meningitis hauptsächlich auf der Höhe der Erkrankung ein, um dann wieder zu verschwinden.

Die Veränderungen des Liquors wurden, soweit untersucht, in typischer Weise angetroffen, insbesondere Pandysche Reaktion und Pleozytose, niedrigste Zellzahl war 60/3, öfters fanden sich auch 500/3 Zellen, einmal kurz vor dem Tode 816/3, während in einem anderen Fall mit zunehmendem Fortschreiten der Erkrankung die Zellzahl von 650/3 auf 40/3 zurückging. Es handelte sich um den schon erwähnten Fall mit Ausbildung eines hochgradigen Hydrozephalus. Die Züchtung der Tuberkelbazillen aus dem Liquor erwies sich, wie bereits Tiedemann und Hübener berichtet haben, als sehr erfolgreich. Sämtliche 17 Fälle, bei denen die Liquoruntersuchung möglich war, und die bei der Sektion entsprechende pathologisch-anatomische Veränderungen zeigten, hatten ein positives Ergebnis. Darunter befinden sich auch bemerkenswerterweise die Fälle von beginnender tuberkulöser Meningitis, die interkurrent starben (Nr. 105, 123), sowie zwei weitere, deren Liquor erst post exitum entnommen wurde. Das eine Mal wurde eine beginnende lokale tuberkulöse Leptomeningitis des rechten Schläfenlappens bei Mittelohrtuberkulose gefunden, das andere Mal stellte der Obduzent nur über dem rechten Schläfenlappen und an der Konvexität der rechten Hirnhälfte einzelne bis 2 mm im Durchmesser messende grauweißliche Herdchen, sowie glasige Herdchen des Ependyms über dem Kopf des rechten Nucleus candatus fest. Ich hebe diese Sektionsbefunde besonders hervor, weil dadurch am einwandfreiesten dargetan wird, in einem wie frühen Stadium der Meningealerkrankung die Tuberkelbazillen mit dieser Methode nachgewiesen werden können. Im übrigen waren aber auch unter den Fällen mit längerer Krankheitsdauer eine ganze Reihe, bei denen der am 2.—6. Krankheitstage erstmalig gewonnene Liquor bereits ein positives Kulturergebnis zeitigte.

Außer dem Krankheitsbilde der tuberkulösen Meningitis kamen bei den Lübecker Tuberkulosesäuglingen gar nicht selten meningeale Reizerscheinungen zur Beobachtung. Sie bestanden in opistotonischer Haltung des Kopfes, Kernigschem Phänomen, Augenverdrehen, Reflexsteigerung, Berührungsempfindlichkeit und Unruhe. Zuweilen ergab der Liquor in diesen Fällen normalen Befund. Manchmal war jedoch bei negativem Pandy eine geringe Pleozytose von 20/3—30/3 vorhanden. Da auch im Anfangsstadium der tuberkulösen Meningitis nur 30—60/3 Zellen vorkommen können (Engel), war die Differentialdiagnose nicht leicht. Einmal (Nr. 129) wurden in einem solchen Falle post mortem sogar Tuberkelbazillen durch die Kultur im Liquor nachgewiesen. Es ist der einzige, bei dem im Sektionsprotokoll bei positivem Liquorbefund keine tuberkulösen Meningealveränderungen vermerkt sind. Immerhin bestand eine starke Stase der Kapillaren mit lymphozytären Infiltraten der Adventitia der Meningealkapillaren sowie knötchenförmige Bindegewebszellenwucherungen, wenngleich ohne Nekrose und Riesenzellen. Ähnlich war der histologische Befund in einem Fall mit stärkerer Pleozytose (240/3 Zellen) und positiver Pandyscher Reaktion (Nr. 176). Schließlich gab es ein Kind (Nr. 244) mit entsprechendem Liquorbefund, bei dem die Lumbalpunktion noch mehrfach wiederholt wurde, jedoch weiterhin normalen Liquor ergab; hier fand sich bei der Sektion lediglich ein kleiner Solitärtuberkel der rechten Gehirnhemisphäre. Es besteht vielleicht die Möglichkeit, eine Meningitis serosa comitans anzunehmen, wie z. B. Finkelstein bei einem 8 Monate alten Säugling mit erbsgroßem verkästem Tuberkel nahe unter dem Ependym des Seitenventrikels beschrieben hat. Andererseits fehlen bei Hirntuberkeln die meningealen Erscheinungen vielfach.

Von den

übrigen hämatogen erkrankten Organen

ist zu sagen, daß klinisch nur höchst selten metastatische Krankheitsherde im Bereich der Haut, des Unterhautzellgewebes und der Lymphdrüsen beobachtet wurden. Das ist auffällig. Denn gerade bei der generalisierenden Erkrankung des Säuglings zeigt die Haut häufig klinisch erkennbare Herde (Tuberkulide), sie wurden jedoch nur vereinzelt, und zwar in der kleinpapulösen Form bei einigen Säuglingen (Nr. 30 und 52) wenige Tage vor dem Tode an allgemeiner Generalisierung bemerkt. Gewiß ist der Einwand möglich, daß diese unscheinbaren Veränderungen an der Haut leicht übersehen werden können, zumal das Interesse der Ärzte bei der Fülle der Schwerkranken sich auf die Erkrankung der inneren Organe konzentrieren mußte. Es mag also wohl sein, daß die Tuberkulide manchmal der Beobachtung entgangen sind (z. B. Nr. 55). Gleichwohl ist nicht daran zu zweifeln, daß sie insgesamt seltener vorgekommen sind, als wir es sonst bei der Säuglingstuberkulose zu sehen gewohnt sind. Der allgemeinen Erfahrung bei der Tuberkulose dieses Lebensalters entspricht es dagegen, daß Unterhautzellgewebstuberkel, sog. Skrofulodermata, die ja genügend aufdringliche Erscheinungen zu machen pflegen, recht selten gesehen wurden. Sie kamen an der Wange, dem rechten Oberarm und rechten Knie bei einem Kinde in der 34. Lebenswoche (Nr. 41), am Oberschenkel bei einem schwerkranken Kinde in der 13. Woche (Nr. 119) und im Gesicht in der 23. Lebenswoche bei einem mittelschwerkranken Kinde (Nr. 1) vor. Tuberkulöse Erkrankung und Erweichung einer rechtsseitigen Inguinaldrüse trat bei einem Kinde mit primärer Ohrtuberkulose auf. Das Röntgenbild bot zwar später gewisse Anhaltspunkte für einen enteralen Primärkomplex, die Verkalkungen waren aber nicht so deutlich wie bei anderen Kindern. Die Erkrankung braucht danach nicht fortgeleitet, sondern kann auch metastatisch entstanden sein. Bemerkenswert ist, daß dieses Vorkommnis ein Kind betraf (Nr. 178), das wiederholt mit ausgedehnten Ponndorf-Impfungen — auch am rechten Oberschenkel — behandelt wurde.

D. Allgemeine Auswirkungen der Infektionen, sekundäre Veränderungen, Zufallsbefunde, Todesursache.

I. Anatomische Erhebungen.

Die Befunde, die hier zu erörtern sind, sind sehr verschiedener Art. Zu einem Teil haben sie nichts mit den Bedingungen zu tun, die den Erkrankungen von Lübeck ihre besondere Note gegeben haben; das sind die Zufallsbefunde und jene sekundären Veränderungen, die bei jeder Tuberkulose oder abzehrenden Krankheit auftreten können. Zum anderen Teil sind es Erscheinungen, die, wenn auch nicht notwendigerweise mit der Tuberkulose, so doch mit ihrer gastrointestinalen Lokalisation oder damit innig zusammenhängen, daß es sich hier um Säuglinge gehandelt hat.

Auf die Zufallsbefunde näher einzugehen, ist im Rahmen dieser Abhandlung nicht notwendig; nur für einen Befund seien einige Einzelheiten angegeben: für einen halbseitigen Riesenwuchs.

Das Kind, bei dem diese Entwicklungsstörung vorgelegen hat (Nr. 14), war das erste Kind gesunder, je 26 Jahre alter Eltern. Nach ihren Angaben hat es sich um eine Frühgeburt im 8. Schwangerschaftsmonat gehandelt; nach den Aufzeichnungen der geburtshilflichen Station des Allgemeinen Krankenhauses hat das Kind jedoch bis auf ein geringes Untergewicht die Zeichen der Reife aufgewiesen.

Es wog 2650 g, war 50 cm lang und hatte einen Kopfumfang von 31,2 cm. Eine Ungleichheit beider Körperhälften ist bei der Geburt offenbar nicht vorhanden gewesen. Die ersten Zeichen einer solchen sind der Mutter erst in der 2. Lebenswoche des Kindes aufgefallen. Sie gab an, daß der rechte Arm dicker als der linke gewesen sei und in der 6. Lebenswoche wurde von der aus anderen Gründen hinzugezogenen Ärztin (Frau Dr. Degener) ein rechtsseitiger Riesenwuchs festgestellt, dessen Stärke von oben nach unten abnahm. Dieser Befund wurde später immer wieder erhoben und dabei auch darauf hingewiesen, daß die Hautgefäße der rechten Körperhälfte deutlicher sichtbar gewesen seien. Das Kind ist 318 Tage alt geworden und an einer chronischen tuberkulösen Hirnhautentzündung gestorben. Die sonstige Tuberkulose war wenig ausgedehnt, es bestand ein 3facher Primärkomplex: im Dünndarm, im linken Mittelohr und im linken Lungenunterlappen. Der rechtsseitige Riesenwuchs war deutlich vorhanden und in allen Teilen der äußeren Körperform erkennbar: Gesicht, Ohrmuscheln, Hals, Thorax, Bauch und Gliedmaßen. Die rechte Ohrmuschel z. B. war 4,7, die linke 4,3 cm, der rechte Arm, vom vorderen Akromionrand bis zur Spitze des Mittelfingers gemessen war 26,5, der linke 24 cm lang, die Scheitelfußlänge rechts 77,4, links 76 cm. Demgegenüber war an den inneren paarigen Organen ein Unterschied zwischen rechts und links nicht nachweisbar; das Gehirn dagegen zeigte bei gleichmäßig vorhandener basaler Meningitis links einen stärkeren Hydrozephalus als rechts. Offenbar hat die linke weniger stark entwickelte Seite überhaupt eine stärkere Erkrankungsneigung aufgewiesen. Es bestand nämlich außerdem links der Rest einer geburtstraumatischen Vena-terminalis-Blutung; die primäre Infektion war außer im Darm, im linken Mittelohr und in der linken Lunge zum Haften gekommen. An weiteren Fehlbildungen fand sich eine Verwachsung der beiderseitigen 2. und 3. Zehe, eine überzählige rechte Kleinzehe, eine Nebenmilz, eine Andeutung von Uterus arcuatus und ein Coecum mobile.

Weitere Zufallsbefunde waren:

ein angeborener Herzfehler bei einem Kind, das mit 102 Tagen an tuberkulöser Meningitis starb (Nr. 105);

eine postfötale Bronchiektasie bei schwerer Bronchitis und Peribronchitis, wie man sie nach Masern beobachten kann. Das Kind (Nr. 46) starb im Alter von 242 Tagen an Herzinsuffizienz bei starker rechtsseitiger Herzwandhypertrophie mit Dilatation; die Tuberkulose war gering und zeigte vorgeschrittene Abheilungserscheinungen;

eine isolierte keilförmige Myelitis der Medulla oblongata bei chronischer, möglicherweise auf Fruchtwasseraspiration zurückgehender Pneumonie; die Tuberkulose bei diesem, im Alter von 105 Tagen gestorbenen Kind (Nr. 62) war insgesamt gering und stellte einen Nebenbefund dar;

eine lipämische Stoffwechselstörung bei einem 71 Tage alt gewordenen Kind (Nr. 174), die Tuberkulose war ebenfalls nur wenig ausgedehnt und reichte nicht aus, den Tod zu erklären;

eine akute Intoxikation mit Hirnschwellung bei einem 503 Tage alten Kind (Nr. 147); die Tuberkulose war überaus geringfügig (s. Abb. 1);

eine hämorrhagische Diathese bei einem 72 Tage alt gewordenen Kind (Nr. 108) mit großer Milz (60 g) und ausgedehnter extramedullärer Blutbildung; die Tuberkulose war nicht besonders stark.

Alle diese Befunde haben mit der Ingestionstuberkulose nichts zu tun.

An sekundären Erscheinungen war häufig vorhanden:

Hypostase der Lungen mit Bronchitis und unspezifischen Herdpneumonien, Lungenblähung mit interstitiellem Emphysem, rechtsseitige Herzerweiterung mit akuter oder subakuter Stauung, besonders der Bauchorgane, katarrhalische oder eitrige unspezifische Otitis media.

Diese terminalen oder sekundären Veränderungen haben ebenfalls mit der Ingestionstuberkulose als solcher nichts zu tun.

Das gleiche gilt für die pustulösen, furunkulösen, geschwürigen, dekubitalen und sonstigen nichttuberkulösen Entzündungen der Haut.

Wie alle Hautveränderungen waren auch sie pathologisch-anatomisch weniger gut zu beurteilen als klinisch. Es darf deshalb auf die Darlegungen von Prof. Kleinschmidt verwiesen werden. Nur das eine darf noch einmal auf Grund der histologischen Untersuchungen unterstrichen werden, daß die in 6 Fällen (Nr. 9, 10, 60, 93, 124, 129) vorgefundenen perianalen Abszesse und Fistelgänge unspezifischer Natur waren.

Bei den meisten Fällen, die derartige unspezifische Veränderungen der Haut oder des Unterhautzellgewebes aufwiesen, wurden im Leichenblute und in der Milz oder in Ausstrichen verschiedenartige Keime gefunden, darunter Streptokokken, Staphylokokken, Pneumokokken, Kolibazillen und einmal auch Bacillus pyocyaneus. Der Ausgangspunkt dieser Allgemeininfektionen war offenbar bei den meisten Fällen die Haut, in anderen wiederum dürfte es sich um Mischinfektionen der geschwürig zerfallenen tuberkulösen Veränderungen handeln, zumal bei einigen die regionären Lymphknoten (Hals-, mesenteriale und einmal auch retropharyngeale Lymphknoten) vereitert und mischinfiziert waren.

Für die Anämie, die bei den Lübecker Kindern häufig angetroffen wurde, ließe sich immerhin denken, daß die Lokalisation der Tuberkulose im Magendarmkanal besonders begünstigend gewirkt hat.

Unter den 54 selbst untersuchten Fällen wurde sie im Leichenöffnungsbericht 6mal als gering, 32mal als mäßig stark und 7mal als stark bezeichnet. Von den letzteren sind 5 Fälle abzutrennen, weil bei ihnen eine Blutung aus dem Darm (Nr. 84, 105, 112, 117) oder eine hämorrhagische Diathese (Nr. 108) zum mindesten für den besonders hohen Grad der Anämie verantwortlich zu machen war. Ob bei den übrigen Fällen der Grad der Anämie durchschnittlich höher lag, als bei der Spontantuberkulose der Säuglinge mit überwiegend in der Lunge lokalisiertem Primärkomplex, wagen wir auf Grund der Leichenöffnungsbefunde nicht zu entscheiden. Es darf hier auf die klinischen Ausführungen verwiesen werden. Zweifellos ist aber die Resorption blutschädigender Zerfallsstoffe bei der Tuberkulose des Verdauungskanals besonders groß.

Eine enterogene hyperchrome Anämie wurde bei den verstorbenen Lübecker Kindern nicht beobachtet, obwohl leichte Stenosen und einmal auch ein ausgesprochener Stenoseileus vorhanden gewesen waren.

Überaus häufig waren die toxischen Schädigungen der Parenchyme.

Auch wenn keine Allgemeininfektion nachweisbar war, waren sie vorhanden. Durchschnittlich am schwersten war die Leber geschädigt, und das scheint wiederum darauf hinzuweisen, daß für diese sekundären Veränderungen die schwere Erkrankung des Pfortaderquellgebietes von besonderer Bedeutung gewesen ist. Eine Verfettung der Leber lag in 27 oder 50% der Fälle vor. Darunter 13mal oder in 24% unter dem Bilde der ausgesprochenen Fettleber. Seltener war eine isolierte Verfettung der Sternzellen, und nicht unerwähnt bleibe auch die Beobachtung, daß die Sternzellen in einem Fall, bei dem aus therapeutischen Gründen Tierkohle per os verabreicht worden war (Nr. 48), Kohlepigment enthielten. Eine einmalige Beobachtung betrifft einen Stauungsikterus, der durch Kompression des Ductus choledochus durch die anliegenden stark vergrößerten und verkästen Lymphknoten der Leberpforte und der Gegend des Pankreaskopfes hervorgerufen war (Nr. 125).

Weniger häufig waren in den Nieren und am Herzen Parenchymschädigungen nachweisbar. Es fand sich in 15 Fällen (28%) eine albuminös-körnige Degeneration der Epithelien der Hauptstücke, darunter einmal mit hyalin-tropfiger Entartung und 7mal (13%) eine fleckige Verfettung des Herzmuskels. In einem Fall lagen feinfleckige Herzmuskelnekrosen ohne zellige Reaktion vor.

Schließlich sei noch die nicht selten vorhanden gewesene Hirnschwellung als toxische Schädigung erwähnt.

Am Zustandekommen dieser toxischen Parenchymschädigungen haben verschiedenartige Momente mitgewirkt: die Zerfallstoxine der Tuberkelbazillen, die Gewebszerfallsstoffe aus den geschwürigen tuberkulösen Veränderungen, die Mischinfektionen und schließlich auch die Autointoxikation, die aus Ernährungsstörung, Ileus und Durchwanderungs- oder Perforationsperitonitis entstanden ist.

Wieweit eine primäre Ernährungsstörung bei den verstorbenen Kindern vorgelegen hat, ist anatomisch unmöglich mit Sicherheit zu entscheiden. Wir können nur sagen, daß wir die Zeichen, die bei ihr anatomisch vorzuliegen pflegen, sehr häufig gefunden haben: die fahle Blässe der Darmwand, die Mazeration der Darmschleimhaut, die starke Andauungsfähigkeit des Dünndarminhaltes, wie sie sich an der schnellen Andauung auch des Gekröses verrät, den uneingedickten Dickdarminhalt, die Austrocknung der Körpermuskulatur, die eigenartige Hyperämie der knorpelnahen Knochenmarksabschnitte u. a. Aber alle diese Zeichen können ebensogut die Folgen der geschwürigen Darmtuberkulose und der sich daraus ergebenden Resorptionsstörung sein.

Ein Ileus war in 41 Fällen oder 76% der verstorbenen Kinder in mehr oder weniger deutlicher Weise sichtbar, sofern man darunter überhaupt Entleerungsstörungen des Darms versteht. Der Leib war, wenn auch postmortal verstärkt, in diesen Fällen durch die unter Umständen sehr stark geblähten Darmschlingen aufgetrieben. Zum größten Teil lag diesem Meteorismus eine Lichtungseinengung zugrunde, die ihrerseits häufiger durch Verklebungen und Verwachsungen mit Knickung des Darmes (Adhäsionsileus), als durch tuberkulöse Geschwüre selbst (Strikturileus) verursacht war. Dennoch war der letztere nicht selten; dabei fanden sich sowohl spastische Kontrakturen der Darmwand im Bereich nicht zirkulärer Geschwüre, als auch ringförmige Versteifungen der Wand durch die tuberkulösen Gewebsveränderungen, sowie narbige Schrumpfungen. Auf die Einzelbefunde sind wir weiter oben schon eingegangen, insbesondere auch auf die chronische Form des Stenoseileus. Zu diesen mechanischen Behinderungen der Darmentleerungen kamen weiterhin paralytische und paretische Störungen, insonderheit die Lähmung der Darmwand bei unspezifischer eitrig-fibrinöser Durchwanderungs- oder Perforationsperitonitis. Die erstere lag 3mal (Nr. 5, 60, 128), die letztere 5mal (Nr. 55, 98, 123, 192 aus perforierten Darmgeschwüren und Nr. 188 aus Perforation vereiterter mesenterialer Lymphknoten) vor.

Die Stärke all dieser Schädigungen auf den Gesamtorganismus drückt sich am deutlichsten in den Ziffern des letalen Körpergewichtes aus.

Tabelle 7.

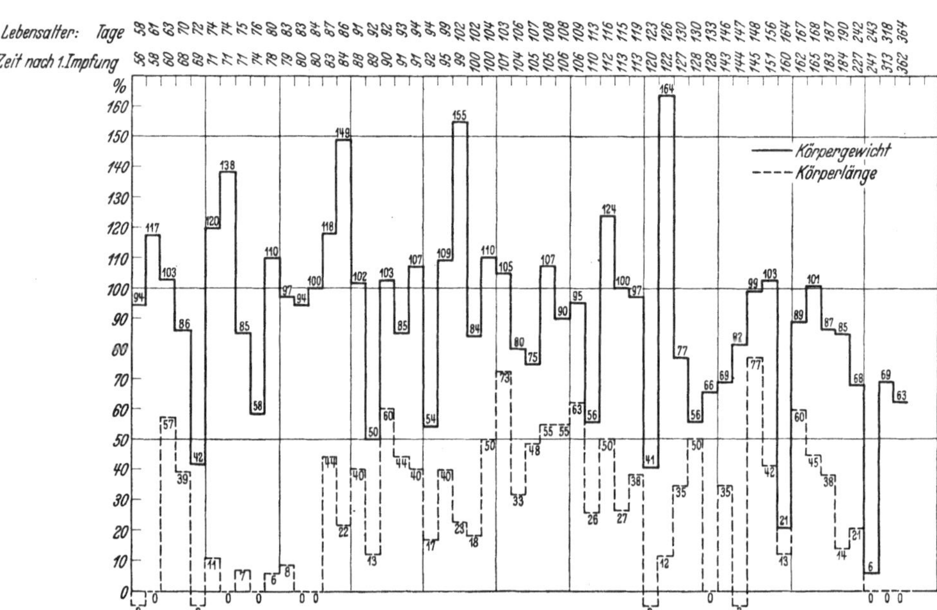

Tabelle 7 gibt darüber Auskunft, wie groß die prozentuale Einbuße an Gewichtszuwachs zur Zeit des Todes gewesen ist. Bei der Errechnung der Werte wurde von einem Sollwert ausgegangen, der nach der Pirquet-Kammererschen Tabelle, die von Kornfeld überarbeitet wurde, Kindern bestimmten Alters zukommt (s. Brock). Die gefundene Einbuße beträgt bei 21 Kindern oder 40% der Fälle 100 bis maximal 164%, d. h. das Körpergewicht war bei diesen Kindern nicht höher oder aber niedriger als das Geburtsgewicht. Bei den übrigen Fällen ist die Einbuße an Gewichtszuwachs geringer. Die Tabelle 7 drückt nur in Zahlen den Grad der Abzehrung aus, der zur Zeit des Todes angetroffen wurde. Welche der oben genannten Schädigungen diese Einbuße an Gewicht oder an Gewichtszuwachs verursacht haben, verrät sie nicht. Vor allem gibt sie auch keine Auskunft darüber, innerhalb welcher Zeit sich die Einbußen eingestellt haben. Hinsichtlich dieses Punktes darf auch auf die klinischen Ausführungen verwiesen werden.

Die Einbuße an Längenwachstum ist wesentlich geringer.

Sie wurde in der gleichen Weise errechnet, wie die Einbuße an Gewicht, d. h. an Hand der Sollwerte der Pirquet-Kammerer-Kornfeldschen Tabelle. Schwierigkeiten bereiteten jedoch diejenigen Fälle, die mit einer über 50 cm liegenden Geburtslänge zur Welt gekommen waren. Im Schrifttum finden sich, soweit wir es überblicken, keine Erfahrungen darüber niedergelegt, wie sich solche

Kinder hinsichtlich ihres prozentualen Monatszuwachses verhalten. Die Geburtslänge unserer Kinder, auf die sich Tabelle 7 bezieht, war in 3 Fällen 49, in 19 Fällen 50, in 14 Fällen 51—53 und in 17 Fällen 54—56 cm. Bei allen in Tabelle 7 enthaltenen Werten ist jedoch von einer Geburtslänge von nur 50 cm ausgegangen worden. Die errechnete Zuwachseinbuße ist also zweifellos für 31 Fälle zu niedrig. Insonderheit gilt das für 5 Fälle mit einer Geburtslänge von 56 cm. Bei 4 von diesen haben wir es deshalb vorgezogen, die Zuwachsminderung als fraglich zu bezeichnen. Obwohl Tabelle 7 also zweifellos ein zu günstiges Bild der Wachstumsverzögerung wiedergibt, ist immerhin noch bei 25 von 53 Kindern oder in 47% eine Zuwachsminderung von 33 bis maximal 77% vorhanden gewesen. Am deutlichsten ist diese Minderung bei den Kindern ausgeprägt, die im Alter von 87—119 Tagen verstorben, also 3—4 Lebensmonate alt geworden sind. Hiernach scheint es, als ob der Wachstumsantrieb erst nach einer gewissen Zeit eine Einbuße erleidet, einer Zeit, die aber offenbar länger ist, als die Inkubationszeit der anatomischen Veränderungen. Hinsichtlich der Wachstumsverhältnisse für die Zeit jenseits des Säuglingsalters darf auf die klinischen Beobachtungen von Prof. Kleinschmidt verwiesen werden.

Einen wie großen Anteil an diesen Wachstumseinbußen gerade die intestinale Lokalisation der Tuberkulose gehabt hat, ist schwer zu sagen. Es ist bekannt, daß jede mit Abzehrung einhergehende Krankheit auch das Längenwachstum der Säuglinge hemmend beeinflußt. Nach Kornfeld kommt jedoch der intestinalen Tuberkulose und vor allem auch der Bauchfelltuberkulose eine besonders starke entwicklungshemmende Bedeutung zu, und zwar nicht nur, wenn sie im Säuglingsalter, sondern auch, wenn sie jenseits dieser Zeit auftritt. Die in Tabelle 7 wiedergegebenen Zahlen sind Daten, die erst im Vergleich mit den Beobachtungen an einer größeren Reihe primär-pulmonal infizierter Säuglinge etwas darüber auszusagen vermögen, ob der intestinalen Lokalisation der Tuberkulose für das Wachstum eine größere hemmende Bedeutung zukommt oder nicht.

Als letztes sei noch kurz über die unmittelbare Todesursache bei den verstorbenen Kindern berichtet.

Es starben: an der allgemeinen Ausbreitung der Tuberkulose 21; an tuberkulöser Hirnhautentzündung 17 (bei 19 Fällen mit Meningitis überhaupt; die zwei übrigen Fälle starben an Darmblutung und Perforationsperitonitis); an Ileus 12 (Adhäsionsileus 11, Obturationsileus 1); an Durchwanderungs- oder Perforationsperitonitis bei ziemlich ausgedehnter Gesamttuberkulose 8; an Verblutungsanämie 4; an unspezifischer sekundärer Allgemeininfektion bei ziemlich ausgedehnter Generalisationstuberkulose 3; an Komplikationen bei nur geringfügiger Tuberkulose (Intoxikationen, lipämischer Stoffwechselstörung, Streptokokkensepsis, chronischer Pneumonie mit Myelitis, Bronchiektasen, Pylorospasmus) 6.

II. Klinische Allgemein- und Folgeerscheinungen der Tuberkuloseerkrankung.

Das erste klinische Symptom stattgehabter Tuberkuloseinfektion ist nach den Beobachtungen von H. Koch das Auftreten eines Fiebers von unregelmäßigem Typus und 6—12tägiger Dauer. Er fand dies in Fällen mit bekanntem Infektionstermin gleichzeitig mit dem Auftreten der kutanen Tuberkulinempfindlichkeit und fühlte sich berechtigt, da trotz genauester Untersuchung irgendeine Erkrankung nicht festzustellen war, das Fieber in ätiologischen Zusammenhang mit der Tuberkulinreaktion zu bringen. H. Koch schlug den Namen Initialfieber der Tuberkulose vor. In der Folge ist die Frage des Initialfiebers vielfach diskutiert worden (s. Handbuch der Kindertuberkulose von Engel und Pirquet, Bd. 1). Es herrscht heute Einigkeit darüber, daß es keine regelmäßige Folgeerscheinung der Tuberkuloseinfektion darstellt. Wenn es aber vorhanden ist, so bestehen Zweifel bezüglich seiner Deutung. Während H. Koch die Erklärung in dem plötzlichen und starken Ansteigen der Tuberkulinempfindlichkeit sieht, möchte Epstein die um diese Zeit schon auftretenden lokalen Tuberkulosesymptome von seiten der Lunge verantwortlich machen. Nach eigener Beobachtung habe ich mir folgende

Vorstellung gebildet: Das Fieber ist gewiß so, wie es Epstein will, Effekt des entstandenen Primärkomplexes, aber es tritt speziell bei solchen Kindern auf, die eine starke Reaktionsfähigkeit im Sinne perifokaler Entzündung um den tuberkulösen Krankheitsherd und in Parallele hierzu eine hohe Tuberkulinempfindlichkeit aufweisen. Es sind das dieselben Kinder, die unter Umständen um die gleiche Zeit ein Erythema nodosum bekommen (Wallgren). Nur systematische Röntgenkontrolle bringt bei aerogener Infektion Aufklärung über diese Verhältnisse, und selbst diese kann versagen, da sich immerhin hinter dem Herzgefäßschatten vieles verbergen kann, mehr als man sich gewöhnlich vorstellt. Die Lokalisation der Erkrankung in den Halsdrüsen bzw. dem Mittelohr bei zahlreichen Lübecker Säuglingen erschien geeignet, diese Beobachtungen zu erhärten oder zu entkräften, die Lokalisation im Abdomen allerdings erschwerte die Beurteilung noch mehr als die unter natürlichen Infektionsbedingungen gewöhnliche in der Lunge. Jedenfalls aber war die Voraussetzung des genau bekannten Infektionstermins gegeben, die sonst so selten vorhanden ist. Viele im Privathaus behandelte Kinder sind freilich nicht regelmäßig gemessen, die Entwicklung ihrer Tuberkulinempfindlichkeit nicht genau beobachtet worden. Immerhin kann soviel gesagt werden, daß es nicht wenige Kinder gab, bei denen bis zum Auftreten der erstmalig positiven Perkutanreaktion weder Krankheitserscheinungen noch Fieber bemerkt wurden und auch in der Folgezeit noch längere Zeit oder ganz ausblieben. Das würde ja mit der bereits erwähnten Erfahrung in Einklang stehen, daß das sog. Initialfieber kein regelmäßiges Vorkommnis ist. Die Beobachtung einzelner Kinder, die von der ersten Lebenszeit an in klinischer Beobachtung regelmäßig gemessen wurden und bei der erstmalig positiven Intra-, aber auch Perkutanreaktion keinerlei Temperaturerhöhung zeigten, erhärtet diese aus der Literatur bereits hinlänglich bekannte Tatsache noch weiterhin (Nr. 1, 87, 145, 193, 247, 249, 250). Ein Kind hatte zwar um die Zeit, wo andere bereits positive Perkutanreaktion aufwiesen, Fieber, aber sogar die Intrakutanreaktion mit 1 mg Alttuberkulin war noch negativ, und das Fieber konnte durch einen Katarrh der oberen Luftwege ausreichend erklärt werden (Nr. 22 Abb. 58). Andere (Nr. 93, 100) hatten bei gleichfalls bestehendem Katarrh wenigstens positive Intrakutanreaktion, es dürfte aber auch hier nicht angängig sein, einen Zusammenhang des Fiebers mit der Entwicklung der Tuberkulinempfindlichkeit anzunehmen. Mit der positiven Perkutanreaktion zusammentreffende Temperaturerhöhungen ohne klinische Erscheinungen irgendwelcher Art sind mir nur in 2 Fällen bekannt geworden. Das eine Mal (Nr. 244) folgten der in der 5. Lebenswoche positiven Perkutanreaktion an 3 Tagen kleine Temperaturerhebungen auf 37,6—37,9°, das andere Mal (Nr. 173) waren mehrere Wochen ebenfalls subfebrile Temperaturen vorhanden, und um diese Zeit (12. Woche) wurde die in der 7. Woche noch negative Perkutanreaktion positiv. Beide Male folgten jedoch sehr bald deutliche Tuberkulosemanifestationen. Gewöhnlich wurde die Tuberkulinreaktion erst angestellt, wenn solche schon vorhanden waren, also speziell Halsdrüsenschwellungen oder Ohrlaufen. Das hiermit auftretende Fieber, das wiederum keineswegs regelmäßig gefunden wurde, war zweifellos in der Regel — wenn auch keine Dauermessungen vorlagen — das erste, welches sich bei diesen jungen Säuglingen einstellte. Unter diesen Umständen bin ich wiederum — auch bei den Lübecker Kindern — zu der Auffassung gelangt, daß das sog. Initialfieber durch die allergische Umstimmung des Organismus als solche nicht erklärt wird. Vielmehr sind am Ende des Inkubationsstadiums der

Tuberkulinempfindlichkeit die durch die Tuberkuloseinfektion hervorgerufenen anatomischen Veränderungen vielfach bereits soweit vorgeschritten, daß sie allein das Fieber zur Genüge erklären. Manchesmal, wenn sich die Generalisierung alsbald an die Ausbildung des Primärkomplexes anschließt, ist es so, daß das um diese Zeit aufgetretene Fieber gar nicht wieder aufhört, sondern bis zum Tode anhält. Epstein hat nicht mit Unrecht erklärt, daß unter solchen Verhältnissen eher von Terminalfieber als von Initialfieber gesprochen werden könne. Andere Male aber bildet sich das Fieber nach einer kürzeren oder längeren Periode wieder zurück. Zu erklären bleibt also lediglich, warum die ersten Tuberkulosemanifestationen manchmal mit, manchmal ohne Fieber einhergehen, und warum das Fieber schon relativ bald, jedenfalls lange vor der Ausheilung der Erkrankung wieder aufhört. Wie schwierig es ist, hierauf eine plausible Antwort zu geben, geht daraus hervor, daß zuweilen eine schwere, sogar zum Tode führende Tuberkuloseerkrankung ganz oder fast ganz fieberlos verläuft. Wir fanden diese Beobachtung auch wieder in Lübeck bestätigt. So verlief z. B. eine sich über 52 Tage erstreckende Meningitis fast fieberlos (Nr. 12), mehrere Kinder mit generalisierter Tuberkulose (Nr. 116, 57) auch mit gleichzeitiger diffuser, tuberkulöser Bauchfellentzündung (Nr. 60) hatten kaum Temperaturerhöhung. Auf der anderen Seite gab es genug tödliche Krankheitsfälle mit schwerem re- und intermittierendem Fieber auch von beträchtlicher Dauer. Die Fieberreaktion ist also bei scheinbar einander durchaus entsprechenden pathologisch-anatomischen Veränderungen sehr verschieden. Epstein hat die Meinung ausgesprochen, daß gerade bei den Fällen von Säuglingstuberkulose im ersten Lebenshalbjahre, welche sehr rasch zur Generalisierung führen, ein Initialfieber fehlt. Das kann ich insofern nicht bestätigen, als wir in Lübeck nicht wenige Säuglinge mit günstigem Ausgang der Erkrankung ohne Initialfieber gesehen haben. Wir haben offenbar Reaktionsunterschiede sowohl in gutartigen wie in bösartigen Krankheitsfällen. Meine Hypothese, die sich auf Beobachtungen bei aerogener Infektion stützte, daß dieser Reaktionsunterschied auch anatomisch in dem Auftreten einer perifokalen Entzündung zum Ausdruck kommt, hat sich jedoch bei den hier vorliegenden Fällen von Ingestionstuberkulose nicht bestätigen lassen.

Mit dem Initialfieber des öfteren verbunden ist nach Wallgrens bereits erwähnten Studien das Erythema nodosum. Es ist jedoch im Säuglingsalter äußerst selten und dementsprechend auch in Lübeck nicht beobachtet worden. Wallgren spricht in diesem Zusammenhange von dem andersartigen Allergiezustande dieser Altersklasse und hebt hervor, daß Säuglinge auch selten eine hohe Tuberkulinempfindlichkeit aufweisen. Die von M. Böcker in Lübeck ausgeführten quantitativen Bestimmungen der intrakutan nachweisbaren Tuberkulinempfindlichkeit sprechen allerdings nicht in diesem Sinne. Die Gründe der im Säuglingsalter fehlenden Disposition, die wir in gleicher Weise bei den Phlyktänen kennen, müssen in anderen, uns vorläufig noch unbekannten Momenten gesehen werden. Die von Uffenheimer und Kundratitz beschriebenen masern- bzw. rötelnartigen Frühexantheme betreffen ebenfalls ältere Kinder. Das Zusammentreffen mit dem Stadium der beginnenden Tuberkulinempfindlichkeit wird übrigens von Epstein angezweifelt, und Viethen bringt ein Beispiel von sicher späterem Auftreten. In Lübeck wurde derartiges in der Tat erst im weiteren Verlauf der Erkrankung beobachtet (Nr. 33, 44, 131, 230); 2mal relativ früh (84, 120), nämlich in der 5. bzw. 7. Woche. Immerhin bestanden auch hier schon deutliche Tuberkulosemanifestationen. Die nicht unähnlichen Exantheme bei Meningitis (Schick) wurden ebenfalls ein paarmal gesehen (Nr. 51, 5).

Für gewöhnlich fielen die schwerkranken Säuglinge durch ihre blasse Farbe auf, ja es war vielfach ein eigenartiges graublasses Kolorit vorhanden, wie wir es in ähnlicher Weise bei Säuglingen mit alimentärer Intoxikation kennen. Es ist hier ebenfalls als toxisches Symptom zu werten und war meist ein Signum mali ominis. Doch haben auch solche schwergeschädigten Säuglinge die Krankheit überstanden (Nr. 33, 211, 216). Nicht immer, aber vielfach war zugleich eine echte Anämie vorhanden. Ich will hier nicht von den leichten Senkungen des Blutfarbstoffs und der roten Blutkörperchen sprechen, andererseits auch solche Anämien unerörtert lassen, die sich an schwere Darmblutungen anschlossen oder offensichtlich in Zusammenhang mit interkurrenten Infekten oder durch Eitererreger bedingten Komplikationen standen, sondern nur die durch die Tuberkulose selbst hervorgerufene Anämie berücksichtigen. Es ist bekannt, daß Tuberkulose keineswegs häufig zu einer nennenswerten Anämie führt. Nach eigenen Untersuchungen aus früherer Zeit sind es noch am ehesten solche Krankheitsfälle, die mit ausgedehnter Drüsenverkäsung einhergehen. Gerade diese aber wurden ja in Lübeck in großer Zahl angetroffen. Die Anämie entwickelte sich, wenn überhaupt, innerhalb sehr kurzer Zeit, so daß in der 8.—14. Lebenswoche Hämoglobinwerte bis herab zu 40% gefunden wurden. Es waren durchweg Säuglinge mit 2, 3 oder 4 verschiedenen Primärkomplexen und starker Drüsenverkäsung, die erst wenige Wochen krank waren. Vielfach folgte eine allgemeine Generalisierung; doch war die Anämie offenbar nicht die Folge dieser allgemeinen Verbreitung der Tuberkulose. Vielmehr entwickelte sie sich mit der akuten Ausbildung der schweren lokalen Krankheitserscheinungen und konnte sich dementsprechend auch in den gut ausgehenden Fällen allmählich wieder zurückbilden (z. B. Nr. 1, 91, 61, 131, 193, 109). Offenbar war es die mit der schnellen Entwicklung der Krankheitsherde und ihrem teilweise ebenso schnellen Zerfall verbundene starke Überschüttung des Organismus mit Toxinen und Zerfallstoffen, welche das erythropoetische System beeinträchtigte. In diesem Sinne sprach auch der gerade bei solchen Kindern oftmals angetroffene Meningismus. Wurde dieser erste schwere Angriff auf den Organismus abgewehrt, dann wurden die späteren, langwierigen Krankheitsprozesse ohne besondere Schädigung des roten Blutes ertragen. Mit der Herabsetzung des Hämoglobingehaltes war meistens, wenn auch in geringerem Ausmaße eine Verminderung der Erythrozytenzahl verbunden, auch die üblichen Veränderungen an den Erythrozyten, Polychromasie, Poikilozytose und Anisozytose waren vorhanden. Selten wurden einige Normoblasten gefunden.

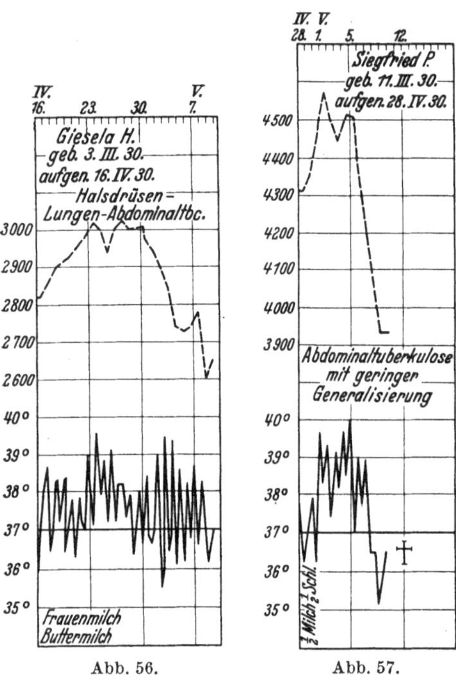

Abb. 56. Abb. 57.

Über die Gewichtsverhältnisse der tuberkulosekranken Säuglinge habe ich mich schon an anderer Stelle geäußert. In zahlreichen tödlich endenden Fällen kam es nach anfänglich gutem und auch noch während der Erkrankung fortschreitendem Gedeihen zu einem mehr oder weniger starken finalen Gewichtssturz (siehe Abb. 56 und 57). Einige Male wurde in den letzten Tagen noch Gewichtszunahme vorgetäuscht durch Ödeme oder Exsudat. Vermißt wurde der Gewichtsabfall verständlicherweise, wenn der Tod vorzeitig durch eine plötzliche Blutung herbeigeführt wurde. Immerhin konnte ein Gewichtsabfall, auch schon ein längerer Gewichtsstillstand — natürlich mit gewissen Schwankungen der Gewichtskurve — vorangehen, ja, der letzte Gewichtsabfall blieb sogar aus. Im ganzen war aber das Verhalten so, wie wir es auch unter natürlichen Infektionsbedingungen im Säuglingsalter, vor allem im ersten Halbjahr kennen: das Gewichtswachstum wurde lange Zeit bei doch immerhin schon ausgedehnten anatomischen Veränderungen auffallend wenig beeinträchtigt und erst zum Schluß trat ein um so stärkerer schneller Verfall ein. Sogar bei bestehender Meningitis ist noch gelegentlich Gewichtszunahme eingetreten. Eine Ausnahme nur muß ich erwähnen, nämlich die Krankheitsfälle mit schwerem chronischem Ileus. Hierbei kam es schon frühzeitig zu starker Abmagerung, gefördert vor allem durch immer wiederkehrendes Erbrechen, während bei chronisch intermittierendem Ileus den anfallsweise auftretenden Krankheitserscheinungen entsprechend, Perioden von Gewichtsabnahme und Zunahme wechselten.

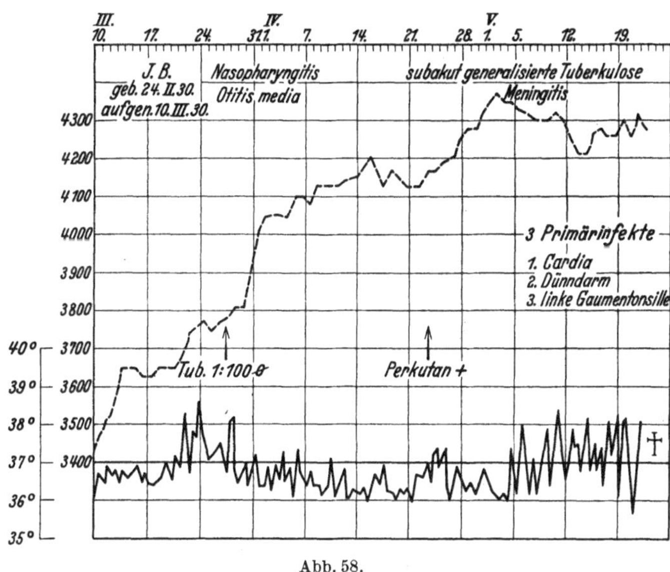

Abb. 58.

Der erwähnte typische Gewichtsverlauf muß offenbar aus der starken Wachstumstendenz des jungen Säuglings erklärt werden. Wir sehen ihn demgemäß in gleicher Weise bei künstlichen Infektionen des neugeborenen Meerschweinchens (Kleinschmidt). Von dem finalen Gewichtssturz abgesehen ist Gewichtsstillstand und Abnahme im wesentlichen nur zu erwarten, wenn die Ernährung, sei es nun infolge Appetitlosigkeit bei Fieber oder infolge Erbrechens auf Schwierigkeiten stößt oder wenn stärkere Verluste infolge Durchfalls auftreten. Aus solchen Gründen ist auch bei einer ganzen Reihe überlebender Kinder Hemmung des Gewichtswachstums vorübergehend eingetreten (siehe Abb. 59 und 60).

Über das Längen- und Gewichtswachstum der überlebenden Kinder in späterer Zeit bin ich durch Untersuchung einer größeren Gruppe von Kindern (124) im Alter von $2^1/_2$ Jahren bis $3^3/_4$ Jahren unterrichtet. Die Messungen fielen im ganzen günstig aus. Vielfach wurden die Durchschnittszahlen nach der für norddeutsche Kinder berechneten Tabelle von Adam deutlich überschritten und die genauere Analyse der Krankheitsverhältnisse bei den untermaßigen und untergewichtigen Kindern ergab für gewöhnlich besondere in der Konstitution der Kinder gelegene Gründe.

Im einzelnen ist zu berichten, daß unter den erwähnten 124 Kindern — es handelte sich um solche, deren Begutachtung durch mich gewünscht wurde — 33 Kinder, also mehr als $^1/_4$ die Durchschnittsmaße ihrer Altersgenossen an Länge und Gewicht übertrafen, während 35 Kinder diese Maße unterschritten. Bemerkenswerterweise fanden sich nun unter den gutentwickelten Kindern eine beträchtliche Zahl, nämlich fast die Hälfte, die im Säuglingsalter eine mittelschwere, ja schwere Erkrankung durchgemacht hatte, und umgekehrt waren unter den Kindern mit deutlicher Rückständigkeit an Körperlänge und Gewicht noch nicht $^1/_3$, bei denen eine ernstere Tuberkuloseerkrankung vorgelegen hatte. Ist hieraus bereits zu schließen, daß die Unterschiede in der körperlichen Entwicklung keineswegs ohne weiteres auf das Konto der Tuberkulose gesetzt werden dürfen, daß vielmehr eine durch die Erkrankung herbeigeführte Hemmung der Entwicklung verhältnismäßig schnell wieder ausgeglichen werden kann, so wird das noch deutlicher, wenn man sich näher mit den untermaßigen Kindern beschäftigt. Mehrfach handelte es sich um auffallend zierliche Kinder aus einer entsprechend zierlich gebauten Familie, andere Male bestanden aufdringliche angeborene Fehler, so einmal Ichthyosis congenita, einmal angeborene Thymushyperplasie, 2 Kinder litten an Epilepsie. 3 Kinder wiesen ausgesprochene Erscheinungen von Rachitis auf, die übrigen zeigten konstitutionelle Anomalien im Sinne der exsudativen Diathese und Neuropathie, vielfach auch beides gleichzeitig. Da waren also eine Reihe von Kindern, die allerlei Erkrankungen infolge ihrer katarrhalischen Anfälligkeit durchgemacht hatten oder zu durchfälligen Stühlen neigten, auch die bekannten geschmacksüberempfindlichen und schwachen Esser fehlten nicht. Wir wissen aber, wie gerade solche Kinder häufig in ihrer Entwicklung rückständig bleiben. Nun waren gewiß auch in der Gruppe der übermaßigen Kinder solche mit exsudativen oder nervösen Erscheinungen, aber nicht annähernd in der Häufigkeit wie unter denjenigen mit rückständiger Entwicklung, bei denen mit großer Regelmäßigkeit

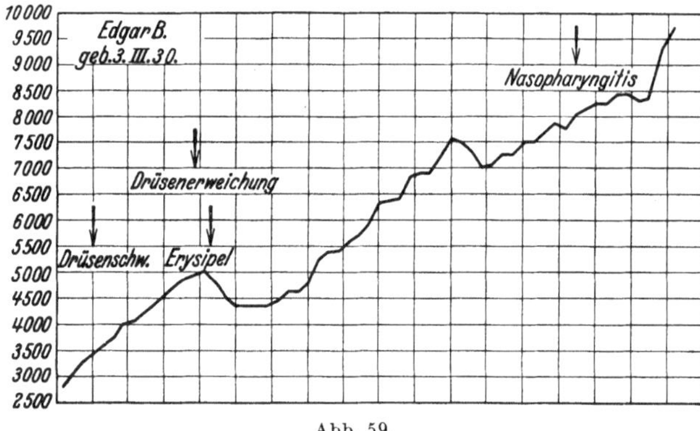

Abb. 59.

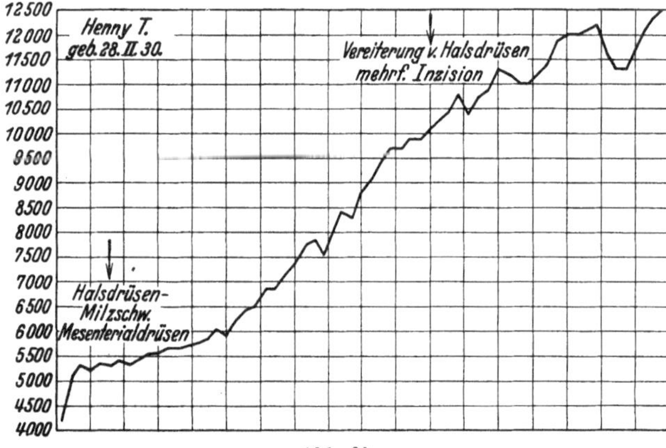

Abb. 60.

konstitutionelle Besonderheiten zu finden waren. Das schließt natürlich nicht aus, daß bei einzelnen Kindern die Tuberkuloseerkrankung selbst oder von ihr abhängige Erkrankungen, wie langdauernde Pyodermien, Drüseneiterungen, Erysipel usw. mitgewirkt haben, wenn noch im Alter von $2^1/_2$—$3^3/_4$ Jahren rückständige Entwicklung festgestellt wurde.

In der Literatur ist wiederholt der Zusammenhang zwischen disproportioniertem Wachstum und Tuberkulose erörtert worden.

So hat Söderstrom bei Nachuntersuchungen von 63 Kindern, die im Alter von weniger als 2 Jahren schon tuberkulinpositiv waren, festgestellt, daß zwar im allgemeinen die übliche Entwicklung des Kindes durch die tuberkulöse Antibiose nicht nennenswert störend beeinflußt war, daß aber eine etwaige Beeinflussung des Gedeihens sich am ehesten in Gestalt eines etwas gesteigerten Wachstums und etwas niedrigeren Gewichts ausdrückte. Die Nachuntersuchungen fanden durchschnittlich mit $10^1/_2$ Jahren statt. Sie lassen sich in Parallele setzen zu Messungen, die Peiser an Kindern vorgenommen hat, deren Vater oder Mutter während des 1. oder 2. Lebensjahres ihres Kindes an Tuberkulose gestorben waren. Denn man darf annehmen, daß diese Kinder ebenfalls früh infiziert worden sind. Peiser berechnete bei seinen Nachuntersuchungen den sog. Pignet-Index, der dadurch erhalten wird, daß man von der Ziffer der Körperlänge die Summe der Ziffern von Brustumfang und Körpergewicht subtrahiert. Er gibt die Möglichkeit, den Leptosomentyp von dem Mitteltyp und dem pyknischen Typ zahlenmäßig zu sondern. Bemerkenswerterweise stellte sich nun heraus, daß bei dem Nachwuchs der tuberkulösen Eltern die Zahl leptosomer Typen sogar etwas geringer ist als bei gleichaltrigen Kindern des gleichen Milieus.

Die von mir beobachteten Kinder befanden sich noch in jüngerem Alter, sind also nicht ohne weiteres mit den von Söderstrom und Peiser untersuchten Kindern zu vergleichen. Andererseits sind sie bereits als Neugeborene infiziert worden, die Einwirkung der Tuberkulose war also, soweit sie in dieser Hinsicht überhaupt in Frage kommt, sehr frühzeitig gegeben. Ich fand, daß übermäßiges Gewicht im Vergleich zur Körperlänge häufiger war, nämlich bei 25 Kindern, als das umgekehrte Verhältnis, das sich nur bei 15 Kindern ergab. Zieht man die Parallele zur Schwere der durchgemachten Tuberkuloseerkrankung, so widersprechen die Ergebnisse, ähnlich wie wir es bereits für die oben einander gegenübergestellten Kindergruppen gesehen haben, dem, was man vielleicht a priori erwarten möchte. Unter den Kindern mit verhältnismäßig großem Körpergewicht fand sich mehr als die Hälfte, die eine mittelschwere oder schwere Tuberkuloseerkrankung überstanden hatte, von den Kindern mit verhältnismäßig großer Körperlänge hatte fast $^3/_4$ nur eine leichte Erkrankung durchgemacht. Es ist also nicht möglich, die Tuberkulose für ein im Vergleich zum Körpergewicht gesteigertes Längenwachstum verantwortlich zu machen. Die Analyse der Einzelfälle läßt vielmehr auch hier die Bedeutung der angeborenen Anlage und der auf eben dieser Veranlagung beruhenden interkurrenten Schäden erkennen. Das verhältnismäßig häufige Überwiegen des Körpergewichtes über die Körperlänge dürfte zum Teil mit dem Bestreben, die Nahrungszufuhr bei den kranken Kindern möglichst reichlich zu gestalten, in Zusammenhang stehen, ist aber bei diesen noch jungen Kindern ohnehin eher zu erwarten als bei älteren. Im übrigen liegen jedoch offensichtlich bei älteren tuberkulösen Kindern die Verhältnisse durchschnittlich nicht anders als bei jüngeren. Ich verweise auf die Untersuchungen Duddens an meiner Hamburger Klinik, der nicht infizierte, okkult tuberkulöse und tuberkulosekranke Kinder bezüglich Länge und Gewicht miteinander verglich und — von durch fortgeschrittene Erkrankung kachektischen Individuen abgesehen — keine nennenswerten Unterschiede aufdecken konnte.

Gehen wir zur Besprechung weiterer Folgeerscheinungen über, so nahmen in der Klinik, insbesondere der schweren Krankheitsfälle einen großen Platz diejenigen ein, die wir auf die durch die Tuberkuloseerkrankung herabgesetzte Resistenz zurückführen müssen.

Ich nenne das häufige Auftreten von Soor auf der Mundschleimhaut und von eitrigen Entzündungen der Haut. Diese kamen in allen Variationen vor, von kleinen Pyodermien bis zu ausgedehntester Furunkulose, Ekthyma, Phlegmone und Erysipel. In einem Falle (Nr. 192) wurde auch Ekthyma gangränosum mit Bact. pyocyaneum im Leichenblut beobachtet. Fälschlicherweise wurde der gewöhnliche Pemphigus neonatorum mit der Tuberkulose in Zusammenhang gebracht. Tatsächlich bestand um die Zeit der Impfstofffütterung eine Pemphigusepidemie unter den Neugeborenen Lübecks, die in gleicher Weise nicht mit Impfstoff versehene Säuglinge betraf. Mißdeutungen unterlagen auch vielfach die des öfteren auftretenden periproktitischen (perianalen) Abszesse. Die in dem lockeren weitmaschigen Gewebe der Fossa ischio-rectalis gelegenen Abszesse gehören, wie ich schon im Handbuch der Kinderheilkunde (3. Auflage 1923) auseinandergesetzt habe, zu den häufigen Komplikationen tuberkulöser Säuglinge. Diese Tatsache ist jedoch nicht allgemein bekannt, und dementsprechend bestehen auch keine klaren Vorstellungen über ihre Genese. Die Abszesse werden mit großer Regelmäßigkeit auf die Tuberkulose selbst bezogen, wobei man an Erfahrungen beim Erwachsenen denkt, in Wirklichkeit werden sie aber durch vom Darm eingewanderte Eitererreger hervorgerufen, und ihr relativ häufiges Vorkommen bei tuberkulösen Kindern hängt offensichtlich nur mit der durch die Tuberkulose verminderten Resistenz zusammen. Ein tuberkulöses Ulkus im Mastdarm ist jedenfalls nicht die Voraussetzung, wenn es auch gelegentlich nachgewiesen (Nr. 129) oder vermutet werden konnte (Nr. 99). In Lübeck war man bei bakteriologischen Untersuchungen etwas einseitig auf Tuberkelbazillen eingestellt. So wurde auch dieser Abszeßeiter wiederholt nur auf Tuberkelbazillen, nicht auf andere Mikroorganismen untersucht. Einmal wurden in dem stinkenden (!) Eiter im Ausstrich Tuberkelbazillen und Streptokokken gefunden (Nr. 60), einmal durch die Kultur Tuberkelbazillen nachgewiesen (Nr. 9). Die Sektion deckte jedoch keine tuberkulösen Veränderungen an dieser Stelle auf, überdies wurden aus einem noch abgeschlossenen Abszeß des Falles Nr. 60 Streptokokken, Pyozyaneus und Koli, des Falles Nr. 124 Streptokokken und Koli gezüchtet. Intra vitam wurde in Fall Nr. 99 Bact. coli in einem periproktitischen Abszeß festgestellt. Es muß also hier mit Irrtümern gerechnet werden, etwa durch Verunreinigung mit Fäzes, die im Falle Nr. 9 nachgewiesenermaßen Tuberkelbazillen enthielten. Maßgebend bleibt jedenfalls die pathologisch-anatomische Untersuchung, die in sämtlichen Fällen, die zur Sektion kamen, negativ ausfiel.

Gegen die tuberkulöse Genese spricht auch schon das schnelle Ausheilen des Abszesses nach der Eröffnung. Sie dauerte zuweilen nur 3 oder 5 Tage (Nr. 124, 105), zuweilen allerdings auch mehrere Wochen (Nr. 129, 231, 187, 10). Die Komplikation ist 16mal beobachtet worden. Sie betraf ganz überwiegend schwerkranke Kinder, 10 sind ihrer Tuberkulose erlegen.

Von sonstigen eitrigen Affektionen ist das gelegentliche Vorkommen von Pyurie bzw. Pyelonephritis zu nennen sowie die recht häufige Otitis media. Diese findet sich ja bekanntlich bei Sektionen von Säuglingen als nicht perforative eitrige Entzündung in einem außerordentlich hohen Prozentsatz, aber sie kam auch sonst nicht selten vor. Es muß die Frage diskutiert werden, wieweit die nicht seltene Lokalisation des Primärinfektes im Nasenrachenraum eine lokale Disposition zu unspezifischer Ohrerkrankung geschaffen hat. Ich habe die Frage bejaht, auch bei überlebenden Kindern, wo sich ohne das Bestehen einer sonstigen katarrhalischen Anfälligkeit eine Otitis media frühzeitig (in der 8.—13. Lebenswoche) einstellte und die Lokalisation der erkrankten Halsdrüsen auf den Sitz des Primärinfektes im Nasenrachenraum hinwies, auch womöglich Nasenausfluß bestand. Es fanden sich in diesen Fällen (Nr. 16, 92, 102, 132, 184) beiderseitige Lgl. cervicales lat. mit Bevorzugung der Seite der Ohrerkrankung oder einseitige Schwellung von Lgl. cervicales med. und lat. an der Seite der Ohrerkrankung. Es ist verständlich, daß in diesen Krankheitsfällen regelmäßig auch an Mittelohrtuberkulose gedacht wurde, zumal die eitrige Otitis sich lange hinzog oder mehrfach rezidivierte. Es wurden aber nie Tuberkelbazillen im Ohreiter gefunden, auch fehlte die charakteristische Präaurikulardrüsenschwellung.

Schließlich ist noch das Problem der Beziehungen zwischen Tuberkuloseerkrankung und exsudativer Diathese einer eingehenden Erörterung zu unterziehen. Czerny rechnet bekanntlich die floride Tuberkulose zu denjenigen Infekten, die imstande sind, eine latente exsudative Diathese manifest zu machen, erklärt allerdings andererseits, daß es möglich ist, durch Ausschluß von Nährschäden trotz des Bestandes einer floriden Tuberkulose die Symptome der exsudativen Diathese zum Verschwinden zu bringen; er schätzt also mit anderen Worten den Nahrungsfaktor höher ein. Czerny erwähnt aber nicht nur die auslösende Wirkung der Tuberkulose, sondern sagt auch, daß die Symptome der exsudativen Diathese bei bestehender Tuberkulose in schwereren Formen auftreten, schließlich rechnet er die Phlyktäne zu den Symptomen der exsudativen Diathese, die wir bekanntlich ganz überwiegend bei tuberkulösen Individuen antreffen. Mit Rücksicht darauf, daß es bis heute noch nicht gelungen ist, eine einheitliche Auffassung über diese Fragen herbeizuführen, habe ich meine besondere Aufmerksamkeit auf die Beziehungen zwischen der Lübecker Säuglingstuberkulose und der exsudativen Diathese gelenkt. Die Gelegenheit auf diesem Gebiete einwandfreie Beobachtungen zu sammeln, erschien zudem besonders günstig. Blieben doch die überlebenden Kinder sämtlich unter jahrelanger ärztlicher Aufsicht, und jede ihrer Krankheitserscheinungen wurde aufgezeichnet, sehr viele von ihnen wurden überdies einmal oder mehrmals von mir untersucht und begutachtet.

Bevor ich jedoch näher auf den Fragenkomplex eingehe, ist es notwendig etwas über den Begriff der exsudativen Diathese zu sagen. Denn man ist mancherorts heute nicht mehr geneigt, alles das anzuerkennen, was Czerny im Jahre 1905 darüber lehrte. So wurde schon länger die Zugehörigkeit der Landkartenzunge zur exsudativen Diathese bezweifelt, da sie, wie Freudenberg sagt, „ungemein häufig ganz isoliert ohne irgendein sonstiges Anzeichen der Diathese“ zu finden ist. Weigert sah demgegenüber, wie er neuerdings auf Grund 30jähriger Erfahrung berichtet, die Lingua geographica stets in Gemeinschaft mit einem oder mehreren anderen Symptomen der Diathese. Ich selbst habe in früheren Jahren vereinzelt Zweifel gehabt, fühlte mich aber nicht zur Ablehnung berechtigt, weil ich die betreffenden Kinder nicht jahrelang beobachten konnte. Das aber muß entgegen Samelson unbedingt gefordert werden, wenn man in solchen Fragen ein bestimmtes Urteil abgeben will. In Lübeck sah ich die Landkartenzunge unter 132 Kindern 9mal. Sie war stets mit anderen Erscheinungen der Diathese zweifelsfrei vergesellschaftet. Ähnlich steht es mit den intertriginös-seborrhoiden Veränderungen der Haut. Sie werden, wie Freudenberg sagt, nach modernen Forschungen durch den Mangel bestimmter spezifischer Substanzen von Vitamincharakter herbeigeführt. „Diese Gruppe von Veränderungen ist also nicht anlagegemäß bestimmt und ist demgemäß aus dem Zeichenkreis der exsudativen Diathese auszuscheiden." Die erwähnten modernen Forschungen sind Tierexperimente Györgys, die dieser selbst aber noch nicht für abgeschlossen erklärt, insbesondere meint er, daß die wichtige Frage nach den konstitutionellen Grundlagen der seborrhoid-desquamativen Erkrankungen noch der Lösung harrt. Tatsächlich können wir hier ebensowenig einer besonderen konstitutionellen Veranlagung entraten wie beim Ekzem, das heute gerne auf eine Allergie gegenüber bestimmten Nahrungsallergenen zurückgeführt wird. Dementsprechend möchte Moro, der dieses Problem neuerdings eingehend bearbeitet hat, an dem Begriff der exsudativen Diathese festhalten, aber nur ärztlich und nur in jener schlichten Fassung — ohne Hypothesen, nachträgliche Korrekturen, Zusätze und Amputationen — wie sie ihr Czerny ursprünglich in seiner ersten Mitteilung gegeben hat (1905). Die Lübecker Beobachtungen geben auch mir trotz Kenntnis der neuen experimentellen Forschungen keinen Anlaß von diesem Standpunkt abzugehen. Unter 132 Kindern litten 16 an intertriginös-seborrhoiden Veränderungen der Haut. Bei keinem wurden nach eigener Feststellung weitere Anzeichen der Diathese vermißt. Um Mißverständnissen vorzubeugen, erkläre ich aber ausdrücklich, daß ich den Strophulus mit eingerechnet habe. Tachau lehnt das Bestehen von kausalen Beziehungen zwischen Strophulus und exsudativer Diathese ab und Freudenberg sagt, daß der Strophulus, wie die tägliche klinische Erfahrung lehrt, trophallergischen Ursprungs ist. Von den 132 Lübecker Kindern litten 30 an Strophulus. Auch hier wurden regelmäßig im Laufe der ersten Lebensjahre anderweitige Zeichen der Diathese gefunden. Bei 13 Kindern wurde von mir selbst zirkuläre Karies festgestellt. Da bezüglich der zirkulären Karies ebenfalls Zweifel aufgetaucht sind, sei erwähnt, daß ich diese Frage noch einmal 1930 von Maria Litewski habe bearbeiten lassen. Sie kam zu einer Bestätigung Moros, der die zirkuläre Karies der lymphatischen Konstitution (exsudativen Diathese) zurechnete. Ich halte die zirkuläre Karies ebenso wie die Lingua geographica für ein sehr wertvolles Hinweissymptom und habe davon auch in Lübeck nur Gewinn gehabt. Richtig ist, daß ich auf solche Weise zur Feststellung einer sehr großen Zahl von exsudativen Kindern gelangt bin, nämlich 76 von 173. Freudenberg meint: Wer die Grenzen recht weit zieht, der kommt unter Umständen zu so absonderlichen Ergebnissen, daß er folgert, 75% aller Kleinkinder seien mit exudativer Diathese behaftet. Wenn es auch so schlimm nicht bei mir geworden ist — ich komme nur zu der Zahl 44% —, so ist vielleicht manchem mein Ergebnis noch auffallend. Aber schon Czerny erklärte die exsudative Diathese für außerordentlich stark verbreitet und glaubte, ihr Vorkommen nur mit dem der Rachitis vergleichen zu können. Immerhin bin ich überzeugt davon, daß mancher andere Arzt eine so hohe Zahl von exsudativen Kindern nicht errechnet hätte. Diese Ärzte sind aber auch nicht gewohnt, die oben genannten Hinweissymptome besonders zu beachten, sind überhaupt an den Konstitutionsgedanken nicht so gewöhnt, wie es mir wünschenswert erscheint.

Unabhängig hiervon verlangt die Frage Beantwortung, wieweit die in Lübeck erfolgte Tuberkuloseinfektion die exsudative Diathese besonders manifestiert und gefördert hat. Eine vergleichende Gegenüberstellung mit einer ähnlich großen Zahl entsprechend lange und genau beobachteter Kinder ohne Tuberkuloseinfektion kann ich leider nicht bringen. Ich bin zur Beurteilung der Lübecker Kinder auf Grund allgemeiner Erfahrung gezwungen, und da ist zu sagen, daß viele Kinder bereits exsudative Symptome zeigten zu einer Zeit, wo die Tuberkulose sich noch im Inkubationsstadium befand, daß einzelne erst dann exsudative Symptome darboten, als bereits Verkalkungen der erkrankten Drüsen nachzuweisen waren. Vor allem aber folgten mit großer Regelmäßigkeit noch mehr oder weniger reichliche Manifestationen nach weitgehender Abheilung der Tuberkuloseerkrankung. Ein Unterschied in der Häufung oder Schwere exsudativer Erscheinungen während des Floritions- und Ausheilungsstadiums der Tuberkulose war nicht festzustellen. Infolgedessen bin ich gezwungen, eine Beeinflussung der Diathese durch die Tuberkulose bei den Lübecker Kindern abzulehnen. Viel deutlicher jedenfalls erschien mir der Einfluß der Ernährung. Man war eifrig darum bemüht, durch reichliche Ernährung die Resistenz der Kinder gegen ihre Tuberkuloseerkrankung zu heben, hat darin aber zweifellos vielfach des guten zu viel getan und förderte so das Manifestwerden der Diathese. Ein Einschreiten des Arztes gegen das Überangebot an Nahrung war leider bei der Einstellung der durch die „Schutzimpfung" geschädigten Eltern von vornherein zur Aussichtslosigkeit verurteilt.

Nun wissen wir, daß exsudative Kinder trotz ihrer großen Anfälligkeit vielfach einen auffallend gutartigen Verlauf ihrer Tuberkuloseerkrankung zeigen. Ich erinnere an die prognostisch günstigen perifokalen Entzündungen großen Ausmaßes um den Lungenprimärinfekt bei exsudativen Kindern (Schlack, Klare), sowie die Häufigkeit der chirurgischen Tuberkulose im Vergleich zur Lungenphthise bei der gleichen konstitutionellen Voranlagung. Auf Grund von Beobachtungen bei Erwachsenen erklärt J. Bauer die Neigung zu Bindegewebsproliferation für das hervorragendste Merkmal des Lymphatikers. Diese Eigentümlichkeit komme dem Lymphatiker im Kampfe mit dem Kochschen Bazillus zu gute und erkläre, warum eine Lungentuberkulose bei ihm benigne, d. h. fibrös-indurierend verlaufe. Und ähnlich äußern sich viele andere Autoren (Literatur bei Klare).

Es war also von großem Interesse zu untersuchen, ob sich auch bei den Lübecker Kindern im Krankheitsverlauf Unterschiede ergaben, die sich in Zusammenhang mit der konstitutionellen Veranlagung der Kinder bringen ließen. Ich habe entsprechende Erhebungen erst dann angestellt, als einerseits die Tuberkuloseerkrankung weitgehend abgeklungen, andererseits durch die jahrelange Beobachtung ein genügender Einblick in die konstitutionellen Verhältnisse gewährleistet war. Hierbei war aber zu berücksichtigen, daß in Lübeck offensichtlich große Unterschiede in der Infektionsdosis vorgekommen sind, und es besteht kein Zweifel darüber, daß diese in erster Linie den Krankheitsverlauf entschieden haben (L. Lange, Mögling). Wollte man Vergleiche ziehen, so durften nur diejenigen Kinder einander gegenübergestellt werden, die mit einem

Impfstoff ungefähr gleicher Virulenzstufe gefüttert worden waren. Ich habe mich also nach den diesbezüglichen Feststellungen Möglings gerichtet und bin zu folgender Übersicht gelangt.

Wie man sieht, fällt die Hauptzahl der Kinder auf die Virulenzstufe 2. Hier, wo es sich um geringfügige Infektionen handelt, bemerkt man zwar bereits, daß die Auswirkung der Infektion, die durch die Einteilung der Kinder in die schweren und leichten Krankheitsgruppen zum Ausdruck kommt, bei den exsudativen Kindern günstiger war, als bei den Nichtexsudativen. Doch sind die Unterschiede hier noch nicht kraß. Deutlicher werden sie erst bei der Virulenzstufe 3, welche die mittlere Infektionsdosis darstellt. Hier schneiden die exsudativen Kinder entschieden besser ab als die Kinder ohne diese Konstitutionsanomalie. Die exsudativen Kinder stellen mehr leichte, die nichtexsudativen mehr schwere Krankheitsfälle. Das gleiche ist auch noch bei der Virulenzstufe 4 zu erkennen, doch muß hier der Fehler der zu kleinen Zahl gebührende Berücksichtigung finden. Es ist nicht verwunderlich bei dieser Virulenzstufe, daß der Verlauf in beiden Gruppen ein überwiegend schwerer war. Eine Ergänzung bringen in dieser Hinsicht noch die Erhebungen bei den verstorbenen Kindern. Ich habe festgestellt, daß unter den verstorbenen Kindern im Verhältnis ungefähr ebensoviel Kinder mit Dermatitis seborrhoides vorgekommen sind wie unter den überlebenden. Leider war es bei dem frühen Tod der Kinder nicht möglich, sich nach anderen Manifestationen der Diathese zu richten. Immerhin glaube ich hieraus schließen zu können, daß unter den verstorbenen Kindern die exsudative Diathese in ungefähr gleicher Häufigkeit wie unter den überlebenden vertreten war. Für massiv infizierte ist also offenbar die Konstitution belanglos. Mit Unterschieden darf erst bei geringerer Infektionsdosis gerechnet werden. Hier scheint der exsudativen Diathese aber ein gewisser Einfluß auf den Krankheitsverlauf zugesprochen werden zu müssen, und zwar im günstigen Sinne. Die Beobachtungen in Lübeck bringen also eine Bestätigung dessen, was bereits unter natürlichen Infektionsbedingungen aufgefallen ist.

Tabelle 8.

Virulenzstufe	Gesamtanzahl	Exsudative Diathese	Krankheitsgruppe	
			II—III (schwer)	IV—V (leicht)
2	87	mit 37 = 43%	3 = 8%	34 = 92%
		ohne 50 = 57%	6 = 12%	44 = 88%
3	65	mit 32 = 46%	14 = 44%	18 = 56%
		ohne 33 = 54%	20 = 61%	13 = 39%
4	21	mit 7 = 33%	5 = 71%	2 = 29%
		ohne 14 = 67%	13 = 93%	1 = 7%

Einer gesonderten Besprechung bedarf die Conjunctivitis phlyctaenulosa. Sie ist bekanntlich im ersten Säuglingsalter unbekannt. Der früheste Zeitpunkt, zu dem sie in Lübeck beobachtet wurde war der 10. Lebensmonat. Ende des ersten Lebensjahres wurde sie etwas häufiger, kam mehrfach im Verlauf des zweiten Lebensjahres vor, zuletzt bei einem Kinde von 2 Jahren 4 Monaten, bei dem das Röntgenbild des Bauches bereits ausgesprochene Verkalkungen der mesenterialen Lymphknoten anzeigte. Im ganzen gelangte sie nur 12mal zur Beobachtung, was bei der großen Zahl der als lymphatisch-exsudativ zu bezeichnenden Kinder hervorgehoben zu werden verdient. Tatsächlich sind ja wiederholt Zweifel an der oben erwähnten Auffassung Czernys laut geworden, daß die Phlyktäne eine Konstitutionsanomalie im Sinne der exsudativen Diathese zur Voraussetzung hat. Rietschel, Jamin und Duken halten für ihr Zustandekommen einen besonders hohen allergischen Zustand der Tuberkulose für entscheidend. Rietschel erklärt damit auch das Fehlen der „Skrofulose“ im Säuglingsalter, besonders im frühen, weil eben der Säugling diese hohe Allergie nicht aufzubringen vermöge. Von den in Lübeck an Conjunctivitis phlyctaenulosa erkrankten Kindern waren einige (5) längere Zeit vorher mit abgestuften Tuberkulinmengen intrakutan genau quantitativ auf ihre Tuberkulinempfindlichkeit geprüft. Sie hatten in der 16.—37. Lebenswoche eine Reaktion auf $^1/_{1000}$—$^1/_{10\,000}$ mg Alttuberkulin, d. h. eine ebenso hohe Tuberkulinempfindlichkeit, wie wir sie bei älteren Kindern zu finden gewohnt sind; ja die Tuberkulinempfindlichkeit wird auch bei älteren „skrofulösen“ Kindern nach Untersuchungen meiner Klinik (Harmstorf) nicht höher gefunden. Wenn also die Phlyktänen nicht in früherem Alter aufgetreten sind, so kann das jedenfalls nicht auf geringe Allergie bzw. niedrige Tuberkulinempfindlichkeit bezogen werden. Große Bedeutung wurde außerdem pyogenen Infekten der Haut und Schleimhäute beigemessen. In den hier zur Diskussion stehenden Fällen spielten aber auch diese keine besondere Rolle. Gewiß litten die betreffenden Kinder vielfach an Katarrhen der oberen Luftwege, auch eitriger Mittelohrentzündung, aber nicht mehr wie viele andere, die nie Phlyktänen bekamen; nur einmal schloß sich die Konjunktivitis an eine starke eitrige Rhinitis an. Eine auslösende Ursache war im allgemeinen nicht festzustellen. Auch Pedikulosis kam nicht in Betracht. Im übrigen trat in keinem Falle das charakteristische Bild der Facies scrophulosa auf, die Veränderungen beschränkten sich vielmehr auf die Augen. Halsdrüsentuberkulose heute noch zum Bilde der Skrofulose zu rechnen, scheint mir entgegen Rietschel nicht mehr berechtigt.

Betrachten wir die zugrundeliegende Tuberkuloseform, so lag jedesmal ein enteraler Primärkomplex vor, er war 7mal mit einem stomatogenen, 2mal mit einem pulmonalen, 1mal mit einem Mittelohr-Primärkomplex kombiniert. Leichte und schwere Krankheitsfälle sind betroffen worden, alle waren bereits in fortschreitender Ausheilung begriffen. Sichere Zeichen von Generalisierung waren nur in einem Falle vorhanden gewesen. Darnach vermag ich in der Tuberkuloseform wiederum keinen Hinweis zu sehen, der die Entstehung der Conjunctivitis phlyctaenulosa unserem Verständnis näher brächte. Was nun schließlich die exsudative Diathese angeht, so war diese in einer Reihe von Fällen ausgesprochen vorhanden, in der kleineren Zahl konnte man darüber im Zweifel sein. Ich stehe mit Freudenberg auf dem Standpunkt, daß es nicht berechtigt ist, jedes Kind, das einige Katarrhe zumal in der kühleren Jahreszeit durchmacht, gleich als exsudativ zu bezeichnen. Etwas mehr war immerhin in den zweifelhaften Fällen vorhanden, aber wenn man völlig unvoreingenommen an sie herantritt, doch wohl nicht genug, um mit Sicherheit eine Konstitutionsanomalie anzunehmen. Jedenfalls gab es viele Kinder, die in viel einwandfreierer Weise in die Gruppe der lymphatisch-exsudativen Kinder einzureihen waren. Auffallend ist nun bei der Gegenüberstellung, daß diejenigen Kinder, die deutliche Zeichen der exsudativen Diathese darboten, fast regelmäßig langwierige oder rezidivierende Conjunctivitis phlyctaenulosa hatten, während bei den anderen (Nr. 61, 76, 83, 102, 173) eine schnelle Rückbildung die Regel war. Erwähnenswert ist auch, das ein paar von den schwerkranken Kindern Monate vorher bereits eine einfache katarrhalische Konjunktivitis durchgemacht hatten. Ich verweise auf Tabelle 9.

Tabelle 9. Conjunctivitis und Keratitis phlyctaenulosa.

Nr.	Art der Tuberkuloseerkrankung	Erscheinungen von exsudativer Diathese?	Zeitpunkt des Eintretens der Augenerscheinungen	Auslösendes Moment	Tuberkulinempfindlichkeit	Art der Augenerscheinungen	Verlauf der Augenerscheinungen
21	Stomatogener und enteraler Primärkomplex	Intertrigo, Otitis media, Wangenekzem, Rhinitis, Pharyngitis, später Strophulus, Laryngitis, Bronchitis	50. Lebenswoche	nicht ersichtlich	37. Woche 1 : 100 000 intrakutan +	linksseitige Conjunctivitis phlyctaenulosa	schnell zurückgebildet
234	Stomatogener und enteraler Primärkomplex	Wundsein, Gneis, Otitis media, Konjunktivitis, Rhinitis, Bronchitis, vorher und nachher wiederholte Pharyngitiden	53. Lebenswoche	nicht ersichtlich	25. Woche 1 : 100 000 intrakutan schw. + 50. Woche Perkutanreaktion schw. +	rechtsseitige Conjunctivitis und Keratitis phlyctaenulosa	Dauer mehrere Wochen, kleine Hornhauttrübung zurückgeblieben
83	Stomatogener und enteraler Primärkomplex	pastöses Gesicht, wenig vergrößerte Gaumentonsillen	2 Jahre 1 Monat	nicht ersichtlich		rechtsseitige Conjunctivitis phlyctaenulosa	Dauer wenige Tage
175	Enteraler Primärkomplex	Wundsein, Otitis media (häufig wiederkehrend), Strophulus, zirkuläre Karies, häufige Katarrhe	66. Lebenswoche	nicht ersichtlich	23. Woche 1 : 100 000 intrakutan +	rechts Konjunktivitis und Keratitis, links Conjunctivitis phlyctaenulosa	wochenlange Dauer, Rezidive
173	Stomatogener und enteraler Primärkomplex	leicht „erkältet“, länger subfebrile Temperaturen. Verbrennungsscharlach	$1^3/_4$ Jahre	nicht bekannt		Conjunctivitis phlyctaenulosa	schnell zurückgebildet
195	Enteraler Primärkomplex mit Generalisation im Bereich der Lungen	Intertrigo, Ekzem, wiederholt Otitis media, Rhinitis, Konjunktivitis, Blepharitis, viel Husten, Tonsillitis, lingua geographica	47. Lebenswoche	nicht bekannt	unbekannt	beiderseitige Konjunktivitis und Keratitis, rechtsseitige Iritis	wochenlange Dauer
11	Pulmonaler und enteraler Primärkomplex	Neigung zu „Erkältungen“, besonders Bronchialkatarrhen. 1mal Pneumonie, Gaumenmandelhyperplasie	46. Lebenswoche	nicht bekannt	unbekannt	Conjunctivitis phlyctaenulosa links	Dauer einige Tage, Rezidiv nach 3 Monaten

213	Enteraler Primärkomplex	vielfach Schnupfen und Husten, auch Drüsen; mit dem Auftreten der Augenerscheinungen nässendes Ekzem hinter den Ohren und auf den Wangen	49. Lebenswoche	im Anschluß an starke Rhinitis	unbekannt	beiderseits, links mit Hornhautbeteiligung	monatelange Dauer
102	Stomatogener und enteraler Primärkomplex; Mittelohrtuberkulose (primär)	frühzeitig Bronchitis, die sich häufig wiederholte	43. Lebenswoche	nicht ersichtlich	17. Woche, auch 32. Lebenswoche 1 : 100 000 intrakutan +	links Conjunctivitis phlyctaenulosa	schnell zurückgebildet
61	Enteraler Primärkomplex; Bronchialdrüsenschwellung	vielfach Schnupfen, röchelnde Atmung und Husten, dieser zeitweise klingend, nach dem Säuglingsalter nicht mehr	60. Lebenswoche	nicht ersichtlich	16. Woche: 1 : 1 Mill. intrakutan + 34. Woche: 1 : 1 Mill. intrakutan (+)	links Conjunctivitis und Keratitis phlyctaenulosa	wochenlange Dauer mit Wechsel in der Stärke der Erscheinungen
76	Pulmonaler und enteraler Primärkomplex	mit 10 Monaten als aufgeschwemmt bezeichnet, vielfach „Erkältungskatarrhe"	42. Lebenswoche	nicht ersichtlich	unbekannt	beiderseitige Conjunctivitis phlyctaenulosa	schnell zurückgebildet, aber beiderseits Maculae corneae
104	Stomatogener und enteraler Primärkomplex	Strophulus, Ekzem, keine Katarrhanfälligkeit	121. Lebenswoche	nicht ersichtlich	unbekannt	linksseitige Conjunctivitis phlyctaenulosa	schnell zurückgebildet

Nach diesen Beobachtungen möchte ich glauben, daß die Phlyktäne eine tuberkulogene Erscheinung (Riehm) darstellt, die eine Konstitutionsanomalie **nicht zur notwendigen Voraussetzung** hat. Die exsudative Diathese ist aber dafür verantwortlich zu machen, wenn die Augenveränderungen stärkere Formen annehmen, rezidivieren oder sich durch lange Zeit schwer beeinflußbar hinziehen. Mit anderen Worten, die exsudative Diathese ist für die **Art und Dauer der entzündlichen Reaktion** von maßgebender Bedeutung. Diese Auffassung, die mit dem Wesen der exsudativen Diathese wohl gut in Einklang zu bringen ist, hat sich mir durch Beobachtungen in der Klinik nur bestätigt. Ich stehe daher nicht an, sie zu verallgemeinern. Sie steht auch in Übereinstimmung mit den Vorstellungen, die sich Riehm auf Grund **experimenteller Forschung** gebildet hat. Er macht für das Auftreten der Phlyktänen das Haften geschädigter Tuberkelbazillen in der Bindehaut bzw. Hornhaut verantwortlich, die dort mehr oder weniger schnell zerfallen. Dabei werden dann Anaphylaktogene frei, die ihrerseits den örtlich begrenzten Entzündungsprozeß veranlassen. Die Tatsache, daß trotz der von dem tuberkulösen Ausgangsherd ausgehenden allgemeinen Bazillämie Veränderungen nur an der Bedeckung des Augapfels ausgelöst werden, führt er auf eine elektive Sensibilisierung der Conjunctiva-Cornea zurück. Lokale Integumentschädigungen (Konjunktivitis, Pedikulosis, Schmierinfektionen) bereiten über den Mechanismus der unspezifischen Fixierung die Empfänglichkeit für den tuberkulösen Schub am Augenintegument vor. Der Einfluß irgendeiner Diathese ist im Tierversuch für die Entstehung der anaphylaktischen Keratokonjunktivitis entbehrlich. Ist aber beim Kinde exsudative Diathese vorhanden, so erleichtert sie das Zustandekommen der elektiven Sensibilisierung am Integument durch die häufigere und stärkere lokale Schädigung des Integumentes. Riehm sieht also ebenso wie ich in der exsudativen Diathese keine notwendige Voraussetzung für das Auftreten von Phlyktänen, sondern nur einen wichtigen unterstützenden Faktor. Während ihm aber das wesentliche hierbei die Vorbereitung der Empfindlichkeit des Augenintegumentes für den tuberkulösen Schub ist, möchte ich in der Diathese auch den Grund für lange Dauer und besondere Heftigkeit der Augenveränderungen suchen.

Nicht unerwähnt kann bei alledem bleiben, daß wir von Zeit zu Zeit immer wieder einmal Phlyktänen bei sicher nicht tuberkuloseinfizierten Kindern sehen, worüber ich früher ausführlich berichtet habe. Diese Phlyktänen pflegen regelmäßig schnell wieder zu verschwinden. Sie sind in Parallele zu setzen zu dem Erythema nodosum, das bekanntlich ebenfalls gelegentlich bei tuberkulosefreien Kindern auftritt. Ihre Genese ist bis heute nicht klargestellt. Man muß sich vorstellen, daß das, was im Krankheitsgeschehen der echten Phlyktäne auf das Konto der Tuberkelbazillen und seiner Derivate zu setzen ist, unter Umständen auch einmal durch die Wirkung eines anderen Mikroorganismus hervorgerufen werden kann (Riehm).

E. Zusammenfassung.

I. Die anatomischen Befunde.

In dem Bestreben, durch die perorale Schutzimpfung nach Calmette die Morbidität und Mortalität an Tuberkulose unter den Kindern zu senken, wurde im Frühjahr 1930 in Lübeck 251 neugeborenen Kindern in den ersten 10 Lebenstagen in dreimaliger Gabe ein Impfstoff verabreicht, der virulente Keime enthalten haben muß. Denn im Gefolge davon erkrankten zahlreiche Kinder an Tuberkulose, und es starben, und zwar innerhalb eines Zeitraumes von 2—498 Tagen nach der ersten Verabreichung des Impfstoffes, 77 Kinder. Die Beobachtungen, die bei der Gesamtheit der geimpften Kinder gemacht wurden, wurden für die Klinik und Pathologie der Tuberkulose auszuwerten versucht.

Der Zuwachs an Erfahrungen, der sich aus diesen Beobachtungen ergibt, beruht vor allem darauf, daß wir genau wissen, unter welchen Bedingungen die tuberkulösen Infektionen zustande gekommen sind. Die Bedingungen waren bei allen Kindern grundsätzlich gleichartig. Auf diese Gleichförmigkeit geht es zurück, daß der Fragenkreis, zu denen die Beobachtungen Beiträge zu liefern vermögen, vergleichsweise klein ist. Immerhin ist er für diese wenigen Fragen insofern groß, als es sich um Beobachtungen an einer großen Reihe von Kindern gehandelt hat. Inwieweit und in welcher Weise bei der Ingestionsinfektion die Haftung, Resorption und Weiterverschleppung des Virus anatomisch gekennzeichnet wird, wie hierbei die zeitlichen Verhältnisse liegen, und welche

Bedeutung dem Umstand zukommt, daß es sich bei diesen Infektionen um neugeborene Kinder gehandelt hat, sind die wesentlichen Fragen, zu denen die Lübecker Beobachtungen Stellung zu nehmen Veranlassung gaben.

Die Beobachtungen besagen: Der Weg, den der Impfstoff gegangen ist, wies bei allen Verstorbenen und auch bei den überlebenden Kindern das Bild des Primärkomplexes auf. Allerdings war es bei den einzelnen Fällen verschieden häufig vorhanden. Unter den verstorbenen Kindern war es einige Male nur einmal nachweisbar; in anderen Fällen jedoch war kaum ein Gebiet verschont, das von einer Flüssigkeit benetzt werden kann, die mit dem Munde aufgenommen wird. Teilen wir die innere Körperoberfläche, die vom Mund aus benetzbar ist, in vier Gebiete ein: Mundrachenhöhle mit Ohrtrompeten und Mittelohren, mittleren Verdauungsschlauch mit Speiseröhre und Magen, Dünndarm und schließlich noch (beim Fehlschlucken) Lunge, so fand sich, daß in 50% zwei, in 30% drei, in 18,3% nur eine und in 1,7% alle vier Gebiete im Sinne des Primärkomplexes erkrankt waren. Dabei war dieses Bild innerhalb der einzelnen Gebiete vielfach noch 2-, 3-, 4- oder mehrfach ausgeprägt. In solchen Fällen war also der ganze Weg, den die Ingesta beim Säugling, und zwar auch unter nicht natürlichen Bedingungen, nehmen können, mit dem Bilde des Primärkomplexes besetzt. Die Bezeichnung „Ingestionstuberkulose" (Kleinschmidt) ist für dieses Krankheitsbild der einzige, alles besagende Name. Ihr Grundstock ist die primäre Erkrankung des Dünndarmes (in 98,3%), die Mundrachenhöhle ist in 78,3% gleichzeitig primär befallen; mehr fakultativ erkrankte die Lunge (in 20%) und der mittlere Verdauungskanal (18,3%).

Für die spezielle Pathologie der Tuberkulose ergaben die Beobachtungen eine Reihe neuartiger Befunde oder sie bestätigten schon vorliegende Beobachtungen (primäre Tuberkulose der Speiseröhre, des Magens, der Gaumen- und Rachenmandeln, der Mittelohren, des Zahnfleisches); in Sonderheit konnte bei der häufigen Erkrankung der Halslymphknoten nachgewiesen werden, wo innerhalb des Quellgebietes die zugehörigen Veränderungen saßen, und es konnten auf diese Weise typische Vorbilder für die primäre Tuberkulose dieser systematisch noch wenig erforschten Gegend beigebracht werden.

Für die allgemeine Pathologie der Tuberkulose bestätigen die Beobachtungen, daß der Primärkomplex die gesetzmäßige Erscheinungsweise der primären Tuberkulose ist und die Stelle kennzeichnet, an der das Virus in das Körpergewebe eindringt.

Die weitere Ausbreitung der Erkrankung war durchseuchend und abseuchend. Die Frage, ob die besondere Lokalisation des Primärinfektes für diese weitere Ausbreitung von Bedeutung sei, mußte auf Grund daraufhin gerichteter Untersuchungen für die hämatogene Durchseuchung verneint, für die weitere lymphogene Ausbreitung und die Abseuchung bejaht werden.

Als eine sekundäre Auswirkung der intestinalen Lokalisation der Primärinfekte und der im Gefolge davon aufgetretenen Bauchfelltuberkulose wurde in 35% der verstorbenen Kinder eine tuberkulotoxische Hepatitis gefunden, die gelegentlich in Zirrhose überging.

In zeitlicher Hinsicht ergibt sich aus den Beobachtungen: Die ersten unmittelbaren Zeichen geweblicher Veränderungen bestanden klinisch in Schwellung der Halslymphknoten. Bei der Leichenöffnung eines 44 Tage nach der Erstinfektion verstorbenen Kindes, waren die Halslymphknoten völlig und gleichmäßig verkäst und wiesen eine in Fibrose übergehende Randzone auf. Im übrigen traten die Abheilungserscheinungen an den Lymphknoten des Primärkomplexes nicht zur gleichen Zeit auf. Verkalkungen finden sich schon 58 Tage nach der ersten Infektion; regelmäßiger waren sie erst von der 20.—21. Woche ab. Verkalkte Lymphknoten, selbst bei 2 Monate alten Kindern, dürfen somit noch nicht als Beweis dafür angesehen werden, daß die Tuberkulose etwa vor der Geburt erworben wurde. Das gleiche gilt von der Stärke der Generalisation.

Hier haben die Lübecker Beobachtungen gezeigt, daß eine Tuberkulose schon in 44 Tagen, vom Beginn der Erstinfektion an gerechnet, durch allgemeine Aussaat zum Tode führen kann. Im ganzen beträgt die Zeitspanne, die bei den ausgedehnteren Generalisationen zwischen erster Infektion und Tod lag, $1^1/_2$—6 Monate. Durchweg handelt es sich dabei um Frühgeneralisationen, bei denen die Hauptmasse der Herde frühzeitig, aber in mehreren Schüben entsteht. Die schubartige Entstehung spiegelt sich auch in der unterschiedlichen Größe der Herde wieder. Die tuberkulöse Hirnhautentzündung, 19mal unter 72 Fällen beobachtet, trat frühestens 10, spätestens 45 Wochen nach der Primärinfektion klinisch in Erscheinung; der Zeitpunkt des Todes lag 72—313 Tage nach der Erstinfektion.

Ein besonders gelegener Fall erlaubte die Feststellung, daß ein mit Tuberkulose bereits infizierter Säugling auf eine Aspiration von Tuberkelbazillen, die 90 Tage (wahrscheinlich noch einige Wochen früher) nach der Erstinfektion stattgefunden hatte, nicht mehr mit dem Bilde des Primärkomplexes reagierte.

Die Ansicht einiger Pathologen und Kliniker, nach der die Prognose einer früh erworbenen Säuglingstuberkulose infaust sei, läßt sich auch nach den Beobachtungen bei den Lübecker Kindern nicht aufrecht erhalten. Selbst die Leichenöffnungsbefunde (z. B. bei denjenigen Kindern, die an interkurrenten Krankheiten gestorben sind) zeigen, daß der Organismus des jungen Säuglings sehr wohl befähigt ist, einer tuberkulösen Infektion Herr zu werden.

Im übrigen ist der Umstand, daß es sich bei den erkrankten Kindern um Neugeborene gehandelt hat, insofern von Bedeutung gewesen, als Primärinfekte außerhalb des physiologischen Ingestionsweges aufgetreten sind, nämlich in der Lunge und in den Mittelohren. Es sind dies Orte, die nur beim Säugling häufiger mit Ingesta in Berührung kommen, nämlich beim Hochbringen von Speisen und beim Erbrechen. Und nur insofern gehört ihre primäre tuberkulöse Erkrankung zum Bilde der Ingestionstuberkulose.

II. Die klinischen Beobachtungen.

Wie unter natürlichen Infektionsbedingungen, so machte auch in Lübeck der enterale Primärkomplex vielfach gar keine oder höchst unbestimmte Krankheitserscheinungen.

Der zuweilen besonders massiven Infektion entsprechend kam es andererseits zu sehr aufdringlichen Erscheinungen, starken Darmblutungen, hochgradigem Meteorismus infolge von subakutem oder subchronischem Ileus, Perforationsperitonitis sowie Ikterus durch Kompression des Ductus choledochus.

Der Nachweis von okkultem Blut ist für die Diagnose nicht verwertbar, der Nachweis von Tuberkelbazillen in den Fäzes unter Anwendung des Antiformin verfahrens mißlang häufig, fühlbare Tumoren und Resistenzen (Konglomerattumoren) waren selten.

Durchfälle standen weniger im Vordergrund als Appetitlosigkeit und Erbrechen. Meist entsprachen die Durchfälle dem, was wir sonst bei parenteralen Infekten zu sehen gewohnt sind. Profuse Durchfälle stellten sich erst beim Zusammenbruch des Organismus ein.

Verkalkungen der mesenterialen Drüsen waren im Röntgenbild frühestens $1^1/_2$ bis $1^3/_4$ Jahre nach der Infektion genügend sicher darstellbar, $2^1/_2$ Jahre nach der Infektion bereits mit großer Regelmäßigkeit, spätestens aber nach 3 Jahren. Um diese Zeit war der Verkalkungsprozeß zu einem weitgehenden Abschluß gelangt.

Folgeerscheinungen am Darm oder Peritoneum, die die Darmpassage einwandfrei behinderten, wurden bei überlebenden Kindern nicht beobachtet. Leibschmerzen und Durchfälle konnten meist anderweitig genügend erklärt werden.

Die primäre Speiseröhrentuberkulose verursachte besondere Schwierigkeiten bei der Nahrungsaufnahme (Nahrungsverweigerung, Schmerzen), auch kam es zu Beimengungen von hellrotem Blut zum Erbrochenen. Primäre Magentuberkulose mit Lokalisation in der Pylorusgegend ließ die Neigung zum Erbrechen besonders hervortreten.

Der orale Primärkomplex wurde klinisch gewöhnlich nur durch mehr oder weniger starke Halsdrüsenschwellungen kenntlich. Entsprechend der häufigen Lokalisation des Primärinfektes im Epipharynx erkrankten auch die Glandulae cervicales laterales (Nackendrüsen) verhältnismäßig oft, auch isoliert.

Erweichung der Halsdrüsen trat vielfach noch nach recht langem Bestehen der Erkrankung (bis zu 4 Jahren) ein, oft im Anschluß an interkurrente Katarrhe. Der Nachweis von Tuberkelbazillen mißlang zuweilen selbst im Tierversuch. Therapeutisch bewährte sich am besten die Stichinzision.

Primäre Gaumentonsillentuberkulose wurde entgegen dem autoptisch häufigen Befund klinisch nur in 6 Fällen festgestellt. Mehrfach kam es zu Blutungen aus einem Tonsillenulkus. Bei Lokalisation des Primärinfektes im Nasenrachenraum kam es auch ein paarmal zu blutig-eitriger oder blutig-schleimiger Nasensekretion. Ferner wurde nasaler und pharyngealer Stridor beobachtet, gewöhnlich entsprachen die Erscheinungen der unspezifischen Nasopharyngitis.

Der Tuberkelbazillennachweis im Rachenabstrich und Magenspülwasser gelang häufiger als die Feststellung eines örtlichen Befundes, doch war auf diese Weise natürlich eine Unterscheidung zwischen primären und postprimären Veränderungen nicht zu treffen. Auch ist gleichzeitige Lungenerkrankung zu berücksichtigen.

In 21 Fällen gelangten Tuberkelbazillen ins Mittelohr und erzeugten hier eine primäre bzw. subprimäre Erkrankung. Sie war 4mal doppelseitig. Von besonderer Bedeutung für die Diagnose der primären Mittelohrtuberkulose ist die frühzeitige Feststellung einer präaurikularen Drüsenschwellung neben der Halsdrüsenschwellung. 5mal stellte sich Fazialisparese ein. Folgeerscheinungen blieben in sehr wechselndem Ausmaße.

Die bei der Fütterungsinfektion zustandekommende Ersthaftung in der Lunge ist in der Ausdehnung des Primärinfektes weitgehend abhängig von der Menge der aspirierten Tuberkelbazillen.

Sowohl bei verstorbenen wie bei überlebenden Kindern kamen Lungenprimärkomplexe in allen Abstufungen vor, bei den Überlebenden wesentlich häufiger geringfügige. Darnach war eine Besonderheit gegenüber den üblichen Folgen der Inhalationsinfektion nicht gegeben.

In einem Falle stellte sich nach der Fütterungsinfektion, soweit klinisch feststellbar, ein ausschließlich pulmonaler Primärkomplex heraus. In den anderen Fällen sprach gleichzeitig vorhandener oraler Primärkomplex oder wenigstens die nachträglich festgestellte Mesenterialdrüsenverkalkung für Ingestionsinfektion.

Klingender Husten darf selbst bei nachgewiesener Tuberkuloseinfektion nicht ohne weiteres auf Bronchialdrüsentuberkulose bezogen werden. Er kommt bei unspezifischer Drüsenschwellung vor.

Verkalkungen im Bereich der Thoraxorgane waren frühestens mit $1^1/_4$ Jahr röntgenologisch darstellbar, in ausgesprochener Weise mit $1^3/_4$—$2^1/_4$ Jahren.

Generalisierungserscheinungen blieben häufiger aus, als erwartet. Wenn überhaupt, so stellten sie sich sehr früh ein. Von 17 Kindern, bei denen Meningitis die letzte Todesursache war, erkrankten nur 4 noch im 2. Lebenshalbjahr. Nach Beendigung des ersten Lebensjahres starb keins der infizierten Kinder mehr an Tuberkulose.

Milzschwellung wurde außerordentlich häufig beobachtet, doch bedeutet Vorhandensein eines Milztumors beim Säugling auch bei ausgesprochener Tuberkulose anderer Organe noch nicht ohne weiteres Generalisierung. Aus der Tatsache der Milzschwellung ist eine ungünstige Prognose nicht abzuleiten.

Der anatomisch festgestellten häufigen Beteiligung des Knochenmarks an der Frühgeneralisation stand das Fehlen klinischer Knochenerscheinungen, auch in späterer Zeit entgegen.

Die Krankheitsdauer bei der Meningitis schwankte zwischen 4 und 52 Tagen. Die Entwicklung des Hydrozephalus stand nicht in direktem Abhängigkeitsverhältnis von der Krankheitsdauer. Nicht selten kamen meningeale Reizerscheinungen vor.

Tuberkulöse Veränderungen der Haut gelangten auffallend selten zur Beobachtung.

Am Ende des Inkubationsstadiums der Tuberkulinempfindlichkeit sind die durch die Tuberkuloseinfektion hervorgerufenen anatomischen Veränderungen vielfach bereits soweit fortgeschritten, daß sie auftretendes Fieber erklären. Das sog. Initialfieber wird durch die allergische Umstimmung des Organismus als solche nicht erklärt.

Erythema nodosum wurde nicht beobachtet. Zu geringe Tuberkulinempfindlichkeit kann hierfür nicht verantwortlich gemacht werden. Toxische Exantheme zeigten sich gelegentlich, aber erst nach Auftreten deutlicher Tuberkulosemanifestationen.

Echte Anämie entwickelte sich vielfach mit der akuten Ausbildung der schweren Krankheitserscheinungen.

Der Gewichtsverlauf war in vielen tödlich endenden Krankheitsfällen durch einen starken finalen Gewichtssturz charakterisiert. Hochgradige Abmagerung stellte sich insbesondere bei chronischem Ileus ein.

Längen- und Gewichtswachstum der überlebenden Kinder entwickelte sich im allgemeinen günstig. Eine durch die Erkrankung herbeigeführte Hemmung der Entwicklung wurde verhältnismäßig schnell wieder ausgeglichen. Kinder mit rückständiger Entwicklung zeigten mit großer Regelmäßigkeit konstitutionelle Besonderheiten.

Als Folge der Resistenzschädigung durch die Tuberkuloseerkrankung wurden allerlei eitrige Entzündungen (Haut, Nierenbecken, Ohr) beobachtet. Periproktitische Abszesse werden beim Säugling durch vom Darm eingewanderte Eitererreger, nicht durch Tuberkelbazillen verursacht.

Die exsudative Diathese wurde durch die Tuberkuloseerkrankung offensichtlich nicht gefördert. Umgekehrt ergab sich, daß die exsudativen Kinder mehr leichte, die nichtexsudativen mehr schwere Krankheitsfälle an Tuberkulose stellten. Bei massiver Infektion allerdings ist die Konstitution belanglos.

Die exsudative Diathese ist nicht die notwendige Voraussetzung für das Auftreten der Conjunctivitis phlyctaenulosa, stellt aber einen wichtigen unterstützenden Faktor dar. Sie ist für Art und Dauer der entzündlichen Reaktion von maßgebender Bedeutung.

Der früheste Zeitpunkt für das Auftreten der Conjunctivitis phlyctaenulosa war der 10. Lebensmonat. Alle betroffenen Kinder (12) erkrankten erst zu einer Zeit, als die Tuberkulose bereits in fortschreitender Ausheilung begriffen war.

Schrifttum.

1. Pathologisch-anatomischer Abschnitt.

Adolphs, Elsa: Drei neue Fälle von Fleckenmilz mit besonderer Berücksichtigung der dabei vorhandenen Nierenveränderungen. Frankf. Z. Path. **41**, 435 (1931).

Albrecht, E.: Thesen zur Frage der menschlichen Tuberkulose. Frankf. Z. Path. **1**, 214 (1907).

Albrecht, H.: Über Tuberkulose im Kindesalter. Wien. klin. Wschr. **1909 I.**

Aschoff, L.: Über die natürlichen Heilungsvorgänge bei der Lungenphthise, 2. Aufl. München und Wiesbaden 1922.

Bahr, I.: Über gingivale tuberkulöse Entzündung des Alveolarfortsatzes mit Sequestration des Zahnkeimes beim Säugling, zugleich ein Beitrag zur primären Tuberkulose der Mundhöhle. Inaug.-Diss. Berlin 1934.

Bartels, P.: Das Lymphgefäßsystem. Jena 1909.

Beckmann, H.: Das Eindringen der Tuberkulose und ihre rationelle Bekämpfung. Berlin: S. Karger 1904.

Beitzke, H.: Über die Infektionswege der Tuberkulose. Z. Tbk. **42**, 257 (1925).

— Zur Frage der Infektionswege. Z. Tbk. **47**, 18 (1927).

— Häufigkeit, Herkunft und Infektionswege der Tuberkulose beim Menschen. Erg. Path. **1910.**

— Die pathologische Anatomie. Handbuch der Kindertuberkulose, herausgeg. von St. Engel und Cl. Pirquet, Bd. 1. Leipzig: Georg Thieme 1930.

Bisanti et Panisset: Le bacille tuberculeux dans le sang après repas infectant. C. r. Soc. Biol. Paris **58**, 91 (1905).

Blumenberg, W.: Die Tuberkulose des Menschen in den verschiedenen Lebensaltern auf Grund anatomischer Untersuchungen. Beitr. Klin. Tbk. **62/63** (1926).

Brieger, E.: Über hämorrhagische Randzonen um tuberkulöse Herde. Beitr. Klin. Tbk. **61**, 90 (1925).

Brock, J.: Biologische Daten für den Kinderarzt, Bd. 1. Berlin: Julius Springer 1932.

Calmette, A.: L'infection bacillaire et la Tuberculose chez l'homme et chez les animaux. 2 ième Edition. Paris: Masson & Cie. 1922.

— Guérin et Bréton: Contribution à l'étude de la tuberculose expérimentale du cobaye. Ann. Inst. Pasteur **1907**, 401.

Cornet, G.: Die Tuberkulose, 2. Aufl. Wien 1907.

Czerny, Ad.: Der Einfluß der Pädiatrie auf unsere jetzigen Kenntnisse von der Tuberkulose. Dtsch. med. Wschr. **1924 II.**

Drösler, A.: Über primäre Tonsillarphthise. Mschr. Kinderheilk. **43**, 240 (1929).

Duken, J.: Über Verlaufsarten der extrapulmonalen Primärtuberkulose. Z. Kinderheilk. **55**, 687 (1933).

Edens: Über die Häufigkeit der primären Darmtuberkulose in Berlin. Berl. klin. Wschr. **1905 II.**

Engel, St.: Die enterogene Tuberkulose. Handbuch der Kindertuberkulose, herausgeg. von St. Engel und Cl. Pirquet, Bd. 1. Leipzig: Georg Thieme 1930.

Fischer, Walther: Speiseröhre. Handbuch der speziellen pathologischen Anatomie und Histologie, Bd. 4, Teil 1. Berlin 1926.

Friedmann, F. F.: Über die Bedeutung der Gaumentonsillen von jungen Kindern als Eingangspforte für die tuberkulöse Infektion. Beitr. path. Anat. **28**, 66 (1900).

Geipel, P.: Über Säuglingstuberkulose. Z. Hyg. **53**, 1 (1906).

Ghon, A.: Der primäre Lungenherd bei der Tuberkulose der Kinder. Berlin-Wien 1912.

— Zur Tuberkulose der Kinder (nach Untersuchungen mit Dr. Roman). Verh. dtsch. path. Ges. **16**, 172 (1913).

— Einiges zum primären Komplex bei der Tuberkulose. Beitr. path. Anat. **69**, 65 (1921).

— Über den Primäraffekt bei Kindertuberkulose. Verh. dtsch. path. Ges. **19**, 143 (1923).

— Über kavernöse Säuglingstuberkulose. Z. Tbk. **43**, 3 (1925).

— Über Sitz, Größe und Form des primären Lungenherdes bei der Säuglings- und Kindertuberkulose. Virchows Arch. **254**, 734 (1925).

— u. H. Kudlich: Ein Beitrag zur Frage des mehrfachen Primärinfektes bei der pulmonalen Tuberkuloseinfektion im Kindesalter. Med. Klin. **1924 II**, 1282.

— — Zur primären Tuberkulose des Mittelohres. Z. Hals- usw. Heilk. **14**, 77 (1926).

— — Weitere Mitteilungen über die Tuberkulose bei Säuglingen und Kindern. Z. Tbk. **46**, 391 (1926).

— — Die Eintrittspforten der Infektion vom Standpunkte der pathologischen Anatomie. Handbuch der Kindertuberkulose, herausgeg. von Engel und Pirquet, Bd. 1. Leipzig: Georg Thieme 1930.

— — u. F. Winternitz: Zur Anatomie und Genese der Säuglingstuberkulose. Z. Tbk. **42**, 3 (1925).

— u. G. Pototschnig: Über den Unterschied im pathologisch-anatomischen Bilde primärer Lungen- und primärer Darminfektion bei der Tuberkulose des Kindes. Beitr. Klin. Tbk. **40**, 87 (1919).

— — Über den primären tuberkulösen Lungenherd beim Erwachsenen nach initialer Kindheitsinfektion und nach initialer Spätinfektion und seine Beziehungen zur endogenen Reinfektion. Beitr. Klin. Tbk. **41**, 103 (1919).

— u. Roman: Pathologisch-anatomische Studien über die Tuberkulose bei Säuglingen und Kindern, zugleich ein Beitrag zur Anatomie der lymphatischen Abflußbahnen der Lunge. Sitzgsber. Akad. Wiss. Wien, Math. naturwiss. Kl. III **132** (1913).

— u. F. Winternitz: Zur Frage über die Häufigkeit der primären pulmonalen und extrapulmonalen Tuberkuloseinfektion beim Säugling und Kind. Eine vergleichende Studie. Z. Tbk. **39**, 401 (1924).

Hajek, M. u. E. Wessely: Die stomatogene Tuberkulose und Primäraffekte in den oberen Luftwegen. Handbuch der Kindertuberkulose, herausgeg. von St. Engel und Cl. Pirquet, Bd. 1. Leipzig: Georg Thieme 1930.

Hamperl, H. u. K. Wallis: Über primäre Tonsillentuberkulose. Z. Hals- usw. Heilk. **32**, 450 (1933).

Haslinger, F.: Die Tuberkulose der oberen Luftwege. Handbuch der Kindertuberkulose, herausgeg. von St. Engel und Cl. Pirquet, Bd. 1. Leipzig: Georg Thieme 1930.

Heynemann, Th.: Die Tuberkulose der weiblichen Genitalien und des Peritoneums. Handbuch der Gynäkologie, herausgeg. von W. Stoeckel, Bd. 8, Teil 1. München: J. F. Lehmann 1933.

Hirsch-Hoffmann, H. U.: Die Entstehung der weiblichen Genital- und Peritonealtuberkulose bei primärer Infektion des Verdauungskanals und die Bedeutung des retrograden-lymphogenen Infektionsweges. Arch. Gynäk. **153**, 375 (1933).

Huebschmann, P.: Pathologische Anatomie der Tuberkulose. Berlin: Julius Springer 1928.

Hufeland, Chr. W.: Über die Natur, Erkenntnis und Heilart der Skrofelkrankheit, 3. sehr vermehrte Aufl. Berlin 1819.

Huguenin, B.: Leberzirrhose bei einem 8 Monate alten Kinde. Verh. dtsch. path. Ges. **16**, 321 (1913).

Ito, S.: Über primäre Darm- und Gaumentonsillentuberkulose. Berl. klin. Wschr. **1904 I.**

Kirch, E.: Über tuberkulöse Leberzirrhose, tuberkulöse Schrumpfnieren und analoge Folgeerscheinungen granulierender tuberkulöser Entzündung in Pankreas und Mundspeicheldrüsen. Virchows Arch. **219**, 129 (1918).

Kleinschmidt, H.: Beobachtungen bei den Lübecker Säuglingstuberkulosen. Beitr. Klin. Tbk. **81** (1932).

— Beiträge zur Klinik der Kindertuberkulose. I. Primäre Ingestionstuberkulose. II. Kongenitale Tuberkulose. Mschr. Kinderheilk. **57**, 209 (1933).

af Klercker, O.: Über die primäre Bauchtuberkulose im Kindesalter. Erg. Tbk.forsch. **3**, 373 (1931).
Klotz, M.: Über Kindertuberkulose. Neue deutsche Klinik. Handwörterbuch der praktischen Medizin, Bd. 12, II. Erg.-Bd., S. 201. 1934.
Kment, H.: Zur Meningitis tuberculosa mit besonderer Berücksichtigung ihrer Genese. Tuberkulose-Bibliothek, Nr. 14. Leipzig 1924.
Konjetzny, G. E.: Die Entzündung des Magens. Handbuch der speziellen pathologischen Anatomie und Histologie, Bd. 4, Teil II. Berlin 1928.
Kornfeld, W.: Über die Beeinflussung von Wachstum und Entwicklung durch Tuberkulose. Handbuch der Kindertuberkulose, herausgeg. von Engel und Pirquet, Bd. 2. Leipzig 1930.
Kovacs, J.: Was ergibt sich in Beziehung auf die Pathogenese der Lungentuberkulose nach Bestimmung der Infektionswege bei Fütterungs- und Inhalationsversuchen? Beitr. path. Anat. **40**, 281 (1907).
Krauspe, C.: Hämatogene Tonsillartuberkulose. Verh. dtsch. path. Ges. **26**, 278 (1931).
Kuß: De l'hérédité parasitaire de la tuberkulose humaine. Thèse de Paris **1898**.
Lange, Br.: Untersuchungen über orale, konjunktivale und nasale Infektion mit Tuberkelbazillen. Z. Hyg. **103**, 1 (1924).
— Neue Forschungsergebnisse über die Verbreitung der Tuberkulose und ihre Bedeutung für die Tuberkuloseverhütung in der Praxis. Klin. Wschr. **1926 II**.
— Experimentelle Untersuchungen zur Frage der Immunität gegen tuberkulöse Superinfektion. Z. Hyg. **110**, 185, 197, 209 (1929).
— Tierexperimentelle Untersuchungen über die Bedeutung von Infektionsdosis, natürlicher Resistenz und erworbener Immunität für Entstehung und Verlauf der Tuberkulose. Z. Tbk. **61**, 44, 97, 177 (1931).
— Die Beziehungen zwischen Allergie und Immunität bei der Tuberkulose. Klin. Wschr. **1932 II**.
— Die Epidemiologie der Tuberkulose. Zbl. Bakter. I Orig. **127**, 25 (1932).
— u. K. H. Keschischian: Experimentelle Untersuchungen über die Bedeutung der Tröpfcheninfektion bei Tuberkulose. Z. Hyg. **104**, 256 (1925).
— u. W. Nowoselsky: Experimentelle Untersuchungen über die Bedeutung der Staubinfektion bei der Tuberkulose. Z. Hyg. **104**, 286 (1925).
Lange, M.: Der primäre Lungenherd bei der Tuberkulose der Kinder. Z. Tbk. **38**, 167, 263 (1923).
Leiser, K.: Kehlkopftuberkulose im frühen Kindesalter. Inaug.-Diss. Berlin 1916.
Loeschke, H.: Das Gesamtbild der Tuberkulose unter pathologisch-anatomischen und immunbiologischen Gesichtspunkten. Zbl. inn. Med. **1931**, Nr 16, 321.
— Die hämatogenen Tuberkulosen. Beitr. Klin. Tbk. **81**, 171 (1932).
Lubarsch, O.: Über den Infektionsmodus bei der Tuberkulose. Fortschr. Med. **1904**, 669.
— Zur Pathologie der Tuberkulose im Säuglings- und Kindesalter. Reichsmed.anz. **38**, Nr 9 (1913).
— Pathologische Anatomie der Milz. Handbuch der speziellen pathologischen Anatomie und Histologie, Bd. 1. Berlin 1926.
Massini: Aussprache zum Vortrag Schlittler. Klin. Wschr. **1934 I**, 315.
Nissen, R.: Aussprache zum Vortrag Jakobaeus: Lungenatelektase und Lungenkrankheiten. Med. Klin. **1931**, 1877.
Nüssel, K.: Zur Frage der Kontaktinfektion mit Tuberkelbazillen im Kindesalter. Z. Tbk. **61**, 228 (1931).
Oberwarth u. Rabinowitsch: Über die Resorptionsinfektion mit Tuberkelbazillen vom Magendarmkanal aus. Berl. klin. Wschr. **1908 I**, 298.
Orth, J.: Über tuberkulöses Emphysem. Berl. klin. Wschr. **1910 I**, 644.
— u. Rabinowitsch: Über experimentelle enterogene Tuberkulose. Virchows Arch. **194**, Beih., 305.
Pagel, W.: Zur Kenntnis der Duodenaltuberkulose. Virchows Arch. **251**, 628 (1924).
— Über Beteiligung des Zwölffingerdarmes am Sekundärstadium der Tuberkulose. Frankf. Z. Path. **33**, 159 (1926).
— Der tuberkulöse Primäraffekt der Meerschweinchenlunge. Krkh.forsch. **2**, 263 (1926).
— Die allgemeinen pathomorphologischen Grundlagen der Tuberkulose. Berlin: Julius Springer 1927.
— u. H. Henke: Lungentuberkulose. Handbuch der speziellen pathologischen Anatomie und Histologie, Bd. 3, Teil 2. Berlin 1930.
Parrot: C. r. Soc. Biol. Paris **3**, 308 (1877).
Penzo, N.: Über 3 Fälle von Wabenlunge. Inaug.-Diss. Hamburg 1930.
Pfaundler, M. v.: Biologisches und Allgemeinpathologisches über die frühen Entwicklungsstufen. Handbuch der Kinderheilkunde, 4. Aufl., Bd. 1. Berlin 1931.

Plate: Über die Resorptionsinfektion mit Tuberkulose vom Magendarmkanal aus. Arch. Tierheilk. **1906**, 186. Zit. nach Beitzke.

Puhl, H.: Über die phthisischen Primär- und Reinfekte in der Lunge. Beitr. Klin. Tbk. **52**, 116 (1922).

Ranke, K. E.: Ausgewählte Schriften zur Tuberkulosepathologie, herausgeg. von W. und M. Pagel. Berlin: Julius Springer 1928.

Reichenbach u. Bock: Versuche über die Durchgängigkeit des Darmes für Tuberkelbazillen. Z. Hyg. **60**, 541.

Roeder: Tuberkulose und Vererbung. Med. Klin. **1932 I.**

Rößle, R.: Entzündungen der Leber. Handbuch der speziellen pathologischen Anatomie und Histologie, Bd. 5. Berlin 1930.

— Aussprache zum Vortrag Jakobaeus: Lungenatelektase und Lungenkrankheiten. Med. Klin. **1931 II**, 1877.

— Das Verhalten der Organe bei den an Leberzirrhose leidenden Kranken. C. r. 1e. confér. internat. Path. géogr. Genève, 8.—10. Okt. **1931**.

— u. F. Roulet: Maß und Zahl in der Pathologie. Berlin u. Wien: Julius Springer 1932.

Ruf, Camile: Über die Unterschiede im pathologisch-anatomischen Bilde primärer Tonsillen- und primärer Lungeninfektion bei der Phthise der Kinder. Beitr. Klin. Tbk. **62**, 286 (1925).

Schlittler: Über die Bedeutung der Tonsillen als Eintrittspforte der Tuberkulose. Med. Ges. Basel, Sitzg 7. Dez. 1933. Ref. Klin. Wschr. **1934 I**, 314.

Schmincke, A. u. Santo: Virusmenge und anatomisches Bild der Tuberkulose. Verh. dtsch. Ges. Path. **26**, 275 (1931).

Schürmann, P.: Ablauf und anatomische Erscheinungsformen der Tuberkulose des Menschen. Beitr. Klin. Tbk. **57**, 186 (1923).

— Der Primärkomplex Rankes unter den anatomischen Erscheinungsformen der Tuberkulose. Virchows Arch. **260**, 664 (1926).

— Zur Frage der Gesetzmäßigkeiten im Ablaufe der Tuberkulose unter besonderer Berücksichtigung der Entwicklungsgangslehre Rankes. Beitr. path. Anat. **81**, 568 (1929); **83**, 551 (1930).

— Die anatomischen Befunde bei den in Lübeck verstorbenen Säuglingen. Verh. dtsch. path. Ges. **26**, 265 (1931).

— Beobachtungen bei den Lübecker Säuglingstuberkulosen. Beitr. Klin. Tbk. **81**, 294 (1932).

Schwartz, Ph. u. P. Bieling: Die Überempfindlichkeit bei einfach und doppelt mit Tuberkulose infizierten Tieren in ihrer anatomischen Auswirkung. Verh. dtsch. path. Ges. 26. Tagg **1921**, 226.

Siegmund, H.: Spezifische Entzündungen des Darmrohres. Handbuch der speziellen pathologischen Anatomie und Histologie, Bd. 4, Teil 3. Berlin 1929.

Simmonds, M.: Über Meningitis tuberculosa bei Tuberkulose des männlichen Genitalapparates. Münch. med. Wschr. **1901 I.**

Simonson, L.: Über perifokale Blutungen bei Tuberkulose. Beitr. Klin. Tbk. **71**, 467 (1929).

Takahashi, S.: Studien über Meningitis tuberculosa beim Menschen. Mitt. Path. (Sendai) **7**, 253 (1932).

Veraguth, C.: Experimentelle Untersuchungen über Inhalationstuberkulose. Arch. f. exper. Path. **17**, 261 (1883).

2. Klinischer Abschnitt.

Adam: Einfache Tabelle zur Bestimmung von Länge und Gewicht, insbesondere norddeutscher Kinder von der Geburt bis zum 14. Lebensjahre. Jb. Kinderheilk. **139** (1933).

Bauer, J.: Die konstitutionelle Disposition zu inneren Krankheiten. Berlin 1921.

— Zur Diagnostik der Mittelohrtuberkulose im Kindesalter. Med. Klin. **1930 I**, 847.

Baumann: Die Diagnose der offenen Lungentuberkulose im Säuglings- und Kindesalter. Z. Kinderheilk. **53** (1932).

Bernard u. Lamy: Valeur de la splénomégalie pour le diagnostic et le prognostic de la tuberculose du nourisson. Revue de la Tbc. **3** (1932).

Courtin u. Duken: Über Milztuberkulose und ihre röntgenologische Darstellbarkeit. Zugleich ein Beitrag zur Kenntnis der hämatogenen Tuberkuloseausbreitung im Kindesalter. Z. Kinderheilk. **45**. — Fortschr. Röntgenstr. **37**.

Czerny: Die exsudative Diathese. Jb. Kinderheilk. **61** (1905).

— Exsudative Diathese, Skrofulose und Tuberkulose. Jb. Kinderheilk. **70**.

— Diagnostik der Tuberkulose im Kindesalter. Z. ärztl. Fortbildg **1919**, Nr 19.

Davidsohn u. Heck: Über das Vorkommen von Diphtheriebazillen im Ohrsekret. Berl. klin. Wschr. **1921**, 1040.

Dietl, Bemerkungen zu Epstein: Zur klinischen Diagnose des tuberkulösen Primärherdes. Arch. Kinderheilk. **96**.

Dudden: Über die körperliche Entwicklung des tuberkulösen Kindes. Beitr. Klin. Tbk. **57** (1923).

Duken: Exspiratorisches Keuchen und hochklingender Husten durch Fremdkörper im Ösophagus. Arch. Kinderheilk. **84** (1928).

— Die allergischen Erkrankungen bei der kindlichen Tuberkulose. Mschr. Kinderheilk. **32**, 89.

— Über Verlaufsarten der extrapulmonalen Primärtuberkulose. Z. Kinderheilk. **55** (1933).

Engel: Die enterogene Tuberkulose. Handbuch der Kindertuberkulose, herausgeg. von Engel und Pirquet, Bd. 1. 1930.

— Meningitis tuberculosa und Miliartuberkulose im Handbuch der Kindertuberkulose, herausgeg. von Engel und Pirquet, Bd. 1. 1930.

Epstein: Die Inkubation der Tuberkulose. Handbuch der Kindertuberkulose, herausgeg. von Engel und Pirquet, Bd. 1. 1930.

— Zur klinischen Diagnose des tuberkulösen Primärherdes. Arch. Kinderheilk. **95**.

Fernbach: Über das akute Auftreten tuberkulöser Halsdrüsentumoren. Mschr. Kinderheilk. **42** (1928).

Feilendorf: Über Säuglingstuberkulose. Wien. klin. Wschr. **1930 II**.

Finkelstein: Lehrbuch der Säuglingskrankheiten, 1.—3. Aufl., 1912—1924.

— Zur Entstehungsweise seröser Meningitis bei tuberkulösen Kindern. Berl. klin. Wschr. **1914 I**.

Frank: Die Abdominaltuberkulose des Kindes. Erg. inn. Med. **21** (1922).

Freudenberg: Diathesen. Lehrbuch der Kinderheilkunde. Berlin: Julius Springer 1933.

Fürstenau: Zur Kenntnis der akuten Ernährungsstörungen im Säuglingsalter. 2. Okkulte Darmblutungen beim Säugling. Z. Kinderheilk. **30**.

Grimmer: Beitrag zur Pathologie und Diagnose der tuberkulösen Mittelohrentzündung. Z. Ohrenheilk. **44**.

Grosser: Beitrag zur Tuberkulose des Mittelohres und der Halslymphdrüsen im frühesten Kindesalter. Med. Klin. **1932 II**.

György: Krankheiten der Haut. Lehrbuch der Kinderheilkunde. Berlin: Julius Springer 1933.

Harmstorf: Quantitative Untersuchungen über die Tuberkulinempfindlichkeit beim Kinde, besonders bei Skrofulose. Mschr. Kinderheilk. **40** (1928).

Haßmann: Stauungsikterus bei Säuglingstuberkulose. Wien. med. Wschr. **1932 II**, 1239.

Hellgren: Fall von Miliartuberkulose im Kindesalter, der mit röntgenologischen Residuen u. a. in der Milz zu klinischer Heilung kam. Acta paediatr. (Stockh.) **13** (1932).

Jamin: Die Skrofulose (exsudative Diathese und Tuberkulose im Kindesalter). Münch. med. Wschr. **1926 I**.

Klare: Konstitution und Lungeninfiltrierungen. Stuttgart 1930.

Kleinschmidt: Zur Lehre vom Habitus asthenicus im Kindesalter. Mschr. Kinderheilk. **25** (1923).

— Experimentelle Untersuchungen über den Verlauf der Tuberkulose beim neugeborenen und ausgewachsenen Meerschweinchen. Dtsch. med. Wschr. **1923 II**.

— Der Milztumor in der pädiatrischen Diagnostik. Jkurse ärztl. Fortbildg **1926**.

— Tuberkulose der Kinder, 2. Aufl. Leipzig 1927.

— Initialerscheinungen der Primärtuberkulose. Dtsch. med. Wschr. **1931 II**, 1482.

— Beiträge zur Klinik der Kindertuberkulose I. Primäre Ingestionstuberkulose, II. Kongenitale Tuberkulose. Mschr. Kinderheilk. **57** (1933).

— Beobachtungen bei den Lübecker Säuglingstuberkulosen. Beitr. Klin. Tbk. **81**.

— Grundsätzliche Schlußfolgerungen aus der Beobachtung der Lübecker Säuglingserkrankungen für die Lehre von der Tuberkulose. Mschr. Kinderheilk. **54**, 452.

— u. Schürmann: Primäre Mittelohrtuberkulose im frühen Säuglingsalter. Mschr. Kinderheilk. **40** (1928).

af Klercker: Über die primäre Bauchtuberkulose im Kindesalter. Erg. Tbk.forsch. **3** (1931).

Klotz: Über Kindertuberkulose. Neue Deutsche Klinik, Bd. 12, Erg.-Bd. 2. 1934.

Koch, H.: Die Tuberkulose des Säuglingsalters. Erg. inn. Med. **14** (1915).

— Die Initialerscheinungen der Primärtuberkulose. Handbuch der Kindertuberkulose von Engel und Pirquet, Bd. 1. 1930.

Kundratitz: Über das Erstexanthem der kindlichen Tuberkuloseinfektion. Wien. klin. Wschr. **1928 I**.

Lange, B.: Untersuchungen zur Klärung der Ursachen der im Anschluß an die Calmette-Impfung aufgetretenen Säuglingserkrankungen in Lübeck. Z. Tbk. **59**.
Langer: Untersuchungen über die Meningitis tuberculosa und die Grundlagen zu ihrer Verhütung. Z. Kinderheilk. **49** (1930).
— Tuberkuloseerkrankungen in den ersten Lebensmonaten. Beitr. Klin. Tbk. **64**.
Litnewski: Über die zirkuläre Karies des Milchgebisses. Inaug.-Diss. Hamburg 1930.
Maraun: Das Thoraxröntgenbild bei Meningitis tuberculosa. Inaug.-Diss. Köln 1933.
Mommsen: Diskussion zum Vortrage von Hamburger. Heredität, natürliche Resistenz und Immunität in ihrem Einfluß auf den Verlauf der Kindertuberkulose. Mschr. Kinderheilk. **56**, 254.
Moro: Ekzema infantum und Dermatitis seborrhoides. Berlin 1932.
Orosz: Beiträge zu den zeitlichen und pathogenetischen Beziehungen der Hirnhautentzündung zu den einzelnen Tuberkulosestadien. Arch. Kinderheilk. **97**.
Peiser: Das Schicksal tuberkulosebedrohter Säuglinge. Z. Tbk. **65**.
Preidt: Diphtheriebazillen im Ohrsekret. Z. Kinderheilk. **53**.
Reich: Die Tuberkulose, eine Infektionskrankheit. Berl. klin. Wschr. **1878 II**.
Riehm: Zur Pathogenese der Phlyktänulose. Arch. Augenheilk. **105** (1931).
— Die Phlyktaene im pathologischen Geschehen der Tuberkulose. Zbl. Tbk.forsch. **36**.
Rietschel: Die Tuberkulose des Kindesalters. Z. Tbk. **34**.
Samelson: Die exsudative Diathese. Berlin: Julius Springer 1914.
Schlack: Zur Frage der sog. epituberkulösen Infiltration der Lungen. Beitr. Klin. Tbk. **63**.
Simon u. Redeker: Praktisches Lehrbuch der Kindertuberkulose, 2. Aufl. 1930.
Söderstrom: Nachträgliche Untersuchungen und Nachforschungen über Kinder, die im Alter von weniger als 2 Jahren tuberkulinpositiv waren. Acta Paediatr. (Stockh.) **7**.
Tachau: Hautkrankheiten und exsudative Diathese. Z. Kinderheilk. **42** (1926).
Tiedemann u. Hübener: Über die biologischen Eigenschaften von 78 aus den Lübecker Säuglingen herausgezüchteten Tuberkelbazillenstämmen. Beitr. Klin. Tbk. **78** (1931).
Uffenheimer: Das Erstexanthem („Frühexanthem") der kindlichen Tuberkuloseinfektion. Münch. med. Wschr. **1927 I**.
Viethen: Über Tuberkulose der Kinder. Jb. Kinderheilk. Beih. 34.
Voß: Über die sog. isolierte Mesenterialdrüsentuberkulose und die Bedeutung ihres röntgenologischen Nachweises. Mschr. Kinderheilk. **59** (1933).
Wallgren: Paratuberkulöse Krankheitserscheinungen. Handbuch der Kindertuberkulose von Engel und Pirquet, Bd. 1. 1930.
Weigert: Die diagnostische Bedeutung der Landkartenzunge. Mschr. Kinderheilk. **57**.

(Aus dem Laboratorium für Tuberkuloseforschung der Biologischen Abteilung des Reichsgesundheitsamts in Berlin-Dahlem.)

Bakteriologische Untersuchungen zur Lübecker Säuglingstuberkulose.

Von

Ludwig Lange und **Hildegard Pescatore.**

Mit 7 Abbildungen.

Inhaltsverzeichnis.

Abkürzungen und Zeichen in den Tabellen.

Alf = albumosefreier Nährboden,
B = Bouillonkultur,
Bds = Bodensatz,
dir = direkt,
dysg = dysgonisch wachsend,
E = Eikultur,
eug = eugonisch wachsend,
ex = exstirpiert,
Fl = Flüssigkeit,
Gl = Glyzerin,
gr = groß,
Gr = Gruppe,
H = Herrold-Nährboden,
Hä = Hämatin,
i = vorzeitig (interkurrent) gestorben
HDr = Hiakaldrüse,
Inf. = Infektion
iv = intravenös
I St = Impfstoffprobe,
Ka = Kaninchen,
Kn Ly Kn = Kniefaltenlymphknoten,
Ko = Kontrolle,
Kol = Kolonie (n),
l = links,
Le = Leber,
LH = Säureverfahren nach Löwenstein-Hohn,
Lö = Kongorot-Nährboden nach Löwenstein,
Lu = Lunge,
Ly Kn = Lymphknoten,
ma = makroskopisch,
Mes = Mesenteriallymphknoten,
Mi = Milz,
Mtb = Menschentuberkelbazillen (Typus humanus),
Mw = Meerschweinchen,
Nb = Nährboden,
Ni = Niere,
o u. o B = ohne krankhaften Befun ',
Or = Original
Perit = Peritoneum
P und Ptf = Petroff-Nährboden,
Pl = Platte,
Pnc = Pneumokokken,
r = rechts,
Rtb = Rindertuberkelbazillen (Typus bovinus),
Sa = Sauton-Nährboden,
s = siehe,
SAg = Sauton-Agar,
Se und S = Serum,
Seu = Seuche,
Sf = säurefeste Bazillen,
subk oder sk = subkutan,
Tubk = Tuberkulose,
WI = Weiterimpfung,
Zü = Züchtungsversuch oder -Ergebnis.

Zeichen in den Spalten über Tierversuche.

o = ohne jeden Befund,
— = negativer Befund in bezug auf tuberkulöse Veränderungen,
+ = Schwellung des rechten Kniefaltenlymphknotens,
++ = tuberkulöse Veränderungen in rechtem Kniefaltenlymphknoten und Milz,
+++ = generalisierte Tuberkulose,

(Diese Zeichen bedeuten in den Tabellen 2, 7, 8, 10, 11a, 12, 16, 21, 22, 23 je ein Tier.)

† = gestorben (die Zahl gibt die Tage nach der Impfung an),
× = getötet (die Zahl gibt die Tage nach der Impfung an),
Ø = Öse (etwa 2 cmm fassend).
(Tabelle 25 und 25a haben besondere Zeichen, s. dort!)

Einleitung.

Die durch die tragischen Vorkommnisse in Lübeck veranlaßten bakteriologischen Untersuchungen[1] hatten selbstverständlich in erster Linie den Zweck, eine Aufklärung über das Zustandekommen des bedauerlichen Ereignisses zu liefern.

Darüber hinaus haben sie aber auch zu ihrem Teil verschiedene Beiträge zu Fragen geliefert, die, obwohl sie alle vom BCG (Bacille Calmette-Guérin) ausgingen, doch auch allgemeine Fragen der bakteriologischen Lehre von der Tuberkulose betreffen.

An Umfang des Untersuchungsmaterials und Vielgestaltigkeit der Einzelprobleme dürften diesen Untersuchungen wohl nur wenige andere große Untersuchungsreihen an die Seite zu stellen sein.

Wir hielten es für unsere Pflicht, keine der vielen aufgetretenen Schwierigkeiten und zunächst schwer erklärbaren Befunde zu unterdrücken, weil an ihnen gezeigt werden kann, zu welchen falschen Schlüssen man ohne die notwendige Kritik gelangen muß. Finden sich doch in der BCG-Frage im allgemeinen wie über das Lübecker Ereignis im besonderen im Schrifttum in großer Zahl Äußerungen und Schlüsse, denen in keiner Weise beigetreten werden kann.

Sollte die bakteriologische Bearbeitung eine Aufklärung über die Ursache der Lübecker Säuglingserkrankungen und Todesfälle verschaffen, so hatte sie folgende Möglichkeiten ins Auge zu fassen und danach die Untersuchungen zu gestalten:

1. Die zur Herstellung der Impfstoffe von Paris nach Lübeck gelieferte Ausgangskultur (BCG „374") war an sich virulent und zwar entweder als Reinkultur oder als eine Mischkultur von avirulenten BCG und virulenten Tuberkelbazillen.

2. Während der Weiterzüchtungen der ursprünglich reinen BCG-Kultur sind die BCG-Bazillen aus irgendwelchen Ursachen virulent geworden.

3. In Lübeck konnte eine Verwechslung von avirulenten mit virulenten Kulturen oder eine Verunreinigung der BCG-Kulturen durch ein unerkanntes Versehen vorgekommen sein.

Alle Fragen lassen sich in der einen Grundfrage zusammenfassen: Sind die erkrankten und gestorbenen Kinder Opfer des aus Paris gelieferten BCG-Stammes geworden oder nicht?

I. Untersuchungen an Kulturen aus dem Deyckeschen Laboratorium in Lübeck.

Art und Herkunft der Kulturen sind aus Tabelle 1 ersichtlich.

Mit Ausnahme der laufenden Nr. 6 und 7, die wir im September 1930 von Herrn Prof. Bruno Lange (Institut Robert Koch) erhielten, sind die Kulturen von Ludwig Lange (L. L.) bei seinen Aufenthalten in Lübeck im März und Juli 1930 entweder in Originalröhrchen oder nach Übertragung des Belages in sterile Röhrchen entnommen worden.

Bei Nr. 1—9 und 12 und 13 handelt es sich nach den Lübecker Angaben um Weiterzüchtungen des BCG-Stammes „374" in Lübeck. Nr. 10 wurde in Lübeck als eine BCG-

---

[1] An den Untersuchungen haben sich in sehr verdienstvoller Weise beteiligt Dr. Moegling in der Zeit vom 15. Mai bis 1. Juli 1930, Dr. Umlauft (30. 6. 30 bis 1. 10. 30), Dr. Schnieder (15. 10. 30 bis 1. 5. 31), Dr. Vollum (17. 3. 32 bis 14. 5. 32), ferner die technischen Assistentinnen R. Pfeiffer (1. 3. 31 bis 1. 9. 31), A. Conrad (1. 10. 31 bis 30. 4. 32).

Kultur, Nr. 11 als eine Kultur virulenter Tuberkelbazillen aus einem Fall kongenitaler Tuberkulose angesehen.

Tabelle 1. Kulturen aus Lübeck.

Lfd. Nr.	Stamm (Berliner Bezeichnung)	Auf Nährboden	Angelegt	Im Berl. Tuberkulose-Laboratorium der RGA eingegangen		Bemerkungen
			1930 am		von woher	
1	Lüb I	Einährboden	14. 3.	22. 5.	Lübeck	von L. L. aus Lübeck mitgebracht
2	„ I A	„	14. 3.	4. 7.	„	„ „ „ „ „
3	„ I B	„	14. 3.	4. 7.	„	„ „ „ „ „
4	„ I C	„	14. 3.	4. 7.	„	„ „ „ „ „
5	„ I D	Einährboden (Belag von mir am 3. 7. 30 in Lübeck auf frischen Einährboden übertragen)	14. 3.	4. 7.	„	„ „ „ „ „
6	„ I E	Einährboden	14. 3.	15. 9.	Inst. Robert Koch (Br. Lange)	von Prof. Br. Lange am 17. 5. in Lübeck entnommen
7	„ I E „R. K."	„	30. 8.	15. 9.	Desgl.	in Berlin von Prof. Br. Lange angelegte W. I. (5. Generation)
8	„ II	„	22. 4.	22. 5.	Lübeck	laufende Nr. 8—16 von mir aus Lübeck mitgebracht. Nr. 7—9 kommen f. d. Impfstoffbereitung nur unmittelbar in Betracht
9	„ III	„	29. 4.	22. 5.	„	
10	„ IV (Mw Netz)	„	17. 4.	22. 5.	„	von Prof. Deycke zu seinen Tierversuchen (s. Abschnitt V) verwendet
11	Lüb V (Drüse Gri)	„	17. 3.	22. 5.	„	
12	Lüb VI	Belag v. Alf (nach Abgießen der Flüssigkeit)	9. 4.	4. 7.	„	BCG-Weiterzüchtung in Lübeck auf flüssigem Nährboden (nach Angabe von Prof. Deycke niemals zu Impfstoffherstellung benutzt)
13	Lüb VII	Belag v. Alf (in „Hamburger Tuberkulose-Becher"), am 3. 7. von L. L. auf Einährboden übertragen	3. 6.	4. 7.	„	
14	Kiel I	Belag v. Alf (in sterilem Röhrchen)	24. 4.	4. 7.	„	Der Stamm „Kiel" wurde in Lübeck zur „Partigen"-Herstellung verwendet. Humaner Tuberkelbazillenstamm „Werner", ursprünglich aus dem Institut „Robert Koch" herrührend, am 9. 9. 29 von Prof. Dold (Kiel) an Oberarzt Dr. Welcker, Lübeck, übersandt.
15	„ II	Beleg v. B. (in sterilem Röhrchen)	24. 4.	4. 7.	„	
16	„ III	Einährboden	24. 4.	4. 7.	„	

Nr. 13—15 sind Kulturen des virulenten Tuberkelbazillenstammes „Kiel". Dies war der einzige virulente Stamm, der zur Zeit der Herstellung der Impfstoffe im Lübecker Laboratorium fortgezüchtet und zu „Partigenen" nach Much verarbeitet wurde.

A. „BCG"-Kulturen.

Nur Nr. 1—7 der Tabelle 1 kamen für die Herstellung der Kulturen mittelbar in Betracht, da zum letzten Male am 26. 4. 30 Impfstoffe verabreicht und diese stets aus mindestens 8, meist 14 Tage alten Kulturen bereitet wurden. Doch sind auch die Befunde an den Kulturen 7—9, 12 und 13 als ebenfalls auf die BCG-Kultur 374 zurückgehend zur Beurteilung dieser Ausgangskultur verwertbar.

Die Hauptaufgabe war, zu prüfen, ob in der Lübecker BCG-Kulturen virulente Bazillen nachzuweisen waren. Die Antwort konnte nur der Tierversuch geben.

Aus Gründen der Verständlichkeit, weil nämlich erst dadurch so manche zunächst unerklärliche Befunde einer kritischen Betrachtung und Aufhellung zugänglich werden, sehen wir uns gezwungen, vielleicht das wichtigste Ergebnis unserer gesamten Untersuchungen, nämlich die auf einer Vergrünung des Sauton-Nährbodens beruhende kulturelle Erkennbarkeit der Kiel-Stämme und ihre Identität mit den im Lübecker „Material" nachgewiesenen virulenten Kulturen aus Kindern, Impfstoffen usw. vorwegzunehmen.

Was uns zur Überzeugung von dieser Identität geführt hat, mit anderen Worten den Beweis für sie, werden wir im Abschnitt XII B am Schlusse der Abhandlung mit besonderer Ausführlichkeit (s. S. 288f.) bringen.

(Da außer den Lübecker „Kiel"-Kulturen auch noch 4 andere Tuberkelbazillenstämme [trotz vielseitiger Bemühungen bis jetzt jedoch nicht noch mehr andere Stämme] die kennzeichnende Kiel-Eigenschaft aufweisen, kann man auch von einer „Kiel-Gruppe" sprechen.)

1. Die Kulturen Lübeck I vom 14. 3. 30.

Eine für BCG sprechende Avirulenz bis zu den Mengen von 2 mg (zum Teil auch 5 mg) subkutan zeigten, wie aus Tabelle 2[1] zu ersehen ist, die Kulturen Lübeck I, IA, IB, IC, IE.

Im Gegensatz dazu war in der Kultur Lübeck I D ein virulenter Anteil festzustellen.

Aus der Tabelle 3[2], in der die vielseitigen Versuche mit den Weiterimpfungen und wiederholten Prüfungen übersichtlich zusammengestellt sind, ergibt sich:

Von den 4 verschiedenen Weiterzuchten der Originalkultur haben sich die in den Gruppen II, III und IV am Tier geprüften als völlig avirulent erwiesen, wenn auch die in Gruppe II verimpfte Kultur infolge ihres Alters von $6^1/_2$ Monaten vielleicht nicht ganz beweisende Ergebnisse liefern konnte.

Auch die Wachstumsform dieser Kulturen zu Gruppe II—IV stimmte mit der des BCG überein, doch soll auf die Wachstumsunterschiede erst in einem späteren Abschnitt eingegangen werden (s. S. 286).

---

[1] In den Spalten 4 und 8 der Tabelle 2 sind die Originalkulturen durch Fettdruck des Datums gekennzeichnet.

[2] In dieser, wie in den Tabellen 4, 5, 6, 9, 13, 14, 15, 17a, 21a, 22a, 23a, ist die Nummer (Ohrmarke), s. Spalte 7 der Tabelle 3, derjenigen Tiere, deren Organe oder aus ihnen gewonnene Kulturen weiter auf Tiere verimpft wurden, durch Fettdruck gekennzeichnet, und in Spalte 12 ist angegeben, unter welcher lfd. Nummer sich die Fortsetzung findet.

Tabelle 2. Tierversuche mit den Lübecker Kulturen I, IA—C, IE und Lüb VII.

Lfd. Nr.	Stamm	Nährboden	Kultur vom	Alter bei Verimpfung (Tage)	Meerschweinchen mg sk					Nährboden	Kultur vom	Alter bei Verimpfung (Tage)	Kaninchen mg	
					5	2	10^{-1}	10^{-3}	10^{-6}				10 sk	10^{-2}_{iv}
1	2	3	4	5	6					7	8	9	10	
1	Lüb I	E	**14.3.30**	69	—		i	—	—	E	**14.3.30**	69	—	—
					—		—	—	—				—	
2	„	„	22.5.	12				—	—	B	13.6.	12	—	—
								—	—					—
3	„	S	11.7.	32	i	—				S	11.7.	11	i	—
					—	—							—	
4	Lüb IA	E	**14.3.**	118		—	i	—		S	28.7.	9	—	i
						—	—	—						—
5	„	B	18.9.	11		i	—	—		B	18.9.	11	—	
						—	—	—						
6	Lüb IB	E	**14.3.**	118		—	—	—		S	28.7.	15	—	i
						—	—	—					—	
7	„	B	18.9.	11		i	—	—		B	18.9.	11	—	
						—	—	—						
8	Lüb 1C	E	**14.3.**	118		—	—	—		S	13.10.	33	—	i
						—	—	—						
9	„	Se	12.9.	17		—	—	—						
		Sa	5.10.31	31		—	—	—						
10	Lüb IE	E	**14.3.30**	186		i	i	—	i					
						—	—	—	—					
11	„	„	16.9.	22		i	i	—	i					
						—	i	—	—					
12	Lüb IE	„	**30.8.**	17		i	i	—	i	B	23.9.	9	—	i
	„RK“					—	—	—	—					—
13	Lüb IE	„	16.9.	7		i	i	i	—					
	„RK“					—	—	—	—					
14	Lüb VII[1]	„	4.8.	8		i	—	i		B	14.8.	42	—	—
						—	—	—					i	

Die in Gruppe I geprüfte 3. Eipassage von Lübeck I D hat bei den je 2 mit 10^{-1} und 10^{-3} geimpften Tieren immer nur bei 1 Tier zu mehr oder weniger starken tuberkulösen Veränderungen geführt.

Daraus ist zu folgern, daß der virulente Anteil in der verimpften Kultur nur sehr gering gewesen sein kann.

Aus den Angaben über die Weiterverfolgung der Organe bei Gruppe I und über die Prüfung der aus Tieren der Gruppe I hervorgegangenen Kulturen zeigt sich, daß zwar die überwiegende Zahl der Tiere tuberkulöse Veränderungen meist ausgedehnten Grads aufwies, daß daneben aber doch „Ausfälle“ zu beobachten waren (s. laufende Nr. 4, Meerschweinchen 563 und 564, Nr. 5, Nr. 9 und Nr. 12).

Eine sichere Erklärung für diese Erscheinung ist nicht zu geben. Da sich — worauf später noch ausdrücklich eingegangen werden wird (s. S. 296) — der virulente Anteil als „Kiel“-Stamm erwies, so mag dessen namentlich von Bruno Lange hervorgehobene geringe, nach unseren Beobachtungen (s. S. 287) aber stark wechselnde Virulenz — vielleicht in Verbindung damit, daß stets wohl auch mehr oder weniger BCG gleichzeitig mit verimpft wurden — eine Rolle gespielt haben (vgl. S. 285).

[1] Text hierzu s. S. 227.

Tabelle 3. Tierversuche mit der Lübecker Kultur ID.

Gruppe	Lfd. Nr.	Impfmaterial		Datum (Alter der Kultur in Tagen)	Menge in mg sk	Mw	Ka	†	×	Befund	Fortsetzung siehe lfd. Nr.	Bemerkungen
		Kulturen[1]	Organe									
1	2	3	4	5	6	7	8	9	10	11	12	13
I	1	Or E 14. 3. 30 — E 4. 7. — E 4. 8.	—	12. 8. 30 (8)	2	**2650**		22	—	+	2	außerdem Streptokokken-Inf. d. Lu
					2	2651		—	94	o		
				12. 8. 30 (8)	10^{-1}	2652		63		o		
					10^{-1}	**2653**		—	94	+	3 u. 7	Zü „Kiel“
				12. 8. 30 (8)	10^{-3}	**2654**		—	94	+++	4 u. 13	Zü „Kiel“
					10^{-3}	2655		—	94	o	—	
	2		2650 r Kn	3. 9. 30	—	2938		—	73	+++	—	
					—	2939		—	73	+++	—	
	3		2653 r Kn	14. 11. 30	—	557		72	—	+	—	
					—	558		129	—	+++	—	
	4		2654 r Kn	14. 11. 30	—	559		71	—	faulig	—	
					—	560		88	—	+	—	Seuche
			Lu		—	**561**		20	—	++	5	
					—	**562**		90	—	++	6	
			Mi		—	563		66	—	o		Phlegmone
					—	564		103	—	o		faulig
	5		561 r Kn	4. 12. 30	—	852		—	146	o		
			„		—	853		50	—	o		
			Mi		—	854		48	—	o		
			„		—	855		—	148	o		
	6		562 Mi	13. 2. 31	—	1109		186	—	+++		
						1110		88	—	+		
Ia	7	Mw 2653 Kn E 10. 11 30	—	15. 12. 30 (31)	10^{-1}	870		7	—	i		
					10^{-1}	871		—	139	+++		
					10^{-3}	872		—	135	+++		
					10^{-3}	**873**		155	—	+++	8	
	8		873 Mi	20. 5. 31	—	**1666**		—	181	+++	9	
					—	1667		6	—	i		
	9		1666 Lu	23. 9. 31	—	**2157**		161	—	+++	10	
					—	2158		—	132	o!		
	10		2157 Mi	28. 12. 31	—	**2918**		84	—	+++	11	ZüLu: „Kiel“
					—	2919		74	—	+++		ZüMi: „Kiel“
	11		2918 Lu	21. 5. 32	—	3413		—	98	+++		
					—	3414		67		+++		
Ib	12	Mw 2653 Kn E 14. 11. 30 — S 8. 12. — B 15. 12.	—	2. 1. 31 (19)	10	—	989	17		i		
					10_{iv}^{-2}	—	990		118	o		

[1] Die Spalte enthält in gekürzter Form die „Vorgeschichte“ der verimpften Kulturen. Die Striche bedeuten die Übertragung auf den nächst angegebenen Nährboden. Die Jahres-Kennzahl ist nur bei dem 1. Datum angegeben, später nur dann, wenn sie sich geändert hat.

Tabelle 3 (Fortsetzung).

Gruppe	Lfd. Nr.	Impfmaterial		Datum (Alter der Kultur in Tagen)	Menge in mg sk	Mw	Ka	†	×	Befund	Fortsetzung siehe lfd. Nr.	Bemerkungen
		Kulturen	Organe									
1	2	3	4	5	6	7	8	9	10	11	12	13
Ic	13	Mw 2654 Kn	—	15. 12. 31	10^{-1}	874		89	—	+++		
		E 14. 11. 30		(31)								
					10^{-1}	875		113	—	+++		
					10^{-3}	876		123	—	+++		
					10^{-3}	877		—	166	++++		
II	14	Or E 14. 3. 30 —	—	26. 9. 30	2	616		133	—	o		
		E 4. 7.		(195)								
					2	617		110	—	o		
					10^{-1}	618		105	—	o		
					10^{-1}	619		—	141	o		
					10^{-3}	620		110	—	o		
					10^{-3}	621		110	—	o		
					10^{-6}	622		115	—	o		
					10^{-6}	623		—	141	o		
III	15	Or E 14. 3. 30 —	—	7. 10. 30	10	—	418	48	—	—		Seuche, BCG
		E 4. 7. — S 4. 8. —		(14)								
		Sa 14. 8. — E 26. 8.			10	—	419	—	88	o		
		— S 12. 9. — B			10^{-2}_{iv}	—	420	—	88	o		
		23. 9.										
IV	16	Or E 14. 3. 30 —	—	28. 11. 30	5	804			150	o		
		E 4. 7. — S 4. 8. —		(42)								
		Sa 14. 8. — E 26. 8.	—		5	805		150	—	o		
		— S 12. 9. — B 23.			2	806		—	150	o		Seuche
		9. — Sa 7. 10.			2	807		183	—	o		Seuche
		— Sa 17. 10.			10^{-1}	808		—	150	o		
					10^{-1}	809		85	—	o		Seuche
					10^{-3}	810		83	—	o		Seuche
					10^{-3}	811		67	—	o		
					10^{-6}	812			150	o		
					10^{-6}	813		—	183	o		

Für die Aufklärung des Lübecker Vorkommnisses ist jedoch nur von wesentlicher Bedeutung, daß in 1 der 7 Ei-Kulturen in Lübeck vom 14. 3. 30 virulente Tuberkulosebazillen nachgewiesen wurden, zumal Schwesterkulturen dieser Kulturen zur Impfstoffbereitung Verwendung gefunden hatten.

2. Die Kultur Lübeck II vom 22. 4. 30 (s. Tabelle 4).

Während, wie Tabelle 4 Gruppe I—III zeigt, die ersten Prüfungen der Originalkultur Lübeck II und ihrer ersten Abimpfungen auf Ei, Serum und Bouillon volle Avirulenz ergeben und somit die Kultur als reine BCG-Bazillen erscheinen ließen, fand sich (Gruppe IV) bei einer Unterkultur der 5. Generation bei dem mit 2 mg subkutan geimpften Meerschweinchen 2645 bei der Tötung nach 3 Monaten der rechten Kniefaltenlymphknoten bis zur Bohnengröße derb geschwollen, aber nicht verkäst, vor. Im mikroskopischen Ausstrich keine ziehlfesten Stäbchen. Bei Verimpfung dieses Kniefaltenlymphknotens trat

Tabelle 4. Tierversuche mit der Lübecker Kultur II.

Gruppe	Lfd. Nr.	Impfmaterial Kulturen	Impfmaterial Organe	Datum (Alter der Kultur in Tagen)	Menge mg sk	Mw	Ka	†	×	Befund	Fortsetzung siehe lfd. Nr.	Bemerkungen
1	2	3	4	5	6	7	8	9	10	11	12	13
I	1	Or E 22. 4. 30	—	22. 5. 30	5	**1489**			72	o	2	in Le 1?
				(30)								Knötchen
					5	1490			71	o		
					10^{-1}	1491			71	o		
					10^{-1}	1492			72	o		
					10^{-3}	1493			71	o		
					10^{-3}	1494		32		—		
					10^{-6}	1495			71	o		
					10^{-6}	1496			71	o		
				22. 5. 30	10	—	1524		71	o		
				(30)								
					10	—	1525	28		i		Seuche
					10_{iv}^{-2}	—	1526		71	o		
	2		1489 Le			2447			98	o		
						2448			98	o		
II	3	Or 22. 4. 30 —		3. 6. 30	10^{-3}	1704			62	o		
		E 22. 5.		(11)								
					10^{-3}	1705			62	o		
					10^{-6}	1706			62	o		
					10^{-6}	1707			62	o		
II	4	Or 22. 4. 30 —		25. 6. 30	10	—	1852		42	o		
		S 22. 5. —		(16)								
		B 9. 6.			10_{iv}^{2}	—	1853		92	o		
					10	—	1854	67		o		
V	5	Or 22. 4. 30 —	—	12. 8. 30	5	2642		13		i		
		E 22. 5. — S 3. 6. —		(32)								
		S 24. 6. —			5	2643			93	o		
		Sa 11. 7.			2	2644		9		i		
					2	**2645**			93	+	6	
	6		2645 Kn	13. 11. 30	—	**555**		118		++	7 u. 10	ZüLe: „Kiel“
						556		123		+++		
	7		555 Kn	11. 3. 31		1174			136	+++		
						1175		12		i		
			555 Mi			1176		24		i		
			„			1177		76		—		s. faulig
			555 Le			**1178**			136	+++	8	
			„			1179		27		i		
	8		1178 Mi	15. 7. 31		1912			86	+++		
			„			**1913**			86	+++		ZüMi:
												„Kiel“
	9		1913 Lu	19. 10. 31		2479		92		+++		
						2480		76		+++		
Va	10	Mw 555 Kn E 11. 3.		22. 4. 31	10^{-1}	1456		54		+++		
		31 — Sa 18. 4.		(6)								
					10^{-1}	1457		133		+++		
					10^{-3}	1458			148	+++		
					10^{-3}	1459		85		+++		

bereits generalisierte Tuberkulose auf (s. lfd. Nr. 6, Meerschweinchen 555 und 556) und die Weiterimpfungen von Organen wie von einer aus der Leber des Meerschweinchens 555 gezüchteten Kultur (s. Gruppe IVa) ergab virulente Tuberkelbazillen. Auch diese Bazillen gehörten zur „Kiel"-Gruppe.

Daß bei Lübeck II der virulente Anteil in noch geringerem Grade als bei Lübeck I D beigemengt war, geht aus dem „negativen" Gruppen I—III wie auch daraus hervor, daß selbst bei den mit 5 mg, also einer größeren Menge geimpften Meerschweinchen 2643 (s. laufende Nr. 5) kein krankhafter Befund zu erheben war.

Wenn nicht — wogegen aber die Veränderungen in den der Impfstelle zugehörigen Lymphknoten bei Meerschweinchen 2645 zu sprechen scheinen — eine Spontaninfektion angenommen wird, so steht also auch für Lübeck II ihre allerdings minimale Verunreinigung mit virulentem Material fest. Für die Impfstoffbereitung kommt diese Kultur, wie erwähnt, nur indirekt in Betracht.

3. Die Kultur Lübeck III vom 29. 4. 30 (s. Tabelle 5).

Von den 5 in der Tabelle 5 aufgeführten Gruppen haben die ersten 4 Avirulenz für Meerschweinchen und Kaninchen ergeben.

Meerschweinchen 1708 (s. Nr. 2) wies als einzigen Befund vergrößerte Milz, aber ohne Knötchen auf. Nur um nichts zu versäumen, wurden Milz und Lunge dieses Tieres verimpft; mit negativem Ergebnis (s. Nr. 3).

Zu diesen völlig negativen Gruppen kommen noch weitere 4, alle am 26. 11. 30 angelegte, aber aus Raumersparnis nicht in die Tabelle 4 aufgenommene Gruppen (VI—IX) von je 10 Meerschweinchen, von denen immer je 2 mit 5, 2, 10^{-1}, 10^{-3}, 10^{-6} mg subkutan infiziert waren und zwar:

Gruppe VI	mit Originaleikultur 29. 4. 30 am 26. 11. 30	211 Tage alt
Gruppe VII	mit Originaleikultur 29. 4. 30. — Serum 22. 5. — Ei 29. 7. — Ei 3. 9. am 26. 11. 30	84 Tage alt
Gruppe VIII	mit Originaleikultur 29. 4. 30. — Serum 22. 5. — Bouillon 7. 6. — Bouillon 18. 9. am 26. 11. 30	71 Tage alt
Gruppe IX	mit Originaleikultur 29. 4. 30. — Serum 22. 5. — Bouillon 7. 6. — Sauton 13. 10. — Sauton 14. 11. 30 am 26. 11. 30	12 Tage alt

Bei keinem dieser 40 Tiere, von denen nur 2 nach 6 und 33 Tagen vorzeitig, 12 erst nach 58—149 Tagen starben, die übrigen aber nach 144 und 184(!) Tagen getötet wurden, war der geringste tuberkuloseverdächtige Befund zu erheben. Wenn auch Gruppe VI wegen zu hohen Alters der Kultur vielleicht überhaupt nicht zu verwerten ist, so können wir die Gruppen VII—VIII mit ihren zwischen 2 und 3 Monate alten Kulturen und ganz besonders die Gruppe IX mit ihrer 12 Tage alten Sauton-Kultur als die Avirulenz beweisend ansehen.

Der Nachweis von virulenten Tuberkelbazillen (zur „Kiel"-Gruppe gehörig, s. sp. S. 296) wurde nur in der Gruppe V. erbracht. Er geht auf die Meerschweinchen 2647 und 2649 zurück (s. Nr. 6).

Bei der Tötung nach 97 Tagen wies Meerschweinchen 2647 nur einen bohnengroßen rechten Kniefaltenlymphknoten mit Verkäsung und in der Milz 2 unscharfe miliare Herde auf. Ziehlpräparat in beiden Organen: +.

Bei Meerschweinchen 2649 fand sich eine generalisierte Tuberkulose; auch bei ihm war von Lymphknoten nur der rechte Kniefaltenlymphknoten erkrankt (bohnengroß, verkäst). Im Ziehlpräparat rechter Knielymphknoten: ++, Milz: +, Lunge und Leber trotz makroskopischer Veränderungen: —.

Tabelle 5. Tierversuche mit der Lübecker Kultur III.

Gruppe	Lfd. Nr.	Impfmaterial Kulturen	Organe	Datum (Alter der Kultur in Tagen)	Menge mg sk	Mw	Ka	†	×	Befund	Fortsetzung siehe lfd. Nr.	Bemerkungen
1	2	3	4	5	6	7	8	9	10	11	12	13
I	1	Or 29. 4. 30		22. 5. 30	5	1497		—	71	o		
				(23)								
					5	1498		72	—	i		
					10^{-1}	1499		—	72	o		
					10^{-1}	1500		34	—	i		
					10^{-3}	1501		—	71	o		
					10^{-3}	1502		29	—	i		
					10^{-6}	1503		—	71	o		
					10^{-6}	1504		11	—	i		
						—	1527	—	71	o		
						—	1528	—	71	o		
						—	1529	—	71	o		
II	2	Or 29. 4. 30 — E 22. 5.		3. 6. 30 (12)	10^{-3}	**1708**		—	62	—	3	Milz l. vergr. Lu o. B. Seuche
					10^{-3}	1709		35	—	—		
					10^{-6}	1710		—	62	o		
					10^{-6}	1711		—	62	o		
	3		1708 Mi	5. 8. 30	—	2461		—	95	o		
			„		—	2462		—	95	o		
			1708 Lu		—	2463		—	95	o		
			„		—	2464		—	95	o		
III	4	Or E 29. 4. 30 — E 22. 5. — S 3. 6. — B 13. 6.		25. 6. 30 (12)	10	—	1855	23	—	i		
					10^{-2}_{iv}	—	1856	24	—	i		
					10^{-2}_{iv}	—	1857	24	—	i		
IV	5	Or E 29. 4. 30 — B 22. 5. — Sa 11. 7.		21. 7. 30 (10)	10	—	2259	—	115	o		
					10	—	2260	5	—	i		
					10^{-2}_{iv}	—	2261	21	—	i		
V	6	Or E 29. 4. 30 — E 29. 5. — E 30. 6. — S 17. 7.		12. 8. 30	5	2646		6	—	i		
				(26)	—							
					5	**2647**		—	97	++	7	
					2	2648		7	—	i		
					2	**2649**		—	97	+++	8, 10, 11	Zü: „Kiel"
	7		2647 Kn	12. 11. 30		596		126	—	+++		ZüMi: „Kiel"
			„			597		—	150	+++		
			2647 Mi			598		—	150	+++		
			„			599		147	—	+++		
	8		2649 Mi	17. 11. 30		600		75	—	++		
			„			601		98	—	+++		
			2649 Lu			602		96	—	+++		
			„			**603**		50	—	?	9	
	9		603 Kn	6. 1. 31		1001		101	—	+++		
			„			1002		97	—	+++		

Tabelle 5 (Fortsetzung).

Gruppe	Lfd. Nr.	Impfmaterial		Datum (Alter der Kultur in Tagen)	Menge mg sk	Mw	Ka	†	×	Befund	Fortsetzung siehe lfd. Nr.	Bemerkungen
		Kulturen	Organe									
1	2	3	4	5	6	7	8	9	10	11	12	13
Va	10	Mw 2649 Mi E 17. 11. 30		15. 12. 30 (28)	10^{-1}	866		87	—	+++		
					10^{-1}	867		65	—	+++		
					10^{-3}	868		87	—	—		Seuche
					10^{-3}	869		—	135	+++		
Vb	11	Mw 2649 Mi E 17. 11. 30 — S 3. 12. — B 15. 12. — B 2. 1. 31		19. 1. 31 (17)	10	—	1027	28	—	i		
					10^{-2}_{iv}	—	1028	—	91	—		human

Die Tabelle 5 zeigt in den Gruppen V und Va, wie alle weiteren Verimpfungen der Organe und die aus der Milz von Meerschweinchen 2649 gezüchteten Kultur zu generalisierter Tuberkulose führten. Im Kaninchenversuch (Gruppe Vb) erwies sich der gewonnene Stamm als zum Typus humanus gehörig.

Auch für die Kultur Lübeck III ist demnach eine, allerdings erst bei eingehender Prüfung nachweisbare minimale Verunreinigung mit virulenten Tuberkelbazillen festgestellt.

4. Die Kultur Lübeck VI vom 3. 6. 30.

Die Untersuchung dieser Kultur und ihrer Abimpfungen ergab äußerst verwickelte Verhältnisse. Mit keinem Material aus Lübeck sind so viele Tierversuche angestellt worden wie mit ihr. Tabelle 6 mit ihren 9 Haupt- und 23 Untergruppen und 64 laufenden Nummern zeigt dies.

Nur durch eine weitgehende Unterteilung in Untergruppen ist ein Überblick über die Ergebnisse zu gewinnen.

Wir haben 9 Hauptgruppen I—IX, deren Impfmaterial stets auf die Originalkultur: Albumosefreier Nährboden vom 9. 4. 30 zurückgeht.

Die Gruppe I (laufende Nr. 1 und 2) entspricht in ihrem Ergebnis dem, was bei reinem BCG zu erwarten war. Auch bei Gruppe II (Nr. 3 10^{-3} mg und weniger, und Nr. 3a) sind die Befunde mit der Annahme von BCG vereinbar.

Um dies gleich vorweg zu nehmen, ergeben auch die am 26. 11. 30 angesetzten Versuche der Gruppen IV—VII Avirulenz. Für diese Gruppen gilt bis zu einem gewissen Grade das bei der Kultur Lübeck III zu den dortigen Gruppen VI—IX (s. S. 214) hinsichtlich des Alters der Kulturen gesagte. Es hatte bei der Verimpfung die Kultur zu

Gruppe IV ein Alter von 97 Tagen
„ V „ „ „ 75 „
„ VI „ „ „ 35 „
„ VII „ „ „ 11 „

Wenn demnach auch vielleicht die Versuche zu Gruppe IV nur bedingt verwertet werden können, so kommt den Versuchen zu Gruppe V—VII, zumal bei der Höhe der Impfgaben, volle Beweiskraft zu.

Tabelle 6. Tierversuche mit der Lübecker Kultur VI.

Gruppe	Lfd. Nr.	Impfmaterial: Kulturen	Impfmaterial: Organe	Datum (Alter der Kultur in Tagen)	Menge mg sk	Mw	Ka	†	×	Befund	Fortsetzung siehe lfd. Nr.	Bemerkungen
1	2	3	4	5	6	7	8	9	10	11	12	13
I	1	Or Alf 9. 4. 30	—	**4. 7. 30** (89)	2	1954		—	84	o		
					2	1955		—	132	o		
					10^{-1}	1956		13	—	i		
					10^{-1}	1957		—	124	o		
					10^{-3}	1958		—	124	o		
					10^{-3}	1959		41	—	o		
					10^{-6}	1960		25	—	i		
					10^{-6}	1961		41	—	o		
	2				10	—	1951	82	—	o		
					10	—	1952	—	130	o		
					10^{-2}_{iv}	—	1953	71	—	o		
II	3	Or Alf 9. 4. 30 — Sa 1362 4. 7.		22. 7. 30 (18)	5	**2271**		22	—	+ Lu Strept.	4—15	
					5	**2272**		104	—	o	16	
					10^{-1}	**2273**		22	—	+ Lu Strept.	17	
					10^{-1}	2274		30	—	—		
					10^{-3}	2275		—	104	o		
					10^{-3}	2276		—	104	o		
					10^{-6}	2277		30	—	—		
					10^{-6}	2278		—	104	o		
	3a				10	—	2265	—	112	o		
					10	—	2266	42	—	o		
					10^{-2}_{iv}	—	2267	—	112	o		
II A	4		**2271** Kn	13. 8. 30		2722		—	93	o		
			,,			2723		—	93	o		
			Mi			**2724**		79	—	+	5	
			,,			2725		—	93	o		
	5		**2724** Kn	31. 10. 30		524		102	—	+++		
			,,			525		17	—	i		
			Mi			**526**		—	167	++++	6	
			,,			**527**		87	—	+++	7	
	6		**526** Mi	16. 4. 31		1428		131	—	+++		ZüLu: ,,Kiel"
			,,			1429		51	—	+++		
	7		**527** Kn	26. 1. 31		**1063**		151	—	+++	8	Zü: ,,Kiel"
			,,			1064		3	—	i		
			Mi			**1065**		136	—	+++	10, 12	Zü: ,,Kiel"
			,,			1066		124	—	+++		
	8		**1063** Mi	26. 6. 31		**1892**		—	105	++	9	Zü: ,,Kiel"
			,,			1893		102	—	+++		
	9		**1892** Mi	9. 10. 34		2463		101		+++		
			,,			2464		—	117	+++		
II A_1	10	Mw 1065 Mi Ei 839 11. 6. 31	—	24. 7. 31 (43)	10^{-1}	1951		—	94	+++		
					10^{-1}	1952		119	—	+++		
					10^{-3}	1953		—	94	+++		
					10^{-3}	**1954**		53	—	+++	11	

Tabelle 6 (Fortsetzung).

Gruppe	Lfd. Nr.	Impfmaterial: Kulturen	Impfmaterial: Organe	Datum (Alter der Kultur in Tagen)	Menge mg sk	Mw	Ka	†	×	Befund	Fortsetzung siehe lfd. Nr.	Bemerkungen
1	2	3	4	5	6	7	8	9	10	11	12	13
II A_1	11		**1954** Kn	15. 9. 31		2137		103	—	+++		
			„			2138		101	—	+++		
			Mi			2139		129	—	Seuche		
			„			2140		—	135	o		
II A_2	12	Mw 1065 Mi E 839 11. 6. 31 — Sa 4781		31. 7. 31 (7)	10	—	1985	—	164	„human“		
		24. 7. (wie „Kiel“)			10^{-2}_{iv}	—	**1986**	—	70	„human“	13	
	13		Ka **1986** Lu	9. 10. 31		2459		—	117	++		Zü: „Kiel“
			„			**2460**		—	117	++	14	
			Mi			2461		—	117	o		
			„			**2462**		—	117	+ nur Mi	15	Zü: „Kiel“
	14		**2460** Mi	3. 2. 32		3115		43	—	+++		
			„			3116		—	70	++		
	15		**2462** Mi	3. 2. 32		3117		—	70	+++		
			„			3118		—	70	+++		
II B	16		**2272** Kn ex	11. 9. 30		155		—	60	o		
			„ „			156		—	63	o		
II C	17		**2273** Kn	13. 8. 30		**2726**		—	79	+++	18	
			„			**2727**		—	93	+++	19	
			Le			2728		—	93	0		
			„			2729		—	93	0		
II C_1	18		2726 Mi	31. 10. 30		528		14	—	i		
			„			529		86	—	+++		
			Lu			530		88	—	+++		
			„			531		—	111	o !		
II C_2	19		2727 Kn ex	19. 9. 30		**163**		—	63	+++	20	Zü: dysg.
			„ ex			164		—	66	+++		
	19a		Kn	14. 11. 30	—	565		55	—	+++		
			„			566		50	—	+++		
			Lu			567		61	—	+++		
			„			568		63	—	+++		
			Mi			569		50	—	+++		
			„			570		3	—	i		
	20	Mw 163 Kn E 5 22. 11. 30 LH in Oxychinolin	—	16. 7. 31 (231)	1,0	1922		—	176	o		Kultur zu alt
II C_2 a	21	Mw 2727 Kn ex E 19. 9. 30 gr u. kl Kol		31. 10. 30 (42)	gr Kol	**496**		28	—	+ Seu	22	
					„ „	497		12	—	i		
					kl Kol	**498**		26	—	+ Seu	23	
					„ „	**499**		32	—	++	24	
	22		496 Kn	28. 11. 30		834		32	—	+++		
			„			835		35	—	+++		
			Mi			836		42	—	+++		
			„			837		43	—	+++		

Tabelle 6 (Fortsetzung).

Gruppe	Lfd. Nr.	Impfmaterial: Kulturen	Impfmaterial: Organe	Datum (Alter der Kultur in Tagen)	Menge mg sk	Mw	Ka	†	×	Befund	Fortsetzung siehe lfd. Nr.	Bemerkungen
1	2	3	4	5	6	7	8	9	10	11	12	13
II C_2 a	23		**498** Mi	1. 12. 30		838		46	—	+++		
			,,			839		37	—	+++		
	24		**499** Kn	1. 12. 30		840		47	—	+++		
			,,			**841**		50	—	+++		Zü Mi dysg.
			Le			842		53	—	+++		
			,,			843		51	—	+++		
II C_2 a a	25	Mw 841 Mi E 20. 1.		16. 7. 31		**1923**		16	—	(+)	26	Zü Kn dysg.
		31 — S 16. 3. —		(40)								
	26	Sa 3635 13. 4. 31 —	**1923** Kn	1. 8. 31		**1988**		33	—	++	27	
		Sa 4260 6. 6. fast	,,			1989		49	—	+++		
	27	kein Wachstum	**1988** Mi	3. 9. 31		2092		62	—	+++		
		Bds.	,,			2093		60	—	+++		Zü Mi dysg.
II C_2 b	28	Mw 2727 Kn ex E		28. 2. 31	10^{-1}	**1146**		—	209		29	s. a. Abschn.
		19. 9. 30 — Ptf Pl		(109)								VIII, S. 266
		24 11. 11. r Kol				1147		17	—	i Seu		
					10^{-3}	1148		52	—	i Seu		
						1149		32	—	i Seu		
					10^{-6}	1150		60	—	Seu		
						1151		82	—	o		
	29		**1146** Br	25. 9. 31		2167		91	—	+++		
			,,			**2168**		73	—	?	30	
			r HiLa			2169		92	—	+++		
			,,			2170		—	125	+++		
			Mi			**2171**		68	—	+++	31	
			,,			2172		—	125	+++		
	30		**2168** Lu	7. 12. 31		2792		84	—	+++		
			,,			2793		71	—	+++		Zü Lu: bov eug
	31		2171 Kn	2. 12. 31		2778		80	—	+++		
			,,			2779		54	—	+++		
II C_2 c	32	Mw 2727 Kn ex E		12. 5. 31	10^{-1}	1648		—	129	o		
		19. 9. 30 — Ptf Pl		(26)								
		24 11. 11. gr Kol —			10^{-1}	1649		—	129	o		
		Sa 3709 16. 4. 31			10^{-3}	1650		—	111	+++		
					10^{-3}	1651		14	—	i		
II C_2 d	33	= 32, weiter: — Sa		30. 7. 31	10^{-1}	**1935**		—	81	++ Kn o	34	
		3876 9. 5. 31 — Sa		(14)								
		4620 16. 7.			10^{-1}	1936		—	81	+++		
	34		**1935** Mi	12. 10. 31		2481		—	114	+++		
						2482		102	—	+++	35	Zü Le: bov eug
	35		**2482** Lu	22. 2. 32		3040		49	—	+++		
						3041		61	—	++++		Zü Kn; Mi: bov eug
II C_2 e	36	Mw 2727 Kn ex E		5. 1. 31	0,5	995		42	—	+++	37	Zü Mi: bov eug
		19. 9. kl Kol — Ptf Pl		(55)								
		26 11. 11. atyp. Kol				996		38	—	+++		

Tabelle 6 (Fortsetzung).

Gruppe	Lfd. Nr.	Impfmaterial		Datum (Alter der Kultur in Tagen)	Menge mg sk	Mw	Ka	†	×	Befund	Fort-setzung siehe lfd. Nr.	Bemerkungen
		Kulturen	Organe									
1	2	3	4	5	6	7	8	9	10	11	12	13
II C_2	37	Mw 995 E 16. 2. 31		10. 8. 31	10,0	—	**2003**	78	—	+++	38	
e a		— E 9. 5. — Sa		(16)								
		3934 15. 5. — Sa			10^{-2}	—	**2004**	40	—	+++	39	
		4785 25. 7.			10^{-1}	**2005**		43	—	+++	40	
					10^{-1}	2006		32	—	+++		
	38		Ka 2003 Lu	27. 10. 31		2581		41	—	+++		
						2582		42	—	+++		
	39		Ka 2004 Lu	19. 9. 31		2159		24	—	+++		
						2160		90	50	+++		
	40		2005 Mi	22. 9. 31		2161		59	—	+++		
						2162		60	—	+++		
II C_2 f	41	Mw 2727 Kn ex		1. 9. 31	10^{-1}	2056		—	133	o		Kultur zu
		E 19. 9. 30 — Ptf		(214)								alt
		Pl 23 11. 11. — Ptf			10^{-1}	2057		—	133	o		
		Pl 93 30. 12. Rand										
		von gr Kol										
II C_2 g	42	Mw 2727 Kn ex E		1. 9. 31	10^{-1}	2066		13	—	i		Kultur zu
		19. 9. 30 — Ptf Pl		(102)								alt
		93 11. 11. — Ptf Pl			10^{-1}	2067		—	133	o		
		97 30. 12. „Motten-										
		kugel" E 27. 5. 31										
II C_2 h	43	Mw 2727 Kn ex		1. 9. 31	10^{-1}	2064		49	—	+++		
		E 19. 2. 30 — Ptf		(103)								
		Pl 28 11. 11. —			10^{-1}	2065		67	—	+++		
		E 21. 5. 31										
II C_2 i	44	Mw 2727 Kn ex		1. 9. 31		2062		—	133	o		
		E 19. 9. 30 — Ptf		(33)								
		Pl 52 18. 12. — Ptf				2063		—	133	o		
		Pl 148 3. 2. — Ptf										
		Pl 234 23. 2. — Ptf										
		Pl 284 8. 4. —										
		Ptf Pl 331 30. 7.										
		mittelgr. flache Kol										
II C_2 k	45	Mw 2727 Lu r. Hi		16. 7. 31		1920		60	—	+++	46	Zü Kn ex:
		La E 14. 11. 30 —		(40)								dysg. Zü Lu,
		Ptf Pl 34 23. 4. 31										Le, Mi: dysg.
		— Sa 4251 6. 6.				1921		46	—	+++		Zü Kn ex
		Bds.										dysg. Zü Lu,
												Le, Mi: dysg.
	46		1920 Mi	14. 9. 31		2121		59	—	+++		Zü Mi:
						2122		59	—	+++		dysg.
II C_2 l	47	Mw 2727 Lu r. Hi		14. 11. 31	10^{-2}	—	2684	—	35	+++	48	
		La E 14. 11. 30 —		(42)								
		Ptf Pl 34 23. 4. 31			10^{-2}	—	2685	—	35	+++	49	
		— Sa 4250 6. 6.										
		— H 100 16. 7. Sa										
		5090 25. 8. — Sa										
		5487 13. 10.										

Tabelle 6 (Fortsetzung).

Gruppe	Lfd. Nr.	Impfmaterial Kulturen	Impfmaterial Organe	Datum (Alter der Kultur in Tagen)	Menge mg sk	Mw	Ka	†	×	Befund	Fortsetzung siehe lfd. Nr.	Bemerkungen
1	2	3	4	5	6	7	8	9	10	11	12	13
II C_2 1	48		Ka 2684 Lu	21. 12. 31		2882		—	91	+++ Lu kav		
						2883		75	—	+++		
	49		Ka 2685 Lu	21. 12. 31		2884		49	—	+++		
						2885		17	—	i		
III	50	Or Alf 9. 4. 30 — E 1 4. 7.		26. 11. 30 (115)	5	672		—	141	o		
					5	673		—	184	o		
					2	674		—	141	o		
					2	675		176	—	o		Seuche
					10^{-1}	676		—	141	o		
					10^{-1}	677		—	184	o		
					10^{-3}	678		—	141	o		
					10^{-3}	679		—	184	o		
					10^{-6}	**680**		—	141	I St Kn o! +++	51, 52, 53	Zü Le: bov, eug
					10^{-6}	681		—	184	o		
	51		**680** Il Dr	14. 4. 31		1430		134	—	+++		
			,, ,,			1431		—	33	+++		Zü Mi, Kn: bov, eug
			Lu			1432		95	—	+++ Seuche		Zü Kn pos
			,,			1433		128	—	+++		Zü Mi pos
III A_1	52	Mw 680 Le E 12. 4. 31 (ma nicht bewachsen, NaCl — Abschw.)		4. 5. 31 (22)	1,0 ccm	1495		88	—	+++		Zü Mi pos
					1,0 ccm	1496		53	—	+++		
III A_2	53	Mw 680 Le E 17. 4. 31 — Sa 4289 9. 6.		26. 6. 31 (17)	10,0		1888	24	—	i		Seuche
					10^{-2}_{iv}		1889	28	—	+++		
III A_3	54	Mw 680 Le E 17. 4. 31 — Lö 29. 5. — Sa 4376 17. 6.		20. 7. 31 (33)	10,0		**1934**	—	81	++ Lu, Mi	55	Zü Lu pos
	55		Ka 1934 Kn	9. 10. 31		2447		50	—	+++		
			,,			2448		97	—	+++		
			Lu			2449		89	—	+++		
			,,			2450		92	—	+++		
			Mi			2451		120	—	+++		
			,,			2452		87	—	+++		
			l. Niere			2453		96	—	+++		
			,, ,,			2454		66	—	+++		
IV	56	Or Alf 9. 4. 30 — Sa 1362 4. 7. — Sa 1452 22. 7. — E 21 21. 8.		26. 11. 30 (97)	5	682		86	—	o		
					2	683		70	—	Seuche		
					10^{-1}	684		94	—	Seuche		
					10^{-1}	685		116	—	Seuche		
					10^{-3}	686		82	—	Seuche		
					10^{-3}	687		—	141	o		
					10^{-6}	688		61	—	Seuche		
					10^{-6}	689		71	—	Seuche		

Tabelle 6 (Fortsetzung).

Gruppe	Lfd. Nr.	Impfmaterial		Datum (Alter der Kultur in Tagen)	Menge mg sk	Mw	Ka	†	×	Befund	Fortsetzung siehe lfd. Nr.	Bemerkungen
		Kulturen	Organe									
1	2	3	4	5	6	7	8	9	10	11	12	13
V	57	Or Alf 9. 4. 30 — Sa		26. 11. 30	5	690		82	—	Seuche		
		1362 4. 7. — B 1453		(75)								
		22. 7. — B 1702			5	691		115	—	Seuche		
		12. 9.			2	692		105	—	o		
					2	693		—	141	o		
					10^{-1}	694		120	—	o		
					10^{-1}	695		42	—	Seuche		
					10^{-3}	696		107	—	o		
					10^{-3}	697		—	141	o		
					10^{-6}	698		140	—	Seuche		
					10^{-6}	699		82	—	o		
VI	58	Or Alf 9. 4. 30 — Sa		26. 11. 30	5	700		78	—	Seuche		
		1362 4. 7. — Sa		(35)								
		1462 23. 7. — E 20			5	701		—	146	o		
		21. 8. — S 22 3. 9.			2	702		—	146	o		
		S 35 22. 10.			2	703		—	184	o		
					10^{-1}	704		—	146	o		
					10^{-1}	705		—	146	o		
					10^{-3}	706		—	184	o		
					10^{-3}	707		—	184	o		
					10^{-6}	708		132	—	Seuche		
					10^{-6}	709		—	184	o		
VII	59	Or Alf 9. 4. 30 — Sa		26. 11. 30	5	710		—	146	o		
		1362 4. 7. — B 1453		(11)								
		23. 7. — Sa 1701			5	711		61	—	beg Seuche		
		12. 9. — Sa 2250			2	712		93	—	o		
		15. 11.			2	713		120	—	Seuche		
					10^{-1}	714		—	146	o		
					10^{-1}	715		78	—	Pneum.		
					10^{-3}	716		—	146	o		
					10^{-3}	717		—	184	o		
					10^{-6}	718		—	146	o		
					10^{-6}	719		—	184	o		
VIII	60	Or Alf 9. 4. 30 — Sa		1. 9. 31	10^{-1}	**2068**		—	133	o 1? Lu	61	
		1362 4. 7. — B		(102)						Hd		
		1453 27. 7. — Sa			10^{-1}	2069		—	133	o		
	61	1701 18. 9. 30 — Sa	**2068** ? Lu	13. 1. 32		2993		—	118	o		
		2061 22. 10. — Ptf —	Hd									
		Pl 31 11. 11. — Ptf										
		Pl 71 18. 12. E 22.										
		9. 31 „runde" Kol.										
IX	62	= 61, aber flache		23. 11. 31	10^{-1}	2714		—	99	o		
		Kol. — Sa 5613		(35)								
		19. 10. 31			10^{-1}	**2715**		—	99	Lu 1?	63	
										Knötchen		
	63		**2715**?Lu Hd	1. 3. 32		3317		8		i		
						3318		—	111	o Lu 1?	64	
										mil.Knöt.		
	64		**3318**?Lu Hd	20. 6. 32		4078		—	94	o		
						4079		—	94	o		

Mit den Gruppen VIII und IX sind Tierversuche angefügt, die mit abgespaltenen Kolonien, aus der Nachprüfung der Petroffschen sog. Dissoziation herrührend (s. S. 261 f.), ausgeführt wurden. Auch in diesen Gruppen VIII und IX, wobei in Gruppe VIII die Kultur allerdings schon 189 Tage alt war, ergab sich Avirulenz für Meerschweinchen, also BCG.

In den Gruppen II und III wurden dagegen virulente Bazillen festgestellt.

Zunächst sei Gruppe III vorweggenommen, weil (s. Nr. 50) hier mit Sicherheit angenommen werden kann, daß bei dem einzigen von den 10 Meerschweinchen, die mit fallenden Mengen der 1. Eiabimpfung der Originalkultur subkutan gespritzt waren, nämlich bei Meerschweinchen 680 eine Spontaninfektion vorlag.

Bei ihm waren weder Impfstelle, noch die regionären Kniefaltenlymphknoten verändert. Es lag nur Tuberkulose mäßigen Grades von Lunge, Leber und Milz vor, außerdem war die rechte Iliakaldrüse linsengroß, nicht verkäst. Im Ziehlpräparat nur in Lunge und Milz vereinzelte Stäbchen.

Für die Spontaninfektion spricht ferner, daß es sich um eine schon 115 Tage alte Kultur gehandelt hat und daß die beiden nächstalten am gleichen Tage (26. 11. 30) verimpften Kulturen (s. Gruppe IV 56 und V 57), allerdings weitere Abimpfungen, bei einem Alter von 97 und 75 Tagen sich wie reiner BCG verhielten.

Die Weiterimpfung der Iliakaldrüse und der Lunge (s. Nr. 51) sowie 3 verschiedene Abkömmlinge einer aus der Leber von Meerschweinchen 680 gezüchteten Kultur (s. Nr. 52 und 54) ergaben generalisierte Tuberkulose.

Diese Kultur selbst sowie mehrere aus Tierpassagen zu Meerschweinchen 680 gezüchtete Kulturen erwiesen sich am Kaninchen als boviner Typus (s. Nr. 53) und nach dem kulturellen Verhalten als ein meist eugonischer boviner Stamm.

Damit ist die Hauptstütze für die Annahme einer Spontaninfektion beigebracht.

Bei Gruppe II, die mit ihren Untergruppen, die Nr. 3—49 umfaßt, haben von 8 mit der 1. Sauton-Abimpfung der Originalkultur in fallenden Mengen gespritzten Meerschweinchen nur je 1 mit 5 mg (Meerschweinchen 2271) und mit 10^{-1} mg infiziertes Tier (Meerschweinchen 2273) Veränderungen aufgewiesen, die bei der Weiterverfolgung in Tierpassagen und der Prüfung der anfallenden Kulturen zu generalisierten Tuberkulosen führten.

Bei Meerschweinchen 2271, das bei seinem vorzeitigen Tod nach schon 23 Tagen neben einem Impfabszeß und einer Vergrößerung mit beginnenden Verkäsung des zugehörigen rechten Kniefaltenlymphknotens auch verdächtigen Befund in der Milz aufwies, ergab zwar nicht die Weiterimpfung des Kniefaltenlymphknotens, aber die der Milz bei Weiterverfolgung (s. Nr. 4—15) in der überwiegenden Zahl der Fälle Tuberkulose ausgedehnten Grades.

Die Prüfung der zu den Tieren gehörenden Kulturen hat, wie vorausgenommen sei, ergeben, daß sie alle der Kiel-Gruppe zuzuteilen sind.

Es ist also neben BCG in einer Abimpfung der Originalkultur auch Kiel zutage getreten.

Dem 2. mit 5 mg geimpften Meerschweinchen 2272 (s. Nr. 3) wurde 70 Tage post infectionem der rechte Kniefaltenlymphknoten herausgenommen. Seine Verimpfung rief keinerlei Erkrankung hervor (s. Nr. 16).

Das mit 10^{-1} mg geimpfte Meerschweinchen 2273 (s. Nr. 3) starb mit Meerschweinchen 2271 gleichzeitig und wies an Impfstelle und den regionären Lymphknoten den gleichen Befund wie jenes auf. Außerdem war die Leber leicht auf Tuberkulose verdächtig. Bei Verimpfung der Lymphknoten und Leber ergab sich nur bei den 2 Lymphknotentieren, nämlich bei Meerschweinchen 2726 und 2727, eine Erkrankung, und zwar eine generalisierte Tuberkulose (Nr. 17).

Dem Meerschweinchen 2727 war 69 Tage nach der Impfung ebenfalls der rechte Kniefaltenlymphknoten herausgenommen worden. Seine Verimpfung rief bei den beiden Meerschweinchen 163 und 164 generalisierte Tuberkulose hervor (s. Nr. 19). Alle Organverimpfungen nach dem Tode von Meerschweinchen 2727 (s. Nr. 19a) führten zu generalisierter Tuberkulose.

Aus dem exstirpierten Kniefaltenlymphknoten von Meerschweinchen 2727 sind 9 nach Zahl und Art der Nährböden verschiedenste — meist gelegentlich der Dissoziationsversuche nach Petroff (s. S. 261) gewonnene Abkömmlinge, in teilweise bis zu 4 Tierpassagen und auch unter Zwischenschaltung von aus solchen Passagen gezüchteten Kulturen, geprüft worden.

Um die verwickelten Zusammenhänge der einzelnen Untergruppen und laufenden Nummern mit ihren Ergebnissen möglichst übersichtlich darzustellen, wurde Tabelle 6a zusammengestellt.

Tabelle 6a.

Gruppe	Ausgangskulturen			Tierpassagen																	
				I.			II.			III.			IV.			V.			VI.		
	N	M	E	N	M	E	N	M	E	N	M	E	N	M	E	N	M	E	N	M	E
II	*3*	Or Alf.	C	*4*	2771	C	*5*	2724	Ki	*6*	526	Ki									
		9.4.30 –								*7*	527	Ki	*8*	1063	Ki	*9*	1892	Ki			
		Sa 4.7.											*10*	1065 K_1	Ki	*11*	1954	Ki			
													12	1065 K_2	Ki	*13*	K 1986	Ki	*14*	2460	Ki
																			15	2462	Ki
				16	2272 ex	C															
				17	2273	B	*18*	2726	B												
							19	2727 ex	B	*20*	163 K	o (zu alt)									
							19a	2727	B												
							21	2727 ex K_1		*22*	496	B									
										23	498	B									
										24	499	B	*25*	841 K	B	*26*	1923	B	*27*	1988	**B**
							28	2727 ex K_2	B	*29*	1146	B	*30*	2168	B						
													31	2171	B						
							32	2727 ex K_3	B?												
							33	2727 ex K_4	B	*34*	1935	**B**	*35*	2482	**B**						
							36	2727 ex K_5	**B**	*37*	995 K	B	*38*	K 2003	B						
													39	K 2004	B						
													40	2005	B						
							41	2727 ex K_6	o zu alt												
							42	2727 ex K_7	o Kultnr sehr alt												
							43	2727 ex K_8	B												
							44	2727 ex K_9	o												
							45	2727 LuK_1	B	*46*	1920	B									
							47	2727 LuK_2	B	*48*	K 2684	B									
										49	K 2685	B									
III	*50*	Or Alf.	?	*51*	680	**B**															
		9.4.30—		*52*	680 LeK_1	**B**															
		E 4.7.		*53*	680 LeK_2	B															
				54	680 LeK_3	B	*55*	K 1934	B												

In ihr ist unter den Spalten N auf die laufenden Nummern der Tabelle 6 hingewiesen.

In den Spalten M (Material) ist die Nummer des Tieres angegeben; ein K vor der Nummer bedeutet Kaninchen, ein K hinter der Nummer bedeutet Kultur. Der Zusatz „ex“ bei den Meerschweinchen 2272 und 2727 bedeutet, daß es sich um einen exstirpierten Kniefaltenlymphknoten handelt.

In den Spalten E (Ergebnis) ist die Zugehörigkeit der durch Weiterimpfung oder Kultur aus dem in den vorangehenden Spalten M verzeichneten Material erhaltenen Tuberkelbazillen angegeben.

Hier bedeutet: C = BCG (Calmette), Ki = „Kiel“-Gruppe, B = Typus bovinus, auf Sauton-Nährboden nur sehr schlecht und langsam wachsend („dysgonisch“), **B** = Typus bovinus auf Sauton-Nährboden rasch und gut wachsend („eugonisch“).

Aus Tabelle 6a, in die zum Vergleich auch noch — in gleicher Darstellung — die schon besprochenen Versuche, die sich an Gruppe II Nr. 4 anschließen, und die ebenfalls schon behandelte Gruppe III aufgenommen sind, geht deutlich hervor, wie bei der ganzen Weiterverfolgung des Meerschweinchens 2273 (laufende Nr. 17), wenn überhaupt, nur virulente Bazillen des bovinen Typs als wirksam nachweisbar waren.

Einige Ausfälle, wie bei den Nr. 20, 41 und 42, sind durch zu hohes Alter der Kulturen erklärlich. Bei Nr. 44 könnte, was nachträglich nicht mehr zu entscheiden ist, schon auf die erste der nacheinander angelegten 5 Petroff-Platten (s. später S. 261f.), da immer nur von 1 Kolonie ausgegangen wurde, vereinzelte vielleicht im Kniefaltenlymphknoten von Meerschweinchen 2727 und der daraus angelegten Original-Eikultur vom 19. 9. 30 enthaltene BCG-Bazillen gekommen sein, die im Tierversuch natürlich durch die bovinen Bazillen unterdrückt wurden.

Die in Gruppe II (von Nr. 4—49) und die in Gruppe III (Nr. 50—55) festgestellten bovinen Bazillen waren der Mehrzahl nach dysgonisch, doch war das Verhalten, wie Tabelle 6a zeigt, bei den folgenden Tierpassagen nicht konstant. Auch kam es öfter vor, daß eine lange Zeit dysgonisch wachsender Stamm plötzlich infolge Anpassung an den Nährboden eugonisch wurde.

Jedenfalls hat die Untersuchung der Kultur Lübeck VI neben BCG auch „Kiel“- und bovine Tuberkelbazillen ergeben.

Wenn man sagen sollte, bei Lübeck VI haben wir eine Umwandlung von BCG in „Kiel“ im Tierkörper nachgewiesen, so ist dagegen, das Ergebnis von später zu besprechenden Versuchen vorausnehmend, zu sagen:

1. Ohne jede Einschaltung des Tierversuchs ist im Impfstoffrest 25 der „Kiel“-Bazillus feststellbar gewesen (s. S. 236).

2. Bei Kind „Ru“ (201) [1] hat sich sowohl die in Lübeck als die in Hamburg aus den Mesenteriallymphknoten gezüchtete Kultur als reiner BCG erwiesen (s. S. 249).

3. Bei Kind „Hu“ (139) ist aus Mesenteriallymphknoten und Milz ebenfalls BCG gezüchtet und, nur durch den Tierversuch, im Mesenteriallymphknoten daneben auch Kiel gefunden worden (s. S. 247).

Dabei ist das Kind „Ru“ (201) 91 und das Kind „Hg“ (139) 47 Tage nach der 1. Verabreichung des Impfstoffes gestorben.

Wir haben also auch Fälle, wo sich der BCG im Kinderkörper nicht „umgewandelt“ hat.

---

[1] Bei jedem angeführten Lübecker Säugling ist in Klammern seine Nummer in der „Amtlichen Liste“, geordnet nach der Impfstoffausgabe, zugefügt.

Schließlich würde selbst eine Umwandlung des BCG im Meerschweinchenkörper für die Lübecker Impfstoffe bedeutungslos sein, weil dort zur Impfstoffbereitung niemals aus dem Meerschweinchen gewonnene Kulturen verwandt wurden.

Wenn der „Kiel"-Bazillus erst im Tierkörper zum Vorschein kommt, so braucht das durchaus nicht auf einer Umwandlung zu beruhen, sondern kann ebensogut auf eine Auslese und Anreicherung des virulenten Bazillus aus einem Gemisch mit avirulenten Keimen zurückgeführt werden.

Etwas anderes ist die Frage der Spontaninfektion der betreffenden Tiere.

Wenn wir keinesfalls annehmen können, daß aus dem „reinen" BCG Lübeck VI neben „Kiel" auch ein eugonischer und ein dysgonischer boviner Stamm entstanden ist, so müssen eben die bovinen Stämme auf eine Spontaninfektion zurückgehen.

Bei der übergroßen Zahl von mit virulentem Material aus Lübeck infizierten Tieren, die damals in unseren Ställen waren, ist aber auch die Möglichkeit einer Spontaninfektion mit „Kiel" nicht völlig auszuschließen.

Die Tatsache, daß der zur Impfstelle gehörige rechte Kniefaltenlymphknoten des Meerschweinchens 2271, obwohl verkäst, bei der Weiterimpfung negativ war (Tabelle 6, lfd. Nr. 4), dagegen die Milz, die bei normaler Größe beginnende Knötchenbildung zeigte — leider nicht mikroskopisch-histologisch untersucht —, bei dem Meerschweinchen 2724 eine deutlich von der Impfstelle ausgehende generalisierte Tuberkulose hervorrief (Tabelle 6, lfd. Nr. 4), scheint an sich stark gegen die Annahme einer Spontaninfektion zu sprechen. Aber es ist auffallend, daß das Paralleltier zu Meerschweinchen 2724, nämlich Meerschweinchen 2725 bei der um 14 Tage später vorgenommenen Tötung völlig frei von jeder krankhaften Veränderung war. Solche große Unterschiede bei zusammengehörigen Tieren findet man jedenfalls nur dann, wenn es sich um ganz vereinzelte virulente Tuberkelbazillen im Impfmaterial handelt, wo dann entweder die individuelle Resistenz sich auswirken kann oder in dem dem einen der beiden betreffenden Tiere einverleibten Anteil eben überhaupt kein virulenter Bazillus enthalten war.

Zur Vorsicht bei der Ausschließung einer Spontaninfektion mahnen jedenfalls die weiter unten (s. S. 272 und 273) gelegentlich der Abtötungsversuche an künstlich dem Einährboden zugesetzten Tuberkelbazillen bzw. zugefügtem Blut einer tuberkulösen Patientin beobachteten und mit Sicherheit als eine Spontaninfektion nachgewiesenen Fälle der Meerschweinchen 2400 und Meerschweinchen 2341. Besonders bei dem letztgenannten Tier und seinem Vorläufer, Meerschweinchen 1897, lagen die Verhältnisse recht ähnlich.

Wir müssen also in der Frage des „Kiel"-Befundes bei der Untersuchung der Lübecker Kultur VI zu einem „non liquet" kommen, so wichtig an sich die Entscheidung, ob Spontaninfektion oder nicht, wäre.

Bei den schon besprochenen Kulturen Lübeck I D, Lübeck II und III muß nach dem eben ausgeführten, ebenfalls an das Hereinspielen einer Spontaninfektion gedacht werden. Aber hier haben wir, zum mindesten für Lübeck I D, aus anderen Befunden, die an die epidemiologischen Beobachtungen knüpfen (Todesfälle von Kindern mit Impfstoffen aus der Zeit zwischen 26. und 28. 3. 30) und vor allem in dem in seiner Bedeutung nicht genug zu würdigendem Befund an Impfstoffrest 25 (s. S. 236) Beweise, daß in den Kulturen, aus denen die Impfstoffe bereitet wurden, neben BCG auch virulente „Kiel"-Bazillen waren.

5. Die Kultur Lübeck VII.

Die quantitaive Prüfung von 2 mg —10^{-3} mg einer 2. Nährbodengeneration (auf Ei) an 6 Meerschweinchen ergab volle Avirulenz. Die trotzdem ausgeführte Weiterimpfung der Milz von zweien dieser Tiere verlief ebenfalls negativ.

Eine an 3 Kaninchen geprüfte 3. Nährbodengeneration auf Bouillon erwies sich ebenfalls als ganz avirulent.

Auch kulturell erwiesen sich alle Weiterimpfungen als typischer „BCG". Man kann daher aussagen, daß die Kultur Lübeck VII aus reinen BCG-Bazillen bestand.

B. Die Kulturen Lübeck IV und V.

Über diese zu den „Lübecker Tierversuchen" gehörigen Kulturen kann hier mit wenigen Worten berichtet werden, da unten noch einige Male auf sie zurückgekommen wird (s. Abschnitt V, S. 239).

Sie haben sich beide, wie Tabelle 7, 1—6, zeigt, als virulente Tuberkelbazillen vom humanen Typus erwiesen.

Von besonderer Wichtigkeit ist die Kultur Lübeck V, da sie aus dem Zervikallymphknoten des ersten aller nach Calmette behandelten, jetzt noch lebenden Kindes „Gr" (1) stammt. Sie hat sich ebenso wie Lübeck IV als zur „Kiel"-Gruppe gehörig erwiesen und ist seither nicht weniger als 141mal auf Sauton verimpft worden, wobei ausnahmslos Vergrünung auftrat.

C. Die Kulturen „Kiel" I—III[1].

Das Ergebnis der Untersuchungen ist in Tabelle 7, Nr. 8—11 eingetragen. Alle 3 Kulturen haben sich als virulente humane Tuberkelbazillen erwiesen.

Bezüglich der Kultur II ist allerdings hervorzuheben, daß der aus Lübeck in einem sterilen Röhrchen mitgebrachte Kulturbelag eine auffallend geringe Virulenz zeigte (Tabelle 7, Nr. 8); eine in Berlin am 16. 7. 30 von Kiel II angelegte Serumkultur war dagegen von normaler Virulenz (Tabelle 7, Nr. 9).

Auf die Virulenzfrage des Stammes Kiel wird noch weiter unten (s. S. 287) näher eingegangen werden.

Zusammengefaßt ergibt sich für Abschnitt I. Die Kulturen aus Lübeck:

Von 6 in Lübeck am 14. 3. 30 angelegten Kulturen handelt es sich bei 5 — Lübeck I, I A, I B, I C, I E — um reine BCG-Bazillenstämme, ebenso bei der Kultur Lübeck VII.

Die 6. Kultur vom 14. 3. 30 — Lübeck I D — und die Kulturen II und III enthielten neben avirulenten BCG-Bazillen auch virulente Tuberkelbazillen vom humanen Typus.

Bei den Tierversuchen mit der Kultur Lübeck VI trat sowohl ein virulenter humaner wie ein virulenter teils dysgonisch, teils eugonisch wachsender boviner Stamm in die Erscheinung.

Während letzterer mit Sicherheit als auf Spontaninfektion zurückzuführen ist, muß hinsichtlich des virulenten humanen Stammes die Frage der Spontaninfektion offen bleiben.

[1] Bei diesen Kulturen handelt es sich um einen humanen Tuberkelbazillenstamm „Werner", den das Kieler Hygienische Institut vom Institut Robert Koch, Berlin, bezogen und am 9. 9. 29 an Herrn Oberarzt Dr. Welcker auf dessen Bitte vom 6. 9. 29 hin übersandt hatte.

Die Kulturen Lübeck IV und Lübeck V, sowie die Kulturen Kiel I, II und III sind virulente Tuberkelbazillen des humanen Typus.

Alle aufgefundenen Stämme des virulenten humanen Typus sind, wie später (S. 296) bewiesen werden wird, miteinander identisch, und zwar „Kiel“-Bazillen.

II. Die Impfstoffreste.

Von verschiedenen Stellen in Lübeck erhielt das Reichsgesundheitsamt Fläschchen mit Resten von Impfstoffen. Über die Herkunft und die Anwendung der einzelnen Impfstoffe ist das Nähere, soweit es sich nachträglich noch feststellen ließ, in Tabelle 8 enthalten.

Tabelle 7.

Lfd. Nr.	Stamm	Nährboden	Kultur vom	Alter bei Verimpfung	Meerschweinchen mg sk					Nährboden	Kultur vom	Alter bei Verimpfung	Kaninchen mg	
					5	2	10^{-1}	10^{-3}	10^{-6}				10 sk	10^{-2}_{iv}
1	Lüb IV	E	**17.4.30**	35	+++		+++	+++	+++	E	**17. 4.**	35	—	(+)
					+++		+++	+++	+++				(+)	
2	„	E	22.5.30	5		+++		+++	+++	B	3. 6.	21	i	i
						+++		+++	+++				—	
3	„	E	22.5.30	14				++	++					
								+++	++					
4	Lüb V	E	**17.3.30**	66	+++		++	+++	+++	E	**17. 3.**	66	(+)	(+)
					† † †		† † †	† † †	† † †				(+)	
5	„	E	**17.3.30**	67				+++	i					
								+++	+++					
6	„	E	22.5.30	12				+++	+++	B	9. 6.	16	i	i
								+++					(+)	
7	Kiel I	Alf	**9.4.30**	44	+++		+++	i	i	Alf	**9. 4.**	44	(+)	—
					+++		+++	+++	+++				(+)	
8	Kiel II	B	**24.4.30**	29			—	—	—	B	22. 6.	10	i	(+)
							+[1]	+	—				(+)	
9	„	S	16.7.30	15		i	+++	+++	+					
						++	++	+++	+++					
10	Kiel III	E	**24.4.30**	71			+++	+++	+++					
							+++	+++	+++					
11	„	E	4.7.30	5			i	+++	i	B	16. 7.	21	—	i
							+++	+++	+++				—	

Die mikroskopische Untersuchung der Impfstoffreste ergab Unterschiede, die allein schon mit großer Wahrscheinlichkeit eine Zuweisung zu BCG-Bazillen oder „MtbR“ (Partigen nach Deycke-Much) ermöglichten: Bei den Impfstoffen, die aus BCG-Bazillen hergestellt waren, fanden sich reichlich ziemlich lange, ziemlich schwach gefärbte, stark granulierte Stäbchen, zum Teil (Impfstoffreste 26—28) vermengt mit morphologisch gleichartigen, aber nicht säurefesten Formen. Bei den Partigenen „MtbR“ waren nur geringe Reste kleiner ziemlich zerfallener Stäbchen zu sehen.

[1] WI v. Mi u. Le +++.

Die geringen Mengen der in den Fläschchen vorhandenen Impfstoffreste wurden zunächst direkt auf Meerschweinchen verimpft; außerdem wurde versucht, von ihnen Kulturen zu gewinnen, und die erhaltenen Kulturen auf ihre Virulenz an Meerschweinchen und Kaninchen quantitativ geprüft.

Bei den Impfstoffresten 2, 5, 14, 24, 28 und 30 war sowohl die direkte Verimpfung wie der Kulturversuch negativ.

Der Kulturversuch (kein Tierversuch angestellt) war negativ bei Impfstoff 9 und 29.

Nur bei den drei Impfstoffresten: 19, 20 und 25 gelang die Züchtung. Bei Impfstoff 19 traten nach etwa einem Monat auf Einährboden 4 Kolonien, bei Impfstoff 25 eine einzige Kolonie auf, während bei Impfstoff 20 schon innerhalb 3 Wochen ziemlich reichliches Wachstum auf dem erst beimpften Einährboden erhalten wurde.

A. Bei **Impfstoffrest 19** wurden am 31. 7. 30 mit der 10 Tage alten 1. Serumunterkultur je 2 Meerschweinchen mit 5, 10^{-1}, 10^{-3}, 10^{-6} mg subkutan geimpft.

Ebensowenig, wie bei den 2 mit dem Impfstoffrest direkt geimpften Meerschweinchen trat bei diesen 8 Tieren, von denen allerdings die 2—5 mg-Tiere vorzeitig eingingen (Weiterimpfung bei dem einen negativ), irgendein für Tuberkulose sprechender Befund auf. Auch der Kaninchenversuch der gleichen Kultur (2 mit 10 mg subkutan und 1 mit 10^{-2} mg intravenös geimpft) ergab volle Avirulenz. Demnach wurden in Impfstoff 19 nur avirulente BCG-Bazillen nachgewiesen.

Auch bei der kulturellen Weiterzüchtung (seither unter anderem 140 Sauton-Kolben) verhielt sich Impfstoff 19 stets wie ein BCG (s. S. 296).

B. Der **Impfstoffrest 20** hat Veranlassung zu ausgedehnten Tierversuchen ergeben, die in Tabelle 9 zusammengestellt sind.

Die Befunde in den Gruppen I, II, V—IX lassen sich kurz dahin zusammenfassen, daß die Tierversuche ausnahmslos Avirulenz des Impfstoffes selbst (Gruppe I und II) und von 5 Weiterzüchtungen des aus ihm gewonnenen Stammes (Gruppe V—IX) ergaben.

Auch bei Gruppe III, die die Prüfung der ersten aus dem Impfstoff gewonnenen Kultur umfaßt, ist bei den Nr. 4—11 Avirulenz festgestellt worden. Erst auf Meerschweinchen 1929 (Nr. 12) geht eine, allerdings nur kurze, weitere Reihe (Nr. 13 und 14) zurück, bei der die Tiere generalisierte Tuberkulose zeigten. Die aus ihnen gewonnenen Kulturen verhielten sich im Sauton-Nährboden unverkennbar wie Typus bovinus (dysgonische Variante).

Dem Meerschweinchen 1929 war am 19. 8. 30 (32 Tage nach der Infektion) der rechte Kniefaltenlymphknoten herausgenommen worden. Dieser war nur kleinlinsengroß, nicht verkäst. Ziehlpräparat: negativ. Nach Professor Busch † auch mikroskopisch keine Tuberkulose.

Dieser Befund am exstirpierten Lymphknoten steht mit der als BCG gewachsenen Ausgangskultur, die noch dazu bei der Verimpfung schon 200 Tage alt war, im Einklang.

Bei der Tötung des Meerschweinchens 1929 am 9. 10. 30 also weitere 51 Tage später, fand sich jedoch in der rechten Kniefalte ein haselnußgroßer, verkäster Knoten, und zwar als einziger Befund am Tier. Die Weiterimpfung dieses Kniefaltenlymphknotens rief generalisierte Tuberkulose hervor (Nr. 13), als deren Erreger, wie eben erwähnt, ein boviner Stamm festgestellt wurde.

Tabelle 8.

Bezeichnung in Pappkästchen	Bezeichnung in Fläschchen	Eingegangen 1930 am	Eingegangen 1930 von	Verwendet bei Kind	Ausgabetag 1930	Mikroskopischer Befund
I	1	6. 6.	Dr. Altstaedt-Lübeck (Hebamme He.)			—
	2			?	?	Einige Häufchen von teils gut, teils nur blaß gefärbten säurefesten Stäbchen
	3		•	•	•	—
II	4	6. 6.	Dieselben	„Fe" (221)	22. 4.	zahlreiche große Haufen von langen, zum Teil stark granulierten Stäbchen
	5	6. 6.	„	oder „Str" (239)	oder 24. 4.	
	6	6. 6.	„			
III	7	6. 6.	„			—
	8	6. 6.	„	?	?	—
	9	6. 6.	„			vereinzelte gekörnte säurefeste Stäbchen
IV	10	6. 6.	„			—
	11			¿	?	—
	12					—
V	13	6. 6.	„			—
	14			?	?	nicht säurefeste Bakterienreste?
	15					—
VI	16	6. 6.	„			—
	17			?	?	—
	18					—
VII	19	6. 6.	„	wie bei II 4—6	wie bei II 4—6	sehr viele große Haufen von langen, zum Teil stark granulierten Stäbchen
	20					
	21					wie oben, aber nur wenige Stäbchen
VIII	22	18. 6.	Staatsanwaltschaft Lübeck (Hebamme Je., Gr.-Grönau)	„Bä" (273) Schattin	nach dem 2. 5. (!)	sehr wenige ganz zerfallene Tuberkel
	23					—
	24					wie oben, aber auch ein Haufen von 15—20 säurefesten Bazillen
IX	25	18. 6.	Staatsanwaltschaft Lübeck (Hebamme M.)	„Gre" (245) Schöneberg	26. 2.	sehr reichlich große Haufen von Sf.
	26					
	27					
X	28	25. 7.	Dr. Mögling-Lübeck	„Li" (186)	11. 4.	s. unter Bemerkungen
	29					
	30					

Die Impfstoffreste.

Ist hiernach wahrscheinlich	Direkt verimpft auf Mw		Direkte Züchtung	Virulenz für Mw	Bemerkungen
	1930 am	Ergebnis			
•	•	•	•	•	Je 3 braune Fläschchen mit Glasstöpsel, in schwarzem Pappkästchen
Partigen	6. 6.	=[1]	negativ		[1] WI —
•	•	•	•		
BCG					Kind „Fe“ (221) war nie merkbar krank, ist aber tuberkulin-positiv
„	„	=	negativ		Kind „Str“ (239) hatte 28. 5. 30 leichte Zervikaldrüsenschwellung links 16. 6. Moro positiv
„					
Partigen			negativ		
„			•		
„					
	19. 6.	=	negativ		
„			•		
BCG	10. 6.	=[1]	positiv	—[2]	[1] Zü Mi —; WI Mi — [2] s. Text
„	6. 6.	∓[1]	negativ	—	[1] Zü Kn pos, Mi neg. WI Kn u. Mi —
„	10. 6.	=	positiv	WI vereinzelt +++[1]	[1] s. Tabelle 9
Partigen					
	18. 6.	=	negativ		
BCG[1]	18. 6.	—/++[2]	positiv	+++	[1] s. aber Text und Tabelle 10 [2] WI Mi +++ Kind „Gre“ (245) war anfangs schwer krank; Parallel-Kind „Sch“ (5) † (130T.)
„					
BCG	25. 7.	=	negativ		Zahlreiche mittellange granulierte Stäbchen in Haufen, auch nicht säurefeste Formen. Alle Fläschchen verunreinigt.
„	•		negativ		
„	25. 7.	=	negativ		

Tabelle 9. Tierversuche zu Impfstoffrest 20.

Gruppe	Lfd. Nr.	Impfmaterial		Datum (Alter der Kultur in Tagen)	Menge mg sk	Mw	Ka	†	×	Befund	WI	Bemerkungen
		Kulturen	Organe									
1	2	3	4	5	6	7	8	9	10	11	12	13
I	1	Or Flasche eingeg. 6. 6. 30		6. 6. 30	1 Ø	1728		—	59	o		
						1729		59	—	+	2	
	2		1729 Kn	4. 8. 30		2465		78	—	o		
			,,			2466		95	—	o		
			Mi			2467		—	95	o		
			,,			2468		48	—	o		
II	3	Or Flasche, beh. mit 15% Salzsäure		10. 6. 30	2 Ø	1745		—	55	o		
						1746		—	55	o		
III	4	Or Flasche, 10′ 15% HCl E 10. 6. 30		4. 7. 30 (24)	2	**1962**		—	70	(+)	5	
					2	1963		—	123	o		
					10^{-1}	**1964**		24	—	(+)	7	
					10^{-1}	**1965**		24	—	(+)	8	
					10^{-3}	**1966**		24	—	(+)	9	
					10^{-3}	**1967**		24	—	(+)	10	
					10^{-6}	1968		27	—	o		
						1969		—	123	o		
	5		1962 Kn	13. 9. 30		**89**		—	65	(+)	6,11,12	Zü Kn pos: BCG
						90		—	70	o		
	6		89 Kn	17. 11. 31		588		—	150	o		
			,,			589		—	150	o		
			Mi			590		96	—	(+)		
			,,			591		—	163	o		
	7		1964 Kn	29. 7. 30		2381		—	101	o Seu		
			,,			2382		—	101	o		
	8		1965 Kn			2383		—	1291	o		
			,,			2384		7	—	i		
	9		1966 Kn			2385		—	101	o		
			,,			2386		—	101	o		
	10		1967 Kn			2387		—	101	o		
			,,			2388		—	101	o		
	11	Mw **89** Kn E 4 17. 11. 30		30. 12. 30 (42)	10^{-1}	977		18	—	i		
					10^{-1}	978		—	124	o		
					10^{-3}	979		74	—	o		
						980		—	124	o		
	12	Mw **89** Kn E 17. 11. 30 — E 8 30. 12. Abschwemmung		18. 7. 31 (200)	1,0 ccm	1928		—	83	o		
						1929		—	83	(+)Dr	13	
	13		1929 Kn	9. 10. 31		**2465**		97	—	+++	14	Zü: bov
						2466		54	—	+++		Zü: bov
	14		2465 Mi	15. 12. 31		2860		15	—	i Seu		
						2861		36	—	+++		Zü: bov

Tabelle 9 (Fortsetzung).

Gruppe	Lfd. Nr.	Impfmaterial Kulturen	Impfmaterial Organe	Datum (Alter der Kultur in Tagen)	Menge mg sk	Mw	Ka	†	×	Befund	WI	Bemerkungen
1	2	3	4	5	6	7	8	9	10	11	12	13
IV	15	Or Flasche E 10. 6. 30 — S 4. 7. — Sa 1427 12. 7.		23. 7. 30 (11)	5	2287		—	104	o		
					5	2288		9	—	i		
					10^{-1}	**2289**		—	51	(+)	16, 17	Zü Kn pos: BCG
					10^{-1}	2290		—	104	o		
					10^{-3}	2291		20	—	o i		
					10^{-3}	2292		—	104	o		
					10^{-6}	2293		—	104	o		
					10^{-6}	2294		—	104	o		
					10,0		2331	44	—	o		
					10,0		**2332**	14	—	i	18	Zü Impf-Absc. pos: BCG
					10^{-2}_{iv}		2333	—	111	o		
	16		2289 Kn	13. 9. 30		91		10	—	i		
			,,			**92**		—	67	+++	22	Zü Mi: bov
			Mi			**93**		—	65	(+) Lu, Mi	29, 30, 31	Zü Kn, Mi: bov
			,,			**94**		—	67	o		
	17	Mw **2289** Kn E 4 13. 9. — E 8 12. 2. 31 Abschwemmung		18. 7. 31 (186)	1,0 ccm	1926		—	83	o		Kultur zu alt!
						1927		—	83	o		
	18	Ka **2332** Impfabszeß E 7. 8. 30		26. 11. 30 (111)	5	728		—	146	o		
					5	729		145	—	o		
					2	730		—	146	o		
					2	731		40	—	o		
					10^{-1}	732		63	—	o		
					10^{-1}	733		—	146	o		
					10^{-3}	**734**		44	—	?	19, 20, 21	Zü Kn: BCG
					10^{-3}	735		21	—	o		
					10^{-6}	736		86	—	o		
					10^{-6}	737		232	—	i		
	19		734 Kn	19. 1. 31		1057		—	145	o		
			,,			1058		—	148	o		
			Mi			1059		—	145	o		
			,,			1060		—	178	o		
	20	Mw **734** Kn E 19. 1. 31 — Sa 3260 9. 3. — Sa 3582 7. 4.		15. 4. 31 (11)	10^{-1}	1414		—	92	o		
					10^{-1}	1415		—	155	o		
					10^{-3}	1416		—	92	o		
					10^{-3}	1417		—	155	o		
	21	Mw **734** Kn — E 1 19. 1. 31 — Sa 3260 9. 3. — Sa 3582 7. 4. — B 3664 15. 4. — Sa 4147 1. 6.		23. 6. 31 (22)	10,0		1880	13	—	i		
					10^{-2}_{iv}		1881	—	101	o		„BCG“!
					10^{-1}	1882		—	101	o		
					10^{-1}	1883		—	101	o		
					10^{-3}	1884		—	101	o		
					10^{-3}	1885		—	101	o		

Tabelle 9 (Fortsetzung).

Gruppe	Lfd. Nr.	Impfmaterial		Datum (Alter der Kultur in Tagen)	Menge mg sk	Mw	Ka	†	×	Befund	WI	Bemerkungen
		Kulturen	Organe									
1	2	3	4	5	6	7	8	9	10	11	12	13
IV	22	Mw 92 Mi E 5		18. 7. 31	1,0	1930		—	83	+++		Zü: bov
		20. 11. 30 — E 7		(81)	ccm							
		12. 2. 31 — S 10			1,0	**1931**		—	83	+++	23	Zü: bov
		28. 4. Abschw.			ccm							
	23		1931 Kn	9. 10. 31		**2467**		59	—	+++	24	Zü: bov
			,,			2468		83	—	+++		Zü Mi pos: bov
			Mi			**2469**		45	—	+++	26	Dasselbe
			,,			**2470**		75	—	++ Seu	28	,,
	24		2467 Mi	7. 12. 31		**2794**		—	100	+++	25	
						2795		50	—	?		
	25		2794 Mi	16. 3. 32		3383		56	—	+++		
						3384		38	—	+++		
	26		2469 Mi	23. 11. 31		**2718**		78	—	+++	27	Zü: bov
						2719		56	—	+++		
	27		2718 Mi	19. 2. 32		3155		55	—	+++		Zü Le: dysg bov
						3156		18	—	+++		
	28		2470 Lu	24. 12. 31		2912		11	—	i		
						2913		25	—	(+) i		
	29		**93** Kn	17. 11. 30		592		53	—	+++		
			,,			593		59	—	+++		
			Lu			594		63	—	+++		
			,,			595		94	—	+++		
	30	Mw 93 Mi E 7		16. 2. 31		1115		—	130	o (+)		Staphylokokkenint.
		17. 11. 30		(181)								
		gr Kol				1116		—	150	o		
		kl Kol				1117		42	—	+++		
						1118		42	—	+++		
	31	Mw 93 Kn E 4		13. 7. 31	1,0	1932		65	—	+++		Zü: bov
		17. 11. 30		(238)								
		Abschwemmung			1,0	**1933**		89	—	+++	32, 34	Zü: bov
	32		1933 Mi	15. 10. 31		**2506**		70	—	+++	33	
						2507		68	—	+++		
	33		2506 Le	24. 12. 31		2914		13	—	i		
						2915		44	—	+++ Lu o		Zü: bov
	34	Mw **1933** Kn ex		21. 1. 32	10^{-2}_{iv}		3032	47	—	+++		Zü: bov
		E 1680 8. 8. 31 —		(41)								
		Sa 61922 11. 12. 31			10^{-2}_{iv}		3033	54	—	+++		bov
V	35	= 4 (E 10. 6. 30) —		23. 7. 30		2297		27	—	(+)		
		SAg-Pl 4. 7. 30		(21)								
		Mtb Kol				2298		—	107	o		
		BCG Kol				2299		9	—	i		
						2300		—	107	o		

Tabelle 9 (Fortsetzung).

Gruppe	Lfd. Nr.	Impfmaterial		Datum (Alter der Kultur in Tagen)	Menge mg sk	Mw	Ka	†	×	Befund	WI	Bemerkungen
		Kulturen	Organe									
1	2	3	4	5	6	7	8	9	10	11	12	13
VI	36	= 4 (E 10. 6. 30) — Ptf — Pl 9. 7. 30		25. 9. 30 (77)		251		—	54	o		
		Kol. 1				252		—	61	o		
		Kol. 2				253		—	54	o		
						254		—	61	o		
VII	37	= 4 (E 10. 6. 30) — E 4. 7. 30 — E 25. 7.		26. 11. 30 (124)	2,0	720		—	146	o		
						721		—	103	o		
					10^{-1}	722		—	146	o		
						723		61	—	o		
					10^{-3}	724		—	146	o		
						725		76	—	o		
					10^{-6}	726		—	146	o		
						727		—	184	o		
VIII	38	= 15 (Sa 1427 12. 7. 30) — Sa 1466 23. 7.		26. 11. 30 (126)	5	738		—	184	o		
						739		164	—	o		
					2	740		163	—	o		
						741		—	184	o		
					10^{-1}	742		—	184	o		
						743		89	—	o		
					10^{-3}	744		34	—	o		
						745		—	184	o		
					10^{-6}	746		181	—	o		
						747		125	—	o Mi ?	39	
	39		747 Mi	1. 4. 31		1242		—	105	o		
						1243		—	105	o		
IX	40	= 38 (Sa 1466 23. 7. 30) — Sa 1605 14. 8. — Sa 1883 2. 10. — Sa 2256 15. 11.		26. 11. 30 (11)	5	748		82	—	o		
					2	749		115	—	o		
						750		—	146	o		
					10^{-1}	751		—	146	o		
						752		44	—	o		
					10^{-3}	753		—	146	o		
						754		35	—	o		
					10^{-6}	755		34	—	o		
						756		—	146	o		

In diesem Falle liegt es, wie wohl selten, auf der Hand, daß es sich nur um eine durch die Operationswunde hindurch erfolgte sekundäre Spontaninfektion gehandelt haben kann.

Bei der Gruppe IV ergab die Reihe Nr. 15—18—19—20—21 reinen BCG. Eine aus Meerschweinchen 734 der Nr. 18 gezüchtete Kultur erwies sich seither bei der Prüfung auf 22 Sauton-Kolben als BCG, woraus hervorgeht, daß in der schon 111 Tage alten verimpften Kultur immer noch lebende BCG-Bazillen vorhanden waren.

Das zu Nr. 15 gehörende Meerschweinchen 2289 wies bei der aus äußeren Gründen schon nach 51 Tagen vorgenommenen Tötung als einzigen Befund eine geringe Schwellung (kleinlinsengroß) ohne Verkäsung von 2 rechten Kniefaltenlymphknoten auf. Ziehl-Ausstrich negativ, Kulturversuch ergab BCG. Milz mit hypertrophischen Follikeln, Ziehl-Ausstrich, Kulturversuch und histologischer Befund (Prof. Busch) negativ.

Dennoch trat bei Weiterimpfung des Kniefaltenlymphknotens auf Meerschweinchen 92 (Nr. 16) und der Milz auf Meerschweinchen 93 (Nr. 16) bei beiden Tieren generalisierte Tuberkulose auf, als deren Errger ebenfalls ein boviner Stamm festgestellt wurde. Bei beiden Tieren waren die regionären Kniefaltenlymphknoten stark vergrößert. Trotzdem können wir auch hierfür nur eine Stallinfektion annehmen.

C. Der **Impfstoffrest** 25 hat sich im Gegensatz zu den Impfstoffen 19 und 20 von vornherein sowohl direkt, als bei Verimpfung der einzigen gewachsenen Kolonie und ihrer Weiterimpfungen als virulente Tuberkelbazillen enthaltend erwiesen (s. Tabelle 10).

Tabelle 10. Impfstoffrest 25.

Lfd. Nr.	Direkt auf Mw.	Züchtung	Kultur		Meerschweinchen mg sk					Kaninchen mg		Bemerkungen
			Nährboden Datum	Alter Tage	5	2	10^{-1}	10^{-3}	10^{-6}	10 sk	10^{-2}_{iv}	
1	— ++[1]	pos.	E. 18. 6. 30	26		+++ +++[2]						[1] WI Mi +++ [2] Mit 3 kl. Kolonien geimpft
2			SAg. 25. 7. 30	13		+ (i) +++	i +++	i +++	i +++			
3			S. 25. 7. 30	18	++[3] +++		i ++[4]	+++ +++	+++ +++	i	— —	[3] † nach 20 Tg. [4] † nach 20 Tg. WI Mi u. Le +++ Zü aus Mi pos
4			E. 1. 9. 30	25		i +++	+++ +++	i +++	i +++			

Durch das kennzeichnende Verhalten auf Sauton (Vergrünung), das seither an 199 Kolben ausnahmslos festgestellt wurde (s. S. 296), hat sich der Stamm „Impfstoff 25“ als mit dem „Kiel“-Stamm identisch herausgestellt.

Zusammenfassend ist über die Untersuchungsergebnisse der Impfstoffreste zu sagen:

Der Nachweis lebender säurefester Bazillen konnte nicht erbracht werden bei den 8 Impfstoffen: 2, 5, 9, 14, 24, 28, 29, 30.

Nur avirulente Bazillen, also „BCG-Bazillen“, wurden im Impfstoff 19 festgestellt.

Virulente Tuberkelbazillen aber vom Typus bovinus traten neben BCG-Bazillen bei der Untersuchung des Impfstoffes 20 zutage. Sie wurden auf Spontaninfektion zurückgeführt.

Im Impfstoffrest 25 konnten nur virulente Tuberkelbazillen, und zwar der „Kiel“-Gruppe nachgewiesen werden; BCG-Bazillen waren aus ihm nicht herauszuzüchten.

Der Befund an Impfstoffrest 25 ist von größter Bedeutung[1]. Durch ihn ist erwiesen, daß es sich in Lübeck — was ja auch angesichts der großen Zahl von Erkrankungen und Todesfällen von vornherein höchst unwahrscheinlich war — nicht um ein Virulentwerden der eingeführten BCG-Bazillen erst im Körper der einzelnen Kinder gehandelt hat.

III. Die Lübecker „Vergleichsaufschwemmung".

Für die Frage einer etwaigen Überdosierung war es angezeigt, die von Professor Deycke als Maß für seine Impfstoffe benutzte Vergleichsaufschwemmung nachzuprüfen. Das Originalröhrchen dieser Testaufschwemmung wurde dem einen von uns (L. L.) am 19. 5. 30 bei seiner ersten Anwesenheit in Lübeck übergeben.

Die quantitative Untersuchung (Bestimmung der in 1 ccm enthaltenden Bazillen durch Zentrifugieren und Wägung des im Exsikkator getrockneten Bodensatzes) ergab, daß in 1 ccm 5 mg feuchter BCG-Bazillen enthalten waren.

Die Dosierung in Lübeck entsprach also der Vorschrift Calmettes.

IV. Das bei den „Lübecker Tierversuchen" benutzte Tuberkulin.

Bei seiner ersten Tierversuchsreihe vom 6. 3. 30 (s. Abschnitt V) hatte Professor Deycke am 16. 4. 30 (nach 41 Tagen) den geimpften Tieren je 0,5 ccm Alttuberkulin eingespritzt (Tabelle 13, Nr. 1—7). Daraufhin gingen auch die von ihm mit einer vermeintlichen BCG-Bazillenaufschwemmung gespritzten Tiere innerhalb 24 Stunden ein. Da Professor Deycke die Vermutung aussprach, daß das verwendete Tuberkulin besonders stark wirksam gewesen sei, wurde eine von L. L am 19. 5. 30 entnommene Probe dieses Tuberkulins im Vergleich mit einem im Reichsgesundheitsamt vorhandenen Tuberkulin „45" ausgewertet.

Die quantitative Prüfung an 36 tuberkulösen Meerschweinchen ergab, daß beide Tuberkuline gleichwertig waren und den nicht übermäßig hohen Titer von 0,1 ccm aufwiesen.

Daraus folgt, daß die mit der vermeintlichen BCG-Bazillenaufschwemmung geimpften Tiere in Lübeck nicht durch ein an sich besonders giftiges Tuberkulin getötet worden sind, wenn auch die für tuberkulöse Meerschweinchen fünffach tödliche Dosis verwendet worden war.

Aus der Literatur (Balozet[2], Fujioka[3], Zeller und Beller[4]) geht hervor, daß die Tuberkulinempfindlichkeit mit „BCG" infizierter Tiere eine sehr verschiedene ist, wenn auch überwiegend eine Widerstandsfähigkeit festgestellt wurde, welche diejenige der mit virulenten Tuberkelbazillen infizierten Tiere deutlich übertraf.

[1] Wie sich während der Gerichtsverhandlung ergab, wurde gerade dieses Impfstofffläschchen vom Vater des betreffenden Kindes „Gre" (245) besonders sorgfältig im verschlossenen Bücherschrank aufbewahrt.

[2] Balozet: Arch. Tierheilk. **1931**, 262.

[3] Fujioka: C. r. Soc. Biol. Paris **99**, 1312 (1928).

[4] Zeller u. Beller: Z. Immun.forsch. **58**, 335 (1928).

Tabelle 11. Die Lübecker Tierversuche.

Reihe I: Vergleich zwischen einer vermeintlichen BCG-Aufschwemmung und einer Aufschwemmung der Drüse des „Kindes Gri“ (Nr. 1 der Lübecker Liste).
Reihe II: Weiterimpfungen von Tieren der Reihe I und Vergleich mit Kulturaufschwemmung „Kind Gri“ und anderer BCG-Aufschwemmung.

Reihe	Mw	Datum der Infektion 1930	Lübecker Bezeichnung	Ohrmarke	War infiziert mit	Wie	† oder × am (1930)	Tage nach der Impfung	Befund (bei 1—7 nach den Lübecker Protokollen)	Weiterimpfung	Bemerkungen
1	2	3	4	5	6	7	8	9	10	11	12
I	1	6. 3.	„BCG 1“	.	0,5 „BCG-Aufschwemmung“	sk	† 17. 4.	42	Makroskop. Keine typ. Tubk. Im Netz kleine verkäste Knötchen (Sf ++); auch in Leber (Sf +); Milz vergrößert, sehr weich (Sf —)	Mi s Mw 8; Le s Mw 9 Netz[1] s Mw 10	Am 16. 4. 30 Mw lfd. Nr. 1 bis 7 je 0,5 ccm Alttuberkulin sk [1] Zü pos vgl. Tabelle 1, Nr. 10 und Tab. 7, Nr. 1—3.
	2	6. 3.	„BCG 3“	.	„	sk	† 17. 4.	42	„z. Schneiden n. Abt. 29 gegeben“	.	
	3	6. 3.	„BCG 2“	.	„	i. p.	† 17. 4.	42	„wie 1“ (BCG 1)	.	
	4	6. 3.	„Gr. 1“	.	0,5 Drüsenaufschwemmung	sk	† 16. 4. (?)	41	„wie bei den BCG-Tieren“	.	
	5	6. 3.	„Gr. 2“	.	„	sk	† 16. 4. (?)	41	„Typische Tubk. Leber und Milz durchsetzt mit kl. Knötchen (Tubk ++) Lu o. B. An Infektionsstelle verkäster Abszeß (Tubk +)“	Absz. s Mw 11 Mi s Mw 12 Le s Mw 13	
	6	6. 3.	„Gr. 3“	.	„	sk	† 16.4. (?)	41	„n. Abt. 29 z. Schneiden gegeben“	.	
	7	6. 3.	„Gr. 4“	.	„	i. p.	† 16. 4. (?)	41	„wie bei 5“ (Gr. 2)	.	
II	8	17. 4.	1.	1624	„Milzaufschwemmung v. BCG-Mw“	sk	× 4. 8.	109	Generalisierte Tubk		20. 5.: Inj.-Stelle erbsengr. Knoten; r Kn o. B.
	9	17. 4.	2.	1625	„Leberaufschwemmung (verkäster Knoten) v. BCG-Mw (Sf +)	sk	† 4. 8.	109	„		20. 5.: Inj.-Stelle kirschgr. Knoten; r Kn klein-linsengr.
	10	17. 4.	3.	1626	„Aufschwemmung v. verkästem Knoten a. d. Netz BCG-Mw (Sf +)	sk	† 24. 6.	68	Generalisierte Tubk		20. 5.: o. B.

11	17. 4.	5.	1627	„Aufschwemmung v. verkästem Abszeß a. d. Inj.-Stelle. Mw„Gr.“ Halsdrüse	sk	× 4. 8.	109	ohne Befund (!)		20. 5.: o. B.
12	17. 4.	4.	1628	„Milzaufschwemmung sonst wie bei 11	sk	× 4. 8.	109	Generalisierte Tubk		20. 5.: Inj.-Stelle o. B.
13	17. 4.	6.	1629	„Leberaufschwemmung sonst wie bei 11	sk	× 4. 8.	109	„ „		20. 5.: Inj.-Stelle linsengr. Knoten; r Kn erbsengr.
14	17. 4.	7.	1630	„0,5 ccm Kulturaufschwemmung v. Drüse Kind Gr.“[1]	sk	† 2. 8.	107	„ „		20. 5.: Inj.-Stelle? r Kn erbsengr., 1 Kn kl. erbsengr. [1] vgl. Tabelle 1, Nr. 11 und Tab. 7, Nr. 4—6
15	17. 4.	8.	1631	„wie Tier Nr. 7“ (= 1630)	sk	† 28. 7.	102	„ „		20. 5.: Inj-Stelle markstückgroßes Infiltrat, Kn r bohnengr., l linsengr.
16	17. 4.	9.	1632	„0,5 ccm BCG-Aufschwemmung“	sk	× 4 8.	109	„ „	s. Tabelle 11 a	20. 5.: Inj.-Stelle haselnußgr. Knoten, r Kn linsengr.

V. Die Lübecker Tierversuche.

Nach den mir übergebenen Originalprotokollen der Schwester A. Sch. ist die Tabelle 11 zusammengestellt. Sie ist bei den am 28. 5. 30 in Berlin angekommenen Tieren (laufende Nr. 6—16) durch die in der Zwischenzeit in Berlin erhobenen Befunde ergänzt.

Aus der Tabelle 11 ist zu ersehen, daß sich wohl bei den Tieren 1—7 (soweit Angaben vorliegen) gewisse Unterschiede zwischen den Gruppen „BCG-Bazillen“ und „Gri“ feststellen ließen (Tier 1 und 3 gegenüber Tier 5 und 7, s. aber Befund bei Tier 4!), daß aber bei den Weiterimpfungen (Reihe II, Tiere 8—16) mit Ausnahme von Tier 11 stets generalisierte Tuberkulose hervorgerufen und damit jeder Unterschied zwischen „BCG-Bazillen“- und „Gri“-Tieren verschwunden war.

Wie schon oben unter I B (S. 227) angegeben ist, haben sich sowohl die in Lübeck aus dem Netz von Meerschweinchen 1 gezüchtete Kultur („Lübeck IV“, s. Tabelle 7, Nr. 1—3) als auch die zur Impfung von Meerschweinchen 14 als Ausgangsmaterial dienende Kultur vom 17. 3. 30 aus Zervikaldrüseneiter „Gri“ (Lübeck V, s. Tabelle 7, Nr. 4—6) als virulente Tuberkelbazillenkulturen des humanen Typus erwiesen. Die Befunde an den Lübecker Tieren Nr. 10 sowie Nr. 12 und 15 stimmen damit überein. Daß aber auch die zur Impfung von Meerschweinchen 16 verwandte vermeintliche BCG-Bazillenaufschwemmung (wohl vom 17. 4. 30) virulente Tuberkelbazillen enthielt, geht außer aus dem Befund bei dem Tier 16 (Tabelle 11 Nr. 16, Ohrmarke 1632) auch aus den Ergebnissen der Weiterimpfungen seiner Milz und der Verimpfung der aus den Kniefaltenlymphknoten des einen dieser Tiere (Nr. 2487) gewonnenen Reinkultur hervor (s. Tabelle 11a).

Der deutliche Unterschied zwischen den „BCG“- und den „Drüse Gri“-Tieren vom 6. 3. 30, der im Befunde vom 17. 4. 30 (s. Tabelle 11, Nr. 1—7, Sp. 10) zutage trat, läßt sich nachträglich durch folgende Umstände erklären:

a) Das BCG-Material (Eikultur), von dem am 6. 3. 30 die Aufschwemmung hergestellt wurde, war nur wenig mit virulenten Tuberkelbazillen verunreinigt (dafür spricht auch der klinische Verlauf der Erkrankungen der zu den Ausgabetagen 6.—10. 3. gehörigen Kinder).

b) Ein „Mischversuch“ (s. Abschnitt XI, S. 280) hat gezeigt, daß bei gleichzeitiger Verimpfung von „viel“ BCG und „wenig“ virulenten Tuberkelbazillen der Grad der Erkrankung herabgedrückt wird.

c) In der Drüse „Gr“ haben wir eine Auslese, eine Art Anreicherung der virulenten Tuberkelbazillen vor uns.

Tabelle 11a.

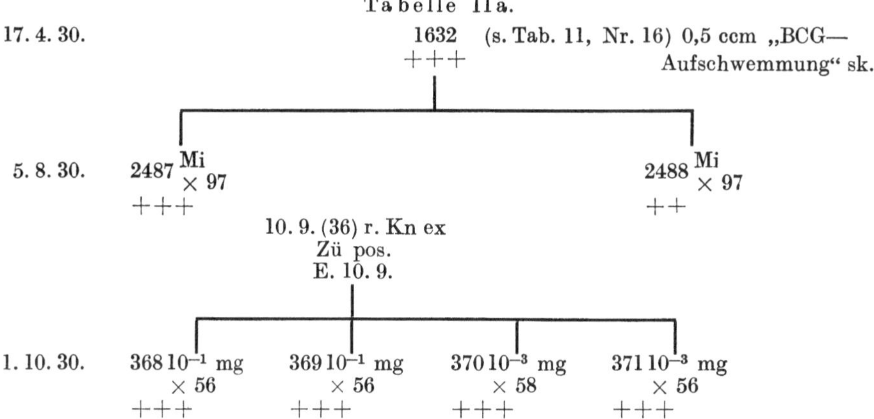

Bei weiterer Verfolgung des Tierversuches vom 6. 3. 30 durch die Verimpfung von Organen je eines der BCG- und eines der „Gri“-Meerschweinchen auf je drei weitere Meerschweinchen, durch Beimpfung von 2 Meerschweinchen mit Material von der Drüse Gri-Kultur und 1 Meerschweinchen mit einer neuen BCG-Aufschwemmung am 7. 4. 30 verwischt sich jeglicher Unterschied: mit Ausnahme eines Tieres (das außer acht gelassen werden kann, da die 2 zugehörigen Tiere schwerst erkrankten, Tabelle 11, Nr. 11, 12, 13) wiesen nach 68—109 Tagen sämtliche Tiere generalisierte Tuberkulose auf.

Zusammenfassend haben die Tierversuche in Lübeck und namentlich deren Weiterverfolgung in Berlin ergeben, daß virulente Tuberkelbazillen enthalten waren:

a) in der vermeintlichen „BCG-Bazillenaufschwemmung“ vom 6. 3. 30,

b) in der vermeintlichen „BCG-Bazillenaufschwemmung“ vom 17. 4. 30,

c) in der Drüsenaufschwemmung „Gri“ vom 6. 3. 30 und

d) in der Kultur „Drüse Gri“ vom 17. 3. 30.

Sämtliche zu Fall „Gri“ (1) gehörigen und aus den Tierversuchen in Berlin und Lübeck gewonnenen Kulturen zeigten das charakteristische Verhalten des Stammes „Kiel“, so daß feststeht, daß das Kind „Gri“ am 12., 14. und 16. 12. 29 mit dem am 9. 12. 29 bereiteten und am 10. 12. 29 verabreichten Impfstoff schon virulente Bazillen des Stammes „Kiel“ verfüttert erhalten hat (s. auch S. 252).

VI. Die aus den Organen verstorbener Kinder und aus dem Magenspülwasser eines noch lebenden Kindes gezüchteten Stämme.

Die Hauptaufgabe der Untersuchung war, festzustellen, welche Art von Tuberkelbazillen sich in den Organen der gestorbenen Säuglinge nachweisen ließ.

Der Gang der Untersuchung war von Anfang an vorgeschrieben. Bei jedem der 30 von uns bakteriologisch untersuchten Todesfälle wurden Stückchen aus verschiedenen Organen (29mal aus Mesenterialdrüsen, daneben aus Milz, Leber, Niere usw. — je nach Befallensein der einzelnen Organe), nach Säurebehandlung nach Löwenstein-Hohn auf Meerschweinchen verimpft. Außerdem wurde aus den Organstückchen jeweils Kulturen zu züchten versucht. Die dabei gewonnenen Kulturen wurden dann auf ihre Virulenz beim Meerschweinchen und Kaninchen geprüft.

Die direkte Organverimpfung auf Meerschweinchen konnte von uns nur bei Kindern, die nach dem 15. 5. 30 starben, vorgenommen werden. Bei 4 Todesfällen früher gestorbener Kinder verfügen wir daher nicht über Ergebnisse direkter Organverimpfungen.

Tabelle 12. Untersuchungen an Organkulturen von 30 gestorbenen und an der Kultur aus Magenwasser eines lebenden Kindes (lfd. Nr. 31).

Lfd. Nr.	Nr. der Lübecker Amtlichen Liste	Kind	Geschlecht	Geb. am	Erhielt I St am	† am	Tage nach der 1. Behandlung	Direkte Organverimpfung auf Mw	Züchtung		Virulenz der Kultur für	
				1930					direkt	nur aus Mw	Mw	Ka
1	17	Do.	m.	22. 2.	28. 2.	30. 4.	61	.	+[1]		+++	—
2	20	Wo.	m.	24. 2.	28. 2.	4. 5.	64	.	+[1]		+++	—
3	54	Am.	m.	11. 3.	12. 3.	7. 5.	55	.	+[1]		+++	—
4	126	Pa.	w.	26. 3.	27. 3.	10. 5.	42	.	+[1]		+++	—
5	34	Ho. I	m.	3. 3.	4. 3.	16. 5.	72	+++	+		+++	—
6	30	Sä.	m.	1. 3.	3. 3.	17. 5.	74	+++	+		++	—
7	102	J.	m.	21. 3.	21. 3.	18. 5.	56	+++	+		+++	—
8	139	Hu.	m.	28. 3.	31. 3.	18. 5.	47	—	+		—[4]	—[4]
9	125	N.	w.	24. 3.	27. 3.	1. 7.	95	—	+[2]		+++	—
10	105	Sch.	m.	22. 3.	24. 3.	2. 7.	99	+++	—	+	+++	—
11	31	B.	m.	28. 2.	3. 3.	4. 7.	122	+++	+		+++	—
12	62	Ho. II	m.	13. 3.	13. 3.	5. 7.	113	+++	+		+++	—
13	124	Pg.	m.	26. 3.	27. 3.	6. 7.	100	+++	+		+++	—
14	117	Sch.	w.	24. 3.	26. 3.	15. 7.	111	+++	—[1]	+	+++	—
15	201	Ru.	m.	14. 4.	15. 4.	16. 7.	91	—	+[2]		—[4]	—[4]
16	119	Le.	m.	24. 3.	26. 3.	18. 7.	112	—	+[2]		+++	—
17	60	M.	m.	10. 3.	13. 3.	18. 7.	127	—	+		+++	—
18	26	Ki. II	w.	27. 2.	1. 3.	23. 7.	143	+++	+		+++	—
19	10	Sch.	w.	24. 2.	28. 2.	30. 7.	151	+++	—	+	+++	—
20	192	R.	m.	9. 4.	14. 4.	6. 8.	113	—	—	+	+++	—
21	9	Kl.	m.	26. 2.	28. 2.	13. 8.	165	+++	—	+	+++	—
22	120	Dür.	m.	24. 3.	26. 3.	18. 8.	144	+++	—	+	+++	—
23	116	Gl.	m.	23. 3.	25. 3.	18. 8.	145	+++	+		+++	—
24	65	Lei.	w.	11. 3.	14. 3.	22. 8.	160	+++	+[2]		+++	—
25	71	G.	w.	11. 3.	15. 3.	25. 8.	162	+++	+		+++	—
26	214	Wu.	m.	15. 4.	19. 4.	26. 8.	128	—	+		+++	—
27	12	Sa.	w.	22. 2.	28. 2.	31. 8.	184	+++	+		+++	—
28	59	V.	m.	10. 3.	13. 3.	13. 9.	184	+++	+		++	—
29	46	G.	m.	7. 3.	11. 3.	4. 11.	237	+++	(+)	+	+++	—
30	147	T.	m.	15. 4.	16. 4.	14. 12.	241	+++	+		+++	—
31	232	Hae.	w.	21. 4.	23. 4.	lebt			+[3]		—[4]	—[4]

[1] Kultur von Oberarzt Dr. Welcker aus Lübeck erhalten.
[2] Kultur von der Deutschen Forschungsanstalt Hamburg-Eppendorf (Dr. Kirchner) erhalten.
[3] Kultur von der Deutschen Forschungsanstalt Hamburg-Eppendorf (Dr. Tiedemann) erhalten.
[4] Siehe Text und Tabellen auf S. 243—249.

Bei diesen 4 Kindern sind auch die Kulturen nicht von uns gezüchtet, sondern von Oberarzt Dr. Welcker-Lübeck uns überlassen worden.

Tabelle 12 gibt einen Überblick über die Ergebnisse. Insgesamt verfügen wir über die Untersuchung von 47 Stämmen aus 30 verstorbenen Kindern. Von diesen 47 Stämmen waren gezüchtet (die laufende Nummern der Tabelle 12 in Klammern) aus Zervikallymphknoten 4 (5, 6, 18, 24), aus Mesenteriallymphknoten 25; davon zu Nr. 15 2 Stämme (aus Lübeck und Hamburg) und zu Nr. 29 2 Stämme (direkte Züchtung und aus Meerschweinchen).

Diese 25 Mesenteriallymphknotenstämme verteilen sich auf 12 in Berlin direkt gezüchtete. (Tabelle 12, Nr. 5, 6, 7, 8, 12, 17, 19, 23, 25, 26, 27, 29).
5 in Berlin aus Meerschweinchen gewonnene Stämme (14, 20, 21, 22, 29),
5 von Lübeck erhaltene Stämme (1, 2, 3, 4, 15),
3 von Hamburg erhaltene Stämme (9, 15, 16).

Ferner aus Milz 5 (7, 8, 25, 27, 28),
aus Lunge 3 (5, 6, 7),
aus Leber 2 (5, 7),
aus Peritoneum 4 (10, 11, 13, 25; Stamm zu Nr. 10 aus Hamburg erhalten),
aus Gehirn 1 (5),
aus Meningen 1 (30),
aus Liquor 2 Stämme (24, 30; Stamm zu Nr. 24 aus Hamburg).

Das nach Berlin übersandte Material traf meist erst 3 und mehr Tage nach dem Tode der Kinder ein.

Die Organe konnten in Berlin verimpft werden:

1 Tag nach dem Tode bei Nr. 7, 11
2 Tage „ „ „ „ „ 6, 26, 29, 30
3 „ „ „ „ „ „ 5, 9 (H), 10 (M), 15 (H u. L), 16 (H), 17, 18, 19 (M), 25, 27
4 „ „ „ „ „ „ 14 (M), 24 (H), 28
5 „ „ „ „ „ „ 21 (M), 22, 23
6 „ „ „ „ „ „ 13, 20 (M)
7 „ „ „ „ „ „ 12
8 „ „ „ „ „ „ 8

Von den Zusätzen in den Klammern bedeutet:
M: in Berlin nur durch Meerschweinchenimpfung zu Kulturen gelangt,
H, L: in Berlin direkte Züchtung negativ, aber Kulturen aus Hamburg oder Lübeck erhalten.

Die kleine Zusammenstellung zeigt, daß auch aus den am spätesten nach dem Tode verarbeiteten Organen die direkte Züchtung noch möglich war. So bei Nr. 13 aus Peritoneum, bei Nr. 12 aus Mesenteriallymphknoten und bei Nr. 8 aus Milz.

Bei 4 von 5 Fällen mit dem Zusatz „M“ wurde, um beschleunigt Kulturen zu gewinnen, mit Erfolg von der Herausnahme vergrößerter Kniefaltenlymphknoten aus den Meerschweinchen zum Zwecke der Züchtung Gebrauch gemacht. Die Drüsen waren 26, 31, 37 und 67 Tage nach der Impfung entnommen worden. Bei dem 5. Fall (Nr. 14) starb eines der geimpften Meerschweinchen schon 21 Tage nach der Impfung. Die Züchtung gelang aus dem Impfabszeß und Kniefaltenlymphknoten.

Bei Nr. 29 zeigte die direkte angelegte Kultur nur sehr schlechtes Wachstum, dagegen wuchs die Kultur aus einem 46 Tage nach der Impfung herausgenommenen Kniefaltenlymphknoten gut.

Für die Virulenzprüfung treten die bei direkter Organverimpfung erhobenen Befunde aus verschiedenen Gründen (Fäulnis, Schädigung durch Autolyse, Mischinfektion usw.)

an Bedeutung weit zurück gegenüber der Virulenzprüfung an den aus den 30 Kindern gewonnenen Reinkulturen.

Die am Meerschweinchen mit fallenden Dosen bis herab zu 10^{-6} mg — bei einigen Stämmen nur bis 10^{-3} mg — ausgeführten Impfungen ergaben, mit Ausnahme der Kulturen aus 2 Kindern (s. unten), bei allen anderen 28 Kindern sehr starke (26 Kinder) bis mittlere Virulenz (2 Kinder Nr. 6 und 28).

An Kaninchen (10 mg subkutan und 10^{-2} mg intravenös) war ausnahmslos der Befund so, wie es dem humanen Typus entspricht, also entweder gar keine oder sehr geringfügige Veränderungen an Impfstelle und Lunge.

Durch das Verhalten auf Sauton-Nährlösung haben sich ausnahmslos alle zu den 28 Kindern gehörige Kulturen als der „Kiel"-Gruppe zugehörig erwiesen (s. a. S. 296).

Im einzelnen wurden 39 zu den 28 Kindern gehörende Stämme auf Sauton geprüft. Sie verteilen sich wie folgt:

Tabelle 12a.

	Lfd. Nr.	Zahl der Kinder (Gesamtzahl der Stämme)
1. Direkt aus Organen gezüchtet (je 1 Stamm) .	1, 3, 4, 7, 11, 12, 16, 17, 18, 22, 26, 27, 30	13 Kinder (13)
2. Aus 2 verschiedenen Organen direkt gezüchtet (je 2 Stämme)	6, 24	2 „ (4)
3. Nur nach Meerschweinchenimpfung gewonnene Stämme (je 1 Stamm)	10, 14, 19, 20, 21, 25, 29	7 „ (7)
4. Je 1 direkt aus Organ und 1 aus Tieren der Virulenzprüfungen gezüchteter Stamm (je 2 Stämme)	2, 13, 23	3 „ (6)
5. 1 „direkter Organ"- und 2 Virulenzprüfungs-Stämme (je 3 Stämme)	9, 28	2 „ (6)
6. 2 „direkte Organ"-Stämme und 1 Virulenzprüfungs-Stamm (3 Stämme)	5	1 Kind (3)
	zusammen:	28 Kinder (mit 39 Stämmen)

Seither wurden im ganzen von den Stämmen zu den 28 Kindern ungefähr 1780 Sauton-Kulturen (darunter z. B. für Nr. 1, 71 für Nr. 13 61 Kolben) angelegt und beobachtet. Alle wiesen das Kennzeichen der Vergrünung auf.

Wie schon erwähnt und aus Tabelle 12 ersichtlich, nahmen nach dem Ergebnis der Organverimpfung sowie der Virulenzprüfung und nach dem kulturellen Verhalten die 2 Kinder zu Nr. 8 und 15 eine Sonderstellung ein. Auf diese beiden Kinder muß daher näher eingegangen werden.

A. Kind „Hu" (139), Tabelle 12, Nr. 8.

Die vielfachen zu diesem Kind gehörigen Tierversuche sind in Tabelle 13 zusammengestellt.

Außer den Leichenorganen (Gruppe I) wurden Abimpfungen aus einer von Ludwig Lange in Lübeck am 19. 5. 30 angelegten Kultur aus Mesenteriallymphknoten[1] (Gruppe II

[1] 8 am 26. 5. 30 in Berlin angelegte Kulturen aus Mesenteriallymphknoten blieben steril.

Tabelle 13. Kind „Hu“ (139).

Gruppe	Lfd. Nr.	Impfmaterial		Datum (Alter der Kultur in Tagen)	Menge mg sk	Mw	Ka	†	×	Befund	Fortsetzung siehe lfd. Nr.	Bemerkungen
		Kulturen	Organe									
1	2	3	4	5	6	7	8	9	10	11	12	13
I	1	Leichenorgane	Or Mes	26. 5. 30		1600		—	68	o		
		Kind „Hu“ (139)	„			1601		—	68	o		
			Mi			1602		—	68	o		
			„			1603		—	68	o		
			Le			1604		—	68	o		
			„			1605		161	—	o		
			Ni			1606		—	68	o		
			„			1607		—	68	o		
	2		Mes				1608	—	68	o		
			Le				**1609**	—	68	?	3	
			„				1610	—	68	o		
			Ni				1611	33	—	o		
	3		Ka 1609 Lu	4. 8. 30		2453		38	—	neg. [1]		
			„			**2454**		68	—	Lu ?	4	
			Le			2455		21	—	o		
			„			2456		21	—	o		
			Mi			**2457**		16	—	(+) Kn	5	
			„			2458		66	—	Seu		
	4		2454 Lu	11. 10. 30		446		—	86	o		
						447		—	86	o		
	5		2457 Kn	20. 8. 30		2753		—	80	o		
						2754		—	80	o		
II	6	Mes Kd „Hu“ Hbl		14. 7. 30	10		2179	17	—	i		
		E 19. 5. 30 — S 127 b		(7)								
		13. 6. — S 127 c			10		2180	—	121	o		
		30. 6. — Sa 1381			10^{-2}_{iv}		**2181**	—	121	Le Mi ?	6 a	
		7. 7.			5	2182		—	114	?		
					5	**2183**		—	24	?	23	
					10^{-1}	2184		71	—	o		
					10^{-1}	**2185**		—	24	?	24	
					10^{-3}	2186		—	60	o		
						2187		—	114	o		
					10^{-6}	**2188**		—	114	?	25	
					10^{-6}	2189		—	114	o		
	6 a		Ka 2181 Le	12. 11. 30		551		110	—	Seu		
			„			**552**		113	—	+++	7, 16, 18	Zü Kn u. Lu: „Kiel“
			Mi			553		fehlt				
			„			**554**		37	—	++	19	Zü Kn u. Mi pos
	7		552 Kn	5. 3. 31		1158		—	133	?		
			„			**1159**		60	—	+++	8, 26	Zü Lu pos: „Kiel“
			Il Dr			1160		—	133	o		
			„			1161		47	—	o Seu		
			Lu			1162		131	—	+++		
			„			**1163**		47	—	+++	12, 14	Zü Lu pos: „Kiel“

[1] Pseudotuberkulose.

Tabelle 13 (Fortsetzung).

Gruppe	Lfd. Nr.	Impfmaterial		Datum (Alter der Kultur in Tagen)	Menge mg sk	Mw	Ka	†	×	Befund	Fortsetzung siehe lfd. Nr.	Bemerkungen
		Kulturen	Organe									
1	2	3	4	5	6	7	8	9	10	11	12	13
II	7		Mi			1164		20	—	i		
			,,			1165		26	—	(+)		
	8		1159 Lu	4. 5. 31		**1503**		—	136	+++	9	
			,,			1504		82	—	faulig		
	9		1503 Mi	17. 9. 31		2153		—	133	++		
			,,			2154		—	133	++		Zü Lu Mi: ,,Kiel“
	10	Mw 1159 Lu E 539 4. 5. 31 — E 1017 19. 6.		13. 7. 31 (24)	10^{-3}	1904		102	—	+++		
					10^{-3}	**1905**		—	178	++	11	
	11		1905 Lu	7. 1. 32		2972		—	125	o !		
						2973		—	125	o !		
	12		1163 Ax Dr	22. 4. 31		**1468**		141	—	+++	13	Zü Le Mi: neg
			,,			1469		117	—	+++		
	13		1468 Mi	10. 9. 31		2117			140	o		
			,,			2118		—	140	o		
	14	Mw 1163 Kn E 394 22. 4. 31		13. 7. 31 (82)	10^{-3}	1906		—	178	+++		
					10^{-3}	**1907**		—	178	+ und R St Dr	15	
	15		1907 R St Dr	7. 1. 32		2974		68	—	+++		
						2975		60	—	+++		
	16	Mw 552 Kn E 3 5. 3. 31 — Sa 3589 7. 4.		22. 4. 31 (15)	10^{1}	1460		122	—	verfault		
					10^{-1}	1461		—	148	+++		
					10^{-3}	**1462**		145	—	+++	17	Zü Kn u. Lu pos
						1463		8	—	i		
	17		1462 Mi	14. 9. 31		2119		fehlt				
						2120		—	136	+++		
	18	Mw 552 Lu E 11 15. 3. 31 — E 18 7. 4. — Sa 3624 11. 4.		29. 4. 31 (18)	10		1479	—	91	hu		
				29. 4. 31	10^{-2}_{iv}		1480	—	91	hu		Zü Lu: ,,Kiel“
	19		554 Kn	19. 12. 30		971		88	—	+++		
						972		fehlt				
			Lu			969		—	134	+++		
			,,			**970**		—	97	+++	20, 22	Zü Mi: ,,Kiel“
			Mi			973		124	—	+++		
			,,			974		62	—	Seu		
	20	Mw 970 Mi E 1 6. 3. 31 — Sa 3587 7. 4.		22. 4. 31 (15)	10^{-1}	1464		—	148	+++		
						1465		—	148	+++		
					10^{-3}	**1466**		—	148	+++	24	
					10^{-3}	1467		6	—	i		
	21		1466 Mi	17. 9. 31		2149		—	133	(+)BrDr		
						2150		—	133	+++		
	22	Mw 970 Mi E 1 6. 3. 31 — Sa 3587 7. 4. — Sa 3800 22. 4.		29. 4. 31 (7)	10		1481	—	91	hu		
					10^{-2}_{iv}		1482	—	91	hu		

Tabelle 13 (Fortsetzung).

Gruppe	Lfd. Nr.	Impfmaterial		Datum (Alter der Kultur in Tagen)	Menge mg sk	Mw	Ka	†	×	Befund	Fortsetzung siehe lfd. Nr.	Bemerkungen
		Kulturen	Organe									
1	2	3	4	5	6	7	8	9	10	11	12	13
II A	23		2183 Mi	8. 8. 30		2560		—	97	o		
						2561		- -	97	o		
	24		2185 Mi	8. 8. 30		2562		- -	97	o		
						2563		- -	97	o		
	25		2188 Mi	5. 11. 30		542		—	160	o		
						543		155	—	o Seu		
III	26	Mi Kd „Hu" E 137		16. 7. 30	1	2232		—	112	o		
		26. 5. 30 — E 137 b		(14)								
		2. 7.			1	2233		11	—	i		
					10^{-1}	2234		22	- -	Lu ?	27	
						2235		41	- -	Lu ?	28	
					10^{-3}	2236		8	—	i		
						2237		—	112	o		
					10^{-6}	2238		- -	112	o		
						2239		- -	112	o		
	27		2234 Lu	7. 8. 30		2532		- -	98	o		
						2533		- -	98	o		
	28		2235 Kn	26. 8. 30		2772		- -	80	o		
						2773		- -	80	o		
IV	29	Mi Kd „Hu" Ei 137		5. 11. 30	10		534	—	159	o		
		26. 5. 30 — E 167 9. 8.		(11)								
		— Ptf Ver 69 21. 8.			10^{-2}		535	7	—	i		
		— S 181 15. 9. —										
		Sa 2092 25. 10.										

und II A) und aus der einzigen in Berlin angegangenen Kultur aus der Milz[1] vom 26. 5. 30 (Gruppe III und IV) untersucht.

Die Ergebnisse bei den Gruppen I, III und IV stimmen überein: Avirulenz, also „BCG". Das Wachstum der nur über Nährböden gegangenen Stämme entsprach völlig dem des „BCG". Bei seither angelegten 103 Sauton-Kolben des Stammes Kind „Hu" Mesenteriallymphknoten und 76 Kolben des Stammes Kind „Hu" Milz trat niemals eine Vergrünung auf (s. S. 296).

Zu beachtenswerten überraschenden Befunden kamen wir bei der Gruppe II.

Eine 3. Nährbodengeneration wurde an Kaninchen und Meerschweinchen quantitativ geprüft (Gruppe II, 6).

Bei der Weiterverfolgung des intravenös infizierten Kaninchens 2181 (laufende Nr. 6a bis 22) wurde fast durchweg ein virulenter Stamm erhalten, der sich im Kaninchen (s. Nr. 22) als humaner Typ und nach dem Verhalten auf Sauton als Kiel-Stamm erwies.

Dagegen ergab die Weiterverfolgung des 5 mg-Meerschweinchens 2183, des 10^{-1} mg-Meerschweinchens 2185 und des 10^{-6} mg-Meerschweinchens 2188) volle Avirulenz (s. Gruppe II A, Nr. 23, 24, 25), so daß an „BCG" nicht zu zweifeln ist.

[1] Nur auf 1 von 8 Röhrchen erst nach 5 Wochen eine einzige große Kolonie aufgetreten.

Um den Überblick über den verwickelten Gang der Weiterimpfungen von Organen und von Kulturen zu erleichtern, sind in Tabelle 13a die einzelnen laufenden Nummern der Gruppe II in ihrem Zusammenhang schematisch aufgezeichnet.

Tabelle 13a. Zu lfd. Nr. 8 der Tabelle 13, Kind „Hu" (139).

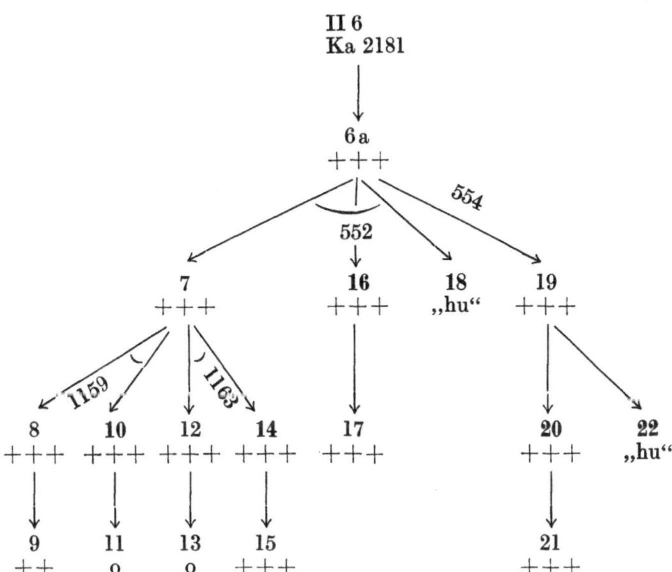

Die fetten Zahlen bedeuten, daß bei der betreffenden Nummer eine Kultur geprüft wurde, während im übrigen Organe verimpft wurden. Die Zeichen o, ++ und +++ unter den Zahlen geben den Erfolg der Kultur- oder Organverimpfung an. „hu" bedeutet, daß die betreffenden Kulturen im Kaninchenversuch den humanen Typus ergaben. Einige wichtige Tierzahlen sind beigefügt.

Tabelle 13a zeigt, daß von Nr. 6a ausgehend 1 Kultur- und 2 Organprüfungen und von Nr. 7 ausgehend 2 Kultur- und 2 Organprüfungen vorgenommen wurden, die alle selbst und bei ihren Weiterverfolgungen das Vorliegen virulenten Impfmaterials ergaben (mit Ausnahme von Nr. 11 und 13).

Wie schon erwähnt konnten alle tuberkulösen Befunde in dieser Gruppe auf Bazillen der ,,Kiel"-Gruppe zurückgeführt werden. So sind im Laufe der Zeit auf Sauton gezüchtet worden und haben stets Vergrünung gezeigt die Kulturen (s. Tab. 13b):

Tabelle 13b.

Tier		Lfd. Nr.	Wie oft
Meerschweinchen	552	6	18mal
,,	1159	7	9 ,,
,,	1163	7	13 ,,
,,	2154	9	4 ,,
Kaninchen	1480	18	4 ,,
Meerschweinchen	970	19	46 ,,
		zusammen	94mal

Wie ist nun der ,,Kiel"-Stamm in die Untersuchung zu Gruppe II hineingekommen?

Kaninchen 2181 (Gruppe II, Nr. 6) zeigte bei der Sektion 21 Tage nach der Impfung als einzigen Befund in Leber und Milz (nicht vergrößert!) unscharfe, punktförmige bis miliare helle Herde. Im Ausstrich waren nur grampositive Kokken, die bei der Milz wie Pneumokokken aussahen, zu finden. Prof. Busch gab für Leber und Milz die histologische Diagnose: Tuberkulose nicht mit Sicherheit festzustellen. Der Tuberkulosezüchtungsversuch war bei beiden Organen negativ.

Die Verimpfung der Leber von Kaninchen 2181 (Nr. 6a) ergab bei einem der beiden Meerschweinchen, nämlich bei Meerschweinchen 552 folgenden Befund:

Bei der Tötung nach 113 Tagen: rechter Kniefaltenlymphknoten linsen- bis über erbsengroß mit geringer Verkäsung, Iliakallymphknoten leicht vergrößert. In beiden Lungen neben Seuche des rechten Vorderlappens vereinzelte bis stecknadelkopfgroße opake Tuberkel. Milz auf das 10—12fache vergrößert, mit Hämorrhagien und vereinzelten miliaren Tuberkeln.

Die Weiterimpfung (s. Nr. 7) der Organe dieses Meerschweinchens 552 ergab bei Kniefaltenlymphknoten und Lunge generalisierte Tuberkulose. (Die beiden mit Milz geimpften Tiere fallen infolge vorzeitigen Todes aus.) Die Weiterverfolgung in Organen und Kulturen (Nr. 8—11 zum mit Kniefaltenlymphknoten infizierten Meerschweinchen 1159, Nr. 12—15 zum „Lunge"-Meerschweinchen 1163 gehörig) führte fast stets zum Nachweis der Virulenz des Impfmaterials. Die Avirulenz beim Ergebnis zu Nr. 11 ist aus folgendem erklärlich:

Die Kultur zu Nr. 10 hatte sich an Meerschweinchen 1904 vollvirulent erwiesen. Schon das Parallelmeerschweinchen 1905 zeigte bei der Tötung nach 178 Tagen nur mittlere (erbsengroße) Schwellung mit geringer Verkäsung des rechten Kniefaltenlymphknotens, Impfstelle ohne Befund. Sonst war nur noch in der Lunge ein fraglicher Tuberkel vorhanden. Prof. Busch meldete: In Lunge anscheinend Tuberkulose negativ!

Somit ist der Befund zu Nr. 11 nur eine Bestätigung der histologischen Diagnose.

Der negative Ausfall bei Nr. 13 geht auf die Milz von Meerschweinchen 1468 (Nr. 12) zurück.

Dieses Tier hatte ein Impfgeschwür und beiderseits bohnengroße, leicht verkäste Kniefaltenlymphknoten. Lunge durchsetzt von miliaren verwaschenen Herden. Die Milz war auf das 6fache vergrößert, dunkelbraunrot, ohne Nekrosen. Im Ziehl-Präparat war die Milz negativ, desgleichen der Züchtungsversuch aus Milz (und Leber und Lunge). Nach Prof. Busch war aber außer in Lunge und Leber auch in der Milz Tuberkulose positiv. Für das Versagen der Milzverimpfung ist also nachträglich keine Erklärung mehr beizubringen.

Daß die zwei aus Meerschweinchen 552 Kniefaltenlymphknoten und Lunge gezüchteten Kulturen (Nr. 16 und 18) virulent waren, stand zu erwarten.

Das Organmaterial zu Nr. 19 rührt von Meerschweinchen 554 (Nr. 6a), einem der beiden mit Milz des Kaninchens 2181 geimpften Meerschweinchen, her.

Dieses Meerschweinchen 554, das schon 31 Tage nach der Impfung eingegangen war, wies an der Impfstelle einen erbsengroßen käsigen Abszeß und Schwellung, aber keine Verkäsung des rechten Kniefaltenlymphknotens auf (noch zu früh, dafür Ziehl-Ausstrich: ++). Lunge und Leber waren makroskopisch o. B. Die Milz nur auf das Doppelte vergrößert, mit stellenweisen vorspringenden Blutergüssen. Fibrinöse Auflagerungen auf Leber und Milz wiesen auf (Pneumokokken-) Seuche hin, die auch sicher die Todesursache war.

Die aus der Milz von Meerschweinchen 554 gewonnene Kultur ergab hohe Meerschweinchenvirulenz und erwies sich im Kaninchenversuch als Typus humanus („Kiel!").

Aus der Erkrankung mit positivem Züchtungsbefund der Meerschweinchen 552 und 554 ist zu schließen, daß trotz des makroskopisch nur wenig verdächtigen Befundes von Leber und Milz des Kaninchens 2181 in ihm doch vereinzelte „Kiel"-Bazillen „lebendig geworden" sind, die, wie so oft, zwar nicht durch die Kultur, wohl aber durch den Meerschweinchenversuch zutage getreten sind.

Wir haben demnach bei Kind „Hu" (139) durch die Kultur im Mesenteriallymphknoten und Milz „BCG," durch den Tierversuch aber im Mesenteriallymphknoten außerdem „Kiel"-Bazillen nachgewiesen.

B. Kind „Ru“ (201), Tabelle 12, Nr. 15.

Wie aus Tabelle 14 zu ersehen ist, zeigten volle Avirulenz sowohl zwei von uns verimpfte Lymphknoten, als auch die beiden Kulturen, die wir, wie schon erwähnt, aus Lübeck und Hamburg erhalten hatten, und die beide aus Mesenteriallymphknoten gezüchtet waren [1].

Da bei den Meerschweinchenversuchen die große Spanne von 2 mg bis herab zu 10^{-6} mg geprüft wurde und (in Gruppe III) auch von 2 Meerschweinchen je 2—3 Organe, in denen — falls vorhanden — Kiel-Bazillen sich hätten anreichern müssen, bei der Weiterimpfung keine tuberkulösen Veränderungen hervorriefen, darf wohl als sicher angenommen werden, daß bei diesem Kind die untersuchten Organe frei von lebensfähigen Kielbazillen waren.

Auf Sauton-Nährboden zeigten die beiden Kulturen (Hamburg und Lübeck) ein Wachstum, wie es ganz dem „BCG“ entsprach. Niemals trat Vergrünung auf, obwohl die Kultur „Hamburg“ inzwischen auf 92, die Kultur „Lübeck“ auf 96 Sauton-Kolben verfolgt wurde.

C. Kind „Hae“ (232), Tabelle 12, Nr. 31.

Eine dritte aus einem Lübecker Kind, das aber noch lebt, stammende völlig avirulente Kultur verdanken wir Herrn Dr. Tiedemann-Hamburg (Deutsche Tuberkulose-Forschungsanstalt). Sie ist aus einer Magenspülwasserprobe vom 13. 11. 30 gezüchtet. Die uns überlassene Kultur vom 2. 7. 31 mußte also schon mehrere Nährbodenübertragungen hinter sich haben.

Wie aus Tabelle 15 ersichtlich ist, konnten auch wir die schon vorher in Hamburg festgestellte völlige Avirulenz nur bestätigen.

Das Verhalten auf Sauton war das eines BCG. Niemals Vergrünung!

Sowohl der Hamburger Stamm, wie eine aus Kniefaltenlymphknoten des Meerschweinchens 2326 (s. Gruppe IIa) herausgezüchtete Kultur wurde seither sehr häufig auf Sauton-Nährboden übertragen (Kultur Hamburg 79mal, Kultur Meerschweinchen 2326 51mal).

Anhang zu VI.

Mehr anhangsweise sei mitgeteilt, daß noch aus einem 32. Kind „Düs“ (147), das am 14. 8. 31, 15 Monate nach der ersten Behandlung gestorben war, Mesenteriallymphknoten auf Meerschweinchen verimpft wurden (am 19. 8. 31, 5 Tage nach dem Tode). Alle 4 Tiere waren bei der Sektion 140 Tage post infectionem ohne Besonderheit. Sowohl der direkte Kulturversuch als auch die Herauszüchtung aus einem der 4 Meerschweinchen war ergebnislos. Das Kind hatte ja auch bei der Sektion nur minimale Veränderungen aufgewiesen.

Zusammengefaßt hat die Untersuchung der aus Organen der gestorbenen Kinder gewonnenen Stämme ergeben:

Die untersuchten Kulturen haben sich mit 2 Ausnahmen alle als virulente Tuberkelbazillenkulturen des Typus humanus, und zwar der „Kiel“-Gruppe erwiesen.

[1] Da Kind „Ru“ am 16. 7. 30 starb, muß es sich bei beiden Kulturen um Abimpfungen einer der erst angelegten tatsächlichen „Originalkulturen“ handeln.

Tabelle 14. Kind „Ru“ (201).

Gruppe	Lfd. Nr.	Impfmaterial: Kulturen	Impfmaterial: Organe	Datum (Alter der Kultur in Tagen)	Menge mg sk	Mw	Ka	†	×	Befund	Fortsetzung siehe lfd. Nr.	Bemerkungen
1	2	3	4	5	6	7	8	9	10	11	12	13
I	1	Leichenorgane Kd	Cervical-	19. 7. 30		2246		—	108	o		
		„Ru“ (201) n. LH	LyKn			2247		—	108	o		
						2248		—	108	o		
			Mes Ly Kn	19. 7. 30		2249		12	—	i		
						2250		—	108	o		
						2251		—	108	o		
II	2	(Kult Dr. Welcker)		10. 10. 30	2	**448**		—	188			
		E 23. 9. 30		(12)								
					2	**449**		21	—	i		
					10^{-1}	**450**		162	—	—		Seuche
					10^{-1}	**451**			188	o		
					10^{-3}	**452**		172	—	o		
					10^{-3}	**453**			188	o		
					10^{-6}	**454**			188	o		
					10^{-6}	**455**			188	o		
	3	Ei 23. 9. 30 (Or-		27. 10. 30	10		470	30	—	—		Seuche
		Kult. Dr. Welcker)		(11)								
		—E 3 10. 10. 30—			10		471	—	168	o		
		Sa 2026 16. 10.			10_{iv}^{2}		472	21	—	—		Seuche
III	4	Or-Kult. Hbg Mes		8. 10. 30	2	**438**		59	—	1 grMes	5	
		Kd Ru Lö 27. 9. 30		(11)						Kno		
					1	**439**		—	49	(+) Kn	6	
					10^{-1}	440		—	49	o		
					10^{-1}	441		—	86	o		
					10^{-3}	442		15	—	o		
					10^{-3}	443		—	86	o		
					10^{-6}	444		—	49	o		
					10^{-6}	445		—	86	o		
	5		438 Mes	6. 12. 30		856		56	—	o		
			„			857		—	150	o		
			Mi			858		111	—	o		
			„			859		—	150	o		
	6		439 Kn	26. 11. 30		646		—	184	o		
			„			647		154	—	o		
			Le			648		184	—	o		
			„			649		12	—	i		
			Mi			650		—	184	o		
			„			651		100	—	o Seu		
	7	(Or-Kult. Dr.		27. 10. 30	10		473	61	—	—		Seuche
		Kirchner) Löw II		(11)								
		27. 9. 30 — E 1			10		474	23	—	—		
		8. 10. — Sa 2025			10_{iv}^{-2}		475	28	—	—		
		16. 10.										

Die Ausnahmen betreffen die Kulturen aus den Fällen Kind „Ru“ (201) und Kind „Hu“ (139).

Bei „Ru“ konnten trotz eingehender Untersuchungen auf virulente Tuberkulose nur völlig avirulente Bazillen (BCG) nachgewiesen werden.

Tabelle 15. Kind „Hae.“ (232) (lebt). Kultur aus Magenspülwasser.

Gruppe	Lfd. Nr.	Impfmaterial		Datum (Alter der Kultur in Tagen)	Menge mg sk	Mw	Ka	†	×	Befund	Fortsetzung siehe lfd. Nr.	Bemerkungen
		Kulturen	Organe									
1	2	3	4	5	6	7	8	9	10	11	12	13
I	1	Or Kult Hbg Lub 2. 7. 31 Abschwemmung		6. 8. 31 (35)	1,0	1993		—	155	o		
						1994		—	155	o		
II	2	Or Kult Hbg Lub 2. 7. 31 — E 6. 8.		2. 10. 31 (67)	10^{-1}	**2326**		31	—	(+)Kn	3	Zü BCG
					10^{-1}	2327		1	—	i		
					10^{-3}	2328		—	123	o		
					10^{-3}	2329		—	123	o		
	3		2326 Kn	2. 11. 31		**2632**		—	101	Lu 1 Hd	4	
						2633		—	101	o		
	4		2632 LuHd	11. 2. 32		3159		—	110	o		
						3160		11	—	i		Zü I St o
III	5	= 1 (Lub 2. 7. 31) — Sa 4858 6. 8.		4. 9. 31 (29)		2102		—	139	o		
						2103		—	139	o		
IV	6	= 2 (E 6. 8. 31) — Sa 5376 1. 10. — E 771 2. 10. — Sa 5521 15. 10.		4. 11. 31 (20)	10		2646	—	99	o		
					10^{-2}_{iv}		2647	27	—	i		

Bei Kind „Hu“ gelang in Mesenteriallymphknoten und Milz ebenfalls der Nachweis von BCG-Bazillen. Daneben traten aber bei den Tierversuchen mit einer auf den Mesenteriallymphknoten zurückgehenden Kultur auch virulente humane Bazillen (der „Kiel“-Gruppe) auf. Mit unbedingter Sicherheit ist es allerdings nicht zu entscheiden, ob nicht auch hierbei eine Spontaninfektion mitspielte.

Anschließend seien noch einmal die Ergebnisse am Material der beiden noch lebenden Kinder „Hae“ (48) und „Gri“ (1) angeführt:

Eine uns von Hamburg überlassene Kultur aus Magenspülwasser des Kindes „Hae“ (48) erwies sich ebenfalls als ein ganz avirulenter BCG-Stamm.

Die auf die Zervikaldrüse von Kind „Gri“ (1) zurückgehende Kultur Lübeck V erwies sich als ein virulenter humaner Stamm („Kiel“-Gruppe).

Aus allen bisher besprochenen Untersuchungsergebnissen geht hervor, daß

1. einzelne der in Lübeck entnommenen vermeintlichen BCG-Bazillenkulturen virulente Tuberkelbazillen enthielten;

2. in 1 von den nachträglich für die Untersuchung zur Verfügung gestellten Impfstoffresten ebenfalls virulente Tuberkelbazillen (der „Kiel“-Gruppe) nachzuweisen waren;

3. auch die von Professor Deycke bei seinen Tierversuchen benutzte, vermeintlich reine BCG-Bazillenaufschwemmung virulente Tuberkelbazillen enthielt.

Diese Feststellungen beweisen, daß die Erkrankungen und Todesfälle der in Lübeck der Tuberkulose-Schutzbehandlung unterworfenen Säuglinge nicht durch ein Virulentwerden der BCG-Bazillen erst im Körper der Kinder verursacht wurden, sondern daß wohl dem größten Teil der Säuglinge mit den Impfstoffen virulentes Material verabreicht worden ist.

Da schon bei dem am 10. 12. 29 erstmalig behandelten Kind „Gri" (Nr. 1) am 15. 1. 30 eine Schwellung der Zervikaldrüsen auftrat und diese Krankheitserscheinung nicht, wie in Lübeck angenommen wurde, als Folge einer kongenitalen Tuberkulose aufzufassen ist [1], sondern nach dem aus Kultur Lübeck V erhobenen Ergebnis mit der Tuberkulose-Schutzbehandlung in ursächlichem Zusammenhang steht, ergeben sich als erste, indirekt feststellbare Zeit für das Vorhandensein virulenter Bazillen in den Lübecker BCG-Bazillenkulturen schon die Tage vom 27.—30. 11. 29.

Es erhob sich somit die bedeutungsvolle Frage: Wie gelangten die virulenten Tuberkelbazillen in die Kulturen und damit in die aus ihnen hergestellten Impfstoffe?

Folgende Möglichkeiten konnten dafür in Betracht kommen:

I. Spontaner „Rückschlag" der BCG-Bazillen in eine virulente Form:

a) durch besondere Züchtungsbedingungen,

b) durch Abspaltung virulenter Keime.

II. Hineingelangen fremder virulenter Tuberkelbazillen in die Kulturen („Verunreinigung"):

a) durch unbewußte Ausscheidung von Tuberkelbazillen seitens der die Kulturen bearbeitenden Personen,

b) aus den zu Hämatin-Einährböden verwendeten Blutkuchen,

c) durch unerkannte Versehen beim Arbeiten: Ergreifen eines falschen Röhrchens („Verwechslung"), z. B.

Falsche Signierung von Röhrchen, doppelte Beimpfung desselben Röhrchens mit verschiedenem Material, ungenügend ausgeglühte Platinöse u. dgl.

Von den angeführten Möglichkeiten sind nur die unter Ia und b und IIb angegebenen einer experimentellen Bearbeitung — und auch nur bis zu einem gewissen Grade — zugängig.

Die nachstehenden, unter den Abschnitten VII—XI angeführten Untersuchungen wurden zum größten Teil 1930 in Angriff genommen und waren — wie die zu Abschnitt VIIA, VIII und X zu einem Abschluß gebracht, ehe die Wachstumsbesonderheit des „Kiel"-Stammes und der virulenten Kulturen aus den Leichenorganen der Kinder, aus Impfstoffrest 25 usw. erkannt und damit eine weitgehende Aufklärung des Lübecker Unglücks ermöglicht war.

Wenn demnach auch alle unsere Untersuchungen über „spontanes" Virulentwerden der BCG-Bazillen in Kulturen oder im Organismus für „Lübeck" im engeren Sinne nicht mehr in Betracht kommen, so seien sie dennoch mit ihren Ergebnissen mitgeteilt, einmal, weil sie Material zu lebhaft umstrittenen Fragen hinsichtlich der BCG-Bazillen beibringen, ferner weil ihr, wie vorausgenommen sei, im ganzen negativer Ausfall eine — nach unserer

[1] S. auch S. 303.

Überzeugung allerdings gar nicht mehr nötige — indirekte Stütze für die „Kiel-Ätiologie" der Lübecker Säuglingstuberkulose abgibt.

VII. Untersuchungen über Virulenzsteigerung von „BCG" unter besonderen Züchtungsbedingungen.

A. Der Einfluß der Züchtung auf Ei- und „Normal"-Hämatineinährböden[1] auf die Virulenz.

Prof. Deycke bzw. Schwester A. S. hat zur Weiterzüchtung des BCG-Stammes von Mitte September 1929 ab Einährböden, vom Ende Oktober 1929 ab vorübergehend auch für etwa 6—8 Generationen den von Hohn angegebenen Hämatin-Einährboden an Stelle des von Calmette empfohlenen synthetischen flüssigen Nährbodens nach Sauton benutzt.

Deshalb wurde von uns von Beginn der Untersuchungen an die Frage des Einflusses der Züchtung auf den erwähnten Einährboden auf die Virulenz von BCG-Kulturen experimentell geprüft. Dazu verwandten wir bei der ersten größeren Versuchsreihe die 3 BCG-Stämme „360", „361" und „379", bei einer späteren 2. Reihe ebenfalls die genannten Stämme und außer ihnen noch die BCG-Stämme „382" und „1929".

Anordnung und Ergebnisse der 1. Reihe sind in Tabelle 16 zusammengestellt.

Die 2. weit kürzere Reihe wurde nur unter Züchtung auf „Normal"-Hämatin-Ei durchgeführt. Es wurde nur je eine Generation, und zwar stets nach 16tägiger Bebrütung und stets in der Menge von 10^{-1} mg subkutan auf je 2 Meerschweinchen verimpft. So wurde geprüft

bei BCG	„360"	die	5.	Generation.	Ergebnis negativ
„ „	„361"	„	6.	„	„ „
„ „	„379"	„	5.	„	„ „
„ „	„379" (andere Reihe)	„	7.	„	„ „
„ „	„382"	die	7.	„	„ „
„ „	„1929"	„	6.	„	„ „

Im ganzen wurde in beiden Reihen 47mal eine Kultur auf je 2 Meerschweinchen verimpft (davon lag 40mal das Alter der Kulturen zwischen 11 und 21 Tagen, je 1mal betrug es 7, 10, 24, 28 und 29 Tage, und 2mal 34 Tage.

Es wurden verimpft — von den niedrigen Generationen 1—3 abgesehen — die

4. Generation	von Ei 4mal,	von Hämatinei 0mal
5. „	„ „ 4 „	„ „ 2 „
6. „	„ „ 4 „	„ „ 5 „
7. „		„ „ 5 „
8. „		„ „ 3 „
12. „	„ „ 1 „	1 „
13. „		„ „ 1 „

Das Ergebnis war, wie die Tabelle 16 und die obige kleine Zusammenstellung zeigt, völlig negativ. Daraus geht hervor, daß bei der Benutzung von 5 verschiedenen BCG-Stämmen kein Anhaltspunkt für einen virulenzsteigernden Einfluß solcher Einährböden gefunden werden konnte.

[1] Unter „Normal"-Hämatineinährboden verstehen wir einen unter Verwendung von normalem, Tuberkelbazillenfreiem Blut hergestellten Nährboden.

Tabelle 16.

Lfd. Nr.	Stamm und Ausgangskultur	Weiter-gezüchtet auf	Generation (Alter der Kultur bei Ver-impfung)	Auf Mw verimpft mg sk				Weiter-gezüchtet auf	Generation (Alter der Kultur bei Ver-impfung)	Auf Mw verimpft mg sk			
				2	10^{-1}	10^{-3}	10^{-6}			2	10^{-1}	10^{-3}	10^{-6}
1	BCG „306“ Se 3. 5.	„Ei“	1 (10)	— —	— —	— —							
2			3 (28)	i —		— —	— —						
3			4 (13)		— —	i i							
4			5 (18)		i —	i —							
5			6 (24)		i —	i —							
6	BCG „360“ Se 24. 5.	„Ei“	1 (11)	— —	— —	i i		„Normal“-Hämatin-Ei	1 (11)	— —	— —		
7			2 (20)		— —	— —			3 (20)		i —	— —	
8			4 (14)		— —	— —			6 (14)		— —	— —	
9			5 (18)		— —				7 (18)		— —	— —	
10			6 (13)		— —				8 (13)		i —	— —	
11			12 (14)		— —				13 (14)		— —	— —	
12	BCG „361“ S. 21. 6.	„Ei“	1 (11)	i —	— —	— —		„Normal“-Hämatin-Ei	1 (11)	— —	— —	— —	
13			2 (20)		— —	— —			3 (20)		i —	— —	
14			4 (14)		— —				6 (14)		— —	— —	
15			5 (21)		i —				7 (21)		— —	i i	
16			6 (13)		— —				8 (13)		— —	— —	
17	BCG „379“ Se 26. 5.	„Ei“	1 (11)	— —	— —	— —		„Normal“-Hämatin-Ei	1 (11)	— —	— —	— —	
18			2 (26)		— —	— —			3 (20)		— —	— —	
19			4 (14)		— —				6 (14)		— —	— —	
20			5 (21)		— —				7 (21)		i —	—	
21			6 (13)		i —				8 (13)		— —	i —	
22	BCG „379“ P 17. 5.	„Ei“	1 (34)			— —	— —	„Normal“-Hämatin-Ei	1(34)		— —	— —	
23			2 (7)			— —	i —						
24			3 (29)		— —								

— = Tier frei von tuberkulösen Veränderungen.

Es ist ja auch bekannt, daß in vielen Laboratorien Einährböden zur Weiterzüchtung von BCG-Stämmen verwendet werden, ohne daß dabei eine Virulenzsteigerung der Kulturen beobachtet wurde.

Auf weitere Versuche mit Hämatin-Einährboden wird später noch besonders eingegangen werden (s. Abschnitt X, S. 270).

B. Der Einfluß der Züchtung in der Tiefe von Bouillonkulturen nach Dreyer und Vollum.

Auch die Nachprüfung der Aufsehen erregenden Angaben von Dreyer und Vollum[1], wonach bei Züchtung in der Tiefe von Kalbfleischbouillon die BCG-Bazillen wieder virulent würden, hat, wie vorausgeschickt sei, zu negativen Ergebnissen geführt.

Unsere Versuche haben sich von November 1930 bis jetzt hingezogen. Wir hatten fast ständig mit großen Schwierigkeiten zu kämpfen, die hauptsächlich darin lagen, daß es zu keiner deutlichen Vermehrung der BCG-Bazillen kam. Da unsere nach den Angaben Dreyers hergestellte Nährbrühe so wenig befriedigte, erhielten wir auf unsere Bitte eine größere im Dreyerschen Laboratorium bereitete Menge Nährflüssigkeit freundlichst übersandt. Die Wachstumsergebnisse wurden jedoch nicht besser.

Einem glücklichen Umstand verdanken wir es, daß Dr. Vollum während einer Studienreise nach dem Kontinent in der Zeit vom 4. 4. 32 bis zum 12. 5. 32 im Tuberkuloselaboratorium des Reichsgesundheitsamtes arbeitete. Er war so freundlich, bei uns mehrere Kochungen vorzunehmen und ebenso eine größere Zahl von Kolben zu beimpfen, zu überwachen und Meerschweinchen mit dem Inhalt zu infizieren.

Im allgemeinen prüften wir den Bazillenbodensatz nur solcher Kolben, bei denen eine Vermehrung der eingeimpften Bazillen deutlich zu erkennen war.

Von einer um das vielfache größeren Zahl angelegter Kolben war durch Wegfall aller Kolben ohne deutliche Vermehrung sowie infolge der trotz aller Vorsichtsmaßregeln häufigen Verunreinigung im Anschluß an das Überimpfen[2] — auch zur Zeit der Anwesenheit Dr. Vollums — nur ein verhältnismäßig kleiner Teil — aber immerhin 43 Kolben — zur Verimpfung auf Meerschweinchen geeignet.

Die Tabelle 17 gibt eine Übersicht über alle Tierversuche. Die Kolben wurden wöchentlich geschüttelt. Der Bodensatz wurde nach Zentrifugieren und Trocknen zwischen Fließpapier gewogen und entsprechend verdünnt.

Wo in Spalte 8 der Tabelle nichts besonderes angegeben ist, wurde stets 1 mg in 1,0 NaCl-Lösung intraperitoneal verabreicht. s bedeutet subkutane Verimpfung: ein B bedeutet, daß die Bazillen in der zugehörigen Flüssigkeit („Mutterbouillon") aufgeschwemmt wurden.

Jede der 7 verschiedenen Ausgangskulturen zu den 1. Dreyer-Generationen (s. Spalte 5) wurde auf ihre Avirulenz geprüft.

Im ganzen wurden die 7 verschiedenen BCG-Stämme (in Klammer bis zu welcher Generation und die Gesamtzahl der Kolben) geprüft:

„360" (7; 10 K)	„382" (1; 1 K)
„361" (4; 13 K)	„433" (1; 3 K)
„1929" (3; 9 K)	Kind „Hu" (139) (2; 3 K)
„379" (1; 4 K)	

[1] Dreyer u. Vollum: Lancet **1931**, 220, p. 9.

[2] Nach Dreyer und Vollum wurden 500 ccm Bouillon in konischen 1 l-Glasgefäßen mit weiter Öffnung bebrütet.

Tabelle 17. Versuche nach Dreyer-Vollum.

BCG-Stamm	Generation	Dreyer-Kolben Nr.	Beimpft am	Impfmaterial (vom)	Auf Mw verimpft am	Alter der Kultur in Tagen	Mw Nr.	†	×	Tuberkulosebefund	Bemerkungen
								nach Tagen			
1	2	3	4	5	6	7	8	9	10	11	12
„360"	1 a	3 548	31. 3. 31	GlSe 193	30. 7. 31	121	Bds 1 978	—	74	+++!	s. Text
				(23. 2. 31)			LH 1 Ø 1 979	—	162	o	
	1 b	7 544	23. 3. 32	Sa 7 424	13. 12. 32	239	B 4 480	—	172	o	
				(9. 3. 32)			4 481	—	172	o	
	2	8 263	12. 5. 32	7 543	15. 10. 32	156	4 432	65	—	o	Dr. V.
				(23. 3. 32)			4 433	—	96	o	
	3	9 696	17. 11. 32	8 264	15. 7. 33	240	5 110	—	265	o	
				(12. 5. 32)			5 111	—	265	o	
	4 a	10 908	15. 7. 33	9 696	28. 10. 33	105	5 422	—	97	o	
				(s 3)			5 423	—	97	o	
	4 b	10 909	15. 7. 33	9 696	28. 10. 33	105	5 424	—	97	o	
				(s 3)			5 425	—	97	o	
	5	11 468	27. 10. 33	10 908	20. 12. 33	54	s 5 502	65	—	o	
				(s 4 a)			s 5 503	—	90	o	
	6 a	11 756	20. 12. 33	11 468	12. 4. 34	113	5 726	—	104	o	
				(s 5)			s 5 727	4	—	i	
						117	s 5 741	—	100	o	
	6 b	11 757	20. 12. 33			113	5 728	55	—	i	
							s 5 729	—	104	o	
	7	12 307	12. 4. 34	11 757	9. 8. 34	119	6 408	—	102	o	
				(s 6 b)			s 6 409	4	—	i	
„361"	1	3 557	31. 3. 31	Petroff-Platte 175	30. 7. 31	121	Fl 1 966	—	74	o	
				(24. 2. 30)			1 967	—	165	o	
							10^{-1} 1 968	—	74	o	
							Bds 1 969	—	165	o	
	2	4 802	30. 7. 31	3 557	1. 12. 31	124	Fl 2 762	—	106	o	
				(s 1)			2 763	45	—	—	Seuche
							10^{-1} 2 764	—	106	o	
							Bds 2 765	—	106	o	
„361"	1	7 550	23. 3. 32	Sa 7 395	12. 5. 32	50	3 741	—	190	o	
				(3. 3. 32)			3 742	—	294	o	
	2 a	8 267	12. 5. 32	7 551	29. 8. 32	109	4 296	135	—	o	Dr. V.
				(23. 3. 32)			4 297	147	—	o	
							B 4 304	—	336	o	
							4 305	184	—	o	
	2 b	8 268	12. 5. 32	7 552	15. 10. 32	156	4 434	33	—	i	
				(23. 3. 32)			4 435	184	—	—	WI o B
	2 c	8 265	12. 5. 32	7 550	17. 11. 32	189	B 4 482	—	172	o	
				(s 1)			4 483	—	172	o	
	3	9 701	17 11. 32	8 265	15. 7. 33	240	5 112	150	—	o	
				(s 2 c)			5 113	128	—	o	

Tabelle 17 (Fortsetzung).

BCG-Stamm	Generation	Dreyer-Kolben Nr.	Beimpft am	Impfmaterial (vom)	Auf Mw verimpft am	Alter der Kultur in Tagen	Mw N_2	† nach Tagen	× nach Tagen	Tuberkulosebefund	Bemerkungen
1	2	3	4	5	6	7	8	9	10	11	12
„361"	4 a	10 918	18. 7. 33	9 701	28. 10. 33	102	5 432	38	—	i	
				(s 3)			5 433	—	97	o	
	4 b	10 919	18. 7. 33	9 701	28. 10. 33	102	5 434	—	97	o	
				(s 3)			5 435	74	—	o	
	4 c	10 911	15. 7. 33	9 701	28. 10. 33	105	5 426	—	97	o	
				(s 3)			5 427	—	97	o	
	1 a	11 760	20. 12. 33	Sa 11 733	12. 4. 34	113	5 730	68	—	o	
				(12. 12. 33)			s 5 731	—	104	o	
	1 b	11 761	20. 12. 33			113	5 732	—	104	o	
							s 5 733	—	104	o	
	2	12 311	12. 4. 34	11 761	9. 8. 34	119	6 410	—	100	o	
				(s 1 b)			s 6 411	—	100	o	
„1929"	1 a	2 405	28. 11. 30	Sa 2 158	9. 2. 31	73	10^{-1} s 1 095	—	114	o	
				(1. 11. 30)			s 1 096	54	—	—	Seuche
							1,0 s 1 097	45	—	—	
							s 1 098	—	114	o	
	1 b	2 405	28. 11. 30	Sa 2 158	14. 7. 31	228	Bds s 1 908	—	177	o	
				(1. 11. 30)			s 1 909	—	177	o	
							Bds s 1 910	—	177	o	
							LH s 1 911	—	177	o	
	2	3 561	31. 3. 31	2 405	30. 7. 31	121	Fl 1 970	—	74	o	
				(s 1)			1 971	137	—	—	WI o
							10^{-1} 1 972	—	74	o	
							1 973	—	162	o	
	3	4 805	30. 7. 31	3 561	1. 12. 31	124	2 766	—	106	o	
				(s 2)			2 767	—	106	o	
„1929"	1 a	7 637	4. 4. 32	Sa 9 278	12. 5. 32	38	3 745!	—	190	o	Dr. V.
				(7. 3. 32)			3 746!	—	294	o	
	1 b	7 631	4. 4. 32	Sa 9 278	29. 8. 32	157	4 294	—	185	o	
				(7. 3. 32)			4 295	—	336	o	
							B 4 302	—	185	o	
							B 4 303	—	247	o	
	1 c	7 632	4. 4. 32	Sa 9 278	15. 10. 32	204	4 430	60	—	—	
				(7. 3. 32)			4 431	68	—	—	
	2 a	8 277	12. 5. 32	7 638	29. 8. 32	109	4 298	—	185	o	Dr. V.
				(4. 4. 32)			4 299	16	—	— i	
				(von Sa 7 590)			B 4 306	116	—	—	
				(1. 4. 32)			B 4 307	—	184	o	WI o
	2 b	8 275	12. 5. 32	7 637	15. 10. 32	156	4 436	54	—	— i	
				(s 1 a)			4 437	41	—	— i	
	3	9 532	15. 10. 32	8 275	15. 7. 33	273	5 114	—	265	o	
				(s 2 b)			5 115	—	265	o	

Tabelle 17 (Fortsetzung).

BCG-Stamm	Generation	Dreyer-Kolben Nr.	Beimpft am	Impfmaterial (vom)	Auf Mw verimpft am	Alter der Kultur in Tagen	Mw N_2	† nach Tagen	× nach Tagen	Tuberkulosebefund	Bemerkungen
1	2	3	4	5	6	7	8	9	10	11	12
„379“	1 a	7 625	4. 4. 32	Sa 7 295	12. 5. 32	38	3 743	—	190	o	Dr. V.
				(2. 3. 32)			3 744	—	194	o	
	1 b	7 623			29. 8. 32	157	4 292	—	185	o	
							4 293	—	236	o	
							B 4 300	—	185	o	
							B 4 301	5	—	i	
	1 c	7 628	4. 4. 32	Sa 7 295	15. 10. 32	204	4 428	—	96	o	
				(2. 3. 32)			4 429	—	58	o	
	1 d	12 312	12. 4. 34	Sa 12 175	9. 8. 34	119	6 412	—	100	o	
				(24. 3. 34)			s 6 413	—	100	o	
„382“	1	12 315	12. 4. 34	Sa 12 176	9. 8. 34	119	6 414	—	100	o	
				(24. 3. 34)			s 6 415	—	100	o	
„433“	1 a	10 914	15. 7. 33	Sa 10 789	28. 10. 33	105	5 428	—	97	o	
				(26. 6. 33)			5 429	62	—	—	
	1 b	10 915	15. 7. 33	Sa 10 789	28. 10. 33	105	5 430	—	97	o	
				(26. 6. 33)			5 431	—	97	o	
	1 c	12 316	12. 4. 34	Sa 12 177	9. 8. 34	119	6 416	11	—	i	Dr. V.
				(24. 3. 34)			s 6 417	—	100	o	
Kind „Hu“ (139) Milz	1 a	2 407	28. 11. 30	Sa 2 331	9. 2. 31	73	10^{-1} s 1 091	—	147	o	
				(17. 11. 30)			s 1 092	37	—	o	
							s 1 093	—	114	o	
							s 1 094	—	114	o	
	1 b	2 407	28. 11. 30	Sa 2 331	30. 7. 31	234	Fl s 1 974	—	74	o	
				(17. 11. 30)			s 1 975	—	162	o	
							10^{-1} s 1 976	—	162	o	
							Bds s 1 977	—	74	o	
	2	4 806	30. 7. 31	2 407	1. 12. 31	124	s 2 768	—	106	o	
				(s 1 a)			s 2 769	—	106	o	

Wenn man die 20 Kolben, die Material der 1. Generation enthielten, abrechnet, so bleiben noch 23 Kolben mit Material der 2.—7. Generation, von denen 10 auf die 2., 4 auf die 3. und 5 auf die 4. Generation entfallen.

Das Alter der verimpften Kulturen (s. Spalte 7) schwankte zwischen 38 und 273 Tagen. Es betrug

38— 93 Tage bei 6 Fällen,
94—124 „ „ 23 „ ,
125—273 „ „ 14 „ .

Daß die Mehrzahl der Kulturen bei der Verimpfung älter als 3 Monate waren, hängt einmal mit der schon hervorgehobenen langsamen Vermehrung, dann aber auch damit zusammen, daß eine Umwandlung zu virulenten Bazillen, die der Ausgangsform des BCG entsprechen mußten, mit längerer Dauer der begünstigenden Bedingungen immer wahrscheinlicher werden mußte. Selbst wenn man annehmen wollte, daß eine schon einmal erreichte erhöhte Virulenz mit dem Alter der Kultur wieder zurückgehen würde, so wäre bei den 29 Fällen mit Alter bis zu 3 Monaten doch genügend Gelegenheit gegeben gewesen,

Tabelle 17a. Zu den Versuchen nach Dreyer-Vollum.

Gruppe	Lfd. Nr.	Impfmaterial		Datum (Alter der Kultur in Tagen)	Menge mg sk	Mw	Ka	†	×	Befund	Fortsetzung siehe lfd. Nr.	Bemerkungen
		Kulturen	Organe									
1	2	3	4	5	6	7	8	9	10	11	12	13
I	1	Dreyer-Kolben 3548 31. 3. 31		30. 7. 31 (121)	1 Ø	**1978**		—	74	+++	2	
						1979		—	162	o		
	2		1978 Kn	12. 10. 31		2491		82	—	+++		
			,,			2492		103	—	+++		
			1978 Lu			2493		86	—	+++		
			,,			2494		100	—	+++		
			1978 Le			2495		—	114	+++		
			,,			2496		—	114	+++		
			1978 Mi			**2497**		70	—	?	3	Seuche
			,,			2498		86	—	++		,,
			1978 Br Ly Kn			2499		fehlt	fehlt			
			,,			**2500**		40		++	5	Zü Mi pos
	3		2497 Le	21. 12. 31		**2892**		34	—	+	4	
			,,			2893		56	—	++		
	4		2892 Kn	27. 1. 32		3080		77	—	+++		
						3081		62	—	+++		
IA	5	2500 Mi 30. 11. 31 — Sa 6497 30. 12.		6. 2. 32 (38)	10		**3131**	88	—	++	6	Zü r Ax pos
					10^{-2}_{iv}		3132	34	—	++		
	6		3131 Mi			3669		—	94	o		
			,,			3670		—	94	++		
II	7	1978 Kn Ei 12. 10. 31 — Sa 6045 24. 11.		2. 12. 21 (8)	10^{-2}_{iv}		**2776**	67	—	+	8	Seuche, Zü Lu pos: (bov)
					10^{-2}_{iv}		**2777**	38	—	+++	9	
	8		2776 Lu	25. 2. 32		3267		53	—	+++		
			,,			3268		36	—	+++		
			Mi			3269		—	112	+++		
			,,			3270		71	—	+++		
	9		2777 Ni	2. 12. 31		2989		—	112	+++		
						2990		89	—	+++		
III	10	= 7 (Sa 604 524. 11. 31) — Sa 610 42. 12.		4. 1. 32	10^{-3}	2964		4	—	i		
					10^{-3}	2965		66	—	+++		
					10^{-6}	2966		9	—	i		
					10^{-6}	2967		50	—	+++		
					10^{-8}	2968		59	—	+++		
						2969		27	—	++		Zü Kn Dr: bov

daß sich irgendeinmal ein wenn auch nur leichter Hinweis auf eine Virulenzsteigerung gezeigt hätte.

Das war aber, mit einer sogleich zu besprechenden Ausnahme, niemals der Fall.

Die Ausnahme betrifft das Meerschweinchen 1978, das erste in der Tabelle 17a angeführte Tier.

Dieses Tier wurde wie mehrere andere unmittelbar vor Beginn der Lübecker Gerichtsverhandlung schon zu dem ungewöhnlich frühen Zeitpunkt von 79 Tagen nach der Impfung getötet.

Der rechte Kniefaltenlymphknoten war haselnußgroß, verkäst. In der kaum vergrößerten Milz 2 „höckrige" Stellen und 1 Randherd. In Lunge einige fragliche submiliare Herde; in Leber etwa 6 bis stecknadelkopfgroße „Flecke". Ziehl-Ausstriche sämtlich negativ. Professor Busch stellte in der Lunge und Milz, nicht aber in der Leber, tuberkulöse Veränderungen fest.

Die Weiterverfolgung dieses Meerschweinchens 1978 geht aus Tabelle 17a hervor. Es hat sich gezeigt, daß sämtliche Organ- und Kulturverimpfungen zu generalisierter Tuberkulose führten. Die herausgezüchteten Stämme erwiesen sich bei der Kaninchenprüfung als bovin. Auf Sauton wurden jeweils mehrere zu Meerschweinchen 1978, Meerschweinchen 2500, Kaninchen 3131 und Meerschweinchen 2969 gehörige Kulturen geprüft. Zur „Kiel"-Gruppe gehörten sie nicht, da niemals auch nur eine Spur Vergrünung auftrat.

Selbst wenn man also das Ergebnis an Meerschweinchen 1978 als eine Bestätigung des Dreyer-Vollumschen Beobachtungen auffassen wollte, so wäre dieser Fall für die Frage der „Lübecker Ätiologie" doch nicht verwertbar, da eben in Lübeck nur „Kiel"-Bazillen zu den Erkrankungen und Todesfällen geführt haben.

Es spricht aber manches für die Annahme einer Spontaninfektion. Zunächst, daß das Paralleltier 1979 bei der Tötung nach 162 Tagen, also um 88 Tage später, einen völlig normalen Befund aufwies, dann, daß es sich um ein Tier der ersten Dreyer-Vollum-Generation gehandelt hat; schließlich, daß unter 46 Tieren, die mit der 1. Generation von 7 verschiedenen BCG-Stämmen geimpft waren, kein anderes auch nur entfernt ähnliche Veränderungen aufwies. Schließlich darf auch auf die sonstigen zu jener Zeit gerade mit bovinen Stämmen beobachteten Spontaninfektionen hingewiesen werden.

Jedenfalls können wir in unseren Befunden keine Bestätigung der Dreyer-Vollumschen Beobachtungen sehen, wobei hervorgehoben sei, daß auch bei den von Dr. Vollum hier persönlich ausgeführten Züchtungen und Tierimpfungen kein positives Ergebnis erzielt werden konnte.

Ebenso wie wir erhielten Saenz[1, 2], Gerlach[3], Vedder[4], Birkhaug[5], Stoop[6], Gerlach, Segre und Brosch[7] nur negative Ergebnisse.

C. Einfluß der Züchtung auf serumhaltigem Sauton-Nährboden.

Nach Sasano und Medlar[8] sollen BCG-Bazillen durch Züchtung auf Sauton-Flüssigkeit mit einem 10%igen Zusatz von normalem Kaninchenserum virulent werden.

Auch hier hatten wir anfänglich bei der im April 1931 begonnenen Nachprüfung insofern Mißerfolge, als 6 verschiedene BCG-Stämme auf den genau nach der Angabe von Sasano und Medlar hergestellten Nährböden überhaupt nicht wuchsen. Erst allmählich erhielten wir gut wachsende Kulturen.

[1] Saenz: Lancet **1931 II**, 1406. [2] Saenz: C. r. Soc. Biol. Paris **108**, 854 (1931).
[3] Gerlach: Ann. Inst. Pasteur. **47**, 475 (1931). [4] Vedder: Acta brev. neerl. Physiol. **2**, 75 (1932).
[5] Birkhaug: Amer. Rev. Tbc. **27**, 6 (1933). [6] Stoop: Nederl. Tijdschr. Hyg. **7**, 258 (1933).
[7] Gerlach, Segre u. Brosch: Zbl. Bakter. I Orig. **137**, 312 (1933).
[8] Sasano u. Medlar: Amer. Rev. Tbc. **23**, 115 (1931).

Die aus der großen Zahl von angesetzten Versuchen als verwertbar übrig gebliebenen sind mit ihrem Ergebnis in Tabelle 18 zusammengestellt.

Im ganzen wurden 6 verschiedene BCG-Stämme und anfangsweise ein avirulenter humaner Stamm „H 119", den wir im November 1930 von Dr. Florence B. Seibert, Chicago, erhielten, geprüft.

3 Generationen wurden geprüft bei BCG „361", „382", „1929", Kind „Hu" (139),
4 „ „ „ „ „ „361", „379",
6 „ „ „ „ „H 119".

Das Alter der verimpften Kulturen (Spalte 7) schwankte zwischen 5 und 31 Tagen (nur einmal 61 Tage, Kind „Hu" 2. Generation). Stets wurde 10^{-1} mg subkutan verimpft. Diese Dosis ist für einen virulenten Stamm als sehr hoch zu bezeichnen.

Mit der Tötung der Tiere (Spalte 10) wurde überwiegend 4—5 Monate gewartet. (1 Tier „H 119" 1. Generation sogar erst nach 931 Tagen = etwas über $2^1/_2$ Jahren!)

Wie Spalte 11 und die Angaben über stets negative Weiterimpfungen zeigen, war das Ergebnis aller unserer Versuche an 40 Meerschweinchen (BCG-Stämme) und ebenso an 12 Meerschweinchen („H 119") glatt negativ.

Zu gleich negativen Ergebnissen kamen auch Boquet[1, 2], Sanctis-Monaldi[3], Vedder[4], Gerlach, Segre und Brosch[5] u. a.

VIII. Die Abspaltung virulenter Kolonien.

Zu den besonderen Untersuchungen auf die Dissoziation (Abspaltung virulenter S-Kolonien) mußten bei dem damaligen Stande der Gesamtuntersuchungen vor allem die „BCG"-Kulturen aus Lübeck sowie einwandfreie BCG-Stämme herangezogen werden. Zum Vergleich wurden auch mit virulenten Kiel-Kulturen und Tuberkelbazillen des humanen und bovinen Typus einige Versuche angestellt.

Bei den ersten Versuchen im Sommer 1930 wurden die Stämme auf Petroff-Platten und Sauton-Agar in Kolleschalen ausgespatelt.

Von 15. 10. 30 bis 1. 5. 31 war Herr Dr. E. A. Schnieder im Tuberkulose-Laboratorium tätig. Er hatte bei Petroff selbst die Technik kennen gelernt und legte bei uns unter genauester Beachtung der Petroffschen Technik weit über 300 Platten an.

Bei den gesamten umfänglichen Untersuchungen, bei denen vor allem nach den „S"-Kolonien gefahndet wurde und oft die auch nur einigermaßen auf „S" verdächtigen Kolonien einer erneuten Verarbeitung nach Petroff unterworfen wurden, trat eine ungeheure Vielgestaltigkeit der Kolonieformen zutage, aber ohne daß mehr als „Übergänge" von der „R" zur „S"-Form festgestellt werden konnten.

Die Diagnose wurde bei dem größten Teil der Versuche durch Dr. Schnieder gestellt. Ohne hier auf die vielen Einzelheiten einzugehen, muß doch gesagt werden, daß es ungeheuer schwierig, man könnte ebensogut sagen, unmöglich ist, aus den Schilderungen und vielen Abbildungen Petroffs zu einer klaren Trennung der Kolonietypen zu gelangen.

---

[1] Boquet: Ann. Inst. Pasteur. **47**, 117 (1931).
[2] Boquet: Amer. Rev. Tbc. **24**, 764 (1931).
[3] Sanctis-Monaldi: C. r. Soc. Biol. Paris **107**, 495 (1931).
[4] Vedder: Acta brev. neerl. Physiol. **2**, 75 (1932).
[5] Gerlach, Segre u. Brosch: Zbl. Bakter. I Orig. **137**, 312 (1933).

Tabelle 18. Versuche nach Sasano-Medlar.

BCG-Stamm	Generation	Nährboden Kolben Nr.	Beimpft am	Impfmaterial (vom)	Auf Mw verimpft am	Alter der Kultur in Tagen	Mw Nr.	† nach Tagen	× nach Tagen	Tubk-Befund	Bemerkungen
1	2	3	4	5	6	7	8	9	10	11	12
„360“	1	4743	23. 7. 31	St 4640	12. 8. 31	20	2011	—	152	o	
				(11. 7. 31)			2012	—	152	o	
	2	4909	12. 8. 31	4743	28. 8. 31	16	2044	—	136	o	
				(s 1)			2045	—	136	o	
	3	5116	26. 8. 31	4909	29. 9. 31	34	2281	—	106	o	
				(s 2)			2282	—	126	o	
	4	5708	26. 10. 31	5116	3. 11. 31	8	2642	—	100	o	
				(s 3)			2643	—	100	o	
„361“	1	4911	12. 8. 31	St 4746	17. 8. 31	5	2019	37	—	—	i. Koli-Inf.
				23. 7. 31			2020	37	—	—	WI Kn Dr o
	2	5121	28. 8. 31	4747	29. 9. 31	31	2283	—	126	o	Pn C. WI Mi o
				23.7.31 (1)			2284	—	126	o	
	3	5321	29. 9. 31	5121	25. 10. 31	26	2547	—	109	o	
				(s 2)			2548	—	109	o	
„379“	1	4749	23. 7. 31	St 4644	8. 8. 31	16	1999	—	156	o	
				(11. 7 31)			2000	—	156	o	
	2	4907	12. 8. 31	4749	28. 8. 31	16	2046	104	—	—	
				(s 1)			2047	—	136	o	
	3	5117	28. 8. 31	4907	29. 9. 31	31	2285	—	126	—	
				(s 2)			2286	—	126	—	
	4	5322	29. 9. 31	5117	25. 10. 31	26	2549	—	109	o	
				(s 3)			2550	36	—	o	
„382“	1	4751	23. 7. 31	St 4646	30. 7. 31	7	1962	—	74	o	WI Dr o
				(11. 7. 31)			1963	105	—	—	
	2	4967	17. 8. 31	4912	28. 8. 31	11	2050	—	136	o	Seuche
				(12.8.31) 1			2051	—	136	o	WI Tubk o
	3	5120	28. 8. 31	4967	5. 9. 31	8	2105	—	138	o	
				(s 2)			2106	—	138	o	
„1929“	1	4753	23. 7. 31	St 4648	8. 8. 31	16	1997	131	—	—	Seuche
				(11. 7. 31)			1998	129	—	—	WI Mi, Le: o
	2	4966	17. 8. 31	4922	28. 8. 31	9	2048	—	126	o	
				(12.8.31) 1			2049	—	126	o	
	3	5325	29. 9. 31	5119	25. 10. 31	26	2553	—	109	o	
				18. 8. 31 2			2554	—	109	o	
Kind „Hu“	1	4755	23. 7. 31	St 4654	30. 7. 31	7	1964	—	74	—	WI Dr o
(139)				(11. 7. 31)			1965	—	162	o	
Hamburg	2	4801	30. 7. 31	4755	29. 9. 31	61	2279	111			
„374“				(s 1)			2280	—	127	o	
	3	5323	29. 9. 31	4801	25. 10. 31	26	2551	23	—	—	Seuche
				(s 2)			2552	—	109	o	

Tabelle 18 (Fortsetzung).

BCG-Stamm	Generation	Nährboden Kolben Nr.	Beimpft am	Impfmaterial (vom)	Auf Mw verimpft am	Alter der Kultur in Tagen	Mw Nr.	†	×	Tubk-Befund	Bemerkungen
								nach Tagen			
1	2	3	4	5	6	7	8	9	10	11	12
H119	1	4653	11. 7. 31	St 4452	23. 7. 31	12	1949	—	931	! o	
				(30. 6. 31)			1950	—	81	—	WI Dr o
	2	4741	23. 7. 31	4653	30. 7. 31	7	1960	—	162	o	
				(s 1)			1961	—	105	—	WI Dr o
	3	4799	30. 7. 31	4741	8. 8. 31	9	2001	—	156	o	
				(s 2)			2002	—	156	o	
	4	4906	12. 8. 31	4799	17. 8. 31	5	2017	—	147	o	
				(s 3)			2018	2	—	i	
	5	5129	28. 8. 31	4906	5. 9. 31	8	2107	—	138	o	
				(s 4)			2108	—	138	o	
	6	5197	5. 9. 31	5129	29. 9. 31	24	2287	—	91	—	WI Mi
				(s 5)			2288	—	126	o	2 Gen o

So ist es denn auch, wie Birkhaug[1] nachweist, zu den größten Mißverständnissen und Verwechslungen der Kolonietypen gekommen.

Von einer größeren Zahl von Kolonien wurden Verimpfungen auf je 2 Meerschweinchen vorgenommen. Entweder wurde die ganze Kolonie in 2 ccm NaCl-Lösung verrieben und zu je 1 ccm auf das Tier subkutan verspritzt oder es wurden die an Platinösen aufgenommenen Bazillenmassen gewogen und dann quantitativ, fast ausnahmslos zu je 10^{-1} mg, subkutan verimpft. Diese Menge von 10^{-1} mg wurde gewählt, weil sie für virulente Bazillen schon ungeheuer hoch, für den avirulenten BCG aber so niedrig ist, daß unspezifische Fremdkörperwirkungen ausbleiben.

Die Ergebnisse der Tierversuche sind in Tabelle 19 zusammengestellt.

In der 4. Spalte dieser Tabelle bedeuten „R" und „S" die entsprechenden Typen (nach der Diagnose von Dr. Schnieder) „R-S" den Übergang von „R" zu „S". Den Buchstaben a usw. entsprechen folgende Eigenschaften der Kolonien:

a flache dünne Scheiben, mit sehr kleinem Nabel, Farbe weißlich;

b gekröseartig, grobwulstig, mit und ohne glattrandigem, glänzendem Schleier; orange;

c auf flacher glänzender Unterlage ein feinwulstiges, ziemlich ausgedehntes, nicht besonders erhabenes Zentrum; weißlich;

d entweder mäßig erhabene, kleine nagelkopfartige, glänzende Kuppe, oder größere steil ansteigende flache Kuppen, stets mit aufsitzendem zentralem Nagelkopf. Rand der Kolonie glatt; braunorange;

d_1 ähnlich „d" (zentraler Nagelkopf!), aber Rand der Kolonie ziemlich regelmäßig gezahnt „Asternform", glänzend; braunorange;

d_m mittelgroß, kreisrund, glattrandig, halbkugelig vorspringend, matt; „weiß" (dann wie „Mottenkugel") oder braunorange;

e mittelgroß, steil ansteigend, aber große und tiefe zentrale Delle; weißlich („Ringform", nur bei Menschentuberkulose beobachtet);

f auf flacher glattrandiger Unterlage aufsitzender, steil ansteigender Knopf; hellstrohgelb;

g mäßig dick, ziemlich groß, glattrandig, teller- oder pilzartige Oberfläche, gegen die Mitte zu flach und ganz allmählich eingezogen; weißlich.

Das Ergebnis der Tierversuche läßt sich kurz dahin zusammenfassen, daß die verschiedene Typen von Kolonien derselben Kultur übereinstimmend die jeweilige

[1] Birkhaug: Ann. Inst. Pasteur 54, 195 (1935).

Tabelle 19.

Lfd. Nr.	Stamm	P-Platte	Typ der Kol siehe Text	Datum	Mw	Menge	†	×	Befund	Bemerkungen
			I. Lübecker „BCG"-Stämme							
1	Lüb I	89 (30.12.30)	R	24. 3. 31 (84)	1212	10^{-1}	+63	—	—	Koli-Inf.
					1213	10^{-1}	—	185	o	
2	Lüb II	135 (27. 1.31)	R	24. 3. 31 (62)	1214	10^{-1}	4	—	i	
					1215		104	—	o	
3		141 (27. 1.31)	R—S		1216	10^{-1}	—	185	o	
					1217		15	—	—	Seuche
4		139 (27. 1.31)	Rand v. gr Kol	1. 9. 31 (217)	2058	10^{-1}	—	133	o	
					2059		—	133	o	
5 (s.Tab.6,36)	Lüb VI	26 Mw 2727 (11.11.30)	atyp. gelb Tab. 6, 36	5. 1. 31 (55)	995	∼ 1 mg	42	—	+++ 6 ×	Kultur Mi in Ka 2003, 2004 bov
					996		38	—	+++ 3—4 ×	
6		74 (18.12.30)	R—S	22. 1. 31 (35)	1061	∼ 1 mg	—	246	o	
		reine Stämme nicht im Tier			1062		100	—	—	Seuche
7 (s.Tab.6,28)		24 Mw 2727 (11.11.30)	R	28. 2. 31 (109)	1146	10^{-1}	—	209	Tubk d. Lu	s. Text
				6, 28	1147		97	—	—	Seuche
					1148	10^{-3}	52	—	—	Seuche
					1149		32	—	—	eitrige Peritonitis
					1150	10^{-6}	60	—	—	Seuche
					1151		82	—	o	
8		148 (3. 2.31)	R—S	24. 3. 31 (48)	1224	10^{-1}	—	185	o	ausgeheilte Seuche
					1225		34	—	—	faulig
9		111 (22. 1.31)	R	24. 3. 31 (61)	1226	10^{-1}	—	185	o	Fibr. Pleuritis
					1227		6	—	i	
10		74 (18.12.30)	R→S	24. 3. 31 (96)	1228	10^{-1}	1	—	i	
					1229		2	—	i	
11		74 (18.12.30)	R→S	27. 3. 31 (99)	1234	10^{-1}	—	182	o	(Ersatz für 1228, 1229)
					1235		—	182	o	
12 (s.Tab.6,41)		93 30.12.30	Rand v. gr Kol	1. 9. 31 (214)	2056	10^{-1}	—	133	o	
				6, 41	2057		—	133	o	
13 (s.Tab.6,44)		331 31. 7.31	mittelgroße flache Kol	1. 9. 31 (33)	2062	10^{-1}	—	133	o	
				6, 44	2063		—	133	o	
14 (s.Tab.6,42)		97 (30.12.30)	„Mottenkugel"	1. 9. 31 (102)	2066	10^{-1}	13	—	i	
				6, 42	2067		—	133	o	Die Weiterzüchtung
15 (s.Tab.6,60)		Ei 22. 5.31	runde Kol	1. 9. 31 (102)	2068	10^{-1}	—	133	o	einer flachen Kol (s. Tab. 6, 62) eben-
				6, 60	2069		—	133	o	falls arulent

Tabelle 19 (Fortsetzung).

Lfd. Nr.	Stamm	P-Platte	Typ der Kol siehe Text	Datum	Mw	Menge	†	×	Befund	Bemerkungen
16	Lüb VII	44 (22.11.30)	R	24. 3. 31 (122)	1230	10^{-1}	—	185	o	
					1231		20	—	i	
17		44 (22.11.30)	R→S	24. 3. 31 (122)	1232	10^{-1}	42	—	—	Ps Tubk
					1233		—	185	o	vernarbte Seuche
18		247 31. 3.31	„runde" Kol	1. 9. 31 (154)	2060	10^{-1}	—	133	o	
					2061		—	133	o	
19	I St 20	(4. 7.30)	R (c)	25. 9. 30 (83)	251	1/2 Kol	—	54	o	
					252	1/2 „	—	61	o	
20		(4. 7.30)	R—S (f)	25. 9. 30 (83)	253	1/2 „	—	54	o	
					254	1/2 „	—	61	o	
21		123 (23. 1.31)	R	24. 3. 31 (70)	1218	10^{-1}	31	—	—	Seuche
					1219		—	185	o	PnC-Seuche
22		133 (23. 1.31)	R—S	24. 3. 31 (70)	1220	10^{-1}	—	185	o	
					1221		36	—	—	Seuche
23	Kd „Hu" (139) = „374"	(15. 8.30)	d_m	25. 9. 30 (41)	229	1/2 Kol	—	54	o	
					230	1/2 „	—	61	o	
24	Mes		d_1	25. 9. 30 (41)	231	1/2 „	11	—	i	
					232	1/2 „	—	61	o	
			II. Sammlungs-BCG-Stämme							
25	„360"	15. 8.30	b	25. 9. 30 (41)	233	1/2 Kol	—	54	o	
					234	1/2 „	—	61	o	
26			a	25. 9. 30 (41)	235	1/2 „	—	54	o	
					236	1/2 „	—	61	o	
27			c	25. 9. 30 (41)	237	1/2 „	—	54	o	
					238	1/2 „	—	61	o	
28	„361"	82 30.12.30	R	24. 3. 31 (84)	1208	10^{-1}	—	185	o	
					1209		7	—	i	
29			R—S	24. 3. 31 (84)	1210	10^{-1}	20	—	i	
					1211		16	—	i	
30	„379" Hämatin-Vers.	148 (27. 1.31)	R	24. 3. 31 (56)	1222	10^{-1}	—	185	?	WI Lu× 125: o o WI Mi × 125: o o WI o
				24. 3. 31 (56)	1222		—	185	o	
31	„382"	15. 8.30	g	25. 9. 30 (41)	239	1/2 Kol	—	54	o	
					240	1/2 „	—	61	o	

Tabelle 19 (Fortsetzung).

Lfd. Nr.	Stamm	P-Platte	Typ der Kol siehe Text	Datum	Mw	Menge	†	×	Befund	Bemerkungen
32		(4. 7.30)	R (Alter frei)	25. 9. 30 (83)	247	$^1/_2$ Kol	—	54	o	
					248	$^1/_2$ „	—	61	o	
33		(4. 7.30)	S (kl. Motten-kugel)	25. 9. 30 (83)	249	$^1/_2$ „	—	54	o	
					250	$^1/_2$ „	—	61	o	
			III. Stämme „Kiel“, Mtb, Rtb							
34	Kiel I	15. 8.30	d_m or	25. 9. 30 (41)	223	$^1/_2$ Kol	—	61	+++	Milzvergrößerung 5×
					224	$^1/_2$ „	—	61	+++	8×
35			c du grau	25. 9. 30 (41)	225	$^1/_2$ „	—	54	+++	2—3×
					226	$^1/_2$ „	—	61	+++	3—4×
36	Kiel III	15. 8.30	d gr	25. 9. 30 (41)	227	$^1/_2$ „	36	—	+	$1^1/_2$×
					228	$^1/_2$ „	—	61	+++	5×
37	Mtb 122b	15. 8.30	d_m rotbraun	25. 9. 30 (41)	217	$^1/_2$ „	—	54	+++	5×
					218	$^1/_2$ „	6	—	i	
38			e	25. 9. 30 (41)	219	$^1/_2$ „	—	54	+++	5—6×
					220	$^1/_2$ „	—	61	+++	6×
39			„Grundbelag“	25. 9. 30 (41)	221	$^1/_2$ „	—	61	+++	3—4×
					222	$^1/_2$ „	—	54	+++	3—4×
40	Rtb 144d	(15. 8.30)	d_m rotbraun	25. 9. 30 (41)	241	$^1/_2$ „	—	54	+++	8×
					242	$^1/_2$ „	46	—	+++	6×
41			d_m weiß	25. 9. 30 (41)	243	$^1/_2$ „	—	54	++	4—5×
					244	$^1/_2$ „	—	61	+++	8×
42			c weiß	25. 9. 30 (41)	245	$^1/_2$ „	—	54	+++	8—9×
					246	$^1/_2$ „	11	—	+	i

Virulenz dieser Kultur zeigten, also bei echten Tuberkelbazillenstämmen alle virulent, bei den BCG-Bazillenstämmen und dem Stamme des Kindes „Hu“ (139) alle völlig avirulent waren.

Die Ausnahmen bei den laufenden Nr. 5 und 7 des Stammes Lübeck VI, die ebenso wie die Nr. 12—15 auch in Tabelle 6 (s. o. S. 217f.) vorkommen, sind bei der Besprechung dieses Stammes schon ausführlich behandelt und auf Spontaninfektion zurückgeführt worden, weshalb sich hier ein nochmaliges Eingehen erübrigt.

Sie ändern nichts an dem Gesamtergebnis, daß uns eine Bestätigung der Petroffschen Angaben nicht gelungen ist. Den Untersuchungen kommt durch die wesentliche Mitbeteiligung von Dr. Schnieder eine erhöhte Bedeutung zu.

Über negative Befunde berichten u. a. auch Toda[1, 2], Piasecka-Zeyland[3, 4, 5], Birkhaug[6], Togunowa[7], Sulman[8] und Meißner und Prausnitz[9].

Der positive Befund von Seiffert[10] kommt schon durch seine quantitativen Verhältnisse (auf 200 Platten 1 virulente Kolonie) für „Lübeck" nicht in Betracht. Über leichte Virulenzsteigerungen bei S-Formen berichten Christison[11] (die S-Variante von Begbie war dagegen ganz avirulent) und Reed, Orr und Rice[12].

IX. Virulenzsteigerung im Tierkörper bei Mischinfektion mit Streptokokken.

Bei den überraschenden Befunden generalisierter Tuberkulose bei Verimpfung der Meerschweinchen 2271 und 2273 (Tabelle 6, Gruppe II 3), die zur Untersuchung der Kultur Lübeck VI gehören, wurde der Verdacht erweckt, es könne sich um Beobachtungen handeln, wie sie Hormaeche[13] gemacht hat. Nach diesem Autor soll die gleichzeitige Infektion mit Streptokokken auch bei avirulenten BCG-Bazillen eine Virulenz auslösen, die dann bei weiteren Tierimpfungen erhalten bleibt.

Es lag daher nahe, auch diese Versuche Hormaeches zu wiederholen, obwohl, wie schon oben erwähnt, für die Lübecker Säuglinge ein Virulentwerden erst im menschlichen Körper nicht in Frage kommt.

Mit dem uns von Herrn Dr. A. Saenz (Institut Pasteur, Paris) freundlichst zur Verfügung gestellten Stamm Streptokokkus „Hormaeche" wurden unter Verwendung der 2 BCG-Stämme „379" und „382" an 48 Meerschweinchen Versuche gemacht, über deren Ergebnis Tabelle 20 Aufschluß gibt.

Nicht in die Tabelle aufgenommen sind 12 zur Kontrolle nur mit dem Streptokokkus infizierte und zweimal je 12 nur mit BCG „379" und „382" infizierte Meerschweinchen, bei denen ein irgendwie auffälliger Befund nicht erhoben wurde.

Zu Tabelle 20 ist zu erwähnen, daß zur intraplantaren Vor- und Nachbehandlung jeweils 0,1 ccm 1 : 10 verdünnten 24stündigen Serum (10%)-Bouillonkultur eingespritzt und daß das BCG-Impfmaterial von 16tägigen Sauton-Kulturen genommen wurde.

Ein Blick auf die Spalten 6 und 7 der Tabelle zeigt, daß nur bei einem einzigen von allen 48 Tieren Tuberkulose gefunden wurde.

Es handelt sich um Meerschweinchen 2369 der Reihe 3. Bei der Sektion (118 Tage nach der BCG-Impfung) wies dieses Tier hochgradige Tuberkulose von Lunge, Leber und Milz auf. Der rechte Kniefaltenlymphknoten war nur etwas über linsengroß, nicht verkäst, an der Impfstelle kein Befund. Dagegen waren alle Halsdrüsen, besonders die linken vergrößert. Dazu kommt, daß die Bronchiallymphknoten kleinhaselnußgroß und verkäst waren. Sämtliche Weiterimpfungen von linker Halsdrüse, Lunge, Leber, Milz und rechten Kniefaltenlymphknoten führten in spätestens 69 Tagen den Tod an generalisierter Tuberkulose herbei. Kulturen aus Organen von Meerschweinchen 2369 und aus einem der mit Kniefaltenlymphknoten von Meerschweinchen 2369 geimpften Meerschweinchen wuchsen auf

---

[1] Toda: Z. Hyg. **112**, 463 (1931).
[2] Toda: Arb. Staatsinst. exper. Therap. Frankf. **1931**, H. 24, 28.
[3] Piasecka-Zeyland: Gruźlica **6**, 1 (1931). [4] Piasecka-Zeyland: Gruźlica 8, 427 (1933).
[5] Piasecka-Zeyland: Intern. Tub.-Kongr. Warschau **1934**.
[6] Birkhaug: Nord. med. Tidskr. **1933**, 99. [7] Togunowa: Z. Tbk. **67**, 36 (1933).
[8] Sulman: Z. Immun-Forsch. 81, 1 (1933).
[9] Meißner u. Prausnitz: Zbl. Bakter. I Orig. **132**, 23 (1934).
[10] Seiffert: Klin. Wschr. **1932 I**, 181. [11] Christison: Zbl. Bakter. Orig. **125**, 72 (1932).
[12] Reed, Orr u. Rice: Canad. J. Res. **11**, 362 (1934).
[13] Hormaeche: C. r. Soc. Biol. Paris **104**, 420 (1930).

Tabelle 20. „Hormaeche"-Versuche.
Vorbehandlung am 7. 10. 31; BCG-Impfung am 21. 10. 31; Nachbehandlung am 4. 11. 31.

Reihe	Vorbehandlung intraplantar	BCG mg ip oder sk	Nachbehandlung intraplantar	Zahl der Mw	Makroskopische Tubk				Weiterimpfungen und sonstige Bemerkungen
					positiv		negativ		
					†	×	†	×	
1	2	3	4	5	6	7	8	9	10
1	0,01	„360" 50 ip	—	2	—	—	—	1^{118}	Lu: † 5 i, × 120 o
								1^{118}	Le: × 120 o o
2	0,01	„360" 1 ip	—	4	—	—	—	4^{118}	—
3	0,01	„360" 10^{-4} sk	—	6	—	—	1^{31}	—	Mw 2368, s. Text
						1^{118}	—	—	Mw 2369, s. Text
								1^{118}	—
								1^{118}	Mi: × 120 o o
								1^{118}	Lu: † 16 i, × 120 o
								1^{118}	
Reihe 1—3 zusammen				12	—	1	1	10	
4	—	„360" 50 ip	0,01	2	—	—	2^{13}	—	—
							35		
5	—	„360" 1 ip	0,01	4	—	—	1^{60}	—	Lu: × 91 o o
							1^{69}	—	Seuche
							—	1^{141}	—
								1^{141}	Lu: × 93 o o
6	—	„360" 10^{-4} sk	0,01	6	—	—	5^{42}	—	Seuche
							42	—	„
							54	—	„ (Pn Co)
							90	—	„
							140	—	—
								1^{161}	—
Reihe 4—6 zusammen				12	—	—	9	3	
7	0,01	„382" 50 ip	—	2	—	—	17	—	Mw 2373, s. Text
								1^{118}	Seuche
8	0,01	„382" 1 ip	—	4	—	—	—	4^{118}	3mal o
									1 „ Seuche
9	0,01	„382" 10^{-4} sk	—	6	—	—	1^{92}	—	—
								5^{118}	4mal o
									1 „ Seuche WI, × 120 o o
Reihe 7—9 zusammen				12	—	—	2	10	
10	—	„382" 50 ip	0,01	2	—	—	2^{80}	—	Staphylok. Inf.
							65	—	—
11	—	„382" 1 ip	0,01	4	—	—	—	4^{141}	2mal o
									1 „ Le: † 55 —, × 93 o
									1 „ Lu: † 60 —, × 93 o
12	—	„382" 10^{-4} sk	0,01	6	—	—	3^{33}	—	Seuche
							33	—	„
							140	—	Staphylok. Inf.
								3^{141}	alle o
Reihe 10—12 zusammen				12	—	—	5	7	
Alle Reihen 1—12 zusammen				48	—	1*	17	30	
							47		

* Siehe Text.

Sauton ausgesprochen schlecht (dysgonisch), so daß die zur subkutanen Kaninchenimpfung erforderliche Menge von 10 mg gar nicht erhalten wurde.

Schon aus dem hochgradig dysgonischem Wachstum auf Sauton kann geschlossen werden, daß es sich um einen bovinen Stamm handelte.

Wenn schon der Sektionsbefund bei Meerschweinchen 2369 den Verdacht auf Spontaninfektion nahelegte, so wird dieser dadurch verstärkt, daß gerade bei einem Tier mit der niedersten (10^{-4} mg!) BCG-Dosis die scheinbare Virulenzsteigerung mit „Umwandlung“ aufgetreten ist, was schwer erklärlich ist.

Es kommt aber noch der Befund an dem zur gleichen Reihe gehörenden Meerschweinchen 2368 hinzu.

Dieses Tier wies bei seinem Tode nach 31 Tagen makroskopisch keinen sicheren Tuberkulosebefund auf. Nur der linke Hinterlappen der Lunge erschien leicht verdächtig. Er wurde nach dem Löwenstein-Hohn (L H)-Verfahren auf 2 Meerschweinchen 2700 und 2701 subkutan verimpft. Beide Tiere gingen nach 66—84 Tagen an einer unverkennbar von der Impfstelle ausgehenden (Impfabszeß, Schwellung und Verkäsung des rechten Kniefaltenlymphknotens!) hochgradigen generalisierten Tuberkulose ein. Wenn auch makroskopisch (und nach dem Befund von Prof. Busch auch mikroskopisch) in der Lunge keine tuberkulösen Veränderungen zu finden waren, so besteht kein Zweifel, daß in ihr virulente Tuberkelbazillen enthalten waren.

Es ist nun sehr beachtenswert, daß aus der Leber einer 1. Meerschweinchenpassage von Meerschweinchen 2700 ebenfalls ein Stamm gezüchtet wurde, der sich auf Sauton genau so hochgradig dysgonisch verhielt, wie die Kultur zu Meerschweinchen 2369. Um wenigstens den Versuch einer Prüfung auf die Kaninchenvirulenz zu machen, wurde rein optisch nach dem Trübungsgrad auf die Verdünnung von 1 mg in 1,0 ccm eingestellt. Hiervon ausgehend wurden je 10^{-2} mg auf 2 Kaninchen intravenös verimpft. Beide Tiere gingen nach 75 und 76 Tagen an generalisierter Tuberkulose ein, so daß die Diagnose Typus bovinus für diesen und damit wohl auch für den Stamm aus Meerschweinchen 2369 gesichert ist.

Aus den Angaben in Spalte 10 der Tabelle 20 ist zu ersehen, wie häufig bei auch nur geringstem Verdacht Weiterimpfungen gemacht wurden, alle ohne daß noch einmal etwas Ähnliches wie bei Meerschweinchen 2368 aufgetreten wäre.

In diesem Zusammenhang sei noch kurz erwähnt, daß sich bei dem schon 7 Tage nach der BCG-Impfung (50 mg intraperitoneal) gestorbenen Meerschweinchen 2373 (s. Reihe 7) bei der Weiterimpfung von Organen auf 12 und von Kulturen aus ebenfalls 12 Meerschweinchen und 2 Kaninchen einwandfrei ein BCG-Stamm, ohne eine Spur von Virulenzzunahme, ergab.

Die Befunde an dem Meerschweinchen 2369 und 2368 dürfen also keinesfalls als eine Bestätigung der Angaben Hormaeches angesehen werden. Sie finden, ebenso wie schon mehrere andere Fälle dieser Art berichtet sind, ihre ungezwungene Erklärung in einer Spontaninfektion, die in diesem Falle höchstwahrscheinlich von dem einen auf das andere Tier übertragen wurde.

Zu negativen Ergebnissen bei der Nachprüfung der Angaben von Hormaeche sind u. a. auch Saenz[1], Nélis[2], Moreau und Tortorella[3], Belmer[4] gekommen.

---

[1] Saenz: Ann. Inst. Pasteur **47**, 221 (1931).
[2] Nélis: Rev. belge Sci. méd. **3**, 985 (1931).
[3] Moreau u. Tortorella: C. r. Soc. Biol. Paris **108**, 717 (1931).
[4] Belmer: Amer. Rev. Tbc. **31**, 174 (1935).

Zusammengefaßt ergibt sich aus dem in Abschnitt VII—IX wiedergegebenen Versuchen über die Möglichkeit einer spontanen Virulenzzunahme der BCG-Bazillen unter bestimmten Züchtungs- und Mischinfektionsbedingungen oder einer Abspaltung nach Petroff, daß kein Anhaltspunkt für die Annahme gefunden werden konnte, die Lübecker Unglücksfälle seien durch einen spontanen Rückschlag zur Virulenz oder durch Virulenzsteigerung der BCG-Bazillen verursacht worden.

X. Hineingelangen fremder virulenter Tuberkelbazillen in die Lübecker Kulturen.

Die oben (S. 252) unter IIa gekennzeichnete Möglichkeit konnte ausgeschlossen werden, da weder Professor Deycke noch Schwester A. S. und die nur aushilfsweise beschäftigte Schwester E. an offener Tuberkulose leiden.

Einer Bearbeitung dringend bedürftig war dagegen die unter II b angeführte Frage, ob mit den zur Herstellung der Hämatin-Einährböden nach Hohn benötigten Blutkuchen virulente Tuberkelbazillen in die Nährböden gelangt sein könnten.

Voraussetzung für diese Möglichkeit ist, daß die im Blutkuchen etwa vorhandenen Tuberkelbazillen, oder ein Teil von ihnen, den zur Erstarrung und Sterilisierung der Hämatin-Einährböden vorgeschriebenen Erhitzungsprozeß[1] lebend überstehen.

Zur Klarstellung dieser Frage wurden der mit den nötigen Zutaten versehenen flüssigen „Eiermasse" zunächst absichtlich Reinkulturen von virulenten Tuberkelbazillen zugesetzt. Auch wurde alsbald mit Versuchen unter Verwendung von Blut, das unter natürlichen Bedingungen Tuberkelbazillen enthalten konnte (wie Blut tuberkulöser Meerschweinchen und tuberkulöser Menschen), begonnen. Außerdem wurden später weitere Versuche mit Blut von Meerschweinchen, Kaninchen und tuberkulösen Menschen durchgeführt, bei denen das Meerschweinchenblut durch intravenöse Injektion, das Kaninchenblut und das Menschenblut in vitro mit virulenten Tuberkelbazillen versetzt wurden.

Die verschiedenen unter solchen Bedingungen hergestellten Hämatin-Einährböden wurden nach 3 Richtungen hin untersucht:

1. Die Nährböden wurden nach ihrer Fertigstellung einfach bebrütet und auf das Wachstum von Tuberkelbazillen hin kontrolliert. Dabei wurden nur negative Ergebnisse festgestellt. Alle Röhrchen blieben frei von Tuberkelbazillenwachstum.

2. Die so augenscheinlich steril gebliebenen Hämatineiröhrchen wurden mit sicher avirulenten BCG-Bazillen beimpft und die BCG-Stämme zum Teil in mehreren Generationen darauf gezüchtet. Dann wurden die Beläge in solchen Mengen auf Meerschweinchen verimpft, daß bei einer etwaigen Beimengung virulenter Tuberkelbazillen die geimpften Tiere hätten erkranken müssen (Tabelle 21). Das Ergebnis war bis auf 1 Fall negativ. Auch dieser Fall, der von dem letzten zu laufenden Nr. 2 gehörigen Meerschweinchen 2400 ausgeht, kann nicht als im Sinne der Versuchsanstellung positiv gewertet werden, da er mit aller Sicherheit auf eine Spontaninfektion zurückgeführt werden muß:

Wie Tabelle 21a zeigt, war der BCG-Stamm „360" 28 Tage auf einem Eiröhrchen gezüchtet worden, dem vor der Erstarrung Mischblut von bovin infizierten tuberkulösen Meerschweinchen zugesetzt war. Sowohl je 1 mit 2 mg wie 2 mit je 10^{-3} mg infizierte

[1] Vorschrift Hohns: Röhrchen in den kalten Erstarrungsapparat einlegen, mit starkem Brenner die Temperatur rasch auf 84° bringen, dann mit Mikrobrenner auf 87° steigern und bei 87° (nicht höher!) die Röhrchen $^1/_4$ Stunde halten!

Tabelle 21.

Lfd. Nr.	Stamm und Ausgangs-kultur	Weitergezüchtet auf Einährboden mit Hämatinzusatz aus	Gene-ration	Alter der Kultur bei Ver-impfung	Auf Meerschweinchen verimpft mg sk					Bemerkungen
					5	2	10^{-1}	10^{-3}	10^{-6}	
1	BCG „360“ S. 3. 5.	Mischblut tubk Mw (Rtb)	1	20		— —	— —	i —		
2			3	28		i —		— —	— ?[1]	[1] Mw 2400; WI ergibt „Kiel“-Bazillen (s. Text!)
3			4	13			— —	i —		
4			5	18			— —	i i		
5			6	24			i i	i i		
6	BCG „379“ P. 17. 5.	Mischblut tubk Mw (Rtb)	1	34				i — —	i — —	
7			2	7				— —	— —	
8			2	7				— —	— —	
9			3	29			— —	— —		
10	BCG „379“ P. 17. 5.	Tubk. Menschen-Mischblut A Grabowsee	1	34				— — —	— — —	
11	BCG „379“ P. 17. 5.	Tubk. Menschen-Mischblut B Grabowsee	1	34				i i —	— — —	
12	BCG „379“ P. 17. 5.	Tubk. Menschen-Mischblut C Grabowsee	1	34				i — —	— — —	
13			2	7				— —	— —	
14			2	7				i —	— —	
15			3	29			— —	— —		
16	BCG „379“ P. 17. 5.	Spondylitisfall I	1	34				— — —	— — —	Fall chirurgischer Tubk aus Kreiskrankenhaus Lichterfelde
17			2	7				— —	— —	
18			2	7				— —	— —	
19			3	29			— —	— —		
20	BCG „361“ S. 21. 6.	Mw iv inf. m. Mtb 181a Blut entnommen n. 5′	1	35	— —	i —	i —			
21		„ „ „ 5 h	1	35	— —	i —	— —			
22		„ „ „ 1 Tg.	1	34	— —	— —	i —			
23		„ „ „ 4 Tg.	1	31	— —	— —	— —			
24		„ „ 5′ (anderes Mw)	1	35	i —	— —	— —			
25	BCG „361“ S. 21. 6.	Normal Ka-Blut m. Mtb 181a Zusatz: 10^{-1} mg	1	35	— —	— —				
26		Zusatz: 10^{-2} mg	1	35	i —	i —				
27		„ 10^{-3} „	1	35	— —	— —				
28		„ 10^{-4} „	1	35	— —	— —				
29		10^{-5}	1	35	— —	— —				
30		10^{-6}	1	35	— —	— —				

Tabelle 21a.

Gruppe	Lfd. Nr.	Impfmaterial: Kulturen	Impfmaterial: Organe	Datum (Alter der Kultur in Tagen)	Menge mg sk	Mw	Ka	†	×	Befund	Fortsetzung siehe lfd. Nr.	Bemerkungen
1	2	3	4	5	6	7	8	9	10	11	12	13
I	1	BCG „360" gezüchtet		30. 7. 30	2,0	2395		—	100	—		Staph. Inf.
		auf Ei 2. 7. 30, dem vor		(28)								d. Leber
		Erstarrung Mischblut			2,0	2396		19	—	i		
		von bovin infizierten			10^{-3}	2397		—	100	o		
		tuberkulösen Mw zu-			10^{-3}	2398		—	100	o		
		gesetzt war			10^{-6}	2399		—	100	o		
					10^{-6}	**2400**		70	—	+	2	s. Text!
	2		2400 r Kn	8. 10. 30		**426**		—	57	o	3	
						427		—	86	+++	4, 5, 6	Zü Kn u. Mi +
	3		426 Kn	4. 12. 30		850		—	146	o		
						851		—	146	o		
	4		427 Lu	2. 1. 31		983		88	—	+++		
			„			984		79	—	+++		Zü Mi ±
			Mi			985		61	—	+++		Zü Mi ±
			„			986		67	—	+++		
II	5	427, E 7 2. 1. 31 (Auf-		27. 7. 31	1,0	1941		—	121	+++		Zü Lu Mi +:
		schwemmung)		(206!)								„Ki"
						1942		—	171	+++	9	Zü Br Le +
III	6	427 Kn E 3 2. 1. 31 —		31. 7. 31	1,0	**1987**		138	—	+++	7	Zü Kn ex o
		Sa 4695 15. 7. (nicht		(210!)								
	7	angegangen; unterge-	1987 Mi	18. 12. 31		2864		6	—	i		
		sunkenes Eierstückchen				**2865**		60	—	+++	8	Streptok. Seu
		gemörsert)										Zü Br Kn +
	8		2865 Le	17. 2. 32		3236		64	—	+++		
						3237		fehlt				
	9		1942 Lu	8. 1. 32		2976		81	—	+++		
			„			2977		63	—	+++		
			Mi			2978		—	96	+++		
			„			2979		66	—	+++		

Meerschweinchen und schließlich das Paralleltier Meerschweinchen 2399 blieben frei von tuberkulösen Veränderungen.

Meerschweinchen 2400 wies beim Tode nach 70 Tagen nur einen bohnengroßen etwas verkästen rechten Kniefaltenlymphknoten auf, dessen Verimpfung (s. Nr. 2) bei Meerschweinchen 426 (× nach 57 Tagen) und auch bei der folgenden Tiergeneration (Nr. 3) keine Tuberkulose hervorrief.

Nur bei Meerschweinchen 427 trat generalisierte Tuberkulose auf. Sowohl die Verimpfung von Lunge und Milz dieses Tieres (Nr. 4) als von 2 sehr alten Eikulturen, die deshalb gemörsert und in Aufschwemmung verspritzt wurden, ergab allgemeine Tuberkulose (s. Nr. 5 und 6).

Es ist nun sehr wesentlich, daß die aus Lunge und Milz von Meerschweinchen 1941 und aus Bronchiallymphknoten und Lunge von Meerschweinchen 1942 (s. Nr. 5) gezüchteten Kulturen in Sauton-Nährlösung Vergrünung hervorriefen und sich damit als

„Kiel“-Stamm erwiesen. (Bei den Kulturen zu Meerschweinchen 1987 [Nr. 6] und 2865 [Nr. 7] gingen, da sie aus äußeren Gründen erst sehr spät angelegt wurden, die Sauton-Kulturen nicht an.)

Wenn also die dem Nährboden mit dem Blut der tuberkulösen Meerschweinchen zugesetzten bovinen Bazillen die in Tabelle 21a aufgezeichnete Reihe der tuberkulösen Meerschweinchen verursacht hätten, mußte bei ihnen ein von den „Kiel“-Bazillen sicher abzutrennender boviner Stamm gefunden werden, was aber nicht der Fall war.

Da die Annahme einer Umwandlung boviner Bazillen im Meerschweinchen zu „Kiel“ als durch keine Beobachtung erwiesen und auch von vornherein als absurd zu bezeichnen ist, haben wir bei Meerschweinchen 2400 oder spätestens bei Meerschweinchen 427 eine Spontaninfektion mit „Kiel“ vor uns, ein Befund, der für schon oben (s. S. 226) mitgeteilte kritische Erwägungen von größer Bedeutung ist.

Wir hatten also auch bei der 2. Art der Verwendung vor der Erstarrung künstlich mit Tuberkelbazillen versetzter Hämatinnährböden nur negative Ergebnisse.

3. Sowohl aus solchen nach 1. und 2. behandelten Einährböden wie aus den ebenso behandelten Hämatineinährboden wurden sofort nach der Herstellung sowie nach verschieden langer Bebrütung größere Massen des Nährbodens — manchmal sogar der ganze Inhalt — entnommen, in sterilen Mörsern zerrieben, in Kochsalzlösung aufgenommen und hiervon subkutan auf Meerschweinchen verimpft (s. Tabelle 22 — Zusatz von Reinkulturen — und Tabelle 23 — Zusatz von Blutkuchen aus tuberkelbazillenhaltigem Blut).

Dabei ergaben sich zweimal bemerkenswerte Befunde:

A. Der eine zu den Versuchen mit Zusatz von Reinkulturen gehörige Fall betrifft ein Meerschweinchen (Tabelle 22, Nr. 20, Meerschweinchen 1897), das mit Material von einem Einährboden geimpft war, dem bei der Herstellung vor der Sterilisierung virulente Tuberkelbazillen (s. unten) zugesetzt waren.

Dieses Meerschweinchen (1897) wies beim Tode nach 27 Tagen in der rechten Kniefalte ein Paket von 2 bohnen- und erbsengroßen Lymphknoten auf (Tuberkelbazillen mikr. ++). Weiterimpfung eines dieser Knoten auf 2 Meerschweinchen 2341 und 2342. Bei Meerschweinchen 2341 wird am 19. 9. 30 (nach 56 Tagen) der rechte Kniefaltenlymphknoten extirpiert und auf die Meerschweinchen 159 und 160 weitergeimpft. Beide Tiere hatten bei der Tötung nach 67 Tagen generalisierte Tuberkulose. Meerschweinchen 2341 selbst wies bei der Tötung nach 105 Tagen ebenfalls generalisierte Tuberkulose auf. Bei Paralleltier 2342 fanden sich nur Tuberkulose des rechten Kniefaltenlymphknotens und miliare Herde in der Lunge (Tabelle 22a).

Die aus dem exstirpierten Kniefaltenlymphknoten vom Meerschweinchen 2341 gezüchtete Kultur erwies sich am Meerschweinchen als virulent und am Kaninchen als zum Typus humanus gehörig. Sie wurde seither 36mal auf Sauton-Nährboden verimpft, wobei stets Vergrünung auftrat, so daß an der Zugehörigkeit zur „Kiel“-Gruppe kein Zweifel besteht.

Zu diesem Ergebnis ist folgendes auszuführen:

Die „Kiel“-Bazillen müssen schon in die Kniefaltenlymphknoten von Meerschweinchen 1897 gelangt sein (Bazillengehalt. Verimpfungsergebnis!) Meerschweinchen 1897 hatte ebenso wie Meerschweinchen 1898 etwa die Hälfte des gemörserten Inhalts eines Einährbodens subkutan eingespritzt erhalten. Die Mischung I (s. Tabelle 22, Nr. 13, Spalte 3) war so zubereitet worden, daß von einer Sauton-Agarkultur vom 12. 5. 30 und einer Eikultur vom 23. 5. 30 des ursprünglich für einen humanen gehaltenen, wie sich aber später heraus-

Tabelle 22.

Lfd. Nr. 1	Datum 1930 2	Zusatzmaterial 3	Menge [1] 4	Erhitzung 5	Datum der Verimpfung 1930 6	Ergebnis am Mw 7
1	23. 5.	Mtb 176, 3 S. 15. 4. 30 (38 Tage alt)	3 mg zu 4 ccm Nb.	15′ bis 87° 15′ bei 87°	24. 5.	— —
2					8. 7.	— —
3					14. 7.	i —
4					29. 7.	— —
5	23. 5.	Rtb 189a S.29.4.30(24)	3 mg zu 4 ccm Nb.	15′ bis 87° 15′ bei 87°	24. 5.	— —
6					8. 7.	— —
7					14. 7.	— —
8					26. 7.	i —
9	23. 5.	BCG „360" S. 3. 5. 30 (20)	3 mg zu 4 ccm Nb.	15′ bis 87° 15′ bei 87°	24. 5.	i —
10					26. 5.	— —
11					8. 7.	i —
12					14. 7.	— —
13	27. 6.	Reinkultur-Mischung I (12 mg zu 12 ccm flüssiger Einährbodenmasse) s. Text	1+4 Nb.	25′ bis 87°	27. 6.	i —
			1,0		14. 8.	i —
14			0,1	25′ bis 87°	27. 6.	— —
					14. 8.	i i
15			0,025		27. 6.	i —
16			1,0+4	15′ bis 87° 15′ bei 87°	27. 6.	— —
17			0,1+5	15′ bis 87° 15′ bei 87°	27. 6.	— —
18			0,025+5	15′ bis 87° 15′ bei 87°	27. 6.	— —
19			1+4	15′ von 70° bis 87° 30′ bei 87°		— —
20			0,1+5	15′ von 70° bis 87° 30′ bei 87°	27. 6.	+[2] —
21			0,025+5	15′ von 70° bis 87° 30′ bei 87°	27. 6.	— —
22	27. 6.	Reinkultur-Mischung II (3 verschiedene Rtb-Stämme, sonst wie oben)	1+4	25′ bis 87°	27. 6.	— —
					14. 8.	i —
23			0,1+5	25′ bis 87°	27. 6.	i —
24			0,025+5	25′ bis 87°	27. 6.	i —
25			1+4	15′ bis 87° 15′ bei 87°	27. 6.	— —
26			0,1+5	15′ bis 87° 15′ bei 87°	27. 6.	— —
27			0,025+5	15′ bis 87° 15′ bei 87°	27. 6.	— —
28			1+4	15′ bis 87° 30′ bei 87°	27. 6.	— —
29			0,1+5	15′ bis 87° 30′ bei 87°	27. 6.	i —
30			0,025+5	15′ bis 87° 30′ bei 87°	27. 6.	— —
31	27. 6.	Mtb 176, 3 B. 15. 4. homogen gewachsen (73 Tage alt) sonst wie oben	1+4	25′ bis 87°	27. 6.	— —
					14. 8.	— —
32			0,1+5	25′ bis 87°	27. 6.	i —
33			0,025+5	25′ bis 87°	27. 6.	— —
34			1+4	15′ bis 87° 15′ bei 87°	27. 6.	— —
35			0,1+5	15′ bis 87° 15′ bei 87°	27. 6.	i —
36			0,025+5	15′ bis 87° 15′ bei 87°	27. 6.	— —
37			1+4	15′ bis 87° 30′ bei 87°	27. 6.	— —
38			0,1+5	15′ bis 87° 30′ bei 87°	27. 6.	i i
39			0,025+5	15′ bis 87° 30′ bei 87°	27. 6.	i —

[1] Bei Nr. 13—39 bedeutet 1 : 4 bzw. 0,1 usw. + 5, daß 1 ccm der „Mischung" zu 4 ccm, bzw. 0,1 usw. ccm Mischung zu 5 ccm noch flüssiger Einährbodenmasse zugesetzt wurden.

[2] Mw 1897 WI s. Tabelle 22a und Text.

stellte, in Wirklichkeit bovinen Stammes 211 c, sowie von einer Serumkultur vom 11. 6. 30 des humanen Stammes Menschentuberkulose 181 a je 2 große Ösen, zusammen also min destens etwa 12 mg in 12 ccm flüssiger Einährbodenmasse verrieben wurden. Bei dem Röhrchen zu laufenden Nr. 20 war 0,1 ccm zu 5,0 ccm Normal-Einährbodenmasse zugesetzt worden, also 10^{-1} mg Tuberkelbazillen. Gleich nach dem Erstarren (s. 5. Spalte der Tabelle 22) wurde der ganze Röhrcheninhalt herausgenommen, gemörsert und in steriler Kochsalzlösung aufgeschwemmt. Meerschweinchen 1897 hatte also 0,05 mg Tuberkelbazillen eingespritzt erhalten. Zur Einspritzung mußten stärkere Kanülen als sonst genommen werden, auch die Menge (Volumen) des Impfmaterials war erhöht (2—3 ccm). Ein solches Impfdepot saugt sich im Körper viel langsamer auf als etwa 1,0 ccm Kochsalzlösung mit 10^{-3} mg Tuberkelbazillen. Auch die Einstichstelle wird sich nicht so rasch schließen als sonst.

Tabelle 22a.

Gruppe	Lfd. Nr.	Impfmaterial		Datum (Alter in Tagen)	Menge mg sk	Mw	Ka	†	×	Befund	Forts.-Nr.	Bemerkungen
		Kulturen	Organe									
1	2	3	4	5	6	7	8	9	10	11	12	13
I	1	Tb-Mischung I. 15′ 70—87°, 30′ bei 87° s. Text		27. 6. 30 (107)	1/2 Röhre in cbcm	**1897**		27	—	+	2	
						1898		46	—	o		
	2		1897 Kn	25. 7. 30		**2341**		—	105	+++	3. 4	Zü Kn (n 59 Tagen ex): +(„Kiel“!)
						2342		—	105	++		
	3		2341 Kn ex	19. 9. 30		159		—	67	+++		
						160		—	67	+++		
II	4	2341 Kn ex E 4 19. 9. 30 — Se 10. 10. — B 2151 1. 11. (s. Anm. S. 278)		14. 11. 30 (13)	10		577	—	150	o		
					10		578	13	—	i		
					10^{-1}		579	—	150	o		
					10^{-3}	571		fehlt		.		
					10^{-3}	572		94	—	+++		

Tabelle 23a.

Gruppe	Lfd. Nr.	Kulturen	Organe	Datum (Alter in Tagen)	Menge mg sk	Mw	Ka	†	×	Befund	Forts.-Nr.	Bemerkungen
I	1	Häm.-Ei 29. 8. 30 s. n. S. Tab. 23, Nr. 35 u. Text		25. 9. 30 (27)	1,0 Aufschwemmung	**203**		13	—	+	2	
						204		11	—	+	3	auch Pneumonie
	2		203 Kn (dir.)	8. 10. 30		428		—	50	o		
						429		—	50	o		
	3		204 Kn (LH)	6. 10. 30		**408**		—	51	+++	5	Zü Mi pos
						409		—	51	+++	4	
	4		409 Mi	26. 11. 30		644		79	—	+++		WI u. Zü versehentlich unterlassen
						645		50	—	+++		
II	5	Mw 480 Mi E 1 26. 11. 30 — (Sa 4700 15. 7. 31, kein Wachstum!) untergesunkenes Stück verimpft		21. 7. 31 (231)	1,0 Aufschwemmung	1945		76	—	o		Kultur zu alt
						1946		—	171	o		

Tabelle 23.

Lfd. Nr.	Datum der Herstellung 1930	„Blutkuchen“ (für Hämatin-Einährboden) aus	Menge	Erhitzung	Datum der Verimpfung 1930	Ergebnis am Meerschweinchen	Bemerkungen
1	23. 5.	Mischblut von 3 tuberk. Meerschweinchen (Blutkuchen)	n. Hohns Vorschrift	n. Hohns Vorschrift	24. 5.	— —	
2					8. 7.	— —	
3					14. 7.	— —	
4	28. 5.	Normal-Menschenblut	Dasselbe	Dasselbe	2. 6.	— —	
5					16. 7.	— —	
6	28. 5.	Mischblut A 3 Pat. aus Grabowsee	Dasselbe	15′ 87°	30. 5.	— —	
7				15′ 87°	10. 7.	— —	
8				30′ 87°	30. 5.	— —	
9				30′ 87°	10. 7.	— —	
10	28. 5.	Mischblut B wie oben aber 4 Pat.	Dasselbe	15′ 87°	30. 5.	i —	
11				15′ 87°	10. 7.	— —	
12				30′ 87°	30. 5.	— —	
13				30′ 87°	10. 7.	— —	
14	28. 5.	Mischblut C wie oben	Dasselbe	15′ 87°	30. 5.	— —	
15				15′ 87°	10. 7.	— —	
16				30′ 87°	30. 5.	i —	
17				30′ 87°	10. 7.	— —	
18	26. 7.	Blut von Pat. WaTbR Liste Nr. 8710	Dasselbe	nicht erhitzt	26. 7.	— —	
19				15′ bis 87°	26. 7.	— —	
20				15′ bei 87° [1] dann nochmal 10′ bei 87°	14. 8.	—	[1] Röhrchen waren nach den ersten 15′ bis 87° noch nicht fest erstarrt.
21	26. 7.	Dasselbe Nr. 8712	Dasselbe	nicht erhitzt	26. 7.	— —	
22				} wie oben	26. 7.	— —	
23					14. 8.	i —	
24	26. 7.	Dasselbe Nr. 8717	Dasselbe	nicht erhitzt	26. 7.	— —	
25				} wie oben	26. 7.	— —	
26					14. 8.	i i	
27	26. 7.	Dasselbe Nr. 8720	Dasselbe	nicht erhitzt	26. 7.	— —	
28				} wie oben	26. 7.	— —	
29					14. 8.	i i	
30	29. 8.	Dasselbe Nr. 8752	Dasselbe	15′ 84—87° 15′ bei 87°	29. 8.	— —	
31				15′ 84—87° 15′ bei 87°	25. 9.	— —	
32	29. 8.	Dasselbe Nr. 8754	Dasselbe	15′ 84—87° 15′ bei 87°	29. 8.	— —	
33				15′ 84—87°, 1 Röhrchen [1] 30′ 87° 1 Röhrchen nacherhitzt	25. 9.	i —	[1] Röhrchen, weil bei der 1. Erhitzung (Ser. I) nicht erstarrt, zum zweitenmal erhitzt (Ser. II).

Tabelle 23 (Fortsetzung).

Lfd. Nr.	Datum der Herstellung 1930	„Blutkuchen" (für Hämatin-Einährboden aus	Menge	Erhitzung	Datum der Verimpfung 1930	Ergebnis am Meerschweinchen	Bemerkungen
34	29. 8.	Dasselbe Nr. 8756	n. Hohns Vorschrift	15′ 84—87⁰ 36′ 87⁰	28. 8.	— — i[2]	
35				2 Röhrchen nach-erhitzt!![1]	25. 9.	i	[1] s. Bemerkung bei 33. [2] s. Tabelle 23a (S. 275) und Text!
36	29. 8.	Dasselbe Nr. 8760	Dasselbe	entsprechend wie oben	29. 8.	— —	
37				2 Röhrchen nacherhitzt[1]	25. 9.	— —	[1] s. bei 33.
38	29. 8.	Dasselbe Nr. 8777	Dasselbe	1 Röhrchen Serie I	29. 8.	— — i[2]	[1] s. bei 33.
39				1 Röhrchen S. I[1] „ S. II	25. 9.	i	[2] WI Kn auf 2 Mw negativ.
40	29. 8.	Dasselbe Nr. 8758	Dasselbe	5′ bis 87⁰	29. 8.	— —	
41		+ Mtb. Reinkultur		25′ bei 87⁰	25. 9.	— —	
42	29. 8.	Dasselbe Nr. 8768 wie oben	„	5′ bis 87⁰ 25′ bei 87⁰	29. 8.	— —	
43					25. 9.	i[1] —	[1] WI Kn auf 2 Mw negativ.
44	29. 8.	Nr. 8770	„	5′ bis 87⁰	29. 8.	— —	
45		Nr. 8770		25′ bei 87⁰	25. 9.	— —	
46	2. 6.	Blutkuchen Spondylitisfall I	Dasselbe	15′ 87⁰	2. 6.	i —	
47					10. 7.	— —	
48			„	30′ 87⁰	2. 6.	i —	
49			„		10. 7.	— —	
50	29. 8.	Blutkuchen Spondylitisfall II	Dasselbe	5′ bis 87⁰	29. 8.	— —	
51				25′ bei 87⁰	25. 9.	— i[1]	[1] WI Kn auf 2 Mw negativ.

Alle die eben geschilderten Einzelheiten lassen die Möglichkeit zu, daß von der Impf- (Einstich-) stelle aus eine sekundäre Infektion, also eine sog. Spontaninfektion eingetreten ist.

Für die Annahme einer Spontaninfektion sprechen folgende Umstände:

1. Sowohl die beiden mit dem Inhalt eines die 10fache Menge der gleichen Tuberkelbazillen enthaltenden Einährbodens gespritzten Meerschweinchen zu Nr. 19, Meerschweinchen 1895 und 1896, als das 19 Tage später (!) gestorbene Paralleltier 1898 waren frei von tuberkulösen Erscheinungen.

2. Die zu den Nr. 19—21 gehörigen Eiröhrchen waren länger erhitzt, als die mit den gleichen Tuberkelbazillen versetzten Eiröhrchen zu den Nr. 13—18 (s. Spalte 5), aber alle zu Nr. 13—18 gehörigen Tiere ergaben negativen Befund.

3. Da BCG-Stämme bei den Versuchen zu Tabelle 22, Nr. 13—19 nicht im Spiel waren, müßten sich in dem einen Meerschweinchen 1897 entweder Bazillen des bovinen Stammes 211c oder des humanen Stammes 181a in den „Kiel"-Typus umgewandelt haben. Für eine solche Umwandlung haben wir, wie schon erwähnt, unter unserer außergewöhnlich großen Zahl von Tierversuchen keinerlei Anhaltspunkte. Wir fassen also, obwohl wir bis vor der Feststellungsmöglichkeit der Kiel-Gruppe anderer Ansicht waren, Meerschweinchen 1897 als ein weiteres Beispiel von nachgewiesener Spontaninfektion auf.

Wir werden darin bestärkt durch die als Anhang zu den „Erhitzungsbefunden" mitgeteilten Ergebnisse der Temperaturmessung im Erstarrungsschrank (s. Anhang zu Abschnitt X, S. 279).

Aber selbst wenn man sich unserer Deutung als Spontaninfektion nicht anschließen wollte, so könnte der Befund von Meerschweinchen 1897 usw. nur als Beweis für die Umwandlung eines bovinen oder humanen Tuberkelbazillenstammes, aber nicht von BCG im Meerschweinchenkörper, noch dazu in der Zeit von etwa 3 Wochen (!!) angesehen werden, und nicht durch bloße Züchtung unter bestimmten Bedingungen. Damit entfällt die Möglichkeit der Verwertung für die Aufklärung des Lübecker Ereignisses[1]!

B. Der andere überraschende Fall betrifft 2 Meerschweinchen 203 und 204 (Tabelle 23, Nr. 35), die am 25. 9. 30 mit Hämatineinährböden geimpft waren, zu dessen Herstellung das Blut einer tuberkulösen Patientin mit stark positiver Tuberkulosereaktion nach Wassermann verwendet war (s. Tabelle 23a, S. 275).

Beide Meerschweinchen 203 und 204 starben nach 13 und 11 Tagen. Sie hatten beide bohnengroße rechte Kniefaltenlymphknoten, bei 203 nicht verkäst, bei 204 verkäst — beide im Ziehl-Ausstrich negativ (!) —, Meerschweinchen 204 daneben hämorrhagische Pneumonie. Die direkte Weiterimpfung des rechten Kniefaltenlymphknotens von Meerschweinchen 203 auf 2 Meerschweinchen verlief negativ. Dagegen wiesen die beiden mit dem vorher der Säurebehandlung nach Löwenstein-Hohn unterworfenen rechten Kniefaltenlymphknoten des Meerschweinchens 204 geimpften Meerschweinchen 408 und 409 bei der Tötung nach 51 Tagen generalisierte Tuberkulose auf (s. Tabelle 23a, Nr. 3).

Daß die Weiterimpfung des Kniefaltenlymphknotens des Meerschweinchens 203 (des Paralleltieres zu Meerschweinchen 204) keine Tuberkulose hervorrief, erklärt sich vielleicht dadurch, daß er vor der Verimpfung nicht der Säurebehandlung, die nach vielfältigen eigenen Erfahrungen einen Wachstums- oder Vermehrungsreiz auf die Tuberkelbazillen ausübt[2], unterworfen war.

Aus dem Fehlen von säurefesten Bazillen im Ziehl-Präparat und von Verkäsung bei Meerschweinchen 203 kann geschlossen werden, daß bei ihm der Krankheitsprozeß, wenn es sich nicht überhaupt um eine rein unspezifische Drüsenschwellung gehandelt hat — Tod 13 Tage nach der Impfung! —, weniger intensiv war als bei Meerschweinchen 204, wo die beginnende Verkäsung auf einen Zerfall durch die Wirkung eines spezifischen Erregers hindeutet.

---

[1] Die Kultur aus Kniefaltenlymphknoten Meerschweinchen 2341 hat uns zur Zeit der ersten systematischen Beobachtungen über die Vergrünung von Sauton-Nährböden sehr hemmend im Wege gestanden, weil wir damals noch nicht an eine Spontaninfektion dachten und hier einen nicht zum Lübecker Material in engerem Sinn gehörigen „Grünstamm" vor uns hatten (s. S. 290).

[2] So war z. B. der direkte Züchtungsversuch aus dem exstirpierten Kniefaltenlymphknoten des Meerschweinchens 2341 (s. Tabelle 22a, Nr. 4) negativ, die Züchtung nach dem Löwenstein-Hohn-Verfahren aber positiv.

Die Organverimpfung von Meerschweinchen 409 ergab erklärlicherweise wiederum hohe Virulenz. Daß es übersehen wurde, auch aus einem der beiden Meerschweinchen 644 und 645 Kulturen anzulegen, ist um so bedauerlicher, als auch die aus der Milz 408 gezüchtete Kultur, die bei der Überfülle von Arbeit damals etwas in Vergessenheit geraten war, beim Versuch der Weiterübertragung auf Sauton-Nährboden und auch beim Versuch der Verimpfung auf Meerschweinchen nicht mehr „anging". Sie war damals schon 231 Tage, also 8 Monate alt.

So ist eine Aufklärung über die Art der zutage getretenen Tuberkelbazillen nicht mehr zu erbringen.

Damit ist auch die Möglichkeit einer kritischen Betrachtung über das Zustandekommen des überraschenden Befundes genommen (s. hierzu S. 280).

Es kann nur soviel gesagt werden, daß es sich bei ihm um einen besonderen Ausnahmefall handelt, weil, wie Tabelle 23 ergibt, alle anderen mit Blutkuchen angestellten Versuche zu negativen Ergebnissen geführt haben.

Dazu kommt, daß die Verimpfung des mit dem gleichen Blute hergestellten, aber kürzer erhitzten Hämatineinährbodens auf 2 Tiere ebenfalls negativ ausfiel (s. Tabelle 23, Nr. 34).

Anhang zu Abschnitt X.

Temperaturmessungen während der Erstarrung von Einährböden im Erstarrungsapparat.

Die vereinzelten „positiven" Befunde bei den Ei- und Hämatineiversuchen (s. Abschnitt X) waren erst später, nach der Erkenntnis der „Kiel-Vergrünung" einer Aufklärung zugänglich geworden. Ohne diese Aufklärung mußte immerhin mit der Möglichkeit gerechnet werden, daß ausnahmsweise Tuberkelbazillen, die mit dem gelösten Blut in die Hämatineinährböden kamen, der Abtötung entgingen!

Ja, es tauchte der allerdings nur schwache Verdacht auf, in Lübeck könnten durch Verwendung des Blutes von tuberkulösen Menschen zur Nährbodenherstellung irgendeine Kultur des BCG mit virulenten Bazillen verunreinigt worden sein.

Selbstverständlich war das Überleben von Tuberkelbazillen nicht so aufzufassen, als ob sie tatsächlich eine 15—30 Minuten lange Erhitzung (wie in Tabelle 22, Nr. 20 und 23, Nr. 35) ertrügen, sondern es war zweifelhaft, ob im Erstarrungsapparat die vom Innenthermometer des Kastens angezeigten Temperaturen auch im Innern von Röhrchen erreicht sind.

Um uns einen Einblick in die Temperaturverhältnisse während der Erstarrung zu verschaffen, hat auf unsere Bitte Dr. Heicken mit geeichten Thermoelementen einen Versuch ausgeführt.

In die von unten nach oben gezählten Etagen I—IV wurden je 11 mit flüssiger Einährbodenmasse gefüllte Röhrchen in einer Reihe nebeneinander schräg eingelegt.

Durch die Wattestopfen hindurch wurden in 6 besonders ausgewählte Röhrchen und zwar

bei	in das
Etage I	2. und 10. Röhrchen
„ II	6. „
„ III	6. „
„ IV	2. und 10. „

je 2 Thermoelemente mit Lötstellen eingeführt. Die eine der Lötstellen tauchte in die Nährbodenmasse ein, die andere schwebte frei im Innenraum des Röhrchens. Ferner wurden im Innenraum des Apparates an 3 Stellen, und zwar

über Röhrchen 6 der I. Etage
„ „ 5 „ II. „
und „ „ 6 „ III. „

ein freiliegendes Thermoelement angebracht. Der Apparat wurde ganz wie sonst in Tätigkeit gesetzt und nachdem im Innenthermometer I des Apparates die Temperatur von 87 Grad angezeigt war, noch 20 Minuten im Gang erhalten (entsprechend unseren „positiven" Versuchen).

Die Tabelle 24 bringt die Ergebnisse der thermoelektrischen Messungen im Innern der Nährbodenröhrchen, und im Innenraum des Apparates, ferner die gleichzeitigen Angaben der beiden Quecksilberthermometer I und II. Die Thermoelemente mit den ungeraden Nummern 1—11 lagen in, die mit den geraden Nummern 2—12 außerhalb der Eimasse.

Die Tabelle zeigt, was vorauszusehen war, ganz allgemein, daß die Temperaturen in den Röhrchen und in der Apparatinnenluft beträchtlich hinter den Angaben selbst von Thermometer I zurückstehen. Zwischen Eimasse und Röhrcheninnenluft sind die Unterschiede anfangs groß, später verwischen sie sich in unregelmäßiger Weise.

Von ausschlaggebender Wichtigkeit ist die Feststellung, daß in allen Röhrchen eine Innentemperatur von 64 Grad und darüber mindestens 30 Minuten lang, oft auch länger (s. letzte Spalte) vorhanden war[1]. Es ist nun durch die im Reichsgesundheitsamt ausgeführten Untersuchungen über die Dauerpasteurisierung und auch sonst erwiesen, daß in Milch enthaltene Tuberkelbazillen unter diesen Temperaturen und Zeitbedingungen abgetötet werden.

Dieses Ergebnis des Heickenschen Versuches beweist, daß man ein Überleben von etwa im Blut enthaltenen Tuberkelbazillen nicht zu befürchten braucht. Gleichzeitig ist es eine starke durchgreifende Stütze für unsere Annahme von Spontaninfektion der „positiven" Tiere, auch im ungeklärten Fall von Abschnitt X (s. S. 278/279).

XI. Tierversuch mit künstlichen Mischungen von BCG- und „Kiel"-Bazillen.

Nachdem in Abschnitt VII—IX die Frage der Virulenzsteigerung der BCG-Bazillen und in Abschnitt X nebst Anhang die des Hineingelangens fremder Keime durch Blutzusätze zum Einährboden behandelt worden ist, sei in diesem Abschnitt XI über die Frage einer etwaigen Virulenzabschwächung des virulenten „Kiel"-Stammes durch den Kontakt und die gleichzeitige Verimpfung mit BCG-Bazillen berichtet.

Die Ergebnisse der Impfstoffuntersuchungen (s. Abschnitt II) und die Feststellung, daß in der Kultur Lübeck I D auch „Kiel"-Bazillen enthalten waren, hatten uns nämlich angeregt, zu prüfen, wie sich in künstlichen Mischungen von BCG- und „Kiel"-Bazillen die beiden Stämme verhalten, und was bei Verimpfung solcher Mischungen auf Meerschweinchen eintritt.

---

[1] In Tabelle 24 sind die Temperaturangaben, von denen an gerechnet wurde, fettgedruckt.

Tabelle 24. Zeit-Temperaturmessung (Dr. Heicken) bei der Erstarrung von Einährböden.

Etage	Röhrchen von Heicken	Thermo-elemente	0′	5′	10′	15′	20′	25′	30′	35′	40′	45′	50′	55′	64° u. mehr° also vorhanden während
			0	0	0	0	0	0	0	0	0	0	0	0	
I	2.	1	46	51,5	56	61,5	**64,5**	69	72,5	76	78	79	81	83	⟨35′⟩
		2	44	52,5	57	61,5	**65**	68	72	75	77	79	79,5	81	⟨35′⟩
	10.	3	45,5	52,5	58	**64,5**	67,5	72	74,5	77,5	79	80	81	83,5	⟨40′⟩
		4	45,5	54	58	63,5	**66,5**	70	71	76	78	79	80	82,5	⟨35′⟩
II	6.	5	43	48	51,5	58,5	62,5	**66,5**	70,5	75	77	78	79	82,5	⟨30′⟩
		6	38	46,5	52,5	59,5	62	**66**	69	73	75	76,5	77	79	⟨30′⟩
III	6.	7	42	46,5	52,5	58,5	62	**66,5**	70,5	74	77	78	79	82	⟨30′⟩
		8	39	46,5	52,5	58,5	61	**66**	70,5	73	76	77	78	79	⟨30′⟩
IV	2.	9	46,5	52,5	58,5	63,5	**66,5**	72,5	76	79	81	82	83,5	86	⟨35′⟩
		10	48	54	59,5	**64,5**	68	72	75	79	81	82	82,5	83,5	⟨40′⟩
	10.	11	44,5	51,5	56,5	62	**64**	70	74	77	80	82	82,5	85	⟨35⟩
		12	52	58	61,5	**66,5**	69	72,5	76	79	80	82	82,5	84	⟨40⟩
freiliegend über I		13	52	57	**64**	69	71,5	74	78	79	80	83,5	83,5	84,5	40′
„ II		14	44,5	52,5	57	62,5	**66**	70	73	76	77	80	79	79	35′
„ IV		15	51	57	59,5	**64**	66,8	71,5	74	76	79	80	82	83	40′
Thermometer I „Innenraum“			64°	67°	70°	74°	77°	80°	83°	86°	87°	87°	87°	87°	
Thermometer II im Wassermantel			74°	77°	79°	83°	85°	87°	90°	91°	91°	91°	91°	91°	

Ein derartiger Versuch wurde am 26. 8. 30 angesetzt. Verwendet wurden die Sauton-Kulturen 1544 vom 14. 8. 30 des Stammes BCG „379“ und 1546 vom 14. 8. 30 des Stammes BCG „382“, ferner eine Sauton-Kultur des Stammes „Kiel III“ vom 8. 8. 30.

In einer Aufschwemmungsflüssigkeit der Zusammensetzung 4,0 Glyzerin, 1 g Traubenzucker, Aqua destillata ad 100,0 wurde eine Verreibung von BCG-Bazillen hergestellt, die in 1,0 10 mg enthielt. Hiervon kamen in 9 Fläschchen je 5,0 ccm = 50 mg. Dazu wurden 5,0 ccm von Kiel-Aufschwemmungen mit den fallenden Verdünnungen von 10, 1,0, 10^{-1} bis 10^{-7} mg in 1 ccm gegeben. Es waren also in jedem Fläschchen in 1 ccm der Mischung 5 mg „BCG“ und — fallend — 1,0, 10^{-1} bis 10^{-8} mg „Kiel“ enthalten.

Als Kontrolle für „Kiel“ allein wurden in 9 Fläschchen je 10 ccm der Aufschwemmungsflüssigkeit mit den fallenden Mengen von 10, 1,0, 10^{-1} bis 10^{-7} mg „Kiel“-Bazillen gegeben, so daß auch bei ihnen 1 ccm die fallenden Mengen von 1,0, 10^{-1} bis 10^{-8} mg „Kiel“ enthielt.

Das Verhältnis von „Kiel“ zu BCG betrug also rechnerisch in den 9 Versuchsfläschchen $1:5$, $1:50$, $1:500$ bis $1:5 \times 10^{-8}$ (= 1 : 500 Millionen).

Am Tage der Herstellung, ferner nach 2, 5, 7 und 14 Tagen wurden je 1,0 aus den 9 Versuchs- und den 9 Kontrollfläschchen auf je 2 Meerschweinchen subkutan verimpft.

Die Ergebnisse dieser Verimpfung auf $5 \times 36 = 180$ Meerschweinchen sind in Tabelle 25 zusammengestellt.

Wie immer bei derartigen Versuchen traten durch vorzeitige Todesfälle infolge interkurrenter Erkrankungen Ausfälle ein, doch hielten sie sich in mäßigen Grenzen. Auch die Tierindividualität machte sich bis zu einem gewissen Grade geltend. Erschwert wird die vergleichende Beurteilung durch den Umstand, daß Stärke und Ausdehnung der

Tabelle 25.

„Kiel" mg sk	Reihe I (sofort)						II (nach 2 Tagen)						III (nach 5 Tagen)						IV (nach 7 Tagen)						V (nach 14 Tagen)					
	mit 5 mg BCG			nur Kiel			mit 5 mg BCG			nur Kiel			mit 5 mg BCG			nur Kiel			mit 5 mg BCG			nur Kiel			mit 5 mg BCG			nur Kiel		
	†	×	Bfd.[1]	†	×	Bfd.	†	×	Bfd.	†	×	Bfd.	†	×	Bfd.	†	×	Bfd.	†	×	Bfd.	†	×	Bfd.	†	×	Bfd.	†	×	Bfd.
1	21	.	+—+	26	.	++++	107	.	+s++	109	.	++++	97	.	++++	53	.	o	25	.	+—⊥	14	.	i	18	.	⊥—⊥	158	.	⊥+++
	28	.	++++	42	.	++++	126	.	++++	133	.	++++	167	.	++++	.	242	o	32	.	+—+	98	.	++++	179	.	⊥+++	172	.	++++
10⁻¹	11	.	i	11	.	i	163	.	++++	61	.	++++	7	.	i	139	.	++++	25	.	+—⊥	148	.	++s⊥	26	.	+—	20	.	+—
	11	.	i	125	.	++++	199	.	++++	169	.	++++	154	.	++++	.	242	o	159	.	o faulig	223	.	++++	.	242	—+++	142	.	+—+
10⁻²	131	.	++++	48	.	+—	156	.	⊥—	149	.	++++	106	.	++++	134	.	++++	32	.	⊥—	25	.	+—⊥	84	.	++—	23	.	+—
	195	.	++++	.	242	++++	.	241	++—⊥	193	.	++++	129	.	++++	178	.	++++	160	.	++++	196	.	+++⊥	208	.	++++	191	.	++++
10⁻³	7	.	i	.	242	++++	147	.	+—+	121	.	++++	191	.	++++	139	.	++—⊥	89	.	+—ss	23	.	+—⊥	28	.	o S	18	.	o
	11	.	i	.	242	++++	154	.	+—+	173	.	++++	196	.	++++	146	.	++++	.	242	—+⊥⊥	27	.	o faulig	.	242	—+—⊥	fehlt		.
10⁻⁴	125	.	+—⊥	179	.	—+++	12	.	i (S)	98	.	+—⊥	.	242	o	167	.	+⊥⊥⊥	7	.	i	13	.	i	16	.	⊥—⊥	21	.	o
	159	.	+—	.	242	+—	198	.	+⊥⊥+	.	241	++++	.	242	+—⊥⊥	169	.	++ss	22	.	o	220	.	++++	—	242	o	146	.	⊥++
10⁻⁵	35	.	+—	29	.	o	230	.	++++	129	.	o	.	242	o	169	.	o faulig	.	242	o	16	.	i S	.	242	o	20	.	o
	38	.	+—	145	.	+⊥+	.	241	o	.	241	o	.	242	o	205	.	++++	.	242	o	117	.	o	.	242	o	834 (!)	.	o
10⁻⁶	22	.	+—⊥	30	.	o	201	.	o		241	o	78	.	⊥—	.	242	o	28	.	+—	20	.	i	18	.	o	114	.	o
	.	242	o	.	242	++++	.	241	o	.	241	o	128	.	o	fehlt		.	155	.	o	25	.	i	21	.	⊥—	186	.	o
10⁻⁷	7	.	i	7	.	i	147	.	o	35	.	o	85	.	⊥—	132	.	o	20	.	⊥—	131	.	o	21	.	+—	21	.	o
	38	.	+—	22	.	i	149	.	o	.	241	o	.	242	o	176	.	o	27	.	+—	194	.	++++	.	242	o	25	.	o
10⁻⁸	11	.	i	161	.	o	137	.	o	.	241	o	.	242	o	135	.	o	4		i	32	.	o	25	.	⊥—	25	.	o
	,	242	o	.	242	o	143	.	o	.	241	o	.	242	o	.	242	o	.	242	o	135	.	o	.	242	o	238	.	+++

[1] In den Spalten: Bfd. (Befund) bedeutet ++++ starke Tuberkulose von KnLyKn, Lunge, Leber und Milz.
+—+ „ „ „ „ und Milz.
+— „ „ „ „
⊥—⊥ schwache „ „ „ und Milz usw.
+—ss starke „ „ „ , Seuche von Leber und Milz.
i vorzeitig gestorben.
o frei von tuberkulösen Veränderungen.
S Seuche.

tuberkulösen Veränderungen weitgehend von der Lebensdauer des Tieres nach der Impfung abhängen.

Sieht man von dem Eingehen auf Einzelheiten ab, lassen sich aus der Tabelle folgende Schlüsse herauslesen:

Mit Ausnahme der Reihe II: Entnahme nach 2 Tagen zeigt sich bei allen anderen 4 Reihen bei den allein verimpften „Kiel“-Bazillen bis zu höheren Verdünnungen herab Virulenz, als bei Mitverimpfung von je 5 mg BCG-Bazillen.

In Tabelle 25a sind die Verhältnisse für den Befund ++++ = Tuberkulose von Lymphknoten, Lunge, Leber und Milz zusammengestellt.

Tabelle 25a.

Reihe	Entnahme nach Tagen	Befund ++++ bis herab zur Verdünnung (mg „Kiel“ in 1,0)		Verdünnung B / Verdünnung A
		A BCG + „Kiel“	B nur „Kiel“	
I	„sofort“	10^{-2}	10^{-6}	$10^{-4} = 1:10000$
II	2 Tage	10^{-5}	10^{-4}	$10^{-1} = 10$
III	5 „	10^{-3}	10^{-5}	$10^{-2} = 1:100$
IV	7 „	10^{-3}	10^{-4} (10^{-7})	$10^{-1} = 1:10$ ($10^{-2} = 1:10000$)
V	14 „	10^{-2}	10^{-4} (10^{-8})	$10^{-2} = 1:100$ ($10^{-6} = 1:10000$)

Die in den Reihen IV und V eingeklammerten Angaben entsprechen Befunden, die sich nicht sinngemäß, d. h. verdünnungsgemäß in die sonstigen einfügen, sondern vereinzelt dastehen, wenn auch für das letzte (10^{-8}) Meerschweinchen des gesamten Versuches durch Verimpfung von Organen und Herauszüchtung von Kulturen die Infektion durch „Kiel“-Bazillen sichergestellt ist.

Worauf der Unterschied zwischen Reihe I und II zurückzuführen ist, ohne sich in reine Spekulationen zu verlieren, nicht zu sagen.

Aus Spalte A der Tabelle 25a ergibt sich für die Reihen II—V, also mit zunehmendem Alter der Aufschwemmungen bei „BCG + Kiel“ eine, wenn auch langsame, so doch stetige Abnahme der Exponenten, d. h. es werden immer größere Mengen „Kiel“ zur Erzeugung einer generalisierten Tuberkulose nötig (Abnahme der Virulenz), während in Spalte B für „Kiel allein“ die Exponenten so gut wie gleichbleiben oder, wenn man die eingeklammerten Zahlen mit heranzieht, ansteigen, d. h. es genügen zur Erzeugung einer generalisierten Tuberkulose die gleichen oder immer geringere Impfdosen (Gleichbleiben oder Zunahme der Virulenz).

Auch hier ist eine Erklärung ohne Heranziehung verwickelter Hypothesen kaum zu geben.

Um auch den Faktor: „Lebensdauer“ in die Erscheinung treten zu lassen, ist die Zusammenstellung Tabelle 25b zusammengestellt worden.

Hier wurden die „Lebensdauern“ in 5 Gruppen: 3 Wochen = 22 Tage, 2, 4, 6 = 61 usw. Tage und etwa 8 Monate (die überlebenden Tiere wurden mit einer Ausnahme [Reihe VI, „nur Kiel“ 10^{-6} mg] nach 241—244 Tagen getötet) zusammengezogen und die letzte Gruppe in gestorbene und getötete Tiere aufgeteilt.

Wenn die Tabelle 25b auch den Unterschied in den niedrigsten noch wirksamen Impfmengen nicht ganz so deutlich in die Erscheinung treten läßt, wie Tabelle 25, so ist aus ihr ein anderer Unterschied zwischen „Kiel + BCG“ und „nur Kiel“ leichter zu entnehmen:

Tabelle 25b.

Reihe (Entnahme)	gestorben bis zu . . Tag	je 5 mg BCG + mg Kiel: 1	10^{-1}	10^{-2}	10^{-3}	10^{-4}	10^{-5}	10^{-6}	10^{-7}	10^{-8}	nur mg Kiel: 1	10^{-1}	10^{-2}	10^{-3}	10^{-4}	10^{-5}	10^{-6}	10^{-7}	10^{-8}
I (sofort)	22.	.	i		i				i	i		i						i	
		+—⊥	i		i													i	
	61.						+—	+—	+—		++++		+—			o	o		
		++++					+—				++++								
	122.			++++											—+++				
	184.					+—⊥						++++				+⊥+			o
						+—													
	240.			++++															
	×242.						o	o		o			++++	++++	+—		++++		o
														++++					
II (nach 2 Tagen)	22.					i													
	61.											++++							
														++++					
	122.	+s++									++++				+—+				
	184.	++++	++++	+—	+—+				o	o		++++	++++	++++		o		o	
					+—+				o	o									
	240.		++++			+⊥⊥+	++++	o			++++		++++						
	×241.			++—+			o	o							++++	o	o	o	o
																	o		o
III (nach 5 Tagen)	22.		i														(1 Mw fehlt)		
	61.	++++		++++							o								
	122.			++++				+—	⊥—										
	184.	++++	++++					o				++++	++++	++⊥	+⊥⊥⊥	o faulig		o	o
													++++	++++	++ss—			o	
	241.				++++											++++			
					++++														
	×242.					o	o		o	o	o	o					o		o
						—⊥⊥⊥	o			o									
IV (nach 7 Tagen)	22.					i			⊥—	i	i			+—⊥	i	i	i		
						o								o faulig					
	61.	+—+	+—⊥	+—				+—	+—				+—⊥					o	o
		+—+																	
	122.				+ss—						++++								
	184.		o faulig	++++				o				+⊥—⊥ s				o		o	o
	241.											++++	++++		++++			⊥+++	
	×242.				—+⊥⊥		o			o									
							o												
V (nach 14 Tagen)	22.	⊥—⊥				⊥—⊥		i	+—			+—		o	o	o		o	
								⊥—⊥	WI o					(1 Mw fehlt!)					
	61.		+—		o S					⊥—			+—					o	o
	122.			+⊥—													o		
	184.	⊥+++									++++	+—+			++++				
											++++								
	243.			++++									++++				o		—+++
	×244.		—+++		—+—+	o	o		o	o						o			
							o									† 834			

Zeichenerklärung siehe bei Tabelle 25.

Bei den „BCG + Kiel“-Tieren haben wir, soweit sie vor Ablauf von 3 Monaten zur Sektion kamen, sehr häufig auch bei den Tieren sehr niedriger „Kiel“-Konzentration (10^{-5} bis 10^{-7} bzw. 10^{-8} mg) Veränderungen nur in den Kniefaltenlymphknoten. Eine Parallele für diese Erscheinung fehlt bei den „nur Kiel“-Tieren völlig.

Diese Veränderungen sind aber nicht auf „Kiel“, sondern nur auf die jedem Tier der „Kiel + BCG“-Abteilung einverleibten 5 mg „BCG“ zurückzuführen. Daß sie sich bei längerer Lebensdauer wieder zurückgebildet hätten, geht daraus hervor, daß sie bei den später gestorbenen Tieren auch dieser Abteilung fehlen.

Außerdem haben wir auch durch den negativen Ausfall der Weiterimpfung von Kniefaltenlymphknoten eines solchen Tieres den direkten Beweis erhalten, daß nur BCG die Ursache der Lymphknotenveränderungen war.

Ein Befund, nämlich das Freibleiben der zu Reihe III (Entnahme nach 5 Tagen) gehörigen Tiere, die 1 mg Kiel allein erhalten hatten, fällt so völlig aus dem Rahmen, daß eine Erklärung nicht zu finden ist.

Jedenfalls hat der Mischversuch mit aller Deutlichkeit das eine ergeben, daß die gleichzeitige Verimpfung von „viel BCG“ mit „wenig Kiel“ die Wirkung dieser „wenigen“ Kiel-Bazillen stark herabsetzt.

Dieses Ergebnis darf vielleicht außer für die Tierexperimente mit den Lübecker „BCG“-Kulturen auch für die klinische Auswirkung solcher verunreinigter Impfstoffe, die neben viel „BCG“ nur wenig „Kiel“ enthielten, eine Bedeutung beanspruchen (s. a. Beitrag Moegling: „Epidemiologie“, S. 24).

XII. Versuche zur Identitätsfrage der aus den Organen der Lübecker Säuglinge und bei den Untersuchungen der Lübecker Kulturen und Impfstoffreste gewonnenen virulenten Stämme mit dem Stamm „Kiel“.

Nach dem Ergebnis der vielgestaltigen Versuche namentlich der Abschnitte VII bis X mußte die Annahme einer spontanen Virulenzsteigerung auf kulturellem Wege, einer Abspaltung virulenter Keime, eines Virulentwerdens im Kinderkörper, eines Hineingelangens fremder virulenter Tuberkelbazillen durch den Blutzusatz zu Hämatin-Einährböden abgelehnt werden. Es blieb nur noch die Annahme übrig, daß virulente Tuberkelbazillen in die Kulturen durch ein unerkanntes Versehen beim Arbeiten hineingelangt seien.

Da in der in Betracht kommenden Zeit im Laboratorium Professor Deyckes nur der Stamm „Kiel“ bzw. „Werner“ (s. S. 227, Anm.) vorhanden war, kann ein solches Versehen nur mit ihm erfolgt sein.

Wir haben uns auf die verschiedenste Weise bemüht, einen Anhalt dafür zu bekommen, daß die als Beimengung in den Kulturen oder Impfstoffen gefundenen virulenten Tuberkelbazillen, vor allem aber die aus den Organstückchen der gestorbenen Kinder gezüchteten Stämme mit dem Stamm „Kiel“ identisch und von zum Vergleich herangezogenen anderen humanen Tuberkelbazillenstämmen unterscheidbar seien.

Im folgenden wollen wir die hierher gehörigen zahlreichen Versuche, soweit sie ergebnislos waren, in einem Unterabschnitt A nur äußerst kursorisch anführen, um uns im Unterabschnitt B mit den aufgefundenen verwertbaren Trennungsmerkmalen, vor allem der „Vergrünung“ von Sauton-Nährböden, um so eingehender zu befassen.

A. Versuche mit negativem Ergebnis.

Die morphologische Prüfung auf Größe und Form ließ nur einen Unterschied zwischen „Kiel" und Kinderstämmen einerseits und den BCG-Bazillen andererseits erkennen.

Auf Ei- und Sauton-Nährboden waren die Einzelstäbchen der BCG-Bazillen deutlich länger, dünner, gebogen, blasser gefärbt und granuliert; während die aus Lübeck stammenden humanen Tuberkelbazillen aus den „Kiel"-Kulturen und aus den Kinderorganen[1] auffallend kurz, gerade und intensiver gefärbt waren und sich häufig zu festen Klumpen vereinigt fanden.

Aber auch dieser Unterschied war nicht durchgreifend und vor allem ermöglichte er für sich allein keine Abtrennung von anderen humanen Tuberkelbazillen, die allerdings meist etwas länger sind.

Ergebnislos war die Anwendung einer modifizierten Gramfärbung (starke Färbung unter Erhitzung, Weglassung von Lugol, kürzeste Differenzierung mit Salzsäurealkohol).

Ohne Erfolg wurde die sog. Kochfestigkeit nach Preis[2] geprüft.

Von verschiedensten gebräuchlichen Nährboden wie Z-Nährboden Hohn, Petragnani, Blutkuchenbouillon wurde erfolglos Gebrauch gemacht.

Von untersuchten Farbzusätzen zu Nährböden seien kurz genannt: Gentianviolett, Fuchsin, Azolithmin und Neutralrot (s. auch S. 288).

Hierher gehören auch Versuche mit Verwendung des Endoprinzips, ohne und mit Zusatz von Milchzucker. Diese Zusätze wurden sowohl zum flüssigen Sauton-Nährboden als zu Sauton-Agar (Sauton-Lösung an Stelle der Bouillon) gemacht.

Zu verschiedenen Einährböden wurde Galle in verschiedener Menge zugesetzt, zu Sauton-Agar Extrakte verschiedener Stämme und die Filtrate von verschiedenen Kulturen.

Das Prinzip gegenseitiger Wachstumsbeeinflussung wurde durch Zusätze von dichten abgetöteten Bazillenaufschwemmungen, sowie durch strich- und kreuzweise Beimpfung von Platten herangezogen.

Die Umsetzung verschiedener Zuckerarten wurde geprüft. Filtrate bewachsener Kulturen wurden aufgekocht und hierbei auf die Trübung geachtet (anfänglich vielversprechend!); Filtrate wurden auch nach dem Trommer-Prinzip auf reduzierende Substanzen untersucht.

Weitere Reihen galten der Prüfung der Lebensfähigkeit (Haltbarkeit) in Glyzerintraubenzuckerlösung (vgl. auch Abschnitt XI).

Wir zogen auch physikalische Untersuchungsverfahren heran: spektroskopische, refraktometrische Untersuchungen, ferner die Senkungsgeschwindigkeit von in Kochsalzlösung verschiedener Konzentration aufgeschwemmten Bazillen der einzelnen Stämme.

Alle diese unsere Bemühungen blieben, wie erwähnt, ohne Erfolg.

Schließlich wurden, ebenfalls erfolglos, Vergleiche der aus den verschiedenen Stämmen hergestellten Antigene im Komplementbindungsversuch an den gleichen Seren vorgenommen.

Zu den verschiedenartigsten, miteinander in keiner Weise übereinstimmenden Ergebnissen führten ferner unsere umfangreichen Versuche einer Differenzierung mittelst der Intrakutanreaktion. An normalen Kaninchen wurden 20 verschiedene Stämme

[1] Selbstverständlich mit Ausnahme der Organe der Kinder „Hu" (139) und „Ru" (201).

[2] Preis: Wien. klin. Wschr. **1922 I**, 841.

zum Teil in der gleichen, zum Teil in fallenden Dosen geprüft — immer mehrere am gleichen Tier —, desgleichen 16 Stämme an tuberkulös-infizierten Kaninchen.

Auch an normalen wie an vorinfizierten Meerschweinchen wurden entsprechende Versuche gemacht.

Zu verwertbaren Ergebnissen gelangten wir nicht, weshalb wir von der Wiedergabe der komplizierten Einzelheiten absehen.

Einen gewissen Übergang zu den verwertbaren Trennungsmerkmalen bildet die Betrachtung der Virulenzfrage.

Prof. Bruno Lange äußerte sich schon 1930 dahin, daß er in der schwachen Virulenz sowohl der Kultur „Kiel" wie der von ihm aus Organstückchen gewonnenen Stämme „Ho I" und „Sä" (Nr. 34 und 30 der Lübecker Liste) einen Hinweis auf die Identität dieser Stämme zu erblicken geneigt sei.

Wenn außer Bruno Lange auch Tiedemann und Hübener[1] die Virulenz des Kiel-Stammes für Meerschweinchen als herabgesetzt bezeichnen, so haben wir uns davon überzeugen müssen, daß die Virulenz doch sehr schwankend war.

Bei 14 von den 28 von uns untersuchten an den Folgen der Einverleibung von „Kiel"-Bazillen gestorbenen Kindern sind bei der quantitativen Prüfung der isolierten Kulturen an Meerschweinchen die Tiere gestorben (und nicht getötet worden). So in
1 Fall, bei Kind „Lei" (65) alle 8, in
1 Fall, bei Kind „N" (125) 6 von 8 Tieren,
2mal je 4 zum jeweils gleichen Kind zugehörige Tiere, usw.
bis zu 4mal nur je 1 Tier.

Im ganzen verfügen wir über 41 gestorbene Meerschweinchen von 209 im ganzen mit Kinderstämmen quantitativ infizierten Tieren).

Teilt man diese 41 Meerschweinchen nach Infektionsdosis, Lebensdauer und Ausdehnung der vorgefundenen Tuberkulose auf, so ergibt sich Tabelle 26.

Tabelle 26. Tuberkulosebefund.

mg sk	+				++				+++			
	Zahl der im . ten Monat gestorbenen Meerschweinchen											
	1	2	3	4	1	2	3	4	1	2	3	4
2	2	2	.	.	2	.	.	.	1	3	1	2
10^{-1}	.	1	.	.	.	2	.	.	1	4	4	1
10^{-3}	1	1	.	.	.	2	.	.	1	1	2	.
10^{-6}	.	.	.	.	.	.	.	.	.	3	2	2
	7				6				28			
	41											

Aus ihr ist, ohne auf anderes näher einzugehen, zu ersehen, daß fast $^3/_4$ dieser 41 Tiere einer generalisierten Tuberkulose erlagen.

Bei der Prüfung der 3 Lübecker „Kiel"-Kulturen befand sich mit Ausnahme der 1. Prüfung von „Kiel" II (s. oben S. 227) bei jeder von ihnen unter den mit 10^{-1} infizierten Tieren mindestens eines, das nach 67 bis 71 Tagen eine generalisierte Tuberkulose aufwies. Die mit 10^{-3} und 10^{-6} mg geimpften Tiere wiesen fast alle bei der Tötung, die bei I und III nach 70—81 Tagen, bei II nach 95 und 100 Tagen vorgenommen wurde, generalisierte Tuberkulose auf. Die Virulenz war also auch bei den Lübecker „Kiel"-Kulturen und ihren Nährbodenabimpfungen nicht als abnorm niedrig anzusehen.

Vor allem kann man nach unseren Beobachtungen doch wohl kaum von einer abgeschwächten Virulenz als ständiger und damit kennzeichnender Eigenschaft für „Kiel" einerseits und die „Kinder-Stämme" andererseits sprechen.

[1] Tiedemann u. Hübener: Beitr. Klin. Tbk. 78, 520 (1931).

Im Kaninchenversuch erwiesen sich so gut wie alle „Kinderstämme" als völlig avirulent. Lungenherde in mäßiger Zahl und Ausdehnung wurden nur bei vereinzelten Kinderstämmen und hier fast ausnahmslos nur bei intravenöser Infektion angetroffen.

Den „stärksten" Befund, der aber noch in den Rahmen des humanen Typus gehört, lieferte ein nach 30 Tagen gestorbenes, intravenös mit 18tägiger Bouillon-Kultur geimpftes Kaninchen zu Kind „Pa" (126). Eine später untersuchte, vom gleichen Kind stammende Sauton-Kultur, die allerdings 89 Tage alt war, rief bei intravenöser Impfung bei 2 anderen Kaninchen (+ 77, × 112) überhaupt keinerlei Krankheitserscheinungen hervor.

Von den 3 aus Lübeck mitgebrachten „Kiel"-Kulturen löste nur Kiel II einige Lungenherde aus; die aus Impfstoffrest 25 gewonnene Kiel-Kultur war für das Kaninchen völlig avirulent.

Nach unseren Beobachtungen an Kaninchen konnten wir uns also nicht von einer besonderen Eigenart der Kiel-Stämme aus Lübeck und aus den Kinderleichen überzeugen.

Der Vergleich von Meerschweinchen- und Kaninchenvirulenz ordnet die Kiel-Kulturen unbedingt dem Typus humanus zu.

Wieweit man nach der im großen und ganzen übereinstimmenden Virulenz der beiden Gruppen von Kiel-Kulturen auf ihre Identität schließen darf, möchten wir dahin gestellt sein lassen. Uns scheint die festgestellte Virulenz angesichts der weiten Spanne von Virulenz der Tuberkelbazillenstämme überhaupt keine genügende Eigenart oder Abweichung vom sonst üblichen darzubieten. Immerhin können die gleichwertigen Virulenzbefunde als unterstützendes Beweismaterial für die auf andere Weise festgestellte Identität betrachtet werden.

B. Versuche mit verwertbarem Ergebnis.

Von den verschiedenen modifizierten Nährböden, die zum Nachweis einer Identität der Lübecker Kinderstämme und „Kiel" geprüft wurden, hat sich nur ein einziger als einigermaßen brauchbar erwiesen, der aber nur eine Abänderung des Sauton-Nährbodens darstellt.

Es handelt sich um einen Sauton-Nährboden, dem entsprechend dem polytropen Nährboden von L. Lange gleichzeitig Neutralrotlösung (6 ccm einer 1‰ Lösung in Aqua destillata) und Azolithminlösung (5 ccm einer 1% Lösung auf 1 l) zugesetzt waren. Dieser ergab eine Trennung aller geprüften 40 „Kiel"-Stämme einerseits und der 42 geprüften „Nicht-Kiel"-Stämme (human, bovin und BCG) andererseits.

Das Kennzeichnende für die Kiel-Stämme war das Auftreten blumenkohlartiger Verdickungen auf dem Oberflächenbelag und zwar mit oder ohne Aufhellung der Flüssigkeit, während die „anderen" Stämme entweder in dicker faltiger oder in zarter Oberflächenhaut mit oder ohne Aufhellung wuchsen.

Wir fassen die Beobachtung an diesem Nährboden nur als eine „Stütze" für die „Kiel"-Identität auf[1].

Bei den überaus zahlreichen Kulturen auf Sauton-Nährböden fiel immer mehr eine Eigenschaft der Wachstumsform auf, die sich nur bei den Kiel-Stämmen und den aus

[1] Bei einer jüngst vorgenommenen Wiederholung konnten wir die blumenkohlartigen Wucherungen nicht mehr feststellen. Die oben geschilderte Reihe behält trotzdem ihren unterstützenden Wert, da sie voll eindeutig ausgefallen war.

Lübecker Material im weitesten Sinne gewonnenen virulenten Kulturen[1], nicht aber bei allen „sonstigen“ Stämmen zeigte[2]. Diese Eigenart besteht darin, daß die Bazillen in dicken zusammengeballten klumpigen Massen wachsen, die sich bis weit in die Tiefe der Flüssigkeit herab erstrecken (s. Abb. 1—6). Wenn diese charakteristische klumpig

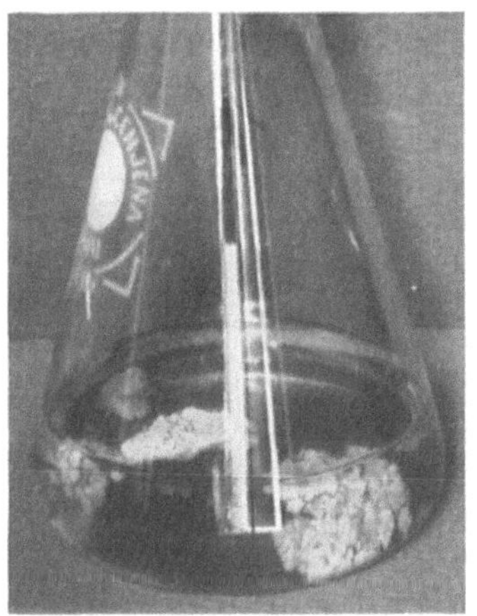

Abb. 1. Stamm „Kiel III“.

Abb. 2. „Kiel“ aus Impfstoffrest 25.

Abb. 3. „Kiel“ aus Meningen. Kind „Ta“ (209).

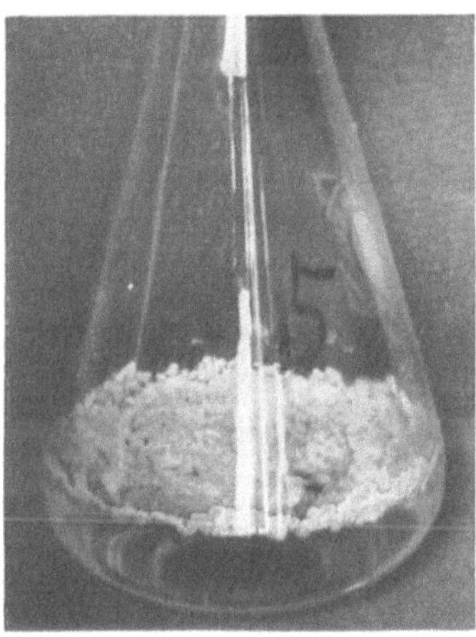

Abb. 4. BCG aus MesLyKn. Kind „Ru“ (201).

Abb. 5. „Kiel“ aus MesLyKn. Kind „Hu“ (139). (Mw 552.)

Abb. 6. Typus humanus aus Mandrill 3.

Abb. 1—6 sind Sauton-Kulturen vom 22. 7. 31, aufgenommen (Dr. Heicken) am 27. 8. 31 (nur Abb. 6 am 25. 8. 31).

zusammengeballte Wuchsform auch nicht bei jeder einzelnen Sauton-Kultur in voller Ausbildung auftrat, und gerade auch in den letzten Monaten überhaupt seltener in die Erscheinung trat, so haben sie doch alle Stämme der „Kielgruppe“ mehrmals aufgewiesen.

1. Die „Vergrünung“.

Als ein konstantes Zugehörigkeits- und Erkennungsmerkmal für die „Kielgruppe“ hat sich die Vergrünung der Sauton-Kulturen herausgestellt.

[1] Selbstverständlich mit Ausnahme der auf Spontaninfektion beruhenden bovinen Stämme.

[2] Die einzigen Ausnahmen bildeten ein humaner Stamm „Zie“ und ganz selten einmal ein BCG-Stamm. Aber auch bei ihnen trat das Tiefenwachstum erst dann ein, wenn die Oberfläche schon ganz überwachsen war, während die „Kiel“-Stämme von vornherein diese Wuchsform aufweisen.

Die ersten hierhergehörigen Beobachtungen wurden schon im Herbst 1930 gemacht, da aber auch (vgl. Anmerkung S. 278) ein zunächst als „Nicht-Kiel-Stamm" angesehener Stamm (exstirpierter Kniefaltenlymphknoten Meerschweinchen 2341, isoliert am 19. 9. 30) vergrünte", trugen wir lange Bedenken, der Vergrünung ihre grundsätzliche Bedeutung zuzuerkennen.

Erst ein Ende Juli 1931 ausgeführter blinder Versuch ließ diese Bedenken fallen: Von einer technischen Assistentin wurden unter Decknummern 30 Sauton-Kolben mit verschiedenen Tuberkelbazillenstämmen aus dem Lübecker Material und sonst beimpft. Wir waren imstande, nach 4 Wochen ohne Ausnahme die 16 Stämme, die zur „Kiel"-Gruppe gehörten, von den 14 anderen Stämmen zu unterscheiden. Damit war die Grünfärbung als kennzeichnendes Merkmal festgestellt, ebenso aber auch die Identität höchst wahrscheinlich gemacht.

Die folgenden Ausführungen befassen sich nun ausschließlich mit der Grünfärbung oder „Vergrünung". Der Übersicht halber sind sie in die Untergruppen a—d geteilt.

a) Die Erscheinung und Erkennung der Vergrünung.

Ein leichter Grünstich tritt schon verhältnismäßig früh, nach 5—10 Tagen[1] Bebrütung auf, ehe der Belag voll ausgebildet ist, so daß sich schon zu diesem Zeitpunkt die spätere Grünfärbung ankündigt. Das kennzeichnende für diese ist eine intensiv leuchtende Grünfärbung mit leichter Fluoreszenz; der auch sonst mehr weniger deutlichen Gelbfärbung ist ein Stich ins Blaue beigemengt, wodurch es eben zur Gesamtfarbe „Grün" kommt. Diese Färbung tritt in voller Ausbildung selbstverständlich nur in gut bewachsenen Kulturen auf. Bei solchen erreicht sie in der 2.—4. Woche nach Beimpfung den stärksten Grad.

Später werden auch die Kiel-Kulturen wieder mehr braungrün, und auch die ganz alten „Nicht-Kiel"-Stämme können eine mehr gelbgrüne Färbung aufweisen.

Zu einem solchen späteren Zeitpunkt bedarf es vielleicht eines empfindlichen Farbensinnes und einer gewissen Übung, um die Unterschiede wahrzunehmen.

In dieser Annäherung der Färbungen, besonders bei zu alten Kulturen dürfen wir wohl den Grund dafür erblicken, daß einige Nachprüfer[2, 3, 4] unsere Beobachtungen nicht bestätigen konnten.

In dieser Beziehung ist gerade folgendes sehr bedeutungsvoll: Der leider inzwischen verstorbene Prof. R. Kraus[5] in Santiago (Chile), auch ein „Gegner der Grünfärbung", sandte uns ein Farbenblatt, auf dem er mit künstlichen Farben die Färbung der Sautonkulturen von 6 verschiedenen Stämmen wiedergegeben hatte. Diese Darstellung, die zu unserer Widerlegung dienen sollte, ist aber dadurch eine richtige Bestätigung geworden, daß — für uns sofort erkennbar, nur die Kiel-Kultur den kennzeichnenden „Blaugrünstich" zeigt, während alle anderen Färbungen mehr oder weniger gelb bis leicht gelbgrün sind.

Wir haben vielleicht nicht genügend darauf hingewiesen, daß es einzig und allein auf diesen Blaugrünstich, der eben die intensive Grünfärbung bedingt, ankommt, daß

[1] Abhängig von der häufigen Überimpfung und dem raschen Wachstum.
[2] Schubert: Zbl. Bakter. I Orig. **125**, 364 (1932). — Klin. Wschr. **1933 I**, 764.
[3] Lenhartz: Beitr. Klin. Tbk. **83**, 237 (1933). — Klin. Wschr. **1933 I**, 764.
[4] Proca: C. r. Soc. Biol. Paris **114**, 1205 (1933).
[5] Kraus u. Koreff: Z. Tbk. **67**, 42 (1933).

dagegen alle Gelbgrünfärbungen denen der Blaugrünstich fehlt, als im Sinn der „Kiel"-Diagnose negativ aufzufassen sind.

Die Wiedergabe in Farbenphotographie, als objektiver Beleg, stieß auf unerwartet große Schwierigkeiten. Unter vielen vergeblichen Versuchen ist die beigegebene Aufnahme immer noch als die vergleichsweise beste zu bezeichnen. Alle auf ihr abgebildeten — übrigens keineswegs eigens dazu angelegten — Kulturen im selben Sauton-Nährboden sind am selben Tag[1] beimpft worden. Infolge der Notwendigkeit, mehrere Kulturen auf derselben Platte aufzunehmen, weil nur so Belichtung und Behandlung

1 2 3 4 5

Abb. 7. Aufnahme vom 16. 6. 33 (Fr. Brahse). 1 BCG aus Lübeck I, Sa 10633 vom 24. 5. 33. 2 BCG aus Magenspülwässer. Kd. „Hä" (232), Sa 10671 vom 24. 5. 33. 3 „Kiel" II, Sa 10646 vom 24. 5. 33. 4 „Kiel" aus Impfstoffrest „25", Sa 10655 vom 24. 5. 33. 5 „Kiel" aus Sternallymphknoten. Kind „Ki II" (26), Sa. 10711 vom 25. 5. 33.

der farbenphotographischen Platte durchaus gleich sind, mußten die einzelnen Kolben stark verkleinert wiedergegeben werden.

Bei künstlichem elektrischem Licht ist die Diagnose auf Vergrünung nur äußerst schwierig zu stellen.

Um die Vergrünung deutlich zu erkennen und abzutrennen, ist auch nötig, daß die zu vergleichenden Kulturen die gleiche Schichtdicke aufweisen.

b) Künstlich nachgeahmte Vergrünung.

Wir haben uns bemüht, die „Kieler-"Vergrünung in künstlichen Farblösungen nachzuahmen. Unter den verschiedensten Versuchen haben wir die besten Ergebnisse bei folgendem Vorgehen erhalten:

Von einer genau (mit chemischer Waage) hergestellten Lösung kristallisierter Pikrinsäure 1 : 1000 in destilliertem Wasser werden zu genau 100 ccm destilliertem Wasser in den gebräuchlichen 200 ccm Erlmeyer-Kolben 3,0 ccm, ferner 0,25 ccm Lugolscher Lösung (1 g Jod, 2 g Jodkali, 300 ccm Wasser) zugefügt. Dazu kommen, um die spurweise Trübung der echten Kiel-Kolben zu erzielen, ein Zusatz von soviel einer Verreibung von Kolibazillen, (2 Ösen in etwa 2 ccm der gleichen Pikrinsäure-Lugol-Verdünnung) daß eine eben nur bei Vergleich mit der Flüssigkeit ohne Koli-Zusatz erkennbare spurweise Trübung (Opaleszenz) auftritt.

Von dieser fertigen künstlichen „Grünlösung" müssen etwas über 20 ccm herausgegossen werden, so daß die gleiche Menge (etwa 80) im Kolben verbleibt, wie in den vergrünten Kulturen im Sauton-Nährboden.

[1] Kultur zu 5 1 Tag später.

Eine solche kolihaltige Pikrinsäure-Lugol-Lösung gibt, gegen das Licht gehalten, so gut wie vollständig den Farbton gut bewachsener „Kiel"-Stämme wieder. Gegen dunklen Grund ist aber infolge einer Art Fluoreszenz der Kulturen die künstliche Lösung immer noch etwas weniger grün[1].

c) Versuch zahlenmäßiger Festlegung der Vergrünung.

Es lag nahe, die Untersuchung mit dem Michaelis-Komparator, bequemer mit dem Komparator der Firma Hellige-Freiburg, heranzuziehen, um für den Unterschied zwischen „Kiel"-Stämmen und „Nicht-Kiel"-Stämmen Zahlenwerte zu erhalten.

Man darf dabei aber keinesfalls Indikator (Meta- oder Paradinitrophenol) zusetzen, sondern muß unter Ersatz der Blauscheibe durch die Milchglasscheibe einfach mit den Vergleichsröhrchen oder Glasscheiben (Hellige) prüfen, auch ohne die bei Benutzung des Michaelis-Komparators etwa nötige Verdünnung mit Leistungswasser.

Feste, für jeden Einzelfall gültige Zahlen sind nicht zu erhalten, da das Ergebnis immer etwas vom Grad und Dauer des Wachstums abhängt.

Daß man aber bei der Untersuchung von etwa gleichaltrigen Kulturen, die auch für das bloße Auge schon die entsprechenden Unterschiede zeigen, zu sinngemäßen Zahlen kommt, möge nur als Beispiel, die Zusammenstellung in Tabelle 27 zeigen; alle Sauton-Kulturen waren 14 Tage alt.

Tabelle 27.
Zuordnung verschiedener Stämme zu den Vergleichslösungen zu p_H.

	6,8	6,9	7,0	7,1	7,2	7,5
Humane Tb. Stämme	„Schür Mi" „Wa" „Pi" (<6,8) „Sput Gri" (Sa 13561) (<6,8)		„Sput Gri" (Sa 13549)			
„BCG"	Impfstoff 19 Mag. Spülw. Kd. „Hae" (48)	„361"				
Bovin	„Ziege, Cav"					
„Kiel"				„Impfstoff 25"	„Kiel I" „Kiel III" Dr Kd. „Gr" (1) Mes Kd. „Ho I" (34)	„Bl. Niesel"

Die Tabelle zeigt, daß die „Grenze" zwischen 7,0 und 7,1 liegt.

Bei 10 älteren Sauton-Kulturen ergab sich für

	Vergleichs-lösungs-Wert	p_H-Wert
Menschentuberkulose „Schür, Mi"	7,0	5,8
Menschentuberkulose Sputum „Gri"	7,2 !	5,8
Rindertuberkulose „159a"	6,8	7,6
Rindertuberkulose „Ziege, Cav."	7,0	5,6

[1] Mit Fluoreszinverdünnungen, an die zunächst zu denken ist, konnte kein befriedigendes Ergebnis erhalten werden, vor allem nicht bei Durchsicht gegen das Licht.

	Vergleichs-lösungs-Wert	p_H-Wert
„Kiel“ aus Impfstoff „25“	7,2	6,0
„Kiel“ II	7,4	6,0
Kind „Wu“ (26)	7,4	6,2
Drüse Kind „Gr“ (1)	7,5	7,7
„Blut Niesel“	7,5	6,4
Kind „T“ (147)	7,6	7,7

Hier läge die „Grenze“ zwischen „Vergleichslösung“ 7,0 und 7,2, aber Menschentuberkulose „Sputum Gr“ fällt in die „Kiel“-Zone[1].

Wir können also die Prüfung mit der Vergleichsfärbung nach Michaelis nicht als absoluten Maßstab anerkennen.

Dazu kommt, daß künstliche Lösungen mit makroskopisch ganz verschiedenem Farbstich, z. B. grünlichem (Eisenammoniumzitrat) oder bräunlichem (Bismarckbraun), bei dieser Art der Prüfung die gleichen bei „6,8“ liegenden Ergebnisse liefern können[2].

Völlig unbrauchbar zur Trennung ist die eigentliche regelrechte p_H-Bestimmung unter Verdünnung (nur bei Michaelis) und Zusatz von Indikatoren. Zeigen das schon die oben angeführten p_H-Werte, so ergaben sich für die

	p_H-Werte von
Menschentuberkulosestämme der Tabelle 27 . . .	6,8—7,2
BCG-Stämme	7,2—7,7
der Rindertuberkulosestamm „Ziege Cav.“	7,7
„Kiel“-Stämme	7,1—7,7

(Man ersieht daraus auch, daß die von R. Kraus geäußerte Ansicht, die Vergrünung sei nur eine Folge der in den Kulturen erreichten Reaktion, nicht stimmt.)

d) Verhalten im Sonnenlicht.

Die durch „Kiel“ erzeugte Vergrünung verschwindet bei der Einwirkung von Sonnenlicht, wie folgender Versuch zeigt.

Die stark vergrünte Kultur des „Kiel“-Stammes aus Milz Kind „V“ (59) in Sauton 8308 wird in 2 Kolben zu je etwa 35—40 ccm verteilt. Der eine Kolben wird ungeschützt, der andere geschützt in die Sonne gestellt (28. 7. 32). Nach 25 Minuten ist im ungeschützten Kolben der kennzeichnende grüne („Kieler“-)Farbton verschwunden und nur der gelbgrüne, wie ihn auch sonstige humane Tuberkelbazillenstämme hervorrufen, geblieben. Dieser bleibt auch nach 2½stündiger Besonnung bestehen. Die Flüssigkeit im danebenstehenden geschützten Kolben bleibt die ganze Zeit über unverändert. Beide Kolben werden daraufhin ins Dunkle verbracht. Hier kehrt auch nach mehreren Tagen die im belichteten Kolben verschwundene Grünfärbung nicht mehr zurück. Ihr Verlust ist also irreversibel.

Diese Irreversibilität ist deshalb besonders beachtenswert, weil auch die konzentrierte Lösung der für 5 l Sauton nötigen chemischen Bestandteile, die eine leichte, auf das Eisensalz zurückzuführende Grünlichfärbung zeigt, im Sonnenlicht innerhalb 20 bis 25 Minuten vollständig entfärbt wird. Verbringt man aber diese entfärbte Lösung ins Dunkle,

[1] Allerdings steht es gegenüber Drüse Kind „Gr“ (1), mit 7,5, deutlich zurück (s. a. S. 303).

[2] Die im vorangehenden Abschnitt b beschriebene künstlich nachgeahmte, vergrünte Flüssigkeit stimmte mit der Vergleichslösung zu 7,4 überein; sie fügte sich also gut in die Spanne der älteren Kiel-Kulturen in der obigen Zusammenstellung ein.

dann beginnt die leichte Grünlichfärbung schon nach etwa 10 Minuten wieder zurückzukehren. Hier ist also die Schädigung reversibel.

Dunkel aufbewahrte sterile Filtrate vergrünter Kulturen behalten ihre Farbe monatelang[1].

e) Spezifische Bedeutung der Vergrünung.

Wenn die BCG-Stämme sich schon durch ihr charakteristisches, meist sehr rasches, aber so gut wie niemals klumpiges Wachstum und ihre fehlende Virulenz ohne weiteres von der Kiel-Gruppe abtrennen lassen, so weisen sie niemals Vergrünung auf. Wir konnten das an einer großen Zahl von Kulturen 9 verschiedener BCG-Stämme feststellen. Auf einen 10. Stamm, nämlich BCG „374" sind alle diejenigen (avirulenten) aus Lübecker Kulturen, Impfstoffen und Kindern gewonnenen Kulturen zurückzuführen, die ebenfalls auf Sauton-Nährboden stets ohne Vergrünung wuchsen (s. S. 296).

Von weit größerer Wichtigkeit war es für uns, nachzuforschen, ob sich unter den virulenten Tuberkelbazillen, vor allen denen des humanen Typus, außer den „Kiel"-Stämmen vergrünende finden. Das gegenwärtige Gesamtergebnis unserer dahingehenden Nachforschungen ist folgendes:

Der Prüfung auf Vergrünung wurden bis Dezember 1934 im ganzen 137 verschiedene humane, 67 bovine und 9 Hühnertuberkelbazillenstämme unterworfen, außerdem 26 Stämme von saprophytischen „Säurefesten". Es handelte sich um Stämme verschiedenster Herkunft: um ältere Sammlungs- oder um aus anderen Instituten bezogene sowohl als um frisch von uns herausgezüchtete Stämme.

Unter den humanen Stämmen rührten, was besonders zu erwähnen ist, 27 aus Blut, 1 aus Milz und 20 aus Fällen chirurgischer Tuberkulose her; 54mal war Auswurf die Gewinnungsquelle. 18 humane Stämme wurden von uns aus Drüsen und inneren Organen von Affen, meist aus dem Berliner Zoologischen Garten, gezüchtet.

Unter den bovinen Stämmen gehen 33 auf Rinderorgane und auf Kuhmilch, 2 auf Schweine, 1 auf eine Ziege, 2 auf den Menschen (darunter 1 Melker!), 8 auf Affen und 5 auf exotische Säugetiere aus Zoologischen Garten Berlin zurück.

Von über 200 verschiedenen echten Säugetiertuberkulosestämmen haben außer den Kiel-Stämmen nur 4 Vergrünung gezeigt:

1. Der schon 1931 gefundene Stamm „Niesel"
2. ein Stamm „H 13",
3. ein Stamm „Betge" (Sputum) aus dem Institut Robert Koch-Berlin,
4. ein Stamm „Ti Ho" aus der Tierärztlichen Hochschule Berlin, aus dem Auswurf einer Kuh[2] gewonnen.

Alle diese 4 Stämme sind vielmals auf Sauton verimpft worden und haben die Vergrünung stets gezeigt, so „Niesel" mehr als 100mal, darunter 6mal auch Meerschweinchenpassagen (2 Stämme), „H 13" 37mal, „Betge" 35mal und „Ti Ho" 41mal.

[1] Auf den Chemismus der Vergrünung soll, da die Frage immer noch ungeklärt ist, nicht eingegangen werden. Nach den Untersuchungen unseres Mitarbeiters H. Mohr handelt es sich bei der spezifischen Grünfärbung durch die „Kiel-Gruppe" um das Auftreten eines Farbstoffes, der bisher bei allen Isolierungsversuchen zerstört wurde. Neben diesem spezifischen Farbstoff enthalten alle beimpften und unbeimpften Sautonflüssigkeiten ein grünliches Eisenkomplexsalz mit kathodischer Wanderung und daneben mindestens 2 verschiedene gelbe Farbstoffe.

[2] Da der Stamm für Kaninchen avirulent ist, muß es sich wohl um einen stark abgeschwächten bovinen Stamm handeln.

Zu dem Stamm ,,Niesel" ist zu berichten, daß er aus dem Blute eines Falles von offener, hämatogen disseminierter Lungentuberkulose, verbunden mit Poncetscher Krankheit in den Zehengelenken in der Heilstätte Buchwald von Dr. Moegling gezüchtet und uns übersandt wurde.

Den Stamm ,,H 13". aus Liquor cerebrospinalis eines Menschen, erhielten wir von Dr. Helm.

Diese beiden ,,Niesel" und ,,H 13" sind die einzigen, bei denen wir die Vergrünungsfähigkeit feststellten.

Die 2 anderen Stämme wurden uns im Jahre 1932 von fremden Instituten überlassen, nachdem dort schon das vergrünende Wachstum aufgefallen war.

Die Vergrünung durch den Stamm Niesel war für uns von großer Bedeutung. Da er nämlich vor der Lübecker Gerichtsverhandlung, die im Oktober 1931 begann, der einzige vergrünende Stamm war und aus Blut herrührte, mußte geprüft werden, ob die Grünfärbung nicht vielleicht eine typische Erscheinung der aus Blut gewonnenen Tuberkelbazillenstämme sei.

Sollte dies nämlich der Fall sein, so gewann die von uns früher zugegebene, später aber fallen gelassene (s. S. 252) Hypothese vom Hereingelangen des virulenten Anteils in die Lübecker Kulturen durch das zur Herstellung der Hämatinnährböden verwendete Blut an Bedeutung.

Zur damaligen Zeit war es schwierig, aus Blut eine hinreichende Zahl von Tuberkelbazillenstämmen zu erhalten. Immerhin genügte die Zahl von 27 Stämmen, von denen 23 von Menschen und 4 von Tieren herrührten, um aus ihrem negativen Verhalten zur Grünfärbung den sicheren Schluß zu ziehen, daß zwischen Herkunft aus Blut und Grünfärbung kein Zusammenhang besteht.

f) Die Konstanz der Vergrünung.

Über die Regelmäßigkeit der Vergrünung bei den 4 Stämmen die außer ,,Kiel im engeren Sinne" zur Kiel-Gruppe gehören, sind schon im vorhergehenden Unterabschnitte Angaben gemacht.

Es mögen nunmehr zunächst über unser hierher gehöriges Gesamtmaterial in Kürze berichtet werden.

Von Anfang Juni 1930 bis Ende Dezember 1934 wurden im Tuberkuloselaboratorium über 10000 Sauton-Kolben mit den verschiedensten Stämmen von Tuberkelbazillen und (in wesentlich geringerer Zahl) saprophytischen säurefesten Bazillen beimpft. Stets wurde auf die Grünfärbung geachtet. Diese trat immer nur bei gewissen Stämmen, bei diesen aber regelmäßig auf.

Im ganzen wurde an 3021 Kolben Grünfärbung festgestellt. Davon fallen 1788 Kolben auf Kulturen aus Organen der Lübecker Säuglinge und aus dazugehörigen Versuchstieren und 1233 auf andere grünfärbende Stämme, vor allem ,,Kiel", Impfstoffrest ,,25", Stamm ,,Niesel", ,,H 13" usw.

Wie sehr sich die Merkmale: ,,Vergrünung" oder keine ,,Vergrünung" im besonderen bei den Kulturen zu dem Lübecker Untersuchungsmaterial als feststehend und regelmäßig erwiesen, geht aus der folgenden Zusammenstellung von Stichproben hervor:

Stets trat Vergrünung auf bei

Kiel I	geprüft in	157	Kolben
Kiel II	„ „	154	„
Kiel III	„ „	145	„
Lübeck I D Meerschweinchen 2653	„ „	42	„
Lübeck II Meerschweinchen 555	„ „	21	„
Lübeck III Meerschweinchen 2649	„ „	31	„
Lübeck III Meerschweinchen 569	„ „	18	„
Lübeck VI Meerschweinchen 1428, 1063, 1065	„ „	38	„
Impfstoff „25"	„ „	199	„
Drüse „Gri" (1) = Lübeck V	„ „	141	„
Peritoneum „Pa" (124)	„ „	61	„
Mesenteriallymphknoten Kind „Do" (17)	„ „	71	„
Kind „Hu" (139) Meerschweinchen 552	„ „	18	„
„ 1159	„ „	9	„
„ 1163	„ „	13	„
„ 970	„ „	46	„
Kaninchen 1480	„ „	4	„

Nie trat Vergrünung auf bei

Lübeck I (A—E soweit BCG)	geprüft in	202	Kolben
Lübeck II	„ „	118	„
Lübeck III	„ „	111	„
Impfstoff „19"	„ „	140	„
Impfstoff „20"	„ „	122	„
Impfstoff „20" Meerschweinchen 734	„ „	22	„
Kind „Hu" (139) Mesenteriallymphknoten	„ „	103	„
Kind „Hu" (139) Milz	„ „	76	„
Kind „Ru" (201) Stamm Lübeck	„ „	96	„
Kind „Ru" (201) Stamm Hamburg	„ „	92	„
Kind „Hae" (48) Magenspülwasser	„ „	79	„
Kind „Hae" (48) Meerschweinchen 2326	„ „	51	„
Sputum Mutter „Gri" zu Kind „Gri" (1)	„ „	113	„
BCG VII „361"	„ „	371	„

Als Beispiel dafür, daß die übrigen nichtvergrünenden Stämme auch bei sehr häufiger, immer wiederholter Verimpfung auf Sauton niemals Vergrünung bewirken, seien nur für 2 Menschentuberkulose- und 2 Rindertuberkulosestämme Zahlen angegeben:

Nie trat Vergrünung auf:

bei Menschentuberkulose „113a"	in	89	Sauton-Kolben
„ „ „Hohn V"	„	54	„
„ Rindertuberkulose „159a"	„	80	„
„ „ „Fari"	„	125	„

Es sei besonders hervorgehoben, daß vergrünende Stämme auch nach mehrfachem Durchgang durch den Meerschweinchen-, Kaninchen- und Mäusekörper ihre Vergrünungskraft nicht verlieren. Andererseits haben uns besondere Versuche erwiesen, daß auch frisch aus dem Meerschweinchen gezüchtete Menschentuberkulosestämme und BCG-Stämme keine Vergrünung auslösen.

Die folgenden Unterabschnitte g—k berichten über Versuche, die wir darüber anstellten, unter welchen Nährbodenbedingungen die Vergrünung auftritt.

Zunächst folgt unter g die Originalvorschrift Sautons für seinen Nährboden und die genaue Angabe, wie der Nährboden in unserem Laboratorium mit kleinen Abänderungen,

z. B. anfangs nur 30 ccm doppelt destilliertes Glyzerin, seit Beginn unserer Versuche hergestellt wird.

g) Die Originalvorschrift für den Sauton-Nährboden und seine Herstellung im Laboratorium für Tuberkuloseforschung des Reichsgesundheitsamtes.

Der Originalnährboden von Sauton[1] hat folgende Zusammensetzung:

Asparagin	4,0 g	Magnesiumsulfat	0,5 g
Glyzerin	60,0 g	Eisenammoniumzitrat . . .	0,05 g
Zitronensäure	2,0 g	Aqua destillata	940 ccm
Kaliumbiphosphat	0,5 g		

In unserem Laboratorium werden folgende Chemikalien mit ihren Bezugsquellen verwendet:

Asparagin, Glyzerin (doppelt destilliertes spezifisches Gewicht 1,26), Zitronensäure, Kaliumbiphosphat (Kal. phosphoric. bibasic. K_2HPO_4) und Magnesiumsulfat von Schering-Kahlbaum.

Eisenammoniumzitrat (Ferrum citr. ammoniat, viride in lamellis, oxydulfrei, 11. 11. 27 Nr. 20198 der Riedel-AG)[2].

Wir benutzen das destillierte Wasser der Firma Wolff und Calmberg, Berlin N 4, Schröderstraße 14 (Aqua destillata DAB 6)[3].

Herstellung: 1. die festen Chemikalien werden mit etwas Aqua destillata im Dampf gelöst (etwa 10 Minuten), dann wird das Glyzerin zugesetzt und mit Aqua destillata auf 1 l aufgefüllt.

2. Einstellen nach Michaelis auf p_H 7,2 mit 25% Ammoniak[4]. Man braucht auf 1 l zwischen 1,85 und 2,5 ccm Ammoniak.

Ammoniak vorsichtig zusetzen! Etwaiges Ausgleichen geschieht mit nicht alkalisiertem Sauton, den man sich dafür zurückläßt. Keine Säuren benutzen!

3. Filtrieren durch einfaches Fließpapier.

4. Einfüllen zu je 80 ccm in 200 ccm Erlmeyer-Kölbchen (Jenaer Glas!).

5. Sterilisieren 30 Minuten im Autoklaven bei etwa 1 Atü = 120° C.

(Nur einmal sterilisieren, da Nährboden sonst Stich ins Strohgelbe erhält.)

h) Der Einfluß des Weglassens der einzelnen Nährbodenbestandteile.

Eine größere Zahl von Versuchen wurde unter Weglassung der einzelnen Nährbodenbestandteile angestellt.

Dabei hat sich möglichst kurz zusammengefaßt ergeben:

1. Ohne Glyzerin wuchsen alle „Kiel"-Stämme und 1 BCG-Stamm („382") überhaupt nicht, alle anderen Stämme nur sehr schlecht.

---

[1] Sauton: C. r. Acad. Sci. Paris 1. Cl., 5. 10. 1912, S. 860—861 (Ref. Bull. Inst. Past. **11**, 299 (1913).

[2] Vorübergehend benutzten wir mit etwa gleich gutem Erfolg Ferrum citric. ammoniat. fuscum Nr. 4514, Riedel-de Haen-Berlin.

[3] Aqua destillata der Firma Kahlbaum ist zwar reiner, gibt aber weniger starke Vergrünung.

[4] Liq. Ammonii caustici pur. 0,910 spezifisches Gewicht.

2. Ebenso sind Nährböden ohne Magnesiumsulfat unbrauchbar.

3. Ohne Asparagin tritt noch Grünfärbung, aber in deutlich schwächerem Grade auf.

4. Auf Sauton-Nährboden ohne die vorgeschriebenen 2 g Zitronensäure auf 1 l haben von 79 geprüften Tuberkelbazillen und BCG-Stämmen nur die 3 „Kiel"-Stämme, der Stamm „Impfstoff 25" und 38 auch sonst als „Kiel" erwiesene Kulturen aus den Lübecker Versuchen zuerst eine grüne, später eine in goldgelb übergehende Färbung gezeigt. Alle humanen und BCG-Stämme — darunter auch die beiden BCG-Stämme aus den Kindern „Hu" (139) und „Ru" (201)[1] — riefen eine gelbbräunlich oder gelbrötliche Färbung hervor, während die Kulturen aller 6 geprüften bovinen Stämme fast farblos blieben.

5. Bei Weglassung des Kaliumphosphats ist das Wachstum schwächer; dennoch tritt bei den „Kiel"-Stämmen eine, natürlich entsprechend schwache, Grünfärbung auf.

6. Zunächst überraschend war, daß auch bei Weglassung des Eisenammonzitrats die „Grün-(Kiel-)Stämme" immer noch eine allerdings nicht sehr starke Grünfärbung zeigten, während die übrigen Stämme „farblos bis gelb" wuchsen. Als Erklärung könnte herangezogen werden, daß Spuren Eisen überall vorhanden sind. Im übrigen ließ sich (vgl. S. 299) der begünstigende Einfluß des Eisens auf die Vergrünung wiederholt nachweisen, wobei zwischen den 4 in unserem Laboratorium verwendeten Eisenammoniumzitratpräparaten von Riedel (1 „viride", 3 verschiedene Chargen „fuscum") kein Unterschied auftrat (an 20 Stämmen geprüft)[2].

Mehr nebenbei sei bemerkt, daß, allerdings nur in 3 kleineren Versuchen mit 6 bis 8 Grünstämmen und je zusammen 6—9 Menschentuberkulose-, Rindertuberkulose- und BCG-Stämmen, bei Weglassung des Asparagins oder des Kaliumbiphosphats oder des Eisens jedesmal alle „Nicht-Kiel-Stämme" ohne jedes Auftreten einer Färbung wuchsen. (Dafür war aber auch ebenso wie bei Weglassung der Zitronensäure die Vergrünung schwächer.)

i) Einfluß des destillierten Wassers verschiedener Bezugsquellen auf die Erkennbarkeit und Abtrennbarkeit der „Kiel-Vergrünung" (s. auch Anm. 3 auf S. 297).

Welchen Einfluß die Art des destillierten Wassers haben kann, geht deutlich aus einem Versuch vom 24. 5. 33 mit 23 „Grün"- und 34 sonstigen Stämmen hervor. Verglichen wurde ein Sauton „Reichsgesundheitsamt" mit Aqua destillata von „Wolff und Calmberg" mit einem Sauton-Nährboden, für den Aqua destillata „Schering" genommen wurde. Bei den 23 Grünstämmen waren die Ergebnisse bei beiden Wassersorten gleich:

Sauton „Reichsgesundheitsamt" . . . . 20 ++++, 3 +++,
Sauton „Reichsgesundheitsamt", aber mit Aqua destillata „Schering" . . . . 20 ++++, 2 +++, 1 ++.

---

[1] Der Stamm Kind „Hae" (48) war damals noch nicht in unseren Händen.

[2] Daß ein altes Präparat aus Hamburg schlechte Ergebnisse lieferte, zeigt Tabelle 28, lfd. Nr. 23.

Bei den 34 „anderen“ Stämmen zeigten aber

von 5 Menschentuberkulose-Stämmen . . . 1,
„ 3 Rindertuberkulose-Stämmen 0,
„ 8 BCG-Stämmen aus Sammlung . . . 6,
„ 18 BCG-Stämmen aus Sammlung Lübeck 15

Stämme eine ganz leichte (!) grünlich-gelbe Färbung und dies nur im „Reichsgesundheitsamt“ + „Schering“-Nährboden. Dennoch war auch hier die „Kiel“-Gruppe durch stärkere Färbung erkennbar.

Wenn aber auch durch Aqua destillata „Schering“ die Unterschiede zwischen der Kiel- und der Nicht-Kiel-Gruppe herabgesetzt wurden, so war für voll-farbensinnige Menschen — und nur solche sind zur Beurteilung fähig — dennoch, wie bereits erwähnt, eine Trennung der beiden Gruppen möglich.

Im Original Sauton „Reichsgesundheitsamt“ war der „Grünstich“ der „Nicht-Kiel“-Stämme nicht oder höchstens spurweise vorhanden.

Diese Beobachtung gibt vielleicht eine Erklärung für die „Versager“ in anderen Instituten.

Ein Nährboden mit Aqua destillata „Schering“, aber ohne Zitronensäure ergab bei 6 Menschentuberkulose- und den 6 BCG-Stämmen (s. oben!) niemals die gelbgrüne Färbung; auch bei den Grünstämmen war die Stärke der Grünfärbung deutlich geringer:

Versuch vom			Gesamtzahl	++++	+++	++	+
24. 5. 33	Aqua destillata	mit Zitronensäure	20	20	2	1	—
24. 8. 33	Schering	ohne Zitronensäure	15	—	1	4	10

k) Versuche unter Verwendung von Chemikalien usw. aus fremden Instituten („Austauschversuche“).

Die Angaben, daß unsere Grünfärbungsbefunde anderenorts nicht bestätigt werden konnten, führte uns zu einer Reihe von Untersuchungen, bei denen wir mit fertigem Nährboden und mit Chemikalien aus fremden Instituten arbeiteten. Den Instituten, die so freundlich waren, uns von den bei ihnen gebrauchten Chemikalien usw. abzugeben, sind wir zu großem Dank verpflichtet.

Tabelle 28 gibt eine Zusammenstellung der Ergebnisse.

Die zwischen den Querstrichen eingefaßten Angaben beziehen sich auf die mit den selben Ausgangskulturen grünfärbender Stämme — nur solche sind in der Übersicht berücksichtigt, wenn auch bei jedem Versuch mehrere „negative“ Nicht-„Kiel“-Stämme mitliefen — angelegten Versuche. Als Maß für die Zuteilung zu den Graden der Grünfärbung wurde der jeweils im Verlaufe von 3—5 Wochen aufgetretene stärkste Farbenumschlag benutzt, der, da er von der Stärke des Wachstums abhängt, nicht in allen Kolben zur gleichen Zeit auftrat.

Die Übersicht zeigt ganz allgemein große Unterschiede, aus denen sich ergibt, wie sehr der Ausfall der Vergrünung von einzelnen Bestandteilen abhängig ist. Hier sei nur auf einige besonders starke Unterschiede bei der selben Gruppe infolge abweichender Zusammensetzung hingewiesen: Ungünstigeren Ausfall gegenüber den Kontrollen zeigten z. B. die Zubereitungen 12, 22 und 23, zu denen fremdes Eisenammoniumzitrat verwendet worden war, während sich das in Hamburg neu verwendete Eisenammoniumcitrat fuscum besonders günstig erwies (Nr. 24, 32 und 41).

Tabelle 28. Versuche über die Grünfärbung von Sauton-Nährboden unter Verwendung von Chemikalien usw. aus fremden Instituten („Austausch-Versuche").

Versuch	Lfd. Nr. des Nährbodens	Zusammensetzung des Nährbodens	Zahl der geprüften Grün-Stämme	Grünfärbung				Bemerkung (Ergebnis)
				++++	+++	++	+	
I	1	„RGA" s. S. 297, Kontrolle	14	—	10	4	—	
	2	nach Originalvorschrift Sauton	14	14	—	—	—	besonders gut
	3	„RGA", aber Eisenammonzitrat (Eis.-Amm.Zitr.) aus dem Hygienischen Institut Berlin	14	1	12	1	—	
II	4	„RGA", Kontrolle	14	12	2	—	—	
	5	fertiger Nährboden aus dem Institut Robert Koch-Berlin	14	—	7	7	—	deutlich weniger gut
III	6	„RGA" (neue Lieferung Asparagin, Kontrolle	9	1	8	—	—	
	7	RGA, aber Asparagin (aus dem Institut Robert Koch)	9	1	8	—	—	
	8	RGA, aber Glyzerin (120 ccm je 1 l) (aus dem Institut Robert Koch)	9	7	2	—	—	
	9	RGA, aber Zitronensäure (aus dem Institut Robert Koch)	8	1	6	1	—	
	10	RGA, aber Kaliumbiphosphat (aus dem Institut Robert Koch)	9	—	—	4	5	deutlich weniger gut
	11	RGA, aber Magnesiumsulfat (aus dem Institut Robert Koch)	9	—	3	6	—	
	12	RGA, aber Eis.Amm.Zitr. (aus dem Institut Robert Koch)	9	—	—	3	6	deutlich weniger gut
IV	13	RGA, Kontrolle	8	1	7	—	—	
	14	RGA, neues Kaliumbiphosphat (Kal. phosphoric. bibasic.)	8	—	2	5	1	weniger gut
	15	Im Hyg. Institut bereitet, p_H 7,4	8	1	1	2	4	
	16	= 15, aber nachträglich im RGA auf p_H 7,2 eingestellt	8	1	2	5	—	etwas besser als 15
	17	RGA, aber Asparagin (aus dem Hygienischen Institut Berlin)	8	—	1	2	5	ungünstiger als Ko 13
	18	RGA, aber Zitronensäure (aus dem Hygienischen Institut Berlin)	8	—	1	4	3	Desgl.
	19	RGA, aber Glyzerin (60 g per Liter) (aus dem Hygienischen Institut Berlin)	6	1	3	2	—	
	20	RGA, aber Kaliumbiphosphat (aus dem Hygienischen Institut Berlin)	8	1	6	1	—	
	21	RGA, aber Magnesiumsulfat (aus dem Hygienischen Institut Berlin)	8	1	4	2	1	
	22	RGA, aber Eis.Amm.Zitr. (aus dem Hygienischen Institut Berlin)	8	—	1	5	2	„
	23	RGA, aber Eis.Amm.Zitr. „fuscum" (alt) aus der Tuberkulose-Forschungsanstalt Hamburg	8	—	1	4	3	„
	24	RGA, aber Eis.Amm.Zitr. „fuscum" (neu) v. Riedel, aus der Tuberkulose-Forschungsanstalt Hamburg	8	7	1	—	—	besonders gut
V	25	RGA mit Aq. dest. Wolff u. Calmberg	9	—	9	—	—	
	26	RGA, mit Aq. bidest.	9	—	—	7	2	ungünstiger als Ko 25
	27	RGA mit Leitungswasser, frisch dest.	9	—	—	9	—	Desgl.
	28	RGA + Glyzerin doppelt dest. 60 g per Liter und Eis.Amm.Zitr. wie 24	9	9	—	—	—	besonders gut
VI	29	RGA, Kontrolle	8	—	6	2	—	
	30	RGA, aber Leitungswasser	8	—	—	6	2	schlechter als Ko 29

Tabelle 28 (Fortsetzung).

Versuch	Lfd. Nr. des Nährbodens	Zusammensetzung des Nährbodens	Zahl der geprüften Grün-Stämme	Grünfärbung				Bemerkung (Ergebnis)
				++++	+++	++	+	
VII	31	RGA, Kontrolle	9	—	9	—	—	
	32	RGA, aber Eis.Amm.Zitr. wie 24	10	5	5	—	—	besonders gut
	33	RGA, aber Aq. dest. Hygienisches Institut Berlin	9	—	1	5	3	schlechter
	34	RGA, aber Aq. dest. Hyg. Inst. und Eis.Amm.Zitr. wie 24	9	1	6	1	1	viel besser
	35	= 31 } aber Einstellung auf p_H 7,2	10	1	6	1	2	schlechter als 31
	36	= 32 } unter Verwendung von NH_3 und	9	2	6	—	1	,, ,, 32
	37	= 33 } Phosphorsäure	8	—	2	1	5	,, ,, 33
	38	= 34 } s. Text	9	—	7	1	1	wie 34
	39	RGA, aber Eis.Amm.Zitr. wie 24 und Glyz. einfach dest. 60 g	10	5	5	—	—	sehr gut
	40	RGA, aber Eis.Amm.Zitr. wie 24 und Glyzerin, dopp. dest. 60 g	10	5	5	—	—	nicht besser als 39
VIII	41	RGA, aber doppelte Menge Eis.Amm.Zitr. wie 24 und Glyz. doppelt dest. 60 g	10	8	2	—	—	absichtlich optimal eingestellt
	42	RGA, aber Aq. bidest. (wie 26) Eis.Amm.-Zitr. aus dem Hygienischen Institut, Glyzerin einfach dest. 60 g	8	—	—	6	2	absichtlich ungünstig zusammengesetzt

Die Verwendung von doppeltdestilliertem Wasser (Nr. 26) von frisch destilliertem Leitungswasser (Nr. 27) und von unbehandelten Leitungswasser (Nr. 70) und von Aqua destillata aus dem Hygienischen Institut Berlin (Nr. 33) lieferte schlechtere Ergebnisse. Im Tuberkuloselaboratorium des Reichsgesundheitsamts wird, wie schon erwähnt, seit Jahren das destillierte Wasser der Firma Wolff und Calmberg benutzt, das nicht ganz so rein wie das doppelt destillierte Leitungswasser ist.

Höherer Zusatz von Glyzerin (statt wie ursprünglich bei uns 30,0 ccm doppelt destilliertes Glyzerin 60 g doppelt destilliertes Glyzerin) wirkt sich günstig aus (Nr. 2 39 und 40).

Auch die Art der Einstellung auf p_H 7,2 wurde geprüft.

Im Tuberkuloselaboratorium des Reichsgesundheitsamts wird (s. oben S. 297) der Zusatz von Säure vermieden; es wird mit Liqu. Ammonii caustici pur 0,910 spez. Gew. alkalisiert, und falls zu viel zugesetzt war, mit der ursprünglich sauren Lösung zurückgesäuert. Im Hygienischen Institut Berlin dagegen wird der Überschuß von NH_3 mit einer Phosphorsäurelösung ausgeglichen.

Der Vergleich der Nr. 35—38 mit den Nr. 31—34 zeigt, daß ein wesentlicher Einfluß nicht zutage trat.

Wir möchten den einzelnen Zahlen der Übersicht, wo sich nicht starke Unterschiede, wie oben erwähnt, zeigten, keinen zu großen Wert beilegen. In ihrer Gesamtheit ergibt sich aber, daß doch eine Reihe von Abänderungen der Bestandteile je nach Herkunft den Grad der Vergrünung sehr beeinflussen kann.

Als Abschluß dieser zwischen dem 7. 3. und 8. 7. 32 durchgeführten Versuche wurde auf Grund der gesammelten Erfahrungen ein besonders günstiger und ein voraussichtlich besonders ungünstiger Sauton-Nährboden bereitet. Der Ausfall entsprach wie ein Vergleich von Nr. 41 und 42 zeigt, den Erwartungen.

Wenn auch schon in den vorausgehenden 7 Gruppen der Versuche stets neben grünfärbenden auch nicht vergrünende Stämme geprüft wurden (bei I und II zu jeder Kochung 18, bei III—VII jeweils 3), so wurden in einem weiteren Versuch mit dem optimalen Nährboden entsprechend Nr. 41 der Tabelle 28 neben 6 grünfärbenden nicht weniger als 32 „andere" humane Stämme geprüft. Trotz der für Vergrünung optimalen Bedingungen zeigte keiner dieser Stämme die Kiel-Grünfärbung, während 3 „Grünstämme" den Grad ++++ und 3 den Grad +++ erreichten.

XIII. Folgerungen aus der spezifischen Erkennbarkeit der Kiel-Stämme.

Wenn von 200 verschiedenen, darunter 137 humanen Stämmen von Säugetiertuberkelbazillen, die wir selbst untersucht haben, außer Kiel nur 2 Stämme („Niesel" und „H 13") vergrünten, und wenn die beiden anderen vergrünenden Stämme „Betge" und „Ti Ho" im Institut Robert Koch und Hygienischen Institut der Universität unter einer größeren Zahl anderer als besonders stark vergrünend herausgefunden wurden, wenn im Institut von Geh. Rat Abel in Jena bei der Prüfung von 46 Stämmen keiner mit Vergrünung festgestellt werden konnte[1] und wenn schließlich de Grolier[2] unter 40 Tuberkelbazillenstämmen des Institut Pasteur (25 human, 16 bovin) nur 2 humane Stämme[3] fand, die eine ähnlich starke Grünfärbung wie der zum Vergleich herangezogene Stamm „Kiel" zeigten, so fühlen wir uns zu dem Schlusse berechtigt: Da wir für sämtliche virulenten Kulturen aus den Kindern, für die Kultur aus dem Impfstoffrest „25", für alle virulenten Kulturen aus dem „Lübecker Tierversuch" ein dem der „Kiel"-Bazillen gleiches Verhalten nachweisen konnten, gehen die Todesfälle und Erkrankungen in Lübeck auf eine Verunreinigung der Impfstoffe mit „Kiel"-Bazillen zurück.

Die Tatsache, daß außer den Kiel-Stämmen noch 4 bzw. 6 andere Stämme die Vergrünung zeigen, kann nicht etwa in dem Sinne gegen die Identität der Säuglingsstämme usw. mit „Kiel" ausgewertet werden, daß eben die Kulturen aus den Säuglingen und dem Impfstoffrest, ebenso wie die obigen 4 bzw. 6 Stämme, mit „Kiel" wohl die Vergrünung gemeinsam haben, aber dennoch mit ihm ebensowenig identisch seien wie die 4 bzw. 6 sonstigen „Grünstämme". Angesichts der außerordentlichen Seltenheit vergrünender Stämme einerseits und des Umstandes, daß der einzige in Lübeck als Verunreinigungsquelle der Kulturen in Betracht kommende Stamm zu den so seltenen Stämmen mit Vergrünung gehört, andererseits hieße es den Tatsachen einen logisch nicht erträglichen Zwang antun, wenn man für Lübeck neben dem dort ja schon vorhandenen vergrünenden „Kiel"-Stamm noch das Hinzutreten eines zweiten mit „Kiel" nicht identischen, aber dennoch wie dieser vergrünenden Stammes annehmen wollte.

Wir halten die Beweiskette dafür, daß die an Tuberkulose gestorbenen Säuglinge einer Infektion mit den Kiel-Bazillen erlegen sind, umsomehr für geschlossen, als wir bei unseren ausgedehnten Untersuchungen aller für Lübeck in Betracht kommenden anderen Möglichkeiten einer Erklärung nur zu negativen Ergebnissen gelangten.

---

[1] CB. I Orig. **127**, 91* (1932). Nach neuester privater Mitteilung vergrünten von 131 Stämmen nur 2, aber nicht ganz so leuchtend grün wie die Lübecker „Kiel"-Stämme.

[2] de Grolier: C. r. Soc. Biol. Paris: **113**, 1506 (1933).

[3] Nämlich die Stämme „R_1 Trudeau" und „Nathan Raw", die beide nur schwach virulent (!) waren.

Eine Aufklärung darüber, wie die Kiel-Bazillen in die zur Impfstoffbereitung verwendeten Kulturen gekommen sind, wird nach dem in dieser Hinsicht völlig negativen Ergebnis der Gerichtsverhandlung niemals mehr zu erbringen sein; wann das unerkannte Versehen eingetreten sein muß, ließ sich dagegen auf Grund des Befundes an Kind „Gr" (1) für spätestens Ende November 1929 festlegen (s. oben, S. 240).

Das spezifische Verhalten des „Kiel"-Stammes hat aber noch andere wichtige Erkenntnisse und Aufklärungen geliefert, die ohne die Erkennbarkeit dieses Stammes unmöglich gewesen wären.

A. In Lübeck wurde angenommen, daß die Drüsenerkrankung bei dem erst geimpften Kind „Gr" (1) die Folge einer kongenitalen Tuberkulose sei.

Von den Einwänden, die von klinischer und von pathologisch-anatomischer Seite gegen diese Annahme vorzubringen sind, kann hier abgesehen werden. Bakteriologische Erfahrungen über das Kreisen von Tuberkelbazillen im Blut ergeben, daß dieses meist schubweise erfolgt und dann mit einer Temperatursteigerung verbunden ist[1]. Bei Mutter „Gri" traten in der Zeit vor ihrer letzten Entbindung solche Fieberanfälle nicht auf, auch nicht bei den zwei vorangegangenen Entbindungen. Auch boten die beiden älteren Kinder keinerlei Zeichen kongenitaler Tuberkulose dar. Dies alles spricht bis zu einem gewissen Grade schon gegen das Vorliegen einer kongenitalen Tuberkulose bei dem Kind „Gr" (1).

Den bakteriologischen Beweis gegen die kongenitale Tuberkulose im vorliegenden Fall lieferte uns die Untersuchung des Auswurfs der Mutter „Gri", die wir nach der Lübecker Gerichtsverhandlung vornahmen. Wir züchteten aus ihm einen humanen Tuberkelbazillenstamm „Sputum Gri", der niemals vergrünte und also vom Stamm „Drüse Gri" des Kindes deutlich abzutrennen ist (s. a. S. 296).

Die Verschiedenheit des Stammes der Mutter von dem des Kindes hat also die Annahme der kongenitalen Entstehung der Drüsenerkrankung beim Kinde mit Sicherheit als unhaltbar erwiesen.

B. Von großer Bedeutung ist die „Kiel"-Erkennbarkeit auch für die verschiedenen Fälle, in denen wir die Frage einer Spontan- oder Stallinfektion aufgeworfen haben und sie im positiven Sinne beantworten mußten.

So war, was die Stallinfektion mit „Kiel"-Bazillen betrifft, bei den „Hämatin"-Versuchen 2mal (s. S. 272 und 273) mit Sicherheit zu erweisen, daß eine Stallinfektion vorgelegen haben muß. Mit großer Wahrscheinlichkeit geht, wie auf S. 225f. ausgeführt ist, auch der Befund von „Kiel"-Bazillen bei der umfangreichen Prüfung der Lübecker Kultur VI auf eine Stallinfektion zurück. Ebenso war bei dem Falle Kind „Hu" (139) die Frage einer Stallinfektion aufzuwerfen oder mindestens zu streifen. Aber hier ergibt die genauere Betrachtung der Umstände, unter denen sich die „Kiel"-Bazillen im Laufe der Tierversuche vorfanden (s. S. 247), im Zusammenhalt mit dem pathologisch-anatomischen Befund (s. S. 34) doch schwerwiegende Bedenken gegen die Annahme einer Spontaninfektion.

Gänzlich außer Betracht mußte eine Stallinfektion bleiben bei den Untersuchungsergebnissen an den Lübecker Kulturen „Lübeck I D" (s. S. 209), „Lübeck II" (s. S. 212) und „Lübeck III" (s. S. 214). Denn durch die katastrophalen Folgen der Impfung in Lübeck mit „Kiel-Nachweis" und durch den Befund der „Kiel"-Bazillen im Impfstoffrest „25" ist, wie oben ausgeführt, auch schon auf anderem Wege der Beweis

[1] Nach Seiffert (Dtsch. med. Wschr. **1934 II**, 1314) aber auch ohne jedes Fieber.

erbracht, daß sich „Kiel"-Bazillen in den Impfstoffen und damit auch in den Kulturen vorgefunden haben.

Wir haben also zweimal sicher, einmal mit größter Wahrscheinlichkeit und einmal nur äußerst fraglich eine spontane Stallinfektion mit Kiel-Bazillen vor uns. Rechnet man selbst den letztgenannten sehr fraglichen Fall mit, so handelt es sich insgesamt um 4 Fälle. Diese Zahl erscheint erst dann in richtiger Beleuchtung, wenn man sie in Beziehung zur Gesamtzahl der von Mitte Mai 1930 bis Mitte März 1933 mit Lübecker Material infizierten Versuchstiere setzt. Dann ergibt sich für 4 Fälle 0,12% Spontaninfektion, also eine auf 850 Tiere; rechnet man aber — was uns richtiger erscheint — nur 3 Spontaninfektionen, dann ergibt sich 0,09% = 1 Fall auf etwa 1100 Versuchtiere.

In ähnlicher Weise haben wir die 7 von uns als Stallinfektionen angesehenen Infektionen mit bovinen Stämmen (s. S. 223 2 Fälle, S. 229 2 Fälle, S. 260, 269, 279) kritisch durchgearbeitet. Hier möchten wir nicht näher auf Einzelheiten eingehen, sondern nur besonders auf das zu Impfstoffrest „20" (S. 229) und zu den Versuchen nach Hormaeche (S. 269) Ausgeführte hinweisen, wo die Stallinfektion sicher erwiesen ist.

Wenn man mit 7 Fällen boviner Stallinfektion rechnet, so entspricht das (s. oben) einem Anteil von 0,2%, also 1 Fall auf 500 Versuchstiere.

Bei den verschiedenen gefundenen bovinen Stämmen ist die Entscheidung der Frage, ob sie auf eine Stallinfektion zurückzuführen sind oder nicht, für die Aufklärung der Lübecker Ereignisse belanglos. Selbst wenn man nämlich für alle diese Befunde (was allerdings völlig kritiklos wäre) die Entstehung durch eine Spontaninfektion ablehnen und sie — soweit BCG mit im Spiele waren — als Folge einer Umwandlung oder eines Rückschlages der BCG durch besondere Züchtungs- und Umweltsbedingungen auffassen wollte, so sprechen folgende Umstände gegen die Verwertbarkeit für die „Lübecker" Ätiologie:

1. Bei keinem einzigen der Lübecker Säuglinge wurden derartige bovine Tuberkelbazillen aufgefunden.

2. Niemals ist aber auch bei mit „Kiel"-Bazillen infizierten Tieren ein solcher boviner Stamm aufgetreten, und

3. niemals ist im Meerschweinchen die Umwandlung eines bovinen in einen humanen Typus — zu dem der Stamm „Kiel" zweifelsfrei gehört — beobachtet worden.

Zwischen den gefundenen bovinen Bazillen und den „Kiel"-Bazillen ist also eine scharfe, nicht überbrückbare Grenze zu ziehen, so daß der „Kiel-Befund" bei den Lübecker Kindern in keiner Weise mit bovinen Bazillen in Verbindung zu bringen ist.

C. Schließlich ist noch eine weitere wichtige Frage durch das spezifische Verhalten der Kiel-Bazillen einer Entscheidung zugänglich geworden.

Wir haben, wie schon erwähnt, auch bei dem Durchgang durch den Tierkörper niemals einen Verlust des Vergrünungsvermögens beobachtet.

Hält man diese Feststellung mit der Konstanz der Vergrünung bei Verimpfung von Kultur zu Kultur zusammen (s. S. 295), so ist eine sichere Stellungnahme gegenüber der Frage, ob in Lübeck eine volle Verwechslung oder Vertauschung der BCG-

Kulturen mit einer Kiel-Kultur — und nicht nur eine Verunreinigung — vorgekommen ist, möglich.

Aus der Annahme einer Vertauschung müßte geschlossen werden, daß es sich bei den niemals grün färbenden Stämmen aus Impfstoffrest 19 und 20, aus den Kindern „Hu" (139) und „Ru" (201) ferner aus dem Magenspülwasser von Kind „Hae" (48) um einen Kiel-Stamm handelt, der sein Vergrünungsvermögen verloren hat. Da ein solcher Verlust, wie dargetan, niemals beobachtet wurde, ist erwiesen und wird durch die Avirulenz der eben genannten Stämme nur noch bestätigt, daß aus 2 Impfstoffen und aus dem Körper von 3 Kindern BCG-Stämme herausgezüchtet werden konnten.

Die Annahme einer Vertauschung ist damit widerlegt[1].

Schluß.

Als Ganzes genommen, dürfen die im Reichsgesundheitsamt ausgeführten Untersuchungen wohl als ein Beispiel dafür angesehen werden, wie es durch mühselige vielfach variierte Versuche gelungen ist, in das Dunkel eines zunächst völlig rätselhaft erscheinenden Ereignisses Licht zu bringen und so die Ursache der beklagenswerten zahlreichen Todesfälle und Erkrankungen der Lübecker Säuglinge weitgehend aufzuklären. Im besonderen dürften die vorstehenden Ausführungen auch mehrfach den Beweis dafür erbracht haben, daß ohne scharfe kritische Einstellung die Gefahr, mancherlei Fallstricken zu erliegen, sehr groß ist.

Daß aber die Aufklärungsmöglichkeit in allererster Linie dem rein zufälligen Umstand zu verdanken ist, daß der schuldige „Kiel"-Stamm eine — abgesehen von verschwindenden Ausnahmen — ihm allein zukommende kennzeichnende Eigenschaft, nämlich die der Vergrünung besitzt, dessen sind wir Bearbeiter uns im vollsten Maße bewußt.

[1] Siehe hierzu auch B. Lange,: Z. Tbk. **62**, 335 (1931) und Kirchner: Beitr. klin. Tbk. **82**, 265 (1933).

Über die Tuberkulinempfindlichkeit bei der Lübecker Säuglingstuberkulose[1].

Von

Minna Böcker,

fr. Assistenzärztin der Universitätskinderklinik in Hamburg.

Die Notwendigkeit, bei den in Lübeck mit Tuberkulose infizierten Säuglingen wiederholte und exakte Tuberkulinprüfungen vorzunehmen, gab Gelegenheit zu Beobachtungen, die geeignet sind, zur Klärung einiger noch strittiger Fragen beizutragen. Gewiß sind die Studien über die Tuberkulinempfindlichkeit des Kindes zu einem gewissen Abschluß gelangt. Es bestehen aber noch Unklarheiten über

1. die zweckmäßigste Form der diagnostischen Tuberkulinanwendung speziell im Säuglingsalter,
2. die Notwendigkeit der Verwendung von Perlsuchttuberkulin neben dem gewöhnlichen humanen Alttuberkulin,
3. die Höhe des Tuberkulintiters bei Säuglingen im Vergleich zu älteren Kindern (Intrakutantiter),
4. die Inkubationszeit der Tuberkulinempfindlichkeit nach der Tuberkuloseinfektion.

Zweckmäßigste Form der diagnostischen Tuberkulinanwendung beim Säugling.

Bekanntlich sind sehr verschiedenartige Verfahren der diagnostischen Tuberkulinapplikation im Gebrauch. Der eine benutzt die kutane Hautprobe nach v. Pirquet, der andere bevorzugt die Perkutanreaktion, und zwar bald mit Tuberkulinsalbe, bald mit eingeengtem Tuberkulin, der dritte skarifiziert die Haut mit dem Impfmesser, der vierte injiziert Tuberkulin, und zwar wiederum bald intra- bald subkutan. Von einem einheitlichen Vorgehen kann also zur Zeit nicht die Rede sein. Insbesondere zeigt sich ein Gegensatz zwischen Außenpraxis und Anstaltspraxis. In der Außenpraxis finden die einfachen Methoden der Hautbohrung und Hauteinreibung ausgedehnte und fast ausschließliche Anwendung, in den Kinderanstalten wird ausgiebiger, ja auch wiederum manchmal ausschließlich von der Tuberkulininjektion Gebrauch gemacht. Das hat darin seinen Grund, daß, wie allerseits zugegeben wird, mit der Kutan- und Perkutanmethode nicht alle Tuberkuloseinfektionen erfaßt werden, während andererseits die Injektionsmethode von den Angehörigen der Kinder und auch den Kindern selbst wegen ihrer Schmerzhaftigkeit nicht gern gesehen wird, auch für den Arzt umständlicher ist. Vielfach hat man sich heute auf mittlerer Linie geeinigt. Man stellt zunächst die Kutan- oder Perkutanprobe an und hat damit bei positivem Ausfall die Prüfung beendet; bei negativem Ausfall aber wiederholt man nach wenigen Tagen die gleiche Probe oder schließt schon nach 2 Tagen — in Fällen, in denen mit geringer Tuberkulinempfindlichkeit gerechnet werden muß — die intra- oder subkutane Injektion von $^1/_{10}$ mg Alttuberkulin an, die evtl. noch mit 1 und 10 mg wiederholt wird (Kleinschmidt, Keller und Moro, Orel). Berücksichtigt man die anergisierenden Ursachen, so ist die Zahl der Versager bei den einfachen Kutan- und

[1] Als Dissertation von der medizinischen Fakultät der Universität Hamburg angenommen.

Perkutanproben — 2mal ausgeführt — bereits so gering, daß man fast stets zur Erfassung aktiver Tuberkulosen mit ihnen auskommt (Unshelm). Fraglich ist jedoch bisher, ob nicht dem Säuglingsalter in dieser Hinsicht eine Sonderstellung eingeräumt werden muß. Die Urteile hierüber lauten verschieden. Steffy Feilendorf, die in letzter Zeit ein besonders großes Material bearbeitet hat, nämlich 180 Fälle von Säuglingstuberkulose, sagt, daß so gut wie immer die kutane Reaktion nach Pirquet genügte. „Sie fiel mit vereinzelten Ausnahmen in den verschiedensten Stadien positiv aus. Selbst bei sehr elenden Kindern erhielten wir eine zwar kachektische, aber doch deutlich positive Reaktion. Nur bei 2 Fällen von Miliartuberkulose ergab die wiederholt angestellte Pirquet-Reaktion stets ein so zweifelhaftes Resultat, daß man sich nicht entschließen konnte, sie für positiv oder negativ zu erklären. Bei diesen Fällen versagten jedoch auch die stärkeren biologischen Reaktionen mit $^1/_{10}$ mg und 1 mg Tuberkulin intrakutan, die man nicht sicher als spezifisch positiv auslegen konnte. Erst die Obduktionen erbrachten in diesen 2 Fällen die Sicherstellung der Diagnose.“ Zweifelhaft bleibt bei diesen Angaben, wie weit die Kutanreaktion zur Frühdiagnose ausgereicht hat. Wir wissen ja, daß die Kutanreaktion erst eine gewisse Zeit (4—10 Wochen) nach der Infektion positiv zu werden pflegt und daß in diesem Inkubationsstadium der Tuberkulinempfindlichkeit durch Tuberkulininjektion schon früher die Tatsache der spezifischen Infektion erwiesen werden kann. An anderer Stelle ihrer Arbeit bemerkt dann auch die Verfasserin, daß die biologische Reaktion mehrfach bei der Aufnahme des Säuglings noch negativ war, um dann im Laufe des Spitalaufenthaltes bei allmonatlicher Prüfung unter ihrer Beobachtung positiv zu werden. Gerade mit Rücksicht auf diese Früherfassung tuberkulöser Säuglinge ist von Klotz die regelmäßige und ausschließliche Anwendung der Intrakutanreaktion gefordert worden. Bei dem oft schnell progredienten Verlauf und der Neigung zu allgemeiner Generalisierung kann es außerdem relativ häufiger als in späteren Kinderjahren vorkommen, daß die Kinder erst in einem sehr fortgeschrittenen Stadium der Erkrankung in ärztliche Beobachtung gelangen. Schließlich sind Fälle bekannt geworden, wo die Kutanreaktion ausblieb, obwohl sich die Säuglinge noch in gutem Ernährungs- und Kräftezustand befanden und erst einige Monate nach dem negativen Ausfall der Tuberkulinreaktion zugrunde gingen (H. Hahn). Es können also in der Tat allerlei Gründe geltend gemacht werden, die für die Bevorzugung der Intrakutanreaktion gerade im Säuglingsalter sprechen.

Die an den „Lübecker“ tuberkulösen Säuglingen vorgenommenen Tuberkulinprüfungen konnten aus verständlichen Gründen nur selten systematisch durchgeführt werden. Die große Zahl der Beobachtungen, die Mannigfaltigkeit der Krankheitsbilder, sowie der verschiedenartige Verlauf der Infektion erscheinen aber gleichwohl dazu angetan, wichtiges Material zur Frage der Tuberkulindiagnostik zu liefern.

Bezüglich der Art und Schwere der Erkrankung richten wir uns nach der Gruppeneinteilung der Kinder, die in Lübeck zur Charakterisierung dieser Verhältnisse vorgenommen wurde. Die Einteilung ist die folgende:

Gruppe I: Schwerstkranke Kinder mit sicher letaler Prognose: Z. B. sichergestellte tbc. Meningitis.

Gruppe II: Schwerkranke Kinder mit auf die Dauer zweifelhafter Prognose: Erhebliche und anhaltende Beeinträchtigung der Allgemeinentwicklung, Fieber ohne interkurrenten

Infekt von längerer Dauer. Sicherer Befund einer Generalisierung im Röntgenbild. Ileuserscheinungen. Sonstige schwere Folgeerscheinungen.

Gruppe III: Mittelschwerkranke Kinder mit noch unsicherer, aber durchaus vorhandener Heilungsaussicht: Ausgesprochene Halsdrüsenvergrößerung, evtl. mit Fieber. Großer Milztumor. Deutliche Lungenherde lobären Charakters. Zeichen von Generalisierung (Scrofulodermata, tiefer liegende Abszesse). Mittelohrtuberkulose. Fühlbare Resistenzen oder Tumoren im Abdomen. Mäßiger Allgemeinzustand trotz nicht bedeutender Milz- oder Drüsenschwellung.

Gruppe IV: Leichtkranke Kinder mit nachweisbaren Folgen spezifischer Infektion: Mäßige Drüsenschwellung oder Milztumor ohne oder nach vorübergehender Beeinträchtigung des Allgemeinbefindens. Drüsenerkrankungen mit seit längerem geschlossenen Fisteln. In Ausheilung begriffene Mittelohrtuberkulose (kein Ausfluß mehr). Normale Darmfunktion.

Gruppe V: Gesund erscheinende Kinder, jedoch mit positiver Tuberkulinreaktion: Keine nachweisbare Haftstelle bei gutem Befinden.

Gruppe VI: Gesunde Kinder ohne irgendwelche Anzeichen für eine Infektion (auch negative Tuberkulinreaktion).

In der Art der Tuberkulinprüfung trennen wir die Perkutanproben mit diagnostischem Tuberkulin (Moro) und Ektebin (Moro) auf der einen Seite, die Intrakutanproben mit Alttuberkulin 0,1 ccm einer Verdünnung 1 : 1000 auf der anderen Seite.

Von 251 Säuglingen, die man der Schutzimpfung nach Calmette unterwerfen wollte, die aber nach Lage der Dinge mehr oder weniger alle einer Infektion mit virulenten Tuberkelbazillen ausgesetzt wurden, sind bei 39 Säuglingen aus äußeren Gründen in der ersten Lebenszeit keinerlei Proben vorgenommen worden. Wir beziehen uns in folgendem daher nur auf 212 Säuglinge. Von diesen haben 190 auf eine der oben genannten Proben positiv reagiert. Die 22 negativ reagierenden Säuglinge verteilen sich auf folgende Krankheitsgruppen:

Gruppe I	11	Gruppe IV	3
„ II	2	„ V	—
„ III	—	„ VI	6

Es liegt nahe anzunehmen, daß bei den 6 Kindern der Gruppe VI eine Tuberkuloseinfektion wenigstens mit virulenten Bazillen überhaupt nicht erfolgt ist. Es handelt sich nämlich um Kinder, die niemals irgendwelche Krankheitserscheinungen gezeigt haben. Freilich wissen wir, daß auch im frühen Säuglingsalter Tuberkuloseinfektionen vorkommen, die keinerlei subjektive und objektive Krankheitserscheinungen mit sich bringen, und dergleichen wurde auch in Lübeck beobachtet. Aber die Kinder, um die es sich hier handelt, wurden meist 2—3mal perkutan geprüft, und zwar zuletzt zu einem Zeitpunkt, in dem im allgemeinen bereits mit einer genügend hohen Tuberkulinempfindlichkeit gerechnet werden darf, nämlich mit 3 Monaten oder später. Einen Fall (Nr. 160) müssen wir dabei allerdings von vornherein ausnehmen, der nur einmal am 68. Tag mit Tuberkulin geprüft wurde. Es hat sich jedoch im weiteren Verlauf herausgestellt, daß auch bei viermalig negativer Perkutanreaktion, zuletzt am 206. Tage geprüft, eine Tuberkuloseinfektion vorliegen kann. Ein Kind der Gruppe VI (147) ist interkurrent im Alter von $1^1/_2$ Jahren gestorben und hat das Beweismaterial hierfür geliefert. Die tuberkulösen

Veränderungen waren allerdings *äußerst geringfügig* und makroskopisch überhaupt nicht erkennbar. Es handelte sich um miliare, zentralverkalkte, fibrös umkapselte, käsige Herde der Lymphknoten der Gekrösewurzel und einen solitären, miliaren, zentralverkalkten, fibrös umkapselten, käsigen Herd eines rechten oberen medialen zervikalen Lymphknotens. Mögen die tuberkulösen Veränderungen aber auch sehr unscheinbar gewesen sein, es ist nach dieser Beobachtung doch nicht berechtigt, auf Grund viermalig negativer Perkutanreaktion *jede* Tuberkuloseinfektion abzulehnen. Vom Standpunkt des Klinikers ist dabei allerdings zu sagen, daß Tuberkuloseinfektionen mit so geringfügigen Folgeerscheinungen *praktisch bedeutungslos* sind. Es ist sogar möglich, daß hier eine reine B.C.G.-Infektion bestanden hat. Sehr geringe Infektionen müssen wir auch bei den hier aus Gruppe IV aufgeführten 3 Kindern für vorliegend halten, die nur einige kleine Drüsenschwellungen am Hals aufwiesen, ohne daß man aus dem klinischen Befunde einen Verdacht auf Tuberkulose ablehnen konnte. Infolgedessen sind sie trotz negativer Hautprobe in der Gruppe IV belassen worden.

Daß 8 Kinder der Gruppe I, d. h. *kurz ante exitum, negativ* reagiert haben, entspricht den allgemeinen Erfahrungen. Das gilt sowohl von der Perkutan- wie der Intrakutanreaktion.

Auf $^1/_{100}$ mg reagierten negativ

1 Kind 13 Tage ante exitum Nr. 129
1 „ 14 „ „ „ „ 119,

auf $^1/_{10}$ mg reagierten negativ

2 Kinder 1 Tag ante exitum Nr. 13 u. 126
2 „ 2 Tage „ „ „ 7, 15,
1 Kind 3 „ „ „ „ 17
1 „ 5 „ „ „ „ 54
1 „ 8 „ „ „ „ 129

auf 1 mg reagierten negativ

1 Kind 1 Tag ante exitum Nr. 15
1 „ 2 Tage „ „ „ 17
1 „ 4 „ „ „ „ 54
1 „ 5 „ „ „ „ 129,

auf 10 mg reagierte negativ

1 Kind 1 Tag ante exitum Nr. 129

Die Perkutanreaktion versagte, soweit sie angestellt wurde, in diesen Fällen natürlich ebenfalls.

Wie sich der *negative Ausfall der Tuberkulinreaktion* in fortgeschrittenen Stadien der Tuberkuloseerkrankung in Lübeck auswirkte, sei an einigen Beispielen auseinandergesetzt. Bekanntlich ist der katastrophale Effekt der beabsichtigten Tuberkuloseschutzimpfung erst relativ spät erkannt worden. Hieran ist nicht zuletzt das Versagen der Tuberkulinreaktion in gewissen Krankheitsfällen schuld gewesen:

a) Das Kind N. (Nr. 13), geboren 21. 2. 30, wurde am 19. 4. mit der Diagnose Ernährungsstörung und Lungenentzündung in das Lübecker Kinderhospital eingeliefert. Zwar hatte schon der behandelnde Arzt an Lungentuberkulose gedacht und auch im Kinderhospital kam dieser Verdacht auf. Leider brachte jedoch die Tuberkulinreaktion gerade hier keine Klärung; denn sie fiel bei der fortgeschrittenen Erkrankung mit $^1/_{10}$ mg negativ aus. Das Kind wurde also wie ein pneumoniekrankes mit Solvochin behandelt. Es starb schon am folgenden Tage. Die am 22. 4. ausgeführte Sektion deckte zwar das Vorhandensein einer Tuberkulose auf, aber es handelte sich um eine primäre Lungeninfektion, wie sie nach Fütterungsinfektion nicht erwartet werden konnte.

b) Das Kind R. (Nr. 7), geboren 25. 2. 30, fand am 22. 4. Aufnahme ins Kinderhospital wegen Verdacht auf Lues, Ileus, Hydronephrose, angeborene Mißbildung, Tumor oder Hirschsprungsche Krankheit. Das Kind war ikterisch, hatte stark aufgetriebenen Leib, Vergrößerung von Milz und Leber. Auch hier wurde sofort die Intrakutanreaktion mit $^{1}/_{10}$ mg angestellt. Sie fiel jedoch negativ aus. Das Kind starb am 24. 4. Erst die Sektion am 25. 4. brachte die endgültige Klärung, da eine akut generalisierte Tuberkulose, ausgehend von intestinaler Infektion, festgestellt wurde.

c) Das Kind Schw. (Nr. 15), geboren 22. 2. 30, wurde am 23. 4. wegen Abmagerung, Drüsenschwellung und Verdacht auf Pyelitis in das Kinderhospital eingewiesen. Das Kind hatte Halsdrüsen, aufgetriebenen Leib, Milz- und Leberschwellung. Der Verdacht auf Tuberkulose konnte vielleicht aufkommen. Aber sowohl die perkutane wie intrakutane Tuberkulinprüfung (mit $^{1}/_{10}$ und 1 mg) fielen negativ aus. Das Kind starb schon am 25. 4. Die Sektion am 26. 4. deckte dann eine akut generalisierte Tuberkulose, ausgehend von intestinaler Infektion, auf.

Eine Sonderstellung nehmen 2 Kinder ein (Nr. 46 und Nr. 139), die nicht an ihrer Tuberkulose, sondern interkurrent an ausgedehnten Bronchiektasen bzw. Pylorospasmus gestorben sind. Das erste wurde nur einmal perkutan und noch dazu bei hohem Fieber am 77. Tage, das andere 21 bzw. 22 Tage ante exitum zwar intrakutan aber doch sehr früh, nämlich am 30. bzw. 31. Tage nach der Infektion geprüft. Hier war nach Lage der Dinge noch nicht mit einem positiven Ausfall der Reaktion zu rechnen.

Die zur Gruppe II gehörenden beiden Säuglinge wiesen bereits längere Zeit vor dem Exitus eine negative Perkutanreaktion auf:

1mal 74 und 50 Tage ante exitum Nr. 10
1 „ 42 „ 20 „ „ „ „ 31.

Beide Kinder waren um diese Zeit bereits schwer krank und gingen unter starker Abmagerung zugrunde. Auch die Wiederholung der Probe ließ eine positive Reaktion nicht aufkommen. Wir müssen hier also von einem Versagen der Perkutanreaktion sprechen.

Übrigens gab es auch unter den anfänglich positiv reagierenden Fällen solche, die schon einige Zeit vor dem Tode ihre Reaktionsfähigkeit einbüßten. Es sind dies:

Kind Nr. 60 perkutan positiv am 48. Tage nach der 1. „Fütterung“, negativ am 113. Tage, d. h. 14 Tage ante exitum und zwar perkutan und intrakutan ($^{1}/_{10}$ mg).

Kind Nr. 9 perkutan positiv am 60. Tage nach der 1. „Fütterung“, negativ am 82. Tage, d. h. 83 Tage ante exitum, negativ am 113. Tage, d. h. 52 Tage ante exitum.

Kind Nr. 244 perkutan positiv am 27. Tage nach der 1. „Fütterung“, negativ ($^{1}/_{10}$ mg) am 97. Tage, d. h. 9 Tage ante exitum.

Kind Nr. 32 intrakutan positiv am 42. Tage nach der 1. „Fütterung“, perkutan negativ am 48. Tage, d. h. 18 Tage ante exitum.

Kind Nr. 38 perkutan positiv am 79. Tage nach der 1. „Fütterung“, negativ ($^{1}/_{10}$ mg) am 117. Tage, d. h. 12 Tage ante exitum.

Auf der anderen Seite muß hervorgehoben werden, daß eine ganze Reihe von Kindern ihre Tuberkulinempfindlichkeit bis kurz vor dem Tode aufrecht erhielt. Wie beifolgende Tabelle zeigt, wurden um diese Zeit allerdings in der Regel nur Intrakutanproben vorgenommen. Doch finden sich auch einige Kinder, die am 11., 14. und 16. Tage ante exitum noch perkutan positiv reagierten:

Ante exitum reagierten positiv

1 Tag	ante	exitum	auf	1: 1000	Nr. 48
1 „	„	„	„	1: 1000	„ 51
1 „	„	„	„	1: 1000	„ 81
2 Tage	„	„	„	1: 1000	„ 22
2 „	„	„	„	1: 100	„ 64
3 „	„	„	„	1: 1000	„ 100
4 „	„	„	„	1: 1000	„ 47
4 „	„	„	„	1: 10000	„ 62
4 „	„	„	„	1: 1000	„ 123
5 „	„	„	„	1: 1000	„ 67
5 „	„	„	„	1: 1000	„ 108
6 „	„	„	„	1: 1000	„ 84
6 „	„	„	„	1: 1000	„ 113

6 Tage	ante	exitum	auf	1: 1000	Nr. 181
7 „	„	„	„	1: 10000	„ 176
8 „	„	„	„	1: 1000	„ 111
8 „	„	„	„	1: 1000	„ 188
9 „	„	„	„	1: 1000	„ 72
9 „	„	„	„	1: 1000	„ 93
10 „	„	„	„	1: 1000	„ 128
11 „	„	„	„	perkutan	„ 57
11 „	„	„	„	1: 1000	„ 73
14 „	„	„	„	1: 1000 u. perkutan	„ 34
16 „	„	„	„	perkutan	„ 98

Wenn wir aus diesen Beobachtungen Schlüsse ziehen wollen, so müssen wir folgende Sätze aufstellen:

1. Die Intrakutanreaktion mit $^1/_{10}$ mg kann bereits 14 Tage ante exitum versagen, häufiger wird dies 2—5 Tage vor dem tödlichen Ende beobachtet.

2. Die Intrakutanreaktion mit 1 und 10 mg kann in ganz ähnlicher Weise 1—5 Tage ante exitum versagen.

3. Die Perkutanreaktion gibt keine genügend brauchbaren Resultate, wenn sie einmalig ausgeführt wird. Daß sie kurz ante exitum versagen kann, ist nach den Beobachtungen mit der Intrakutanreaktion selbstverständlich, doch ist dies einige Male auch längere Zeit vorher vorgekommen, nämlich 20, 35, 42, 50, 52, ja 74 und 83 Tage ante exitum.

Wir können also bestätigen, daß es unter Umständen ein Versagen aller Tuberkulinreaktionen gibt, ähnlich wie es (s. oben) Steffy Feilendorf beschrieben hat. Doch handelt es sich hier ausschließlich um letal endende Krankheitsfälle. Der äußerste Termin vor dem tödlichen Ende, an dem die Intrakutanreaktion ($^1/_{10}$ mg) versagte, betrug 14 Tage. Die Perkutanreaktion kann in schweren Krankheitsfällen schon wesentlich früher negativ ausfallen. Wir haben dagegen keinen Anhaltspunkt dafür gefunden, daß die Perkutanreaktion bei wiederholter Ausführung auch in leichten Krankheitsfällen versagen kann, nachdem das Inkubationsstadium der Tuberkulinempfindlichkeit abgelaufen ist, es sei denn, daß es sich um praktisch bedeutungslose, nur mikroskopisch nachweisbare Veränderungen handelt.

Für die Praxis der Tuberkulinprüfung im Säuglingsalter lassen sich hieraus folgende Richtlinien ableiten:

1. Bei schwerkranken Säuglingen, die den Verdacht auf Tuberkulose erregen, darf die Perkutanreaktion nicht als ausreichende Tuberkulinprüfungsmethode betrachtet werden, selbst wenn sie wiederholt ausgeführt wird. Um Zeit zu sparen, erscheint es angängig, in solchen Fällen sogleich die Intrakutanreaktion auszuführen.

2. Bei leichtkranken Säuglingen wird man dagegen nach Ablauf der Inkubationszeit der Tuberkulinempfindlichkeit (s. später) sich mit der Anstellung der Perkutanprobe begnügen können, sie jedoch zweckmäßigerweise ein zweites Mal ausführen.

Die Verwendung von Perlsuchttuberkulin.

Nachdem festgestellt war, daß ein immerhin beachtlicher Teil der Tuberkuloseinfektion beim Menschen auf den bovinen Typus des Tuberkuloseerregers zurückgeführt werden muß, ging das Bestreben dahin, die allgemeine Tuberkulosediagnose dahin zu ergänzen, daß man schon am Lebenden nach dem Erregertypus fahndete. Hierzu bot scheinbar die gleichzeitige Anwendung des humanen und bovinen Tuberkulins die beste Handhabe. In der Tat stellte sich bald heraus, daß bereits die einfache Kutanprobe nach v. Pirquet bei Verwendung dieser beiden Tuberkuline vielfach deutliche Unterschiede in der Reaktionsstärke anzeigt, ja, daß es Individuen gibt, die nur auf humanes bzw. nur auf bovines Tuberkulin reagieren. Infolgedessen erklärte Klose: Die Pirquetsche Kutanprobe wird nur dann allen Möglichkeiten gerecht, wenn sie gleichzeitig mit Human- und Perlsuchttuberkulin ausgeführt wird. Diesem Satz haben die meisten Nachuntersucher — wenigstens bei Verwendung des gewöhnlichen Alttuberkulins — zustimmen müssen, es ergaben sich aber doch Bedenken, ob aus der überwiegenden oder ausschließlichen Reaktion auf eins der beiden Tuberkuline ein Schluß auf den Erregertypus erlaubt sei. Denn der Reaktionsausfall stimmte nicht mit den Ergebnissen der bakteriologischen Untersuchungen überein, wie sie vielfach an Leichen zur Feststellung des Erregertypus gemacht worden sind. Bei der Lungen- und Halsdrüsentuberkulose fand sich die bovine Reaktion viel häufiger als erwartet werden konnte, bei der Bauchtuberkulose zu selten und ohne jede Abhängigkeit von der ergründeten humanen bzw. bovinen Infektionsgelegenheit (Kleinschmidt). Außerdem zeigte sich, daß die bei einer einmaligen Impfung zum Teil bestehenden Unterschiede in der Reaktionsstärke auf Alt- und Bovotuberkulin schon durch eine zweite Impfung fast vollständig verwischt werden (Nothmann, Nehring). Schließlich sprach auch das Tierexperiment gegen die Artspezifität der Reaktion. Mit Menschentuberkelbazillen infizierte Meerschweinchen reagieren in quantitativ und qualitativ gleicher Weise auf bovines und humanes Tuberkulin und umgekehrt besitzen mit Rindertuberkelbazillen geimpfte Meerschweinchen die gleiche Empfindlichkeit für humanes wie bovines Tuberkulin (Kleinschmidt, Schuster). Wie aber soll man sich die so oft erhobenen Befunde des Unterschiedes zwischen boviner und humaner Reaktion beim Menschen erklären? Man muß sich daran erinnern, daß schon das humane Tuberkulin kein einheitlicher Körper ist. Prüft man verschiedene Lieferungen von Alttuberkulin der gleichen oder verschiedener Fabrikationsstätten, so zeigen diese durchaus nicht die gleiche Wirksamkeit bei der Kutanprobe (Kleinschmidt, Moro, Schuster), erst recht dürfen wir das also nicht bei Verwendung von humanem und bovinem Tuberkulin voraussetzen. Die Unterschiede haben offenbar lediglich ihren Grund in wechselnder Toxizität und sind nicht prinzipieller Natur. Es gelingt infolgedessen auch, ein humanes Tuberkulin herzustellen, das dem Perlsuchttuberkulin unter allen Umständen an Wirkungsstärke überlegen ist. Die Höchster Farbwerke mischten unter vielen Fabrikationsmarken von humanem Tuberkulin die am stärksten wirksamen und verglichen diese Mischung mit ihrem gewöhnlichen Standard-Alttuberkulin. Diese Mischung stellte sich nicht nur im Tierversuch als 5mal stärker wirkend heraus als das übliche Präparat (Joseph), sondern sie erwies sich auch bei der Kutanprobe am Menschen im Gegensatz zu den oben mitgeteilten Befunden dem Perlsuchttuberkulin gegenüber stets überlegen. Es gab kein Kind mehr, das nur auf Perlsuchttuberkulin und nicht gleichzeitig auf dieses „Kutituberkulin" reagiert hätte, dagegen waren wohl Kinder vorhanden, die auf Perlsuchttuberkulin nicht ansprachen, auf „Kutituberkulin" aber reagierten (Kleinschmidt).

Die Verwendung des Perlsuchttuberkulins hat sich gleichwohl in der Diagnostik bis heute erhalten. Mußte auch der Wunsch, auf diesem Wege zu einer Differenzierung des Erregertyps zu gelangen, fallen gelassen werden, so konnte man sich doch die vielfach zu beobachtende stärkere Wirksamkeit des bovinen Präparates zunutze machen. Von diesem Gesichtspunkte aus hat z. B. Moro seinem „diagnostischen Tuberkulin" einen Zusatz von Bovotuberkulin gegeben. Allerdings will er damit auch zugleich der alten Forderung entsprechen, daß reine Perlsuchtfälle, die evtl. doch nur auf Bovotuberkulin reagieren, der Aufdeckung nicht entgehen können. Auch zur Intrakutanreaktion, die ja, wie früher erörtert, von manchen Autoren prinzipiell der Kutan- bzw. Perkutanreaktion vorgezogen wird, benutzt man noch heute das Perlsuchttuberkulin (Klotz). Wesentliche Unterschiede gegenüber dem, was wir vom „Perlsuchtpirquet" gehört haben, ergeben sich hierbei nicht. Es gibt also Kinder, die bei erstmaliger Prüfung mit $^1/_{10}$ und 1 mg intrakutan auf humanes Tuberkulin stärker reagieren als auf bovines und umgekehrt. Auch trifft man vereinzelt solche, die nur auf Alt- oder nur auf Bovotuberkulin ansprechen. Bei einer zweiten Impfung mit 10 mg verwischen sich dann die Unterschiede in der Reaktionsstärke auf Alt- bzw. Bovotuberkulin wie bei der Kutanprobe, ja noch mehr als bei dieser, indem nun niemand mehr auf Alt- und Bovotuberkulin allein reagiert (Nehring).

Die Prüfung der Lübecker Säuglinge mit Perlsuchttuberkulin beanspruchte insofern Interesse, als man mit der Möglichkeit rechnete, daß die Infektion durch einen Tuberkelbazillus boviner Herkunft zustande gekommen war. Man konnte womöglich zu der alten Streitfrage Material erhalten, wie sich Kinder nach boviner Infektion dem Tuberkulin verschiedener Herkunft gegenüber verhalten. Nachdem aus den Leichen jedoch virulente Tuberkelbazillen des humanen Typs gezüchtet worden sind, fällt dieses Moment weg. Es ist lediglich möglich, zur Anwendung des Perlsuchttuberkulins zu allgemein diagnostischen Zwecken Stellung zu nehmen.

Das Perlsuchttuberkulin wurde nur intrakutan angewandt, und zwar gewöhnlich in einer Verdünnung 1 : 1000; in einer Reihe von Fällen, bei denen der Intrakutantiter festgestellt werden sollte, kamen auch stärkere Verdünnungen bis 1 : 1 Million zur Anwendung. Stets wurde vergleichsweise Alttuberkulin in entsprechender Verdünnung eingespritzt.

Unter 36 Fällen, die in einer Verdünnung 1 : 1000 vergleichsweise geprüft wurden, zeigte sich 32mal völlige Übereinstimmung in der Reaktion auf die Tuberkulinarten. 3mal kam es vor, daß die Reaktion nur auf Alttuberkulin positiv ausfiel, bei einer Wiederholung wenige Tage später in der gleichen Dosierung war der Reaktionsausfall jedoch für beide Tuberkuline der gleiche. Wenn auch zugegeben werden muß, daß durch die erste Injektion eine Sensibilisierung herbeigeführt sein kann, die sich nach einigen Tagen in höherer Empfindlichkeit auch für das Perlsuchttuberkulin äußert, so sind wir doch nicht in der Lage, bei diesen vereinzelten Vorkommnissen Injektionsfehler auszuschließen. Ein Fall allerdings verdient vielleicht Beachtung. Bei einem Kinde, bei dem die Perlsuchtreaktion (auf 1 : 1000) zunächst negativ ausfiel, nach 7 Tagen aber genau so wie die Alttuberkulinreaktion positives Ergebnis hatte, handelt es sich um einen sehr früh geprüften Fall. Die erste Prüfung wurde am 33. Tage nach der ersten Fütterung, die zweite am 40. Tage vorgenommen. Das Kind befand sich also in einem Stadium, wo noch mit einem Anstieg der Tuberkulinempfindlichkeit gerechnet werden muß. Weiter ist zu berichten, daß 1mal die Perlsuchttuberkulinreaktion (auf 1 : 1000) deutlich schwächer ausfiel als die Alttuberkulinreaktion. Hier handelte es sich um einen Fall 3 Tage ante exitum, bei dem offenbar bereits eine Senkung der Tuberkulinempfindlichkeit eingetreten war.

Unter 17 Fällen, die vergleichsweise mit höheren Verdünnungen 1 : 1 Million absteigend bis 1 : 10000 gespritzt wurden, war wiederum gewöhnlich völlige Übereinstimmung im Reaktionsausfall vorhanden, nämlich 15mal. Einmal war die Reaktion auf Perlsuchttuberkulin 1 : 10000 positiv, während sie auf die entsprechende Verdünnung Alttuberkulin fraglich ausfiel. Auf 1 : 1000 war die Reaktion gleich stark. Hier handelt es sich um einen Fall, der 9 bzw. 8 Tage später an seiner Tuberkulose zugrunde ging. Das umgekehrte Verhalten, daß nämlich die Perlsuchtreaktion auf 1 : 10000 ausblieb, während auf Alttuberkulin Reaktion eintrat, wurde ebenfalls 1mal beobachtet in einem Fall, wo bei der Verdünnung 1 : 1000 Übereinstimmung bestand. Hier handelt es sich weder um einen Frühfall, noch erfolgte bald der Exitus.

Betrachten wir das Ergebnis dieser Beobachtungen zusammenfassend, so muß gesagt werden, daß die Prüfung der tuberkulösen Kinder mit Perlsuchttuberkulin einen Gewinn nicht gebracht hat. Zumeist wurde völlige Übereinstimmung zwischen humanem und bovinem Tuberkulin erzielt. Wo aber einmal ein gewisser Unterschied in der Reaktion gefunden wurde, sei es, daß sie auf ein Tuberkulin schwächer ausfiel oder gar ausblieb, da brachte die nächste Prüfung mit der gleichen oder 10fach stärkeren Konzentration wieder völlige Übereinstimmung. Es ist entsprechend den früheren Mitteilungen (Nehring) kein Fall beobachtet worden, der dauernd nur auf das eine oder andere Tuberkulin reagiert hätte. Bei der Verdünnung des Tuberkulins 1 : 1000 ist sogar kein Fall vorhanden, der bei Reaktion auf Perlsuchttuberkulin nicht gleichzeitig auch auf Alttuberkulin reagiert hätte, dagegen ist das Umgekehrte einige Male vorgekommen. Bei der Verdünnung 1 : 10000 war nur einmal die Reaktion auf Alttuberkulin fraglich, sonst auch stets deutlich vorhanden, selbst wenn die Reaktion auf Perlsuchttuberkulin ausblieb. Die gefundenen Abweichungen halten sich also in bescheidenen Grenzen und können vollkommen in Parallele gesetzt werden zu den Beobachtungen am Meerschweinchen, über die Kleinschmidt folgendermaßen berichtet:

„Die in zahlreichen Versuchen bestätigte Regel zeigte zwar gelegentlich kleine Abweichungen sowohl in quantitativer wie in qualitativer Hinsicht, indem bei einer der kleineren Injektionsdosen noch in dem einen Fall eine Spur von Reaktion sichtbar wurde, die in dem anderen fehlte, oder indem die Stärke der eintretenden Nekrose schwankte, aber diese geringfügigen Differenzen fanden sich in gleicher Weise zuweilen bei Prüfung verschiedener Marken der gleichen Tuberkulinart."

Quantitative Bestimmungen der Tuberkulinempfindlichkeit.

Über die Höhe der Tuberkulinempfindlichkeit bei tuberkuloseinfizierten bzw. tuberkulosekranken Kindern liegen eine Reihe von Untersuchungen vor. Zunächst suchte man, sich ein Urteil über den Grad der Tuberkulinempfindlichkeit zu bilden, indem man kutane Impfungen mit steigenden Tuberkulinverdünnungen vornahm (Ellermann und Erlandsen). Später ging man, um exaktere Ergebnisse zu erhalten, dazu über, abgestufte Tuberkulinmengen intrakutan (des Arts, Harmstorf) oder subkutan (Ossoinig) zu injizieren. Es stellte sich heraus, daß die Intrakutanprobe empfindlicher ist als die subkutane, d. h. daß bei einer höheren Verdünnung von Alttuberkulin eine positive Reaktion einsetzt. Wir haben daher die intrakutane Methode bevorzugt. Nach Harmstorf zeigen aktiv tuberkulöse und skrofulöse Kinder zwischen 1 und 13 Jahren meist eine Empfindlichkeit von 1 : 100000, d. h. sie reagieren auf $^1/_{10}$ ccm einer Alttuberkulinlösung 1 : 100000 intrakutan. Eine Reihe von ihnen zeigt noch stärkere Empfindlichkeit, nämlich 1 : 1 Million, wenige Kinder dagegen geringere Reaktionsfähigkeit von 1 : 10000 oder gar nur 1 : 1000. Des Arts fand des öfteren noch höhere Empfindlichkeit von 1 : 10 Millionen bis 1 : 1000 Millionen, diese aber besonders bei inaktiven Prozessen. Beobachtungen aus dem Säuglingsalter bringt er nur in geringer Zahl (9). Sie erscheinen aber sehr wünschenswert, weil, wie oben auseinandergesetzt, im Säuglingsalter des öfteren ohne ersichtlichen Grund negative Kutan- oder Perkutanreaktionen gefunden wurden, also die Tuberkulinempfindlichkeit offenbar nicht so regelmäßig die durchschnittliche Höhe erreicht. Man hat viel davon gesprochen, daß die Hautempfindlichkeit der Säuglinge an und für sich gering sei und daß Säuglinge im allgemeinen schlechte Antikörperbildner seien (Orel), ja, man hat noch andere sehr weitgehende Schlußfolgerungen aus diesen Befunden gezogen. Rietschel betrachtet als Grundlage der Skrofulose eine Tuberkulose, die sich fast stets in einer starken Allergie dokumentiert, und will das Fehlen der Skrofulose im Säuglingsalter damit erklären, daß der Säugling diese hohe Allergie eben noch nicht aufzubringen vermag.

Um das klinische Urteil über die Prognose zu unterstützen, stellten wir bei einer größeren Zahl von Lübecker Tuberkulosesäuglingen, die ohnehin mit Tuberkulin geprüft werden mußten, den Intrakutantiter fest. In einer Reihe von Fällen geschah das allerdings erst, nachdem bereits anderweitige Tuberkulinprüfungen vorgenommen worden waren. Die Prüfung erfolgte frühestens zwischen dem 63. bis 82. Tage, gewöhnlich aber zwischen dem 90. und 160. Tage, so daß das Inkubationsstadium der kutanen Tuberkulinempfindlichkeit als abgeschlossen gelten konnte. Einzelne Fälle wurden auch erst später zwischen dem 180. und 240. Tage geprüft. Insgesamt verfügen wir über 29 Titeruntersuchungen, die als einwandfrei gelten können, insofern systematisch intrakutane Tuberkulininjektionen von einer Verdünnung 1 : 10 Millionen angefangen bis zur jedesmal 10fachen Konzentration vorgenommen wurden. Es reagierten auf Tuberkulin:

1 : 10000000	1 positiv	5 schwach positiv
1 : 1000000	12 „	
1 : 100000	7 „	
1 : 10000	4 „	

Wir finden demnach am häufigsten einen Titer von 1 : 1 Million, während aus den Prüfungsergebnissen Harmstorfs hervorgeht, daß bei älteren Kindern gewöhnlich nur ein Titer von 1 : 100000 besteht. Gewiß gibt es auch noch genug Säuglinge, die erst auf 1 : 100000 reagieren, und sogar einzelne, die erst auf 1 : 10000 ansprechen. Jedenfalls aber kann nicht gesagt werden, daß die Tuberkulinempfindlichkeit im Säuglingsalter durchschnittlich geringer sei als im höheren Alter. Sie liegt eher noch höher. Besonders bemerkenswert erscheint uns, daß der Titer von 1 : 100000 bereits bei einer Reihe von Kindern im 3. und 4. Lebensmonat, z. B. am 67., 70. und 86. Tag, gefunden, ja, daß einmal schon am 89. Tage (Nr. 110), am 94. Tage (Nr. 92) nach der ersten Fütterung der Titer von 1 : 1 Million erreicht wurde. Ebenso darf erwähnt werden, daß ein an tuberkulöser Meningitis leidendes Kind (Nr. 209) 21 Tage vor dem Tode (219. Tag) noch immer die unverändert hohe Empfindlichkeit von 1 : 1 Million aufwies. Auf der anderen Seite haben wir gehört, daß manche Säuglinge wenige Tage vor dem Tode nicht einmal mehr auf 1 : 1000 oder gar 1 : 100 reagierten. Diese Spätfälle sind natürlich in der oben geschilderten Weise gar nicht erst geprüft worden. Was wir über den Intrakutantiter wissen, bezieht sich meist auf Kinder in gutem Zustande, wenn auch mit beträchtlichen Manifestationen, jedenfalls aber vor dem finalen Stadium. Es befanden sich:

16 Kinder in der III. Gruppe (davon 2 später an Meningitis gestorben)
4 „ „ „ IV. „
9 „ „ „ V. „

In der mittelschwerkranken Gruppe III wurden

4 Kinder mit einem Titer 1 : 10000000 (davon 3 schwach positiv)
8 „ „ „ „ 1 : 1000000
2 „ „ „ „ 1 : 100000

gefunden. Man kann also keineswegs behaupten, daß nur die Leichterkrankten einen hohen Titer gehabt hätten.

Was den Anstieg des Intrakutantiters im Verlaufe der Krankheit betrifft, so verfügen wir nur über einen Fall, der bereits im Inkubationsstadium der Tuberkulinempfindlichkeit und fortlaufend weiter bis zum Tode geprüft wurde. Ich führe das entsprechende Protokoll an dieser Stelle an:

Nr. 209	Tag nach der Fütterung:	Alttuberkulin	
	9.	1 : 100	negativ
	28.	1 : 100	positiv (1 : 1000 negativ)
	33.	1 : 1000	„
	60.	1 : 10000	„
	67.	1 : 100000	„
	76.	1 : 1000000	negativ
	124.	1 : 10000000	„
		1 : 1000000	schwach positiv
	130.	1 : 1000000	positiv
	146.	1 : 10000000	schwach positiv
		1 : 1000000	„ „
	153.	1 : 10000000	negativ
		1 : 1000000	positiv
	174.	1 : 1000000	negativ
	219.	1 : 1000000	positiv (bei bestehender Meningitis)
	241.	Exitus	

Drei weitere Fälle wurden ebenfalls bereits im Inkubationsstadium untersucht. Sie sind der Krankheit nicht erlegen.

Nr. 131 reagierte am 22. Tage auf 1 : 100 negativ
„ 47. „ „ 1 : 100 positiv
„ 86. „ „ 1 : 100000 „
„ 186. „ „ 1 : 1000000 „

Nr. 232 reagierte am	29. Tage	auf 1 :	1000	positiv
	„ 139. „	„ 1 :	100000	schwach positiv
Nr. 233 „	„ 29. „	„ 1 :	1000	positiv
	„ 124. „	„ 1 :	100000	schwach positiv

Fall 209 erreichte den Titer	1 : 100000	am	67. Tag
„ 131 „ „ „	1 : 100000	„	86. „
„ 232 „ „ „	1 : 100000	„	143. „
„ 233 „ „ „	1 : 100000	„	128. „

Die beiden letzten hatten am 95. Tage erst einen Titer von 1 : 10000 und überschritten auch später nicht denjenigen von 1 : 100000, während die beiden anderen zeitweise auf 1 : 1 Million reagierten. Schwankungen des Titers bei höheren Verdünnungen haben wir des öfteren beobachtet.

Nr. 110 Tag nach der Fütterung	Alttuberkulin	
73.	1 : 1000	positiv (ebenso Perlsucht)
80.	1 : 100000	„
89.	1 : 1000000	„
98.	1 : 1000000	fraglich
	1 : 100000	positiv
109.	1 : 1000000	„
145.	1 : 10000000	negativ
	1 : 1000000	„
153.	1 : 100000	„
168.	1 : 100000	positiv
175.	1 : 1000000	schwach positiv
	1 : 100000	positiv
196.	1 : 1000000	negativ
	1 : 100000	positiv
211.	1 : 1000000	schwach positiv
	1 : 100000	positiv

Zusammenfassung. Bei 29 Lübecker tuberkulösen Säuglingen wurde mittels abgestufter Intrakutaninjektion eine quantitative Bestimmung der Tuberkulinempfindlichkeit vorgenommen. Sämtliche Säuglinge befanden sich jenseits des Inkubationsstadiums der kutanen Tuberkulinempfindlichkeit und waren, wenn auch teilweise beträchtlich krank, in gutem Allgemeinzustand. 6 Säuglinge reagierten auf Alttuberkulin 1 : 10 Millionen, 12 Säuglinge auf 1 : 1 Million, 7 Säuglinge auf 1 : 100000, 4 Säuglinge auf 1 : 10000. Die Tuberkulinempfindlichkeit kann demnach im allgemeinen als recht hoch bezeichnet werden. Die früher vielfach behauptete geringere Tuberkulinempfindlichkeit im Vergleich zum älteren Kinde kann nicht bestätigt werden. Die Empfindlichkeit skrofulöser Kinder liegt nach Harmstorf eher niedriger als der hier gefundene Durchschnittswert. Es geht also nicht an, das meist beobachtete Fehlen von Skrofulose beim Säugling auf geringere Tuberkulinempfindlichkeit zurückzuführen.

Inkubationszeit der Tuberkulinempfindlichkeit.

Die Zeit vom Eindringen der Tuberkelbazillen in den Organismus bis zum Auftreten der Allergie ist sowohl im Tierexperiment als auch beim Menschen studiert worden. Im Tierexperiment am Meerschweinchen zeigte sich, daß die Inkubationszeit verschieden lang ist, je nach der Infektionsdosis, welche verwandt wird, indem der größeren Infektionsdosis eine kürzere Inkubationszeit entspricht und umgekehrt (Hamburger, Römer und Joseph, Kleinschmidt). Das gleiche wurde von Selter beim Kinde gefunden, als er zum Zwecke aktiver Immunisierung in ihrer Virulenz abgeschwächte Tuberkelbazillen subkutan in wechselnder Menge injizierte. Wie die Dinge unter natürlichen Verhältnissen beim Menschen liegen, wird bis heute noch diskutiert. Epstein hat über diese Frage im Handbuch der Kindertuberkulose eine ausführliche Zusammenstellung gegeben. Er schließt sich der Auffassung von Kleinschmidt, Peyrer und Breckoff an, daß die Inkubation beim Menschen nur innerhalb geringer Grenzen schwankt, und berechnet für die kutane Tuberkulinprobe eine Inkubationsdauer von 4—10 Wochen, für die Intrakutan- und Subkutanprobe mit $^1/_{10}$ bis 1 mg Tuberkulin eine solche von 3—7 Wochen. Anderweitige Angaben, nach denen die Inkubationszeit ähnlich wie beim künstlich infizierten Tiere zwischen 7 Tagen und 11 Monaten schwanken soll, erklärt Epstein mit ungenauer Beobachtung und begründet dies im einzelnen. Man könnte nun glauben, dieser Streit sei ziemlich nebensächlich. Nach den Erfahrungen des Tierexperimentes über die Abhängigkeit der Inkubationsdauer von der Infektionsdosis läßt jedoch die beim Menschen beobachtete auffallende Konstanz der Inkubationsdauer sehr wichtige Schlüsse zu. Entweder müssen wir beim Menschen für alle Fälle eine annähernd gleiche Infektionsdosis annehmen, oder es müssen beim Menschen verschiedene Infektionsdosen eine fast gleich lange Inkubationsdauer zur Folge haben. Zweifellos am naheliegendsten ist die erste Schlußfolgerung, wenngleich sie mit der bislang sehr beliebten Vorstellung von der massigen Infektion bricht (Kleinschmidt). Aber in ihrem Sinne spricht auch der Mechanismus der Inhalationsansteckung. Die natürliche aerogene Infektion der Lungen wird offenbar nicht nur bei den verschiedenen Versuchstieren, sondern auch beim Menschen durch einen einzigen bzw. einzelne wenige an verschiedene Stellen der Lungen gelangende Bazillen hervorgerufen (B. Lange).

Wie aber steht es mit der uns hier beschäftigenden intestinalen Infektion? Hier ist a priori viel eher mit wechselnden Infektionsdosen zu rechnen. Leider besitzen wir aber noch gar keine vergleichenden Untersuchungen über die Inkubationsdauer der Tuberkulinempfindlichkeit bei verschiedenem Infektionsmodus. Epstein beschreibt einen einzigen Fall von primärer Darmtuberkulose, bei dem die Inkubationsdauer berechnet werden konnte. Sie lag zwischen 44 und 82 Tagen für die kutane Tuberkulinprobe, wich also nicht ab von dem, was bei primärer Lungentuberkulose gefunden worden ist.

Nach den vorliegenden Untersuchungen ist anzunehmen, daß die Infektionsdosis bei den Lübecker Säuglingen starken Schwankungen unterworfen war. Sicherlich war sie vielfach größer als unter natürlichen Verhältnissen beobachtet wird. Aus dem sehr leichten Verlauf einer großen Zahl von Krankheitsfällen dürfen wir aber andererseits wohl schließen, daß die Infektionsdosis in gewissen Fällen das übliche Maß zum mindesten nicht überschritten hat. Insofern dürften aus den Lübecker Beobachtungen Rückschlüsse auf die unter natürlichen Bedingungen vorkommenden oralen Infektionen durchaus erlaubt sein.

Bei dem sehr wechselnden Verlauf der Erkrankungen war es insbesondere auch möglich, die Beziehungen zwischen Inkubationszeit und Krankheitsverlauf zu studieren. Römer und Joseph, Kleinschmidt, Hamburger, Vallé, Nocard und Rossignol haben festgestellt, daß die Inkubationsdauer der Tuberkulose bei Meerschweinchen im umgekehrten Verhältnis steht zur Schwere der Tuberkulose und zur

Lebensdauer des infizierten Tieres. Debré, Paraf und Dautrebande haben diese Ergebnisse des Tierversuches auf den Menschen übertragen und bekennen sich auf Grund klinischer Beobachtungen zu der Ansicht, daß eine lange ante-allergische Periode einen gutartigen Verlauf der Krankheit anzeige, eine kurze eine tödliche Tuberkulose. Nun sind ja die in Betracht kommenden Unterschiede in der Inkubationsdauer, wie wir gehört haben, beim Menschen ohnehin sehr gering. Schenkt man ihnen aber Berücksichtigung, so lassen sich die Angaben der französischen Autoren doch nicht bestätigen. Epstein fand gerade dasjenige Kind seiner Beobachtung mit der kürzesten Inkubationszeit, das bereits im 1. Lebensmonat infiziert war, mit 4 Jahren gesund vor, ein weiteres, das im Alter von 38 Tagen eine positive Pirquetsche Reaktion zeigte, präsentierte sich als kräftiger gesunder junger Mann von 18 Jahren, während andere Kinder mit längerer Inkubationszeit schon im 1. Lebensjahr gestorben waren. Alle diese Beobachtungen betreffen jedoch Inhalationstuberkulosen.

Der früheste Termin für eine positive Pirquetsche Kutanreaktion, der bekanntgeworden ist, ist der 17. Lebenstag. Die früheste Stichreaktion (mit 0,1 mg Alttuberkulin subkutan) ist am 16. Lebenstag festgestellt worden. Im ersten Fall war die Stichreaktion nicht ausgeführt worden. Man darf aber wohl nach der allgemeinen Erfahrung annehmen, daß sie sicher um wenigstens einige Tage früher positiv gewesen wäre als die Kutanreaktion, jedenfalls vor dem 16. Tage. Beide Fälle betrafen kongenitale Tuberkulosen (Zarfl), was mit den oben zitierten Angaben Epsteins übereinstimmt, daß eine positive Kutanreaktion nicht vor dem Ende der 4. Woche, eine positive Stichreaktion nicht vor dem Ende der 3. Woche nach der stattgefundenen Tuberkuloseinfektion zu erwarten ist. Das gilt wenigstens für die subkutane Tuberkulininjektion von 0,1 mg. Mit 100 mg konnte Peyrer schon am 7.—8. Tage nach der Infektion eine Reaktion erzeugen.

Wie schon oben erwähnt, konnten die Tuberkulinprüfungen bei den Lübecker Säuglingen nur selten so systematisch durchgeführt werden, wie es zur exakten Beurteilung der Inkubationszeit wünschenswert gewesen wäre. Immerhin sind allerlei bemerkenswerte Beobachtungen zusammengekommen.

Die früheste (übrigens mit Moros diagnostischer Tuberkulinsalbe vorgenommene) Perkutanprobe, die positiv befunden wurde, ist am 23. Tage nach der Infektion, d. h. der erstmaligen oralen Verabreichung der Tuberkelbazillenemulsion, ausgeführt worden (Nr. 232). Bei einem zweiten Kinde (Nr. 244) ist der 27. Tag nach der Infektion — wir rechnen stets den Tag der ersten Impfstoffverabreichung als Infektionstag — der Tag erstmalig festgestellter perkutaner Reaktionsfähigkeit. Es folgen zwei Kinder (Nr. 191, 247) am 28. Tage, zwei (Nr. 84 und 203) am 33. Tage, eins (Nr. 87) am 34. Tage.

Beifolgende Tabelle 1 gibt weitere genaue Auskunft über die späteren Reaktionstage.

Sie können nur in begrenztem Umfange über das Inkubationsstadium Auskunft geben, da die Probe vielfach erstmalig an dem angegebenen Tage ausgeführt wurde und sogleich positiv ausfiel; daher sind auch die Fälle, die nach dem 70. Tage erstmalig geprüft positiv reagierten, in der Tabelle unberücksichtigt geblieben. Ein erhöhtes Interesse können eigentlich nur diejenigen Fälle beanspruchen, bei denen die Perkutanprobe erstmalig negativ und dann bei einer zweiten oder dritten Prüfung positiv ausfiel. Aber selbst diese Fälle erfahren für die exakte Beurteilung insofern noch eine Einschränkung, als die Wiederholung der Probe vielfach erst nach längerem Intervall vorgenommen werden konnte. Immerhin können wir sagen, daß die oben genannten frühen Termine vom 23.—34. Tage nach der Infektion keineswegs die Regel darstellen. 7 Kinder, die zu so frühem Zeitpunkt geprüft wurden (230, 218, 205, 249, 220, 239, 234), reagierten zwischen dem 25. und 33. Tage nach der Infektion perkutan noch nicht.

Als späteste noch negative Fälle sind je 1 Fall am 61., 73., 82., 84., 103. und 110. Tage, 2 Fälle am 98. Tage anzuführen, wobei wir jedoch bemerken möchten, daß wir eine absolute Gewähr für diese Zahlen nicht geben können.

Tabelle 1. Perkutan positiv.

Tag nach Fütterung	Gruppe	Gestorben	Laufende Nummer	Tag nach Fütterung	Gruppe	Gestorben	Laufende Nummer
23.	V		232	50. (29. Ø)	V		220
27. (97. 1:1000 Ø)		109. Tag	244	51.	V		241
28.	III		191	52.		88. Tag	22
28.	III		247	52.	V		39
33.		77. Tag	84	52.	IV		122
33.	V		203	53.	V		149
34.	V		87	53. (46. Ø)	IV		170
36. (+)	IV		226	55.		91. Tag	53
37.	V		199	55.	III—IV		99
37.	III		215	55.	III		132
38.	III		96	56.		75. Tag	98
38. (+) (69. +)	III		190	56. (40. Ø)	IV		223
38. ((+)) (58. 88. 109. Ø)	V		224	56. (25. Ø)	III		230
				56. (31. Ø)	V		239
39.	V		166	56.	V		248
39.	III		193	57.		104. Tag	85
40.	V		237	57.	III		90
41.	IV		227	57. (28. 42. Ø)	V		205
44.	III		115	58.		75. Tag	34
44. (33. Ø)	III		234	58.	IV		94
45.		114. Tag	117	58.	V		155
45.	III		172	58. (35. Ø)		120. Tag	192
46.	V		133	60. (82. 113. Ø)		169. Tag	9
46.	III		178	60.	III		75
46.	V		182	60. (45. Ø)	V		143
46.	IV		185	60. (48. Ø)	V		217
47.	IV		152	61.		165. Tag	65
47. (40. Ø)	IV		168	61.	III		89
47.	III		195	61. (+)	V		152
48.	III		35	61. (37., 46., 51. Ø)	V		229
48. (113. Ø)		131. Tag	60	62.	IV		189
48.	V		156	63.		188. Tag	59
48.	IV		157	63.	III		103
48.	V		183	63. (57. Ø)		95. Tag	112
48.	IV		235	63. (+)	IV		197
49.	IV		107	64.		103. Tag	105
49.	IV		228	64.	V		141
50.		76. Tag	57	64.	IV		162
50.	IV		68	66. 40. (Ø)	III—IV		184
50.		148. Tag	120	67.	III		66
50.	IV		127	67.	IV		88
50.	V		145	67. (61. Ø)	IV		158

Tabelle 1 (Fortsetzung).

Tag nach Fütterung	Gruppe	Gestorben	Laufende Nummer	Tag nach Fütterung	Gruppe	Gestorben	Laufende Nummer
68.	V		97	96. (28. Ø)	V		249
68.	V		240	96. (57. Ø)	IV		148
69.	III		41	97. (59. Ø)	IV		104
69. (27. Ø)	V		218	102. (82. Ø)		319. Tag	14
70.	III		61	103. (73. Ø)	IV		83
70. (50. Ø)	V		140	123. (49. 110. Ø)	IV		153
70. (43. Ø)	IV		206	137. (98. Ø)	IV		16
71. (46. Ø)	V		142	162. (51. 54. 84. Ø)	V		136
75. (42. Ø)	III		173	260. (84. 98. Ø)	V		150
80. (45. Ø)	III—IV		251	2. Jahr (65. 103. Ø)	V		164
94. (43. Ø)	IV		200				

Bei 38 Kindern, bei denen die Perkutanreaktion erstmalig nach dem 70. Tage vorgenommen wurde, war sie jedesmal sofort positiv. Diese Fälle können wir zu irgendwelcher Entscheidung nicht heranziehen, weil wir nicht wissen, ob sie nicht vielleicht schon vor dem 70. Tage ebenfalls positiv reagiert hätten. Es bleiben 88 Kinder, die zwischen 4 und 10 Wochen (28.—70. Tag) geprüft positiv reagierten. Je eins hat bereits am 23. bzw. 27. Tage reagiert. Wir glauben daher, die Angaben Epsteins über die Inkubationsdauer für die Perkutanreaktion im allgemeinen bestätigen zu können.

Damit ist gesagt, daß die Inkubationsdauer bei den hier vorliegenden intestinalen Infektionen der für die pulmonale Infektion bekannten entsprochen hat. Die Inkubationszeit hat trotz der quantitativ offenbar verschiedenen Infektion keine stärkeren Schwankungen gezeigt.

Von den oben erwähnten 8 spät reagierenden Kindern speziell ist zu sagen, daß die anatomische Auswirkung der Tuberkulose nicht etwa besonders gering war gegenüber anderen, die sehr früh schon reagiert haben. Es ist infolgedessen kein Anhaltspunkt dafür gegeben, daß bei ihnen die Infektionsdosis besonders niedrig lag. Andererseits haben wir oben bereits einige Fälle mit wiederholt negativer Perkutanreaktion erwähnt, bei denen die anatomische Auswirkung (zum Teil durch Sektion erwiesen) überaus geringfügig war, also tatsächlich wohl eine Minimalinfektion vorgelegen hat. Erst unter solchen Verhältnissen werden wir mit einer gegenüber der Norm deutlich verlängerten Inkubationsdauer zu rechnen haben, jedoch vielleicht regelmäßig verbunden auch mit einem niedrigen Tuberkulintiter. Von einer gewissen Infektionsdosis an ist die Inkubationszeit offenbar nicht mehr stärkeren Schwankungen unterworfen, auch wenn diese Dosis nach oben mehr oder weniger stark überschritten wird.

Die Intrakutanreaktion wurde, wie früher erwähnt, gewöhnlich mit $^1/_{10}$ mg Alttuberkulin ausgeführt, nur ausnahmsweise mit 1 mg und 10 mg. Für den frühesten Termin intrakutaner Reaktionsfähigkeit beanspruchen aber gerade diese letzteren Fälle besonderes Interesse. So wurde je ein Fall am 22. (Nr. 131) bzw. 26. (Nr. 22) Tage nach der Infektion beobachtet, der auf 1 mg noch nicht reagierte. Ein Kind (Nr. 211) reagierte am 28. Tage nach der ersten „Fütterung" auf $^1/_{10}$ mg negativ, am 31. Tage auf 1 mg und am 33. Tage auf $^1/_{10}$ mg positiv. Ein Kind (Nr. 250), welches niemals manifeste Erscheinungen

Tabelle 2. Positive Intrakutanreaktionen.

Tag nach „Fütterung“	Titer	Gruppe	Gestorben	Nr.
25.	1: 1000 (97. 1:1000 Ø)		109. Tag	244
28.	1: 100 (33. 1:1000)		244. „	209
28.	1: 1000		77. „	84
29.	1: 1000	III		1
29.	1: 1000 (34. perkutan Ø)		67. „	78
29.	1: 1000	V		232
29.	1: 1000	V		233
31.	1: 100		36. „	64
31.	1: 100 (28. 1:1000 Ø 33. 1:1000 +)	III–IV		211
34.	1: 1000	III		247
36.	1: 1000		59. „	101
38.	1: 1000 (+) (48. +)		87. „	100
39.	1: 1000 (+) (50. +)		84. „	93
39.	1: 1000		62. „	174
41.	1: 1000		71. „	176
41.	1: 1000		50. „	181
41.	1: 1000 (41. perkutan Ø)		60. „	73
42.	1: 1000 (48. perkutan Ø)		69. „	32
43.	1: 1000		64. „	163
45.	1: 1000	III		193
46.	1: 1000		70. „	20
46.	1: 1000	III		35
46.	1: 1000	III		175
46.	1: 1000		134. „	214
47.	1: 100 (22. 1:100 Ø)	III		131
48.	1: 1000		59. „	188
51.	1: 1000		61. „	113
51.	1: 1000	IV		202
52.	1: 1000	III		37
53.	1: 1000	V		152
54.	1: 1000	III		102
55.	1: 1000		62. „	47
55.	1: 1000 (97. 1:1000 Ø)		105. „	121
55.	1: 1000	III		132
56.	1: 1000		76. „	123
56.	1: 1000		85. „	48
57.	1: 1000		93. „	52
57.	1: 1000	III		91
58.	1: 1000		76. „	34
59.	1:10000 (+)	V		216
61.	1: 1000		75. „	128
61.	1:10000 (59. 1:100000 Ø) (80. 1: 10000 Ø) (89. 1: 1000 Ø)		94. „	201 (nur BCG)
62.	1: 1000 (25., 26. 1:1000 Ø 1: 100 Ø)		88. „	22
62.	1: 1000		168. „	71
63.	1:100000	IV		154
64.	1: 1000		73. „	108

bekam, reagierte am 61. Tage nach der ersten „Fütterung“ auf $^1/_{10}$ und 1 mg negativ, am 65. Tage auf 10 mg, am 80. Tage auf $^1/_{10}$ mg positiv. Vom 25. Tage an zeigen sich dann schon Fälle, die auf $^1/_{10}$ mg ansprachen. Wir verweisen auf nebenstehende Tabelle 2 und heben nur hervor, daß ein Kind (Nr. 244) am 25. Tage, ein Kind (Nr. 84) am 28. Tage, 4 Kinder am 29. Tage, eins am 31. Tage nach der Infektion mit $^1/_{10}$ mg intrakutan geprüft positiven Ausfall zeigten. Zwei Kinder (Nr. 64, 211) reagierten am 31. Tage auf 1 mg intrakutan. Selbstverständlich sind in die Tabelle nur solche Kinder aufgenommen, die für die Beurteilung der Inkubationszeit in Betracht gezogen werden können. Ähnlich wie von der Perkutanreaktion muß auch hier wieder gesagt werden, daß die obengenannten frühen Reaktionstermine auf $^1/_{10}$ mg Alttuberkulin sicherlich nicht die Regel darstellen. So verfügen wir über die Beobachtung eines Säuglings, der am 28. Tage noch nicht, wohl aber am 33. Tage auf $^1/_{10}$ mg reagierte. Doch war wenigstens am 28. Tage die Reaktion auf 1 mg positiv. Im übrigen fällt auf, daß die Länge des Inkubationsstadiums gegenüber den Erhebungen mit der Perkutanreaktion nicht deutlich kürzer ausfällt, wie man es doch nach den allgemeinen Erfahrungen hätte annehmen sollen. Wir möchten jedoch glauben, daß das auf der zu geringen

Zahl vergleichsweise intrakutan geprüfter Säuglinge beruht. Jedenfalls fanden wir die Überlegenheit der Intrakutanreaktion über die Perkutanreaktion auch in diesem Frühstadium der Infektion wiederholt bestätigt. Wir haben solche Erfahrungen in Tabelle 3 zusammengestellt.

Tabelle 2 (Fortsetzung).

Tag nach Fütterung	Titer	Gruppe	Gestorben	Nr.
65.	1: 10 (61. 1:1000 ∅ (80. 1:1000 +)	V		250
69.	1: 1000		81. Tag	72
71.	1: 1000		88. „	81
73.	1: 1000	III		110
73.	1:10000 (70. 1:10000 ∅)	V		159
90.	1: 1000 (47. 63. 73. 1:1000 ∅)	V		144

Es geht daraus hervor, daß nicht nur wenige Tage nach negativem Ausfall der Perkutanprobe die Intrakutanprobe auf $^1/_{10}$ mg positiv ausfallen kann, sondern auch, daß die Perkutanprobe noch tagelang ausbleiben kann, wenn die Tuberkulininjektion schon zu einem positiven Ergebnis geführt hat. Ob der Unterschied sehr beträchtlich ist, steht dahin, jedenfalls gibt auch Epstein eine Überlegenheit der Stichreaktion über die Kutanreaktion lediglich für den Zeitraum von einer Woche an.

Tabelle 3.

Tag nach Fütterung	Perkutan	Tag nach Fütterung	Intrakutan	Gruppe	Gestorben	Nr.
48.	negativ	42.	1:1000 positiv	—	69. Tag	32
41.	„	41.	1:1000 „	—	60. „	73
34.	„	29.	1:1000 „	—	67. „	78
34.	„	38.	1:1000 „	—	87. „	100
33.	„	36.	1:1000 „	—	59. „	101

Einer besonderen Besprechung bedürfen nur noch die Beziehungen zwischen Inkubationszeit der Tuberkulinempfindlichkeit und Krankheitsverlauf. Da nicht viele Fälle einer wiederholten Tuberkulinprüfung unterzogen werden konnten, Fälle mit sicher langer Inkubationszeit infolgedessen nur vereinzelt nachzuweisen sind, müssen wir uns auf diejenigen Fälle beschränken, die sich durch eine besonders kurze Inkubationszeit auszeichneten. Hier ergibt sich nun, daß von den bis zum 34. Tage nach der Infektion perkutan oder intrakutan positiv befundenen 17 Säuglingen 7 gestorben sind, während 10 am Leben blieben. Das wäre an sich noch nicht auffällig. Fügen wir jedoch hinzu, daß unter den 10 am Leben gebliebenen Kindern sich 5 befanden, die zur Gruppe IV bzw. V gehörten, also nur geringfügige oder keinerlei Tuberkulosemanifestationen darboten, so müssen wir mit aller Bestimmtheit erklären, daß aus der Kürze der Inkubationsdauer ein prognostischer Schluß nicht abzulesen ist.

Schrifttum.

Breckoff: Die Dauer des Inkubationsstadiums der Tuberkulinempfindlichkeit beim Kinde als Maßstab für die Massigkeit der Infektion. Beitr. Klin. Tbk. **58**.

Debré, Paraf et Dautrebande: La période anteallergique dans la Tuberculose experimentale. C. r. Soc. Biol. Paris No 1, 73, 986, 1025, 1068. Ann. Méd. **9**, 443, 454.

Epstein: Die Inkubation der Tuberkulose. Handbuch der Kindertuberkulose von Engel-Pirquet.

Ellermann u. Erlandsen: Dtsch. med. Wschr. **1909 I**.

I. R. Des Arts: Quantitative Bestimmungen der Tuberkulinempfindlichkeit beim Kinde. Beitr. Klin. Tbk. **61**.

Hamburger u. Toyofuku: Dauer des Auftretens der Tuberkulinempfindlichkeit bei experimenteller Tuberkulose. Beitr. Klin. Tbk. **17**.
Harmstorf: Quantitative Untersuchungen über die Tuberkulinempfindlichkeit beim Kinde, insbesondere bei Skrophulose. Mschr. Kinderheilk. **40**.
Joseph: Über das Kutituberkulin und seine intrakutane Auswertung. Dtsch. med. Wschr. **1921 II**.
Kleinschmidt: Ist das Perlsuchttuberkulin zur Kutandiagnostik erforderlich? Beitr. Klin. Tbk. **50**.
— Über Tuberkulindiagnostik im Kindesalter mit besonderer Berücksichtigung des Perlsuchttuberkulins. Med. Klin. **1918 II**.
— Über latente Tuberkulose im Kindesalter. Dtsch. med. Wschr. **1914 I**.
— Tuberkulose der Kinder, 2. Aufl. 1927.
Klose: Über Perlsuchtreaktion nach Pirquet. Dtsch. med. Wschr. **1910 II**.
Klotz: Grundlagen zu einer systematischen Erfassung der Kindertuberkulose im Säuglings- und Kleinkindesalter. Z. Säuglingsschutz **1922**, 464.
Lange, Bruno: Tierexperimentelle Untersuchungen über die Bedeutung von Infektionsdosis, natürlicher Resistenz und erworbener Immunität für Entstehung und Verlauf der Tuberkulose. Z. Tbk. 61.
Moro: Über ein „diagnostisches Tuberkulin". Münch. med. Wschr. **1920 II**.
Nehring: Erlaubt die Anwendung von humanem und bovinem Tuberkulin einen Schluß auf die Art der Tuberkuloseinfektion? Z. Tbk. **38**.
Nothmann: Über kutane Impfung mit humanem und bovinem Tuberkulin. Beitr. Klin. Tbk. **30**.
Orel: Tuberkulindiagnostik. Handbuch der Kindertuberkulose von Engel-Pirquet.
Ossoinig: Beitr. Klin. Tbk. **63/64** (1926).
Peyrer: Zur Tuberkuloseinfektion. Wien. klin. Wschr. **1920 I**.
Rietschel: Die Tuberkulose des Kindesalters. Z. Tbk. **34**.
Römer u. Joseph: Prognose und Inkubationsstadium bei experimenteller Meerschweinchentuberkulose. Berl. klin. Wschr. **1909 II**.
Schuster: Versuche mit Tuberkulinen verschiedenen Typus. Dtsch. med. Wschr. **1920 II**.
Selter: Ein Versuch zur Tuberkuloseschutzimpfung des Menschen. Dtsch. med. Wschr. **1925 II**, 1181.
Zarfl: Zur Kenntnis der angeborenen Tuberkulose. Z. Kinderheilk. 8.
— Zur Klinik und Anatomie der angeborenen Tuberkulose. Beitr. Klin. Tbk. **74**.

Nachwort zu M. Böcker:

Über die Tuberkulinempfindlichkeit bei der Lübecker Säuglingstuberkulose.

Von

Prof. **H. Kleinschmidt**, Köln.

Daß sich bei einer peroralen Infektion mit avirulenten Tuberkelbazillen die Tuberkulinempfindlichkeit langsamer entwickelt als bei virulenter Infektion und auch nicht so leicht die gleiche Höhe erreicht, ist verständlich. Auch hier muß sich dementsprechend ein Unterschied ergeben, je nachdem, ob man die Perkutan- oder die Intrakutanprobe zur Prüfung der Tuberkulinempfindlichkeit benutzt. Diese Tatsache hat eine nicht geringe Bedeutung gehabt bei der Beurteilung der BCG-Impfung nach Calmette. Man prüfte zunächst mit der einfachen Kutanreaktion nach der peroralen Einverleibung der avirulenten Bakterienkultur bei Neugeborenen und fand die Tuberkulinprobe nur selten positiv (nach Calmette in 10—11%). Pirquet erklärte infolgedessen, daß die Bazillen wahrscheinlich in den meisten Fällen den Körper passieren, ohne eine Infektion zu setzen. Spätere Untersuchungen mit der Intrakutanreaktion haben aber gezeigt, daß sehr wohl Tuberkulinempfindlichkeit auftritt, nur eben meist in geringem Grade; der Beweis für das Eintreten spezifischer Immunvorgänge durch den BCG wurde also in eindeutiger Weise erbracht. Diese Fragen spielten auch in dem Lübecker Strafprozeß eine Rolle. Der Leiter des Kinderhospitals, Prof. Klotz, verwendet prinzipiell im klinischen Betriebe die schärfere Intrakutanreaktion. Als sich nun bei den Säuglingen, die unglücklicherweise virulente Tuberkelbazillen per os erhalten hatten, Tuberkulinempfindlichkeit zeigte, erregte diese keinen Verdacht, sondern wurde auf die vermeintliche BCG-Impfung bezogen. Mittels der Intrakutanreaktion war eben keine Unterscheidung avirulenter und virulenter Tuberkuloseinfektion möglich. Höchstens konnte nach den damals vorliegenden Mitteilungen das frühe Auftreten der Intrakutanreaktion auffallen. Bei dem erstgeimpften Kinde bezog Prof. Klotz tatsächlich die frühe Intrakutanreaktion auf eine virulente Infektion, indem er nämlich eine kongenitale Tuberkulose annahm, in den späteren Fällen dachte er aber nur mehr an die BCG-Infektion. In dem erwähnten Strafprozeß habe ich als Sachverständiger die Meinung vertreten, daß bei systematischer Anwendung der kutanen oder perkutanen Probe vor der Intrakutanreaktion die Sache vielleicht hätte anders laufen können. Man durfte das nämlich aus gewissen Einzelbeobachtungen vermuten. War doch bereits vor Aufdeckung des Unglücks durch die zweite Leichenöffnung in 5 Fällen auch die Perkutanreaktion positiv ausgefallen. Klotz behauptet neuerdings, es handle sich hier um Fälle, wo aus äußeren Gründen die Kutanprüfung angestellt worden wäre. Bei 4 von diesen 5 Säuglingen war jedoch bereits kurz vorher die Intrakutanprobe ausgeführt worden. Ich habe noch zwei weitere Säuglinge bezeichnet, bei denen wahrscheinlich um die damalige Zeit ebenfalls bereits eine so hohe Tuberkulinempfindlichkeit bestand, daß die Perkutanprobe positiv ausgefallen wäre, wo aber tatsächlich nur das positive Ergebnis der Intrakutanprüfung bekannt war. Schon die genannten 5 Fälle waren auffällig, je größer aber die Zahl der perkutan positiven Säuglinge war, um so mehr mußte das bei Kenntnis der damaligen BCG-Literatur[1] überraschen und konnte im Zusammenhang mit dem erstbeobachteten Krankheitsfall von primärer Mittelohrtuberkulose, der ein charakteristisches Krankheitsbild bot, vielleicht auf den richtigen Weg führen. Daß das nicht geschehen ist, ist Prof. Klotz nicht zum Vorwurf gemacht worden. Gleichwohl sieht sich Klotz veranlaßt, nachträglich[2] gegen meine Auffassung über die Tuberkulinreaktion Stellung zu nehmen und mir dogmatische Formulierungen vorzuwerfen. Er verweist auf 7 Kinder, die in einem ihm unterstellten Säuglingsheim lagen, um diese Zeit noch sämtlich kutan negativ reagiert, 10 Tage später aber auf die Intrakutaninjektion angesprochen hätten. Wenn Klotz glaubt, mich hiermit widerlegt zu haben, so bedaure ich an dieser Stelle aussprechen zu müssen, daß seine Angaben mit dem offiziellen Aktenmaterial (Abschriften der Krankengeschichten und Fieberkurven des Kinderhospitals sowie der Fieberkurven des Säuglingsheims) nicht übereinstimmen, weder was das Geburtsdatum, noch das Alter, noch den Zwischenraum zwischen den beiden Tuberkulinprüfungen, noch die Zahl der geprüften Kinder angeht. Ich entnehme dem mir vorliegenden Aktenmaterial, daß lediglich 3 Säuglinge im Alter von rund 5 Wochen perkutan negativ und 3—4 Tage darauf intrakutan positiv reagiert haben, ein nach Lage der Dinge, so kurze Zeit nach der Infektion, durchaus verständliches Vorkommnis. Die im Säuglingsheim befindlichen Kinder im Alter von 6 und 7 Wochen aber wurden um diese Zeit, soviel ich aus dem den Sachverständigen vorgelegten Aktenmaterial entnehme, entgegen der jetzigen Behauptung von Prof. Klotz, gar nicht geprüft. Sie hätten schon eher genau so wie die beiden von mir bezeichneten Säuglinge positiv reagiert, und die Zahl der kutan bzw. perkutan positiven Kinder wäre damit bedenklich angestiegen Die Fälle des Säuglingsheims sprechen also nicht gegen, sondern für meine Auffassung.

[1] Siehe neuerdings Nobécourt und Liège: Bulletin trimestriel Association internat. de pédiatrie préventive. Bd. II, Nr 7, 1935. [2] Klotz: Neue Deutsche Klinik, Bd. 12 II, Erg.-Bd., Heft 2. 1934.

Röntgenbefunde im Bereich des Thorax bei der Lübecker Säuglingstuberkulose.

Von

Dr. **Hermann Jannasch** †, Lübeck und Dr. **Gertrud Remé**, Hamburg[1].

Mit 36 Abbildungen.

Mit systematischer Röntgenuntersuchung wurde bei den infolge der peroralen Einverleibung virulenter Tuberkelbazillen erkrankten Säuglingen gleich nach dem Bekanntwerden der ersten Krankheitsfälle bzw. Todesfälle begonnen. Eine größere Anzahl von Kindern, darunter alle, die im Kinderhospital in Behandlung waren, wurde in den ersten Monaten alle 8 Tage, später alle 2—3 Wochen, schließlich in größeren Zeitabständen geröntgt. So entstanden Serien, die zum Teil 30 und mehr Einzelaufnahmen aus den 3 bzw. 4 ersten Lebensjahren der Kinder enthalten. Es ist bekannt, wie schwierig die Beurteilung von Säuglingslungenaufnahmen sein kann. Technik, Atmungsphase und Körperhaltung müssen sorgfältig in Betracht gezogen werden. Bei den vorliegenden Aufnahmen wurden technische Differenzen dadurch auf ein Mindestmaß beschränkt, daß die laufende Röntgenuntersuchung der Lübecker Kinder fast ausschließlich in einer Hand lag. Die Kinder wurden in aufrechter Stellung, von Schwestern gehalten, geröntgt. Die von Wimberger-Schall angegebene Vorrichtung zum Halten der Kinder wurde vorübergehend angewandt, hat sich aber nicht bewährt [vgl. dagegen Viethen (1)]. Die Aufnahmen wurden bis zum 15. 3. 31 mit einem Heliopan in 80 cm Abstand mit 165—175 Volt und 80 mA bei einer Belichtungszeit von $^1/_{20}$ Sekunde, von da ab mit einem Polyphos bei gleicher Belichtungszeit und gleichem Abstand mit 65—80 Volt und 125—135 mA gemacht.

Von 72 zur Obduktion gekommenen Kindern sind 55 geröntgt worden; darunter sind 33, also 60%, die spezifischen Röntgenbefund aufweisen.

Von 175 überlebenden Kindern sind 173 geröntgt worden; darunter sind 17, also 10% (vergleiche unten), die spezifischen Röntgenbefund aufweisen.

A. Vergleich von Sektions- und Röntgenbefund bei den verstorbenen Kindern.

Von 15 Kindern mit autoptisch festgestelltem Primärkomplex der Lungen (s. Schürmann) sind 9 geröntgt worden; ihre Röntgenbilder bzw. Serien ließen sämtlich Veränderungen, die dem Primärkomplex entsprachen, erkennen, in einem Falle (179) allerdings erst im Stadium der Abheilung. Die Veränderungen waren in 5 Fällen erheblich, in 4 Fällen (14, 55, 120, 179) geringfügig.

In einem dieser Fälle mit geringfügigen Veränderungen (55) war auf der einzig vorhandenen Röntgenaufnahme, die am 16. 6. 30, 10 Tage ante exitum gemacht wurde, eine weichfleckige Trübung in der rechten Hilusgegend und rechts neben dem oberen Mittelschatten zu sehen; bei der Sektion wurde ein „erbsgroßer, schwielig umkapselter, käsig-pneumonischer Herd des rechten Mittellappens mit totaler Verkäsung

[1] Nach dem frühen Tode von Herrn Dr. Hermann Jannasch hat Herr Kurt Jannasch durch seine Mitarbeit die Vollendung dieser und der folgenden Arbeit ermöglicht.

und schwieliger Periadenitis der mäßig vergrößerten rechten bronchopulmonalen, oberen tracheopulmonalen und paratrachealen Lymphknoten“ gefunden.

Der zweite Fall (14) zeigte im Röntgenbild eine Trübung in der linken Hilusgegend und Verbreiterung des oberen Mittelschattens. Die letzte — 10 Tage ante exitum am 23. 10. 30 gemachte — Aufnahme der 6 Filme enthaltenden Serie läßt beiderseits im Hilus dichte Fleckschatten erkennen, die aber nicht als kalkhart zu bezeichnen sind. — Bei der Sektion wurde ein größerer käsig-pneumonischer Primärinfekt im obersten Abschnitt

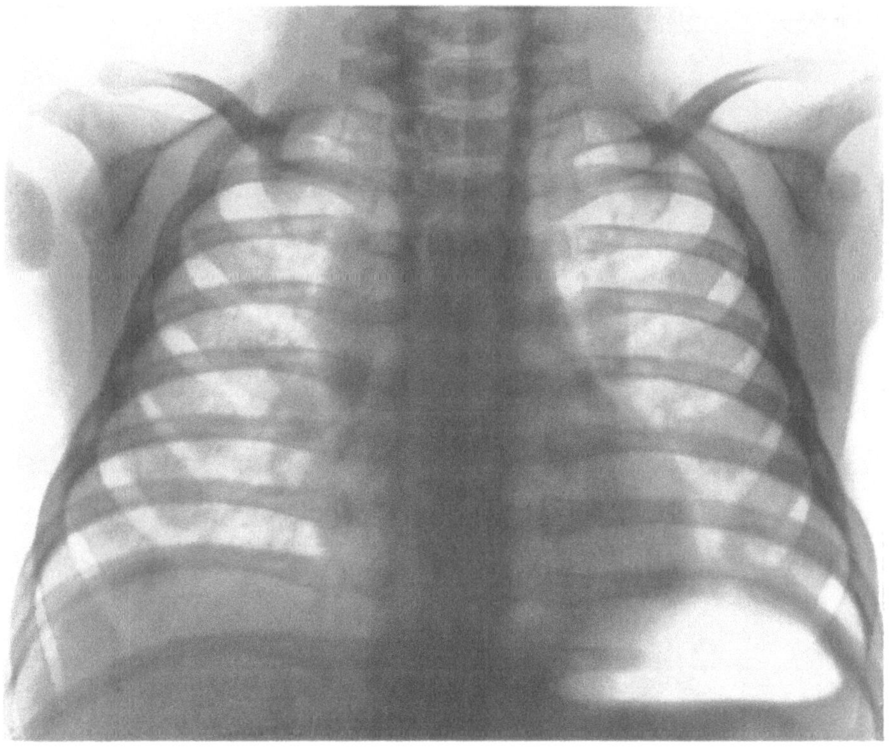

Abb. 1. Lfd. Nr. 120, E. D., 7. 7. 30. ($3^1/_2$ Mon. alt). Größerer runder weicher Fleck rechts in der Hilusgegend. Oberer Mittelschatten nach rechts verbreitert, flachbogig begrenzt. Angedeuteter kreisrunder Schattenfleck in Gegend der Bifurkation, auf die Wirbelsäule projiziert.

des linken Unterlappens mit verkalkender totaler Verkäsung der regionären Lymphknoten festgestellt.

Der dritte Fall (120) betraf ein Kind, bei dem das Röntgenbild einen größeren, runden, weichen Fleck rechts in der Hilusgegend erkennen ließ. Der obere Mittelschatten war nach rechts verbreitert und flachbogig begrenzt (Abb. 1). Die letzte, 4 Tage ante exitum gemachte Aufnahme ließ diesen Befund nicht mehr erkennen (Abb. 2). Sie zeigte geringe Verbreiterung des oberen Mittelschattens nach rechts mit der für periadenitische Schwartenbildung sprechenden geradlinigen Begrenzung, einen Drüsenschatten im Bereich der Wirbelsäule und einen vielleicht etwas kompakten, aber nicht vergrößerten Hilusschatten rechts. Bei der Sektion fand sich ein erbsgroßer, abgekapselter und zentral verkalkter Herd der Lingula des rechten Oberlappens mit kranzartig den Herd umgebenden Resorptionstuberkeln und totaler und partieller, schwielig umkapselter, zentral verkalkender Verkäsung der rechten pulmonalen, bronchopulmonalen und oberen und unteren tracheobronchialen Lymphknoten. — Rückbildungsvorgänge des Lungen-Primärkomplexes konnten bei dem nur 154 Tage alt gewordenen Kinde deutlich aus der Röntgenserie abgelesen werden; die beginnende Verkalkung war im Röntgenbild zu erkennen.

Das vierte Kind (179, geb. 9. 4. 30, gest. 8. 4. 31), bei dem ein wenig ausgedehnter Lungen-Primärkomplex vorlag, wurde vom 2. 6. 30 bis 9. 3. 31 regelmäßig geröntgt. Erst am 9. 10. 30 zeigte sich ein pathologischer Röntgenbefund, nämlich ein kleiner rundlicher

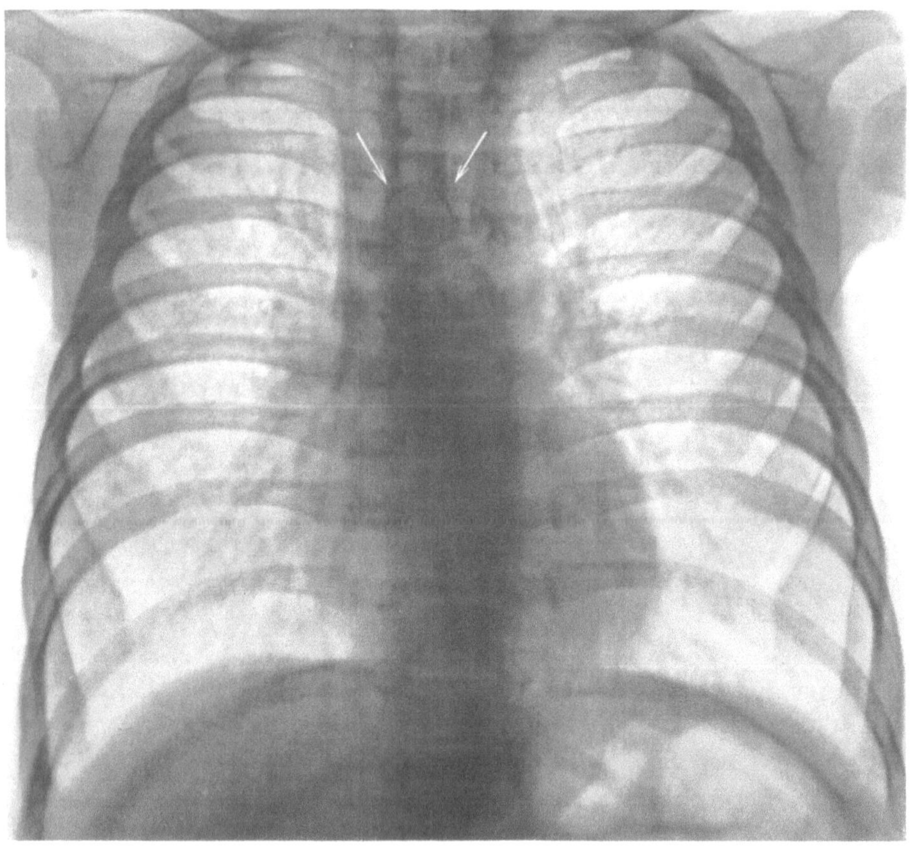

Abb. 2. Lfd. Nr. 120, E. D., 14. 8. 30. ($4^1/_2$ Mon. alt). Scharfe Begrenzung des nicht mehr verbreiterten Mittelschattens nach rechts (Schwarte). Dicht oberhalb der Bifurkation auf die Wirbelsäule projizierter kreisrunder Schattenfleck, kleiner und schattentiefer als auf Abb. 1 (Drüse mit schwieliger Umkapselung ?).

Fleckschatten in Höhe des zweiten Rippenendes rechts. Am 23. 2. 31 war dieser Fleck als kalkhart zu erkennen, im rechten Hilus zeigten sich fast kalkharte Fleckschatten. — Autoptisch wurde ein kleiner, käsig-pneumonischer, fibrös abgekapselter, verkalkter Primärherd der paravertebralen Partie des rechten Oberlappens mit verkalkender Verkäsung und schwieliger Periadenitis der regionären Lymphknoten festgestellt. Der Röntgenbefund entspricht also dem Sektionsbefund.

In jedem der besprochenen 4 Fälle stimmte zwar der Röntgenbefund mit dem autoptisch festgestellten Veränderungen der Lokalisation nach überein. Aber die Röntgenbefunde waren uncharakteristisch und gaben für die Art der zugrunde liegenden Veränderungen kaum Anhaltspunkte. Nur in einem Falle (179), bei dem das frische Stadium des Primärkomplexes der Darstellung im Röntgenbilde entging, waren im Stadium der

Abheilung Lungenherd und Drüsenherd gesondert zu erkennen; in einem anderen Falle (120) war der dem Primärkomplex zugehörige Drüsenpol angedeutet.

Verkalkungen im Bereich des Lungen-Primärkomplexes wurden gerade bei den Befunden von geringer Ausdehnung dreimal, im ganzen viermal autoptisch festgestellt. Nur in einem Falle (179) war im Röntgenbild ein Kalkfleck zu erkennen, und zwar 6 Wochen ante exitum; das Kind starb am 362. Lebenstage und wurde vier Wochen ante exitum

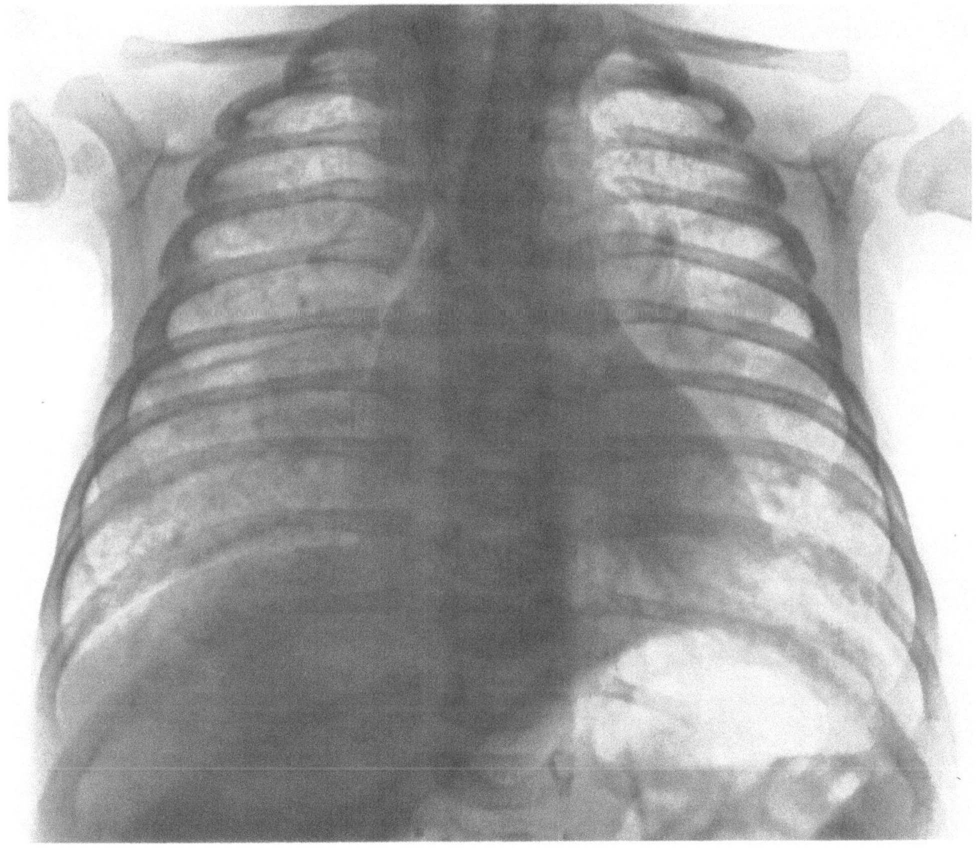

Abb. 3. Lfd. Nr. 93, E. O., 30. 5. 30. (11 Wochen alt). Links im Hilusgebiet und seiner Umgebung fast homogene Verschattung, rechts tumoriger Hilusschatten mit angedeuteter zentraler Aufhellung (entsprechend dem „stellenweise kavernösen Erweichen" käsig-pneumonischer Herde, wovon im Sektionsbefund die Rede ist), dichtfleckige Verschattung im medialen Teil des Unterfeldes rechts; im lateralen Teil beider Unterfelder und in beiden Oberfeldern, rechts mehr als links, weiche Rundfleckchen; derbe Haarlinie im rechten Mittelfeld. Oberer Mittelschatten schornsteinförmig verbreitert.

zuletzt geröntgt. Bei den drei anderen Kindern war die Lebensdauer kürzer; sie wurden 144 (120), 183 (59) und 313 (14) Tage alt und wurden 6 Tage, 4 Wochen bzw. 11 Wochen vor dem Tode zuletzt geröntgt. Es läßt sich daraus erklären, daß die beginnenden Verkalkungen im Röntgenbild wenig hervortraten.

Gerade die wenig ausgedehnten Primärkomplexe der Lunge, die sich bei den Lübecker Kindern fanden, sind ausführlich besprochen worden, weil solche Befunde im Säuglingsalter, besonders im frühen Säuglingsalter, weniger bekannt sind, als die mit schweren Veränderungen einhergehenden primären Lungeninfekte. Wenigstens ist nicht allzuhäufig Gelegenheit gegeben, Röntgenbilder derartiger Fälle mit dem Sektionsbefund zu vergleichen.

Die Röntgenbefunde der 5 Kinder, bei denen ein ausgedehnter pulmonaler Primärkomplex bestand, boten nichts wesentlich von den bekannten Bildern Abweichendes. In 4 Fällen waren Verschattungen in der oberen Hälfte des rechten Lungenfeldes vorhanden (5, 39, 176, 214), — wie auch die Primärkomplexe von geringer Ausdehnung bis auf einen (14) rechts lokalisiert waren — in einem Falle (93) waren die medialen Partien des rechten Unter- und des linken Mittelfeldes verschattet. Ausgesprochen bipolar erschien der Primärkomplex in keinem Falle; die Verschattungen der Lunge standen meist mit dem Mittelschatten breit in Zusammenhang. Bei einem Kinde (214) trat trotzdem

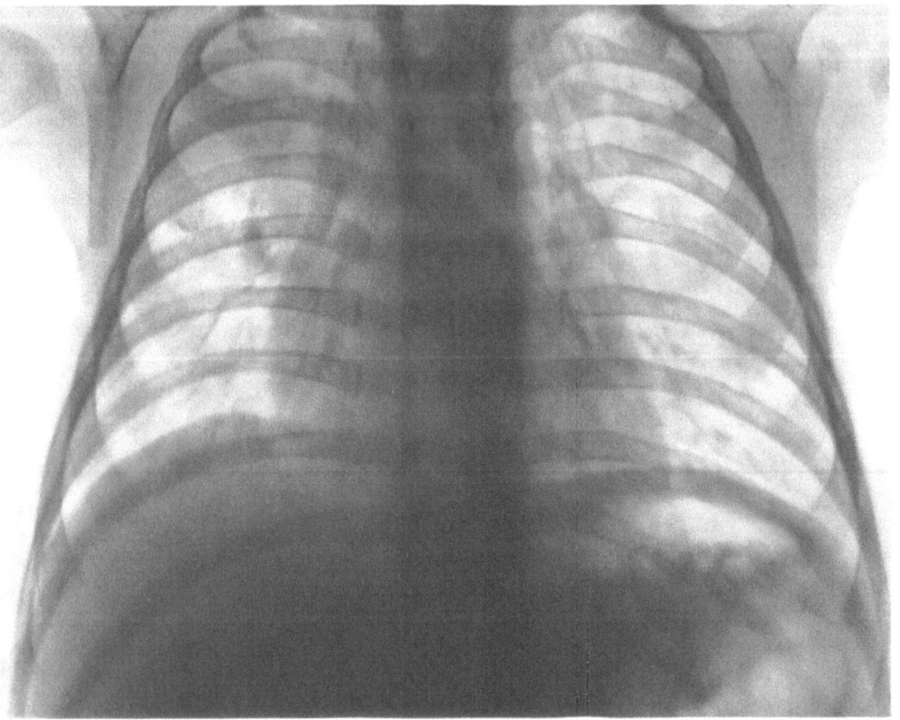

Abb. 4. Lfd. Nr. 59, W. V., 18. 8. 30. ($5^1/_2$ Mon. alt). Rechtes Oberfeld getrübt, in Höhe der 2. Rippe keilförmige Verschattung; härterer gut linsengroßer Fleck neben dem rechten Hilus in Gegend des 3. vorderen Rippenendes. Ganz zarte, wenig dicht stehende Rundfleckchen vorwiegend im linken Lungenfeld.

die Drüsenerkrankung unter dem Bilde von „Kartoffeldrüsen" deutlich abgrenzbar hervor (vgl. Abb. 6); hier ergab die Sektion „totale Verkäsung und schwielige Periadenitis der pulmonalen, broncho-pulmonalen, der sehr stark vergrößerten und verbackenen paratrachealen und der vorderen mediastinalen Lymphknoten".

Bei dem Kinde, dessen Röntgenbilder Verschattungen beiderseits zeigten (93), ergab die Sektion je einen Primärherd im rechten und linken Unterlappen (Abb. 3). Von den 4 anderen Kindern, bei denen zwei, drei und mehr Primärherde der Lunge autoptisch festgestellt wurden, liegen keine verwertbaren Röntgenbilder vor; in einem dieser Fälle (101) findet sich Verschattung eines ganzen Lungenfeldes. Einzelheiten sind daher nicht zu erkennen.

In einem Falle (59) stellte sich durch die pathologisch-anatomische Untersuchung heraus, daß die Verschattung im Röntgenbild nur zum Teil durch den Primärkomplex selbst, zum Teil durch Atelektase bedingt war; diese war durch obturierende käsige

Bronchitis im Bereich des Primärherdes entstanden. Es fällt bei der Betrachtung der Röntgenbilder auf, daß ein größerer, dichter, runder Schattenfleck in Höhe des 2. Rippenendes rechts von einer zarten homogenen Verschattung, die etwa das ganze Oberfeld ausfüllt, umgeben ist (Abb. 4; s. Schürmann, Abb. 35). Bei der Sektion wurde „fleckig verkalkende Verkäsung" der dem Primärkomplex zugehörenden Drüsen festgestellt, die im Röntgenbild nicht zu erkennen war. — Auf die Streuherde, welche die Röntgenaufnahmen dieses und des vorher besprochenen Falles zeigen, soll vorerst nicht eingegangen werden.

Wann die primären Lungenerkrankungen der Lübecker Säuglinge entstanden sind, ist aus den vorliegenden Röntgenbefunden nicht zu ersehen. Mit einer Ausnahme

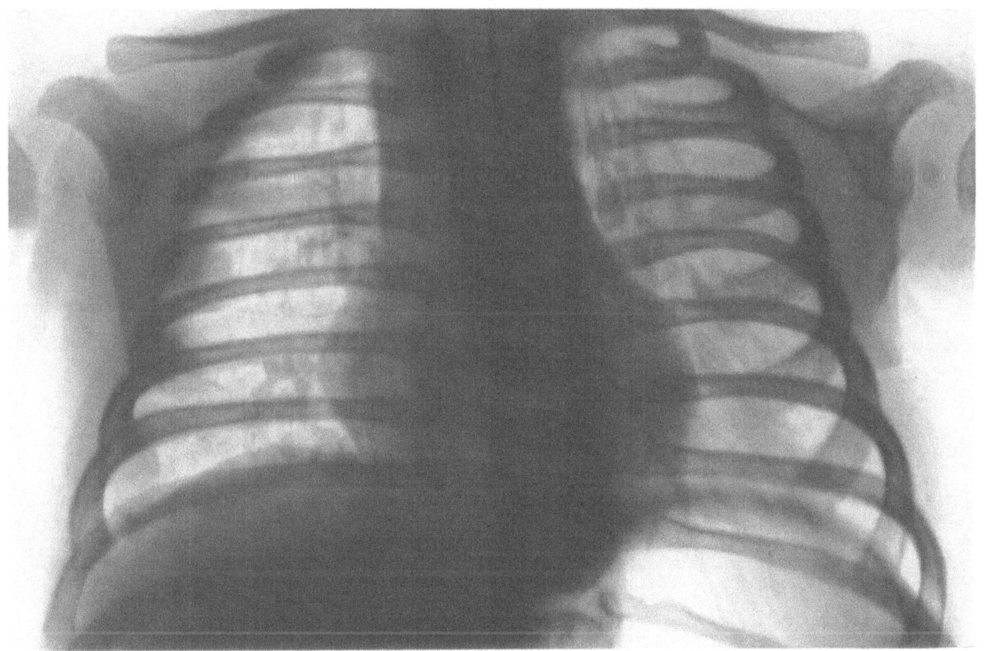

Abb. 5. Lfd. Nr. 214, H. W., 5. 6. 30. (8 Wochen alt). Haarlinie im rechten Mittelfeld, rechter oberer Hiluspol suspekt.

zeigt jeweils schon das erste Röntgenbild pathologischen Befund. Vier von den neun Kindern (120, 176, 179, 214) sind mit 7 Wochen zuerst geröntgt worden, eines mit 9 (59), eines mit 10 (93), eines mit 12 (55), eines mit 14 (5) und eines mit 17 Wochen (14). Bei einem von den relativ früh, mit 7 Wochen geröntgten Kindern (214) ist auf der ersten Röntgenaufnahme noch kein sicher pathologischer Befund vorhanden. Von der 8. Woche ab sind dagegen pathologische Veränderungen im Röntgenbild mit Sicherheit zu erkennen. Es handelt sich um die Röntgenserie mit dem schon erwähnten ausgeprägten Drüsenschatten (Abb. 5 und 6). — Der Primärkomplex der Lunge hat sich also bei den Lübecker Kindern so frühzeitig ausgebildet, daß er in der 8. Lebenswoche, sofern die Kinder in diesem Alter geröntgt worden sind, bereits im Röntgenbild nachweisbar war, ja es ist anzunehmen, daß er bei einzelnen Kindern noch früher darstellbar gewesen wäre.

Daß bei einem Kinde (179) der Primärkomplex erst im Stadium der Verkalkung sichtbar wurde, das frische Stadium hingegen der Beobachtung entging, ist schon erwähnt worden.

Die in 40 Fällen autoptisch festgestellte Lungenaussaat war im Röntgenbild in 22 Fällen mit Sicherheit zu erkennen, in weiteren 5 Fällen zu vermuten; in 8 Fällen konnten pathologische Veränderungen nicht mit Sicherheit ausgeschlossen werden, so daß insgesamt 13 Fälle als fraglich bezeichnet werden müssen. In 5 Fällen zeigte das Röntgenbild keinen für Streuung sprechenden Befund.

Auf diese 5 letzten Fälle soll zunächst eingegangen werden. Sie geben Anhaltspunkte für die Grenze der Darstellbarkeit von Lungenherden. Der Sektionsbefund lautete hier:

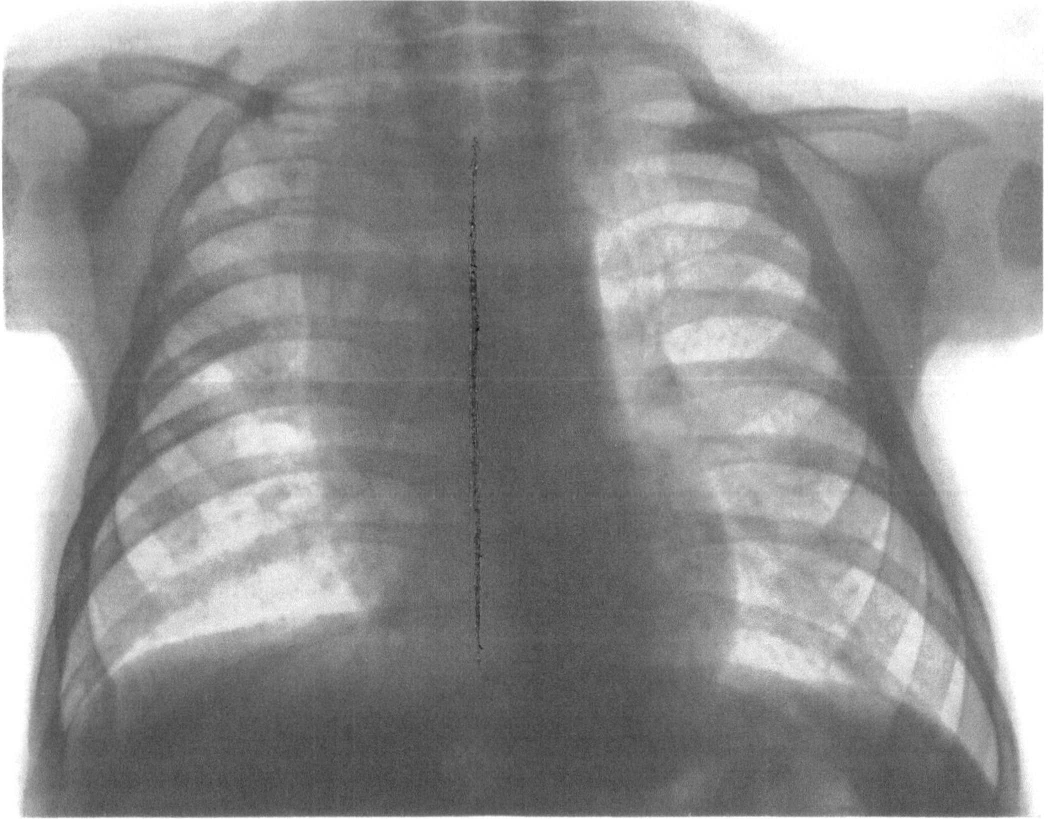

Abb. 6. Lfd. Nr. 214, H. W., 30. 7. 30. ($3^1/_2$ Mon. alt). Trübung des rechten Oberfeldes. Feine Rundfleckchen über beide Lungenfelder verstreut. Kompakter rechtsseitiger Hilusschatten, nach oben in gleichfalls kompakten bogig begrenzten Paratrachealschatten übergehend, der auch bei Berücksichtigung der Überdrehung erheblich in das rechte Oberfeld hineinragt.

1. (14) „Spärliche hyalin-fibrös vernarbende und jüngere Tuberkel ...... der Lunge.“

2. (22) „Aussaat im ganzen spärlicher, ungleichmäßig verteilter, über hirsekorngroßer Herde in beiden Lungen.“

3. (65) „Vereinzelte ältere und einzelne frische submiliare Tuberkel der vorderen Partien beider Oberlappen, sehr vereinzelte der übrigen Lunge.“

4. (112) „Spärliche, ungleichmäßig verstreute ältere und frischere Tuberkel der Lungen.“

5. (163) „Vereinzelte miliare Herde der Lungen.“

In keinem dieser 5 Fälle ist es überraschend, daß der Lungenbefund im Röntgenbild nicht nachweisbar war; denn spärliche miliare Herde, auch wenn sie über-hirsekorngroß sind, können durch ihre Lokalisation der Darstellung durch den Röntgenstrahl entgehen. —

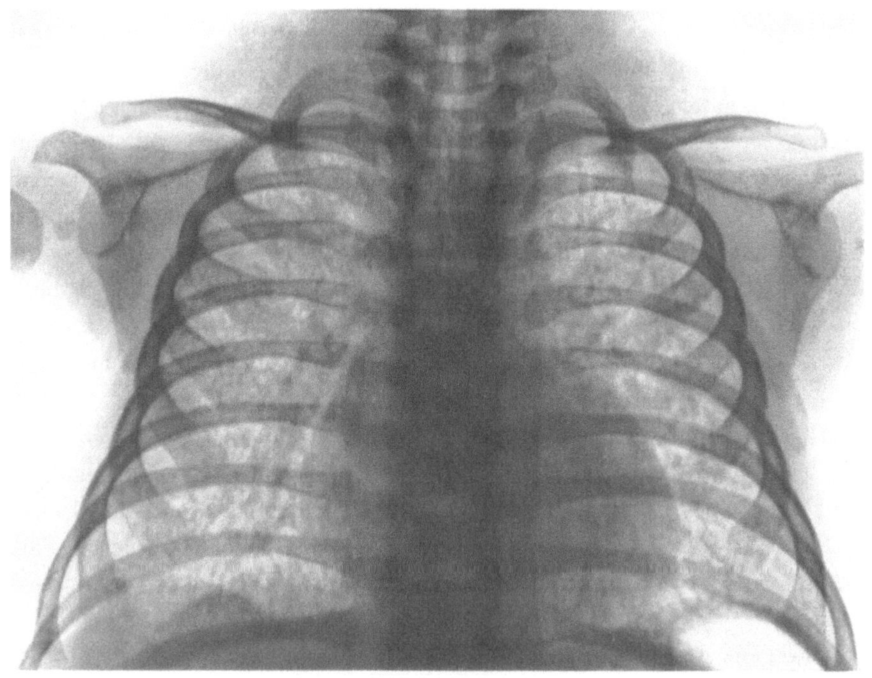

Abb. 7. Lfd. Nr. 244, A. B., 7. 6. 30. (11 Wochen alt). Diffuse Fleckelung beiderseits, in den Unterfeldern dichter als in den Oberfeldern.

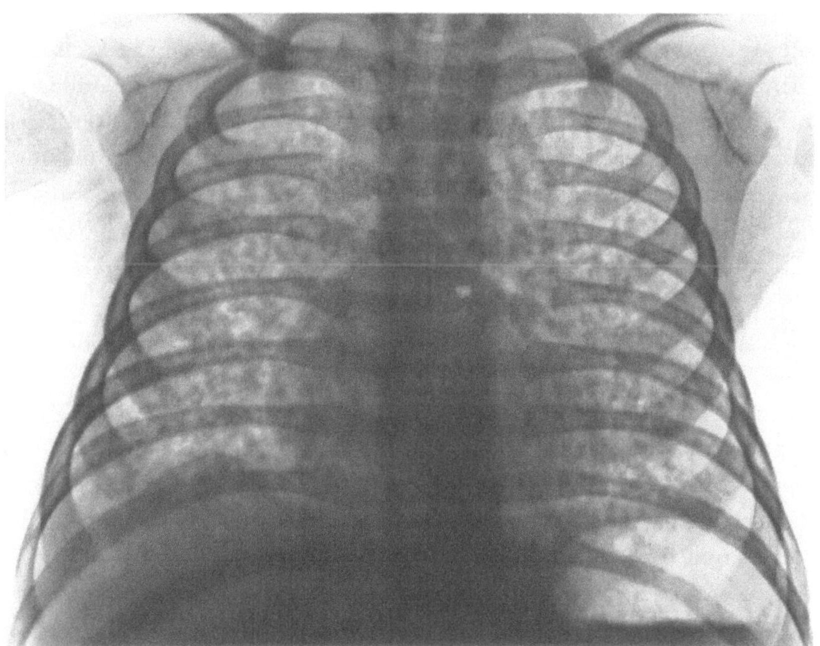

Abb. 8. Lfd. Nr. 244, A. B., 30. 6. 30. (3 Mon. alt). Fleckelung beiderseits erheblich gröber als auf Abb. 7 (trotz etwas härterer Aufnahme).

Nur in einem von den 13 fraglichen Fällen unterscheidet sich der Sektionsbefund der Lungen in nichts von dem der 5 im Röntgenbild negativen Fälle (63). Es heißt hier: „Spärliche, ungleichmäßige miliare Streuung der Lungen“. Im übrigen erklären bei den Sektionsbefunden dieser Fälle Anordnung und Größe der Streuherde, daß der Verdacht auf pathologischen Röntgenbefund aufkam.

Unter den 22 Fällen mit sicher pathologischem Röntgenbefund sind es 3 (38, 72, 81), deren Sektionsbefund dem geringfügigen der 5 Fälle mit negativen Röntgenbefund entspricht. In einem weiteren Falle (209) waren bei der Sektion nur spärliche Reste von hämatogener Streuung vorhanden; das Kind hatte die übrigen um mehrere Monate überlebt. Bei den anderen fanden sich entweder zahlreichere oder größere oder konfluierende Lungenherde, oder, wenn nur spärliche und kleine vorhanden waren, lagen diese in bestimmten Bezirken zusammen bzw. waren vorwiegend in den vorderen Lungenpartien lokalisiert, so daß sie sich wohl deshalb im Röntgenbild darstellen ließen.

Wie die pathologisch-anatomischen Befunde bei der hämatogenen Lungenaussaat recht verschieden waren, so ergaben sich auch verschiedenartige Röntgenbilder. Bald waren die Herdschatten ungleichmäßig verstreut, bald waren sie gleichmäßig verteilt; bald waren sie gleich groß, bald verschieden groß; gelegentlich war ein Größerwerden der Einzelherde zu beobachten. Autoptisch fanden sich in einem solchen Falle (244) „ziemlich zahlreiche ... vielfach konfluierende, kleinere käsige Herdchen der Lunge" (Abb. 7 und 8).

In einem Falle (72) kam es vor, daß der Röntgenbefund für erhebliche Streuung sprach, der Sektionsbefund aber geringfügig war; hier war nur eine Aufnahme der Lungen vorhanden, und diese war ziemlich weich ausgefallen, so daß dadurch die Täuschung erklärt werden kann.

In der Mehrzahl der Fälle ergibt sich Übereinstimmung zwischen Röntgenbefund und Sektionsbefund. Außer den schon hervorgehobenen Gründen für Unterschiede in der Darstellbarkeit der hämatogenen Streuherde kommt wohl auch die Verschiedenartigkeit der zugrunde liegenden histologischen Veränderungen in Frage (Schürmann). — Durch Aspirationsaussaat wurden ähnliche Bilder hervorgerufen wie durch hämatogene Streuung. Ebensowenig wie durch die pathologisch-anatomische Untersuchung hämatogene- und Aspirationsherde immer mit Sicherheit unterschieden werden konnten, war dies durch das Röntgenbild möglich.

In 2 Fällen ergab die Sektion durch Aspiration postprimär entstandene Kavernen (52, 71); diese ließ das Röntgenbild in einem Falle erkennen, allerdings nur angedeutet, obwohl sie zum Teil Haselnußgröße erreichten (Abb. 9 und 10). Mit ihrer Zartwandigkeit und den noch außerdem vorhandenen Lungenveränderungen — im Fall 52 waren es „von Aspirationsherden zahlenmäßig nicht abgrenzbare Tuberkel der Lunge", im Fall 71 fand sich eine „mäßig dicht stehende Aussaat konfluierender jüngerer und spärlicher älterer Herdchen in der ganzen linken, etwas weniger reichlich in der rechten Lunge" — ist es wohl zu erklären, daß sie im Röntgenbild so wenig hervortraten.

Außer in diesen beiden Fällen wurden Kavernen bei den Lübecker Kindern nicht gefunden; im Bereich der Primärherde kam es nicht zu ausgesprochenen Höhlenbildungen. Hierüber wird nur in einem nicht sezierten Falle berichtet (32).

Besondere Beachtung verdient das Röntgenbild eines Kindes, bei dem (100) ein „tuberkulöses Emphysem" (Orth) autoptisch festgestellt wurde (Abb. 11; s. Schürmann, Abb. 42). Es zeigt eine besonders dichte Streuung, die durch die Emphysem-

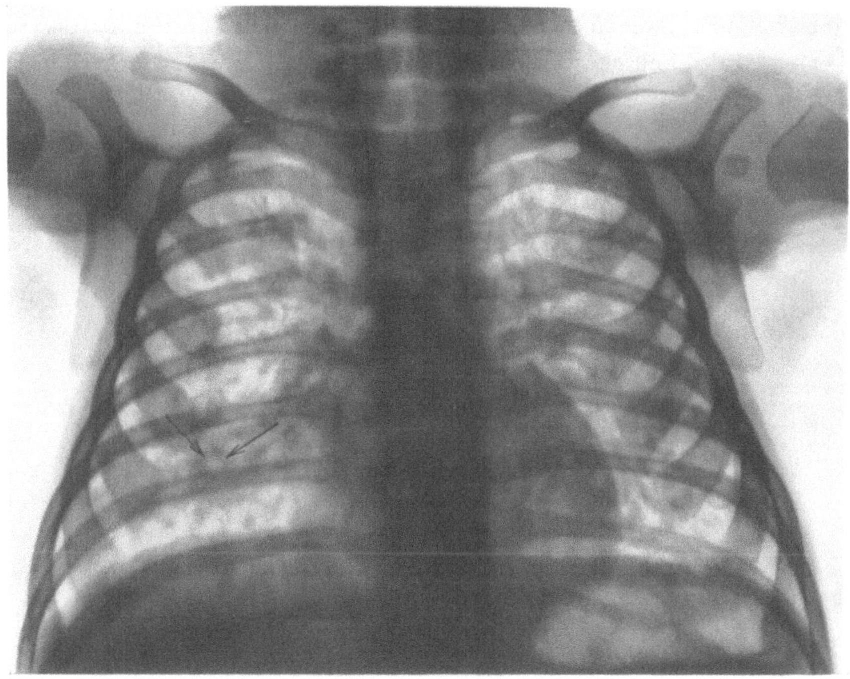

Abb. 9. Lfd. Nr. 52, H. K., 7. 6. 30. (3 Mon. alt). Nicht sehr dichte, gröbere, verwaschene Fleckelung beiderseits. Rechts in der Mitte des Unterfeldes weichfleckige Verschattung, mit dem unteren Hiluspol in Verbindung stehend, mit fraglicher kleiner zentraler Aufhellung (zwischen 7. und 8. hinterer Rippe).

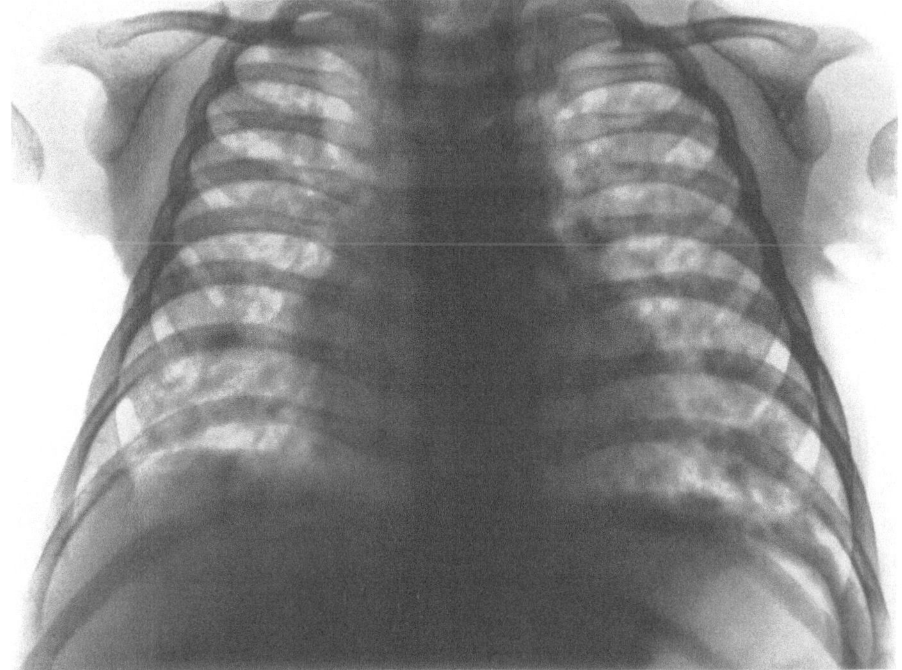

Abb. 10. Lfd. Nr. 71, I. G., 22. 7. 30. ($4^1/_2$ Mon. alt). Nicht sehr gleichmäßige weiche Fleckelung in beiden Lungenfeldern.

bläschen nicht aufgehellt wird. — Die Sektion ergab eine „sehr dicht stehende Aussaat gut hirsekorngroßer, verschiedentlich konfluierender Herde in beiden Lungen, vielfach im Zusammenhang mit Bildung kleiner Emphysembläschen“.

Es wäre wertvoll gewesen, wenn das Einsetzen der Frühgeneralisation aus den Röntgenserien der Lübecker Kinder zu ersehen gewesen wäre. Aber nur in 2 Fällen sind die ersten Röntgenaufnahmen frei von Streuherden (209, 214), bei den übrigen Kindern, deren Röntgenbilder Aussaat erkennen ließen, war der Befund schon auf der ersten Aufnahme vorhanden. Darunter sind 2, die mit etwa 2 Monaten, 10, die mit etwa $2^1/_2$ Monaten, 4, die mit etwa 3 Monaten und 3, die mit etwa $3^1/_2$ Monaten zuerst geröntgt worden sind. Die Streuung war also durchweg früh (im 1. Vierteljahr) nachweisbar. Sie

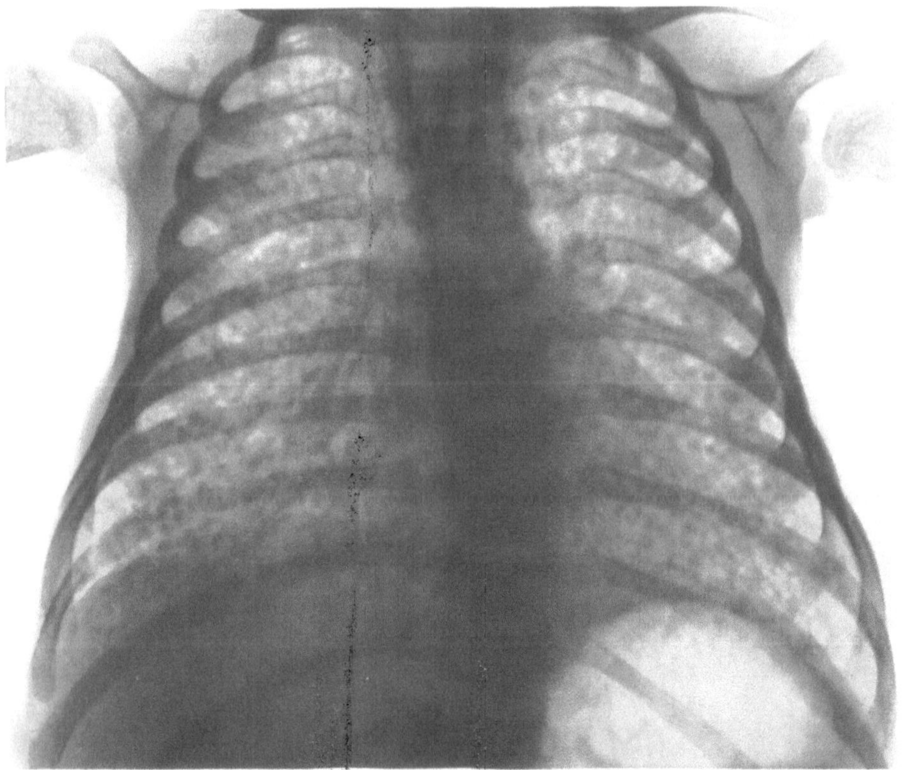

Abb. 11. Lfd. Nr. 100, G. P., 11. 6. 30. (12 Wochen alt). Beide Lungenfelder übersät mit dichtstehenden weichen Rundfleckchen.

trat bei den zwei oben erwähnten Kindern im Anfang des 3. (209) bzw. im Anfang des 4. Monats (214) in Erscheinung.

Rückbildung der Streuherde war nur einmal (209) zu beobachten (s. o.); es handelt sich um ein Kind, das erst mit 8 Monaten ad exitum kam, während ja die meisten Todesfälle im 3.—4. Lebensmonat vorkamen. Hier zeigten sich in der 9. und 10. Lebenswoche zahlreiche Rundfleckchen in beiden Lungenfeldern, später erschien die Lungenzeichnung vermehrt; in den 2 letzten Monaten war kein pathologischer Röntgenbefund mehr vorhanden. Autoptisch fanden sich keine makroskopischen Veränderungen, histologisch aber ließen sich zum Teil völlig fibrös geschrumpfte submiliare Tuberkel nachweisen.

B. Röntgenbefunde bei den überlebenden Kindern.

Unter den 173 überlebenden Kindern, von denen Röntgenserien bzw. in einigen Fällen nur einzelne Lungenaufnahmen vorliegen, sind 17, also 10%, bei denen ein spezifischer

Röntgenbefund festzustellen bzw. mit großer Wahrscheinlichkeit anzunehmen ist. — Die sehr zahlreichen verdächtigen Befunde sind dabei nicht mitgezählt. Es ist in vielen Fällen nicht mit Sicherheit zu entscheiden, ob der Hilus vergrößert ist, ob die Lungenzeichnung normal oder pathologisch vermehrt ist und ob kleine Rundfleckchen für Streuherde zu halten sind. Vor allem ist es nicht in jedem Falle möglich, unspezifische Veränderungen von spezifischen zu unterscheiden. — Die im ganzen spärlichen Röntgenbefunde, die mit Sicherheit oder großer Wahrscheinlichkeit auf Tuberkulose zurückzuführen sind, ergeben verschiedenartige Bilder. Es erscheint zweckmäßig, sie im einzelnen zu besprechen und dabei von den Befunden auszugehen, die ohne weiteres zu deuten sind. Das sind vor allem diejenigen, die einen typischen Primärkomplex der Lunge darstellen.

In 11 von den 17 oben erwähnten Fällen ist ein Primärinfekt der Lunge anzunehmen (2, 11, 18, 41, 61, 92, 109, 159, 177, 183, 195). Es handelt sich dabei zum Teil um geringfügige Veränderungen (z. B. 2, 18, 92, 183), zum Teil um Befunde von erheblicher Ausdehnung (11, 41, 177). In 4 Fällen ist der Primärkomplex der einzige pathologische Lungenbefund (2, 18, 177, 183), bei den übrigen Kindern sind noch weitere Veränderungen festzustellen.

Ein Beispiel für einen geringfügigen Primärkomplex gibt H. B., lfd. Nr. 18, geb. 23. 2. 30. Das Kind machte eine schwere Ingestionstuberkulose mit Primärkomplex des Nasen-Rachenraumes, rechtsseitiger Mittelohrtuberkulose und durch verkalkte Mesenterialdrüsen bewiesenem abdominalen Primärkomplex durch. Klinische Erscheinungen von seiten der Lunge wurden nicht festgestellt. Exsudative Diathese bestand nicht. Familiäre Belastung mit Tuberkulose oder nachweisbare Exposition liegen nicht vor. — Da auf klinische Anzeichen von Erkrankung der Atmungsorgane, Besonderheiten der Konstitution und Vorkommen von Tuberkulose in Familie und Umgebung in jedem Falle geachtet wurde, sollen diese Dinge künftig nur erwähnt werden, wenn besonderer Anlaß dazu gegeben ist. — Die Röntgenserie ergibt im 4. Monat einen groß erscheinenden rechten Hilus, im 14. Monat Verdacht auf Streuherdchen im rechten Unterfeld und Verbreiterung des oberen Mittelschattens, mit 1 Jahr 10 Monaten einen Kalkfleck im rechten Hilus. Ein später — mit $2^1/_4$ Jahren — nachweisbares kalkhartes Fleckchen im 4. I.C. rechts gibt mit dem Kalkfleck im rechten Hilus das Bild eines verkalkten Primärkomplexes. Kleine harte Fleckschatten zwischen Lungenherd und Hilus entsprechen offenbar Abflußmetastasen. Diese haben im frischeren Stadium die erwähnten Streuherde im rechten Unterfeld vorgetäuscht.

Die Lungenaufnahmen dieser Serie stammen vom 5. 6. — 19. 6. — 9. 7. — 18. 8. — 19. 9 — 13. 10. — 24. 11. 30; 8. 1. — 24. 4. — 22. 9. — 10. 12. 31; 9. 6. 32; 24. 3. 33.

Ähnlich ist der Befund bei einem anderen Kinde M. G., lfd. Nr. 2, geb. 10. 2. 30, das eine leichte Ingestionstuberkulose mit oralem und abdominalem, zur Verkalkung von Hals- und Mesenterialdrüsen führenden Primärkomplex durchmachte (vgl. Jannasch u. Remé: Verkalkungen im Bereich des Abdomens, Abb. 14). Das Kind stammt von einer offen-tuberkulösen Mutter. — In die Reihe dieser Kinder gehört auch E. Sch., lfd. Nr. 183, geb. 7. 4. 30. Das Kind überstand eine leichte Ingestionstuberkulose. Verkalkte Mesenterialdrüsen sind nachzuweisen. In der Krankengeschichte wird im Juli 1930 von etwas Husten und Temperatur bis 38 Grad berichtet, die Halsdrüsen waren nicht vergrößert, in der rechten Axilla wurden klein-erbsgroße Drüsen getastet.

In der Röntgenserie fällt im Juni 1930 der obere Teil des Mittelschattens als verbreitert auf. Im Juli 1930 zeigen sich härtere Fleckchen im rechten Hilus und in seiner Umgebung, einzelne Rundfleckchen auch in der Umgebung des linken Hilus. Im Dezember 1931 ist der rechte Hilus groß und weich; rechts neben der Trachea in Höhe des 5. Rippenansatzes ist ein unregelmäßig gestalteter, größerer Kalkfleck zu sehen (Abb. 12). Er ist auch auf der späteren Aufnahme vom 13. 7. 32 deutlich zu erkennen. Beiderseits in der Umgebung des Hilus sind einzelne kleine harte Rundfleckchen in die Lungenzeichnung eingelagert.

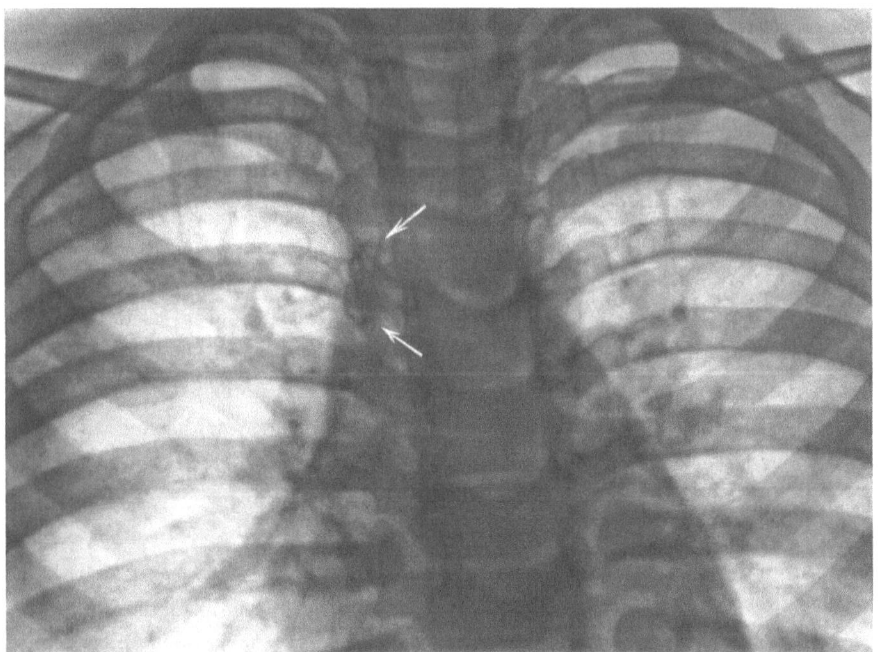

Abb. 12. Lfd. Nr. 183, E. Sch., 21. 12. 31. (1³/₄ Jahre alt). Unregelmäßig gestalteter Kalkfleck rechts neben der Wirbelsäule in Höhe des 5. hinteren Rippenendes.

Die verkalkte Drüse gehört mit großer Wahrscheinlichkeit einem Primärkomplex der Lunge an, dessen Lungenherd selbst im Röntgenbild nicht sicher nachweisbar ist. Es ist aber auch daran zu denken, daß die Drüse lymphogen oder hämatogen erkrankt sein könnte. Dagegen spricht die Größe des Kalkfleckes, die auf eine erhebliche Drüsenverkäsung schließen läßt, wie sie nur bei einem Primärkomplex und nicht bei lymphogener oder hämatogener Drüsenerkrankung erwartet werden kann (s. Schürmann).

Die vorhandenen Röntgenbilder stammen vom 17. 6. — 23. 6. — 7. 7. — 31. 7. 30; 5. 5. — 21. 12. 31 (Abb. 12); 13. 7. 32.

Der ausgedehnte Lungenprimärkomplex des Kindes B. M., lfd. Nr. 177, geb. 7. 4. 30 sei nur kurz erwähnt. Er fand sich in der rechten Lunge und bot das bekannte Bild eines dem rechten Hilus aufsitzenden Keilschattens. Im 2. I.C. rechts und im rechten Hilus blieben Kalkflecke zurück. — Das Kind überstand eine mittelschwere Ingestionstuberkulose, die zu Verkalkungen im Bereich des Abdomens führte. Ein oraler Primärkomplex war nicht nachzuweisen.

Es sind nun die Fälle zu besprechen, deren Röntgenserien Anhaltspunkte für einen pulmonalen Primärinfekt und außerdem anderweitige Veränderungen zeigten.

Bei dem Kinde L. Sch., lfd. Nr. 11, geb. 21. 2. 30 ist die primäre Haftung der Tuberkelbazillen im Darm durch verkalkte Mesenterialdrüsen bewiesen. Anzeichen exsudativer Diathese sind vorhanden. In der Krankengeschichte ist im Juni und Juli 1930 von Husten die Rede. Von Dezember 1930 an traten mehrmals Phlyktaenen auf, im Dezember 1932 machte das Kind eine doppelseitige Pneumonie durch.

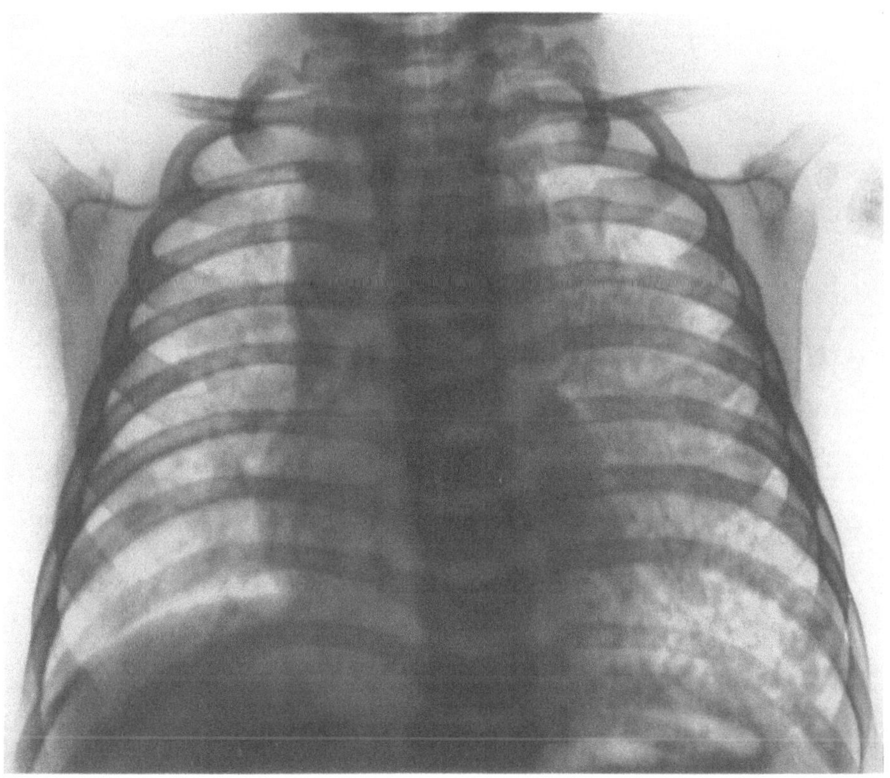

Abb. 13. Lfd. Nr. 11, L. Sch., 24. 6. 30. (4 Mon. alt). Dichtfleckige, fast homogene Verschattung links, von der Hilusgegend bis weit über die Mitte des Lungenfeldes hinausreichend, zwischen 2. und 7. vorderen Rippenende; linkes Unterfeld weichfleckig getüpfelt, ein größerer weicher Fleck außen im 6. I.C.; rechts weiche Rundfleckchen, besonders in den medialen Partien. Oberer Mittelschatten schornsteinförmig verbreitert.

Bei der Betrachtung der Röntgenserie läßt die ausgedehnte Verkalkung der Paratracheal- und Hilusdrüsen nicht daran zweifeln, daß außer dem abdominalen Primärkomplex ein Primärkomplex der Lunge vorgelegen hat. Der verkalkte Primärherd in der Lunge ist allerdings nicht mit Sicherheit nachzuweisen. Im Juni 1930 kam es, während sich eine umfangreiche Verschattung links in der Hilusgegend und ihrer Umgebung ausbildete, zu dichter Streuung besonders in der linken Lunge, bei der die Pleura beteiligt war. Sie ließ später Kalkstippchen in den peripheren Partien des linken Unterfeldes zurück (Abb. 13 und 14). — Für eine Aspirationsaussaat erscheinen die Streuherdchen auffallend gleichartig und gleichmäßig verteilt, wenigstens in der linken Lunge. Immerhin ist zu erwägen, ob die Kalkfleckchen im linken Unterfeld nicht zum Teil als Reste eines primären Lungenherdes mit kleinen Abflußmetastasen (vgl. lfd. Nr. 18), zum Teil als Reste bronchogen entstandener Herde aufzufassen sind. Eine hämatogene

Streuung kann sich ja eher spurlos zurückbilden, wie es bei einem der verstorbenen Kinder beobachtet worden ist (209) und wie es bei einem Kinde, über das noch berichtet werden soll (19), zu vermuten ist.

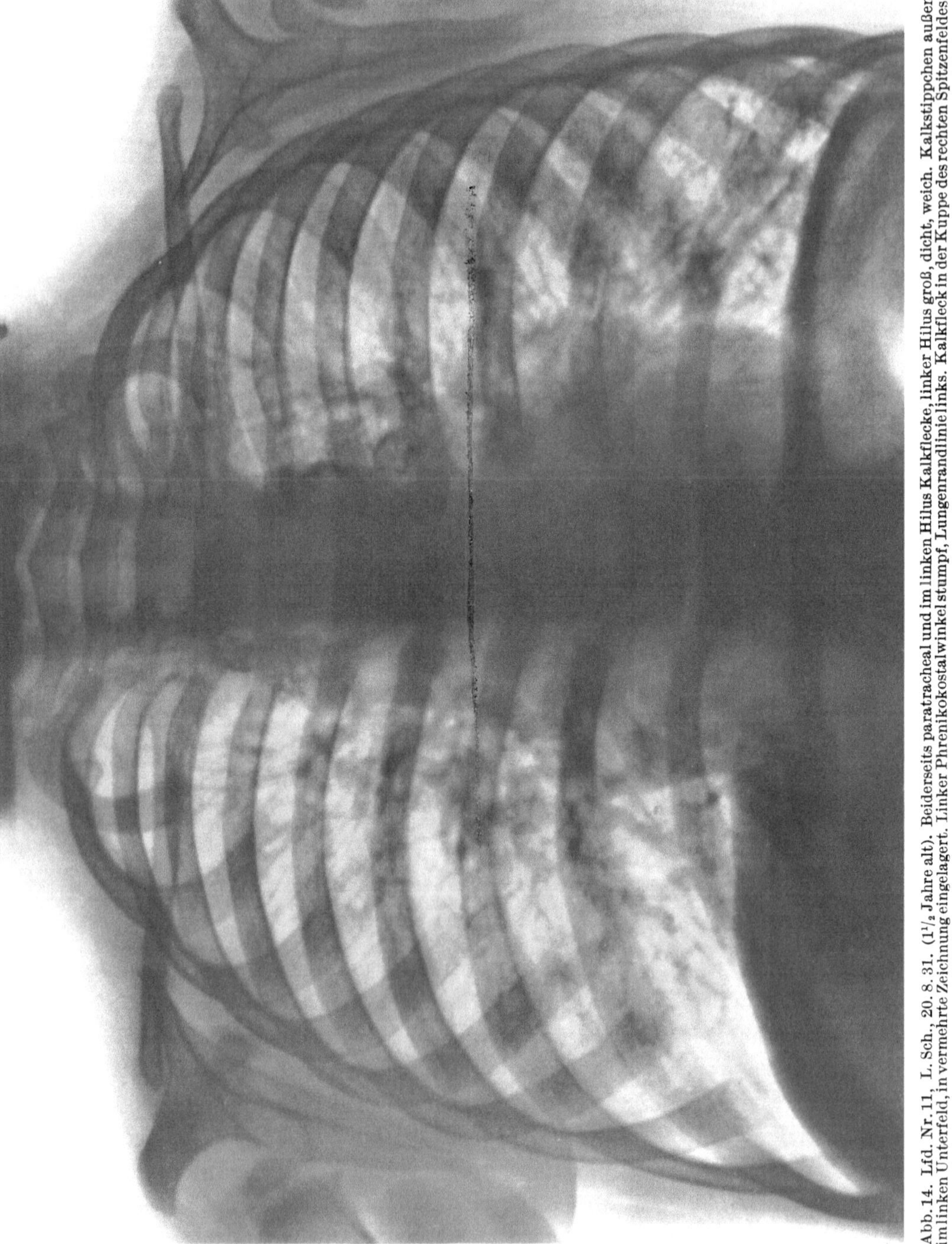

Abb. 14. Lfd. Nr. 11, L. Sch., 20. 8. 31. ($1^1/_2$ Jahre alt). Beiderseits paratracheal und im linken Hilus Kalkflecke, linker Hilus groß, dicht, weich. Kalkstippchen außen im linken Unterfeld, in vermehrte Zeichnung eingelagert. Linker Phrenikokostalwinkel stumpf, Lungenrandlinie links. Kalkfleck in der Kuppe des rechten Spitzenfeldes.

Als Nebenbefund ist eine einzelne verkalkte Supraklavikulardrüse zu erwähnen. Sie könnte einen Kalkfleck in der rechten Spitze vortäuschen; dagegen spricht die Lage am Außenrande des Spitzenfeldes (Abb. 15) und die Lageveränderung (Abb. 15 und 16).

Die vorhandenen Röntgenbilder stammen vom 16. 6. — 24. 6. (Abb. 13) — 17. 7. — 5. 8. — 18. 8. — 4. 9. — 18. 9. — 20. 10. — 10. 11. — 4. 12. 30; 13. 1. — 12. 3. — 16. 4. — 20. 7. (Abb. 14) — 14. 9. — 17. 9. — 9. 11. 31; 5. 2. (Abb. 15) — 8. 4. — 5. 8. (Abb. 16) — 5. 12. 32.

Bei dem Kinde R. B., lfd. Nr. 41, geb. 6. 3. 30 wurde in der 11. Lebenswoche positive Tuberkulinreaktion (Moro) festgestellt. In der Krankengeschichte wird zuerst zu dieser

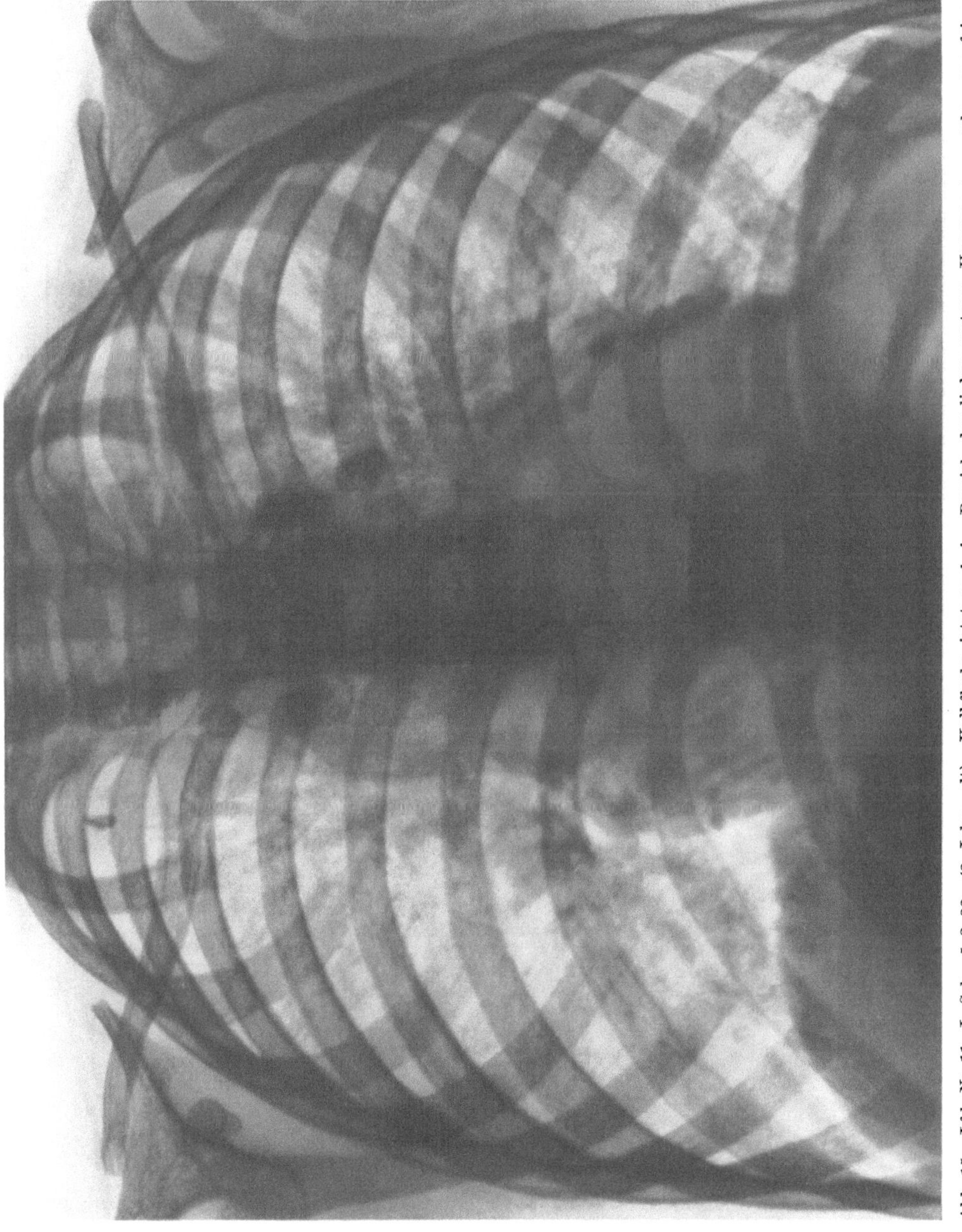

Abb. 15. Lfd. Nr. 11, L. Sch., 5. 2. 32. (2 Jahre alt). Kalkflecke jetzt auch im Bereich der linken unteren Herzgrenze zu erkennen; feine Haarlinie links in Höhe der 3. Rippe. Lageveränderung des Kalkfleckes im rechten Spitzenfeld.

Zeit, später noch mehrmals von etwas Husten, auch von Kurzatmigkeit berichtet. Im November und Dezember 1930 traten Skrofulodermata an Wange, Oberarm und Knie auf.

Die Röntgenserie ergibt im Juni und Juli 1930 auf Streuung in der linken Lunge verdächtigen Befund, nämlich zarte Trübung und weiche Fleckelung, anschließend eine

Verschattung im rechten Mittelfeld, die wohl zum Teil durch Interlobärpleuritis bedingt ist, im November 1930 Rückbildungserscheinungen des rechtsseitigen Befundes, zugleich mächtige Vergrößerung des rechten Hilus und ungleichmäßig verstreute Fleckschatten

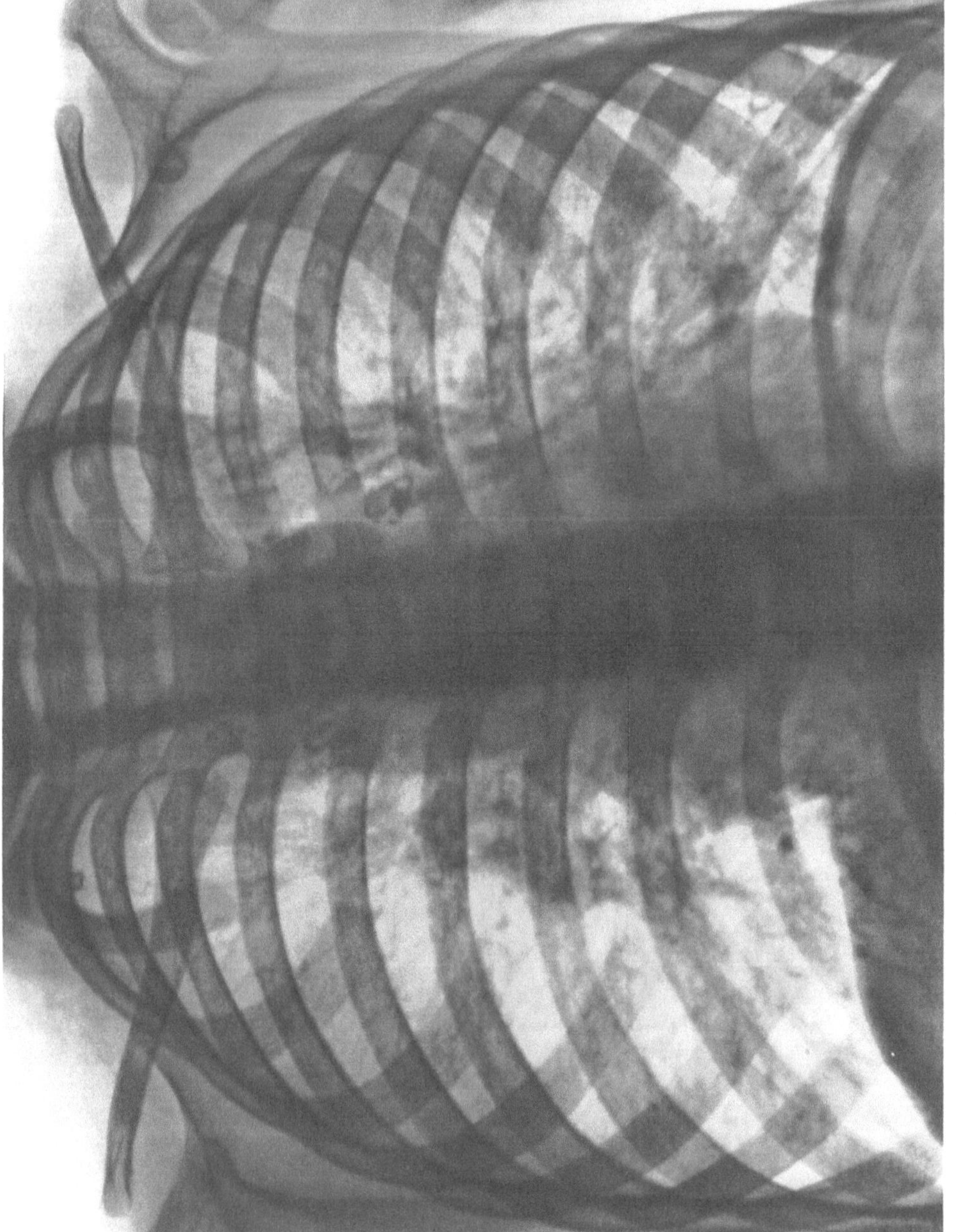

Abb. 16. Lfd. Nr. 11, L. Sch., 5. 8. 32. (2½ Jahre alt). Kalkflecke wie früher. Lageveränderung des Kalkfleckes im rechten Spitzenfeld.

im linken Lungenfeld (Abb. 17). Die Hilusvergrößerung ist im Januar 1931 noch nachweisbar, zugleich tritt jetzt eine flüchtige, perihiläre Infiltrierung rechts auf, die Streuung links bildet sich strängig zurück. Im Juli 1931 finden sich feinstreifige Reste des Befundes im rechten Mittelfeld, die auch im Juli 1933 noch nachweisbar sind. Zu dieser Zeit erscheinen im rechten Hilus mehrere fast kalkharte Fleckchen. Verkalkungen der Mesenterialdrüsen wurden n i c h t gefunden.

Es hat sich mit großer Wahrscheinlichkeit um einen rechtsseitigen Primärkomplex gehandelt, zumal für hämatogene Entstehung kein Ausgangsherd festzustellen ist. Bei dem linksseitigen Befund ist nicht mit Sicherheit zu entscheiden, ob Aspiration oder hämatogene Streuung vorliegt, doch ist das letztere anzunehmen (s. u.).

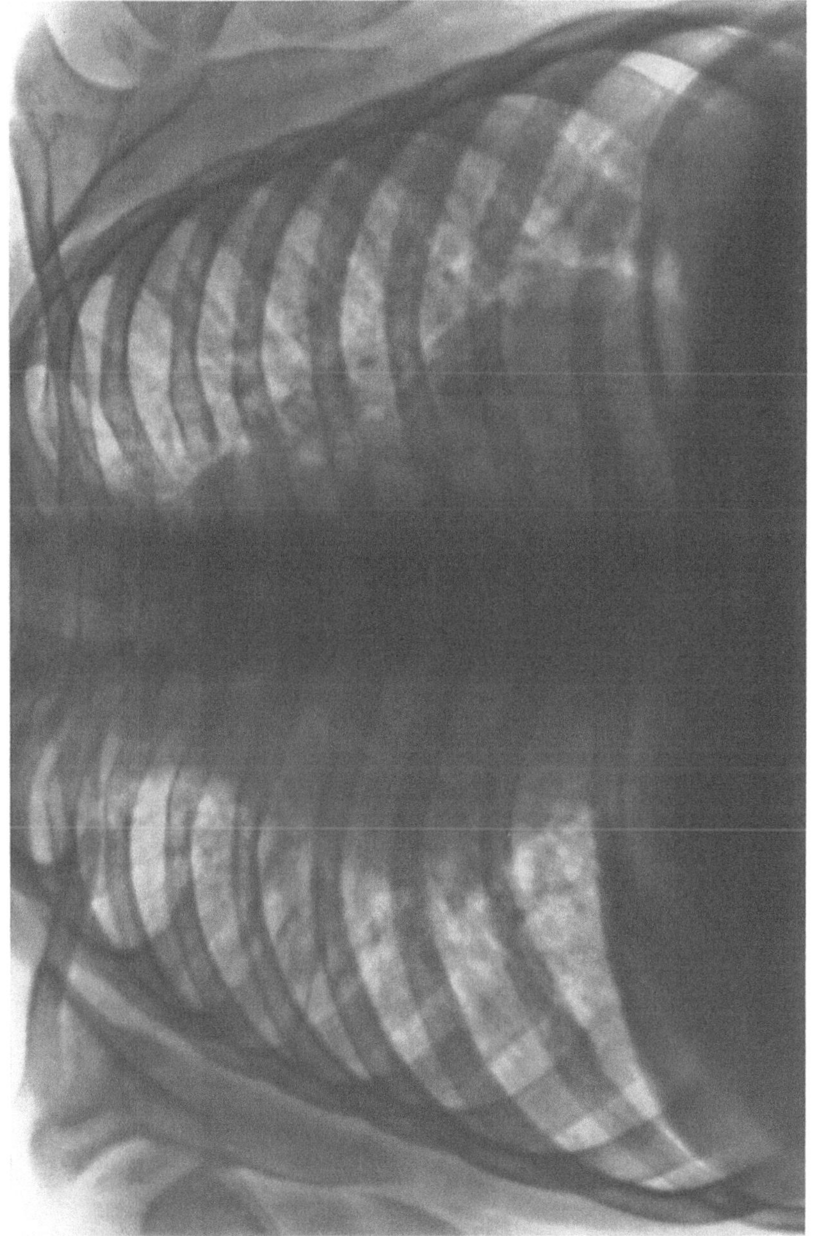

Abb. 17. Lfd. Nr. 41, R. B., 11. 11. 30. (8 Mon. alt). Etwa keilförmige, streifig-fleckige Verschattung im rechten Mittelfeld mit deutlich erkennbarem Interlobärstrang, rechter Hilus groß, schattentief. Wenig dichte Fleckelung und weiche Streifenzeichnung im linken Mittelfeld und neben der Herzspitze.

Die Röntgenbilder stammen vom 4. 6. — 25. 7. — 7. 8. — 15. 8. — 5. 9. — 20. 10. — 11. 11. (Abb. 17) — 4. 12. 30; 5. 1. — 16. 6. — 27. 7. — 19. 11. 31; 3. 5. — 10. 8. 32; 3. 7. 33.

Bei den hier besprochenen Befunden war der Primärkomplex entweder die einzige oder die am meisten hervortretende Lungenveränderung. In mehreren Fällen, von denen jetzt die Rede sein soll, standen andere Erscheinungen im Vordergrund; meist waren es für Infiltratbildung sprechende, mehr oder weniger homogene Verschattungen, die erst jenseits des ersten Lebensjahres auftraten. Hierher gehören die Röntgenserien 61,

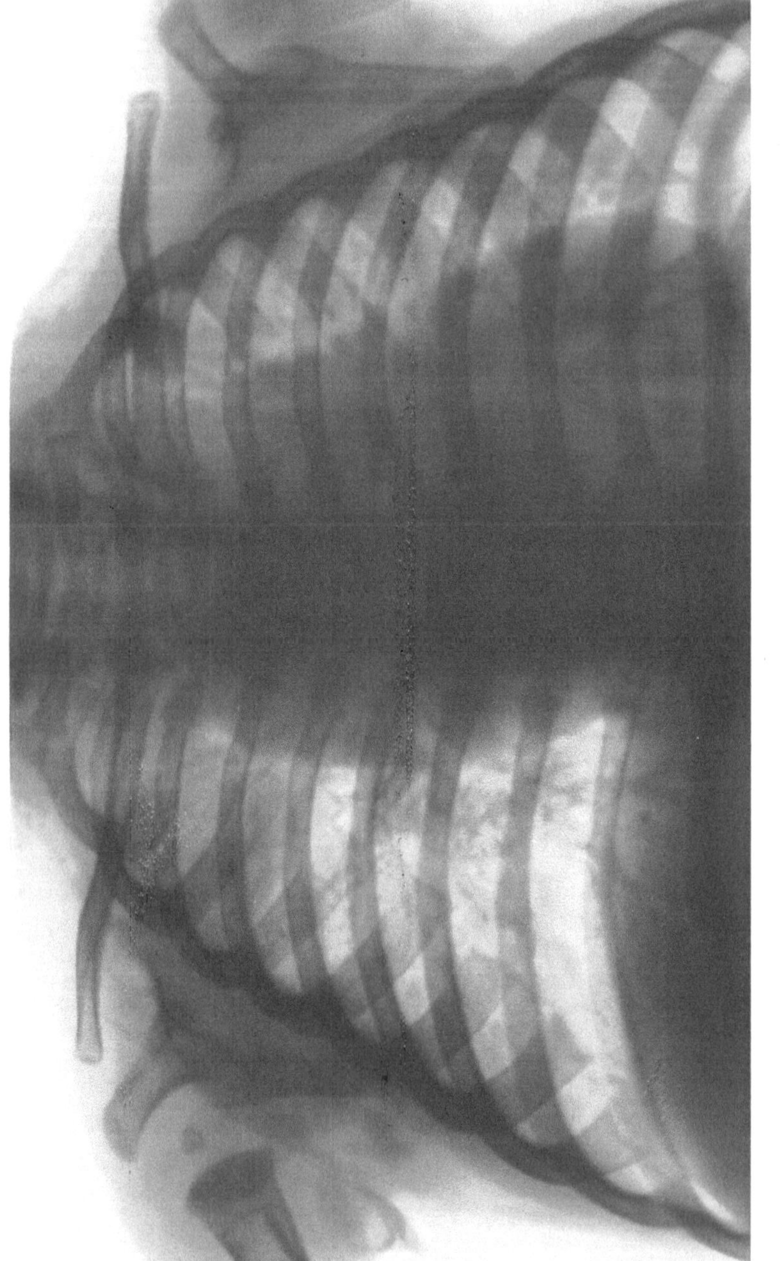

Abb. 18. Lfd. Nr. 61, Fr. St., 29. 11. 30. ($8^1/_2$ Mon. alt). Rechter Hilus vergrößert, schattentief, flachbogig begrenzt, homogene Trübung rechts oben bis etwa zur 3. Rippe, medialer Teil des linken Oberfeldes gleichfalls getrübt.

92, 109, 159, Fr. C., und 191. Die Möglichkeit der Verwechslung mit unspezifischen Veränderungen mußte bei diesen Befunden besonders beachtet werden.

F. St., lfd. Nr. 61, geb. 8. 3. 30 machte eine mittelschwere Ingestionstuberkulose durch. Verkalkte Mesenterialdrüsen sind nachweisbar (vgl. Jannasch und Remé: Verkalkungen im Bereich des Abdomens, Abb. 5a und b). Es besteht exsudative Diathese.

Das Kind ist vom 13. 6. 30 bis 5. 6. 31 im Kinderhospital Lübeck behandelt worden. Von Mitte Juni 1930 an wurde klingender Husten beobachtet, der über 3 Monate anhielt. Über den Lungen wurden wiederholt brummende Geräusche festgestellt. Im August 1931

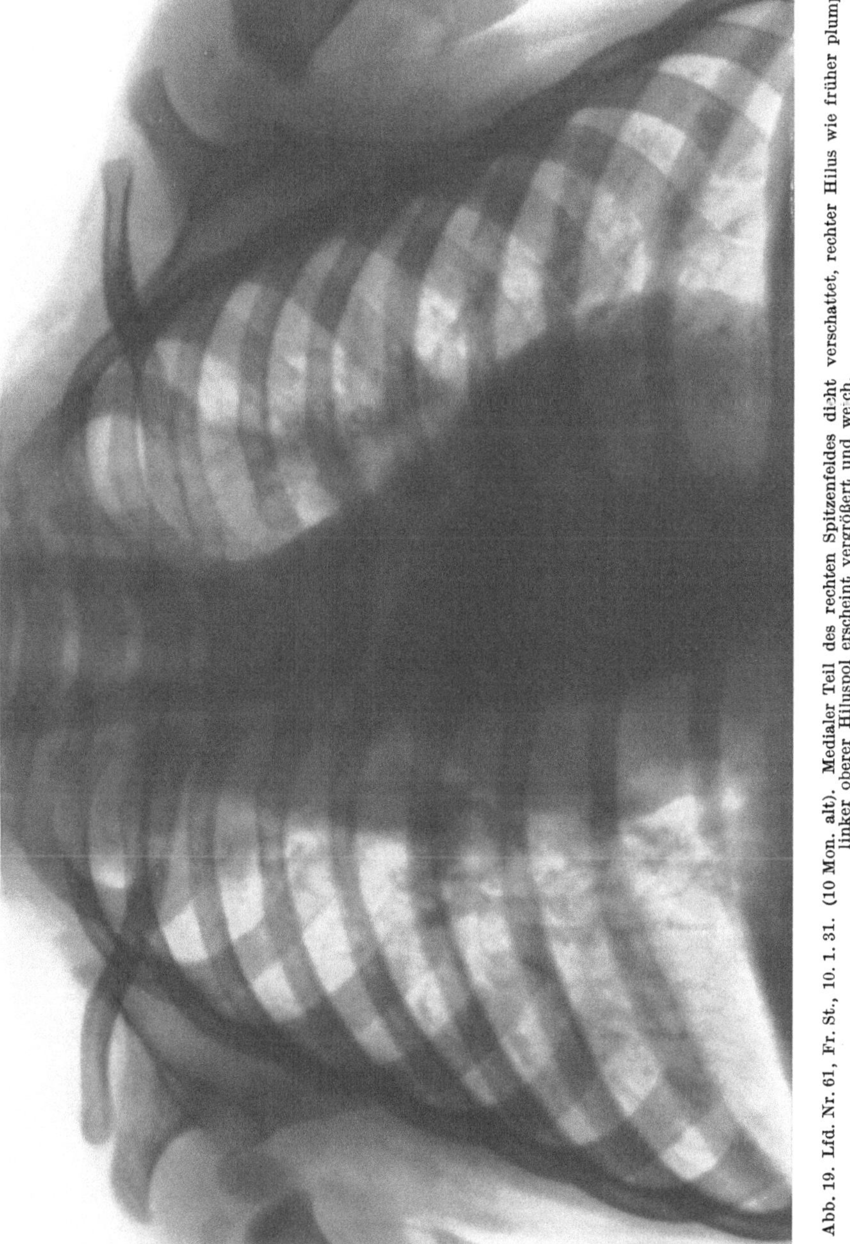

Abb. 19. Lfd. Nr. 61, Fr. St., 10. 1. 31. (10 Mon. alt). Medialer Teil des rechten Spitzenfeldes dicht verschattet, rechter Hilus wie früher plump; linker oberer Hiluspol erscheint vergrößert und weich.

trat eine phlyktaenuläre Augenerkrankung auf, die zu Hornhauttrübung führte. Die Röntgenserie zeigt am 14. 6. 30 einen großen, dichten, geradlinig begrenzten rechten Hilus, am 23. 6. 30 Fleckelung im rechten Mittelfeld in der Nähe des Hilus, vom 9. 8. 30 an Verbreiterung des oberen Mittelschattens. Am 29. 11. 30 ist eine Trübung des rechten Oberfeldes, die bis zur 3. Rippe reicht, zu sehen, auch die mediale Hälfte des linken Spitzenfeldes ist getrübt (Abb. 18). Am 29. 12. 30 sind diese Verschattungen völlig verschwunden. — Klinisch werden in dieser Zeit außer dem erwähnten Husten und den oftmals festgestellten brummenden Geräuschen über beiden Lungen keine besonderen Erscheinungen beobachtet, die Temperatur ist normal, die Gewichtszunahme gleichmäßig. Dagegen fällt der

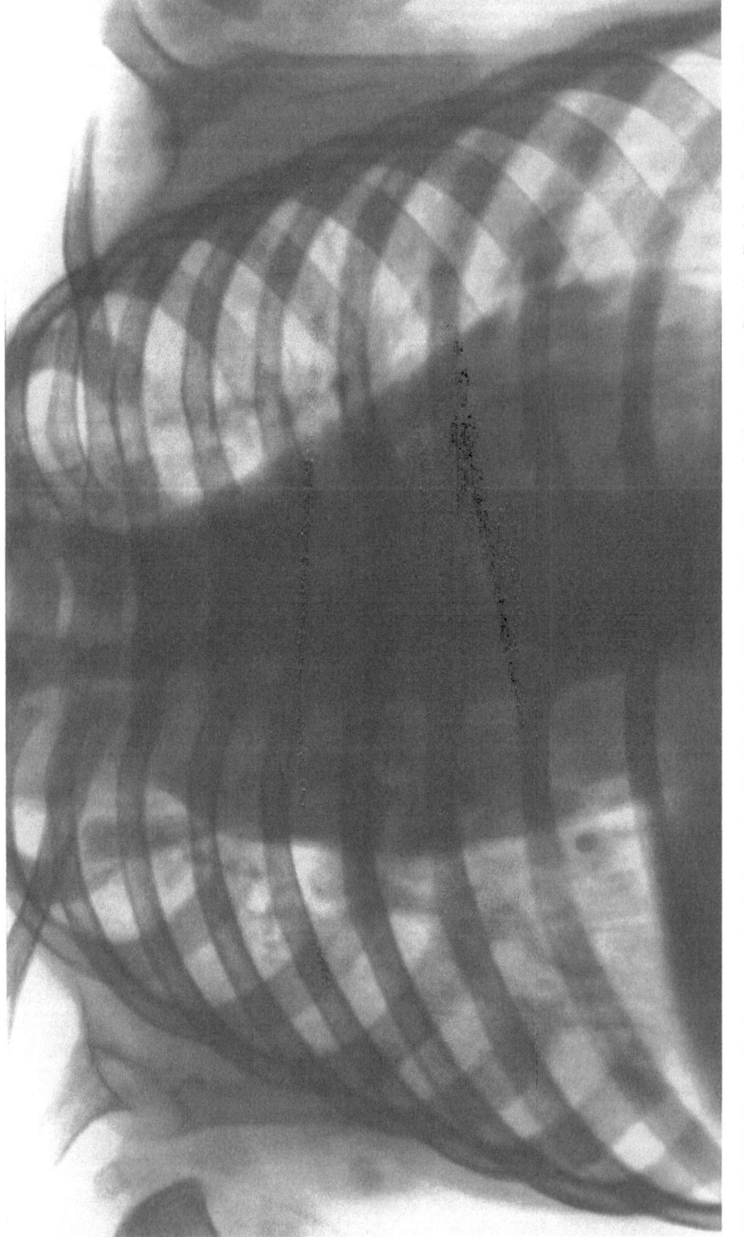

Abb. 20. Lfd. Nr. 61, Fr. St., 16. 2. 31. (11 Mon. alt). Rechtes Spitzenfeld medial noch verschattet, runder Schattenfleck in Gegend des 1. Rippenendes rechts durch breites Schattenband mit dem Hilus in Verbindung stehend; tumoriger rechter Hilusschatten, nach außen bogig begrenzt (trotz schiefer Körperhaltung deutlich vergrößert).

im Januar 1931 erhobene pathologische Röntgenbefund, nämlich eine dichte Verschattung in den medialen Partien des rechten Oberfeldes und eine weichstreifig-fleckige Trübung links oben medial (Abb. 19) in die Zeit eines hochfieberhaften Infektes der oberen Luftwege mit feuchter Bronchitis. Die nächste Aufnahme vom 16. 2. 31 (Abb. 20) zeigt eine breite Abflußbahn vom rechten Spitzenfeld zum oberen Hiluspol und Trübung im medialen

Teil des rechten Spitzenfeldes. Auch am 5. 3. 31 sind noch Reste des Befundes rechts oben zu sehen. Am 23. 4. 31 (Abb. 21) sind die Lungenfelder frei, der rechte Hilus ist

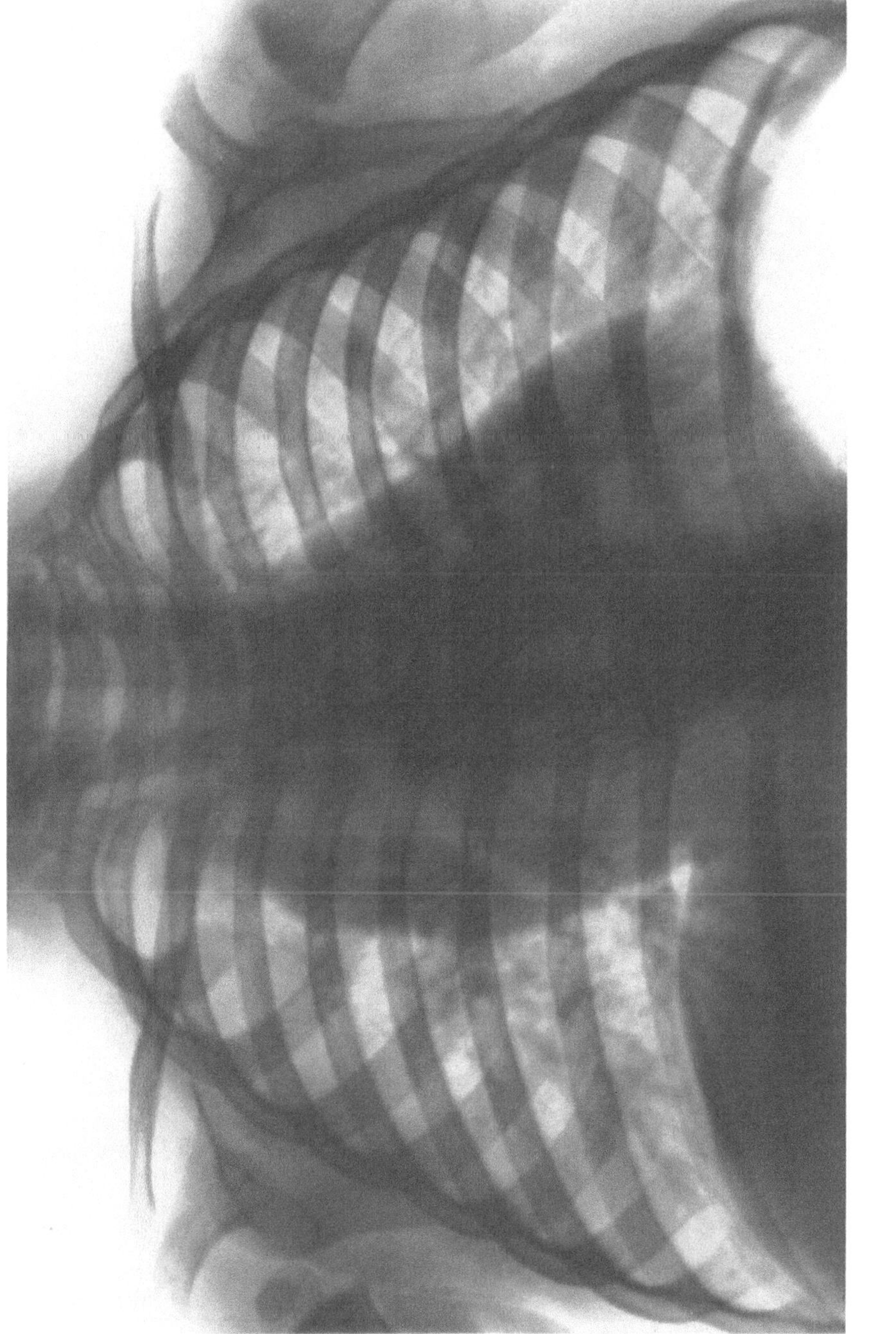

Abb. 21. Lfd. Nr. 61, Fr. St., 23. 4. 31. (1 Jahr 1 Mon. alt). Rechter Hilus noch stark vergrößert, kompakt.

mächtig vergrößert. Die letzte Aufnahme vom 3. 1. 33 zeigt nur mehr geringfügige Veränderungen am Mittelschatten, die für periadenitische Schwarte sprechen (Abb. 22).

Es handelt sich um einen rechtsseitigen Lungen-Primärkomplex mit nicht sicher nachweisbarem Lungenherd und erheblicher Drüsenschwellung. Die flüchtige Verschattung im rechten Oberfeld vom November 1930 ist bei dem Fehlen von klinischen Erscheinungen als „Infiltrierung" bei bestehender Paratracheal- und Bronchialdrüsentuberkulose zu

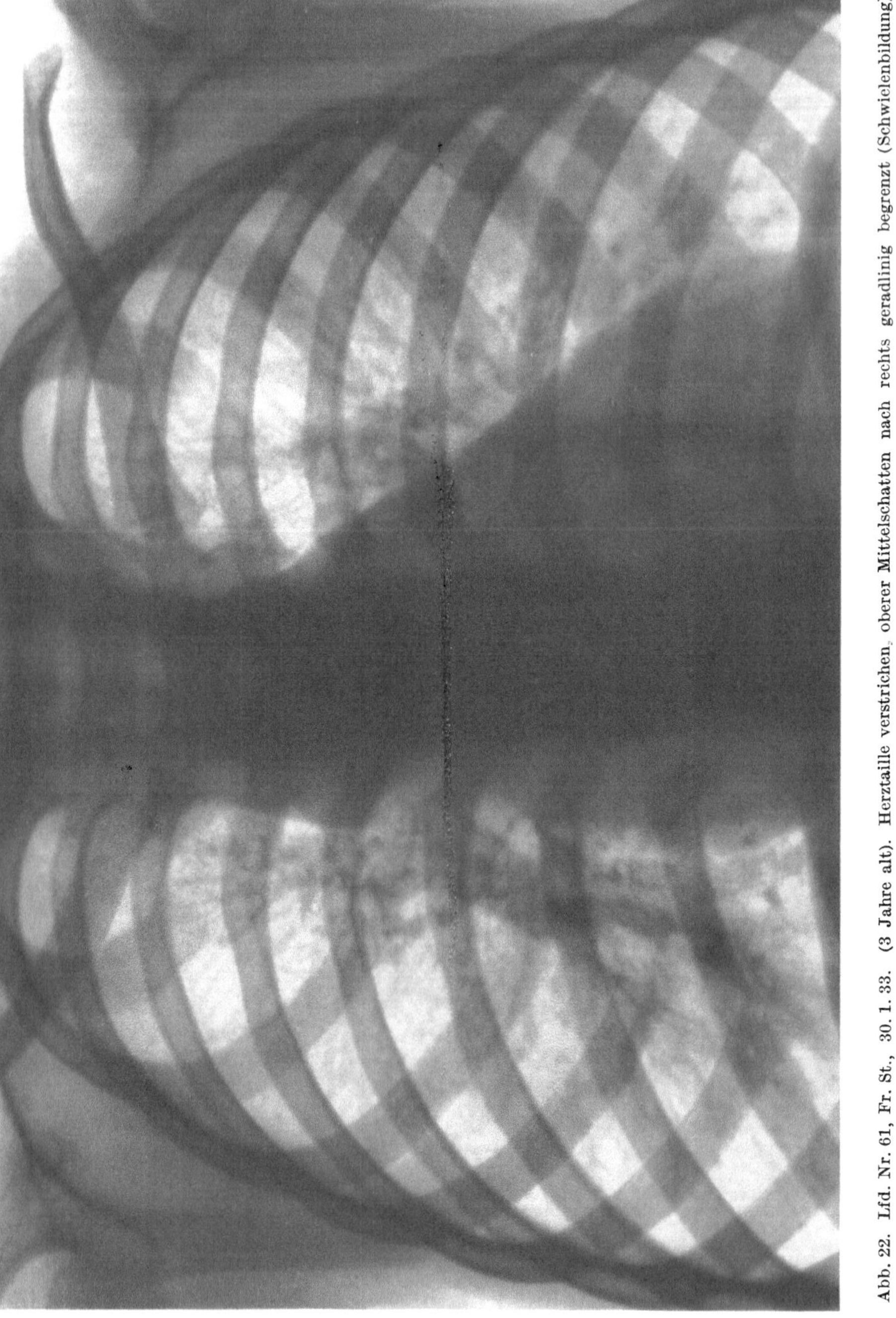

Abb. 22. Lfd. Nr. 61, Fr. St., 30. 1. 33. (3 Jahre alt). Herztaille verstrichen, oberer Mittelschatten nach rechts geradlinig begrenzt (Schwielenbildung).

deuten. Ob die kurz darauf, während eines fieberhaften Infektes, in beiden Oberfeldern auftretenden Veränderungen spezifisch oder unspezifisch sind, muß offen gelassen werden. Bei ihrer Rückbildung tritt ein „Focus" — möglicherweise ist es der primäre Lungenherd — im rechten Oberfeld in Erscheinung. Residuen, die für spezifische Vorgänge beweisend wären, bleiben nicht zurück. — Während oder nach der phlyktaenulären Augenerkrankung tritt kein weiterer pathologischer Lungenbefund auf.

Die Röntgenbilder stammen vom 14. 6. — 23. 6. — 2. 7. — 11. 7. — 2. 8. — 9. 8. — 19. 8. — 1. 9. — 12. 9. — 4. 10. — 13. 10. — 28. 10. — 7. 11. — 18. 11. — 29. 11 (Abb. 18) — 9. 12. — 23. 12. 30; 10. 1. (Abb. 19) — 16. 2. (Abb. 20) — 5. 3. — 23. 4. (Abb. 21) — 15. 5. — 4. 6. — 26. 11. 31; 9. 6. — 5. 8. 32; 30. 1. (Abb. 22) — 5. 5. 33.

Ähnlich sind die beiden folgenden Befunde. E. J., lfd. Nr. 159, geb. 4. 4. 30 gilt als Zweifelsfall, da außer positivem Moro keinerlei sichere Erscheinungen von Tuberkulose festgestellt wurden. Es bestand eine exsudative Diathese.

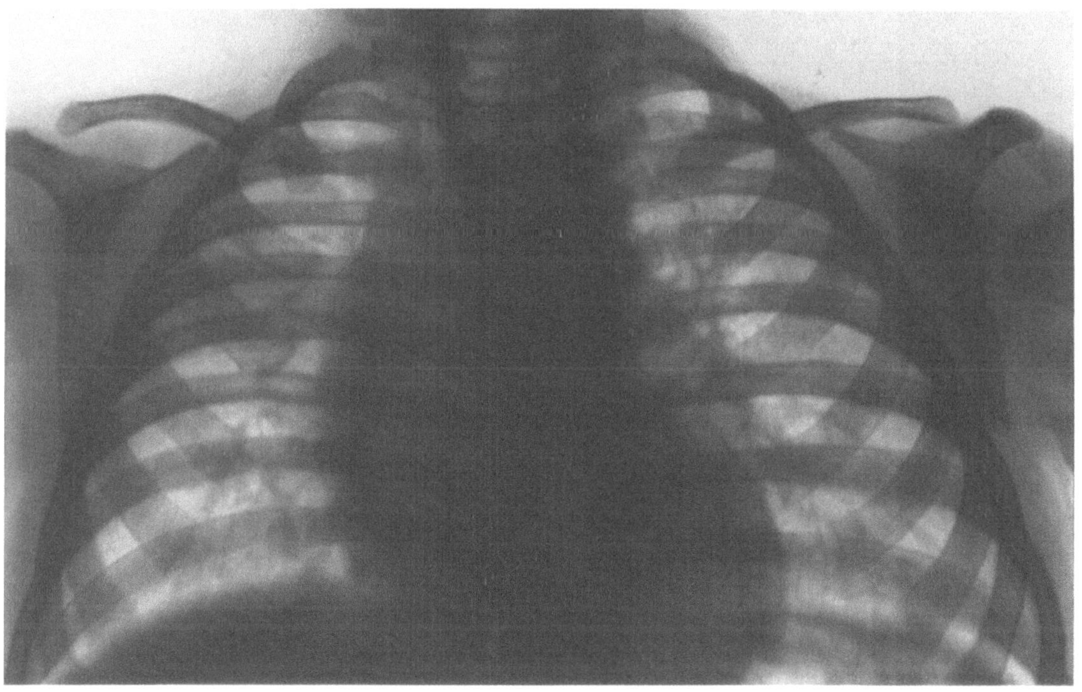

Abb. 23. Lfd. Nr. 159, E. J., 10. 11. 30. (32 Wochen alt). Überdrehte Aufnahme, trotzdem oberer Teil des Mittelschattens etwas nach rechts verbreitert, rechter Hilus schattentief, vergrößert, flachbogig begrenzt, Trübung des 2. I.C. rechts.

Die Röntgenserie zeigt vom Juni 1930 an eine auf Paratrachealdrüsenschwellung verdächtige Verbreiterung des oberen Mittelschattens nach rechts. Am 29. 9. 30 erscheint der obere Mittelschatten schornsteinförmig. Am 10. 11. 30 sind der 2. I.C. und die äußere Partie des 3. I.C. rechts homogen getrübt (Abb. 23). Am 18. 11. 30 ist dieser Befund völlig verschwunden (Abb. 24). Die späteren Aufnahmen zeigen weiterhin die dichte Verbreiterung des oberen Mittelschattens nach rechts. Kalkflecke bleiben nicht zurück. Klinische Anzeichen für einen unspezifischen Prozeß fehlen.

Das frühe Auftreten von Paratracheal- und Bronchialdrüsenschwellung kann als Anzeichen dafür aufgefaßt werden, daß ein Primärkomplex der Lunge bestanden hat, dessen Lungenherd im Röntgenbild nicht nachweisbar war. Die im November 1930 beobachtete flüchtige Verschattung rechts erinnert an die bekannten „Infiltrierungen“ bei aktiver Bronchialdrüsentuberkulose, die gerade bei Kindern mit exsudativer Diathese häufig vorkommen [vgl. Schlack (2)].

Die Röntgenbilder stammen vom 6. 6. — 14. 6. — 23. 6. — 2. 7. — 11. 7. — 21. 7. — 31. 7. — 9. 8. — 18. 8. — 25. 8. — 4. 9. — 19. 9. — 29. 9. — 7. 10. — 16. 10. — 29. 10. — 10. 11. (Abb. 23) — 18. 11. (Abb. 24) — 2. 12. — 13. 12. 30; 10. 1. — 23. 2. — 12. 3. — 23. 4. — 23. 11. 31; 20. 7. 32; 30. 1. 33.

Bei M. L., lfd. Nr. 109, geb. 23. 3. 30 bestand eine schwere Ingestionstuberkulose, die zu Verkalkung in den Mesenterialdrüsen führte. Es lag auch ein Nasen-Rachen- und rechtsseitiger Ohrprimärkomplex vor. Zeichen von exsudativer Diathese wurden nicht beobachtet. Das Kind lag vom 16. 6. bis 2. 12. 30 im Kinderhospital Lübeck.

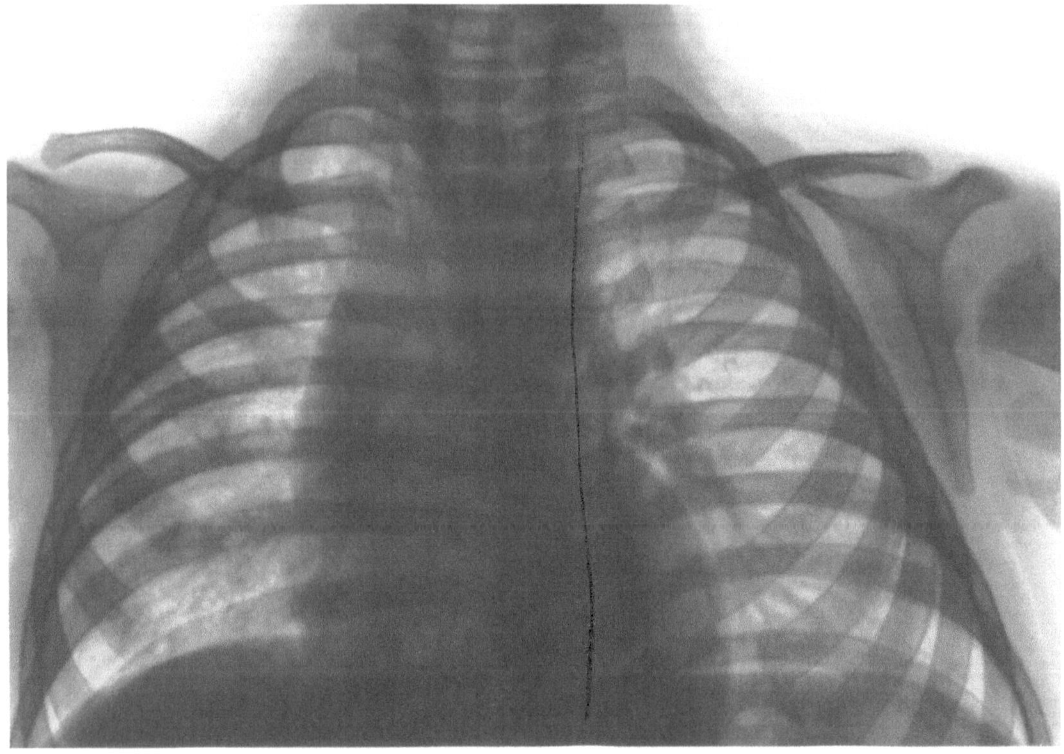

Abb. 24. Lfd. Nr. 159, E. J., 18. 11. 30. (33 Wochen alt). Verschattung des 2. I.C. rechts verschwunden! Rechter Hilus unverändert groß, im übrigen Aufnahme wegen Überdrehung nicht einwandfrei.

Die Röntgenserie ergibt im Juni und Juli 1930 vermehrte Zeichen im medialen Teil des rechten Oberfeldes, am 6. 8. 30 dichte Netzzeichnung in beiden Oberfeldern und weichstreifige Trübung des 1. I.C. rechts. Am 22. 8. 30 ist die streifige Verschattung des 1. I.C. rechts etwas härter. Nach der Krankengeschichte ist die Temperatur in dieser Zeit ohne erkennbare Ursache bis 38,8 erhöht. Husten besteht nicht. Die Röntgenaufnahme vom 6. 9. 30 zeigt streifig-fleckige Verschattung im linken Mittelfeld, ebenso die vom 29. 9. 30. Am 16. 1. 31 ist der mediale Teil des rechten Spitzenfeldes und der 1. I.C. rechts weichstreifig getrübt. Das nächste Röntgenbild vom 4. 5. 31 zeigt diesen Befund nicht mehr. Die letzte Aufnahme, vom 6. 4. 34, läßt zwei härtere Rundfleckchen im 2. I.C. links und einen unregelmäßig gestalteten, nicht sicher kalkharten Schattenfleck links in Höhe des 3. vorderen Rippenendes erkennen.

Es liegt ein geringfügiger, mit großer Wahrscheinlichkeit spezifischer Befund im rechten Oberfeld vor, der so frühzeitig (August 1930) auftritt, daß er als Primärkomplex aufgefaßt werden kann. Im Januar 1931 ist ein zirkumfokale Reaktion rechts oben zu beobachten. Vorübergehend zeigen sich auch im linken Mittelfeld geringfügige Veränderungen, die schwer zu deuten sind (vgl. lfd. Nr. 41). Sichere Verkalkungen bleiben nicht zurück.

Die Röntgenbilder stammen vom 16. 6. — 24. 6. — 30. 6. — 3. 7. — 11. 7. — 21. 7. — 30. 7. — 6. 8. — 14. 8. — 22. 8. — 30. 8. — 6. 9. — 16. 9. — 29. 9. — 8. 10. — 21. 10. — 8. 11. — 21. 11. — 2. 12. 30; 6. 1. — 4. 5. — 15. 10. — 20. 11. 31; 9. 9. 32; 6. 4. 34.

Eine weitere Röntgenserie läßt sich in mancher Hinsicht mit den bisher besprochenen vergleichen, nur daß der Befund hier anders lokalisiert ist. Das Kind I. R., lfd. Nr. 92, geb. 17. 3. 30 machte eine leichte Ingestionstuberkulose durch. Verkalkte Mesenterialdrüsen sind vorhanden. Exsudative Diathese besteht nicht. Es kam zu Fistelbildung der spezifisch erkrankten Halsdrüsen. Das Kind war vom 10. 6. 30 bis 22. 7. 31 im Kinderhospital Lübeck in Behandlung. Nur bei der Aufnahme wurde klingender Husten festgestellt, später bestand kein Husten mehr.

Auf den Röntgenbildern vom Juni, Juli und August 1930 erscheint der rechte untere Hiluspol ziemlich groß und weich. Am 4. 9. 30 ist der rechte Hilus flächig, das rechte Spitzenfeld ist medial verschattet, es bestehen also Anzeichen von Pleuritis mediastinalis und Spitzenpleuritis. Weiterhin bleibt der rechte untere Hiluspol vergrößert. Am 1. 6. 31 (Abb. 25) zeigt sich in der medialen Hälfte des rechten Unterfeldes eine dichte Verschattung, die der unteren Herzgrenze unmittelbar aufsitzt und nach außen zipfelig ausgezogen erscheint; sie ist wohl sicher zum Teil durch Pleuritis mediastinalis bedingt. Der mediale Teil des rechten Spitzenfeldes ist wieder verschattet; links ist die Herztaille verstrichen, — beides wohl auch Anzeichen von Pleuritis mediastinalis. Klinisch liegt in dieser Zeit nichts Besonderes vor, es werden nur zeitweilig subfebrile Temperaturen beobachtet, die aber auf einen frischen Halsdrüsendurchbruch bezogen werden können. Am 6. 7. 31 (Abb. 26) sind Kalkeinlagerungen im rechten unteren Hiluspol zu erkennen, beiderseits in der Hilusgegend sind für periadenitische Schwartenbildung sprechende Veränderungen vorhanden. Die Kalkflecke zeigen sich auf allen weiteren Aufnahmen; am 29. 6. 33 ist links, im Herzschatten, nahe dem unteren Hiluspol ein gröberer runder, nicht kalkharter Schattenfleck zu sehen, wohl eine indurierte Drüse.

Veränderungen am rechten Hilus, die schon im Juni 1930 feststellbar sind und die zeitweilig zu pleuritischen Erscheinungen, vielleicht auch — im Juni 1931 — zu perihilärer Infiltrierung führen, hinterlassen Kalkflecke. Es handelt sich mit großer Wahrscheinlichkeit um einen kleinen pulmonalen Primärkomplex. Ob die beschriebene Verschattung im rechten Unterfeld als zirkumfokale Reaktion aufzufassen ist oder ob sie auf unspezifischen Veränderungen beruht, ist nicht mit Sicherheit zu entscheiden.

Die Röntgenbilder stammen vom 6. 6. — 11. 6. — 19. 6. — 27. 6. — 7. 7. — 15. 7. — 23. 7. — 2. 8. — 13. 8. — 27. 8. — 4. 9. — 26. 9. — 6. 10. — 20. 10. — 3. 11. — 18. 11. — 5. 12. 30; 23. 1. — 23. 2. — 13. 3. — 16. 4. — 1. 6. (Abb. 25) — 22. 6. — 6. 7. (Abb. 26) — 8. 12. 31; 4. 7. 32; 29. 6. 33.

Infiltratschatten ohne nennenswerte Hilusveränderungen und ohne nachweisbaren primären Lungenherd fanden sich bei den Kindern Fr. C., Bruder von lfd. Nr. 181 und E. R., lfd. Nr. 191.

Das Kind Fr. C., geb. 18. 5. 28 soll hier eingereiht werden, weil es mit dem gleichen Material infiziert wurde wie die Lübecker Säuglinge; es nahm am 13. 4. 30 einen Teil des Impfstoffes, der für seinen neugeborenen Bruder bestimmt war, zu sich. Der Säugling erlag der Ingestionstuberkulose; bei dem zweijährigen Bruder wurde im Mai 1930 hohes Fieber beobachtet, im Juli war der Ponndorf stark positiv. — Verkalkte Mesenterialdrüsen

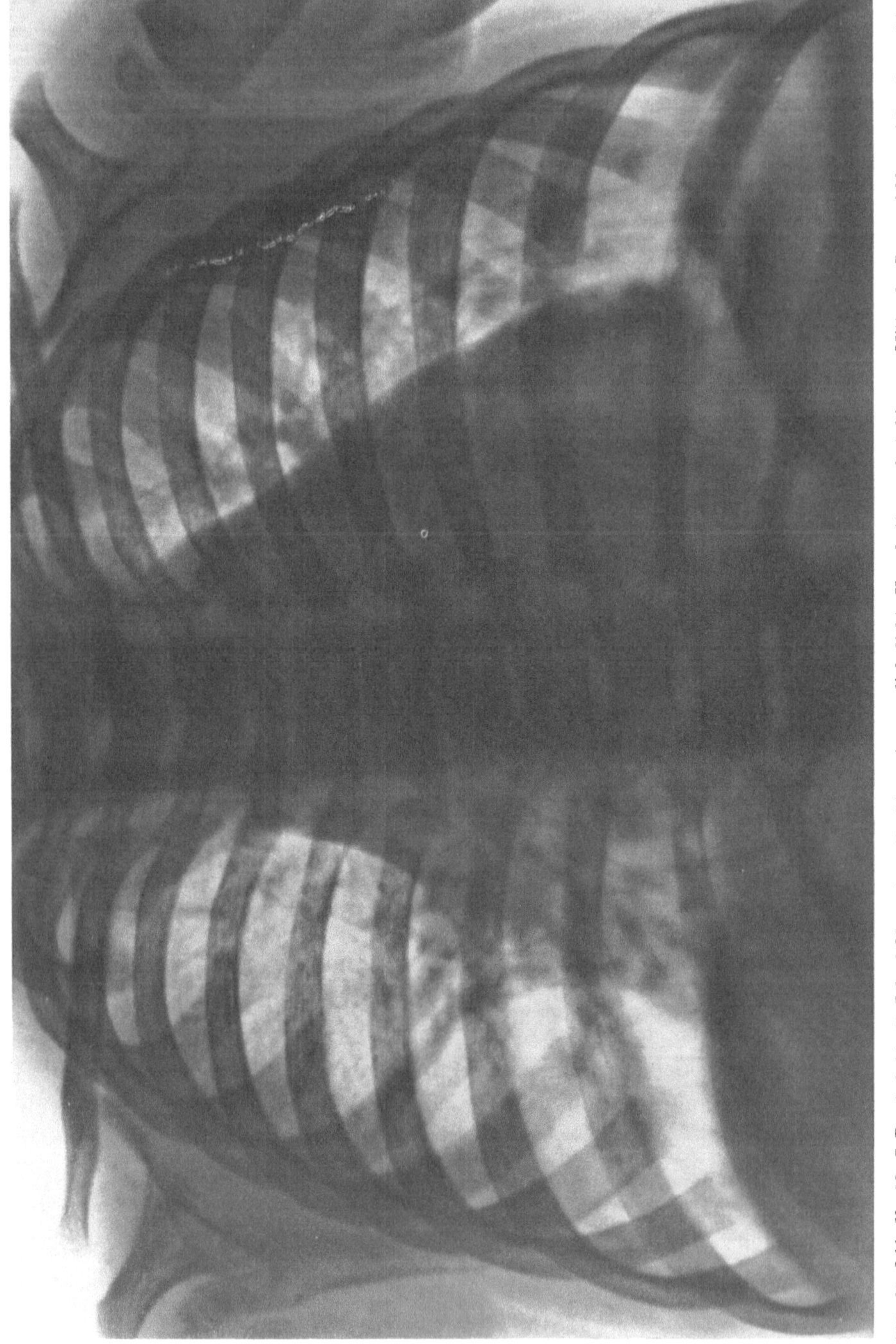

Abb. 25. Lfd. Nr. 92, I. R., 1. 6. 31. (1 Jahr 2 Mon. alt). Rechts unten medial dichte Verschattung, fast bis zur Mitte des Lungenfeldes reichend; rechter Herzzwerchfellwinkel ausgefüllt. Medialer Teil des rechten Spitzenfeldes getrübt. Herztaille verstrichen.

wurden nachgewiesen. Von Krankheitserscheinungen ist nichts bekannt. Bei diesem älteren Kinde sei nochmals hervorgehoben, daß eine nachweisbare Infektionsquelle für Tuberkulose in der Familie und Umgebung nicht vorhanden war.

Die Röntgenaufnahmen vom Juli bis Dezember 1930 ergeben nichts Besonderes, nur am 7. 8. 30 erscheint der rechte Hilus vergrößert. Am 12. 2. 31 (Abb. 27) sind der 2. und 3. I.C.

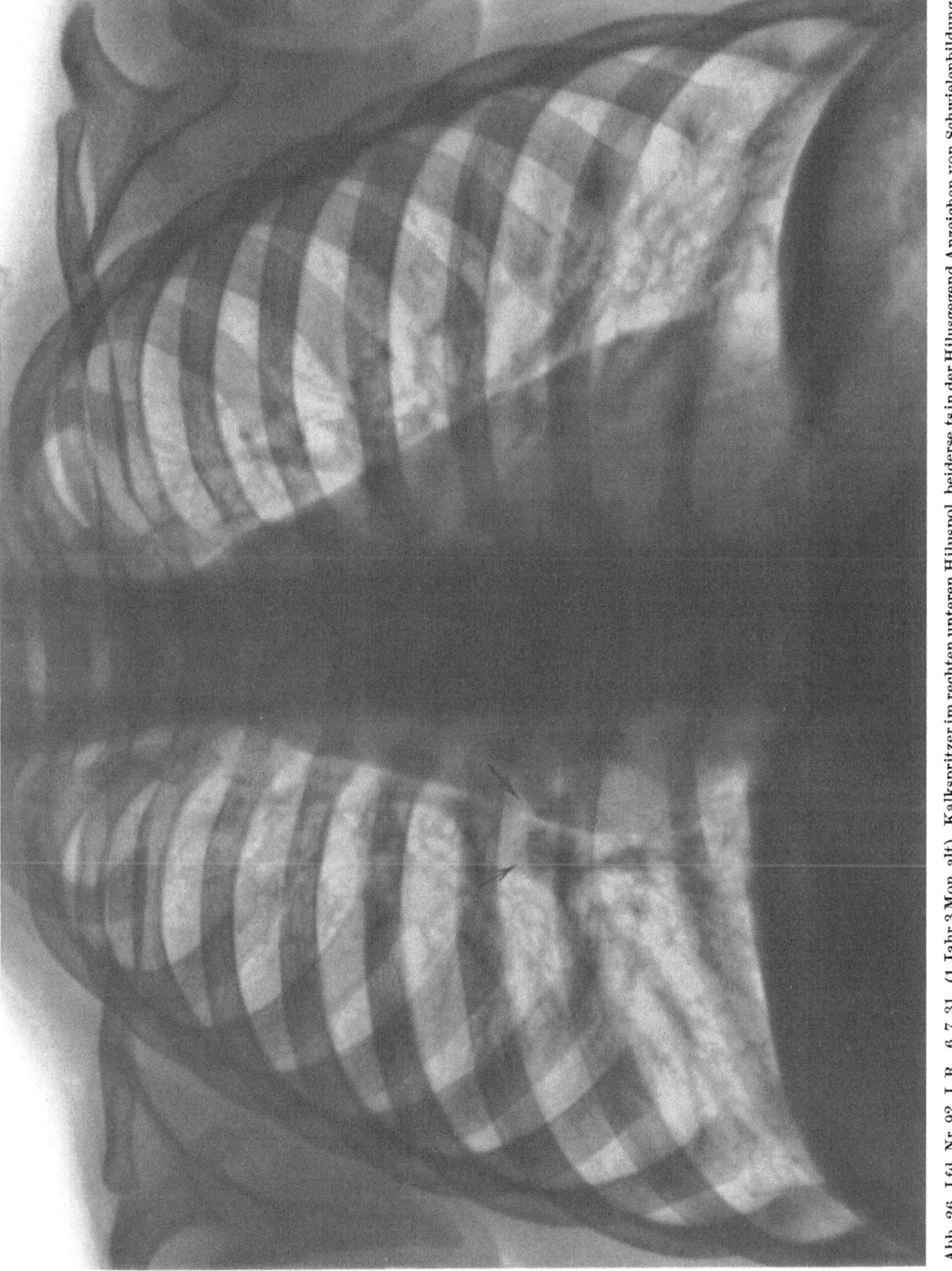

Abb. 26. Lfd. Nr. 92, I. R., 6. 7. 31. (1 Jahr 3 Mon. alt). Kalkspritzer im rechten unteren Hiluspol, beiderseits in der Hilusgegend Anzeichen von Schwielenbildung.

rechts wolkig verschattet; die ambulante klinische Untersuchung am 20. 3. 31 ergibt Wohlbefinden, normale Temperatur, über beiden Lungen keinen sicher pathologischen Befund. Am 16. 4. 31, also 2 Monate später, — inzwischen wurde keine Aufnahme gemacht — ist die Verschattung verschwunden; im linken Hilus sind einige größere Rundflecke zu sehen (Abb. 28).

Unter den späteren Röntgenbildern zeigt nur das vom 25. 9. 31 einen verdächtigen Befund, nämlich Fleckelung in der Umgebung des rechten Hilus, sonst bieten sie nichts Besonderes.

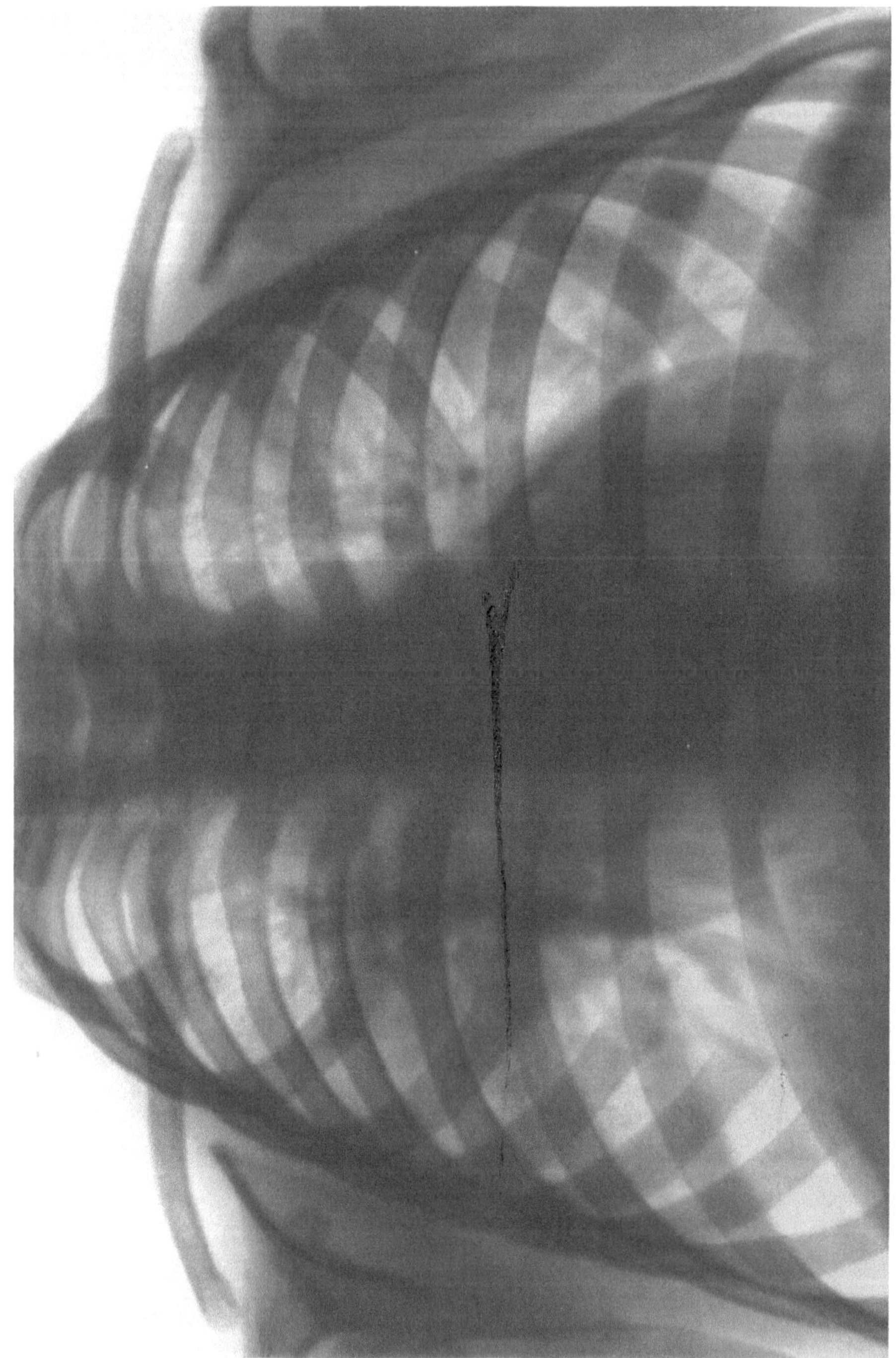

Abb. 27. Fr. C., 12. 2. 31. (2 Jahre 9 Mon. alt). 2. und 3. I.C. rechts wolkig verschattet.

Drei Monate nach oraler Infektion ist bei dem zweijährigen Kinde der rechte Hilus auf vergrößerte Drüsen verdächtig, 10 Monate nach der Infektion tritt ein Infiltratschatten im rechten Mittelfeld auf, der 2 Monate später nicht mehr nachzuweisen ist. Zu Verkalkung kommt es nicht. Es ergibt sich in diesem Falle das typische Bild der flüchtigen „Infiltrierung" bei Bronchialdrüsentuberkulose. Daß dieses zur Zeit der Infektion 2 Jahre

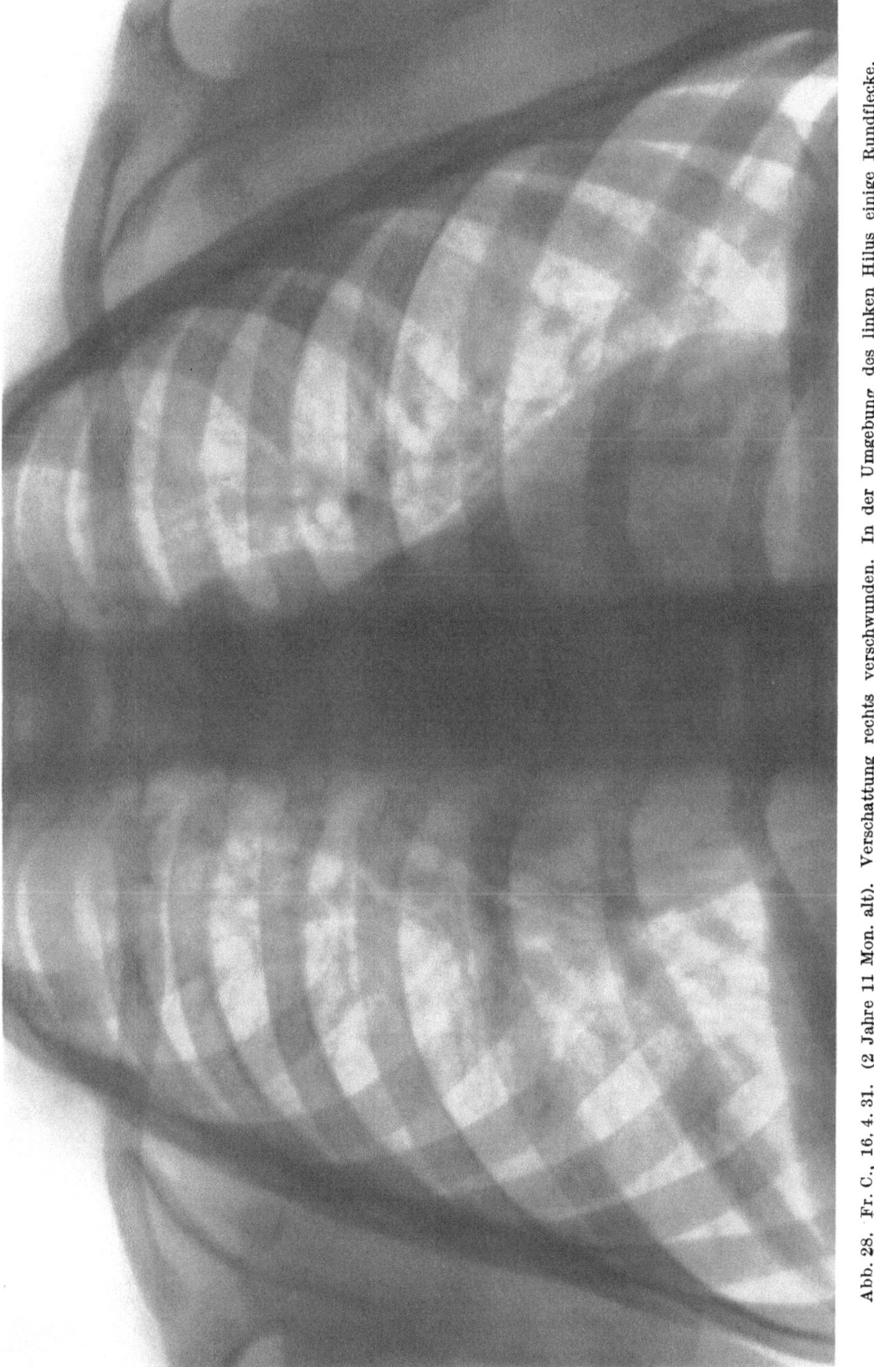

Abb. 28. Fr. C., 16. 4. 31. (2 Jahre 11 Mon. alt). Verschattung rechts verschwunden. In der Umgebung des linken Hilus einige Rundflecke.

alte Kind von dem Impfstoff aspiriert hat, ist nicht sehr wahrscheinlich, die Bedingungen, die bei den Neugeborenen so oft zur Aspiration geführt haben, fallen hier weg. Deshalb muß daran gedacht werden, daß es auf dem Lymphwege vom Bauchraum aus oder auf dem

Blutwege zur Erkrankung von intrathorakalen Drüsen und weiterhin zu der flüchtigen „Infiltrierung" gekommen ist.

Die Röntgenbilder stammen vom 2. 7. — 11. 7. — 21. 7. — 7. 8. — 22. 8. — 9. 9. — 26. 9. — 23. 10. — 18. 11. — 30. 12. 30; 12. 2. (Abb. 27) — 16. 4. (Abb. 28) — 19. 5. — 9. 7. — 23. 9. — 3. 11. 31; 12. 1. — 19. 2. 32.

E. R., lfd. Nr. 191, geb. 11. 4. 30 überstand eine mittelschwere Ingestionstuberkulose mit primärer rechtsseitiger Ohrtuberkulose und Drüsenerweichung an beiden Halsseiten. Verkalkung von Mesenterialdrüsen konnte bisher nicht nachgewiesen werden. Zeichen von exsudativer Diathese sind nicht vorhanden. Mitte Oktober 1930 trat Husten auf, der längere Zeit anhielt. Im Januar 1931 bestand Verdacht auf Keuchhusten, der sich aber nicht bestätigte. Später hustete das Kind nur ganz gelegentlich.

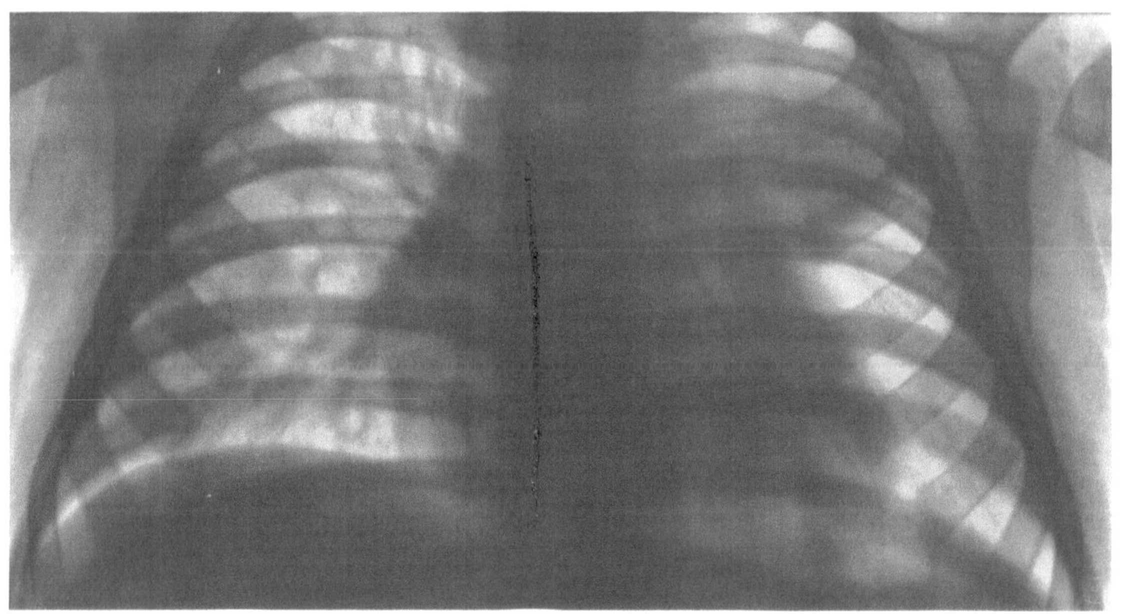

Abb. 29. Lfd. Nr. 191, E. R., 13. 11. 30. (7 Mon. alt). Homogener Keilschatten in Gegend des 2. I.C. links.

Auf der ersten Röntgenaufnahme vom 16. 10. 30 ist der linke obere Hiluspol groß und weich, rechts oben ist vermehrte weiche Zeichnung, ein „gestautes Bild", zu sehen. Am 13. 11. 30 zeigt sich ein homogener, etwa keilförmiger Schatten zwischen 1. und 3. Rippe links (Abb. 29). Klinisch war, wie erwähnt, Husten festzustellen, der Allgemeinzustand war gut, der Klopf- und Horchbefund über den Lungen am 12. 11. 30 o. B. Die Aufnahme vom 12. 1. 31 zeigt den Keilschatten mehr streifig, am 23. 2. 31 ist er wieder kompakt, aber kleiner als anfangs, am 1. und 8. 9. 31 ist er noch deutlich zu erkennen; am 24. 11. 32 ist er nicht mehr vorhanden, aber der linke Hilus ist noch vergrößert und beiderseits ist eine „Lungenrandlinie" zu sehen. Die letzte Aufnahme, vom 20. 10. 33, zeigt einen kleinen Keilschatten, der dem linken Hilus aufsitzt und in eine peripheriewärts ziehende Linie ausläuft.

Im 7. Monat nach oraler Infektion tritt ohne nennenswerte klinische Erscheinungen ein linksseitiges Lungeninfiltrat auf, welches sich allmählich im Laufe von 10 Monaten zurückbildet. Als Rest bleibt ein dreieckförmiger „Sluka-Schatten" zurück. Das typische

Bild des Sekundärinfiltrats ist hier zu einem frühen Zeitpunkt, im Anfang des zweiten Lebensjahres zu beobachten. Ein Primärinfekt der Lunge ist nicht nachzuweisen, zumal da aus dem ersten Lebenshalbjahr keine Röntgenbilder vorliegen.

Die Röntgenbilder stammen vom 16. 10. — 13. 11. 30 (Abb. 29); 12. 1. — 23. 2. — 1. 6. — 8. 9. — 24. 11. 31; 20. 10. 33.

Während unter den bisher besprochenen Röntgenbefunden nur einzelne waren, die neben sonstigen Veränderungen Streuherde zeigten, oder aber den Verdacht auf Streuung aufkommen ließen, steht bei 2 Kindern das Bild der Streuung im Vordergrunde. In dem einen Falle sind die Streuherde nur in frischem Stadium nachzuweisen, in dem anderen ist die Streuung bis zum Stadium der Verkalkung zu verfolgen.

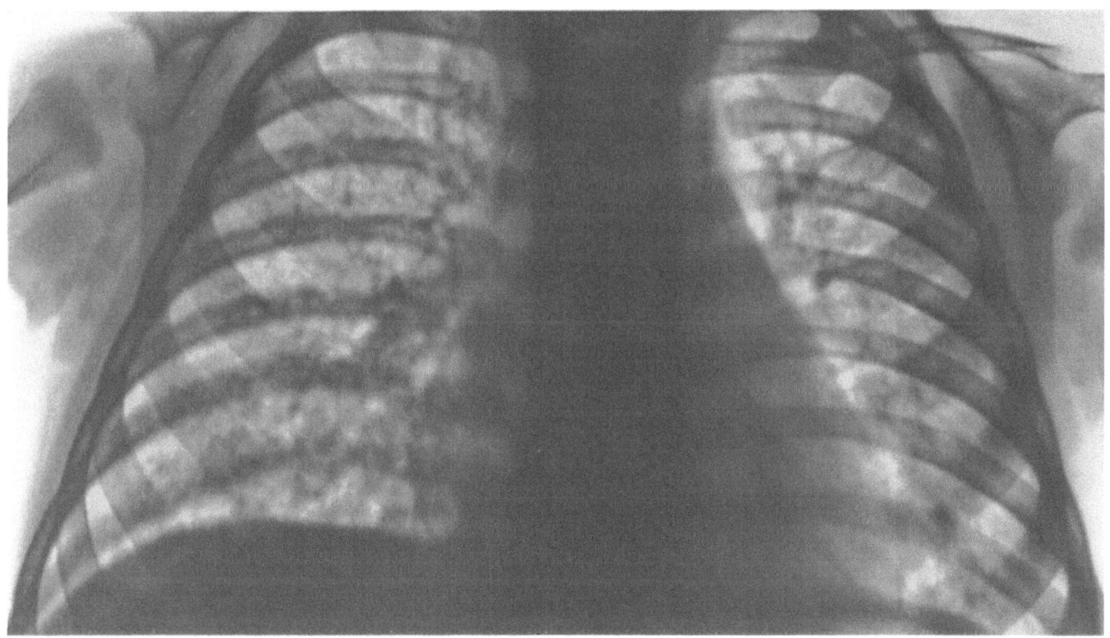

Abb. 30. Lfd. Nr. 19, G. K., 28. 11. 30. (9 Mon. alt). Rechtes Lungenfeld weich gefleckelt, am dichtesten in den medialen Partien, links unten medial ebenfalls weiche Fleckchen, Herztaille verstrichen.

Bei dem Kinde G. Kl., lfd. Nr. 19, geb. 23. 2. 30, läßt die Abdominalaufnahme vom April 1934 Kalkflecken erkennen, die früheren technisch unvollkommenen Bilder nicht; es ist daher erst nach 4 Jahren der Beweis erbracht, daß ein abdominaler Primärkomplex vorgelegen hat.

Das Röntgenbild vom 16. 6. 30 weist zahlreiche, in die Auffaserung um den rechten unteren Hiluspol eingelagerte, zum Teil unter die Zwerchfellkuppe projizierte Rundfleckchen auf, sonst ist auf den frühen Aufnahmen nichts Besonderes zu sehen. Im November 1930 erscheinen ziemlich dicht stehende weiche Rundfleckchen in beiden Lungenfeldern, rechts mehr als links (Abb. 30), die auch im Dezember 1930 noch zu erkennen sind. Auf der aus dem Januar 1931 stammenden Aufnahme (Abb. 31) und auf mehreren späteren ist ein klumpiger (Drüsen-)Schatten im rechten Hilus vorhanden, auf der aus dem Januar 1932 stammenden ein beträchtlich vergrößerter dichter Hilusschatten links (Abb. 32). Diese Aufnahme zeigt ein Kalkfleckchen medial im linken Spitzenfeld, was auch schon auf dem Röntgenbild vom 22. 6. 31 angedeutet ist und auf allen späteren Aufnahmen wiederkehrt. Zwar verändert es seine Lage nicht oder kaum; es ist aber sehr wahrscheinlich, daß es sich um eine verkalkte Supraklavikulardrüse handelt (vgl. lfd. Nr. 11, Abb. 15 und 16). Fistelnde Halsdrüsentuberkulose hat von Oktober 1930

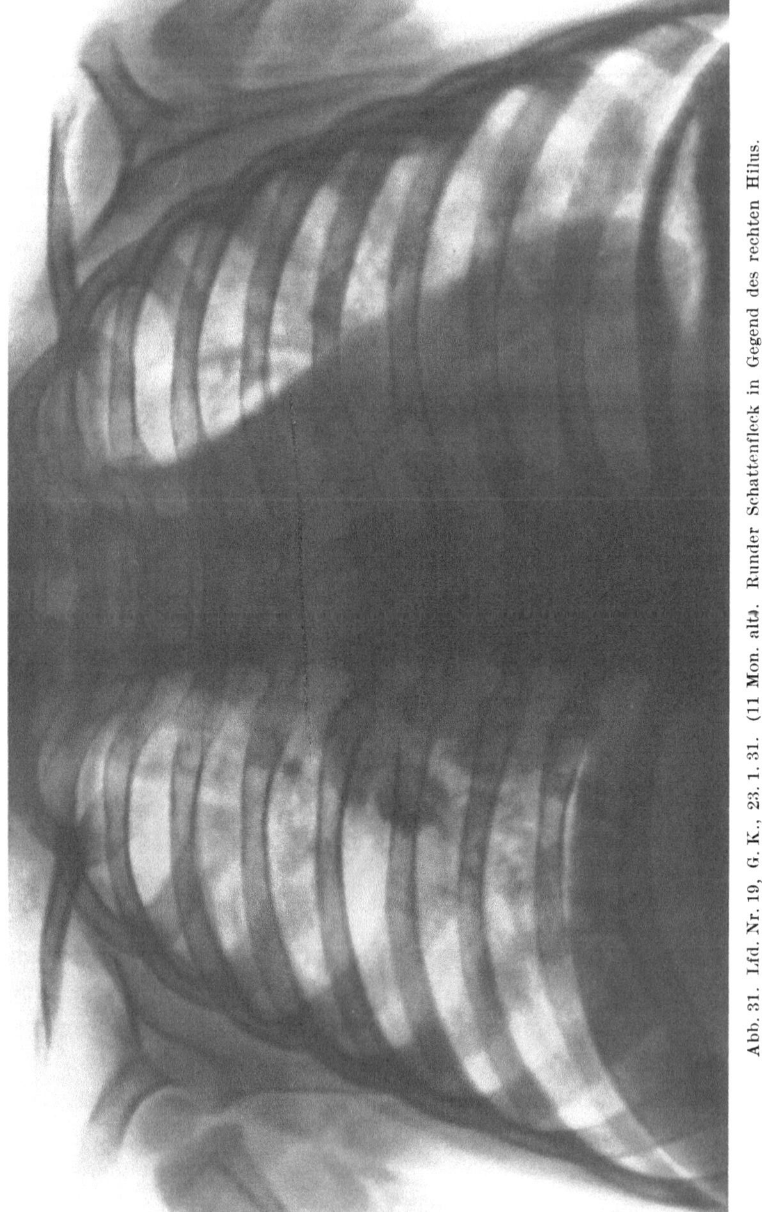

Abb. 31. Lfd. Nr. 19, G. K., 23. 1. 31. (11 Mon. alt). Runder Schattenfleck in Gegend des rechten Hilus.

bis August 1931 bestanden. Daß das Fleckchen einen verkalkten Streuherd oder gar den Primärherd darstellt, ist kaum anzunehmen.

Nach der Röntgenserie sind zwei Streuschübe vorgekommen, einer im Juni-Juli 1930, einer im November-Dezember 1930. Sie hinterlassen außer dem strittigen Kalkfleckchen keine Residuen; auch die später beobachtete, erst rechtsseitige, dann linksseitige Hilusdrüsenschwellung führt nicht zu Verkalkung. — Es sei hier daran erinnert, daß auch bei einem der gestorbenen Kinder (209) Rückbildung einer hämatogenen Streuung bis auf ganz geringfügige, nur histologisch nachweisbare Reste vorgekommen ist.

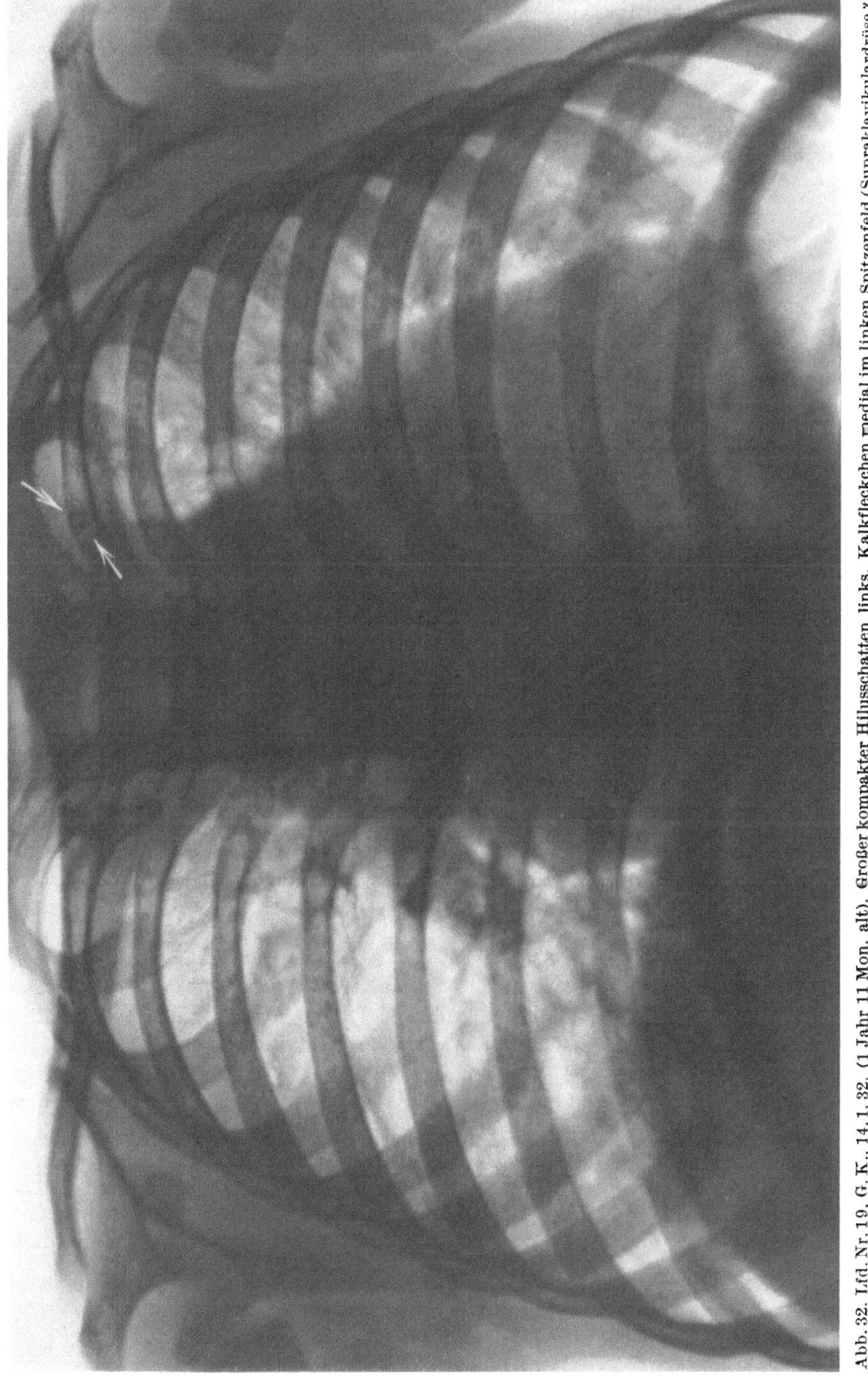

Abb. 32. Lfd. Nr. 19, G. K., 14. 1. 32. (1 Jahr 11 Mon. alt). Großer kompakter Hilusschatten links, Kalkfleckchen medial im linken Spitzenfeld (Supraklavikulardrüse?).

Die Röntgenbilder stammen vom 30. 6. — 16. 7. — 31. 7. — 18. 8. — 23. 10. — 28. 11. (Abb. 30) — 19. 12. 30; 23. 1. (Abb. 31) — 20. 2. — 5. 5. — 22. 6. 31; 14. 1. (Abb. 32) — 12. 8. 32; 10. 3. 33; 9. 4. 34.

Das Kind I. Kl., lfd. Nr. 195, geb. 11. 4. 30, erkrankte an schwerer Ingestionstuberkulose; verkalkte Mesenterialdrüsen sind nachgewiesen worden (vgl. Jannasch und Remé: Verkalkungen im Bereich des Abdomens, Abb. 8a und b). — Husten wurde zuerst in der 5. Lebenswoche, später von der 10. Woche ab fast dauernd beobachtet. Über den Lungen waren zeitweilig brummende Geräusche zu hören. Im Frühjahr 1931

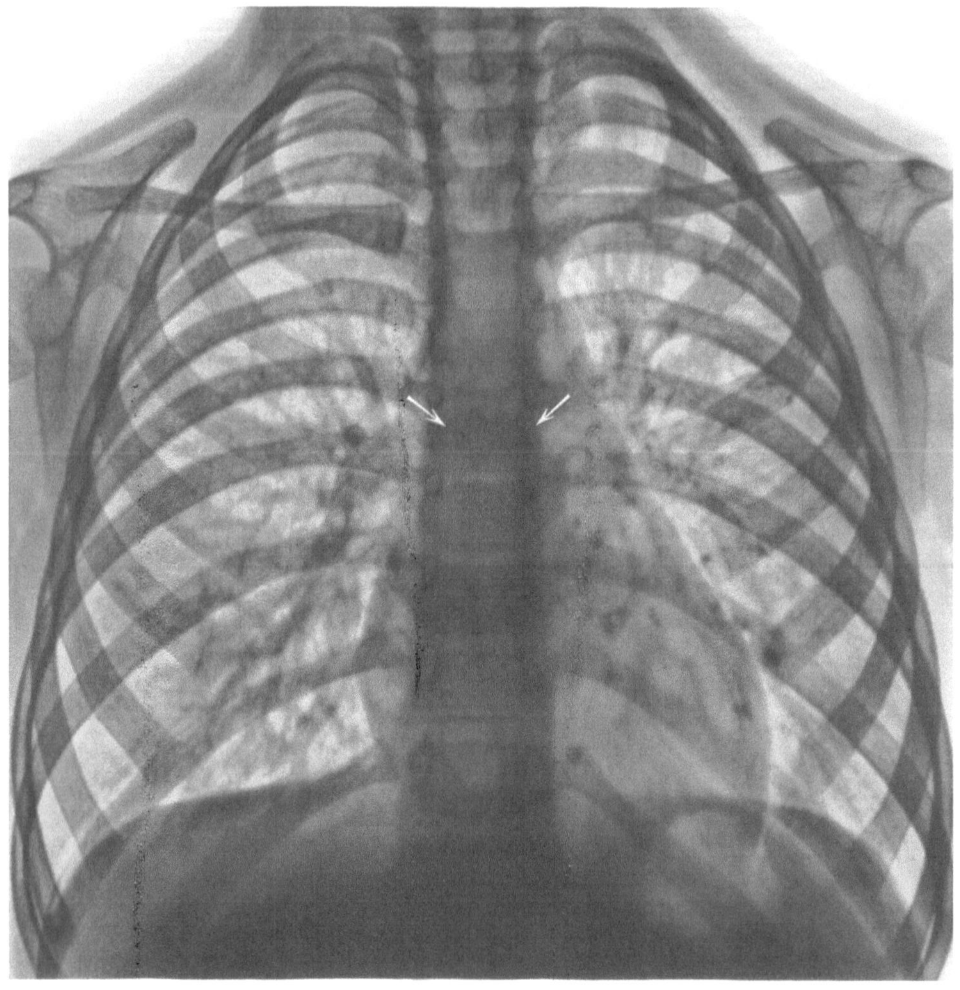

Abb. 33. Lfd. Nr. 195, I. K., 16. 6. 33. (3 Jahre 2 Mon. alt). Großer Kalkfleck in Gegend der Bifurkation, etwas kleinere links paratracheal; Kalkspritzer in Höhe der 2. und 3. Rippe links, neben dem linken Herzrand und im Bereich des Herzschattens.

wird über Hornhauttrübungen auf beiden Augen berichtet. Anzeichen exsudativer Diathese sind vorhanden.

Nach den Veränderungen im Röntgenbild ist eine Streuung erfolgt, die sich zuerst im August 1930 nachweisen läßt und die linke Lunge stärker befällt als die rechte. Die Rückbildungserscheinungen rechts sind strängig [vgl. Braeuning-Redeker (3)], links entstehen zahlreiche, unregelmäßig verstreute Kalkspritzer (Abb. 33). Bemerkenswert ist die ausgedehnte Verkalkung der Bifurkationsdrüsen. Daß unter den verkalkten Lungenherden einer oder mehrere auf einen Primärinfekt der Lunge zu beziehen sind, ist wegen der erheblichen Miterkrankung der Drüsen wahrscheinlich. Die übrigen

Kalkflecke sind als hämatogene Streuherde aufzufassen; es ist kaum anzunehmen, daß durch einen geringfügigen Primärinfekt eine so erhebliche Aspirationsaussaat verursacht sein sollte.

Die Röntgenbilder stammen vom 18. 6. — 23. 7. — 4. 8. — 25. 8. — 16. 9. — 6. 10. — 20. 11. — 16. 12. 30; 20. 1. — 3. 3. — 23. 4. — 21. 9. — 24. 11. 31; 18. 1. — 27. 5. — 24. 8. 32; 16. 6. 33 (Abb. 33).

Im Anschluß an diese beiden Fälle sei an die Befunde von L. Sch., lfd. Nr. 11 und R. B., lfd. Nr. 41 noch einmal erinnert. Bei L. Sch. fand sich eine Aussaat hauptsächlich in der Umgebung des mit großer Wahrscheinlichkeit auf den primären Lungeninfekt

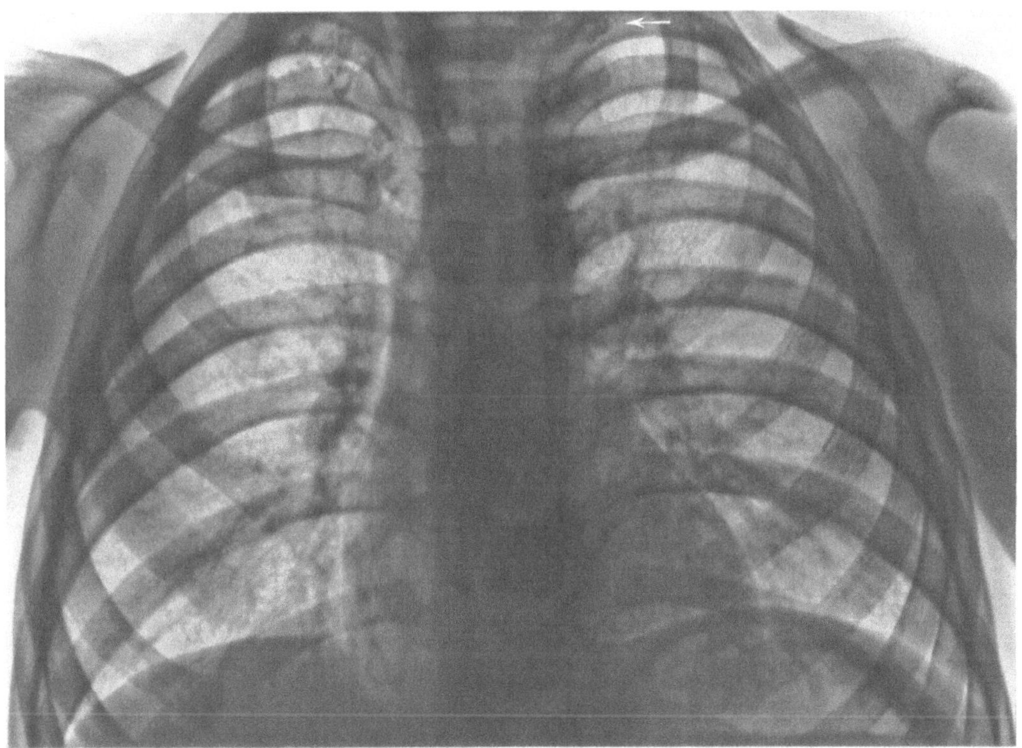

Abb. 34. Lfd. Nr. 76, J. T., 14. 9. 32. (2½ Jahre alt). Kalkflecke beiderseits im Spitzenfeld, rechts mehr als links, und paratracheal.

zurückzuführenden Befundes [vgl. Simon-Redeker (4)]. Es mußte offen gelassen werden, wieweit die später auftretenden Kalkstippchen dem Primärkomplex zuzurechnen, wieweit sie als verkalkte hämatogene oder bronchogene Streuherdchen aufzufassen seien. — Bei R. B. war die linke Lunge längere Zeit auf hämatogene Streuung verdächtig, die allerdings keinen Kalk hinterließ, sondern strängige Rückbildungserscheinungen zeigte (vgl. lfd. Nr. 195). Das frühe Auftreten des linksseitigen Befundes, dessen erste Anzeichen vor Ausbildung des rechtsseitigen Primärkomplexes zu vermuten waren, spricht gegen Aspirations- und für hämatogene Aussaat.

Die Besprechung der spezifischen Lungenveränderungen ist hiermit abgeschlossen. Zu erwähnen sind noch die Röntgenbefunde von 2 Kindern, die differential-diagnostische Bedeutung hatten. — Das am 16. 3. 30 geborene Kind J. T., lfd. Nr. 76 machte eine leichte Ingestionstuberkulose durch. Verkalkte Mesenterialdrüsen sind vorhanden (vgl. Jannasch und Remé: Verkalkungen im Bereich des Abdomens, Abb. 13a und b). In der Krankengeschichte ist in der 10. und 19. Lebenswoche von linsengroßen Halsdrüsen die Rede, später wird mehrmals Husten erwähnt. In der 42. Lebenswoche werden Phlyktaenen beobachtet.

Die Röntgenserie zeigt bis zum Juli 1931 nichts Besonderes, nur die Aufnahme vom 22. 1. 31 zeigt Verschleierung beider Spitzen; vom 16. 7. 31 bis 1. 8. 32 wurde keine Röntgenaufnahme gemacht. Am 1. 8. 32 sind Kalkflecke in beiden Spitzenfeldern, rechts mehr als links, und im Bereich der Wirbelsäule neben der Trachea zu sehen; den gleichen Befund ergibt die Aufnahme vom 14. 9. 32 (Abb. 34). Röntgendurchleuchtung und Aufnahme (Rominger) im Mai 1934 ergibt, daß die früher in die Spitzenfelder projizierten Kalkflecke außerhalb der Lunge gelegen sind. Es handelt sich offenbar um in der Supra-

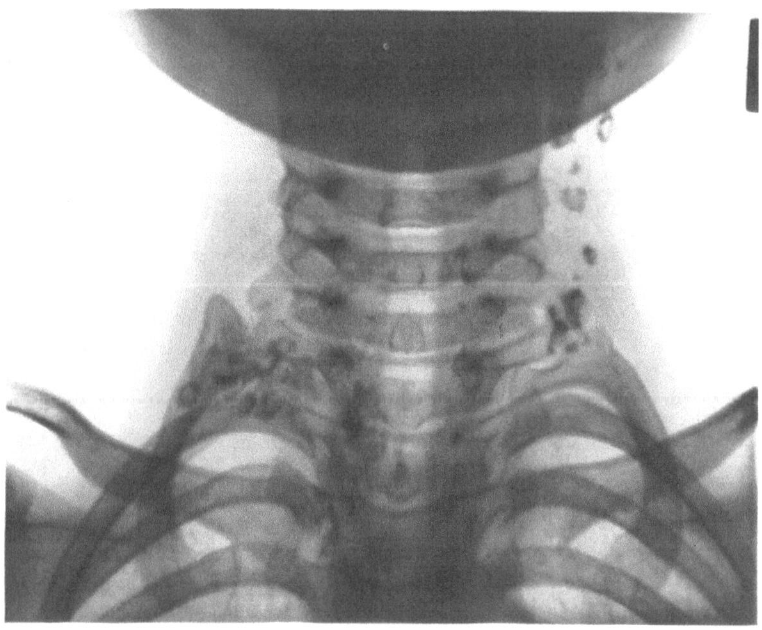

Abb. 35. Lfd. Nr. 76, J. T., 14. 5. 34. (4¼ Jahre alt). Kalkflecke links neben der Halswirbelsäule und beiderseits in Gegend der Querfortsätze des 7. Halswirbels, mehrere auch auf die obersten Brustwirbel projiziert.

klavikulargrube und unter bzw. neben dem Sternokleido gelegene verkalkte Drüsen (Abb. 35). Auch der Kalkfleck, der vorher für eine verkalkte Paratrachealdrüse gehalten werden konnte, entspricht jetzt seiner Lage nach eher einer der unteren Halsdrüsen. Während vorher die Annahme nahelag, daß es von einem Primärinfekt der Lunge aus zu Drüsenverkäsung gekommen sei, die auf die Halsregion übergegriffen habe (vgl. Most in Simon-Redeker), ist es jetzt wahrscheinlich, daß die Drüsen lymphogen von einem ohne nennenswerte klinische Erscheinungen verlaufenden oralen Primärkomplex aus oder hämatogen erkrankt sind (vgl. Schürmann). Wenn man hämatogene Erkrankung der Drüsen annimmt, ist allerdings das Fehlen sonstiger Drüsenerkrankungen auffallend.

Die Röntgenbilder stammen vom 3. 6. — 28. 6. — 8. 7. — 25. 7. — 15. 8. 30; 22. 1. — 23. 4. — 15. 7. 31; 1. 8. — 14. 9. 32 (Abb. 34); 19. 5. 34 (Abb. 35).

Das Kind G. G., lfd. Nr. 33, geb. 2. 3. 30, das aus tuberkulöser Familie stammt, überstand eine schwere Ingestionstuberkulose. Es kam zu fistelnder und verkalkender Halsdrüsentuberkulose. Verkalkte Mesenterialdrüsen sind nachzuweisen. In der Krankengeschichte ist während des ersten Lebensjahres wiederholt von Husten die Rede, im März 1931 werden geringfügige Temperaturerhöhungen bis 38 Grad beobachtet, im April 1931 wird Bronchitis festgestellt.

Die Röntgenaufnahmen aus dem ersten Lebensjahr zeigen außer fraglicher Vergrößerung des rechten Hilus nichts Besonderes. Im April 1931 ist ein Schattendreieck, das den rechten Herzzwerchfellwinkel ausfüllt und etwa bis zur Mitte des Lungenfeldes

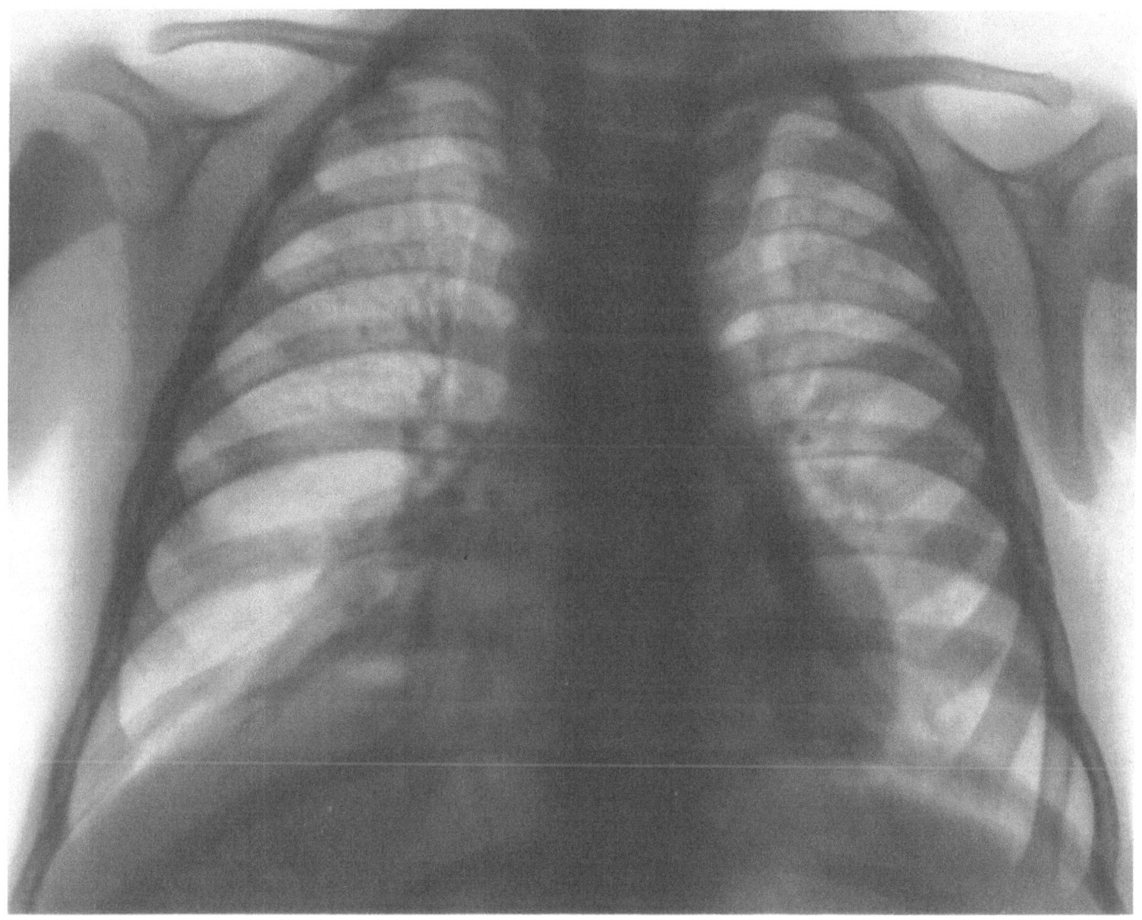

Abb. 36. Lfd. Nr. 33, G. G., 20. 4. 31. (1¹/₄ Jahre alt). Rechter Herzzwerchfellwinkel ausgefüllt, Schattendreieck rechts unten medial, oberer Mittelschatten verbreitert, nach links mehr als nach rechts.

reicht, zu sehen (Abb. 36). Die Aufnahme vom 11. 6. 31 läßt Reste dieses Befundes erkennen; am 22. 3. 33 zeigen sich dichte, nicht sicher kalkharte Einlagerungen beiderseits im Hilus. — Es kann sich hier um eine „schleichende subakute Pneumonie" gehandelt haben, wie sie in der Kleinschmidtschen Klinik beschrieben worden ist. Andererseits läßt die Ähnlichkeit mit dem Röntgenbefund des Kindes I. R., lfd. Nr. 92 daran denken, daß sich infolge eines nicht nachweisbaren Primärinfektes der Lunge ein sekundäres Hilus-Lungeninfiltrat entwickelt hat.

Die Röntgenbilder stammen vom 6. 6. — 23. 6. — 7. 7. — 25. 7. — 12. 8. — 11. 9. — 14. 10. — 27. 11. 30; 6. 1. — 20. 4. (Abb. 36) — 11. 6. — 25. 9. — 23. 11. 31; 8. 2. — 17. 6. — 28. 10. 32; 22. 3. 33.

Zusammenfassung.

Der Überblick über die bei den Lübecker Kindern erhobenen Röntgenbefunde im Bereich des Thorax ergibt, daß bei den verstorbenen Kindern vielfach schwere Veränderungen nachweisbar waren, daß aber bei den überlebenden nur in einer kleinen Zahl von Fällen (10%) pathologischer Befund vorlag, der meist geringfügig war und für gutartige Erkrankungsformen sprach.

Bei den verstorbenen Kindern waren Primärkomplex und Streuung die Veränderungen, die das Bild beherrschten, bei den überlebenden Primärkomplex und „Sekundär"-Infiltrat. — Die auf primären Lungeninfekt zurückzuführenden Befunde bei den verstorbenen Kindern waren nur zum Teil als spezifisch erkennbar, zum andern Teil aber so uncharakteristisch, daß sie erst durch den Sektionsbefund richtig gedeutet werden konnten. Die für Streuung sprechenden Befunde ergaben mehr oder weniger ausgeprägte, aber durchaus typische Bilder. Durch die pathologisch-anatomische Untersuchung wurde nur noch klar gestellt, daß neben der vorherrschenden hämatogenen auch bronchogene Aussaat vorkam, und daß Unterschiede in der Dichte, Lokalisation und Art der Einzelherde bestanden. Hingegen ergab in mehreren Fällen der Sektionsbefund Streuung, bei der der Röntgenbefund überhaupt nicht für pathologisch gehalten werden konnte. Hierbei ließen sich also Anhaltspunkte für die Grenze der Darstellbarkeit von Lungenstreuherden gewinnen.

Die zeitlichen Verhältnisse der tuberkulösen Lungenerkrankungen bei den verstorbenen Kindern lassen sich im einzelnen aus den Röntgenserien nicht ersehen; es ist nur im allgemeinen festzustellen, daß sowohl Primärkomplex wie Streuung schon im ersten Lebensvierteljahr ausgebildet waren, vereinzelt nur war das Auftreten von Streuung erst im zweiten Vierteljahr zu beobachten. — Frühzeitig einsetzende Verkalkungen, die im Bereich abheilender Primärkomplexe autoptisch festgestellt wurden, waren im Röntgenbild nicht mit Sicherheit zu erkennen. Ebensowenig kamen postprimär entstandene Kavernen, die in 2 Fä len bei der Sektion gefunden wurden, im Röntgenbild zur Darstellung.

Besondere autoptische Befunde, wie multiple Primärherde, „tuberkulöses Emphysem" (Orth) und durch obturierende käsige Bronchitis entstandene Atelektase in der Umgebung eines primären Lungenherdes, waren als solche aus dem Röntgenbild nicht abzulesen, wenn auch zum Teil Hinweise auf die zugrunde liegenden Veränderungen vorhanden waren.

Bei den überlebenden Kindern kamen hauptsächlich für Primärkomplex der Lunge sprechende Befunde und — jenseits des ersten Lebenshalbjahres — auf Infiltratbildung zurückzuführende Verschattungen zur Darstellung. Das Bild der Streuung trat dagegen sehr zurück, es war nur in einigen Fällen zu beobachten. — Der Primärkomplex konnte mehrfach bis zur Verkalkung verfolgt werden, in manchen Fällen bildete er sich jedoch so zurück, daß er röntgenologisch nicht erkennbar war. Ebenso war es mit den Streuherden. In einigen Fällen war der Primärkomplex die einzige nachweisbare Lungenveränderung, nur gelegentlich war außerdem Streuung, in der Mehrzahl der Fälle aber Infiltratbildung nachzuweisen. Vereinzelt kamen jenseits des ersten Lebenshalbjahres Infiltrate zur Beobachtung, ohne daß ein erkennbarer Primärkomplex in der Lunge vorhanden war. Die zum Teil sehr flüchtigen Infiltrate bildeten sich fast durchweg restlos zurück. Hervorzuheben ist, daß bei allen diesen Befunden eine erhebliche Pleurabeteiligung nicht vorkam.

Die Entscheidung, ob spezifische Veränderungen oder geringfügige pneumonische Prozesse vorlagen, war 2mal nicht mit Sicherheit zu treffen. In einem Falle ergaben sich differential-diagnostische Schwierigkeiten durch zahlreiche, atypisch gelagerte Halsdrüsen, welche Lungenherde vortäuschten.

In bezug auf die zeitlichen Verhältnisse des Krankheitsverlaufes bei den überlebenden Kindern zeigten die Röntgenserien, daß der Primärkomplex meist in den ersten 2 bis 3 Lebensmonaten schon nachweisbar war, wenn er nicht erst in verkalktem Zustande in Erscheinung trat. Die wenigen Fälle, bei denen Streuung zur Beobachtung kam, zeigten diese im 3.—4. Lebensmonat; in einem Falle verlief die Streuung in 2 Schüben, die im 5., bzw. 9. Monat einsetzten. Die Infiltrate traten im 8., 9. und 10. Monat, in einem Falle im 15. Lebensmonat auf.

Die vorliegenden Röntgenbefunde zeigen, in welcher Weise die Lunge an dem Krankheitsbild der Fütterungstuberkulose beteiligt war. Überraschend häufig kam es bei den schweren wie bei den leichten Fällen zu primärem Lungeninfekt. In bezug auf die Veränderungen im Bereich der Lunge, die nicht dem Primärkomplex der Lunge zuzurechnen sind, unterscheiden sich die letal ausgehenden Fälle insofern von den gutartigen, als bei ersteren Streuung, bei letzteren Infiltratbildung vorherrscht. Mit wenigen Ausnahmen finden sich also durch das Thorax-Röntgenbild nachweisbare Generalisationserscheinungen nur bei den verstorbenen Kindern, während die Röntgenserien der lebenden Kinder Befunde aufweisen, wie sie bei den leichten Verlaufsformen der unter natürlichen Infektionsbedingungen entstandenen intrathorakalen Tuberkulose bekannt sind. Bemerkenswert ist dabei aber, daß für einzelne Fälle das Fehlen eines primären Lungeninfektes wahrscheinlich gemacht werden konnte, die Veränderungen vielmehr offensichtlich von lymphogen oder hämatogen erkrankten intrathorakalen Drüsen ausgingen.

Anmerkung. Die den Abbildungen zugrunde liegenden Abzüge von den Röntgenfilmen wurden zum größten Teil in dankenswerter Weise von der Kodak A. G.-Berlin nach dem von Dr. phil. Gottfried Spiegler und Kalman Juris in den Forschritten auf dem Gebiete der Röntgenstrahlen [**42**, H. 4, 509 (1930)] angegebenen Kopierverfahren hergestellt.

Schrifttum.

1. Viethen: Über Tuberkulose der Kinder. Abh. Kinderheilk. **1933**, H. 34.
2. Schlack: Die Frage der sog. epituberkulösen Infiltration. Beitr. Klin. Tbk. **63**.
3. Braeuning-Redeker: Beihefte zur Z. Tbk. **1931**, Nr 38/39.
4. Redeker-Simon: Praktisches Lehrbuch der Kindertuberkulose, 1930.

Verkalkungen im Bereich des Abdomens bei der Lübecker Säuglingstuberkulose.

Von

Dr. **Hermann Jannasch** †, Lübeck und Dr. **Gertrud Remé**, Hamburg.

Mit 23 Abbildungen (28 Einzelbildern).

Im Röntgenbild erkennbare Verkalkungen von Mesenterialdrüsen haben früher wenig Beachtung gefunden; erst in den letzten Jahren sind wiederholt Arbeiten veröffentlicht worden, die sich mit diesem Befunde beschäftigen. Im Anschluß an die Fütterungstuberkulose der Lübecker Säuglinge kam Verkalkung von Mesenterialdrüsen so oft und in solchem Ausmaße vor, daß es angezeigt erscheint, darüber zu berichten. Denn für die Beurteilung und Differentialdiagnose von Kalkschatten im Röntgenbild des Abdomens kann die Kenntnis der verschiedenartigen Bilder, die bei den Lübecker Kindern gefunden wurden, von Bedeutung sein. Was sich aus den Lübecker Röntgenbefunden für die Klinik der Abdominaltuberkulose des Kindesalters ergibt, soll hier nicht eingehend erörtert werden. Es ist an anderer Stelle besprochen worden (Kleinschmidt).

Von 175 überlebenden Kindern, denen virulenter Impfstoff per os zugeführt worden war, liegen zur Zeit bei 173 Kindern Röntgenbilder des Abdomens vor. Als die „Fütterung" 4 Jahre zurücklag, waren bei 126 Kindern Kalkschatten im Bereich des Abdomens nachzuweisen, also in 73% der Fälle. Ausgedehnte Verkalkungen fanden sich 40mal, geringfügige Verkalkungen 86mal.

Technisch wurden die Aufnahmen der Lubecker Kinder so hergestellt, daß in Rücken- bzw. Seitenlage bei 65 cm Abstand mit 70—75 kV eff. und 40 mA $^1/_{10}$ Sekunde belichtet wurde. Wie sich bei dieser Lagerung eine am MacBurneyschen Punkt angebrachte Marke projiziert, zeigen Abb. 1 und 2.

Bei der Einteilung der Kalkschatten nach ihrer Lokalisation ergibt sich folgende Gruppierung:

1. Lagerung der Kalkflecke entsprechend der Radix mesenterii (von der Gegend der rechten Articulatio sacro-iliaca bzw. Fossa iliaca schräg nach links aufwärts bis zur linken Seite des 2. Lendenwirbelkörpers) in 12 Fällen (Abb. 3—8).

2. Verkalkung im wesentlichen rechts bzw. rechts und in der Mitte lokalisiert in 21 Fällen (Abb. 9, auch Abb. 20, 22, 23).

3. Verkalkung im wesentlichen links bzw. links und in der Mitte lokalisiert in 38 Fällen (Abb. 10, auch Abb. 14, 19).

4. Kalkflecke auf die rechte und die linke Seite etwa gleichmäßig verteilt, nicht der Radix mesenterii entsprechend lokalisiert in 22 Fällen (Abb. 11, 12).

5. Kalkflecke beiderseits, rechts mehr als links, nicht der Radix mesenterii entsprechend lokalisiert in 17 Fällen (Abb. 13).

6. Kalkflecke beiderseits, links mehr als rechts, nicht der Radix mesenterii entsprechend lokalisiert in 8 Fällen (Abb. 14).

7. Kalkflecke in der Mitte lokalisiert, im wesentlichen auf die Wirbelsäule projiziert in 3 Fällen (Abb. 17).

Es ergibt sich also ein nur geringes Überwiegen der Lokalisation auf der linken Seite (46 : 37). Bei der Bedeutung, welche die Ileozökalgegend für die Abdominaltuberkulose hat, war dies nicht von vornherein zu erwarten.

Auf einige Besonderheiten der Lage, Art und Darstellbarkeit der Kalkflecke sei noch hingewiesen. In 7 Fällen fanden sich besonders hoch — in Höhe des 1. Lendenwirbels oder der 3 untersten Brustwirbel — gelegene Kalkflecke, die in 3 Fällen rechts, in 4 Fällen links gelagert waren, teils mehr medial, teils mehr lateral. Im einzelnen soll auf diese Befunde später eingegangen werden (Abb. 13, 14, 15, 20).

Konglomerate von Kalkherden [3], die ihrer Form nach verkalkte Drüsenpakete darstellen, fanden sich 11mal (Abb. 16, 17, 18).

Eine Gruppe gleichmäßiger, sternenhimmelartig dicht stehender Einzelfleckchen zeigten 3 Fälle (Abb. 19, 20, 21).

Kalkflecke, die einer einzelnen verkalkten Drüse entsprachen, länglich rund und scharf begrenzt waren und konzentrische Schichtung aufwiesen, wurden 2mal beobachtet (Abb. 22, 23).

Zwischen Frontal- und Sagittalaufnahme bestand in den meisten Fällen Übereinstimmung. Gelegentlich war der Befund nur auf der Sagittalaufnahme, in einigen wenigen Fällen nur auf der Frontalaufnahme zu erkennen.

Einige Röntgenserien zeigten Entwicklungsreihen von angedeuteten, zweifelhaften Kalkflecken bis zu den hier abgebildeten typischen Befunden. — Über den Zeitpunkt der Verkalkung wird an anderer Stelle berichtet (Kleinschmidt). — Im allgemeinen war es leicht zu entscheiden, ob Verkalkung vorlag oder nicht [4], während ja bei Thoraxaufnahmen die Beurteilung von „kalkdichten Fleckschatten" im Hilusgebiet oft Schwierigkeiten macht. Es kam vor, daß einzelne Bilder einer Serie den vorher und nachher deutlich erkennbaren Befund nicht zeigten, so daß also nach einer einzigen Abdominalaufnahme mit negativem Befund das Fehlen von Verkalkungen nicht mit Sicherheit angenommen werden darf (Abb. 20). Hier spielen natürlich technische Differenzen eine große Rolle.

Differentialdiagnostisch interessant sind unter den mannigfachen Bildern hauptsächlich die, welche hochgelegene Kalkflecke zeigen (Abb. 13, 14, 15 und 20). So könnten die Kalkflecke auf Abb. 13 rechts vom 12. Brustwirbel und der Fleckschatten auf Abb. 20 links unmittelbar neben dem 11. Brustwirbel an verkalkte Nebennierentuberkulose denken lassen (Hünermann [1]), wenn nicht der übrige Befund für Abdominaltuberkulose spräche. Die erwähnten hochgelegenen Kalkflecke auf Abb. 13 und 20, vielleicht auch auf Abb. 7, sind wohl als verkalkte paraaortale Drüsen aufzufassen.

Abb. 14 und 15 zeigen Kalkflecke in der Milzgegend, und zwar Abb. 14 mehrere von verschiedener Größe, Abb. 15 einen einzelnen, der aber auf den 4 Aufnahmen, die von dem betreffenden Kinde gemacht wurden, jedesmal zu erkennen ist. Auf der Frontalaufnahme ist er nahe der vorderen Bauchwand, etwa in der Verlängerung der 9. Rippe zu sehen. Es ist daran zu denken, daß es sich um einen verkalkten Einzelherd in der Milz handelt. Klinisch ist nur vorübergehend geringe Milzschwellung festgestellt worden; die Erscheinungen von seiten des Abdomens waren sehr geringfügig. Daß eine tuberkulöse Erkrankung vorgelegen hat, beweisen die kleinen Kalkflecke rechts im Winkel zwischen Darmbeinkamm und Wirbelsäule.

Bei dem Kinde, von dem Abb. 14 stammt, finden sich auf dem Röntgenbild des Thorax mehrere einwandfreie Kalkflecke im rechten Lungenhilus und seiner Umgebung und ein kalkhartes Rundfleckchen tief im rechten Herzzwerchfellwinkel. Es liegt nahe, hier neben dem abdominalen einen pulmonalen Primärkomplex anzunehmen. Die verkalkten Milzherde könnten hämatogen, vielleicht von dem Lungenprozeß aus, oder lymphogen von den Mesenterialdrüsen aus entstanden sein.

Klinisch sind keine Erscheinungen von seiten des Abdomens, auch keine Milzschwellung festgestellt worden. Die Möglichkeit, daß es sich nicht um in der Milz gelegene Herde, sondern um verkalkte perigastrische Drüsen handelt, muß immerhin auch in Betracht gezogen werden.

Bemerkenswert ist, daß nur 2 Fälle Verkalkungen in der Milzgegend aufweisen und kein einziger Verkalkungen in der Lebergegend. Bilder, wie sie Duken [2] von verkalkten hämatogenen Aussaaten in Milz und Leber veröffentlicht hat, kamen bei den Lübecker Kindern nicht vor. Duken nimmt an, daß die Milz bei Mesenterialdrüsentuberkulose lymphogen erkranken könne und daß die Erkrankung von da auf dem Wege der in die Vena portae mündenden Vena lienalis in die Leber weitergetragen werden könnte. Bei den ausgedehnten Mesenterialdrüsentuberkulosen der Lübecker Säuglinge war in keinem Falle nachzuweisen, daß sie sich auf diese Weise auf Milz und Leber ausgedehnt hätte.

Abb. 5 bietet das Besondere, daß sie außer den verkalkten Mesenterialdrüsen einen im kleinen Becken gelegenen Ureterstein zeigt [5]. Der Unterschied zwischen den krümeligen Kalkschatten und dem glattwandigen homogenen Gebilde, das schon seiner Lage nach nicht für eine Mesenterialdrüse gehalten werden kann, ist deutlich.

Inwiefern die abdominalen Röntgenbefunde der Lübecker Kinder den klinischen Erscheinungen entsprachen, soll hier nicht erörtert werden. Es sei nur kurz erwähnt, daß selbst ganz ausgedehnten Verkalkungen relativ geringfügige klinische Erscheinungen vorangegangen waren. Im Falle Nr. 74 (Abb. 12) fehlten klinische Erscheinungen völlig, ebenso bei den Kindern, von denen Abb. 7, 10, 14, 19 und 21 stammen, bei letzterem wenigstens im Säuglingsalter.

Zusammenfassung.

Es wird über Ausdehnung, Lage und Art der Verkalkungen im Bereich des Abdomens bei den Lübecker Säuglingen berichtet.

Eine Reihe typischer Röntgenbilder wird wiedergegeben; die klinischen Erscheinungen werden kurz skizziert.

Einige differentialdiagnostisch bemerkenswerte Fälle werden hervorgehoben; die Frage der verkalkten Milzherde wird gestreift. — Auf das Mißverhältnis zwischen klinischen Erscheinungen und Röntgenbefund wird hingewiesen.

Schrifttum.

1. Hünermann: Mschr. Kinderheilk. **58**, H. 2 (1933).
2. Courtin u. Duken: Z. Kinderheilk. **45**, H. 6 (1928).
3. Becker: Röntgendiagnostik und Strahlentherapie in der Kinderheilkunde, S. 226. 1931.
4. Gralka: Röntgendiagnostik im Kindesalter, S. 156. 1927.
5. Assmann: Die klinische Röntgendiagnostik der inneren Erkrankungen, IV. Aufl., S. 846. 1929.

Weitere Literatur bei:

Oehmigen: Über die Häufigkeit verkalkter Mesenteriallymphknoten im Röntgenbilde. Diss. Hamburg 1931.

Rupprecht: Z. Tbk. **48** (1927).

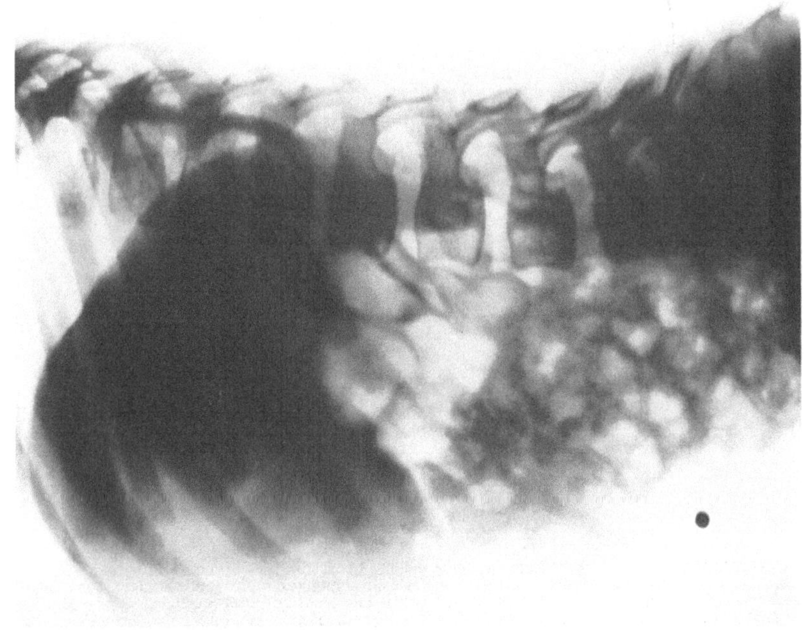

Abb. 2. (Siehe S. 366.)

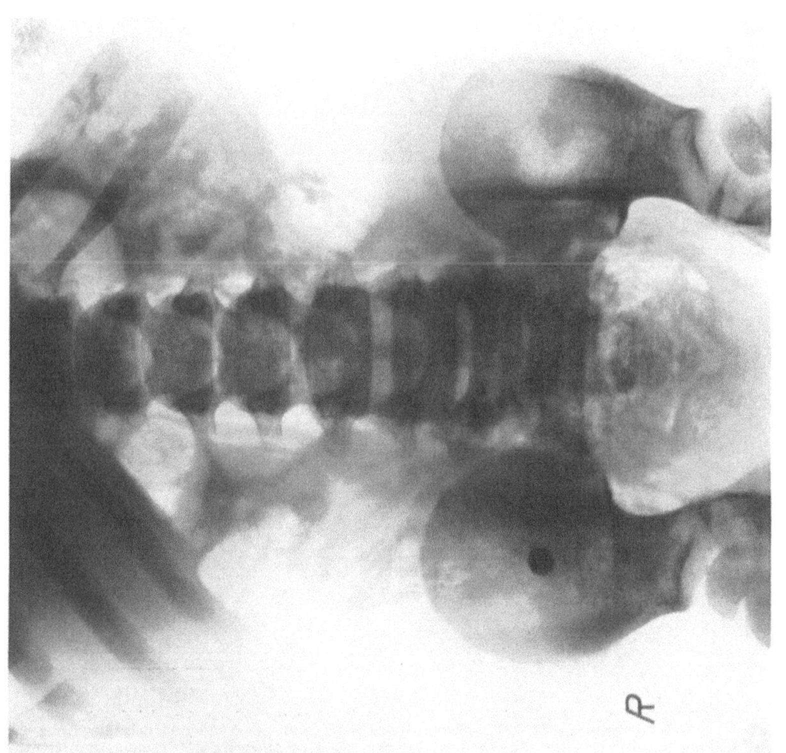

Abb. 1. (Siehe S. 366.)

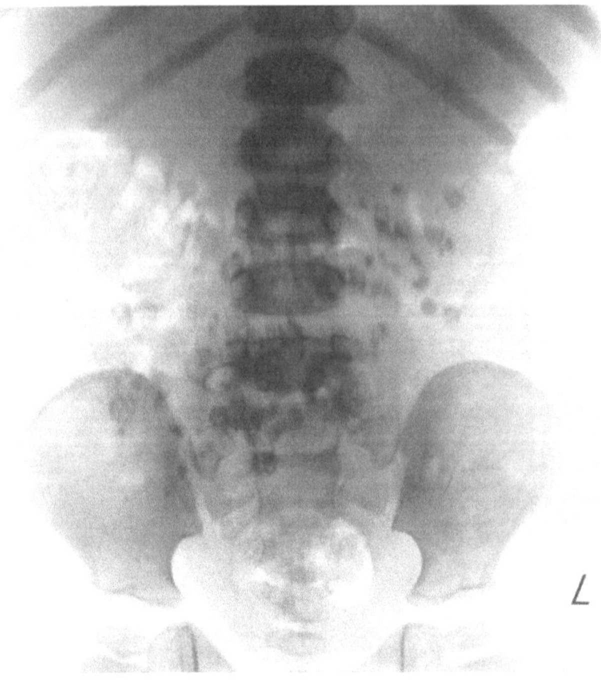

Abb. 3. E. B., lfd. Nr. 103. Ausgedehnte Verkalkungen entsprechend der Radix mesenterii. Klinische Daten: geb. 21. 3. 30, Aufnahme 21. 7. 32. — Anfallsweise auftretende Auftreibung des Leibes mit Verstopfung und fahlem Aussehen, Temperatursteigerung, Milzschwellung. In der 24. Lebenswoche Resistenz in der rechten Unterbauchgegend. — Mit $2^1/_2$—3 Jahren Klagen über den Leib beim Stuhlgang und Wasserlassen, auch über die Beine beim Laufen. Erscheinungen allgemeiner Übererregbarkeit.

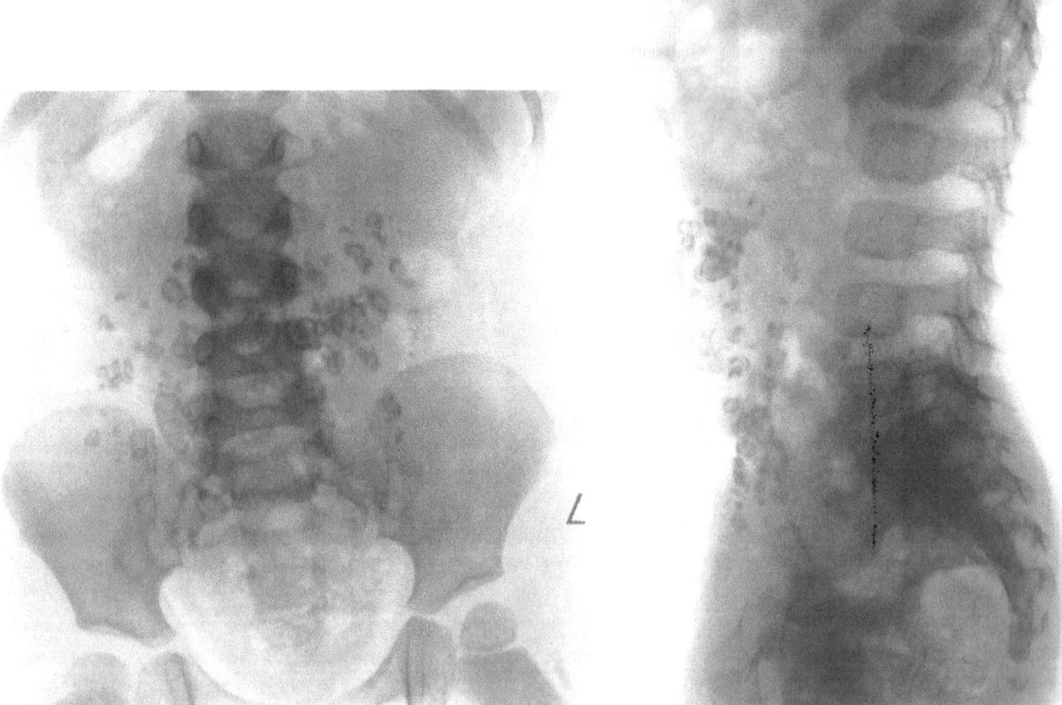

Abb. 4a. Abb. 4b.

Abb. 4a. E. R., lfd. Nr. 28. Beiderseits im Winkel zwischen Darmbeinkamm und Lendenwirbelsäule, links weiter aufwärts reichend als rechts, zahlreiche unregelmäßig gestaltete Kalkflecke, einzelne auch auf die Beckenschaufel projiziert, rechts mehr als links. Klinische Daten: geb. 28. 2. 30, Aufnahme 22. 7. 32. Kind mit exsudativer Diathese, das gleich in der 1. Lebenswoche als Brustkind grüne und zerhackte Stühle hatte und Hautausschlag bekam. Im Juni 1930 soll der Leib aufgetrieben gewesen sein, auch Erbrechen und Milzschwellung bestanden haben, alles das jedoch nur für kurze Zeit. Später keine Erscheinungen mehr von seiten des Abdomens.

Abb. 4b. E. R., lfd. Nr. 28. Aufnahme 15. 12. 32. Auf der Frontalaufnahme Kalkflecken etwa bandförmig angeordnet in Höhe des 3. Lenden- bis 2. Kreuzbeinwirbels.

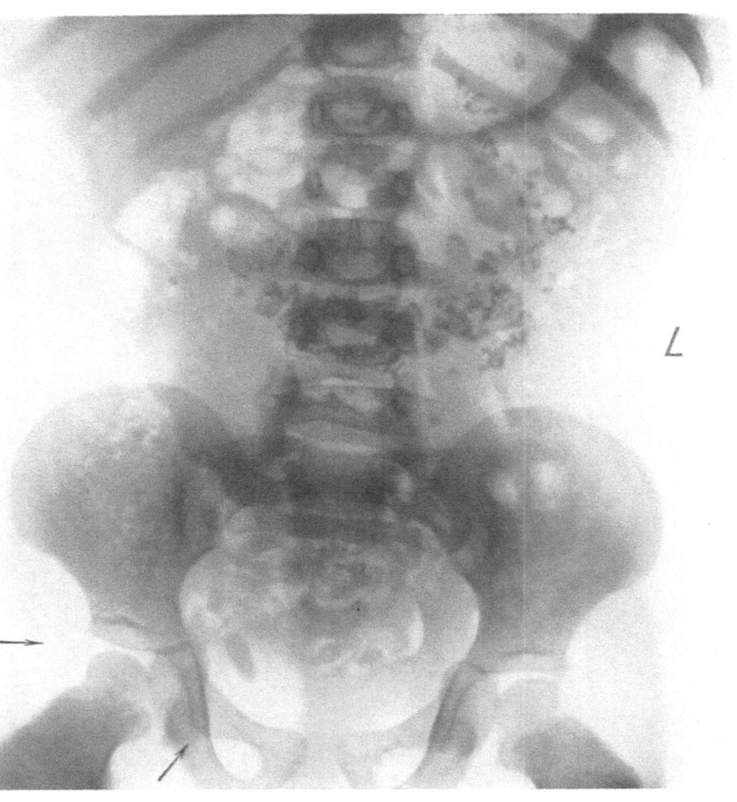

Abb. 5a. F. St., lfd. Nr. 61. (Vgl. Jannasch und Remé: Röntgenbefunde im Bereich des Thorax, Abb. 18—21.) Kalkflecke bogenförmig angeordnet, links zahlreicher als rechts, links bis zur Höhe des 12. Brustwirbels hinaufreichend. Länglicher Ureterstein rechts im kleinen Becken. Klinische Daten: geb. 8. 3. 30, Aufnahme 5. 8. 32. Als kleiner Säugling zeitweise Fieber, Stühle häufig zerfahren, wechselnder Appetit, Milzschwellung, Meteorismus. Späterhin keine Erscheinungen mehr von seiten des Abdomens, jedoch rezidivierende Pyurie.

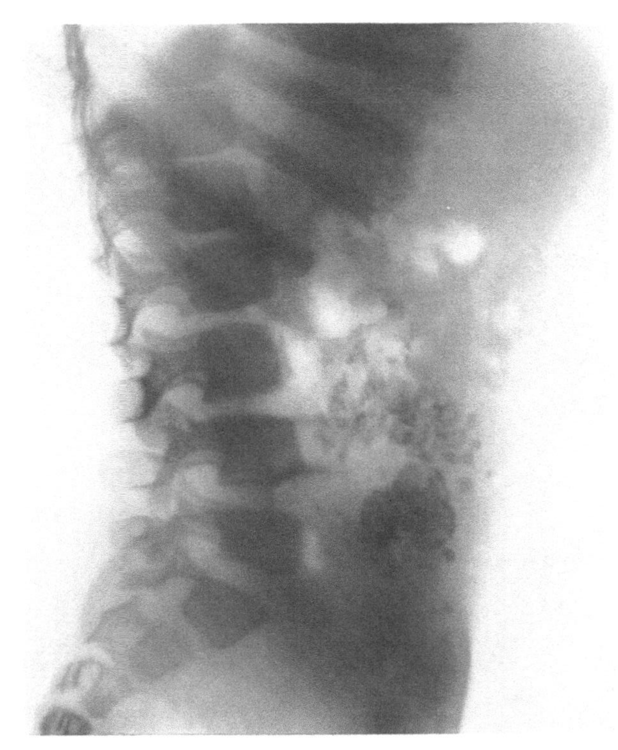

Abb. 5b. F. St., lfd. Nr. 61. Die Frontalaufnahme vom 30. 1. 33 zeigt ein Konglomerat etwa in Höhe des 5. Lendenwirbels und viele Einzelfleckchen, nach oben an Zahl abnehmend, in Höhe des 4., 3. und 2. Lendenwirbels.

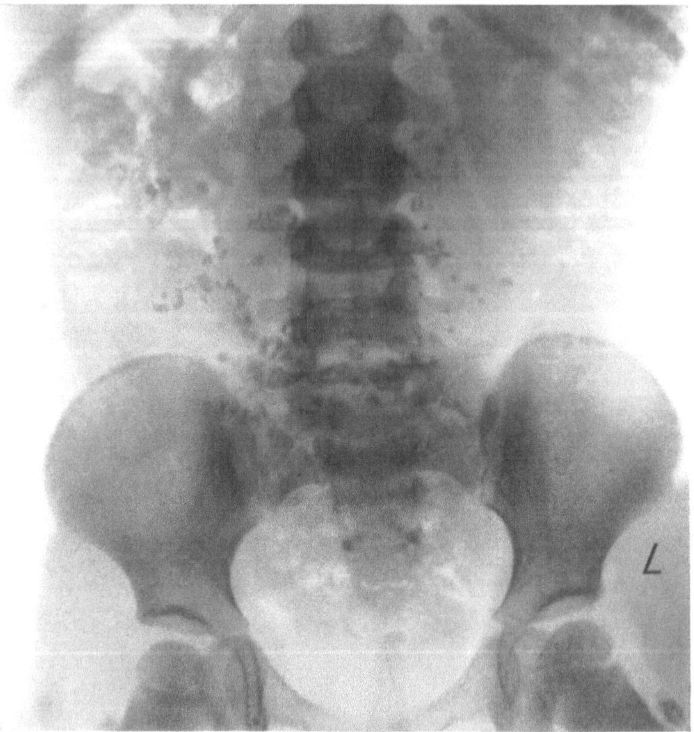

Abb. 6. I. F., lfd. Nr. 82. Zahlreiche verstreute kleine Kalkflecke, besonders rechts im Winkel zwischen Wirbelsäule und Beckenschaufel, einzelne links neben den oberen Lendenwirbeln. Klinische Daten: geb. 14. 3. 30, Aufnahme 21. 9. 32. Gute Entwicklung. Als Säugling vielfach etwas harter Stuhl, deshalb Malzsuppenextrakt. Abdomen im Säuglingsalter nur wenig groß, Milz eben tastbar. Im übrigen Halsdrüsentuberkulose.

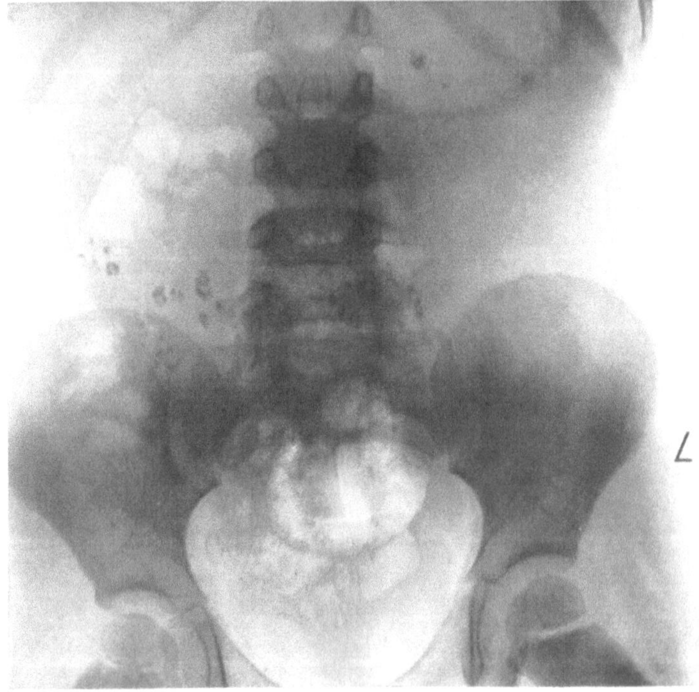

Abb. 7. J. M., lfd. Nr. 171. Kleine Kalkflecke rechts im Winkel zwischen Beckenschaufel und Wirbelsäule und im Bereich der Wirbelsäule. Hochgelegenes Einzelfleckchen links neben dem 2. Lendenwirbel (paraaortale Drüse?). Klinische Daten: geb. 5. 4. 30, Aufnahme 28. 4. 33. Keine Krankheitserscheinungen von seiten des Abdomens.

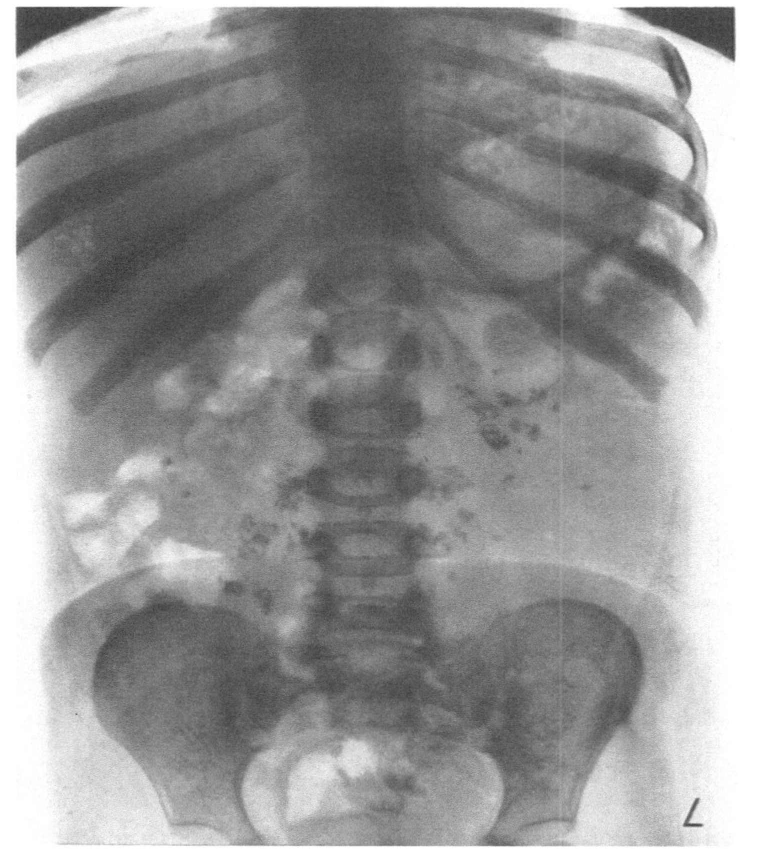

Abb. 8a. J. K., lfd. Nr. 195. (Vgl. Jannasch und Remé, Röntgenbefunde im Bereich des Thorax, Abb. 33.) Kalkflecke der Mesenterialwurzel entsprechend angeordnet. — (Kalkspritzer im linken Hilus und in seiner Umgebung auf der Aufnahme zu erkennen.) Klinische Daten: geb. 11. 4. 30, Aufnahme 24. 8. 32. In der 7.—9. Lebenswoche bei Ernährung an Brust Durchfälle, später Milzschwellung. Späterhin keine Erscheinungen von seiten des Abdomens.

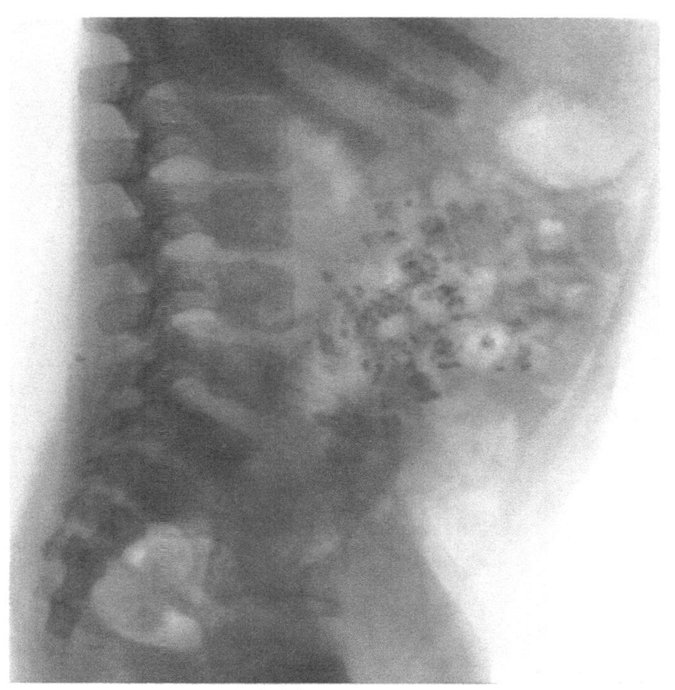

Abb. 8b. I. K., lfd. Nr. 195. Frontalaufnahme vom 16. 6. 33. Zahlreiche Kalkflecke in Höhe der unteren Lendenwirbel, nahe an der Wirbelsäule.

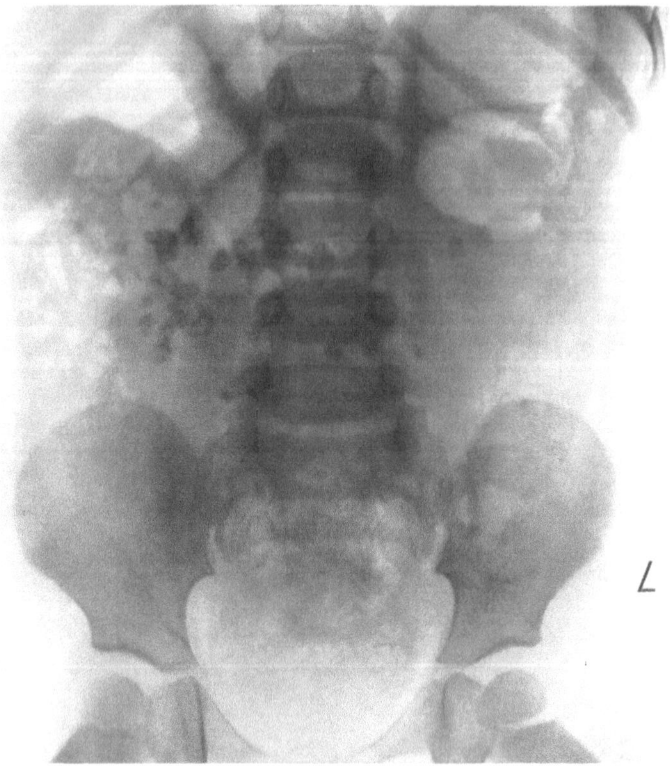

Abb. 9. A. Sch., lfd. Nr. 94. Konglomerate und Einzelflecke fast ausschließlich rechts in Höhe des 3. und 4. Lendenwirbels, zum Teil auf diese projiziert. Klinische Daten: geb. 17. 3. 30, Aufnahme 5. 12. 32. Mit 10 Wochen Blässe, Gewichtsstillstand, Auftreibung und Druckempfindlichkeit des Bauches, Milzschwellung. Später immer harter Stuhl; keinerlei sonstige Erscheinungen von seiten des Abdomens.

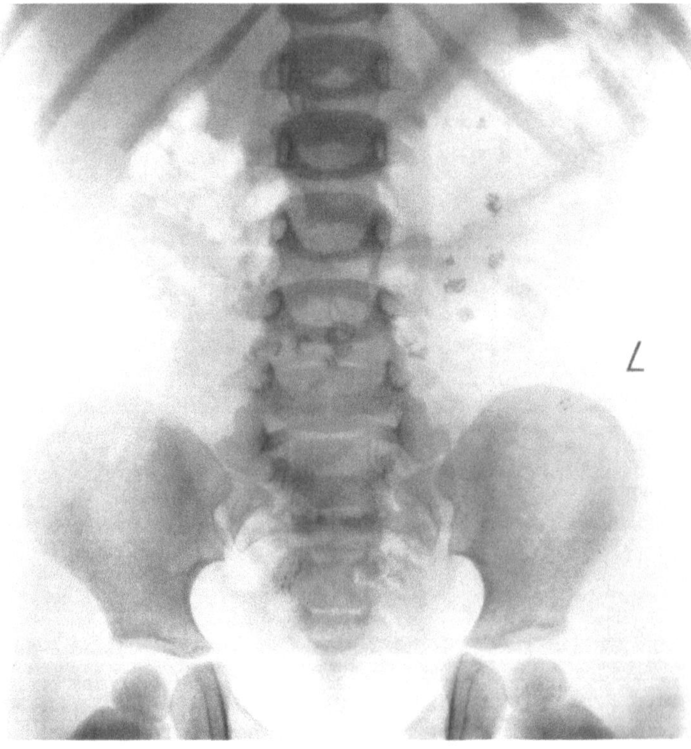

Abb. 10. K. H. Sch., lfd. Nr. 102. Geringfügiger aber deutlicher Befund; verstreute Kalkfleckchen links in Höhe des 2. bis 4. Lendenwirbels und im Bereich der Wirbelsäule (4. und 5. Lendenwirbel). Klinische Daten: geb. 20. 3. 30, Aufnahme 15. 7. 32. Keine Erscheinungen von seiten des Abdomens.

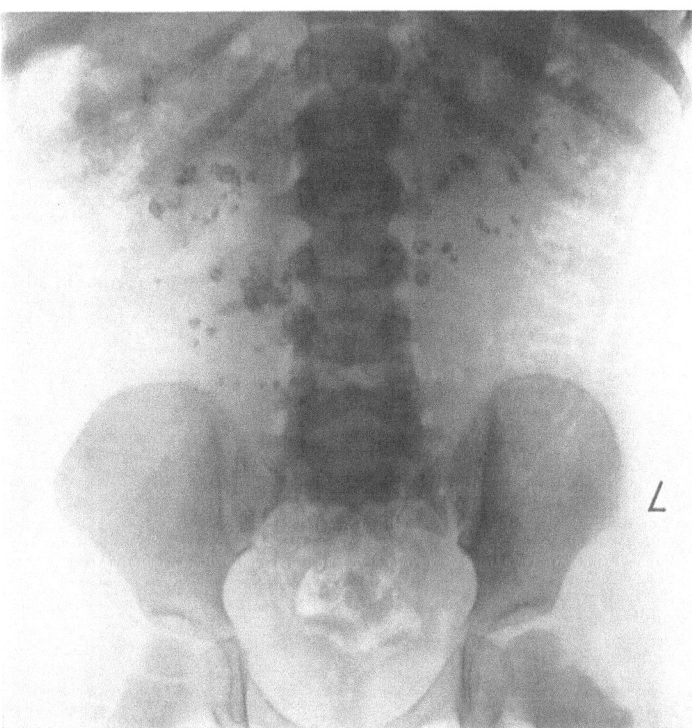

Abb. 11. A. H.-L., lfd. Nr. 8. Zahlreiche Kalkflecke beiderseits verstreut, rechts in Höhe des 2.—5. Lendenwirbels, links in Höhe des 12. Brustwirbels bis 3. Lendenwirbels. Klinische Daten: geb. 28. 2. 30, Aufnahme 7. 9. 32. In der 16. Lebenswoche Meteorismus, Milztumor, schlechter Allgemeinzustand. In der 21. Lebenswoche Fieber, Durchfall bei großem intraglutaealen Abszeß. Leib aufgetrieben, gespannt. Milz mit 25 Wochen nicht mehr fühlbar. Exsudatives Kind. Später keine Erscheinungen mehr von seiten des Abdomens.

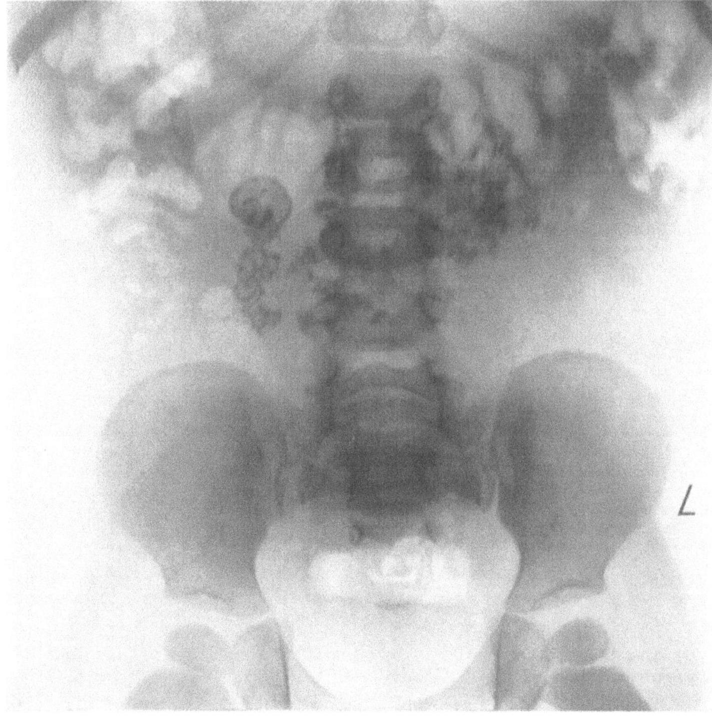

Abb. 12. H. H. B., lfd. Nr. 74. Kalkflecke beiderseits neben und auf der Wirbelsäule in Höhe des 2. bis 4. Lendenwirbels; rechts Konglomerate. Klinische Daten: geb. 14. 3. 30, Aufnahme 28. 10. 32. Keine Erscheinungen von seiten des Abdomens.

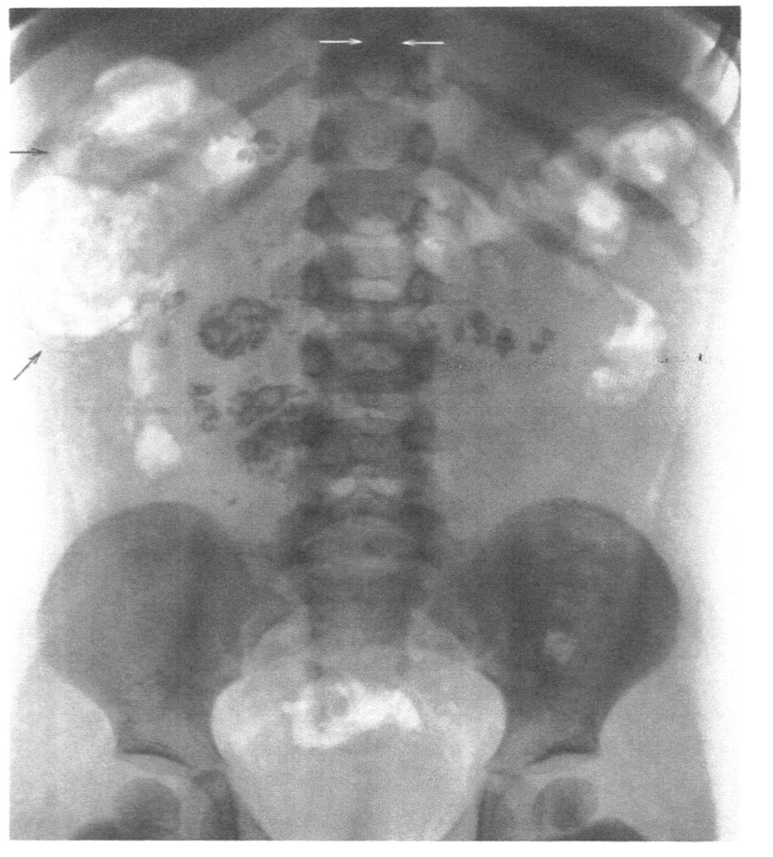

Abb. 13a. J. T., lfd. Nr. 76. (Vgl. Jannasch und Remé: Röntgenbefunde im Bereich des Thorax Abb. 34 und 35). Konglomeratkalkflecke rechts in Höhe des 2. bis 5. Lendenwirbels, Einzelflecke links in Höhe des 2. und 3. Lendenwirbels und rechts neben dem 12. Brustwirbel, auch in Gegend der Zwischenwirbelscheibe zwischen 10. und 11. Brustwirbel. Klinische Daten: geb. 16. 3. 30, Aufnahme 1. 8. 32. In der 14. Lebenswoche etwas Durchfall, aber guter Appetit, regelmäßige Zunahme. Mit 24 Lebenswochen fühlbare Milz. Im 3. Jahr vor dem Stuhlgang öfters unbedeutende Leibschmerzen. Sehr gute Allgemeinentwicklung.

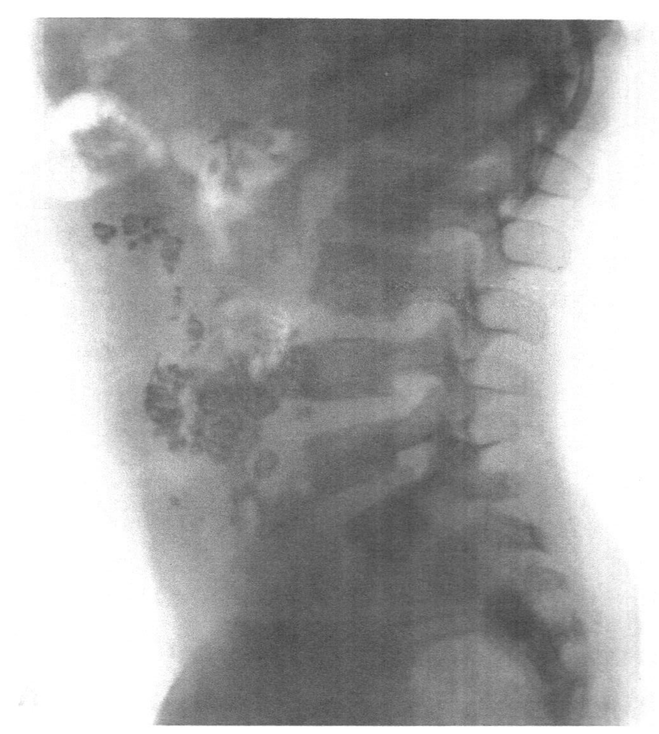

Abb. 13b. J. T., lfd. Nr. 76. Frontalaufnahme zeigt ebenfalls ausgedehnten Befund.

Abb. 14. M. G., lfd. Nr. 2. Gröbere und feinere Kalkflecke neben und auf der Wirbelsäule; verstreute Kalkspritzer rechts zwischen den Querfortsätzen des 1. und 3. Lendenwirbels und links in Höhe der 10., 11. und 12. Rippe, zum Teil lateral gelegen (verkalkte Herde in der Milz?). Klinische Daten: geb. 10. 2. 30, Aufnahme 29. 7. 32. Keine Erscheinungen von seiten des Abdomens, auch keine Milzschwellung, aber pulmonaler Primärkomplex nach Rückbildung erkannt.

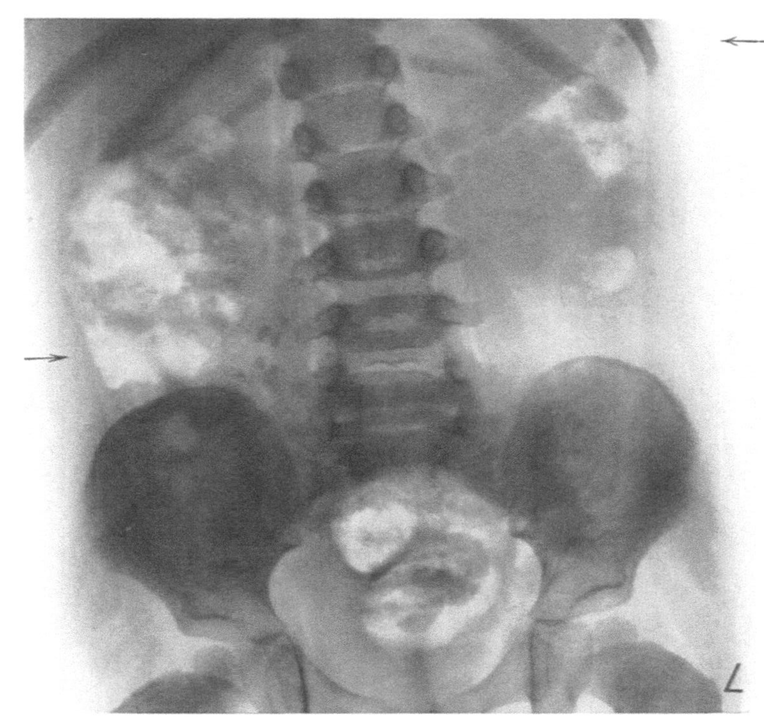

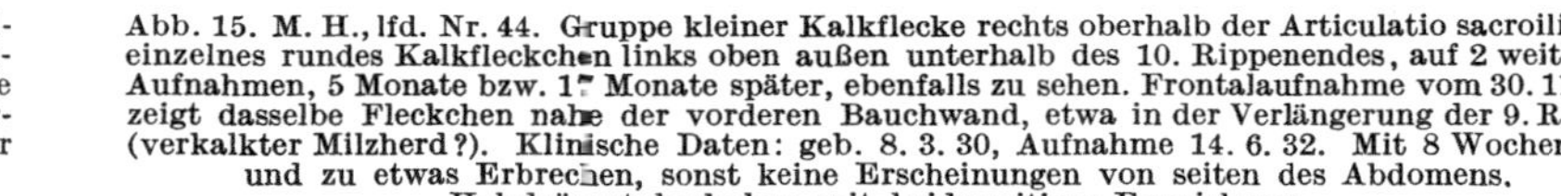

Abb. 15. M. H., lfd. Nr. 44. Gruppe kleiner Kalkflecke rechts oberhalb der Articulatio sacroiliaca, einzelnes rundes Kalkfleckchen links oben außen unterhalb des 10. Rippenendes, auf 2 weiteren Aufnahmen, 5 Monate bzw. 17 Monate später, ebenfalls zu sehen. Frontalaufnahme vom 30. 11. 33 zeigt dasselbe Fleckchen nahe der vorderen Bauchwand, etwa in der Verlängerung der 9. Rippe (verkalkter Milzherd?). Klinische Daten: geb. 8. 3. 30, Aufnahme 14. 6. 32. Mit 8 Wochen ab und zu etwas Erbrechen, sonst keine Erscheinungen von seiten des Abdomens. Halsdrüsentuberkulose mit beiderseitiger Erweichung.

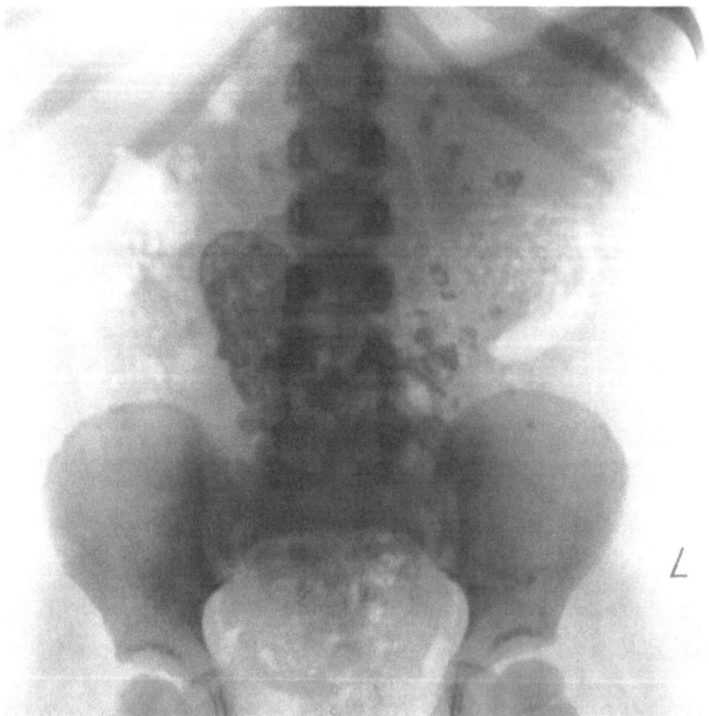

Abb. 16. R. St., lfd. Nr. 25. Großer, länglich-runder, zum Teil scharf begrenzter, maulbeerförmiger Schattenfleck rechts neben und zum Teil auf dem 3., 4., 5. Lendenwirbel. Mehrere Einzelflecke links unterhalb der 12. Rippe und oberhalb der Articulatio sacroiliaca. Klinische Daten: geb. 26. 2. 30, Aufnahme 12. 1. 33. Von der 8.—11. Lebenswoche Temperatursteigerungen, Durchfall und Erbrechen. Mit 12 Wochen Resistenz im Bauche fühlbar, Leib bei tiefem Eindrücken etwas empfindlich, mäßiger Appetit, Hemmung der Gewichtszunahme. Späterhin Leibschmerzen, aber auch Erscheinungen allgemeiner Übererregbarkeit, Fazialisphänomen positiv.

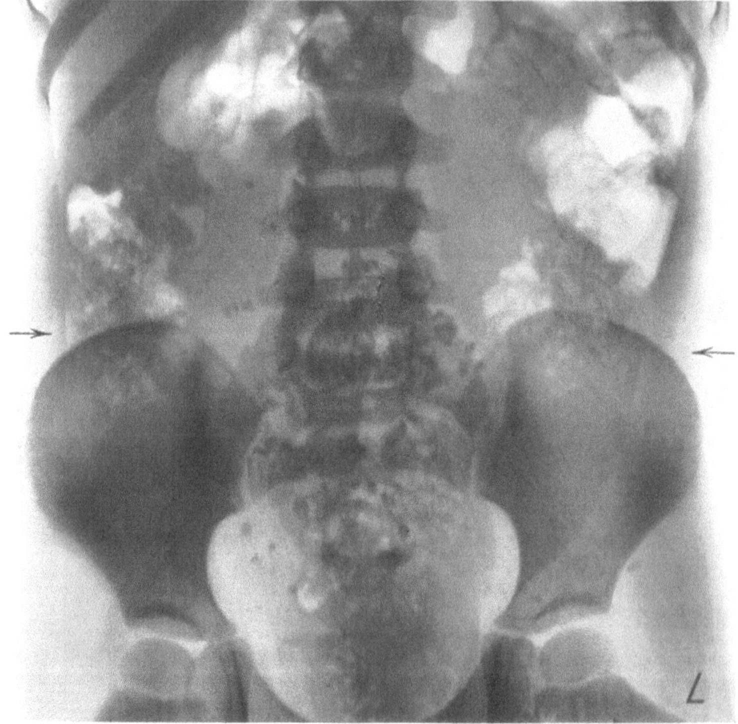

Abb. 17. G. R., lfd. Nr. 16. Großer, rundlicher, scharf begrenzter, maulbeerförmiger Kalkfleck, auf den 5. Lendenwirbel und den oberen Teil des Kreuzbeines projiziert, von zahlreichen, unregelmäßig gestalteten Kalkfleckchen umgeben. Klinische Daten: geb. 22. 2. 30, Aufnahme 7. 6. 33. In der 7. Lebenswoche Fieber, Unruhe, Durchfälle, in der 13. Lebenswoche Blässe, Auftreibung des Leibes, Halsdrüsentuberkulose. Winter 1932/33 gelegentlich von Erkältungen Durchfälle.

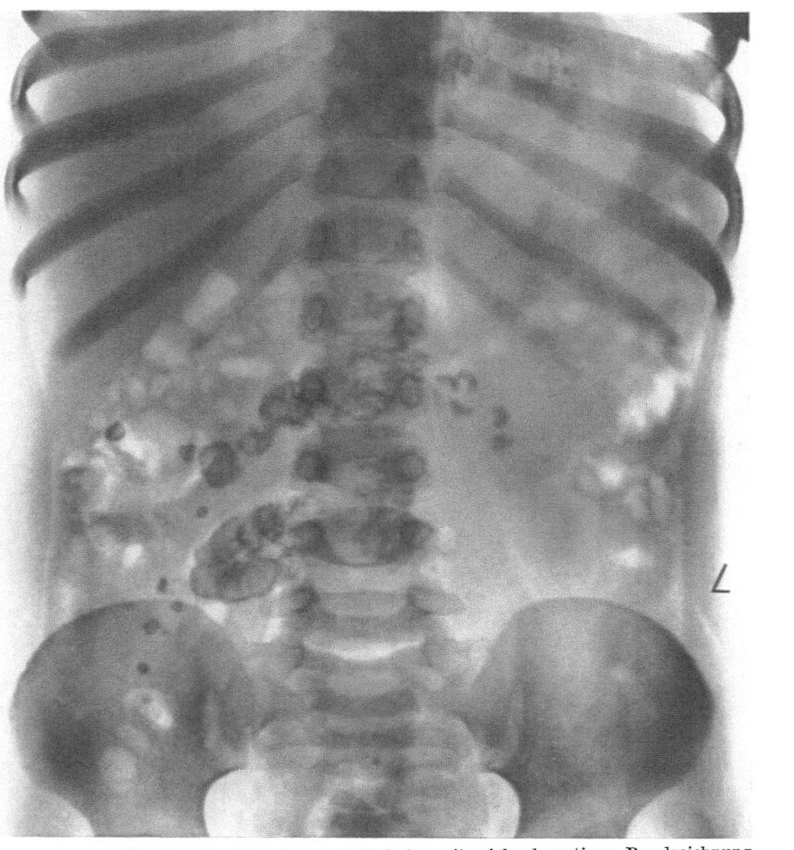

Abb. 18a. G. S., lfd. Nr. 27. Konglomeratkalkflecke mit girlanderartiger Randzeichnung und einige verstreute Einzelfleckchen. Fraglicher hochgelegener Kalkfleck links neben dem 9. Brustwirbel. Klinische Daten: geb. 28. 2. 30, Aufnahme 9. 6. 33. In der 20. Lebenswoche kurzdauernder Durchfall, in der 26. Lebenswoche aufgetriebener Leit. Milzschwellung. Gute Entwicklung. Späterhin mehrfach Durchfall, gelegentlich von Infekten der oberen Luftwege.

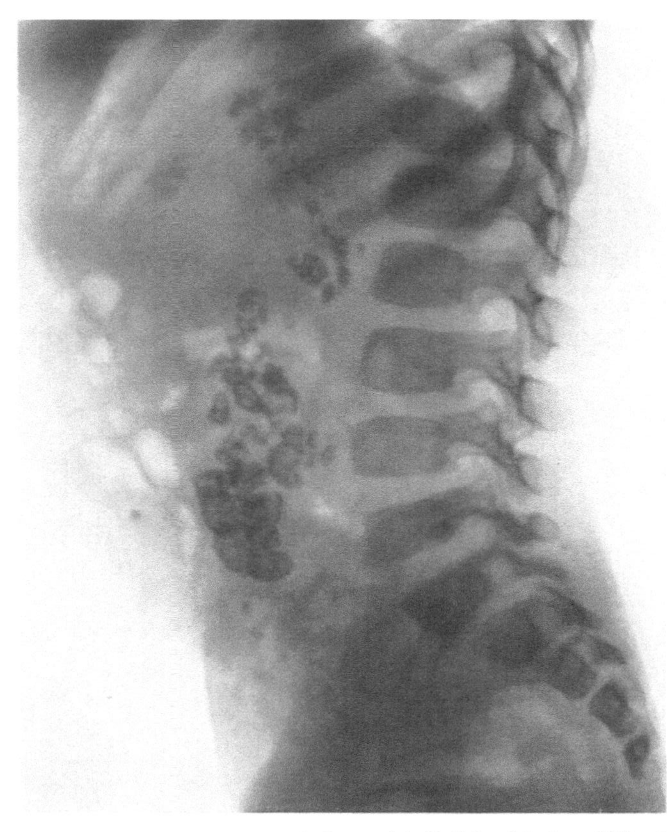

Abb. 18b. G. S., lfd. Nr. 27. Frontalaufnahme zeigt ähnliche Schattengebilde, vor der Wirbelsäule liegend vom 5. Lendenwirbel bis zum 12. Brustwirbel an Zahl und Dichte abnehmend.

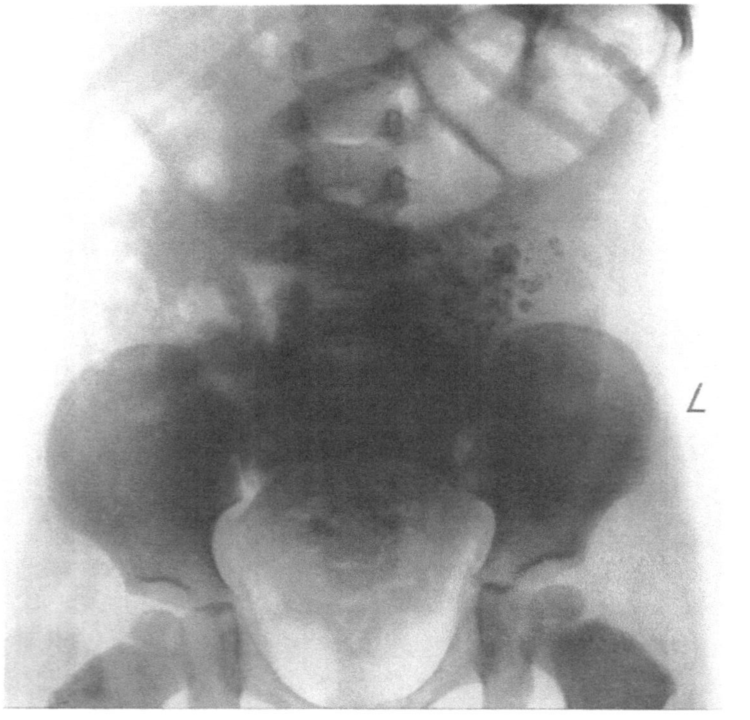

Abb. 19. R. H., lfd. Nr. 135. Sternenhimmelartig angeordnete Gruppe von Einzelkalkfleckchen links im Winkel zwischen Wirbelsäule und Beckenschaufel. Klinische Daten: geb. 27. 3. 30, Aufnahme 28. 6. 32. Von abdominalen Erscheinungen während des Säuglingsalters nichts bekannt.

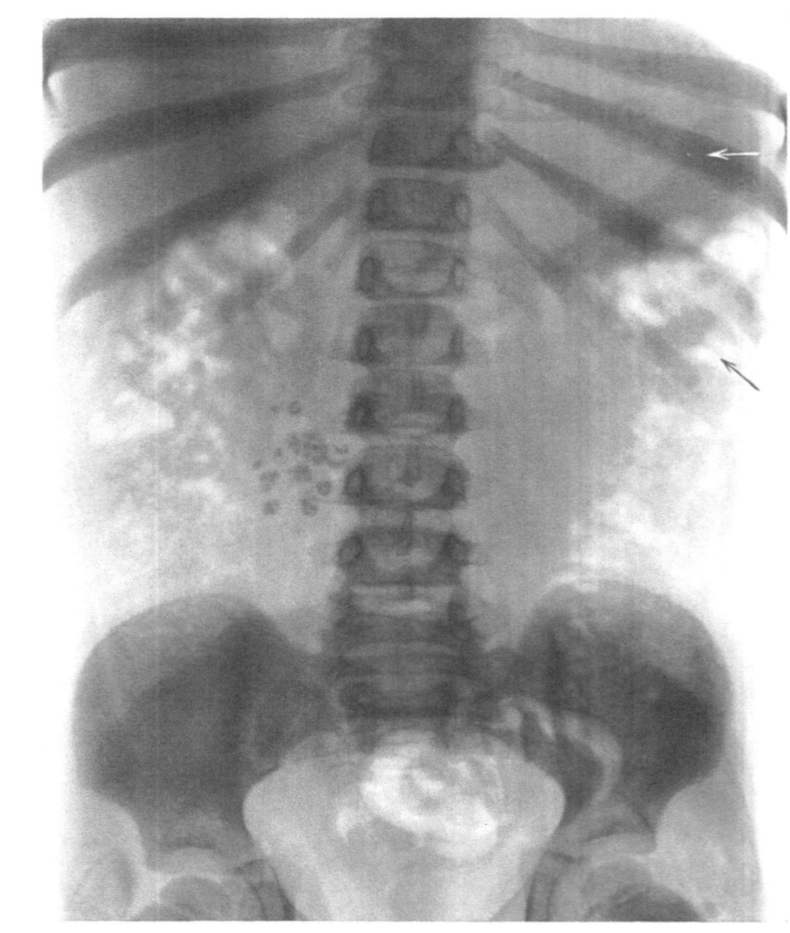

Abb. 20. H. Th. lfd. Nr. 21. Ein Häufchen feiner Kalkflecke rechts neben dem 3. und 4. Lendenwirbel. Links neben dem 11. Brustwirbel gröberer rundlicher Kalkfleck, auch auf späteren Aufnahmen und im Frontalbild zu sehen (paraaortale Drüse?). Klinische Daten: geb. 26. 2. 30, Aufnahme 12. 8. 32. Als Säugling 13.—16. Woche Durchfälle, leichter Meteorismus, Januar, Mai, Juni 1932 Durchfälle. Sonst keine abdominalen Erscheinungen.

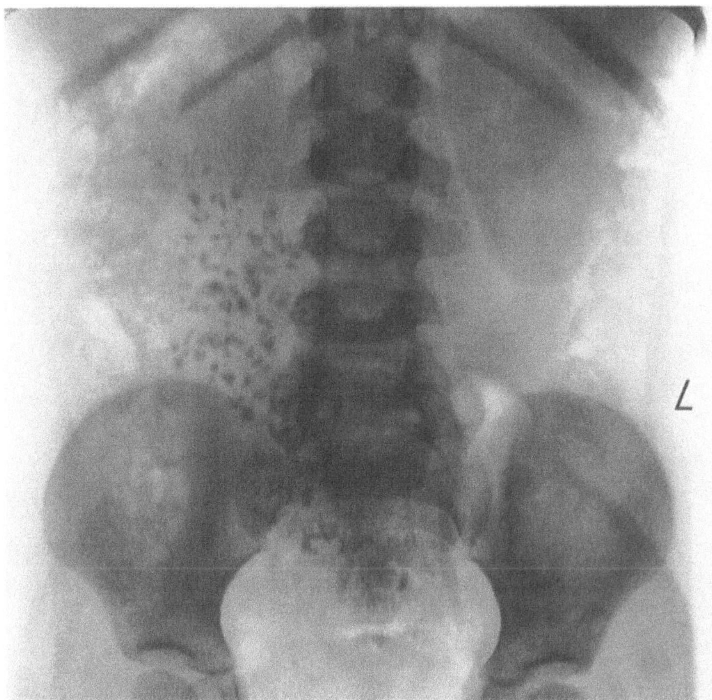

Abb. 21. Ch.W., lfd. Nr. 106. Rechts eine große Gruppe sternenhimmelartig angeordneter Einzelfleckchen. Klinische Daten: geb. 23. 2. 30, Aufnahme 5. 5. 33. Als Säugling keine Erscheinungen von seiten des Abdomens. Halsdrüsentuberkulose. Später allerlei nervöse Erscheinungen, auch öfters Magenschmerzen nach dem Essen.

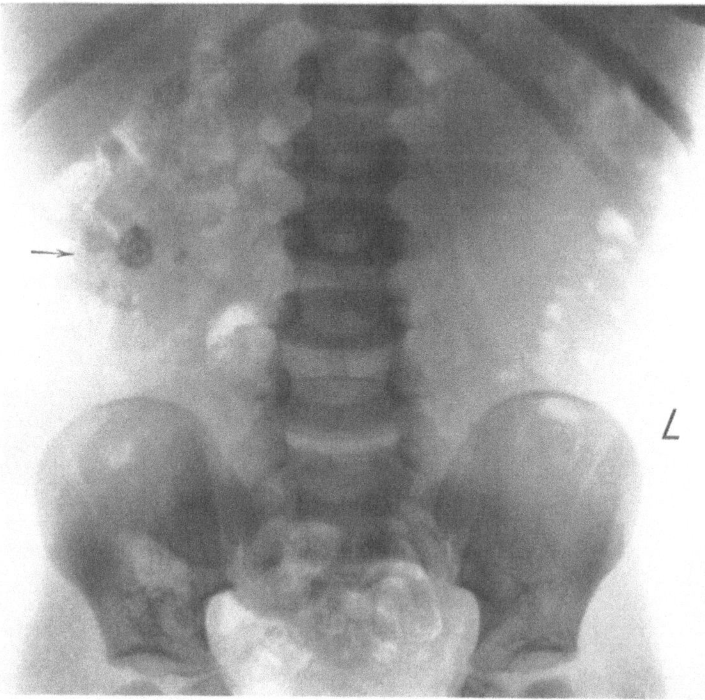

Abb. 22. W. G., lfd. Nr. 1. Runder, konzentrische Schichtung aufweisender Einzelkalkfleck rechts in der Mitte zwischen 12. Rippenende und Beckenschaufelrand. Klinische Daten: geb. 7. 12. 29, Aufnahme 15. 5. 33. Halsdrüsentuberkulose. Stuhlgang stets in Ordnung. Mai 1930 fühlbares Knirschen beim Betasten des Bauches unterhalb der Leber. Januar 1933 Verstopfung, Erbrechen. Sonst keine Beschwerden von seiten des Abdomens.

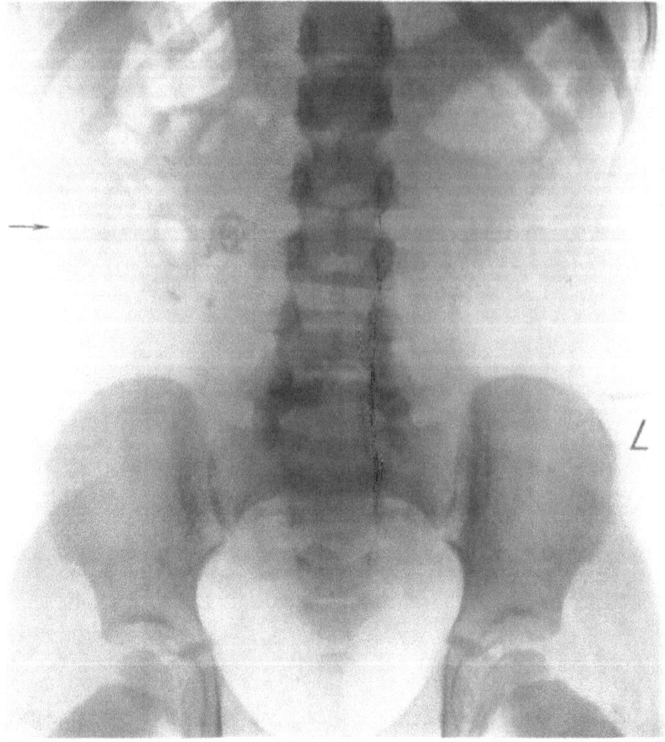

Abb. 23. I. B., lfd. Nr. 210. Runder Kalkfleck rechts in Höhe des 4. Lendenwirbels, zirkulär geschichtet. Klinische Daten: geb. 13. 4. 30, Aufnahme 28. 10. 32. In den ersten Lebenswochen bei Ernährung an Brust grüne Durchfälle, im Juli 1931 2 Wochen Durchfall und Erbrechen, sonst keine Erscheinungen von seiten des Abdomens.

Das weiße Blutbild bei der Lübecker Säuglingstuberkuloseerkrankung.

Von

Dr. Gertrud Remé,

fr. Assistenzärztin der Universitätskinderklinik in Hamburg.

Bei einer Anzahl von Säuglingen, die infolge der peroralen Zufuhr von virulenten Tuberkelbazillen in Lübeck (Februar bis April 1930) erkrankten, ist das weiße Blutbild regelmäßig untersucht worden. Die folgende Zusammenstellung umfaßt die Befunde bei 50 Kindern, die im Lübecker Kinderhospital behandelt wurden. Darunter sind 12, die die Erkrankung überstanden haben und im Frühjahr 1931, als die Untersuchung abgeschlossen wurde, praktisch gesund waren. Die übrigen 38 sind der Krankheit erlegen, und zwar im Laufe von 10 Monaten nach Vornahme der Fütterung.

Technik.

Die Blutentnahme für Leukozytenzählung und Ausstrich wurde nach Möglichkeit nüchtern gemacht. Der Ausstrich wurde 2 Minuten mit May-Grünwald-Lösung gefärbt, 1 Minute gewässert und dann 20—25 Minuten mit Giemsa-Lösung gefärbt (15 Tropfen Giemsa auf 10 ccm Aqua destillata). Zeitweilig wurde die von Mommsen angegebene Färbung auf toxische Granulierung angewandt (statt des üblichen Aqua destillata eine auf p_H 5,4 eingestellte Verdünnungsflüssigkeit). — Durchweg wurde in den ersten Monaten alle 8 Tage untersucht. Ausgezählt wurde mit dem Schillingschen Zählblock, der den zu Ungenauigkeiten verleitenden Begriff „Übergangsformen" vermeidet und zwischen großen und kleinen Lymphozyten nicht trennt.

Verwertbarkeit der Blutbilder.

Für die Beurteilung der Fütterungstuberkulose ließen sich natürlich nicht alle Blutbefunde verwerten. Interkurrente Infekte und therapeutische Maßnahmen beeinflußten in manchen Fällen das Blutbild. Von letzteren sind das Tuberkuloseserum Höchst, das Carbion und die Vakzine Antialpha besonders zu erwähnen. Es sind deshalb nach Möglichkeit die Blutbilder bzw. Blutbildserien ausgewählt worden, bei denen solche Einflüsse nicht in Frage kommen; andernfalls werden sie im einzelnen erwähnt werden.

Normalwerte.

Das „Normalblutbild" beim Säugling ist ein schwankender Begriff. In der im Handbuch der Kinderheilkunde von Pfaundler-Schloßmann (4. Aufl., 1931) wiedergegebenen Tabelle bewegen sich z. B. die Normalzahlen der verschiedenen Autoren für Lymphozyten zwischen 42,5 und 90,5%. Trotzdem wurde diese Tabelle bei der Beurteilung der Lübecker Blutbilder als Grundlage benutzt. Danach sieht, wenn man die Grenzwerte berücksichtigt, das „Normalblutbild" beim Säugling so aus:

Basophile 0—1%, Eosinophile 0—7%, Myelozyten 0, Jugendliche unter 2%, Stabkernige unter 9,5%, Lymphozyten über 42% (54—75), Monozyten unter 12%, Zahl der Weißen 8—12000 (Bd. 1, S. 837).

Über das Blutbild bei Abdominaltuberkulose heißt es ebenda (S. 846): bei leichten Formen keine nennenswerten Veränderungen; sonst Gesamtzahl der Leukozyten etwa normal, neutrophile Leukozyten vermehrt, Linksverschiebung bis zu den Jugendformen, Eosinophile vermindert.

Bei Meningitis tuberculosa: Gesamtzahl der Leukozyten normal oder mäßig vermehrt, neutrophile Leukozyten vermehrt, Linksverschiebung nur bis zu den Stabkernigen, gelegentlich bis zu den Jugendformen, Eosinophile fehlen meist. — Geringe toxische Leukozytenveränderungen kommen vor.

Bei Miliartuberkulose: Gesamtzahl der Leukozyten normal oder leicht vermehrt, neutrophile Leukozyten vermehrt, Linksverschiebung bis zu den Myelozyten; Eosinophile fehlen. Degenerative Leukozytenveränderungen kommen nicht vor.

Das Blutbild bei den verstorbenen Kindern.

Ein Vergleich der angeführten Blutbildtypen mit den Lübecker Befunden ist nicht ohne weiteres möglich, weil es sich bei der Mehrzahl der im Lübecker Kinderhospital beobachteten Säuglinge um eine „subakut-generalisierte Tuberkulose" handelte, die nicht selten in tödliche Meningitis ausging; reine Fälle von Abdominaltuberkulose kamen kaum in klinische Behandlung. Mehrfach führte die tuberkulöse Erkrankung selbst zu Mischinfektionen (Perforationsperitonitis, periproktitischer Abszeß), oder es bestand neben der Tuberkulose eine andersartige Erkrankung. So mußten von den 50 untersuchten Fällen 13 abgetrennt werden, bei denen folgende Befunde erhoben wurden:

Nr. 48: Subakut-generalisierte Tuberkulose und Streptokokkenallgemeininfektion.

Nr. 62: Darmtuberkulose, geringfügige generalisierte Tuberkulose und chronische Pneumonie mit Spontanpneumothorax.

Nr. 139: Ganz geringfügige generalisierte Tuberkulose, Tod nach Pylorospasmusoperation.

Nr. 181: Darmtuberkulose und unspezifische Durchwanderungsperitonitis.

Nr. 188: Teils spezifische, teils unspezifische eitrige Peritonitis von verkästen Lymphknoten aus.

Nr. 60: Perianaler und retropharyngealer Abszeß. Subakut-generalisierte Tuberkulose.

Nr. 65: Streptokokkenallgemeininfektion bei Erysipel und Phlegmone. Meningitis bei subchronisch generalisierter Tuberkulose.

Nr. 93: Perianaler Abszeß mit Fistel bei subakut-generalisierter Tuberkulose.

Nr. 100: Multiple unspezifische Hautgeschwüre. Meningitis bei subakut-generalisierter Tuberkulose.

Nr. 123: Perforationsperitonitis bei subakut-generalisierter Tuberkulose.

Nr. 244: Streptokokkenmischinfektion der Nasen-Schlund-Ohrtuberkulose bei subakut generalisierter Tuberkulose.

Nr. 209: Bronchitis, Tracheitis, paravertebrale Pneumonie, tuberkulöse Meningitis, bei protrahiert generalisierter Tuberkulose.

Nr. 201: Streptokokkensepsis, von Phlegmone der Kopfschwarte ausgehend; nur käsige Herde im Mesenteriallymphknoten und einzelne Tuberkel in Peyerschen Plaques und Halslymphdrüsen, sonst keine Tuberkulose.

Die Blutbilder dieser Patienten konnten natürlich nur unter Berücksichtigung des Nebenbefundes verwertet werden.

Betrachten wir zunächst das Differentialblutbild bei den 38 Kindern, die ad exitum kamen, so finden wir folgendes:

Tabelle A:

Eosinophile vorhanden	in 19	von 38	Fällen	(50%),	Max. 6,	Min. 1
Myelozyten vorhanden	„ 27	„ 38	„	(71,1%),	„ 11,	„ 1
Jugendformen mehr als 2	„ 25	„ 38	„	(65,7%),	„ 19,	„ 1
Stabkernige mehr als 9,5	„ 26	„ 38	„	(68,4%),	„ 47	„ 1
Lymphozyten unter 42	„ 22	„ 38	„	(57,8%),	„ 81,	„ 12
Monozyten mehr als 12	„ 5	„ 38	„	(1,3%),	„ 18,	„ 1
(Basophile vorhanden in 13 Fällen					„ 7,	„ 0)

Von den 38 Kindern, die ad exitum kamen, hatten 25 keine nachweisbare Mischinfektion. Die bei diesen erhobenen Blutbefunde zeigt die folgende Tabelle.

Tabelle B:

Eosinophile vorhanden		in 9	von 25	Fällen	(37,5%),	Max. 2,	Min. 0
Myelozyten vorhanden		„ 19	„ 25	„	(79,2%),	„ 11,	„ 1
Jugendformen mehr als	2	„ 18	„ 25	„	(75 %),	„ 19,	„ 1
Stabkernige mehr als	9,5	„ 17	„ 25	„	(70,8%),	„ 47,	„ 1
Lymphozyten unter	42	„ 13	„ 25	„	(54,2%),	„ 81,	„ 21
Monozyten mehr als	12	„ 2	„ 25	„	(8,3%),	„ 17,	„ 0

Tabelle C.

Von insgesamt 38 letal endigenden Fällen zeigten Linksverschiebung 34 = 89%, und zwar

bis zu den Myelozyten 27
„ „ „ Jugendformen 6
„ „ „ Stabkernigen 1

Von 25 letal endenden Fällen, bei denen keine Mischinfektion bestand, zeigten Linksverschiebung 24 = 96%, und zwar

bis zu den Myelozyten 19
„ „ „ Jugendformen 5
„ „ „ Stabkernigen 2

Linksverschiebung fehlte in 4 Fällen:

1. Liste Nr. 48; hier lag subakut-generalisierte Tuberkulose und Streptokokkenallgemeininfektion vor.

2. Liste Nr. 139; dieses Kind starb nach Pylorospasmusoperation. Die Sektion ergab nur ganz geringen spezifischen Befund.

3. Liste Nr. 65; hier bestand neben subchronisch-generalisierter Tuberkulose und Meningitistuberkulose Streptokokkenallgemeininfektion bei Erysipel und Phlegmone.

4. Liste Nr. 12; hier ergab die Sektion subchronisch-generalisierte Tuberkulose und Meningitis tuberculosa (möglicherweise ist hier bei der Auszählung der Blutbilder ein Fehler unterlaufen).

Daß in 4 schweren Fällen zwar Linksverschiebung eintrat (Myelozyten und Jugendformen), die Lymphozytenzahlen aber nicht oder kaum vermindert waren, sei noch erwähnt. Diese Beobachtung stimmt mit Erfahrungen H. Langers überein.

Da die Gesamtzahl der Leukozyten beim Säugling stark schwankt und oft nicht erkennbaren Einflüssen unterworfen ist, sollen die Leukozytenwerte bei den verstorbenen Kindern nur kurz angegeben werden. Vermehrung der Leukozyten — über 12000 — kam in 29 von 34 Fällen vor (Max. 42000; Leukozyten über 20000 12mal). In 4 Fällen war die Leukozytenzählung nicht verwertbar.

Dieser Befund widerspricht der Angabe Bosserts, der bei Werten über 12000 im großen ganzen den tuberkulösen Charakter der Erkrankung glaubt ablehnen zu können. Seine Untersuchungen beziehen sich wohl nicht auf so junge Säuglinge, aber auch bei Kindern höheren Alters kamen Kleinschmidt und Mündel nicht zur Bestätigung dieser Auffassung.

In 4 Fällen war die Leukozytenzahl nicht vermehrt, Linksverschiebung aber vorhanden. Hier handelte es sich um foudroyanten Verlauf der Erkrankung (Tod am 58. bzw. 63., 69., 58. Lebenstage). — Ein 5. Fall zeigte überhaupt normalen Blutbefund (Nr. 139), Pylorospasmus.

Leukozytenvermehrung ohne Linskverschiebung kam in 2 Fällen vor.

Es zeigt sich also, daß in der großen Mehrzahl der Fälle (89 bzw. 96%) Linksverschiebung und Vermehrung der Gesamtzahl der Leukozyten vorliegt, und zwar Linksverschiebung bis zu den Myelozyten (ausnahmsweise auch zu den Promyelozyten). Weitere allgemeine Schlüsse zu ziehen, erlaubt die kleine Zahl der Fälle nicht. Es soll noch darauf hingewiesen werden, daß Eosinophile bei fehlender Mischinfektion in einem Drittel der Fälle vorhanden sind, bei der Gesamtzahl in der Hälfte der Fälle. Man hätte eher das Gegenteil erwartet. Daß die Lymphozytenzahlen bei den nichtmischinfizierten Fällen nicht so stark absinken wie bei den mischinfizierten, ist erklärlich.

Von den oben angegebenen Blutbildtypen ist es also im großen ganzen der der Miliartuberkulose, dem die Lübecker Befunde entsprechen, nur daß die Eosinophilen nicht immer fehlen.

Auf das Verhalten der Eosinophilen soll noch näher eingegangen werden. Es fragte sich, ob das Verschwinden der Eosinophilen als prognostisch ungünstiges Zeichen oder das Vorhandensein von Eosinophilen als prognostisch günstig zu bewerten sei. Verschwinden der Eosinophilen sub finem wurde in 8 Fällen beobachtet; von diesen wiesen 6 Fälle Mischinfektion auf, so daß wohl eher die Mischinfektion, die ja meist sub finem auftrat, als eine Verschlimmerung der Tuberkulose selbst die Ursache des Verschwindens der Eosinophilen war. — Auch das Einsetzen der tödlichen Meningitis — bei manchen der schwerer erkrankten Kinder traten vorübergehend meningitische Reizerscheinungen auf — konnte an dem Verhalten der Eosinophilen nicht abgelesen werden.

In 8 von den erwähnten 38 Fällen war Meningitis die Todesursache; in einem weiteren Falle bestand schwere Meningitis, die Todesursache war jedoch eine Darmblutung. —

Bei 2 Fällen liegt nur je ein Blutbild vor. Sie sind daher nicht verwertbar. Über die weiteren 7 Fälle gibt die folgende Tabelle Auskunft:

Eosinophile verschwanden relativ früh in	1 von	7 Fällen
Eosinophile verschwanden zuletzt in	4 ,,	7 ,,
Eosinophile waren bis zuletzt vorhanden in	2 ,,	7 ,,

In einem dieser letzteren Fälle fanden sich 6 Tage ante exitum 5% Eosinophile im Blutbild; klinisch bestanden noch keine sicheren Zeichen der Meningitis. Diese trat erst 4 Tage ante exitum akut in Erscheinung. Der an sich stürmische Verlauf wurde abgekürzt durch eine Darmblutung, die einen Tag ante exitum einsetzte und die als die unmittelbare Todesursache angesehen werden muß. — In dem anderen von diesen beiden Fällen zeigte das Blutbild 33 Tage ante exitum keine Eosinophilen, 26 Tage ante exitum aber 0,5% Eosinophile; sichere klinische Erscheinungen von Meningitis bestanden schon 52 Tage ante exitum.

Es war also in der Mehrzahl der Fälle, aber doch nicht immer so, daß bei Meningitis die Eosinophilen sub finem verschwanden; jedenfalls läßt sich das Verhalten der Eosinophilen für eine genügend frühzeitige Prognose kaum verwerten.

Weiterhin wurde untersucht, ob wenigstens das übrige Blutbild Hinweise auf das Einsetzen der tödlichen Meningitis gab. Von den 8 oben erwähnten Fällen wurden 3 ausgeschieden, bei denen die Sektion unspezifische Komplikationen ergab. — Es ergab sich:

nicht vermehrte Gesamtzahl 1mal
vermehrte Gesamtzahl . . . . 2 „
nur vorübergehend vermehrte Gesamtzahl . . . . 1 „
sub finem zur Norm absinkende Gesamtzahl. . . . . . 1 „
Myelozyten waren vorhanden . . . . 4 „ (bis 6%)
„ fehlten . . . . 1 „
Jugendformen waren leicht vermehrt . . . . 3 „
„ „ nicht vermehrt . . . . 2 „
Stabkernige nicht oder kaum vermehrt . . . . 3 „
„ stark vermehrt . . . . 1 „ (42%)
„ vorübergehend vermehrt, sub finem normal 1 „
Lymphozyten waren stark vermindert . . . . 1 „
„ „ kaum oder gar nicht vermindert . 4 „ (49—74%)

Das Verhalten der Monozyten entsprach durchweg dem der Lymphozyten.

Somit zeigte das Verhalten der Gesamtzahl keine Gesetzmäßigkeit. Die Verschiebung nach den unreifen Formen war qualitativ vorhanden, quantitativ gering; nur die Stabkernigenvermehrung war in einem Falle sehr ausgesprochen; in diesem Falle bestand Lymphopenie. Sonst waren die Lymphozytenzahlen normal oder subnormal. Daraus ist ersichtlich, daß bei dieser sehr kleinen Zahl von Fällen das weiße Blutbild auch in dieser Hinsicht keine prognostischen Schlüsse zuließ.

Von den 3 wegen Mischinfektion ausgeschiedenen Fällen verdient einer (209) besondere Beachtung, weil es sich um ein Kind handelt, bei welchem die Meningitis auffallend spät einsetzte und welches monatelang, vom 26. 4. 30 bis zu seinem Tode, 14. 12. 30 im Kinderhospital lag. Die Meningitis war in diesem Falle die einzige frische hämatogene Metastase bei primärer Infektion des Dünndarms und des Quellgebietes der Halslymphknoten.

Die paravertebrale Pneumonie, die als unspezifischer Nebenbefund bei der Sektion festgestellt wurde, ist mit großer Wahrscheinlichkeit erst während der Meningitis entstanden, kann also das Blutbild vor dem Auftreten der meningitischen Erscheinungen nicht beeinflußt haben. Die folgende Tabelle gibt eine Übersicht über den Blutbefund bei diesem Kinde:

	24. 5.	30. 5.	7. 6.	27. 6.	17. 7.	10. 9.	14. 10.	21. 10.	29. 10.	4. 11.	11. 11.	18. 11.	26. 11.	3. 12.	8. 12.	14. 12.
Basophile	—	—	—	—	1	—	1	—	0,5	—	—	—	—	—	—	exitus letalis
Eosinophile . . .	2	1	1	—	4	4	1	6,5	3,5	2	2,5	0,5	1,5	5	2,5	
Myelozyten . . .	6	1	3	—	—	—	—	—	—	—	—	—	—	0,5	—	
Jugendformen . .	—	1	—	1	—	—	—	0,5	0,5	1	—	—	—	—	1	
Stabkernige . . .	2	7	5	22	3,5	3,5	9	13	6,5	9	7,5	28,5	5	13,5	15,5	
Segmentkernige .	16	42	35	20	18,5	18	28	20	16	14	15,5	22,5	39,5	40	35	
Lymphozyten . .	72	41	47	48	67,5	58	64	59	70	74	74,5	46,2	45	33,5	40	
Monozyten . . .	2	7	7	9	5,5	16	2	1	3	—	—	2	9	7,5	6	

18. 11. Meningitis durch Lumbalpunktion festgestellt (16. 11. zuerst Erbrechen, Zuckungen).

Sie zeigt, daß Linksverschiebung erst eintritt, als die Diagnose Meningitis durch klinische Symptome und Liquorbefund bereits erhärtet ist und daß die Eosinophilen auch während des Verlaufs der Meningitis nicht aus dem Blutbild verschwinden.

Diese Beobachtung steht im Gegensatz zu einer kürzlich erfolgten Mitteilung von H. Langer. Hat doch dieser Autor gerade durch die Kernverschiebung bei noch gutem

Allgemeinbefinden die ungünstige Prognose frühzeitig voraussagen können. Langer legt auf das Blutbild besonderen Wert, da er in seinen einschlägigen Fällen normale Werte der Blutkörperchensenkungsgeschwindigkeit fand. Er spricht von der Diskrepanz des Blutstatus als einem führenden Symptom des prämiliaren Stadiums. Wir sehen, daß in dieser Beziehung keine Regelmäßigkeit zu erwarten ist (s. einen diesbezüglich negativen Befund mit 26% Neutrophilen, darunter 2% Stabkernigen, auch schon bei Kleinschmidt).

Das Blutbild bei den Überlebenden.

Es bleibt noch übrig, das Blutbild bei den Überlebenden zu betrachten. Bei diesen liegen zum Teil lange, gut verwertbare Serien vor — im ganzen 130 Einzelblutbilder. Natürlich traten auch bei diesen Kindern zeitweilig unspezifische Komplikationen auf. Auch bei ihnen wurde das Blutbild gelegentlich durch therapeutische Maßnahmen beeinflußt. Das wurde nach Möglichkeit bei der Beurteilung berücksichtigt.

Der Krankheitsverlauf bei den überlebenden Kindern soll im folgenden kurz dargestellt werden:

1. Nr. 102, geb. 20. 3. 30, „gefüttert" 22., 24., 26. 3. 30, im Kinderhospital aufgenommen 15. 5. 30 in der 9. Lebenswoche; entlassen 6. 6. 31 zu Dr. Felten, St. Peter. — In der 7. Lebenswoche sind Drüsenschwellungen am Hals festgestellt worden, in der Nacht vor der Krankenhausaufnahme soll ein Erstickungsanfall aufgetreten sein; sonst bietet die Anamnese nichts Besonderes. Das Kind wird in gutem Allgemeinzustand mit walnußgroßen Drüsentumoren an beiden Halsseiten und Milztumor eingeliefert. Die Tuberkulinreaktion (Mendel-Mantoux 1: 1000) wird am 57. Lebenstage angestellt und ist positiv. Von der 9.—13. Lebenswoche liegen die Temperaturen zwischen 38 und 39, sonst sind sie im allgemeinen ruhig, bis auf die Zeit der Drüsenexzision und des Gesichtserysipels (s. unten). Anfangs kommen zerfahrene und gehäufte Stühle vor, vorübergehend ist die Blutprobe positiv. In der 11. Lebenswoche tritt rechtsseitige Otitis media auf, im Ohreiter werden wiederholt Tuberkelbazillen nachgewiesen. In der 15. Woche zeigt sich teigige Schwellung vor dem rechten Ohr, die Drüsenpakete an beiden Halsseiten sind unförmig, es kommt zu mechanisch bedingter Nackensteifigkeit. In der 15. Woche tritt auch linksseitige, aber unspezifische Otitis media auf. Der Drüsentumor an der linken Halsseite erweicht, in der 24. Woche wird punktiert und anschließend eine Exzision mehrerer Drüsen vorgenommen. Längere Zeit bestehen mehrere Fisteln; in der 32. Woche entsteht ein von den Fisteln ausgehendes Gesichtserysipel. Die Sekretion aus den Fisteln hört in der 41. Woche auf, die Drüsentumoren verkleinern sich (die Milz ist seit der 24. Woche nicht mehr tastbar). Von der 15. Woche ab steigt das Gewicht gleichmäßig an, um die 55. Woche kommt es während einer interkurrenten Pyurie ohne Temperatursteigerung zu vorübergehendem Absinken der Gewichtskurve. Das Kind wird in der 58. Woche in gutem Allgemeinzustand, mit geringer Sekretion aus beiden Ohren aus dem Kinderhospital entlassen. — Die Röntgenuntersuchung hat später verkalkte Mesenterialdrüsen mäßigen Umfangs ergeben.

Diagnose: Nasen-Rachen-Primärkomplex, primäre Ohrtuberkulose, abdominaler Primärkomplex.

2. Nr. 1, geb. 7. 12. 29, „gefüttert" 12., 14., 16. 12. 29, am 8. 12. 29 im Kinderhospital aufgenommen, entlassen 6. 6. 31 zu Dr. Felten, St. Peter (Aufnahme im Kinderhospital

erfolgte zwecks Trennung von der tuberkulösen Mutter). — Am 21. Lebenstage ist Mendel-Mantoux 1 : 1000 positiv, in der 6. Lebenswoche läßt sich eine Drüse unterhalb des rechten Ohres tasten, die sich rasch vergrößert, von der 6. zur 8. Woche fiebert das Kind hoch, bis 39,5. In der 13. Woche wird eine Drüse an der rechten Halsseite exzidiert; der pathologisch-anatomische Befund ergibt Tuberkulose. Die Narbe fistelt längere Zeit. In der 19. Woche wird die Milz tastbar, in der 23. Woche ist Schneeballknirschen in der rechten Oberbauchgegend wahrzunehmen (der Bauch ist aufgetrieben); zu der gleichen Zeit bildet sich ein Skrofuloderm an der rechten Wange. Von der 24. bis 37. Woche nimmt das Körpergewicht nicht zu. In der 29. Woche ist Schneeballknirschen auch in der rechten Unterbauchgegend feststellbar, das Abdomen ist nach wie vor aufgetrieben. Zeitweise sezerniert das rechte Ohr, vorübergehend auch das linke, die Schwellung an der rechten Halsseite ist erheblich zurückgegangen. Von der 25. bis 29. Lebenswoche besteht Pyurie mit zeitweilig hohen Temperaturen. In der 32. Lebenswoche bis 33. Woche sind die Stühle gehäuft, zerfahren, schleimig-schaumig, die Blutprobe ist positiv. — Das Kind entwickelt sich im 2. Lebensjahr ganz gut; in der 70. Woche erweicht nochmals eine Drüse an der rechten Halsseite.

Diagnose: Oraler und abdominaler Primärkomplex.

3. Nr. 159, geb. 4. 4. 30, „gefüttert“ 6., 8., 10. 4. 30; aufgenommen 13. 6. 30, entlassen 26. 4. 31. Tuberkulinprobe in der 8. Woche positiv; in der 8. Woche verdächtiger Röntgenbefund, Einweisung ins Kinderhospital.

Bei der Aufnahme Allgemeinzustand gut, nur blasse Farbe; Rachen gerötet, Husten; linsengroßes Drüschen hinter dem linken Sternokleidomastoideus, bohnengroße Drüse rechts in der Leistenbeuge. Milz nicht tastbar. In der 12. und 13. Woche sind die Stühle gehäuft und zerfahren, die Blutprobe ist in dieser Zeit und auch später noch mehrmals positiv. Das Gewicht steigt — bis auf eine geringe Abnahme in der 13. und 14. Woche — gleichmäßig an. — In der 13. Woche besteht vorübergehend Eosinophilie (12%), in der 15. Woche werden Erscheinungen von Dermatitis seborrhoides beobachtet, die später gelegentlich wieder auftreten. Von der 24. Woche an ist der obere Mittelschatten schornsteinförmig verbreitert; im 8. Monat tritt eine flüchtige Trübung im 2. und 3. I.C. rechts auf. Vorübergehend hustet das Kind. — In der 40.—44. Woche macht das Kind einen fieberhaften Infekt mit anschließender unspezifischer Otitis media durch, dabei kommt es vorübergehend zu Absinken der Gewichtskurve. Bei der Entlassung in der 55. Woche ist der Allgemeinzustand gut.

Diagnose: Leichte Fütterungstuberkulose (oraler Primärkomplex?).

4. Nr. 234, geb. 18. 4. 30, „gefüttert“ 24., 26., 28. 4. 30, aufgenommen 20. 6. 30, entlassen 6. 6. 31. — Angeblich soll jeweils am Tage nach der Fütterung der Tuberkelbazillen Erbrechen und Durchfall aufgetreten sein, der Stuhl soll von Anfang an grün und etwas dünn gewesen sein. — Am 41. Lebenstage ist die Tuberkulinreaktion nach Moro negativ, am 50. Tage positiv. In der 9. Lebenswoche wird eine Drüse am Hals vom Arzt festgestellt; bei der Krankenhausaufnahme finden sich erbs-bohnengroße Kieferwinkel- und Nackendrüsen rechts, sonst ist kein pathologischer Befund zu erheben. Die Milz ist nicht tastbar; der Allgemeinzustand ist gut. — Die Temperatur ist anfangs erhöht, gelegentlich bis 39, von der 15. Woche ab ist sie im ganzen ruhig. — Das Gewicht schwankt in der ersten Zeit, die Stühle sind zerfahren, gelegentlich ist die Blutprobe positiv; in der 17. Woche setzt

gleichmäßige Gewichtszunahme ein. — In der 24. Woche tritt hochfieberhafte rechtsseitige Otitis media auf; eitrige Sekretion aus dem rechten Ohr besteht in wechselnder Stärke monatelang fort. — In der 42. Woche erweicht nach leicht fieberhafter interkurrenter Rhinitis ein Drüsenpaket an der linken Halsseite; 4 Wochen nach der Inzision hat die Narbe aufgehört zu fisteln. In der 53. Woche wird eine Phlyktäne am rechten Auge beobachtet, in der 56. Woche ein kleines Hornhautinfiltrat rechts.

Systematische Röntgenuntersuchung ergibt vorübergehend verdächtigen, nie sicher pathologischen Befund, später ausgedehnte Verkalkungen von Mesenterialdrüsen.

Diagnose: Oraler Primärkomplex — abdominaler Primärkomplex.

5. Nr. 61, geb. 8. 3. 30, „gefüttert" 13., 15., 17. 3. 30, aufgenommen 13. 6. 30, entlassen 6. 6. 31. — Angeblich sind in der 3. Lebenswoche Eiterpusteln am Körper aufgetreten, mit 4 Wochen kam das Kind in ärztliche Behandlung. Am 76. Tage war die Tuberkulinreaktion nach Moro positiv. — In der 12. Woche trat Husten und Schnupfen auf, die Stühle waren gehäuft und dünn. Bei der Aufnahme ist das Kind in gutem Ernährungszustand. Es hustet, der Rachen ist leicht gerötet. Drüsen sind nicht zu tasten; die Milz ist tastbar und fühlt sich derb an. In der 16. Woche sind kleine Kieferwinkeldrüsen, Nacken- und Okzipitaldrüsen zu tasten. Die Bauchdecken sind schlaff, der Milztumor ist groß und derb; in der 19. Woche wird Schneeballknirschen beim Betasten des Abdomens wahrgenommen. In der 15.—17. Woche sind die Stühle sehr gehäuft und zerfahren, gelegentlich ist die Blutprobe positiv. Die Gewichtskurve steigt von der 18. Woche ab steil an, nachdem sie vorher unter Schwankungen abgesunken war. — Außer 2tägiger Temperaturerhöhung auf 39° in der 18. Woche ist die Temperatur höchstens subfebril, im großen ganzen normal. — In der 25. Woche tritt klingender Husten auf, die Atmung ist zeitweise röchelnd (in der 30. Woche wird interkurrente Pyurie festgestellt); in der 32. Woche wird eine Kopfphlegmone inzidiert. Von der 27. Woche ab läßt sich im Röntgenbild Verbreiterung des Mittelschattens (paratracheales Drüsenpaket) feststellen. — Von der 22. bis 44. Lebenswoche ist der Allgemeinzustand schlecht, es besteht Bronchitis, das Gewicht sinkt, die Stühle sind gehäuft, es kommt wiederholt zu Erbrechen. — In der 60. Woche wird eine Phlyktäne am linken Auge beobachtet. — Mit 64 Wochen wird das Kind in gutem Allgemeinzustand nach St. Peter entlassen.

Diagnose: Abdominaler Primärkomplex (später ausgedehnte Verkalkungen der Mesenterialdrüsen), Bronchialdrüsenschwellung und Conjunctivitis phlyktaenulosa.

6. Nr. 80, geb. 13. 3. 30, „gefüttert" 19., 21., 23. 3. 30, aufgenommen 12. 6. 30, entlassen 4. 4. 31. — Seit der 5. Lebenswoche werden Halsdrüsenschwellung, eitriger Schnupfen, später Husten, Heiserkeit, viel Erbrechen und häufige Stuhlentleerungen beobachtet; zu Gewichtszunahme kommt es nicht. Die Tuberkulinperkutanprobe ist am 87. Lebenstage positiv. Bei der Aufnahme in der 14. Lebenswoche finden sich eine haselnußgroße Kieferwinkeldrüse rechts, eine linsengroße links und ein derber Milztumor, sonst keine pathologischen Erscheinungen. — In der 17. Woche wird eine fragliche Erosion am linken Gaumenbogen festgestellt, in der 18. Woche besteht leichter Schnupfen. In der 19. Woche wird Schneeballknirschen links am Rippenbogen beobachtet. Das Kind ist im Kinderhospital fieberfrei und entwickelt sich von der 18. Woche an gut. Von der 35.—44. Woche steht das Gewicht, in dieser Zeit kommt gelegentlich Erbrechen vor; in der 42. Woche tritt eine hochfieberhafte Rhinopharyngitis auf. Von der 48.—53. Woche ist der Allgemein-

zustand durch einen weiteren Infekt der oberen Luftwege, an den sich doppelseitige Otitis media, Nierenentzündung und Gesichtserysipel anschließen, erheblich beeinträchtigt. — Systematische Röntgenuntersuchung ergibt normalen Lungenbefund. — In der 56. Woche wird das Kind in ganz gutem Allgemeinzustand nach Hause entlassen.

Diagnose: Rechtsseitiger tonsillärer Primärkomplex?, enteraler Primärkomplex auf Grund später röntgenologisch nachgewiesener verkalkter Mesenterialdrüsen.

7. Nr. 131, geb. 27. 3. 30, „gefüttert" 29. ,31. 3., 2. 4. 30, aufgenommen 11. 4. 30, entlassen 6. 6. 31. — Das Kind wird am 15. Lebenstage mit eitriger Conjunctivitis, Intertrigo, Nabelgranulom und Hydrozele aufgenommen. Die Tuberkulinprobe ist am 24. und 25. Lebenstag negativ (Mendel-Mantoux 1 : 1000 bzw. 1 : 100). In der 7. Lebenswoche setzt Fieber ein, das 10 Tage anhält; der Nabel wölbt sich vor, es zeigt sich eine kleine Öffnung, aus der sich wenig dünnflüssiges eitriges Sekret entleert; in der Umgebung besteht derbe Schwellung und bläuliche Verfärbung. In der 8. Woche ist die Intrakutanreaktion (1 : 1000) positiv; jetzt werden einzelne erbsgroße Drüsen am Halse (dgl. cervicales lat.) und kleine Inguinales, in der 13. Woche auch eine Submentaldrüse festgestellt. In der 10. Woche fiebert das Kind nochmals mehrere Tage. In der 11. Woche treten an Stamm und Extremitäten an Roseolen erinnernde Effloreszenzen auf, die sich etwas später livide verfärben und im Lauf von 14 Tagen wieder verschwinden. Die Milz ist in der 11. Woche zuerst sicher tastbar und bis zur 30. Woche stets als vergrößert nachzuweisen. Das Gewicht steht von der 7.—14. Woche, die Stühle sind in dieser Zeit vermehrt und zerfahren, die Blutprobe ist gelegentlich positiv. Das Abdomen ist aufgetrieben; das Kind ist wachsbleich und in elendem Allgemeinzustand. In der 15. Lebenswoche zeigt die linke Tonsille Rötung und schmierigen Belag; Tuberkelbazillen können im Abstrich nicht nachgewiesen werden. Die Temperatur ist normal. Von der 20. Woche an besteht leicht schuppendes Gesichtsekzem. In der 40. Woche setzt mit steilem Fieberanstieg asthmatische Bronchitis ein, die bis zur Entlassung in der 62. Woche nachweisbar ist. — Systematische Röntgenuntersuchungen ergeben keinen mit Sicherheit für tuberkulöse Veränderungen sprechenden Befund.

Diagnose: Oraler?, abdominaler Primärkomplex. Asthmatische Bronchitis.

8. Nr. 132, geb. 27. 3. 30, „gefüttert" 30. 3., 1., 3. 4. 30, aufgenommen 31. 5. 30, entlassen 6. 6. 31. — Seit Ende der 6. Woche ist die Temperatur leicht erhöht, in der 7. bis 8. Woche besteht rechtsseitige Otitis media. In der 9. Woche ist die Tuberkulinperkutanprobe positiv, in der 10. Woche werden haselnußgroße Zervikaldrüsen beiderseits und Milztumor festgestellt. Von der 12.—15. Woche sind die Stühle gehäuft und zerfahren; von der 16. Woche an steigt das Gewicht gleichmäßig, die Temperatur wird ruhig. — Bis zur 36. Woche besteht Otitis media dextra, vorübergehend auch linksseitige Otitis, Tuberkelbazillen lassen sich im Abstrich des Ohreiters niemals nachweisen. Der Allgemeinzustand ist im ganzen gut. — Das Kind wird nach St. Peter entlassen.

Diagnose: Oraler Primärkomplex, Otitis media chronica (non spezifica). Enteraler Primärkomplex (auf Grund des später erfolgenden Nachweises von verkalkten Mesenterialdrüsen mäßigen Umfangs).

9. Nr. 21, geb. 26. 2. 30, „gefüttert" 1. 3. 30, aufgenommen 13. 6. 30, entlassen 18. 4. 31. — In der 5. Woche tritt doppelseitige Otitis media auf, die in kurzer Zeit abklingt. In der 8. Woche wird ein Drüsenpaket unterhalb des linken Ohres beobachtet. Bei der

Aufnahme in der 16. Woche werden zahlreich erbs- und bohnengroße Kieferwinkel- und Nackendrüsen, linksseitige Otitis media und Milztumor festgestellt. Die Tuberkulinperkutanreaktion ist positiv. Der Allgemeinzustand ist leidlich. Die Temperatur ist in der 16. und 17. Woche subfebril, sonst ruhig. Von der 22. Woche an gedeiht das Kind gut, ist aber blaß und schlaff. Von der 29.—49. Woche hustet das Kind klingend. Später kam es beiderseits zu Erweichung von Halsdrüsen, die eine Stichinzision nötig machte. — Die systematische Röntgenuntersuchung ergibt zunächst keinen sicher pathologischen Befund, doch werden später Verkalkungen der Mesenterialdrüsen nachgewiesen.

Diagnose: Oraler und enteraler Primärkomplex. Bronchialdrüsentuberkulose?

10. Nr. 247, geb. 23. 4. 30, „gefüttert" 26. 4. 30, aufgenommen 31. 7. 30, entlassen 6. 6. 31. — Die Tuberkulinperkutanprobe wird in der 5. Woche angestellt und ist positiv. In der 8. Woche tritt linksseitige Otitis media auf, in der 10. Woche werden im Ohrsekret Tuberkelbazillen nachgewiesen. — Bei der Aufnahme in der 15. Woche finden sich eine kirschgroße Drüse vor dem linken Ohr und einige kleine Nackendrüsen links. Der Allgemeinzustand ist gut. Das Gewicht steigt gleichmäßig an; die Temperatur ist labil, Erhöhungen bis 38^{0} kommen zuweilen vor. In der 40. Woche setzt eine unspezifische rechtsseitige Otitis media mit Mastoiditis ein. In der 51. Woche sind die Erscheinungen der linksseitigen spezifischen und der rechtsseitigen unspezifischen Otitis abgeklungen. Das Kind wird in der 55. Woche in gutem Allgemeinzustand entlassen. Doch kam es im Oktober 1931 noch zu Drüsenerweichung, die wiederholte Punktionen erforderlich machte. — Systematische Röntgenuntersuchung hat auch in späterer Zeit nie pathologische Befunde ergeben.

Diagnose: Linksseitige primäre Ohrtuberkulose, rechtsseitige unspezifische Otitis media mit Mastoiditis.

11. Nr. 145, geb. 31. 3. 30, „gefüttert" 2., 4., 6. 4. 30, aufgenommen 1. 10. 30, entlassen 13. 5. 31. Das Kind soll zur Zeit der Impfstoffverabreichung viel gespuckt und Durchfälle gehabt haben. In der 8. Lebenswoche ist die Tuberkulinperkutanreaktion positiv, klinische Erscheinungen von Tuberkulose werden nicht beobachtet. Das Kind gedeiht gut und entwickelt sich normal.

Diagnose: Tuberkuloseinfektion, Haftstelle nicht nachweisbar.

12. Nr. 249, geb. 24. 4. 30, „gefüttert" 26. 4. 30, aufgenommen 1. 10. 30, entlassen 9. 6. 31. — Die Tuberkulinprüfungen in der 5. und 6. Woche fallen negativ aus; in der 12. Woche ist Mantoux 1 : 1000 positiv. Außer den in der 12. Woche zuerst beobachteten erbsgroßen lateralen Zervikaldrüsen treten keine auf Tuberkulose verdächtigen Erscheinungen auf. Von der 31. bis 41. Lebenswoche steht das Gewicht, sonst ist die Entwicklung normal.

Diagnose: Oraler Primärkomplex?

Damit die Blutbefunde der genesenden Kinder mit denen der ad exitum gekommenen verglichen werden können, werden zunächst die Blutbilder von Juni, Juli und August 30, also der Zeit, in der sich die Todesfälle häuften, besprochen. Von den 12 überlebenden untersuchten Kindern waren zu dieser Zeit 9 im Kinderhospital in Behandlung — wiederum eine sehr kleine Zahl.

Die Blutbilder dieser Kinder entsprechen folgenden Typen:

A. Linksverschiebung und niedrige Lymphozytenzahlen.

1. Nr. 102. Linksverschiebung bis zu den Myelozyten; Gesamtzahl anfangs vermehrt, 18000; Eosinophile anfangs fehlend; Lymphozyten Min. 29%.

2. Nr. 159. Linksverschiebung bis zu den Myelozyten, nur anfangs Gesamtzahl normal; Eosinophile anfangs fehlend; Lymphozyten Min. 41%, bald steigend.

3. Nr. 1. Komplikation: Pyurie (wird hier mitgezählt, weil ausgesprochen tuberkulosekrank; Pyurie nur Nebenbefund); Linksverschiebung bis zu den Myelozyten; Gesamtzahl vermehrt, 16000; Eosinophile immer vorhanden; Lymphozyten Min. 43%.

4. Nr. 234. Linksverschiebung bis zu den Myelozyten; Gesamtzahl vermehrt, 22000; Eosinophile immer vorhanden; Lymphozyten Min. 25%.

5. Nr. 61. Linksverschiebung bis zu den Jugendformen, aber nur ganz vorübergehend; Gesamtzahl normal; Eosinophile immer vorhanden; Lymphozyten Min. 48%.

6. Nr. 80. Linksverschiebung ganz gering; Gesamtzahl normal; Eosinophile immer vorhanden; Lymphozyten Min. 43,5%.

Bei Fall 5 und 6 würde man kaum von Linksverschiebung reden, wenn sie nicht später durchweg geringere Zahlen von Segmentkernigen und höhere Lymphozytenzahlen gehabt hätten und nicht die Kinder mit dem Blutbildtyp B von vornherein höhere Lymphozytenwerte aufgewiesen hätten.

B. Linksverschiebung bis zu den Myelozyten, aber keine auffallend niedrige Lymphozytenzahlen.

1. Nr. 131. Gesamtzahl o. B.; Eosinophile immer vorhanden; Lymphozyten Min. 62%.

2. Nr. 132. Linksverschiebung nur einmal beobachtet, 2 Myelozyten, 6 Jugendformen; Gesamtzahl anfangs mäßig vermehrt, 14000; Eosinophile anfangs fehlend; Lymphozyten Min. 71%.

C. Nahezu normales Blutbild.

1. Nr. 21. Anfangs ganz geringe Linksverschiebung, 10% Stabkernige; Gesamtzahl anfangs vermehrt, 17000; Eosinophile immer positiv; Lymphozyten Min. 60%.

Die Übersicht ergibt:

Eosinophile vorhanden		in 9	von 9	Fällen	Max.	12
Basophile vorhanden		„ 4	„ 9	„	„	4
Myelozyten mehr als	0	„ 5	„ 9	„	„	5
Jugendformen mehr als	2	„ 5	„ 9	„	„	7
Stabkernige mehr als	9,5	„ 7	„ 9	„	„	33,5
Lymphozyten unter	42	„ 3	„ 9	„	„	29,5
Monozyten mehr als	12	„ 5	„ 9	„	„	19

Zum Unterschied von den Befunden bei den ad exitum gekommenen Kindern sind die Lymphozytenzahlen bei den überlebenden Kindern nur in einem Drittel der Fälle erniedrigt (bei den ersteren in mindestens der Hälfte der Fälle). Das Minimum der Lymphozyten ist bei diesen nicht so niedrig wie bei jenen. Die Monozytenwerte sind bei diesen häufiger erhöht als bei jenen. Die Linksverschiebung umfaßt hier die Hälfte, dort drei Viertel bzw. zwei Drittel der Fälle, ist also bei den Überlebenden nicht so häufig wie bei den Gestorbenen. Daß die sehr kleine Zahl der Fälle zu weitgehenden Schlüssen nicht berechtigt, sei nochmals erwähnt.

Von den 9 bisher besprochenen Überlebenden waren 6, nämlich Nr. 159, 132, 21, 61, 80, 234 nach dem klinischen Gesamtbefund als leichte bzw. mittelschwere Fälle zu bezeichnen. Die 3 übrigen Nr. 131, 102, 1 mußten in der Zeit von Juni bis August 30 zu den schwereren Fällen mit durchaus zweifelhafter Prognose gerechnet werden. Nachträglich läßt sich sagen, daß bei Nr. 131 die andauernd hohe Lymphozytenzahl wohl als prognostisch günstiges Zeichen hätte angesehen werden dürfen. Gerade dieses Kind war längere Zeit so elend, daß die Prgonose für sehr zweifelhaft galt. Bei Nr. 102 und 1 stand das Blutbild nicht im Widerspruch zu dem ungünstigen klinischen Befund.

Die späteren Blutbilder der Überlebenden, von August 30 bis April 31, zu denen noch die im August bzw. Oktober aufgenommenen Kinder Nr. 247, 145 und 249 hinzukommen, bieten nichts Besonderes. Als Beispiel sei der Befund des Kindes Nr. 249 angeführt.

Von 20 Blutbildern hatten elf mehr als 80% Lymphozyten, siebzehn mehr als 70% Lymphozyten. Die Lymphozytenzahlen waren also durchweg normal.

Die Zahl der Stabkernigen entsprach fast durchweg der Norm. Jugendformen kamen nur ausnahmsweise vor, Max. 0,5. Linksverschiebung fehlte demnach so gut wie vollständig. Die Monozyten betrugen durchweg weniger als 5%, die Eosinophilen weniger als 4%. Die Gesamtzahl der Leukozyten stieg nur einmal bis 24000, sonst wurde die Norm kaum überschritten.

Es handelt sich hier, wie oben angegeben, um ein tuberkulinpositives Kind, das außer einer in der 12. Woche zuerst beobachteten verdächtigen Zervikaldrüsenschwellung auch in späterer Zeit keine sicheren spezifischen Krankheitserscheinungen bot, also ein Kind mit geringfügiger Tuberkuloseinfektion.

Bei dem Kinde Nr. 247 mit primärer Ohrtuberkulose sind von Anfang August 30 bis Ende April 31 insgesamt 21 Blutbilder gemacht worden. Von diesen hatte eins 80% Lymphozyten, fünf hatten mehr als 70% Lymphozyten, weitere fünf hatten weniger als 60% Lymphozyten (Min. 44%). Die Lymphozytenzahlen waren also entsprechend dem schwereren klinischen Befunde bei diesem Kinde nicht so hoch wie bei dem vorigen, aber doch anhaltend und stark erniedrigt.

Von 21 Blutbildern hatten drei mehr als 9,5% Stabkernige (Max. 13), sieben mehr als 5% Stabkernige. Jugendformen — 1,5 Max. — kamen 2mal vor, und zwar zur Zeit der Mastoiditis acuta. In diese Zeit fällt auch eines der 7 erwähnten Blutbilder mit mehr als 5% Stabkernigen. Die Monozyten betrugen 2—7%.

Eine auffallende Eosinophilie war durch keinen Nebenbefund erklärt und verschwand erst allmählich. Bei 7 Blutbildern fanden sich 10% Eosinophile und mehr, Max. 23%.

Die Gesamtzahl der Leukozyten war normal oder leicht vermehrt; sie stieg nur ausnahmsweise auf 18000; zur Zeit der Mastoiditis acuta war die Höchstzahl 15200. Bei 2 Kindern wurden im Kinderhospital — etwa ein Jahr nach der Fütterung — Phlyktänen beobachtet (Nr. 21, Februar 31, Nr. 234, April 31). Da dieses Symptom auf einen „Schub“ deuten konnte, wäre es denkbar gewesen, daß auch das Blutbild Veränderungen zeigte. Dies war bei dem Kinde Nr. 21 der Fall. Die Gesamtzahl der Leukozyten war vermehrt (24000), Eosinophile fehlten. Eine Linksverschiebung trat nicht ein (Stabkernige 3, Segmentkernige 11,5, Lymphozyten 79, Monozyten 6,5). Es ging freilich eine Pharyngitis mit kurzdauerndem, aber hohem Fieber bei dem exsudativen Kinde unmittelbar voraus.

Die Untersuchung auf toxische Granulierung der Neutrophilen wurde erst von August 30 an durchgeführt, und nur in einem Fall war das Ergebnis positiv — nämlich bei dem Kinde Nr. 209 nach Auftreten einer tuberkulösen Meningitis, kurz ante exitum. Mommsen faßt die pathologische Granulierung als Ausdruck einer erhöhten Tätigkeit des leukozytären Abwehrapparates auf und sah gerade bei der isolierten tuberkulösen Meningitis ohne sonstige hämatogene Metastasen, wie sie hier vorlag, sehr wenig pathologisch granulierte Zellen. Er schließt daraus auf eine von den Meningen ausgehende das Zentralnervensystem lähmende Vergiftung, welche die Abwehrtätigkeit hemmt.

Zusammenfassung.

Es wird über das weiße Blutbild bei 50 an „Fütterungstuberkulose" erkrankten Lübecker Säuglingen berichtet.

Das Normalblutbild des Säuglings und die bisher bekannten Blutbefunde bei Abdominaltuberkulose, Meningitis tuberculosa und Miliartuberkulose werden kurz besprochen.

Bei den Säuglingen, die der Krankheit erlagen, wird unter Berücksichtigung der kleinen Zahl und des Einflusses von Mischinfektion, interkurrenten Krankheiten und therapeutischen Maßnahmen festgestellt, daß in der großen Mehrzahl der Fälle Linksverschiebung bis zu den Myelozyten und Vermehrung der Gesamtzahl der Leukozyten vorliegt, daß aber die Eosinophilen durchaus nicht immer verschwinden. Bis auf das Verhalten der Eosinophilen entspricht dieser Befund dem bei Miliartuberkulose bekannten.

Das weiße Blutbild und insbesondere das Verhalten der Eosinophilen war bei den Fällen mit ungünstigem Ausgang praktisch für die Prognose quoad vitam nicht verwertbar; einen frühzeitigen Hinweis auf das Einsetzen der tödlichen Meningitis ergab der Blutbefund nicht.

Der Krankheitsverlauf bei den überlebenden Kindern wird kurz geschildert; die aus der Zeit der gehäuften Todesfälle stammenden Blutbefunde werden in 3 Gruppen geordnet und mit denen der ad exitum gekommenen Kinder verglichen. Es zeigt sich, daß die Lymphozytenzahlen bei den überlebenden Kindern nicht so häufig erniedrigt sind, Linksverschiebung nicht so häufig vorkommt und die Monozyten häufiger vermehrt sind als bei den gestorbenen.

Die Blutbefunde aus dem 2. Lebenshalbjahr der überlebenden Kinder entsprechen der Schwere der Erkrankung.

Untersuchung auf toxische Granulierung der Leukozyten wird erst von einem bestimmten Zeitpunkt an durchgeführt und ergibt in einem Falle positiven Befund.

Schrifttum.

Bossert: Dtsch. med. Wschr. **1920 II.**
Kleinschmidt: Tuberkulose der Kinder, II. Aufl. 1927.
Langer: Z. Tbk. **65** (1932).
Mommsen: Klin. Wschr. **1933 I.**
Mündel: Beiträge zur Klinik der Tuberkulose, Bd. 58.
Pfaundler-Schloßmann: Handbuch der Kinderheilkunde, IV. Aufl.

Einfluß therapeutischer Maßnahmen auf den Ablauf der Lübecker Säuglingstuberkuloseerkrankungen.

Von
Prof. **H. Kleinschmidt**, Köln.

Als das große Unglück bekannt wurde, war es für jeden, der etwas von der Tuberkuloseinfektion im Neugeborenenalter wußte, klar, daß unserem therapeutischen Eingreifen enge Grenzen gesetzt sein würden. Glücklicherweise stellte sich nach einiger Zeit heraus, daß neben überaus massiven Infektionen auch geringe, ja sehr geringfügige Infektionen erfolgt waren. Bei der großen Zahl der Todesfälle konnte sich jedoch eine optimistischere Beurteilung der Heilungsaussichten in der Ärzteschaft nur sehr langsam durchsetzen. Man kann das verstehen, ganz besonders in diesem Falle, wo die Erkrankungen durch wohlgemeinte ärztliche Maßnahmen herbeigeführt worden waren. Gleichwohl muß an diesem Beispiel einmal wieder darauf hingewiesen werden, wie notwendig es ist, daß der Arzt optimistische Stimmung auch in schwierigster Situation behält und auf die Umgebung des kranken Kindes überträgt.

Der Lübecker Senat veranlaßte 11 Tage nach Bekanntwerden des Unglücks eine Besprechung zwischen Hamburger und Lübecker Ärzten, die in erster Linie der Therapie galt. Von allgemeinen Maßnahmen wurde empfohlen reichlicher Aufenthalt im Freien, Muttermilch- bzw. Ammenmilchernährung, für schwere Krankheitsfälle Aufnahme in das Kinderhospital. Die stillenden Mütter bekamen eine besondere Nahrungszulage auf Staatskosten, namlich 1 l Milch, 2 Flaschen Malzbier, Butter und Gemüse. In den meisten Fällen wurden bessere Wohnungsverhältnisse geschaffen bzw. Mietbeihilfen gegeben. Auch für Kleidung und Waschbeihilfen wurde gesorgt, kurz man bemühte sich in jeder Hinsicht, die hygienischen Verhältnisse so gut wie nur möglich zu gestalten.

Daneben wurde natürlicherweise eine ausgiebige symptomatische Therapie getrieben, die bald dem Erbrechen oder den Durchfällen, dem Husten oder Ohrlaufen der Kinder galt, ihre Schmerzen und Unruhe bekämpfte, bald den mancherlei Komplikationen (Furunkulose, Erysipel usw.) gewidmet war.

Das Hauptinteresse aber konzentrierte sich im übrigen auf die Frage, wie es möglich sei, die natürlichen Abwehrkräfte des Organismus aufrechtzuerhalten oder zu heben. In dieser Beziehung gab es schon bald eine Enttäuschung, insofern sich herausstellte, daß eine größere Zahl auch natürlich ernährter Säuglinge nicht vor dem Tode bewahrt wurde. Dem Kenner allerdings ist bekannt, daß der Einfluß der Ernährung auf den Ablauf der Tuberkulosekrankheit beim Säugling nicht so deutlich ist, wie man von vornherein wohl annehmen möchte. Auch unter natürlichen Infektionsverhältnissen entgeht das Brustkind oft genug seinem Schicksal nicht. Das kann nun allerdings daran liegen, daß hier nicht selten die stillende Mutter selbst tuberkulosekrank ist und ihr Kind immer wieder Superinfektionen aussetzt. Tatsächlich berichtet Epstein, daß die Kinder tuberkulöser Frauen bei einer Amme gut gedeihen, während sie an der Brust der eigenen Mutter zugrunde gehen. Diese Angabe ist jedoch recht allgemein gehalten und nicht eindeutig, da wir nicht klar aus ihr entnehmen können, ob die von einer Amme ernährten Kinder tuberkulöser Mütter auch alle bereits tuberkuloseinfiziert waren.

Ein exaktes Vergleichsmaterial größeren Umfangs ist offenbar bisher noch nicht vorhanden. Die meisten Autoren (Deutsch, Hahn, R. Pollak, H. Koch) erklären daher, daß sie zwar keine Überlegenheit der Brusternährung fanden, eine definitive Entscheidung der Frage aber mit Rücksicht auf die häufig vorhandene Erkrankung der stillenden Mutter nicht zu geben vermögen. In dieser Situation scheinen nun die Beobachtungen in Lübeck geeignet, die vorhandenen Zweifel zu beseitigen. Denn hier wurden ja die durch „Fütterung" tuberkulös erkrankten Kinder von gesunden Müttern gestillt. Es ergab sich folgendes: Von 68 an Fütterungstuberkulose gestorbenen Säuglingen haben 20, also fast ein Drittel, bis zu ihrem Tode Frauenmilch erhalten; mehr als die Hälfte, nämlich 38, wurden 7 Wochen und länger (bis zu 24 Wochen) gestillt. Sie starben bis zur 27. Lebenswoche (eins später). Ist hieraus bereits eine Verbesserung der Lebensaussichten durch die Frauenmilch nicht zu ersehen, so gilt das gleiche auch von der Lebensdauer. Von den 38 verstorbenen, mindestens 7 Wochen gestillten Kindern sind 7 älter als 20 Wochen geworden, von 15 Verstorbenen, die höchstens 3 Wochen gestillt wurden, sogar eine verhältnismäßig größere Zahl, nämlich 4. Die überlebenden 175 Kinder wurden, wie früher auseinandergesetzt, der Schwere des Krankheitsprozesses nach in Gruppen eingeteilt. Man hätte nun vielleicht vermuten können, daß unter den leichter Erkrankten sich mehr Brustkinder befanden als künstlich Ernährte. Die folgende Zusammenstellung gibt hierüber Aufklärung: Von 175 lebenden Kindern sind unter den

65 in Gruppe I—III befindlichen 37 künstlich ernährt, 28 über 10 Wochen mit Frauenmilch ernährt.

110 in Gruppe IV—VI befindlichen 59 künstlich ernährt, 51 über 10 Wochen mit Frauenmilch ernährt.

Ein nennenswerter Unterschied ist nicht vorhanden: 57 : 43 % stehen 54 : 46 % gegenüber. Wir kommen also zu dem Ergebnis, daß die natürliche Ernährung den Ablauf der Erkrankung nicht im günstigen Sinne zu beeinflussen vermocht hat. Quantität der Infektion und Konstitution des Kindes sind offenbar die wichtigeren Faktoren gewesen.

Von besonderen Maßnahmen, durch die versucht wurde, die Resistenz der erkrankten Säuglinge zu heben, sind folgende zu erwähnen:

1. Die perorale Verabreichung von sog. Vitamin A. Dieses wird bekanntlich heute in großen Mengen aus Lebertran gewonnen und von der I. G. Farbenindustrie unter dem Namen Vogan in den Handel gebracht. Damals lagen gerade die Studien von H. Seel und Dannmeyer in Hamburg vor, denen es gelungen war, durch vorsichtige Oxydation von Cholesterin eine Substanz zu erhalten, die im Tierversuch eine deutliche A-Vitaminwirkung zeigte.

Herr Prof. Brauer stellte aus dem Forschungsinstitut für klinische Pharmakologie von Seel hergestellte Lebertrankonzentrate zur Verfügung, die in Olivenöl aufgenommen und standardisiert waren (5000 Einheiten pro Kubikzentimeter). Hiervon erhielten die Kinder 2—8 Tropfen täglich, also den 3.—10. Teil von 5000 Einheiten. Das ist eine sehr geringe Dosis, wenn man bedenkt, daß jetzt gewöhnlich 8000—16000 Einheiten verabfolgt werden. Es liegt nahe, hierin die Begründung zu sehen, wenn das Präparat ganz indifferent erschien (Remé). Doch muß ich hinzufügen, daß wir auch bei höheren Dosen des neuen Präparates einen deutlichen Einfluß auf die Resistenz z. B. von Keuchhustenkindern, die ja häufig von Komplikationen heimgesucht zu werden pflegen, nicht zu erkennen vermochten.

2. Die intravenöse Injektion einer Kohlenstaubsuspension (Karbion E. Merck).

Rona ging von der Beobachtung aus, daß bei bestimmten Berufsarten auf dem Wege der Pneumokoniose eine Bindegewebsbildung in der Lunge gefördert wird, durch die die Neigung zur Erkrankung an Lungentuberkulose teils stark herabgesetzt wird und die teils bewirkt, daß die erworbene Lungentuberkulose den günstigen Verlauf des zirrhotischen Prozesses nimmt. Von diesem Gesichtspunkt aus hat dann Schlossmann bei Kindern eine Öl-Rußsuspension intravenös injiziert und in Einzelfällen von schwerer Lungentuberkulose Günstiges gesehen. Wedekind beobachtete bei Erwachsenen Besserungen mit Übergang des Lungenprozesses in Induration. Er erklärt die Wirkung durch Aktivierung des retikuloendothelialen Schutzapparates und die Mobilisierung der Bindegewebshistiozyten der Lunge. Das Karbion wurde bei den Lübecker Säuglingen in einer Dosis von 0,2 ccm intravenös injiziert. Manchmal folgte eine kurzdauernde Temperatursteigerung, sonst wurde die Injektion scheinbar reaktionslos vertragen. Die Kinder erhielten, von 2 Einzelinjektionen abgesehen, 4—6 Einspritzungen im Abstand von etwa 8 Tagen. Leider ist die Zahl der so behandelten Fälle so klein — es handelt sich um Nr. 132, 193, 202, 214 — daß eine Beurteilung der Behandlungsmethode schwer fällt.

In einem Falle wurde das Fortschreiten der Erkrankung nicht aufgehalten. Das Kind (Nr. 214) hatte einen Primärinfekt in Lunge und Darm und starb 5 Wochen nach Abschluß der Kohlebehandlung an tuberkulöser Meningitis. Zwei Fälle waren leicht, einer mittelschwer. Sie verhielten sich in ihrem weiteren Verlauf nicht anders wie zahlreiche Fälle ohne diese Behandlung.

3. Die Behandlung mit Antiphthisin. Antiphthisin ist eine nach den Angaben von Herrn Dr. Genter-Berlin durch bestimmte Verfahren mit Sauerstoff beladene Lösung von Kampfer, Geosot, Latschenkieferöl, Eukalyptusöl und Lebertran in Olivenöl. Das Mittel wurde im Winter 1924/25 im Reichsgesundheitsamt tierexperimentell geprüft. Es stellte sich heraus, daß es für Meerschweinchen unschädlich war. Irgendeine örtliche Schädigung nach intramuskulären Injektionen oder eine Störung des Allgemeinbefindens wurde niemals beobachtet. Von 5 Meerschweinchen, die sofort bzw. vom 2. Tage nach der Tuberkuloseinfektion ab je 2mal wöchentlich das Mittel injiziert bekamen, blieben 3 um 40, 28 bzw. 26 Tage länger am Leben als die letztgestorbene Kontrolle. Während 1 Tier 13 Tage nach der erst-, aber 6 Tage vor der letztgestorbenen Kontrolle einging, und 1 Tier auffallend früh, bereits nach 75 Tagen verendete. Ein weiteres, erst vom 7. Tage nach der Infektion behandeltes Tier zeigte ebenfalls keine Lebensverlängerung gegenüber den Kontrollen. 4 von den oben erwähnten Meerschweinchen zeigten eine prozentuell stärkere Gewichtszunahme als 2 Kontrollen. Der Sektionsbefund war bei den behandelten Tieren ebenso hochgradig wie bei den unbehandelten. Danach wurde eine spezifische Wirkung des Mittels abgelehnt, man sah in ihm ein unspezifisches Anregungsmittel, das etwa den Mitteln der sog. Reizkörpertherapie an die Seite zu stellen ist. Wie zurückhaltend das Urteil in solchen Fragen auf Grund der Erfahrungen des Meerschweinchenexperimentes an kleinem Tiermaterial sein muß, geht aus meinen im Jahre 1923 mitgeteilten Experimenten hervor, nach denen auch bei gleichmäßig infizierten Meerschweinchen erhebliche Differenzen in der natürlichen Abwehrfähigkeit vorkommen.

Herr Dr. Genter wurde von verzweifelten Eltern, die von seinem Mittel gehört hatten, nach Lübeck gerufen und hat hier eine größere Anzahl von Kindern mit 100 bis

200 Injektionen behandelt. Sie wurden meist täglich, und zwar intramuskulär vorgenommen. Leider traten in einer erheblichen Zahl von Fällen Injektionsabszesse auf. Es wurde Herrn Dr. Genter nachgewiesen, daß er nicht mit der nötigen Vorsicht (Asepsis) seine Injektionen gemacht hatte, und es erfolgte daher am 19. 6. 33 Verurteilung zu einer Gefängnisstrafe von 2 Monaten wegen fahrlässiger Körperverletzung. Die Erfolge der Behandlung waren sehr umstritten. Ich wurde daher zur Begutachtung der Antiphthisinbehandlung aufgefordert und bringe im folgenden meine gutachtliche Äußerung im Auszug:

Am 10. 11. 30 wurden 13, am 13. 11. 30 4 Säuglinge in Gegenwart von Herrn Dr. Genter von mir untersucht, um dieselbe Zeit die restlichen 12 in der Behandlung von Herrn Dr. Genter befindlichen Säuglinge von Fräulein Dr. Böcker. Soweit Angehörige zugegen waren, sprachen diese sich sämtlich lobend über die Behandlung aus, erklärten, daß sie mit dem augenblicklichen Zustand ihres Kindes zufrieden seien bzw. das Befinden sehr gut oder ausgezeichnet wäre. Bei der Untersuchung zeigte sich die große Mehrzahl der Kinder sehr unruhig, was meist, gleichgültig ob Zähne vorhanden waren oder nicht, von Herrn Dr. Genter auf das „Zahnen" geschoben wurde. Der Gesamtzustand der Kinder kann mit wenigen Ausnahmen als gut oder wenigstens befriedigend bezeichnet werden.

Zur Beurteilung des Behandlungsverfahrens ziehe ich die Beobachtungen heran, die ich an 24 Säuglingen im Kinderhospital — seit dem 29. 8. 30 mit eigenen schriftlich niedergelegten Untersuchungsbefunden — gemacht habe. Nach der Einteilung von Herrn Dr. Mögling befinden sich unter den Säuglingen

	Dr. Genters	des Kinderhospitals
Gruppe II	1	1
Gruppe III	13	17
Gruppe IV	11	6
Gruppe V	4	—
	29	24

Der Schwere der Erkrankung nach befindet sich also ein größerer Prozentsatz in der Behandlung des Kinderhospitals. Das Gesamtergebnis ist aber bei den Kindern des Hospitals keineswegs schlechter. Auf beiden Seiten befinden sich eine Reihe von Kindern, die seinerzeit prognostisch sehr ungünstig beurteilt worden sind, jetzt aber in zufriedenstellendem Zustand sind. Da der Einwand erhoben werden kann, daß hier das Behandlungsergebnis bei Kranken miteinander verglichen wird, die unter verschiedenen äußeren Verhältnissen leben, wurden 11 weitere, in anderweitiger häuslicher Behandlung befindliche, wiederum zum Teil ernst beurteilte Säuglinge auf Grund persönlicher Untersuchung zum Vergleich herangezogen. Die Beurteilung erfuhr hierdurch jedoch keine Änderung.

Im einzelnen wären Vorzüge der Antiphthisinbehandlung gegeben, wenn sie imstande wäre die Erweichung von Drüsen oder die Neuherdbildung (Metastasierung) zu verhindern. Beides ist jedoch nicht der Fall, auch nach wochenlanger Behandlung ist dergleichen wiederholt (Nr. 41, 106, 8) vorgekommen, ebenso vermochte sie nicht chronischem Ileus vorzubeugen (Nr. 179). Dabei betonte Herr Dr. Genter zu wiederholten Malen, daß der Vorzug der Antiphthisinbehandlung der sei, daß nur eine sehr geringfügige Narbenbildung zustande komme.

Die mir zur Einsicht vorgelegten Krankengeschichten einiger von Herrn Dr. Genter behandelten Kinder geben keinen genügenden Einblick in die Behandlung und ihre vermeintlichen Erfolge. Sie sind nur scheinbar sehr ausführlich gehalten, indem sie Dinge vermerken, die sonst nur auf Fieberkurven aufgeschrieben zu werden pflegen. Über die Antiphthisinbehandlung wird in den Krankengeschichten nur wenig vermerkt. Unterschiede der Dosierung wurden nicht angegeben, sondern nur die Dosis von 0,5 ccm vermerkt. Herr Dr. Genter erklärt zur Dosierungsfrage, daß er manchmal etwas mehr, manchmal etwas weniger als 0,5 ccm gebe, er richte sich da nach dem Allgemeinzustand, er nennt 3 schwere Fälle, bei denen er 1 ccm gegeben habe. Im ganzen gewinnt man aber nicht den Eindruck, daß die Dosierungsfrage so schwierig und bedeutungsvoll ist, wie angegeben wurde.

Ich kam in meinem Gutachten zu folgenden Schlußsätzen:

1. Die Behandlung mit Antiphthisin ist offenbar an und für sich unschädlich, die früher beobachteten Abszesse sind wahrscheinlich auf nicht genügend aseptisches Vorgehen bei der Injektion zu beziehen, sie können offensichtlich vermieden werden.

2. Die Behandlung ist für den Säugling recht unangenehm. Die Unruhe der Kinder, die auch vergleichsweise gegenüber den Hospitalsäuglingen in die Augen springt, führe ich neben der Tuberkuloseerkrankung in erster Linie auf die Injektionsbehandlung zurück.

3. Die Behandlung ist unnötig, da sie vergleichsweise die Behandlungsresultate nicht verbessert.

Erst nachträglich erschien eine Veröffentlichung von Bredner, der das Mittel bei erwachsenen Tuberkulösen in der Lungenheilstätte Grabowsee anwandte. Auch er fand das Antiphthisin unschädlich. Abszesse kamen nicht vor. Die mit der Behandlung verbundenen Unannehmlichkeiten führten dazu, daß sie nicht so lange wie in Lübeck durchgeführt werden konnte. Mehr als 40—44 Injektionen ließ sich keiner von den erwachsenen Kranken gefallen. Heilung oder auffällige Besserung wurde in keinem Falle beobachtet, insbesondere blieb eine Beeinflussung der Temperatursteigerungen und des Blutbildes aus. Dagegen zeigte sich in vielen Fällen eine subjektive Besserung, die Mattigkeit hob sich, der Husten wurde geringer, der Auswurf lockerer, der Appetit besser. Wohl mit Recht führt Bredner diese Wirkung auf den Kampfergehalt des Präparates zurück.

Wir kommen zur Besprechung spezifischer Behandlungsverfahren. Die oben erwähnte Sachverständigenkonferenz Hamburger und Lübecker Ärzte beschäftigte sich eingehend mit dieser Frage. Sie lehnte nach längerer Beratung einstimmig die Anwendung eingreifender Behandlungsmethoden in Form von starken Tuberkulinimpfungen (sog. Ponndorfsches Verfahren) oder des Friedmannschen Schildkrötentuberkelbazillenheilmittels als gefährdend ab, worüber eine entsprechende Veröffentlichung in den Lübecker Tageszeitungen erfolgte. Gleichwohl wurde zunächst die Ponndorf-Behandlung von einem Lübecker Arzte für Biochemie, Herrn Dr. Melhorn, in ziemlich großem Umfange durchgeführt, nämlich bei 31 Säuglingen.

Bekanntlich unterscheidet man einen Hautimpfstoff A und B nach Ponndorf. Der Hautimpfstoff A besteht aus einem Gemisch von Alttuberkulin und Bazillenemulsion, der Hautimpfstoff B ist ein um „artfremde Antigene von Staphylokokken, Streptokokken und anderen Mischinfektionserregern" bereicherter Impfstoff. Angewandt wurde Hautimpfstoff B. In einer von der Produktionsstätte der Hautimpfstoffe, dem Sächsischen Serumwerke in Dresden, herausgegebenen neuen Zusammenfassung der theoretischen und klinischen Grundlagen der kutanen Ponndorf-Impfung wird es als ein Kunstfehler bezeichnet, wenn eine orientierende Vorimpfung auf kleinstem Felde (1 × 1 cm mit

1 Tropfen Hautimpfstoff) unterlassen wird. Nach den vorliegenden Berichten wurde jedoch sogleich ein größeres Impffeld gewählt.

Die Zahl der Impfungen schwankte, soviel ich sehe, von 1—19. Die meisten der behandelten Kinder erhielten 8—12 Impfungen. Nach den vom Sächsischen Serumwerk gegebenen Anweisungen darf das Verfahren nur nach vollkommenem Abklingen der Impfreaktion fortgeführt werden. Der Abstand zwischen den einzelnen Impfungen war mehrfach auffallend kurz, nämlich 2—4—5 Tage. Die Impfungen waren des öfteren von geringem, selten von hohem Fieber gefolgt. Die Kinder wurden vielfach durch die Behandlung verängstigt, manche Eltern bezeichneten sie als Quälerei oder, um mit ihren Worten zu sprechen, als „Quälkram".

Von den 31 geimpften Kindern starben 7. Hierbei handelte es sich mehrfach um Krankheitsfälle, bei denen erst in sehr schwerem Zustande mit der Behandlung begonnen wurde. Ein Kind (Nr. 55), das 7 Tage nach der ersten Hautimpfung an einer schon älteren fibrinös-eitrigen Perforationsperitonitis zugrunde ging, wurde in hochfieberndem Zustande der Behandlung zweimal unterzogen, zeigte aber beide Male keine Hautreaktion mehr. Ein zweites Kind (Nr. 85) mit schweren Erscheinungen, insbesondere subchronischem Ileus, wurde dreimal geimpft, besserte sich scheinbar vorübergehend etwas, starb aber 18 Tage nach Beginn der spezifischen Behandlung. Ein drittes schon seit längerer Zeit hochfieberndes Kind (Nr. 124) mit multiplen Primärinfekten an der linken Gaumentonsille, in Speiseröhre und Dünndarm wurde 2mal nach Ponndorf behandelt, es starb 23 Tage nach der letzten Impfung. Es unterliegt keinem Zweifel, daß es zwecklos und demgemäß unangebracht war, in diesen schweren Krankheitsfällen überhaupt mit einer derartigen Behandlung zu beginnen. Dreimal erfolgte der Tod an tuberkulöser Meningitis. Einmal (Nr. 50) waren die Krankheitserscheinungen wiederum schon sehr schwer, als die 1. Impfung gemacht wurde. Die 6. Impfung geschah bemerkenswerterweise noch einen Tag vor dem Tode. Die beiden anderen Male aber war der Krankheitszustand zu Beginn der spezifischen Behandlung noch nicht bedrohlich. Bei Kind Nr. 118 kam es jedoch sogleich zu einer Verschlimmerung der Krankheitserscheinungen und Gewichtsabnahme, es wurde weiter geimpft, die 5. Impfung war nur mehr von schwacher Reaktion gefolgt und 24 Tage nach Übernahme der Behandlung trat der Tod ein. Bei Kind Nr. 12 wurde trotz des sich nach etwa 14 Tagen einstellenden Fiebers weitergeimpft, nach der 6. Impfung — die Impfungen verteilten sich auf einen Monat — machte sich Unruhe bemerkbar, Erbrechen und Halbseitenparese. Schnell kam es zu Krämpfen und meningitischen Erscheinungen. Der Tod erfolgte 82 Tage nach Beginn der spezifischen Behandlung an subchronischer Generalisierung und Meningitis tuberculosa. Ohne Zweifel ist ein derartiger Verlauf auch bei anderen nicht nach Ponndorf behandelten Kindern vorgekommen. Niemand ist jedoch in der Lage, die Befürchtung zu entkräften, daß die spezifische Behandlung in diesem Falle durch Hervorrufen starker Herdreaktionen den ungünstigen Verlauf gefördert hat. Denn es lag hier ein so wenig ausgedehnter Primärinfekt lediglich des Dünndarms vor, wie er in keinem anderen Falle gefunden wurde, der mit Meningitis endete. In der Erwartung, daß sich derartiges in verhältnismäßig gutartigen Fällen einstellen könnte, haben wir jedenfalls die Verantwortung für die Durchführung der Behandlung geglaubt ablehnen zu müssen. Gewiß hat man, wie ich in meinem Buche „Tuberkulose der Kinder" 1923 berichtet habe, bei dem Ponndorfschen Verfahren a priori viel häufiger Schädigungen durch übermäßige Herdreaktion erwartet, als tatsächlich eintreten. Wenn man bedenkt, eine wie große Menge hochkonzentrierten Impfstoffes zur Verwendung gelangt und weiß, wie geringe Tuberkulindosen subkutan verabfolgt eine übermäßige Herdreaktion zu erzeugen vermögen, so muß man schon annehmen, daß die Haut durch ihre Reaktion die Gefahr für den Herd wesentlich herabmindert. Daß sie diese aber vollkommen beseitigt, kann auf der anderen Seite nicht behauptet werden. Demgemäß hat man Veranlassung genommen, die Methodik immer vorsichtiger zu gestalten und die Indikationen immer mehr zu begrenzen (s. die erwähnten Richtlinien des Sächsischen Serumwerks). Wir vermissen jede theoretische Begründung für eine spezifische Reiztherapie im frischesten Zustand eines Tuberkuloseprimärkomplexes und sehen durch die geschilderten Vorkommnisse die Annahme der unter Umständen schädigenden Wirkung in keiner Weise widerlegt. An dieser Auffassung wird auch nichts dadurch geändert, daß bei einem interkurrent an Gastroenterokolitis 146 Tage alt gestorbenen Kinde (Nr. 26) anatomisch eine starke Neigung zur Abheilung der Tuberkulose festgestellt wurde in Form schwieliger Periadenitis und fibrös umgewandelter Tuberkel in verschiedenen Organen. Wurden doch bei so langer Lebenszeit in anderen Fällen sogar mit einer gewissen Regelmäßigkeit die ersten Anzeichen von Verkalkung angetroffen. Es ist damit nur erwiesen, daß eine Schädigung durch die Ponndorf-Behandlung nicht einzutreten braucht, nicht aber, daß sie nicht eintreten kann.

Von den überlebenden Kindern betrafen 6 mittelschwere und 14 leichte Krankheitsfälle, 4 hatten keine sicher spezifischen Krankheitserscheinungen, die nach Ponndorf behandelt wurden. Ein mittelschwer erkranktes Kind (Nr. 41) erhielt nur 2, ein weiteres (Nr. 173) nur eine einzige Impfung, um alsbald wieder aus der Behandlung auszuscheiden. Die 4 übrigen mittelschweren Krankheitsfälle waren dadurch charakterisiert, daß Drüsenerweichungen mit wochenlanger Fistelung durch die Behandlung nicht verhütet werden konnten (Nr. 45, 68, 74, 178). Alle 4 Kinder wurden in späterer Zeit nach Abschluß der Ponndorf-Behandlung mit dem Friedmannschen Schildkrötentuberkelbazillus behandelt. Sowohl die mittelschweren wie die leichten Fälle unterschieden sich in ihrem Verlauf nicht von den sehr viel zahlreicheren, ähnlich liegenden, aber nicht spezifisch behandelten Krankheitsfällen. Ein Krankheitsfall (Nr. 178) nur wiederum hat bei uns ernste Bedenken hervorgerufen. Es handelt sich um ein Kind mit rechtsseitiger primärer Ohrtuberkulose und zweifelhafter Haftstelle im Darm. Im Gegensatz zu den sonstigen ohne spezifische Behandlung gebliebenen überlebenden Kindern stellte sich hier im Laufe der Zeit nicht nur ein Übergang des Prozesses auf den Warzenfortsatz mit weitgehender Einschmelzung ein, sondern auch auf das andere Ohr, so daß starke Otorrhoe und hochgradige Beeinträchtigung der Hörfähigkeit resultierte. Man könnte einwenden, daß diesem Kinde immerhin das Leben gerettet worden ist. Doch ist von 20 Kindern mit primärer Ohrtuberkulose kein einziges gestorben, das einen lokalisierten Ohrprimärkomplex hatte, ja selbst solche, bei denen mit Sicherheit auch anderweitig lokalisierte Primärkomplexe gleichzeitig bestanden, haben nicht selten die Erkrankung überstanden.

Zusammenfassend müssen wir also sagen, daß uns einerseits in gewissen Einzelfällen eine schädigende Wirkung der Ponndorf-Behandlung nahegelegt, in der großen Mehrzahl der Fälle andererseits kein Nutzen gegenüber anderweitiger Behandlung erkennbar wird. Bei der Art des Hautimpfstoffes hätte man auch vielleicht an einen Einfluß der Impfungen auf die katarrhalische Anfälligkeit exsudativ-lymphatischer Kinder denken können. Doch wurde eine solche Einwirkung vermißt (Nr. 70, 167, 148, 164, 40, 156, 88, 235).

Weitere spezifische Behandlungsverfahren waren:

1. Die Injektion von Tuberkuloseserum (I. G. Farbenindustrie).

Das Serum stammte von Rindern, welche durch Vorbehandlung mit avirulenten Tuberkelbazillen tuberkulinempfindlich gemacht und dann mit humanen Tuberkelbazillen intensiv behandelt worden waren. Es handelte sich um ein ähnliches Tuberkuloseserum, wie es früher Uhlenhuth angegeben hat. Dieses wurde von Czerny und Eliasberg insbesondere bei Kindern mit Lungentuberkulose angewandt. Sie beobachteten in erster Linie eine Beeinflussung der Tuberkulosekachexie, aber auch Besserung bzw. Stillstand des lokalen Prozesses. Bessau und ich hatten weniger befriedigende Ergebnisse bei schweren Krankheitsfällen. Auch in Lübeck kann man nicht von Erfolgen sprechen. Die vereinzelten Einspritzungen, die bei 8 Kindern vorgenommen wurden, will ich übergehen. 10 Kinder aber wurden mit 8—55 Injektionen alle 3 Tage behandelt. Begonnen wurde mit 1 ccm, aber bald auf 2 ccm gesteigert. 3 leichte Krankheitsfälle (Nr. 152, 232, 233) zeigten den auch sonst gewohnten günstigen Verlauf. Mittelschwere Krankheitsfälle (Nr. 35, 102) kamen nach mannigfaltigen Komplikationen (Streptokokkenabszeß, Erysipel) durch, 3 schwere (Nr. 38, 244, 116) mit subakut generalisierter Tuberkulose gingen unaufhaltsam dem Ende entgegen, ein Kind (Nr. 174) starb mit ausgesprochener Lipämie und Glykogeninfiltration der Leber und Nieren; ein letztes (Nr. 62) an nichtspezifischer Pneumonie mit Spontanpneumothorax. Nebenerscheinungen in Form der Serumkrankheit machten sich nur bei einem Kinde in unangenehmer Weise (3maliges Auftreten) geltend.

2. Die Injektion von Anti-α-Serum (Antialphaserum).

Das Antialphaserum ist neben der Antialphavakzine das Ergebnis umfangreicher Tuberkulosestudien des spanischen Bakteriologen Jaime Ferrán. Bei der Züchtung von Tuberkelbazillen in Bouillon fand Ferrán in einzelnen Kulturen nichtsäurefeste Stäbchen, die sehr leicht von dem Serum Tuberkulöser agglutiniert wurden und Meerschweinchen injiziert bei einigen Tieren, die länger am Leben blieben, typische Tuberkel, wenn auch in geringer Zahl erzeugten. Diese bei Meerschweinchen erzeugten Impftuberkel bewirkten bei weiterer Übertragung eine echte experimentelle Tuberkulose. Aus diesen Beobachtungen schloß Ferrán auf eine Rückbildung des Tuberkelbazillus in der Bouillonkultur in seinen Naturzustand, d. h. auf seine Umwandlung in einen nichtsäurefesten Saprophyten. Umgekehrt konnte Ferrán bei Verwendung verschiedener Arten nichtsäurefester Bakterien, die alle zur großen Gruppe des Bacterium coli gehören, in einzelnen Fällen bei Meerschweinchen Tuberkel hervorrufen und stellt sich vor, daß sie bei dauernder Gewöhnung an tuberkuloseempfängliche Wesen Bedingungen finden, um im Lebenden die Eigenschaften des Tuberkelbazillus anzunehmen. Die nicht säurefesten Bakterien verschiedener Abkunft, die in Reinkultur Meerschweinchen injiziert Tuberkel erzeugen, nannte er Bakterium α, gewann aus ihnen eine Vakzine und durch Injektion bei Pferden das Antialphaserum. Die Vakzine wird zu prophylaktischen und therapeutischen Zwecken benutzt, das Serum zur Unterstützung dieser Behandlung. Während die Behandlungsmethode in Spanien ausgedehnte Verwendung gefunden hat, finde ich in der deutschen

Literatur nur eine Veröffentlichung von Felsenfeld über Erfahrungen beim erwachsenen Tuberkulösen. Er betont wie alle anderen Autoren die Unschädlichkeit dieser Therapie. Die Erfolge sind umstritten. Neben Zweiflern gibt es begeisterte Fürsprecher. „Die Antialphavakzine schützt, wenn es auch bezweifelt, sie heilt, wenn es auch geleugnet wird.“ Eine Zusammenstellung findet man bei Walter.

In Lübeck fand das Antialphaserum Verwendung, und zwar in ähnlicher Weise wie das Tuberkuloseserum der I. G. Farbenindustrie, d. h. indem alle 3—5 Tage eine subkutane oder intramuskuläre Einspritzung von 1 ccm vorgenommen wurde. Insgesamt sind 17 Kinder mit Antialphaserum behandelt worden. 3 Kinder erhielten nur 1—5 Einspritzungen, sie müssen daher für die Beurteilung ausgeschaltet werden. 5 weitere Kinder bekamen ebenfalls eine nur kleine Zahl von Einspritzungen, nämlich 8. Es handelte sich um schwere (Nr. 21, 109) und mittelschwere Fälle (Nr. 80, 92, 110), sowie ein Kind ohne nachweisbare Haftstelle. Ein Einfluß auf Hautfarbe, Körpergewicht und Resistenz war nicht ersichtlich; auch wurde die Erweichung tuberkulöser Halsdrüsen nicht verhindert. 8 Kinder konnten längere Zeit mit Antialphaserum behandelt werden, es wurden 13 bis 40 Einspritzungen in der oben geschilderten Weise gemacht. 2 Krankheitsfälle mußten schon bei Beginn der Behandlung als schwer betrachtet werden, hatten einen dreifachen Primärinfekt, darunter auch einen solchen in der Lunge, und zwar von erheblicher Ausdehnung. In dem einen Falle (Nr. 120) kam es unter der Behandlung wenigstens zu nennenswerter Gewichtszunahme, nachdem vorher längere Zeit Gewichtsstillstand bestanden hatte. Die Behandlung erstreckte sich über fast 8 Wochen. Doch war der Tod nicht aufzuhalten, er erfolgte beide Male (Nr. 59, 120) an tuberkulöser Meningitis. In den restlichen 6 Fällen handelte es sich um leichte Erkrankungen (Nr. 107, 127, 205) oder sogar solche ohne nachweisbare Haftstelle (Nr. 169, 199, 229). Sie nahmen denselben günstigen Verlauf, wie er in zahlreichen Fällen ohne entsprechende Behandlung ebenfalls beobachtet wurde. Es ist infolgedessen schwer zu sagen, daß etwa bei diesen Kindern durch die Therapie eine bösartige Entwicklung des Krankheitsprozesses verhindert wurde. Andererseits wurde gelegentlich von überraschender Besserung des Krankheitszustandes berichtet (Nr. 127). Wenn man allerdings bedenkt, wie schwierig im Einzelfalle die prognostische Beurteilung ist, so wird man das nicht zu hoch einschätzen dürfen. Es kommt hinzu, daß es sich gerade bei diesen leichten Krankheitsfällen um konstitutionell abwegige, exsudative bzw neuropathische Kinder handelte, bei denen die Abgrenzung spezifischer und unspezifischer Krankheitserscheinungen besonders schwer fällt. Sicher ist aber jedenfalls, daß Schädigungen bei dieser Therapie nicht vorgekommen sind.

Von diesen besonderen Maßnahmen abgesehen wurde alles in die Wege geleitet, was wir auch unter anderen Bedingungen zur Aufrechterhaltung oder Steigerung der Resistenz anzuwenden gewohnt sind. So wurden einige Male intramuskuläre Injektionen von Erwachsenenblut gemacht, Rinderblut peroral in Form von „Eubiose“ gegeben, auch Hämatogen verordnet. Vielfach wurde Arsen in der Dürkheimer Maxquelle oder als Spirozid verabreicht. Zahlreiche Kinder erhielten durch viele Monate Kalk als Kalzium Sandoz oder Pro Ossa, desgleichen Lebertran, auch mit Kalk bzw. Vigantolzusatz als Vigantollebertran (Merck) sowie Eierlebertran (Ossin) oder Malzlebertran (Maltosellol). Außerdem wurden Bestrahlungen mit Vitalux und in größerem Umfang mit künstlicher Höhensonne vorgenommen.

Wenn man vom Standpunkte exakter Wissenschaft zu diesen Maßnahmen Stellung nehmen will, so kann bezüglich der Kalkzufuhr eigentlich nur etwas Negatives ausgesagt werden. Man hat nachgewiesen, daß im vorgeschrittenen Stadium der Lungentuberkulose übereinstimmend mit anderen chronischen, fortschreitenden, mit Kachexie verbundenen Krankheiten eine gegenüber der Kalkzufuhr durch die Nahrung vermehrte Kalkausscheidung stattfindet. Besonders bei fiebernden Kranken mit schweren, progredienten, exsudativ-käsigen Prozessen ist der gestörte Kalkstoffwechsel im erniedrigten Serumkalkspiegel von 8—9 mg-% fast immer nachweisbar (Rehfeldt). Der ständige Verlust des Körpers an Kalksalzen hat, so heißt es, zur Folge, daß die Narbenbildung in den Krankheitsherden gehemmt wird, die ja bekanntermaßen mit vermehrter Kalkablagerung einhergeht. Hierdurch erscheint die vermehrte Kalkzufuhr mit der Nahrung klar begründet. Nun sind bei den Lübecker Säuglingen frühzeitige und ausgiebige Kalkablagerungen besonders in den Mesenterialdrüsen röntgenologisch beobachtet worden. Die vergleichsweise Beurteilung von Kindern mit und ohne medikamentöse Kalkzufuhr hat aber in dieser Hinsicht keinen Unterschied ergeben. Es muß also die ja im Säuglingsalter durch die überwiegende Ernährung mit Kuhmilch hohe Kalkzufuhr völlig ausgereicht haben, um den bei der Ausheilung der tuberkulösen Erkrankung notwendigen Kalk zur Verfügung zu stellen. Allerdings muß einschränkend bemerkt werden, daß es sich hier nicht um kachektische Kranke handelte, sondern um Kinder, die, wenn auch nach vorübergehender Hemmung gute oder wenigstens befriedigende Fortschritte machten.

Die Höhensonnenbestrahlung wurde vielfach über lange Wochen fortgesetzt und nach kurzer Unterbrechung wieder aufgenommen. Man konnte infolgedessen manches Mal die Frage nicht unterdrücken, ob nicht die Gefahr einer Überdosierung bestünde. Hat man doch gerade bei frischen Prozessen immer wieder zur Vorsicht geraten. Es sind aber keinerlei ungünstige Beobachtungen bei diesem Vorgehen zu meiner Kenntnis gekommen.

Die Ernährung der Kinder wurde durch finanzielle Beihilfe des Staates verbessert. Dazu wurden manches Mal noch ärztlicherseits Nährpräparate, wie Löflunds Malzextrakt, Robural und Promonta, verordnet. Es ist selbstverständlich, daß sich die Eltern gerade um die Ernährung außerordentlich bemühten. Daß man dabei manchmal zu einer Überschätzung des Körpergewichts kam und des Guten entschieden zuviel tat, wird nach allgemeinen Erfahrungen nicht gerade verwundern können. Ich hatte jedenfalls des öfteren den Eindruck, daß durch forcierte Ernährung die Manifestationen der exsudativen Diathese gefördert wurden, während allerdings die Tuberkulose in ihrer Ausheilung weitere Fortschritte machte.

Nach dem Säuglingsalter wurden zahlreiche Kinder auf Kosten des Staates auf viele Wochen bzw. Monate verschickt. Der Seeaufenthalt wurde bevorzugt, und zwar die nahe Ostsee, aber auch die Nordsee (St. Peter). Die Erfahrungen waren fast durchweg günstige. Für die Gesamtentwicklung aber blieb nach meinen Erfahrungen die Konstitution entscheidend.

Zusammenfassung.

Der Überblick über die bei den Kindern getroffenen therapeutischen Maßnahmen bestätigt die eingangs ausgesprochene Erwartung, daß einem erfolgreichen therapeutischen

Eingreifen enge Grenzen gesetzt sein würden. Auf der anderen Seite blieb zu unserer Freude die Sterbeziffer niedriger, als sie im allgemeinen bei einer Tuberkuloseinfektion im Neugeborenenalter angenommen wird. Die Sterbeziffer (27%) stimmt genau überein mit derjenigen, die Braenning bei 233 Kindern fand, welche im ersten Lebensjahr im Haushalt eines offenen Tuberkulösen lebten. 63 starben innerhalb der 3 ersten Lebensjahre. Es ist jedoch nicht anzunehmen, daß alle diese Kinder bereits im frühen Säuglingsalter infiziert worden sind, und wir wissen, daß die Lebensaussichten sehr verschieden sind, je nachdem ob die Infektion zu Anfang oder zu Ende des ersten Lebensjahres erfolgt (Pollak, Nassau und Zweig). Von diesem Gesichtspunkt aus ist die Sterbeziffer in Lübeck als die niedrigste zu bezeichnen, die bisher bei so frühzeitiger Tuberkulose-infektion beobachtet worden ist. Der Grund ist offenbar darin zu suchen, daß die Infektion vielfach geringfügiger war, als sie in der Regel unter natürlichen Infektionsverhältnissen vorkommt. In diesem Sinne sprechen auch gewisse pathologisch-anatomische Befunde bei Kindern, die interkurrent zugrunde gegangen sind. Auf der anderen Seite habe ich schon früher auseinandergesetzt, daß ein Teil der Infektionen massiger gewesen sein muß, als wir es unter natürlichen Infektionsbedingungen kennen. Das ist aus dem manches Mal überaus frühzeitigen Auftreten der Krankheitserscheinungen und dem ebenso ungewöhnlich frühen Todestermin zu erschließen.

Von den überlebenden Kindern ist zu sagen, daß sie ihre vielfach recht schwere Erkrankung meist weitgehend überwunden haben. Bei Besprechung der klinischen Erscheinungen sind einzelne Kinder aufgeführt worden, die noch im 2., ja 3. und 4. Lebensjahr Krankheitserscheinungen dargeboten haben, ja es mußten auch Kinder mit Dauerschädigungen erwähnt werden, insbesondere durch schwere Folgeerscheinungen an Ohren und Augen. Im allgemeinen war jedoch die Heilungstendenz eine erfreulich gute, wie sich insbesondere durch die schnelle Ausbildung von Verkalkungen im Bereiche der mesenterialen Drüsen, aber auch der Lunge mit den zugehörigen Drüsen zeigte. Die vor 3 Jahren von mir ausgesprochene Ansicht, daß man dem weiteren Schicksal der Lübecker Tuberkulosesäuglinge mit Optimismus entgegen sehen könne, hat sich bisher durchaus bestätigt.

Schrifttum.

Braenning: Beiheft 22 zur Z. Tbk.
Bredner: Beitr. Klin. Tbk. **77**.
Czerny u. Eliasberg: Jb. Kinderheilk. **102**, **114** (1927).
Deutsch: Zit. nach H. Koch.
Felsenfeld: Wien. klin. Wschr. **1930 II**, 1066.
Hahn: Mschr. Kinderheilk. **10**.
Kleinschmidt: Dtsch. med. Wschr. **1923 II**.
— Tuberkulose der Kinder, II. Aufl. Leipzig: 1927.
— Beitr. Klin. Tbk. **81**.
Koch, H.: Erg. inn. Med. **14**.
Nassau u. Zweig: Z. Kinderheilk. **39**.
Pollak: Beitr. Klin. Tbk. **19**.
Rehfeldt: Prakt. Tbk.bl. **5**.
Schlossmann: Klin. Wschr. **1926 II**.
Seel u. Dannmeyer: Verh. dtsch. pharmak. Ges. **1930**.
Walter: Zbl. Bakter. **93**, 49.
Wedekind: Dtsch. Arch. klin. Med. **163**.